“十三五”国家重点出版物出版规划项目
卓越工程能力培养与工程教育专业认证系列规划教材
（电气工程及其自动化、自动化专业）
普通高等教育“十一五”国家级规划教材
普通高等教育智能建筑系列教材

本书配有电子课件
和习题答案

楼宇自动化技术与工程

第4版

主　编　沈　晔
参　编　孙　靖　干为勤　曾松鸣　邹红艳
　　　　刘立忠　徐德辉
主　审　程大章

机械工业出版社

本书是普通高等教育智能建筑系列教材。本书从楼宇自动化系统应用出发，理论联系工程实践，系统全面地介绍楼宇自控技术、楼宇安全防范技术、火灾报警与联动控制技术以及综合布线系统、数据中心布线系统等在智能建筑中的应用，并着重分析楼宇自动化技术的技术特点、应用场合、工程案例等。

全书内容包括：楼宇自动化技术概述、楼宇自控系统、安全防范技术系统、火灾自动报警与消防联动控制、智能建筑信息系统。

本书适用于普通高等院校电气工程及其自动化专业、建筑智能化专业的师生或从事建筑电气技术的工程技术人员和管理人员，也可作为相关建筑智能化行业的培训教材。

本书配有电子课件和习题答案，欢迎选用本书作教材的教师发邮件到 jinacmp@163.com 索取，或登录 www.cmpedu.com 注册下载。

图书在版编目（CIP）数据

楼宇自动化技术与工程/沈晔主编．—4 版．—北京：机械工业出版社，2020.9（2024.8 重印）

普通高等教育“十一五”国家级规划教材．普通高等教育智能建筑系列教材．“十三五”国家重点出版物出版规划项目．卓越工程能力培养与工程教育专业认证系列规划教材．电气工程及其自动化、自动化专业

ISBN 978-7-111-66183-2

Ⅰ．①楼…　Ⅱ．①沈…　Ⅲ．①楼宇自动化-自动化技术-高等学校-教材　Ⅳ．①TU243

中国版本图书馆 CIP 数据核字（2020）第 132523 号

机械工业出版社（北京市百万庄大街 22 号　邮政编码 100037）
策划编辑：吉　玲　责任编辑：吉　玲
责任校对：张　薇　封面设计：严娅萍
责任印制：邓　博
北京盛通数码印刷有限公司印刷
2024 年 8 月第 4 版第 5 次印刷
184mm×260mm · 23 印张 · 614 千字
标准书号：ISBN 978-7-111-66183-2
定价：59.80 元

电话服务
客服电话：010-88361066
010-88379833
010-68326294

网络服务
机　工　官　网：www.cmpbook.com
机　工　官　博：weibo.com/cmp1952
金　书　网：www.golden-book.com
机工教育服务网：www.cmpedu.com

智能建筑教材编委会

序

20世纪，电子技术、计算机网络技术、自动控制技术和系统工程技术获得了空前的高速发展，并渗透到各个领域，深刻地影响着人类的生产方式和生活方式，给人类带来了前所未有的方便和利益。建筑领域也未能例外，智能化建筑便是在这一背景下走进了人们的生活。智能化建筑充分应用各种电子技术、计算机网络技术、自动控制技术、系统工程技术，并加以研发和整合成智能装备，为人们提供安全、便捷、舒适的工作条件和生活环境，并日益成为主导现代建筑的主流。近年来，人们不难发现，凡是按现代化、信息化运作的机构与行业，如政府、金融、商业、医疗、文教、体育、交通枢纽、法院、工厂等，他们所建造的新建筑物，都已具有不同程度的智能化。

智能化建筑市场的拓展为建筑电气工程的发展提供了宽广的天地，特别是建筑电气工程中的弱电系统，更是借助电子技术、计算机网络技术、自动控制技术和系统工程技术在智能建筑中的综合利用，使其获得了日新月异的发展。智能化建筑也为其设备制造、工程设计、工程施工、物业管理等行业创造了巨大的市场，促进了社会对智能建筑技术专业人才需求的急速增加。令人高兴的是众多院校顺应时代发展的要求，调整教学计划、更新课程内容，致力于培养建筑电气与智能建筑应用方向的人才，以适应国民经济高速发展的需要。这正是这套建筑电气与智能建筑系列教材的出版背景。

我欣喜地发现，参加这套建筑电气与智能建筑系列教材编撰工作的有近20个姐妹学校，不论是主编者或是主审者，均是这个领域有突出成就的专家。因此，我深信这套系列教材将会反映各姐妹学校在为国民经济服务方面的最新研究成果。系列教材的出版还说明一个问题——时代需要协作精神，时代需要集体智慧。我借此机会感谢所有作者，是你们的辛劳为读者提供了一套好的教材。

吴启迪

写于同济园

前言

2001年12月，由机械工业出版社策划，在同济大学召开了全国建筑电气、智能建筑本科教材编写工作会议，组织编写普通高等教育智能建筑系列教材，本书为该系列教材中的一本，于2004年出版了第1版，出版后得到了相关院校师生的认可。经过两次修订，本书第2版、第3版作为普通高等教育“十一五”国家级规划教材分别于2009年和2014年出版。

根据第3版教材出版以来在全国部分高校有关电气工程及其自动化专业及相关行业培训的使用情况，结合智能建筑相关理论、技术及工程设计标准的发展，编者对本书内容和编排进行了再次修订。本次修订增加了智慧建筑、智能建筑信息化管理等内容；从数字化安防角度，重新编写了安全防范技术系统的内容；结合最新标准与技术应用，修订了综合布线、计算机网络、数据中心布线系统的内容。

全书共分五章。第一章介绍智能建筑基本概念、智能建筑技术基础以及智能建筑信息化管理与运维；第二章介绍楼宇自控系统技术与工程应用；第三章介绍安全防范技术与工程应用；第四章讲述消防报警与控制技术和系统；第五章介绍智能建筑信息系统，包括综合布线系统、通信系统、数据中心布线系统、计算机网络系统。本书的编写目的是，读者通过阅读和学习能全面了解楼宇自动化知识，掌握楼宇自动化系统工程关键技术，了解楼宇自动化系统设计和实施方法，为今后从事相关智能建筑的工程设计、工程实施、产品研发等工作打好基础。

本书的第一章由同济大学浙江学院沈晔、北京中创立方软件有限公司徐德辉编写；第二章由江森自控（中国）投资有限公司孙靖博士编写；第三章由沈晔、同济大学刘立忠编写；第四章由同济大学浙江学院干为勤编写；第五章第一、三节由瑞士德特威勒（苏州）电缆系统有限公司原技术总监曾松鸣、沈晔编写，第二节由同济大学邹红艳编写。沈晔任本书的主编并统稿。

同济大学程大章教授任本书的主审，并提出了许多宝贵的意见和建议。在本书编写过程中还得到了同济大学、同济大学浙江学院领导和同事的大力支持，对此表示衷心的感谢。本书参考了大量的文献，在此也对这些文献资料的作者表示感谢。

编　者

目 录 Contents

序

前言

第一章 楼宇自动化技术概述 ······ 1

第一节 智能建筑概念及其发展背景 ······ 1

第二节 建筑智能化系统与技术 ······ 2

第三节 建筑智能化系统工程架构 ······ 7

第四节 智能建筑系统集成 ······ 10

第五节 智能建筑信息化管理 ······ 13

思考题与习题 ······ 21

第二章 楼宇自控系统 ······ 22

第一节 楼宇自控系统概述 ······ 22

第二节 集散控制系统简介 ······ 24

第三节 楼宇自控系统中的集散控制系统 ······ 30

第四节 楼宇自控系统的主要监控对象及监控原理 ······ 64

第五节 楼宇自控系统工程案例 ······ 99

思考题与习题 ······ 122

第三章 安全防范技术系统 ······ 124

第一节 安全防范技术系统概述 ······ 124

第二节 视频安防监控系统 ······ 129

第三节 入侵报警系统 ······ 161

第四节 电子巡查系统 ······ 175

第五节 出入口控制系统 ······ 178

第六节 停车库（场）管理系统 ······ 182

第七节 楼宇（可视）对讲系统 ······ 185

思考题与习题 ······ 188

第四章 火灾自动报警与消防联动控制 ······ 190

第一节 楼宇火灾自动报警系统概述 ······ 190

第二节 火灾探测器 ······ 196

第三节 火灾报警控制器 ······ 215

第四节 灭火与联动控制 ······ 224

第五节 智能消防系统 ······ 245

第六节 火灾自动报警与控制系统的工程设计 ······ 251

思考题与习题 ······ 257

第五章 智能建筑信息系统 ······ 259

第一节 综合布线系统 ······ 259

第二节 计算机网络系统 ······ 300

第三节 数据中心布线系统 ······ 329

思考题与习题 ······ 359

参考文献 ······ 361

第一章 楼宇自动化技术概述

第一节　智能建筑概念及其发展背景

1984 年，由美国联合技术公司（United Technology Corp.，UTC）的一家子公司——联合技术建筑系统公司（United Technology Building System Corp）在美国康涅狄格州的哈特福德市建造了一幢建筑——都市大厦（City Place），在楼内铺设了大量通信电缆，增加了程控交换机和计算机等办公自动化设备，并将楼内的机电设备（变配电、供水、空调和防火等设备）均用计算机控制和管理，实现了计算机与通信设施连接，向楼内住户提供文字处理、语音传输、信息检索、发送电子邮件和情报资料检索等服务，实现了办公自动化、设备自动控制和通信自动化，从而第一次出现了“智能建筑”（Intelligent Building，IB）这一名称。

1985 年 8 月在日本东京建成的青山大楼则进一步提高了建筑的综合服务功能，该建筑采用了门禁管理系统、电子邮件等办公自动化系统、安全防火/防灾系统、节能系统等，建筑少有柱子和隔墙，以便于满足各种商业用途，用户可以自由分隔。

这些最早的智能楼宇为日后兴起的智能建筑勾划了其基本特征，计算机技术、控制技术、通信技术在建筑物中的应用，造就了新一代的建筑——“智能建筑”。

一、智能建筑概念

什么样的建筑可以算得上“智能建筑”？或者说，“智能建筑”的定义是什么？

由于智能建筑的发展与信息技术密切相关，所以其概念也随现代高新技术的发展而变化。因此，智能建筑发展至今，尚未形成统一的和权威的说法，各国、各行业和研究组织多从自己的角度提出了对智能建筑的认识。具有代表性的总结如下：

美国智能建筑学会（American Intelligent Building Institute，AIBI）的定义：智能建筑通过对建筑物的 4 个基本要素，即结构、系统、服务、管理以及它们之间的内在关联的最优化考虑，来提供一个投资合理的但又拥有高效率的舒适、温馨、便利的环境，并且帮助大楼的业主、物业管理人、租用人等注重费用、舒适、便利以及安全等方面的目标，当然还要考虑到长远的系统灵活性及市场的适应能力。

日本智能大楼研究会（Japan Intelligent Building Institute，JIBI）的定义：智能建筑是指同时具有信息通信、办公自动化服务以及楼宇自动化服务各项功能，并便于智力活动需要的建筑物。

欧洲智能建筑集团（The European Intelligent Building Group）的观点：创造一个能使用户发挥最佳效率，同时以最低保养成本，最有效地管理本身资源的建筑环境，智能建筑应提供反应快速、效率高和支持力较强的环境，使用户能达到迅速实现其业务的目的。

我国早期是以大厦内自动化设备的配备作为智能建筑的定义。如 3A 智能大厦内设有通信自动化设备（Communication Automation，CA）、办公室自动化设备（Office Automation，OA）与大楼自动化设备（Building Automation，BA）。若再把消防自动化设备（Fire Automation，FA）与安保自动化设备（Security Automation，SA）从BA中划分出来，则成5A智能大厦。为了体现在大厦中对各智能化子系统进行综合管理，又形成了大厦管理自动化系统（Management Automation，MA）。这类以建筑内智能化设备的功能与配置作为定义的方法，具有直观、容易界定等特点。但因为技术的进步与设备功能的发展是无限的，如果以此来作为智能建筑的定义，那么该定义的描述必须随着技术与设备功能的进步而同步更新。

我国现行《智能建筑设计标准》（GB 50314—2015）对智能建筑做了如下定义：以建筑物为平台，基于对各类智能化信息的综合应用，集架构、系统、应用、管理及优化组合为一体，具有感知、传输、记忆、推理、判断和决策的综合智慧能力，形成以人、建筑、环境互为协调的整合体，为人们提供安全、高效、便利及可持续发展功能环境的建筑。

二、智能建筑发展背景

20世纪90年代初，中国开始了“智能建筑热”，这时相应的报刊上不断出现有关智能建筑的报导，有文章这样描述：“即将到来的21世纪，建筑界所能提供的大厦将不再是冰冷无知的混凝土建筑物了，代之而起的是温暖人性化的智慧型建筑，随着信息技术的发展，现代化的建筑已被赋予思想能力。”

在这段时间，我国开始派遣相关技术人员到国外进行技术上的深入学习，随后我国的智能建筑技术也进入快速发展时期，早期兴建的北京京广中心、中国国际贸易中心、上海商城、上海花园饭店、上海市政府大厦等都在不同程度上达到或接近智能建筑的水平。厦门国际会展中心，上海的金茂大厦、期货大厦、证券大厦、久事复兴大厦、通贸大厦、上海博物馆、世界广场、世界金融大厦，深圳的赛格广场等数十幢建筑也都是按世界一流的智能化建筑要求设计的。由于智能建筑可以提高工作效率，有较高的经济效益与投资回报率，大量的医院、大企业的办公楼以及原先设计未考虑智能的商办楼宇和古建筑（如上海原汇丰银行现浦东发展银行外滩大楼）等也补设智能化设备或重新改造。

近年来，随着“互联网+”产业发展与智慧城市建设，大数据、云计算等基础设施不断完善，人工智能与物联网技术进步，带动智能建筑技术与应用的迅速发展，成为各类智能化信息应用的综合平台、智慧城市的重要组成部分，使得人们的居住环境变得更加方便、舒适和智能。

建筑是人们生活、学习和工作等日常活动所使用的主要场地，它是人们在特定时期的科学与文化的特定表现，它吸收现代科学技术，并且代表了生产力发展水平。今日的建筑，已经成为城市现代文明的重要标志、信息网络的节点以及城市信息化和现代化的重要支撑点。人们对建筑物提供信息服务的要求，建筑自身的销售和管理，以及“城市信息化”“互联网+”和智慧城市发展的外部环境，都使智能建筑的兴起和发展成为必然。

第二节 建筑智能化系统与技术

一、建筑智能化系统

智能建筑的发展，是现代建筑技术与信息技术相结合的产物，并随着科学技术的进步而逐渐发展和充实，现代建筑技术（Architecture）、现代计算机技术（Computer）、现代控制技术（Control）、现代通信技术（Communication）构成了智能建筑发展的技术基础。以这些技术为核心，构成了建筑电气技术新的分支——“建筑智能化技术”。这些技术的应用形成了与传统弱电系统有本质区别的新型建筑弱电系统——“建筑智能化系统”。

早期建筑智能化系统组成可通常简单归纳为3A + GCS + BMS，如图1-1所示。

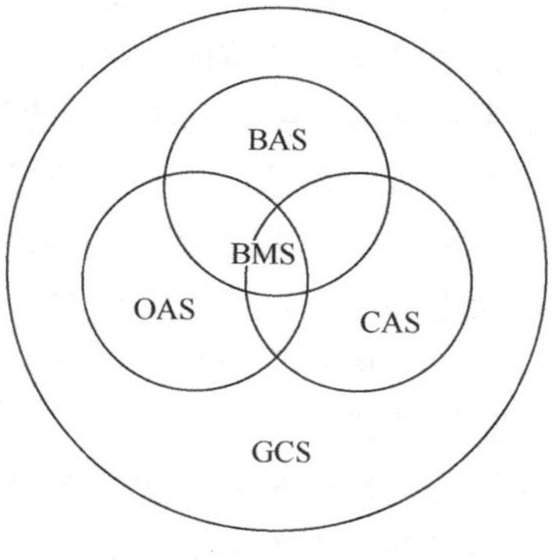

图1-1 建筑智能化系统组成

BAS—大楼自动化系统（Building Automation System）

OAS—办公自动化系统（Office Automation System）

CAS—通信自动化系统（Communication Automation System）

GCS—综合布线系统（Generic Cabling System）

BMS—建筑设备管理系统（Building Management System）

《智能建筑设计标准》（GB 50314—2015）把建筑智能化系统分成以下系统：

1. 信息化应用系统　信息化应用系统（Information Application System，IAS）是以信息设施系统和建筑设备管理系统等智能化系统为基础，为满足建筑物的各类专业化业务、规范化运营及管理的需要，由多种类信息设施、操作程序和相关应用设备等组合而成的系统。

2. 智能化集成系统　智能化集成系统（Intelligent Integration System，IIS）是为实现建筑物的运营及管理目标，基于统一的信息平台，以多种类智能化信息集成方式，形成的具有信息汇聚、资源共享、协同运行、优化管理等综合应用功能的系统。

3. 信息设施系统　信息设施系统（Information Facility System，IFS）是为满足建筑物的应用与管理对信息通信的需求，将各类具有接收、交换、传输、处理、存储和显示等功能的信息系统整合，形成建筑物公共通信服务综合基础条件的系统。

4. 建筑设备管理系统　建筑设备管理系统（Building Management System，BMS）是对建筑设备监控系统和公共安全系统等实施综合管理的系统。

5. 公共安全系统　公共安全系统（Public Security System，PSS）是为维护公共安全，运用现代科学技术，具有以应对危害社会安全的各类突发事件而构建的综合技术防范或安全保障体系综合功能的系统。

6. 应急响应系统　应急响应系统（Emergency Response System，ERS）是为应对各类突发公共安全事件，提高应急响应速度和决策指挥能力，有效预防、控制和消除突发公共安全事件的危害，具有应急技术体系和响应处置功能的应急响应保障机制或履行协调指挥职能的系统。

7. 机房工程　机房工程（Engineering of Electronic Equipment Plant，EEEP）是为提供机房内各智能化系统设备及装置的安置和运行条件，以确保各智能化系统安全、可靠和高效地运行与便于维护的建筑功能环境而实施的综合工程。

上述系统又由若干子系统构成（详见本章第三节），在用于新建、扩建和改建的住宅、办公、旅馆、文化、博物馆、观演、会展、教育、金融、交通、医疗、体育、商店等民用建筑及通用工业建筑的智能化系统工程设计，以及多功能组合的综合体建筑智能化系统工程设计中，需根据项目具体情况进行不同的系统配置。

二、建筑智能化技术

随着信息技术的发展，智能建筑正向绿色建筑、智慧建筑发展，建筑智能化技术逐渐形成了以下关键技术。

（一）BA 控制技术

BA 系统即楼宇自控系统（Building Automation System，BAS），又称为建筑设备自动化系统，它是在综合运用自动控制、计算机、通信、传感器等技术的基础上，实现建筑物设备的有效控制与管理，保证建筑设施的节能、高效、可靠、安全运行，满足用户的需求。BA 系统有广义与狭义之分：所谓广义 BA 系统是指智能建筑的 BA 系统，它涵盖了建筑物中所有机电设备和设施的监控内容（包括安全防范、火灾自动报警等系统）；而目前实际工程中指的 BA 系统大多为狭义范畴，即利用 DDC（直接数字控制器）或 PLC（可编程序控制器）对其采暖、通风、空调、电力、照明以及电梯等进行监控管理的自动化控制系统。BA 系统主要实现设备运行监控、节能控制与管理以及设备信息管理与分析三大功能。

（二）通信技术

通信系统是智能建筑的“中枢神经”，它具备对来自建筑内外各种信息进行收集、处理、存储、显示、检索和提供决策支持的能力，实现信息共享、数据共享、程序共享，有效地扩大了建筑智能化的应用和管理领域。用现代通信方式装备起来的智能建筑，更有利于为人们创造出高效、便捷的工作条件和生活方式。智能建筑中的通信技术相关的应用系统很多，分别用来实现数据、语音、图像等的传输和通信。

智能建筑要实现将建筑物的结构、设备、服务和管理根据需求进行最优化的组合，将建筑内的各类系统和机电设备通过各种开放式结构、协议和接口进行集成，为各系统和设备提供高速、快捷的通信和信息交互环境，为用户提供舒适及便利的人性化、智能化居住和使用环境，都需要借助现代通信技术对来自建筑物内外的各种不同类型的数据予以采集、处理、传输、存储、检索和提供决策支持。

通信技术是智能建筑的技术基础和重要的实现手段，各类通信系统及设备在绿色建筑中所起到的作用主要体现在节能性、舒适性、便利性、社会性等方面。

（三）能源监测与运营管理

在目前能耗结构中，建筑能源消耗已占我国总商品能耗的 20% ~30%。在建筑的生命周期中，建筑材料和建造过程中所消耗的能源一般只占其总能源消耗的 20%左右，大部分能源消耗发生在建筑物的运行过程中。我国的建筑运行能耗控制水平，尤其是大型公共建筑的能耗控制水平远远低于同等气候条件的发达国家，因此我国大型公共建筑的节能应该有着很大的空间。可通过建立大型公共建筑分项用能实时监控及能源管理系统，采集实际能源消耗数据，逐步通过管理及技术改造实现建筑节能。

建筑能源监测主要是对建筑物或者建筑群内的变配电、照明、电梯、空调、供热、给排水等能源使用状况实行集中监视与管理，以及分散控制的管理系统，是实现建筑能耗在线监测和动态分析功能的硬件系统和软件系统的统称。它由各计量装置、数据采集器和能耗数据管理软件系统组成。基本上，通过实时的在线监控和分析管理实现以下效果：

1）对设备能耗情况进行监视。

2）找出低效率运转的设备。

3）找出能源消耗异常。

4）降低峰值用电水平。

5）通过上述过程及方法能实现降低能源消耗，节省费用。

智能建筑运营管理为了保障其建设目标在运行中的实现，通过实时运行的数据分析建筑物节能与环境保护的效能及缺陷，及时改进措施与修正参数，最大程度发挥智能建筑的实际效益。

（四）信息系统集成

智能建筑信息系统集成，也称智能化集成系统（IIS）。

建筑智能化信息集成系统是将建筑物内各弱电子系统的信息集成在一个计算机网络平台上，从而实现子系统间信息、资源和任务的共享，逐渐成为智能建筑的技术核心，为管理者提供高效、便利、可靠的管理手段，给使用者提供全面、优质、安全、舒适的综合服务。

智能化的系统集成包括技术集成、产品集成、功能集成、工程集成，是将智能化系统从功能到应用进行开发及整合，从而实现对智能建筑全面及完善的综合管理，为管理和服务提供高效的技术手段。所集成的系统通常包括楼宇自控系统、综合安防系统、停车场管理系统、一卡通系统、综合布线系统、计算机网络系统、机房系统、有线电视及卫星接收系统、公共广播系统、多媒体会议系统、信息发布系统等。

（五）物联网技术

随着物联网和“智慧地球”概念的提出，人们纷纷把物联网技术应用到电网、医疗、交通、物流、城市管理和建筑等各个领域，智能建筑就是其重要的应用领域之一。

按物联网技术架构的感知层、网络层和应用层3个技术层面来分析，可以看出物联网对智能建筑所产生的影响。

1. 感知层　感知层是实现物联网全面感知的基础，应用的技术包括传感器、射频识别（RFID）、识别码和智能卡等，其主要功能是通过传感设备识别物体、采集信息。传感器、智能卡等技术在智能建筑中早有体现，已经融入了物物相连的理念。例如，面向设备的综合管理系统就采用了传感器技术，对建筑的供配电、空调、电梯、给排水、消防系统等设备实行全自动的综合监控管理，以实现各类参数的实时控制和监视；面向用户的综合管理系统中就应用了智能卡技术作为识别身份、门钥和重要信息的系统密钥。

2. 网络层　网络层是服务于物联网信息汇聚、传输和初步处理的网络设备和平台，由互联网、有线和无线通信网、网络管理系统以及云计算平台等组成，负责传递和处理感知层获取的信息。

物联网是在互联网基础上延伸和扩展的网络，无处不在的无线网络是实现物联网必不可少的基础设施。在智能建筑中，采用安置在各楼层的无线全覆盖技术，可使得动物、植物、机器和物品上的电子介质产生的数字信号，随时随地通过无线全覆盖网络传送出去，从而为智能建筑的智能化系统进行信息采集和数据通信提供有力的保障。同时，网络层的“云计算”技术的运用，可使建筑物内成百上千类物品的实时动态管理成为可能，从而确保建立实用、可靠和高效的智能化信息集成共享平台，实现对各类设备设施监控信息资源的共享和优化管理。

3. 应用层　应用层将物联网技术与行业专业技术相结合，主要解决信息处理和人机界面问题，构建智能化的行业应用。当前，智能建筑包括20～30个子系统，很多子系统已经是准物联网形态或已是物联网形态，如智能家居、建筑设备监控、安防、一卡通、三表远传、电子配线管理、智能照明、公共广播、会议以及专业应用等系统。在智能建筑中，信息化应用系统和智能化集成系统可以提供快捷、有效的信息。由于具有集合各类共用信息的数据资源库，因而可以通过智能建筑门户网站向建筑物内的公众提供信息汇总、检索、查询、发布和导引等服务。

通过物联网可实现智能建筑系统的无缝集成，并提供快捷、有效的信息，从而使建筑物更加智能，更好地为人们提供更为智慧的生活服务。

（六）BIM技术

建筑信息模型（Building Information Modeling，BIM）自2002年引入建筑业，至今已有十余个年头，并在全球范围内得到了重视与应用。BIM在我国企业的应用也在不断地推广，近些年也启动了国家层面BIM相关政策与BIM标准的相关研究。

BIM的理念是从策划设计阶段，将还未建成的建筑物电子化、信息化，直接形成建筑物及附属设施的三维模型，并将各类信息链接至模型中，如同制造业的“样机”，用于建设项目全过程管理，促进建筑物与设施的规划、设计、建设、监理和运维的信息全生命周期业务协同应用模式的发展。通过先进信息技术把整个建筑虚拟化、数字化，模型当中的信息不仅仅是可视化的几何信息，还包含大量的其他信息，如设备的采购信息、材料的耐火等级、构件的造价等。BIM被誉为建筑业革命性技术，不仅对于建筑业的生产方式、协作方式会有大的变革，对于建成后建筑的运维也有着巨大的价值。

1. BIM技术在智能建筑规划中的应用　随着我国城市的不断发展，城市中能源、环境、交通和安全等方面的问题日益突出，城市的快速发展迫使我们在城市的规划过程中，对各种建设用地及其服务的应用进行预测，而城市的交通和环境等多方面的信息杂乱无章，使得我们在城市规划中的预测变得错综复杂。面对这么多的错综复杂的问题，城市的综合信息处理就显现的尤为重要，处理城市问题迫切需要一个信息模型数据中心。

利用BIM技术在地上建筑及管线优化协调的优越性，延展到地下管线和信息相通，通过与地上项目信息的两相结合，合成了一个地上地下全覆盖的组合式信息数据模型。这个信息数据模型不仅在模型上是一个全面的集合体，而且在各项综合数据信息上也有着极大的集成性，且在城市进化中各个方面有很大的分析价值及应用基础。包含各大综合数据信息的城市信息模型及数据系统不仅可以运用到各个规划管理处，从单个项目到小区联合项目，从单个公共建筑到整个商业街及其大型公共建筑，还可以以点带线、以线带面，利用大数据为城市建设、规划、管理带来极大便利，以达到对包括民生、环保、公共安全、城市服务、工商业活动在内的各种需求做出智能响应。

2. BIM技术在智能建筑设计施工中的应用　运用BIM技术对建筑工程建立虚拟建筑模型，有利于设计师确定设计思路、材料和建筑内部空间效果等。将传统二维专业抽象的建筑标准转换成三维直观生动的建筑模型，有助于建设单位对于项目功能做出选择和相关决策。对设计方案进行三维演示的过程便于建设单位对于建筑区域、建筑性能和成本等进行分析和预测。利用BIM技术，将非图形的数据导入分析模拟软件中，便于对建筑物的面积、日照分析、能耗分析、结构验算、管道排布等多个方面进行评估，准确可靠地提供设计方案。传统的建筑设计在图形编辑中往往由于设计师的疏忽容易造成图样出现很多错误，而BIM技术建立的虚拟模型，可以自动生成所有的建筑图样、材料统计、造价计算、工程清单等，极大地提高了设计质量和效率，实现了各个专业学科的协同工作，突破了传统设计技术局限，将建筑、结构、电气、水暖等各个专业集成在模型的基础上协同工作，来提高建筑设计效率。

在整个智能建筑施工中，有效利用BIM技术的设计方案和图样可减少设计失误等情况造成的图样变更，避免工程进度的延缓。在项目施工过程中建立的信息化管理系统，使建设单位、监理单位和施工单位在统一的信息化系统对项目数据进行收集、整理、汇总和分析，便于建设和施工单位对建筑工程的评估等，加大了各个单位的协调作业，提高了项目数据信息传递的速度，加快了工程技术和造价等方面的问题处理速度，确保了建筑工程的施工进度。在建筑工程造价的验算中，可以利用BIM技术建立的虚拟模型对建筑工程的工程量进行统计和验算，可提高工程量计算的效率和准确度，BIM技术以三维建模的形式，及时反映了设计与施工冲突，有效降低了设计变更，避免了工程返工和更改，降低了工程施工成本，提高了工程施工质量和效率。

3. BIM技术在智能建筑运维中的应用　基于BIM技术的智慧建筑，建立的设计模型、施工模型和项目竣工模型，对后期建筑工程的运营和设备的管理、维护提供了完整准确的项目信息。项目竣工交付使用后，模型进入项目运维阶段，在项目的设计和施工 BIM 建筑模型中信息传递到建筑运维平台，提供直观三维模型，建筑安装设备的运行状态、维护信息等都可以通过运维平台进行实时查询、统计和分析。通过 BIM 对建筑性能、可靠性、能耗和经济等多方面进行分析、评估，实现建筑工程运营阶段对设备运行和排放等实施监控管理，提高运维效率。通过 BIM 运维平台的数据处理，可模拟各种可预见的灾害和安全事故等，建立对应的应急处理预案，在事故发生时根据监控数据分析模拟出最佳的疏散路线，降低事故风险。

第三节　建筑智能化系统工程架构

根据智能建筑工程设计的需要，在《智能建筑设计标准》（GB 50314—2015）中增加了工程架构（Engineering Architecture）内容。工程架构是以建筑物的应用需求为依据，通过对智能化系统工程的设施、业务及管理等应用功能做层次化结构规划，从而构成由若干智能化设施组合而成的架构形式。在建筑智能化系统工程中，工程构架设计有如下规定：

1）智能化系统工程架构的设计应包括设计等级、架构规划、系统配置等。

2）智能化系统工程的设计等级应根据建筑的建设目标、功能类别、地域状况、运营及管理要求、投资规模等综合因素确立。

3）智能化系统工程的架构规划应根据建筑的功能需求、基础条件和应用方式等做层次化结构的搭建设计，并构成由若干智能化设施组合的架构形式。

4）智能化系统工程的系统配置应根据智能化系统工程的设计等级和架构规划，选择配置相关的智能化系统。

一、工程架构规划

智能建筑建设已经进入了信息化体系的发展时期，智能化系统工程正在形成网络化、服务化、配套化的发展形态，并逐步向泛在化、协同化的智能功效方向演进。由此，智能化系统工程的架构规划逐渐成为开展建筑智能化系统工程整体技术行为的顶层设计，把握信息化体系建设的基本规律，以科学的顶层设计方式，梳理建筑智能化系统工程信息化体系的理论与实践等系列问题。

建筑智能化系统工程的顶层设计，是以建筑的应用功能为起点“由顶向下”并基于建筑物理形态和信息交互主线融合的整体设计，不仅是工程建设的系统化技术过程的依据，更清晰表达了基于工程建设目标的正向逻辑程序，而且是工程建设意图和项目实施之间的“基础蓝图”。因此，智能化系统工程架构规划系统地提出了属于智能化系统工程建设顶层设计范畴的系统工程架构原则、系统工程设施架构形式、系统工程优化配置组合等具体要求，对智能建筑设计具有指导意义。

建筑智能化工程架构规划是以建筑（单体或综合体）整体为对象，对智能化信息传递系统的全过程完整分析，适用于对智能化系统工程信息链路和过程的描述，从而引出建筑具有整体性和物类化的智能概念，也是对建筑进行信息化管理及对各类基础信息使用能力和利用状况的综合性体现，该过程涵盖了智能化信息的采集和汇聚、分析和处理、交换和共享。智能化系统工程是基于应用目标的智能信息传递神经网络，也是信息设施重要配置之一的信息通信网络系统。因此，智能化系统工程架构须适应信息资源网络化集成的计算方式需求趋向，有效地实现智能建筑的信息协同工作和信息资源共享，提升为建筑综合信息集成提供完善的数据信息资源共享的环境，从而实现建筑智能化信息一体化集成功能和提高建筑全局事件的监控和处理能力，以达到科学、综合、全面的智能化应用功效。

智能化系统工程的架构规划分项应按设施架构整体层次化的结构形式，分别以基础设施、信息服务设施及信息化应用设施等分项展开。在基础设施层，主要涉及公共环境设施和机房设施设计内容；在信息服务设施层，主要涉及语音、数据、多媒体应用等支撑设施设计内容；在信息化应用设施层，涉及公共、管理、业务应用设施等内容。

智能化系统工程架构如图1-2所示。

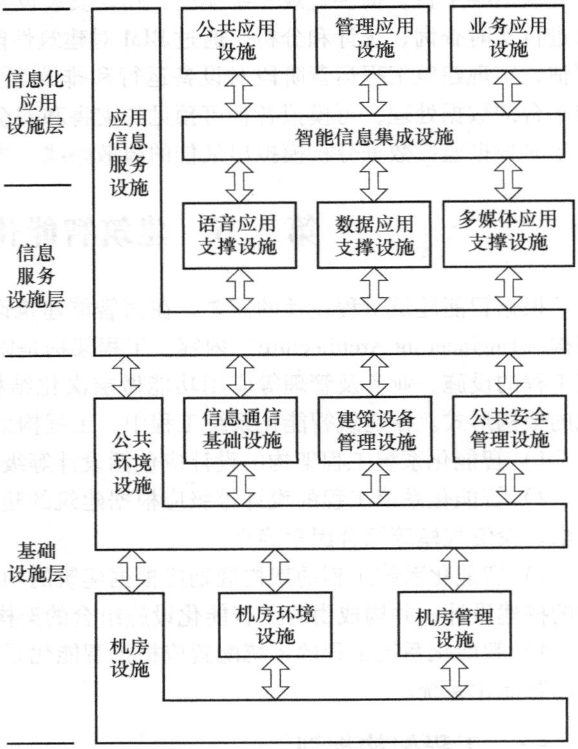

图1-2　智能化系统工程架构

二、智能化系统配置

在工程实施中，智能化系统工程的系统配置是以设计等级和架构规划为依据，形成以智能化系统工程应用为工程设计主导目标的各智能化系统的分项配置及整体构建的方式，并展现智能化系统工程从基础条件系统开始，"由底向上"的信息服务及信息化应用功能系统，及"由前至后"完全的建设过程。

与智能化工程信息设施架构相对应，智能化系统工程系统配置分项分别以信息化应用系统、智能化集成系统、信息设施系统、建筑设备管理系统、公共安全系统、机房工程为系统技术专业划分方式和设施建设模式进行展开，并作为后续设计要素分别做出技术要求的规定。

1. 信息化应用系统　系统配置分项一般包括公共服务系统、智能卡应用系统、物业管理系统、信息设施运行管理系统、信息安全管理系统、通用业务系统、专业业务系统、满足相关应用功能的其他信息化应用系统等。

2. 智能化集成系统　系统配置分项一般包括智能化信息集成（平台）系统、集成信息应用系统。

3. 信息设施系统　系统配置分项一般包括信息接入系统、布线系统、移动通信室内信号覆盖系统、卫星通信系统、用户电话交换系统、无线对讲系统、信息网络系统、有线电视系统、卫星电视接收系统、公共广播系统、会议系统、信息导引及发布系统、时钟系统、满足需要的其他信息设施系统等。

4. 建筑设备管理系统　系统配置分项一般包括建筑设备监控系统、建筑能效监管系统等。

5. 公共安全系统　系统配置分项一般包括火灾自动报警系统、入侵报警系统、视频安防监控系统、出入口控制系统、电子巡查系统、访客对讲系统、停车库（场）管理系统、安全防范综合管理（平台）系统、应急响应系统、其他特殊要求的技术防范系统等。

6. 机房工程　智能化系统机房工程配置分项一般包括信息接入机房、有线电视前端机房、信息设施系统总配线机房、智能化总控室、信息网络机房、用户电话交换机房、消防监控室、安防监控中心、应急响应中心、智能化设备间（弱电间）、其他所需的智能化设备机房等。

与智能化工程架构相对应，智能化系统工程的系统配置分项展开详见表1-1。

表1-1　智能化系统工程的系统配置分项展开表

<table>
<tr><td rowspan="9">信息化应用设施</td><td rowspan="18">应用信息服务设施</td><td rowspan="2">公共应用设施</td><td rowspan="7">信息化应用系统</td><td colspan="2">公共服务系统</td></tr>
<tr><td colspan="2">智能卡应用系统</td></tr>
<tr><td rowspan="3">管理应用设施</td><td colspan="2">物业管理系统</td></tr>
<tr><td colspan="2">信息设施运行管理系统</td></tr>
<tr><td colspan="2">信息安全管理系统</td></tr>
<tr><td rowspan="2">业务应用设施</td><td colspan="2">通用业务系统</td></tr>
<tr><td colspan="2">专业业务系统</td></tr>
<tr><td rowspan="2">智能信息集成设施</td><td rowspan="2">智能化集成系统</td><td colspan="2">智能化信息集成（平台）系统</td></tr>
<tr><td colspan="2">集成信息应用系统</td></tr>
<tr><td rowspan="9">信息服务设施</td><td rowspan="2">语音应用支撑设施</td><td rowspan="13">信息设施系统</td><td colspan="2">用户电话交换系统</td></tr>
<tr><td colspan="2">无线对讲系统</td></tr>
<tr><td>数据应用支撑设施</td><td colspan="2">信息网络系统</td></tr>
<tr><td rowspan="6">多媒体应用支撑设施</td><td colspan="2">有线电视系统</td></tr>
<tr><td colspan="2">卫星电视接收系统</td></tr>
<tr><td colspan="2">公共广播系统</td></tr>
<tr><td colspan="2">会议系统</td></tr>
<tr><td colspan="2">信息导引及发布系统</td></tr>
<tr><td colspan="2">时钟系统</td></tr>
<tr><td rowspan="15">基础设施</td><td rowspan="15">公共环境设施</td><td rowspan="4">信息通信基础设施</td><td colspan="2">信息接入系统</td></tr>
<tr><td colspan="2">布线系统</td></tr>
<tr><td colspan="2">移动通信室内信号覆盖系统</td></tr>
<tr><td colspan="2">卫星通信系统</td></tr>
<tr><td rowspan="2">建筑设备管理设施</td><td rowspan="2">建筑设备
管理系统</td><td colspan="2">建筑设备监控系统</td></tr>
<tr><td colspan="2">建筑能效监管系统</td></tr>
<tr><td rowspan="9">公共安全管理设施</td><td rowspan="9">公共安全系统</td><td colspan="2">火灾自动报警系统</td></tr>
<tr><td rowspan="6">安全技术
防范系统</td><td>入侵报警系统</td></tr>
<tr><td>视频安防监控系统</td></tr>
<tr><td>出入口控制系统</td></tr>
<tr><td>电子巡查系统</td></tr>
<tr><td>访客对讲系统</td></tr>
<tr><td>停车库（场）管理系统</td></tr>
<tr><td colspan="2">安全防范综合管理（平台）系统</td></tr>
<tr><td colspan="2">应急响应系统</td></tr>
</table>

（续）

基础设施	机房设施	机房环境设施	机房工程	信息接入机房
				有线电视前端机房
				信息设施系统总配线机房
				智能化总控室
				信息网络机房
				用户电话交换机房
				消防监控室
				安防监控中心
				智能化设备间（弱电间）
				应急响应中心
		机房管理设施		机房安全系统
				机房综合管理系统

在具体智能化系统工程设计中，上述内容需按工程项目建筑类别和智能化系统配置的综合技术功效对各类建筑系统配置的选项予以区分再细化。在《智能建筑设计标准》（GB 50314—2015）中，按建筑功能类别列出了智能化系统配置表，为智能化系统工程设计提供了系统配置的比照依据，其中业务应用各分项系统在现行各类专项建筑电气设计规范或相关行业及业务管理中已有规定，可作为工程设计的依据。

第四节　智能建筑系统集成

从1984年世界上第一座智能建筑诞生至今，短短的30多年时间，智能建筑行业在全球范围内呈现出一片欣欣向荣的局面。自20世纪90年代智能建筑进入中国市场以来，国内也相继建成了一批高水平的智能建筑。然而不可忽视的是，我国智能建筑系统集成存在着不少令人忧虑的问题。

过去的建筑系统普遍规模小，控制对象简单，各子系统之间相对独立，因此控制权限和信息的传递汇集依靠人工进行分散管理就已经是足够的了。但随着我国城市化步伐的加快，全国各地如同雨后春笋般推出了写字楼、酒店、服务式公寓、购物中心、美食中心、影视娱乐中心、休闲健身中心、会议展览中心等各类建筑项目，针对这些建筑项目的多功能特性，其所应用的子系统更加繁杂，内部经营人员与服务对象也变得更加多样。

传统的分散管理模式当中，建筑的各子系统相互独立、强弱电截然分立，已完全不能满足企业的当前需求；各个子系统相互脱节单独运转，无法实现信息的共享和联动性控制；软、硬件设备大量冗杂重复；管理人员需要熟悉和掌握各个不同厂家的技术和操作。这种管理模式变得成本高昂、效率低下，不再适应智能建筑的高速发展，更是违背了社会的发展大趋势。

另一方面，人们对建筑物除了结构稳定、布局合理和造型美观等基本性要求外，对其安全、便捷、交互、舒适和能耗等方面也有了更高的期许和新的要求。

智慧城市概念的提出，则更是进一步推动了建筑行业迎来转型升级的高速变革。为了提升人们的居住体验和满足智慧城市在当今社会的建设发展需要，传统的建筑将逐步被智能建筑所替代，在这种背景形势下，伴随着网络技术特别是通信技术的发展以及建筑物内部控制对象功能的不断丰富和提升，系统集成在这些需求的不断提出和满足中呼之欲出、应运而生，成为实现智能建筑的关键之所在。

一、系统集成概念

集成（Integration）就是一个整体的各部分之间能彼此有机地协调工作，以发挥整体效益达到整体优化之目的。集成绝非是各种设备的简单拼接，而是要通过系统集成达到“1+1>2”的整体效果。

系统集成可以理解为根据客户的需求，优选各种技术和产品，将各个分离子系统（或部分）连接成一个完整、可靠、经济、有效的总系统过程。系统集成可基本概括定义为：为实现某种目标而使某一组子系统或全部子系统进行有机结合，生成一种能够涵盖信息的收集与综合、信息的分析与处理、信息的交换与共享的能力；其子系统可组合使用，也可单独发挥功能作用，并不是对多种多样子系统产品设备的简单堆集。

只有实现了系统集成，才能在建筑的管理层面开发出多种多样的智能化应用；也只有实现了系统集成，才能最终建立起现代化的物业管理和信息服务系统。

系统集成的指导思想和目标原则是以系统集成、功能集成、网络集成和软件界面集成等多种集成技术为基础，运用标准化、模块化以及系列化的开放性设计，形成信息和任务共享、控制相对分散独立、硬件配置灵活、软件组态方便的并行处理分布式计算机系统结构模式。

以上是系统集成的初期定义，而当前较为普适通用的定义为：

系统集成（System Integration，SI）指通过结构化的综合系统和计算机网络技术，将各个分离的设备、功能和信息等集成到相互关联的、统一的和协调的系统之中，使资源达到充分共享，从而实现集中、高效、便利的管理。

系统集成的主要目的是实现信息与资源共享，便于管理与决策，提高工程和服务质量。

二、系统集成体系结构

（一）系统集成的组成

现代智能建筑的系统集成体系建立在传统智能建筑基础之上，由建筑设备自动化系统、办公自动化系统、通信自动化系统等部分构成，每个部分又涵盖了各自的子系统，使系统间的信息和软、硬件资源共享，建筑物内各种工作和任务共享，科学合理地运用建筑物内全部资源，实现智能建筑系统的一体化集成。

集成管理系统将相对独立的弱电各子系统集成在统一的计算机网络平台和统一的人机界面环境上，从而实现各子系统之间信息资源的共享与管理，实现各子系统的互操作、快速响应与联动控制，以达到自动化监视与控制的目的；克服因各子系统独立操作、各自为政的信息孤岛现象，把那些分离的设备、功能和信息有机地连接在一起，从而构成一个完整的有机整体，使资源达到高度的共享，让管理高度集中。

建筑集成管理系统是智能建筑系统的核心，属于整个智能化系统的最高级监控与管理层。它通过分布式网络将各子系统集成到同一个计算机支撑平台上，通过一个可视化的、统一的图形窗口界面，让系统管理员可以方便快捷地对整个建筑物的各功能子系统以及相应的下层功能系统实施监视、控制和管理等。

智能建筑系统集成的目标是实现对各级电子系统进行统一的监测、控制和管理；实现跨子系统的联动，提升智能建筑的总体管理水平；在开放信息网络之上，能结合应用需求嵌入到全球信息网络框架之下。

一般对建筑内实施集成的子系统包括综合布线系统、楼宇自控系统、消防报警系统、防盗报警系统、门禁系统、车库管理系统、巡更系统、照明控制系统、能源管理系统、客流统计系统、计算机网络系统、背景音乐及紧急广播系统、通信系统、机房监控系统等，将上述系统集成为一个“有机”的统一整体，能够实现多方面的功能集成，如图 1-3 所示。

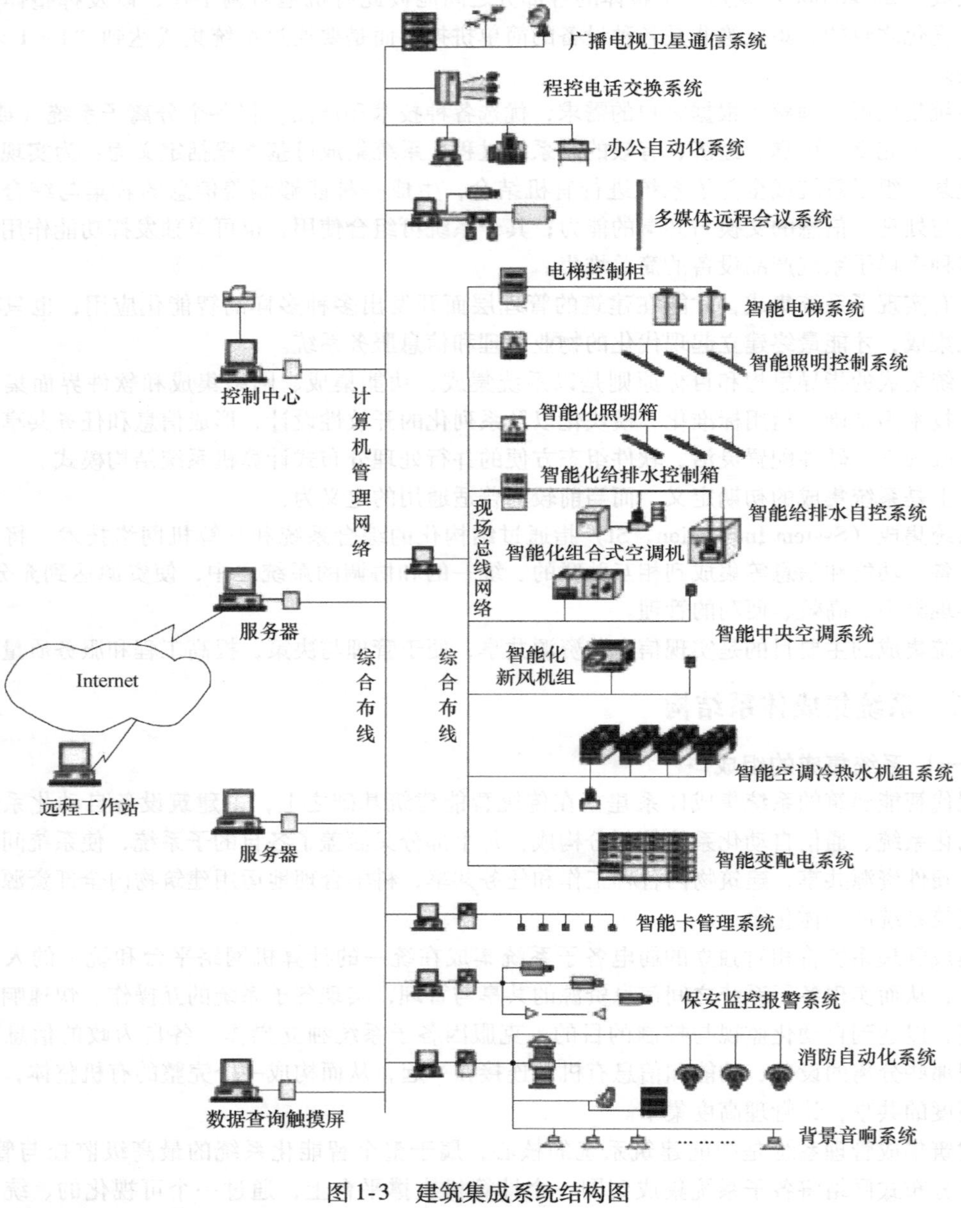

图 1-3 建筑集成系统结构图

（二）系统集成实施

智能建筑系统集成工程实施通常分为以下若干阶段：

1. 系统规划　系统规划的核心是系统目标的确定和分析，系统目标制定的正确与否，以及是否能达到目标，意味着建筑智能化系统工程的成败与效率高低。它是业主、设计者、系统承包商、系统集成商、施工单位都共同关心的问题。通常在工程建设规划刚开始时就应当明确系统集成的目标、平台框架和技术手段，这样才能为整个工程建设的各个阶段提供蓝图规划和设计指导。

2. 系统设计　智能建筑应当有一套便于管理、控制、运行、维护的通信设施，能以较低的费用及时与外界（如消防队、医院、安全保卫机关、新闻单位以及各种信息库等）取得联系。

3. 产品选型　适应管理工作的发展需要，具有可扩展性、可变性，能适应环境的变化和工作性质的多样化。

4. 工程实施　能够提供高度共享的信息资源，确保提高工作效率和舒适的工作环境，高效节能，节约管理费用，减少物业管理人员。

5. 运行管理　各种系统设备使用管理方便、安全可靠、投资合理，达到短期投资长期受益的目的；为了满足集成系统联动功能的要求和智能化管理的需要，建立和设置中央监控室，涵盖和集成各弱电子系统的监控和管理中心。

第五节　智能建筑信息化管理

智能建筑是以建筑物为平台，基于对各类智能化信息的综合应用，集架构、系统、应用、管理及优化组合为一体，具有感知、传输、记忆、推理、判断和决策的综合智慧能力，形成以人、建筑、环境互为协调的整合体，为人们提供安全、高效、便利及可持续发展功能环境的建筑。

智能建筑是高新技术的结晶，既属于技术密集型，也属于资金密集型，其设计和施工都不能照搬传统建筑的方法，需要有专业化的设计队伍和系统集成商来实现信息化管理。

信息化管理对于智能建筑而言是非常有必要的，将所有的软、硬件设施优化组合成一个满足用户功能需求的完整体系，使之朝着高速度、简化结点、高集成度、高可靠性、提升性能价格比方向稳步发展。

良好的智能建筑信息化管理可以通过最优化的综合统筹设计，避免重复放置，降低整体工程造价；有利于保证施工质量和进度，降低工程管理费用；有利于系统的一次开通，便于设计、安装、维修和管理；有利于提高物业管理水平和综合效益。因此，信息化管理是智能建筑系统化工程的必然要求。

一、智能建筑综合管理系统

智能建筑综合管理系统（Integrated Building Management System，IBMS）是目前国内大型建筑系统集成主要手段，那么如何实现 IBMS 集成，如何从最基础的建筑管理系统（Building Management System，BMS）上升到 IBMS 集成就成为了关键。目前业界对 BMS 和 IBMS 的概念和区别有些争议，所以首先来对二者的关系和概念进行介绍。

（一）IBMS 与 BMS

BMS 是以实现事件响应的快速性、设备联动的可靠性和整个建筑的安全性为目的，是以 BAS（建筑设备自动化系统）为核心的一种实时域系统集成，它最大的特点就是将原来独立的 SAS（安全防范系统）和 FAS（火灾自动报警系统）与 BAS 有机地结合起来，从而达到实现系统联动控制和整个建筑的全局响应能力。

新型的现代建筑建成后，随之而来的人流、物流和资金流等信息综合称为信息流，那么如何有效地管理和利用这些信息流以实现业务管理的集成化、智能化和资源配置最优化就成了人们迫切需要解决的问题，于是 IBMS 应运而生。

IBMS是以当今最先进的网络、计算机、通信、控制和数据处理等多项技术为基础，以现代建筑经营管理模式为手段，以实现安全、稳定、高效和集约式管理为目的的综合集成管理平台。

IBMS集成平台的总体设计原则是：将各种智能子系统集成于统一的管理平台上，形成具有信息汇集、资源共享及优化管理等综合功能的系统，实现各类设备、子系统之间的接口、协议、系统平台、应用软件、运行管理等的互联和互操作。系统拥有标准、统一、开放的接口标准，降低用户的总体拥有成本。

IBMS通过统一的软件平台对建筑物内的设备进行自动控制和管理，并对用户提供信息和通信服务。住户可以在该软件平台上取得通信、文字处理、电子邮件、情报资料检索、科学计算、行情查询等服务。另外对建筑物的所有空调、给水排水、供配电、通风、消防、保安设备等进行综合监控和协调，使建筑物的用户获得经济舒适、高效安全的环境，使建筑功能产生质的飞跃。

智能化是智能建筑综合管理系统（IBMS）的目的，智能化的关键是通过科学的数据分析和处理，有效方便地给管理者提供最可靠和详实的综合业务状况，并提出相应的优化管理和运营方案。智能化管理的核心是通过对各种信息的高效率利用，并通过类似于专家系统管理软件的友好界面，使管理者掌握更深层次的数据分析结果。管理者可以充分利用上述信息做出决策，或查阅各种管理信息和实时信息快速调整运营计划。管理者可以考虑采用的技术如数据挖掘、数据仓库、建立管理模型或ERP技术等。

由上述分析可见，IBMS既不同于原有的BMS，也不同于纯粹的物业管理系统，而是将传统建筑综合管理上升到了企业资源计划（Enterprise Resource Planning，ERP）系统的层次。IBMS不仅仅是简单的不同系统之间的网络连接，其目的是更深层次的信息共享和优化管理策略。IBMS比BMS更先进一步，要求把三个系统（OAS、CAS、BMS或BAS）集成在同一个操作界面上来进行对整个建筑的全面监控和管理，以此来提高物业管理效率和综合服务功能，降低运营成本、提高安全性。

（二）IBMS目标任务

1. 集中监控，统一管理　全面掌握建筑物当中设备的实时状态、报警和故障情况；充分发挥机电设备的功能，增加了集成的信息量和系统功能，保证机电设备安全稳定的运行。

2. 数据联通，信息共享　由于建筑内的各类系统是独立运行的，通过IBMS集成系统联通不同通信协议的智能化设备，通过信息的采集、处理、查询和建库管理，实现不同系统之间的信息共享和协同工作。例如，消防报警时，可通过联动功能实现视频现场的自动显示、动力设备的断电检测、门禁的开启控制等。

3. 提供更多增值服务　内容包括：

1）能耗分析：通过采集设备的现行、历史运行状态，记录各类设备的用电情况，超过计划用量时实时报警；统计分析各类设备的运行工况和用能情况。

2）设备维护：通过统计设备的累计运行工况，及时提醒对各类设备实施维护，避免设备突发故障。

3）管理自动化：实现对建筑物设备以最优控制为中心的过程控制自动化、以运行状态监视和计算为中心的设备管理自动化、以安全监视为中心的防灾自动化、以运行节能为中心的能量管理自动化。

4）节省成本：大量节省运行管理人员，全面提高设备管理水平；节约机电设备的能源损耗，降低机电设备的运行成本。

（三）IBMS的特点

1）IBMS使用图形化操作界面，巨量数据使用图表形式展现，让使用者可以更加直观地获载信息和实施管控操作，一键协同办公。

2）IBMS 支持公有云和私有云多服务器、多工作站部署，防灾措施十分完善。

3）IBMS 管理的主要目的不是针对设备，而是针对整个建筑经营体系的物流、人流、资金流和信息流等统一进行管理。

4）IBMS 并非一成不变，而是针对不同的用户专业定制不同的配置和相对应的解决方案，具体问题具体分析。

5）IBMS 不是技术的简单堆砌，而是技术服务于管理的具体应用。

一个好的 IBMS 管理平台，目的是方便管理和经营，同时还要能为管理者提升管理的效率和创造更高的效益。智能建筑的每一个子系统都能够单独分立工作，但 IBMS 并不取代其中任何一个子系统，而是在横向集成的基础之上，实现每个子系统之间的第二次集成，实现每个子系统之间的综合管理和联动控制。

二、基于 BIM 的智能建筑 FM 系统

建筑信息模型（BIM）是以三维数字为基础，集成不同工程专业的数据模型，通过对信息的插入、提取、更新和修改，支持项目不同阶段、不同利益相关方进行三维协同管理与设计。BIM 中的数据信息贯穿于建筑的整个生命周期，设计阶段的 BIM 可以使用到施工阶段，对施工情况进行检查，而施工阶段的改动可以在 BIM 上进行直接修改，BIM 改动显示和规划同步于施工的最终结果。无论是几何属性还是非几何属性，BIM 对于建筑在竣工后期的运维阶段是至关重要的数据信息采集和研究平台。将 BIM 数据融入到智能建筑综合管理系统（IBMS）并应用于智能建筑运维阶段，将发挥信息化管理的显著优势，并给建筑的使用者和经营者带来极大的收益和回报。

（一）BIM 与 IBMS 的关系

随着智能建筑技术的发展，IBMS 成为现代建筑运营管理的一个利器。IBMS 通过统一的软件平台对建筑物内的设备进行自动控制和管理，主要包括楼宇自控系统（BAS）、消防系统、视频监控系统、停车库系统、门禁系统等子系统。针对 IBMS 中的子系统的运行方式，可以对建筑竣工的 BIM 进行进一步的挖掘应用。

1. BIM 用于空间定位　楼宇自控系统包括了照明系统、空调系统等，相关设备设施在 BIM 中以三维模型的形式表现，从中可以直观地查看其分布的位置，使建筑使用者或业主对于这些设施设备的定位管理成为了可能。消防系统的消火栓安放位置、视频监控摄像头的位置、停车库的出入口、门禁的位置等，都在 BIM 这一三维电子地图中以点位形式反映给这些信息的关注者。

2. BIM 用于设备维护　BIM 的非几何信息在施工过程中不断得到补充，竣工后集成到 IBMS 的数据库当中，相关设备的信息如生产日期、生产厂商、可使用年限等都可以查询到，不需要花额外的时间对设备的原始资料与采购合同进行翻找，轻松为设备的定期维护和更换提供依据。另外，设备的大小、体积及放置信息作为模型的关联信息也存储在模型数据库当中，在对建筑物进行 IBMS 相关子系统的改造中，不用进行多次的现场勘查，依据 BIM 当中显示的这些信息就可制定相应的实施方案。

3. BIM 用于灾害疏散　现代建筑物的功能众多，结构也相应复杂。当建筑内部突发灾害时，及时采取有效的措施能减少人员伤亡，将经济损失降低到最小。BIM 汇集了建筑施工过程的各类信息，包括安全出入口的位置、建筑内各个部分的连通性、应对突发事件的应急设施设备所在等。因此，当建筑内部突发灾害时，BIM 协同 IBMS 的其他子系统为人员疏散提供及时有效的信

息。BIM的三维可视化特点及BIM中的建筑结构和构件的关联信息可以为人员疏散路线的制定提供依据，用以保证在有限的时间内快速疏散相关人员。如火灾时，IBMS的消防系统可以发挥作用，BIM的“空间定位”特性可以提供消防设备的对应位置，建筑的自控系统可以根据BIM定位灾害地点的安全出口，以引导人员进行逃生。

4. BIM信息用于能耗管理　在建筑内的现场设备是IBMS各个子系统的信息源，包括各类传感器、探测器、仪表等。从这些设备获取的能耗数据（水、电、燃气等），依靠BIM可按照区域进行统计分析，能更直观地发现能耗数据的异常区域，管理人员也能更有针对性地对异常区域进行检查，发现可能的事故隐患或者调整能源设备的运行参数，以达到排除故障、降低能耗、维持建筑正常运行的目的。

（二）BIM应用于FM的意义

按照国际设施管理协会（International Facility Management Association，IFMA）的定义，设施管理（Facility Management，FM）是“以保持业务空间高质量的生活和提高投资效益为目的，以最新的技术对人类有效的生活环境进行规划、整备和维护管理的工作”。而现今的FM更逐步开始成为物业管理（Property Management，PM）及资产管理（Asset Management，AM）的专业技术服务统称。

整个资产FM应用大致涵盖下列物业项目：房地产租赁管理、企业策略管理、空间管理、图文件设计数据管理、家具及设备（机电设施）管理、通信（电信与电缆）连接管理、建筑设施维修保养管理、灾害紧急预防管理、设施营运状态评估管理、生活环境状态影响评估管理，以及其他物业相关联服务。

仿效企业资源规划（ERP）观念，FM业界更进一步推动全包容式的企业信息模型（Enterprise Information Modeling，EIM），如图1-4所示。

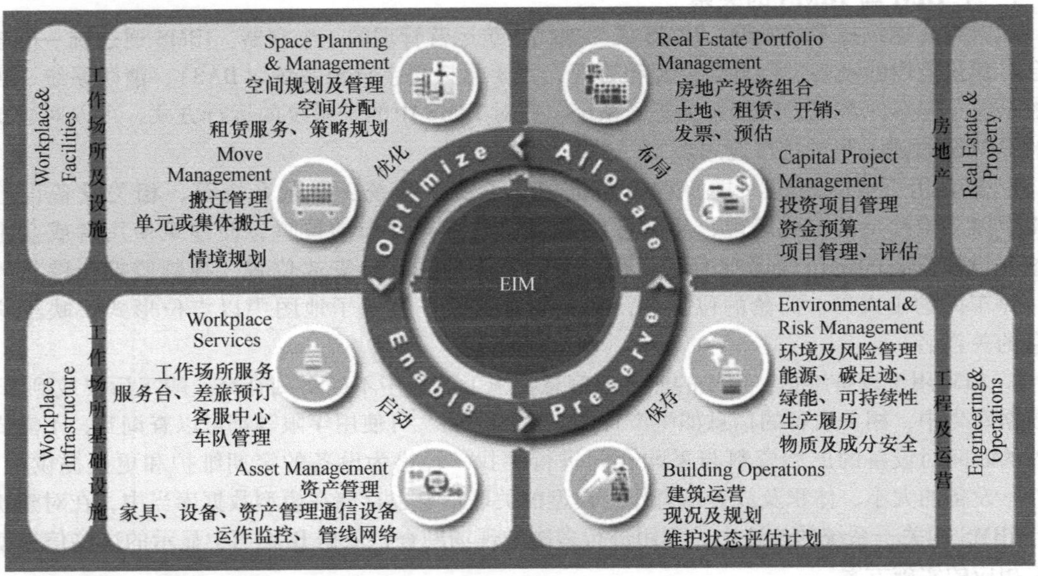

图1-4　企业信息模型（EIM）

作为整个建筑工程生命周期时间最长的阶段，物业运维阶段投入的维护管理成本随着建筑物使用时间的延长而增加，故BIM应用于此阶段所能发挥的效益与影响更显重要。

FM 与 BIM 系统的逐步衔接，也对原本各自为政、自成体系的物业设施或服务管理开启了一扇整合统一的大门。物业管理服务公司的业务范围限于法令规范，公司的经营业务不外乎行政事务、生活管理、机电维修、环境清洁及保全防灾五大项目。为提升公司的管理绩效，物业管理产业已发展出各种物业管理计算机系统或作业平台以增进业务上经营管理之效能。

BIM 技术的诞生给物业管理提供了全新的观念与方式，将分散的租赁/物业管理、空间管理、设施设备变更管理、维护管理、建筑系统分析、建筑系统运营、生命周期管理、防灾规划与处理和资产管理等，以一套模型控管，加速其自动化进程，如图 1-5 所示。

图 1-5　FM + BIM 模式

在物业运维管理方面，BIM 通过 3D 视觉沟通接口功能，链接模型与相关设备履历数据，并辅助链接定期性与临时性保养维护信息，协助使用者进行人员设备位置辨识、3D 设备维护数据查询与管理，来提升设备维护之管理效率。同时，还显著提升了信息管理应用之效能，让相关人员能更直观化地进行设施维修养护作业。而且 BIM 可与相关系统相互整合，实时提供各类信息查询及历史纪录。

在空间管理方面，使用者可通过 BIM 协助空间规划与模拟，以便有效管控空间资源的运用。

在能源管理方面，使用者可通过 BIM 分析能源、设备使用情况，以协助提升建筑物的能源管理水平。

在防灾避难规划方面，使用者可应用 BIM 进一步做防灾避难规划，通过相关空间数据仿真逃生路线，以 3D 可视化效果呈现，帮助救难人员有效地了解建筑物内抢救及避难的相关信息。

目前国内外已有一些 BIM 在物业管理领域实操的成功应用案例，其主要应用内容包含物业运维管理、空间管理、能源管理、防灾避难规划等，期待未来在国内出现更多有益的场景应用。

可以确信的是，随着近年来BIM在建筑工程产业的蓬勃发展，将BIM应用于设备设施使用维护阶段，必然是提升物业管理经营绩效的大趋势。

三、智能建筑互联网云运维平台的应用

互联网技术的高速发展，要求IBMS不仅能够对建筑运维状态全面、及时地了解和控制，而且还能够根据企业运营核心需求对各项资源进行科学、合理地配置。在当今的大数据时代，各种虚拟化的数据技术层出不穷，IBMS也逐步开始利用云计算成果，智能建筑云运维平台应用必将成为发展的大趋势。

针对上述建设要求，国内各大系统集成商各自发力，提出了多种解决方案。由于建筑工程中存在许多异构系统和不同的使用功能，这就导致同一智能建筑工程中经常存在着多种协议并存、多种产品组合的局面。下面选取市场上应用较为广泛和普遍的智能建筑互联网云运维平台进行具体讲解。

（一）智能建筑互联网云运维平台的特点

系统集成商们通常采取依托自有专利技术，打造可组态式的互联网云运维平台，来为智能建筑提供系统集成服务。这些公司在长期从事弱电系统集成软件开发和实施的基础之上，针对各类建筑弱电系统的具体特性，以系统一体化、功能一体化、网络一体化和软件界面一体化等多种集成技术为前提，运用标准化模块和系列化的开放性设计，开发出综合性的智能建筑互联网云运维平台。

云运维平台通常采取统一的用户接口体系和标识，运行和操作均在统一的界面环境下完成，能实现集中监视、控制和管理等多重功能。智能建筑互联网云运维平台将这些系统的信息资源汇集到统一的系统集成平台之上，通过对资源进行收集、分析、传递和处理，对整个智能建筑进行最优化的控制和决策，以达到高效、经济、节能、协调的运行状态。

（二）智能建筑互联网云运维平台的具体功能

云运维平台通常有以下核心功能：

1. 统一登录界面　为了避免由于智能建筑系统集成的结构复杂性与功能多样性，给服务人员或客户造成操控的困难，同时也为了保证系统工作的稳定性和保密性，智能建筑互联网云运维平台网站入口通常将分散的、相互独立的弱电子系统采用相同的软件界面进行集成，辅以生动的图形方式和数据分析模型，所有内外用户均从这个统一的界面登录进入，并根据自己的授权范围进行信息浏览和设备与系统的操控。

通常平台会根据不同的授权分别开放给五类用户：物业集团管理团队、各功能模块员工、长期客户、注册客户、浏览客户。

2. 系统配置与运营操控相分离　为了最大化地降低误操作给整个系统带来的灾难性风险，通常采取设定日常运营与系统配置相分离的管理方式，来实践浏览器/服务器（B/S）结构与客户机/服务器（C/S）结构相结合的架构体系。其中，B/S结构主要通过上述统一界面门户网站登录进入，用以完成日常经营和管理，而C/S结构主要应用于系统配置与中控室的值班监控台当中。这种架构体系将应用网络和自动化控制技术相结合，大大提高了操作和管理的效率，彻底实现了功能集成、网络集成和软件界面的集成，并最终为综合分析后的决策做支持。

3. 集中交叉调用管理　为了充分发挥建筑的整体优势与使用效率，子系统各个功能模块之间的相互关联服务必不可少。因此，智能建筑互联网云运维平台在其集成管理系统软件中引入了各个功能模块之间的资源信息共享与服务预订模块。这样，既能保证建筑群内各个功能模块之间管理与子集成运行的相对独立性，不会产生相互干扰与制约，又能使功能模块之间实现无

缝协作。

中央集成系统也能将建筑群各个功能模块的浏览、预订、使用等情况的分析报告提供给建筑群管理集团或物业管理者，以便让他们能够及时了解情况，并协助调整修改、优化建筑运营与服务决策。

上述所有功能都是在智能建筑互联网云运维平台的后台完成的，而所有资源、预订确认等信息的获取和操作对于客户与功能模块的管理者来说都是集成在一个透明的界面。

4. 中央综合集成管控中心　智能建筑互联网云运维平台的中央综合集成管控中心是24小时×365天全时空值守操控的，配有大屏幕图形与文字信息显视屏，可以同时显示建筑整体的实时运营情况，且配有各类通信手段，并可根据需要对显示内容与通信渠道进行任意切换。

5. 应急指挥中心模式　在此类大型集成管理系统中，应急指挥日益成为一个必不可少的功能，主要包括以下几个方面。

1）首先建立处理各类突发事件的应急管理预案、处置预案与设备联动预案。

2）突发事件发生时，智能建筑互联网云运维平台的中央综合集成管控中心将第一时间接手所有子系统、子集成、独立设备/设施的管理监控权，同时切断应急非授权的各种信息发布渠道与操控权。

3）根据事件类型自动或手动地通知相关应急事件的处理领导与团队成员，使得相关人员得以立即就位。

4）自动或手动通报给消防队、警察、武警、政府等相关处理突发事件的部门，并建立无阻碍信息交换通道。

5）中央管控中心大屏幕及突发事件相关区域的控制台将立即切换到与事件相关的信息与图形显示及操控界面。

6）设备、设施等联动操作启动，并随突发事件的发展而自动或手动实现增、减、变、切等功能。

7）文字显示处理突发事件的管理与处置预案步骤，协助操作人员在紧急情况下能够按规定正确操控。

8）根据预案并结合现场情况给出适当的发展趋势预测与处置建议，协助处理突发事件的指挥领导做出处置决策。

6. 能耗分析与绿色运营　所谓能耗一般是指建筑物在正常运营中对电、气、水、热等资源的消耗，大型建筑物更是能耗大户，节能减排在管理方面基本是必不可少的。智能建筑互联网云运维平台中不可或缺地集成了能耗管理的模块。

7. 资产管理与全生命周期维护　目前，在大型建筑项目当中，各类设备的种类繁杂、数量繁多等给管理造成了很大的困难，针对这些问题，智能建筑互联网云运维平台中增加了资产管理模块，提出了全生命周期维护的系统管理与服务理念。具体措施如下：

1）按照国际标准，对建筑内的设备统一编码建档。

2）根据各类设备的技术规格确定其最佳的运行数据，并实时监测，一旦发生偏离将自动纠偏或自动报警。

3）根据设备实际使用的特点，确定其最佳运行方式，并进行实时监控。

4）建立各个设备耗材补充更换、设备定期进行维保校准调试的档案，定时发出通报、通知，如果设备没有受到应有的照料，将发出报警给相关负责人。

5）建立设备折旧与报废档案，一旦设备到期，发出通报、通知、报警。

6）管理集成系统的托管维护，全程负责整体系统的维护、升级、调整、修改等服务。

7）组建自己的专业售后服务团队，提供系统维护、诊断、培训等服务，以保证值班员与系统两方面均处于最佳工作状态。

（三）智能建筑互联网云运维平台的发展趋势

智能建筑互联网云运维平台能够对不同区域智能建筑中的各种物联设备进行统一地监控管理，并通过对物联设备产生的大数据进行挖掘处理，进一步提供一系列的增值服务，如能耗改善方案等，是一个集物联网、云平台、移动互联网于一体的智能运维解决方案。

智能建筑互联网云运维平台具有两大核心特色：一是运营，是指在建筑的全生命周期之内提高建筑内所有资源的使用率，降低整体经营成本；二是维护，是指尽可能地延长建筑的使用周期。智能建筑互联网云运维平台这两大特色的最终目的，是为了提高机电设备功效，减少能源消耗，促进建筑生命周期健康有序开展。

作为一种新技术，智能建筑互联网云运维平台的开放性给智能建筑提供了很大的便利。目前，已有部分平台获得良好评价。此类平台通过引导和规范智能建筑行业的信息标准化，通过与各大软硬件供应商一起合作，逐步建立和健全了行业的标准化规范。这些项目最终的验收，进一步加快了业内公司积极并有效参与到智慧城市建设中去的步伐，同时也推动了智能建筑运维管理的发展。

运维管理服务于智慧城市，现阶段正由“人管”为主逐步向“机管”为主进行转变，运维发展的大方向是实现分布存储式处理、后台集中管理，从传统物业管理向IT化平台管理进行转变。建筑物的集成，从智能建筑集成到社区集成，再到城市集成，所有的集成都要求信息双向互动、信息可视化，集成解决集中管理的问题，解决互联互通问题，这是运营与维护管理的直接作用与要求。

云安防、云BMS集成平台与运维平台的对接与融合是发展趋势，随着高清化、网络化的推进，智能建筑互联网云运维平台规模越来越大，包含的子系统也越来越多，面临着大数据、交换和融合的需求，而云计算技术天生具备这些特性，如何将云计算技术与集成平台紧密融合，将为现代建筑业带来一次崭新的革命。云计算将为智能建筑互联网云运维平台带来一种新的服务模式——软件即服务（Software as a Service，SaaS），由于采用托管模式，用户也不再需要本地的IT人员对系统进行维护管理，这大大降低了人员管理成本，运行与维护管理完美统一。各类传输网络、海量存储设备、分类服务的云端使智能建筑互联网云运维平台具备强大的网络计算能力，支持大流量视频流的转发和存储、负载均衡、数据备份，用户可利用云端系统提供智能分析和检索功能，用户端提供手机、PAD、PC多种访问方式，实现本地高清回放，支持跨平台业务访问，实现系统的运维管理。

智能建筑互联网云运维平台中各类硬设备（摄像机、网络视频录像机、服务器、存储阵列等）构成了基础架构，基于基础设施即服务（Infrastructure as a Service，IaaS）层，视频监控系统提供平台服务（Platform-as-a-Service，PaaS），各类智能化应用提供上层支撑SaaS。

科技的大趋势和智能建筑互联网云运维平台的标准化，让智能建筑互联网云运维平台的提供商们聚焦到服务竞争，即云服务、大数据服务、运维服务的竞争，云监控中的视频管理服务（Managed Video as a Service，MVaaS）、视频托管服务（Video Surveillance as a Service，VSaaS）等皆是目前受关注的业务模块，呈现井喷之势。

综上所述，系统集成是实现智能建筑信息化管理的技术手段，能实现集中管理、测管控一体化等联动功能，互联网云运维平台是其主要表现特征，网络化、信息化的建筑智能化系统建设与管理必将成为未来的主流模式，在实践中会取得更大的发展！

思考题与习题

1. 智能建筑的定义是什么？
2. 简述建筑智能化系统的主要组成。
3. 建筑智能化系统包含哪些关键技术？
4. 什么是建筑智能化系统工程架构？在工程实施中又有哪些规定？
5. 什么是 BIM（建筑信息模型）技术？对智能建筑工程实施有何影响？
6. 简述 BMS（建筑物管理系统）与 IBMS（建筑物综合管理系统）的区别与联系。
7. 简述 BIM（建筑信息模型）应用于 FM（物业设施管理）中的意义。
8. 简述智能建筑云运维平台的特点与应用前景。

第二章

楼宇自控系统

第一节　楼宇自控系统概述

现代建筑在规模和功能上都与过去不可同日而语。建筑面积超过 8 万 m^2 的建筑物随处可见。高度超过 400m，建筑面积在 20 万 m^2 以上的超大型建筑物也不再为世人所惊叹。不仅如此，建筑物功能的多样性和集成化趋势往往使同一幢建筑物的不同区域需要同时满足办公、酒店、商场、公寓、娱乐等使用功能，各类使用者（最终用户及物业管理人员）对建筑物应提供的服务要求不断提升，所有这些都使得建筑物内部建筑设备的建设和管理日趋复杂。

为了满足各种使用功能和众多的服务要求，建筑物中需要设置照明、空调、冷热源、通风、污水处理、给排水、变配电、应急供电、电梯及自动扶梯等建筑设备。这些设备数量庞大，分布区域广，控制工艺不一，联动关系复杂，这给建筑设备的运行操作与管理维护带来了极大的困难。如变风量（VAV）系统的控制，任何一个变风量末端风量的调整都会改变送风总管的静压，从而影响其他末端的送风量，因此变频风机的频率以及其他末端的阀门开度均需进行必要的联动，以维持其他末端的送风量平衡，且热交换部分的水阀也需根据变频风机总送风量的变化进行联动。这样的控制在变风量末端较多时已变得相当复杂，更不用说送风量、水流量变化后对水泵、冷热源等造成的影响。又如冷源系统的控制，任何一台制冷机组的起动都需要依次开启各个水阀、冷却塔、水泵等设备，待所有设备就绪后才能起动制冷机组。任何一个阀门、设备的故障都需及时反映给管理人员并具有相应的应急控制预案。迅速无差错地完成众多分散设备的协调和控制并非易事。另外，节能控制的复杂计算、精密空调系统的准确控制以及供配电系统的高实时性控制也都超出人工操作的能力范围。因此，楼宇设备的计算机自动控制是现代建筑物设备控制的必然趋势。

楼宇自控系统（Building Automation System，BAS）又称为建筑设备自动化系统，它是在综合运用自动控制、计算机、通信、传感器等技术的基础上，实现建筑物设备的有效控制与管理，保证建筑设施的节能、高效、可靠、安全运行，满足广大使用者的需求。

一、BA 系统发展历史

楼宇自控系统是自动控制技术应用的一个分支，它的发展也随着自动控制技术的不断进步与完善而日趋成熟。自动控制系统发展的几个阶段可以从相应的控制设备硬件发展来体现：20 世纪 50 年代以前的基地式气动仪表控制系统、60 年代发展起来的电动单元组合仪表控制系统、70 年代的集中式数字控制系统以及 80 年代后的集散控制系统（Distribute Control System，DCS）。目前，自动控制系统正向着更加开放的方向发展。近年来发展起来的现场总线控制系统（Field bus Control System，FCS）通过公开化、标准化的通信协议打破传统 DCS 的专用封闭网络，为不同厂商产品的互联提供可能；同时利用现场智能设备的强大功能进一步将控制功能下放到现场，从而实现真正的全分布式控制结构。

BA 系统始于 19 世纪末，当时在欧洲与美国采用机械或电气控制器对采暖、通风、电力等设备进行控制，形成了 BA 系统的雏形。这一时期生产这类产品的厂商包括瑞士的 Landis&Gay、瑞典的 TAC、美国的 Honeywell 和 Johnson 等。随着科学技术的进步，这些公司所制造的控制产品逐渐演进为电子仪表型。到 20 世纪 70 年代末，电子仪表型的建筑设备控制系统的功能已相当完善。但就广义而言，建筑设备的机械或电子控制产品以及电子仪表型控制系统都属于早期的 BA 系统。

真正的 BA 系统是在 DCS 诞生后才出现的。20 世纪 80 年代，美国 Honeywell 公司首次将其 DELTA-1000 型集散控制系统应用于建筑物设备的控制与管理，建筑物设备开始从单机独立控制走向多组设备联动群控，同时控制功能向现场分散，管理功能由计算机工作站集中实现。从 20 世纪 80 年代到 90 年代，BA 系统技术随着 DCS 的技术进步同步发展，得到日益广泛的应用。但作为一种低成本的 DCS，BA 系统在设备性能、冗余措施、抗干扰能力以及编程模块的通用性方面都较工业控制中的 DCS 有着较大的区别，BA 系统更加注重设备的性价比，编程模块更具针对性。

进入 20 世纪 90 年代，随着现场总线技术在工业控制领域应用的日趋成熟，FCS 也逐渐应用于 BA 系统。无论是 BACNET 通信协议还是 LonWorks 技术的应用，都是为了追求开放的通信接口和高速、可靠的信息传输，以便对建筑设备进行全面、及时地监控与管理。同时，数据库技术、多媒体技术等的发展也使 BA 系统的数据处理分析能力日益增强，人机界面更加友好。

经过一个多世纪的发展，BA 系统已从最初的单一设备控制发展到今天的集综合优化控制、在线故障诊断、全局信息管理和总体运行协调等高层次应用为一体的集散控制方式，已将信息、控制、管理、决策有机地融合在一起。但是随着工业以太网、基于 Web 控制方式等新技术的涌现以及人们对节能管理、数据分析挖掘等高端需求的深化，BA 系统仍然处在一个不断自我完善和发展的过程中。

二、BA 系统控制对象与系统功能

（一）广义 BA 系统与狭义 BA 系统

对于通常提到的 BA 系统一般有两种范畴的理解：一种是指智能建筑 3A 中的 BA 系统，即"广义 BA 系统"，它涵盖了建筑物中所有机电设备和设施的监控内容，如图 2-1 所示。

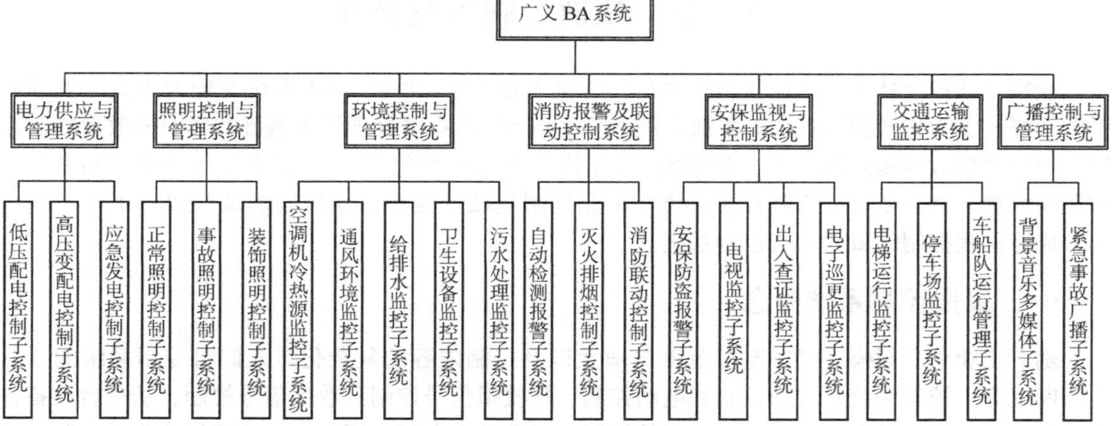

图 2-1 广义 BA 系统组成概念图

但在实际工程中，由于行业管理、安全可靠性需求以及控制需求的不同，广义BA系统中各系统的控制方式和施工管理要求各不相同。一般而言，其中消防报警及联动控制系统由具有一定消防资质的单位进行建设，所采用的产品必须预先经消防部门认定合格，并由消防局进行统一检验和测试；安保监视与控制系统的建设单位、应用产品及工程质量由公安部门和技监局进行认定、检验与测试；交通运输监控系统中的停车场监控子系统与车船队运行管理子系统以及广播控制与管理系统一般由相应厂商独立构建、自成系统。

另一种是实际工程中所谓的“狭义BA系统”，它仅包括由各设备厂商或系统承包商利用DDC或PLC对电力供应与管理、照明控制和环境控制以及电梯运行等进行监控的系统。

以上不同的部分虽然独立建设，但它们之间可通过接口协议来交换数据，完成各种联动功能。本章以下内容着重针对狭义BA系统（以下简称“BA系统”）进行介绍，其他部分将在相应章节予以讨论。

（二）BA系统的功能

目前，BA系统主要实现设备运行监控、节能控制与管理以及设备信息管理与分析3大功能。

1）设备运行监控是楼宇自控系统的首要和基本功能。BA系统采用集散控制系统，利用分散在控制现场的控制器完成设备本身的控制；通过现场总线实现设备之间的通信和互操作；中央控制站集中显示和管理各控制点的状态和参数，并对整个系统进行控制和配置。通过有效的设备运行监控，BA系统可以实现建筑设备的自动、远程控制，减少人力、加快系统响应时间和提高控制精度，同时方便物业人员对整个系统的把握和处理。

2）节能降耗是全球环境保护和可持续发展的首要手段。BA系统通过冷热源群控、最优起停、焓值控制、变频控制等手段可以有效节约建筑设备运行能耗20%～30%。同时，BA系统通过减少设备运行时间或降低设备运行强度实现节能，可在一定程度上降低设备的磨损与事故发生率，大大延长设备的使用寿命，减少设备维护与更新费用。

3）随着数据分析、数据挖掘等信息技术的发展，BA系统开始由单纯的自动控制功能，向自动控制、信息管理一体化发展。将BA系统采集的数据进行有效存储、分析，有利于发现建筑设备的设计缺陷或运行故障，为今后建筑设备改造及在线故障诊断提供依据。设备运行信息的综合分析有利于物业设施管理的设备故障诊断、设备运行状态优化、设备维护保养、降低设备能耗、提高服务质量等诸多工作项目。

第二节 集散控制系统简介

楼宇自动控制技术是工业控制技术在民用领域的延伸。目前，BA系统与绝大多数工业控制系统一样，多为集散控制系统。集散控制系统（DCS）是以微处理器为基础的集中分散型控制系统。第一套集散控制系统产生于20世纪70年代中期，20世纪80年代首次应用于建筑物设备的控制与管理。时至今日，集散控制系统在工业控制领域及楼宇自动控制领域都取得了广泛的应用，成为过程控制领域的主流控制系统。

一、集散控制系统概念

随着工业生产规模、楼宇监控范围的增大以及控制内容的复杂化，人们对控制系统的要求也不断提高。控制系统从气动控制到电动控制，从模拟信号控制到数字信号控制，从单台设备各传感器、执行机构的联动控制到设备群的控制，以致整个车间、厂区、整栋建筑的集中控制，控制技术本身经历了一个不断完善和发展的过程。集中控制基本上满足了人们对于过程控制系统的要求，但在系统的可靠性、运算负荷及网络负荷等方面还存在较大的不足，主要体现在：

1）整个系统的控制、管理依赖于中央控制站，一旦中央控制站崩溃，整个系统将陷入瘫痪。

2）全部控制运算功能由中央控制站控制主机完成，对控制主机中断优先级、分时多任务操作等控制都提出了极高的要求，同时控制主机的运算处理能力限制了整个控制系统的规模和实时响应能力。

3）所有现场采集的数据都要通过网络系统传送给控制主机进行处理，然后由控制主机发出命令指挥现场执行机构的动作，信息传输线路长、网络传输数据量大，当系统监控点数较多时实时响应能力差。

继集中控制系统后发展起来的集散控制系统通过分散控制功能，使得整个系统运算负荷、网络数据通信和故障影响范围均得到分散，同时控制功能直接在现场得以实现，也增强了系统的实时响应性。集散控制系统的主要特性是集中管理和分散控制，它是利用计算机、网络技术对整个系统进行集中监视、操作、管理和分散控制的技术。

集散控制系统的整体逻辑结构是一种分支型结构，如图 2-2 所示。集散控制系统从垂直结构上分为现场过程控制级、操作管理级和综合管理级 3 层，每一层又横向分解为若干子集。从功能分散上看，纵向分散意味着不同层次的设备具有不同的功能，如实时监视、实时控制、过程管理等；横向分散意味着同级设备之间具有类似的功能。按照这种思想设计的集散控制系统的软、硬件真正地贯彻了既集中又分散的原则。

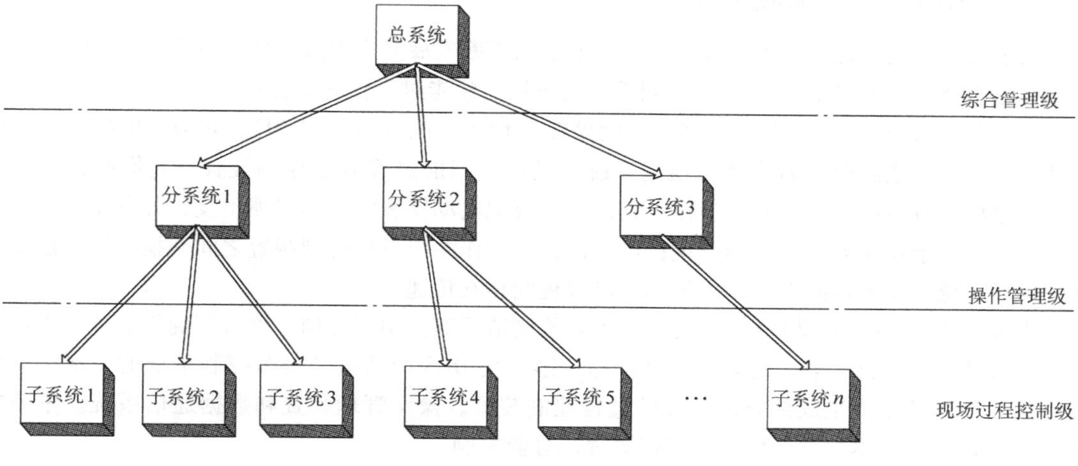

图 2-2　DCS 逻辑结构图

集散控制系统虽然产品众多，结构层次各异，但归纳起来都由分散过程控制装置、操作管理装置和通信系统 3 个基本部分组成（见图 2-3）。操作管理部分按功能又可分为工程师站、操作员站和中央管理计算机。其中，工程师站主要用于整个控制系统的组态和维护；操作员站用于系统的监视和控制操作；中央管理计算机用于整个系统信息的综合管理和优化控制。分散过程控制部分主要通过各类现场监控设备完成对现场设备的监测与控制功能。通信部分将集散控制系统的各个监控设备、工作站、服务器连接起来，进行数据、指令等信息的传递。

集散控制系统通用性强、系统组态灵活、控制功能完善、数据处理响应时间快、显示操作集中、设计安装简单规范、调试方便，适应大型工业、楼宇控制系统的监控需求。基于集散控制系统开发的各种生产管理、物业管理、能源管理等应用功能，对于提高工厂、楼宇的综合管理水

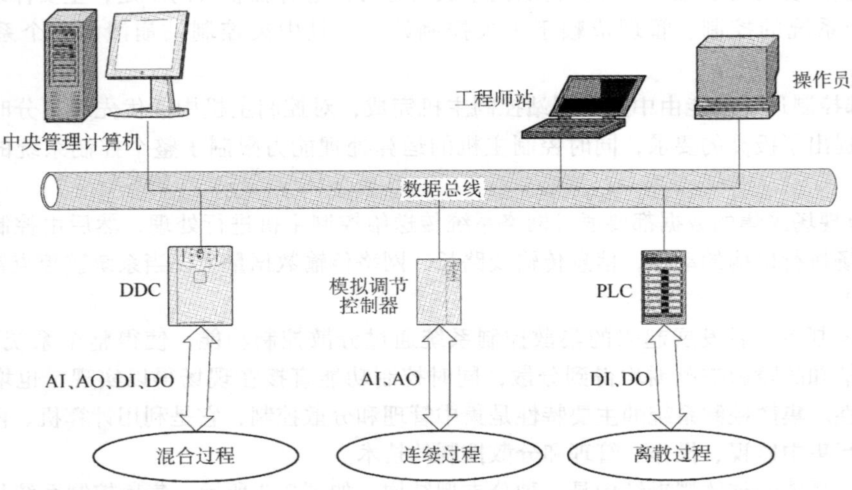

图 2-3 集散控制系统的组成

平、降低能耗、提高生产率具有积极作用。集散控制系统是整个工业生产、楼宇监控系统功能充分发挥的保证。

二、集散控制系统的发展

集散控制系统是随着技术和应用需求的发展而不断发展并日趋成熟的。自 20 世纪 70 年代中期第一套 DCS 产品问世以来，集散控制系统的发展已经走过三代的历程：

1975 年，美国 Honeywell 公司推出了世界首套 DCS 产品（TDC-2000）。它最大的特点在于把计算机集中控制系统分解为分散的控制系统，设有专门的过程分散控制装置，它们在过程控制级完成过程中各自的部分控制和操作；其次，从模拟电动仪表的操作习惯出发，开发良好的人机操作界面，用于操作人员的操作监视；最后，为使操作站与过程控制装置之间交换数据，建立数据的通信系统，使数据能在操作人员和生产过程间相互传递。

Honeywell 公司 TDC-2000 产品的推出为其他制造厂商指明了方向。许多厂商沿着这一方向进行了深入研究，形成了第一代集散控制产品。第一代 DCS 产品虽是集散控制系统的雏形，但已经包括了 DCS 的三大组成部分，即分散过程控制装置、操作管理装置和数据通信系统。重要的是具有了 DCS 的基本特点，即集中操作管理、分散控制。

第一代 DCS 产品主要有 Honeywell 公司的 TDC-2000、Foxboro 公司的 Spectrum、日本横河公司的 Centum、德国西门子公司的 Teleperm M、英国肯特公司的 P4000 等。

随着半导体技术、显示技术、控制技术、网络技术和软件技术等高新技术的发展，促进了集散控制系统的进一步发展。第二代集散控制系统的功能扩大并增强，如控制算法的扩充、过程操作范围的扩大、多处理器技术的应用等。其中最明显的是其数据通信的变化，第二代集散控制系统的通信系统从原来主从式的星形网络通信转变为对等式的总线网络通信或环网通信。但是，各制造厂的通信系统仍然各自为政，不同厂商的 DCS 产品间通信存在一定的困难。这个时期，我国的工程技术人员也开始逐步了解并掌握 DCS 应用技术，并开始研制自己的 DCS。第二代 DCS 无论在系统功能、通信结构、通信范围还是通信速率上，较第一代产品都有了很大的提高，其典型产品有 Honeywell 公司的 TDC-3000、Taylor 公司的 MOD300、西屋公司的 WDPF 等。

美国 Foxboro 公司在 1987 年推出的 I/A Series 系统标志着集散控制系统进入了第三代。第三代集散控制系统的主要改变是在局域网络方面，向上能与以太网连接（或者通过网关与其他网络联系），构成综合管理系统；向下支持现场总线，使得过程控制或现场的智能变送器、执行器和本地控制器之间实现可靠的实时数据通信，实现分布式控制。开放式的系统使得各制造厂商的产品之间可以相互进行数据通信，解决了第二代 DCS 产品在应用过程中出现的自动化孤岛等问题。此外，从系统的软件和控制功能来看，系统所提供的控制功能也有所增强。系统已不再是常规控制、逻辑控制与批量控制的综合，而是增加了各种自适应控制或自整定等控制算法。同时，第三代集散控制系统支持第三方应用软件的使用，也为用户提供了更加广阔的应用场所。除 Foxboro 公司的 I/A Series 系统外，其他制造厂商的第三代 DCS 产品还包括 Honeywell 公司的 TDC-3000/PM、横河公司的 Centumxl、Bailey 公司的INFI-90等。

三、集散控制基本组成与结构特征

（一）集散控制系统的基本组成

迄今为止，集散控制系统的发展已经历了三代，从它们的基本结构来看都是由分散过程控制装置、集中操作与管理装置和数据通信系统 3 个基本部分组成的，如图 2-4 所示。

1. 分散过程控制装置　分散过程控制装置是集散控制系统与控制过程之间的界面，集散控制系统通过分散过程控制装置读入控制过程中的各种传感器信号、执行机构状态等作为系统的输入，并通过它输出控制信号至现场的各类执行机构，以实现过程的合理控制。在集散型控制系统中，分散过程控制装置不仅承担了系统对过程的输入、输出任务，而且过程控制中的各类算法也都是在这一层解决的，这就保证了控制功能的彻底分散，这也是集散控制系统与集中控制系统的本质区别。作为控制系统的底层设备，分散过程控制装置具有如下特征：

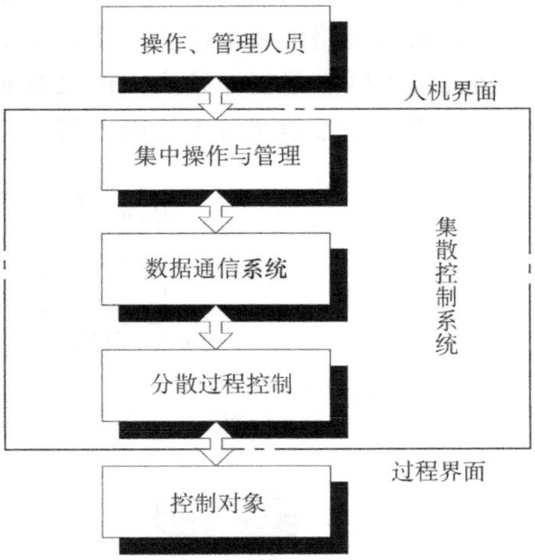

图 2-4　DCS 层级结构图

（1）能适应恶劣的工业生产过程环境　分散过程控制装置的大部分设备安装在控制现场，所处的现场环境恶劣，因此要求这些设备能够适应现场环境温/湿度的变化、电网电压的波动以及工业环境中的电磁干扰、环境介质等影响。

（2）实时性要求高　分散过程控制装置直接面向控制过程，为满足控制过程高精度、实时控制的需求，分散过程控制装置必须能够迅速地反映各种过程参数的变化，并进行实时处理与输出控制。

（3）独立性　分散过程控制装置的独立性是整个集散控制系统可靠性的保证。分散过程控制装置必须在上一级设备或上一级网络通信出现故障的情况下保持正常工作，使得控制功能真正脱离对上级设备的依赖，实现分散控制。

2. 集中操作与管理部分　集中操作与管理部分是集散控制系统与操作、管理人员之间的界面。操作、管理人员通过这部分设备了解控制现场的各种控制参数及控制状态，同时通过这些设备向现场控制设备发送操作指令或改变配置。集散系统的集中操作与管理设备还应可以对现场采集获得的各类参数、状态进行处理和管理，以形成各种报表、分析结果等，辅助管理人员进行决策及优化控制。作为集散控制系统的上层数据处理设备和人机界面，集中操作与管理装置具有如下特征：

(1) 数据处理量大 虽然对集中操作与管理装置的实时性要求没有分散过程控制装置那么高，但它需要与各分散过程控制装置保持数据通信，下达指令并汇总信息，还需要对收集的数据进行处理，这就对集中操作与管理设备的数据处理能力提出了较高的要求。

(2) 易操作性 集中操作与管理装置面向工作人员，其界面的友好性、功能的易用性直接影响到集散控制系统的工作效率和应用推广。

(3) 安全性要求高 集中操作与管理装置作为集散控制系统的中枢，对它的控制相当于对整个集散控制系统的控制，在集中操作与管理级的误操作可能影响整个系统的正常工作。因此，分级分权限管理、防止非法接入等控制措施必须在集中操作与管理装置中得到应用。

3. 数据通信系统 数据通信系统是分散过程控制设备之间、集中操作和管理设备之间以及分散过程控制设备与集中操作和管理设备之间进行联系的通路。目前的集散控制系统中，对数据通信系统的要求除了传输速率、误码率等外，主要是开放性。所谓通信系统的“开放性”是指采用国际统一的标准通信协议，以使不同厂商的产品之间可以进行互联。

集散控制系统的数据通信系统需要满足不同层次应用的需求，如现场通信的抗干扰、高实时性要求，上位机之间通信的大数据量传输要求等，因此它往往是由多层网络组合而成的，不同网络层之间通过路由设备进行连接。图 2-5 所示为典型两层网络构架的集散控制系统，此系统在上层通过以太网满足工作站之间的大数据量通信需求，底层以现场控制网络实现现场控制设备之间的高实时性通信及抗干扰能力需求，两层网络之间通过路由设备相连。

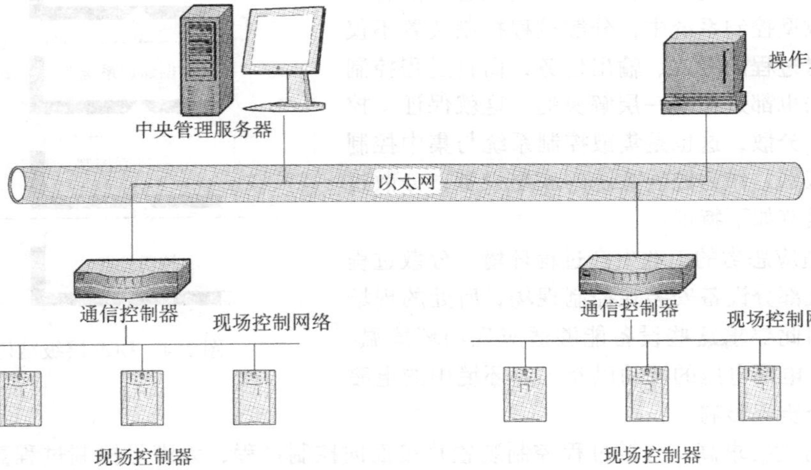

图 2-5 典型两层网络构架的集散控制系统

随着集散控制系统的发展，有些集散控制系统分散过程控制装置内增加了现场装置级的控制装置和现场总线的通信控制器，有些集散控制系统则在操作管理装置内设有综合管理级的控制装置和相应的通信控制器。虽然集散控制系统的分级增加往往会导致更多层次网络的划分，但从系统的总体结构看，集散控制系统还是由以上 3 大部分组成的。

（二）集散控制系统的结构特征

集散控制系统的功能分层是集散控制系统的体系特征，它充分反映了集散控制系统的分散控制、集中管理的特点。信息一方面自下向上逐渐集中，同时，它又自上而下逐渐分散，这就构成了系统的基本结构。作为一个由多层功能子系统构成的复杂系统，集散控制系统具有递阶控制结构、分散控制结构和冗余化结构的特征。

1. 递阶控制结构　集散控制系统由相互关联的子系统组成，它们各自的特性以及它们之间功能关联的特性决定了集散控制系统的特性。集散控制系统需要处理复杂的控制过程，各组成子系统之间既有横向的多级结构又有纵向的多层结构，它的决策控制不仅需要各子系统的决策，还需要上级系统的协调优化。各子系统之间总体上形成金字塔式的结构。某一级决策子系统可对下级施加作用，同时又受上级的干预。这就构成了集散控制系统的递阶控制结构。

递阶控制结构具有经典控制结构所不具备的优点：

1）系统的结构容易改变，系统容量可以任意扩大或缩小。

2）控制功能增强，除了直接控制外，还能实现优化控制、自学习、自适应和自组织等功能。

3）降低信息存储量、计算量，减少计算时间。

4）可设置备用子系统，以提高系统的整体可靠性。

5）各级的智能化进一步提高系统的整体性能。

2. 分散控制结构　分散控制结构是针对集中控制可靠性与安全性差的缺点而提出的。分散控制系统结构是一个自治的闭环结构。它的结构可以是垂直型、水平型以及两者混合的复合型。

1）垂直型是以上下关系为基础的结构，下位向左右方向扩大，形成金字塔形。系统的通信发生在上下位间，其主导权由上位掌握，对下位设备的动作有监视和进行调控的权限。

2）水平型是对等的分散子系统以自我管理为基础的系统结构，在通信系统中，这些子系统具有平等的地位。

3）复合型把水平型和垂直型结合起来，各子系统各自管理的同时，形成上下阶层关系，各子系统有较强的独立性。上位系统的故障不影响下位子系统间的数据交换和各自的功能。正常工作时，上位监视和支持下位的工作。集散控制系统大多采用复合型分散控制结构。

集散控制系统的分散控制结构体现在下面几个方面：

（1）组织人事的分散　集散控制系统运行的操作人员、管理人员作用与工厂的人员管理体制应相适应。因此，集散控制系统在组织人事的管理上采用了垂直分散的结构。上层以数据管理、调度为主，属于全厂优化和调度管理级和车间操作管理级。下层则进行实时处理和控制，属于过程装置控制级和现场控制级。

（2）地域的分散　地域的分散通常是水平型分散，当被控对象分散在较大的区域时（如厂区的控制），则集散控制系统就需对控制系统在地域上进行分散。

（3）功能的分散　按控制原理可分为直接控制、优化控制、自学习和自适应控制、自组织控制等。按类型分，则可以分为常规控制、顺序控制和批量控制。在集散控制系统中，分散的功能之间应尽可能有较少的关联，尤其是在时间节拍上的关联应越少越好。因此，通常采用的功能分散是：具有人机接口功能的集中操作站与具有过程接口功能的过程控制装置的分散；过程控制装置中控制功能的分散；按装置或设备进行的功能分配以及全局控制和个别控制之间的分散等。

（4）负荷的分散　集散控制系统为将系统失效的危险分散而将负荷分散，不是由于负荷能力不够而进行负荷分散。通过负荷分散，使一个控制处理装置发生故障时对整个系统的危险影响减至尽可能小的地步。在控制回路之间的关联较弱时，通过减少控制处理装置处理的回路数可以达到危险分散的目的。在控制回路之间有较强的关联时，尤其是在顺序控制中，各回路间还存在时间上的关联，可将与相应装置对应的功能分散，或按装置或设备进行分散，来设置过程控制装置，使危险分散。

分散控制结构以良好的通信系统为基础，但过分的分散使系统的通信量增大，响应速度下降。而过分的集中，一方面受微处理器处理速度限制而使信息得不到及时处理，也会造成响应速度变慢；另一方面，系统的可靠性也会下降。因此，考虑到经济性、实时性、可靠性、系统构成的灵活性等因素，集散控制系统纵向常分为3～4层。

3．冗余化结构　为了提高系统的可靠性，集散控制系统在重要设备与对全系统有重大影响的公共设备上采用冗余结构。应当指出，把所有设备都采用冗余结构是不必要也是不经济的，应对冗余增加的投资和系统故障停工造成的损失进行权衡比较，来考虑合适的冗余结构方式。常采用的冗余方式有：

（1）同步运行方式　同步运行方式应用于可靠性要求极高的场合。让两台或两台以上的装置以相同的方式同步运行，输入相同的信号，进行相同的处理，然后对输出进行比较，如果输出保持一致，则系统运行是正常的。两台同步运行的系统称为双重系统。这种冗余方式常用于信号联锁系统。一些重要的系统常采用“三中取二”的方式来进一步提高系统可靠性。

（2）待机运行方式　待机运行方式采用N台同类设备，一台后备设备，平时后备设备处于准备状态，一旦N台设备中某一台发生故障，能起动后备设备使其运行。当一台设备工作，一台设备后备时，称该系统为双工系统，或1:1备用系统。N台设备工作，备用一台后备的系统为N:1备用系统。在这种方式需要有一个指挥装置处理故障发生时软件、数据的转移等操作，还需有自动切入备用设备使之投运的程序。

（3）后退运转方式　正常时，N台设备以各自分担各自功能的方式进行运转，当其中一台设备损坏时，其余设备放弃部分不重要功能，自动替补执行损坏设备的功能，这种方式称为后退备用方式。如操作站，通常DCS采用两台或3台操作站，通过分工，可以让第一台用于监视，第二台用于操作，第三台用于报警。当任一台故障时，其功能转入在正常操作台上完成。而当系统开、停车或紧急事故状态时，这3台操作站都可用于监视或操作。

（4）多级操作方式　多级操作方式是一种纵向冗余的方法。正常操作是从最高一层进行的。若该层出现故障，则由下一层完成，这样逐步向下形成对最终元件执行器的控制。集散控制系统中的有关功能模块都设有手/自动切换开关，自动时由该功能模块自动操作输出信号，手动时由人工操作输出信号。在通信失效时，由分散控制装置的编程器转入自动或手动，一旦集散系统全部故障，还可通过仪表面板的手动操作器控制。

第三节　楼宇自控系统中的集散控制系统

集散控制系统是工业生产过程控制需求的产物，首先在工控领域得到成功应用，然后逐渐应用于楼宇控制。相对于工业控制，楼宇控制在控制精度、系统实时响应性能、可靠程度等方面都不如工业控制那么严格，同时，系统的建设投资也较低。为适应楼宇控制的特点，集散控制系统的许多备份、冗余措施在楼宇控制中都取消了，系统结构及控制器、工作站的功能也有不同程度的简化和削弱，但整体系统的组成和构架还是相同的。因此有人称楼宇控制系统为“一种低成本的集散控制系统”。

本节将针对楼宇控制的实际需求，介绍目前楼宇控制中所采用的集散控制系统的功能要求和典型应用。

一、楼宇自控系统的典型网络结构

楼宇自控系统采用集散控制系统的网络结构，工程建设中具体采用哪种网络结构应视系统规模的大小以及所采用的产品而定。

（一）工作站通过相应接口直接与现场控制设备相连

这种网络结构适用于监控点数较少且分布比较集中的小型楼宇自控系统，如图2-6所示。它实际上是一种单层网络结构，现场设备通过现场控制网络相互连接，工作站通过通信适配器直接接入现场控制网络。这种网络结构具有如下特性：

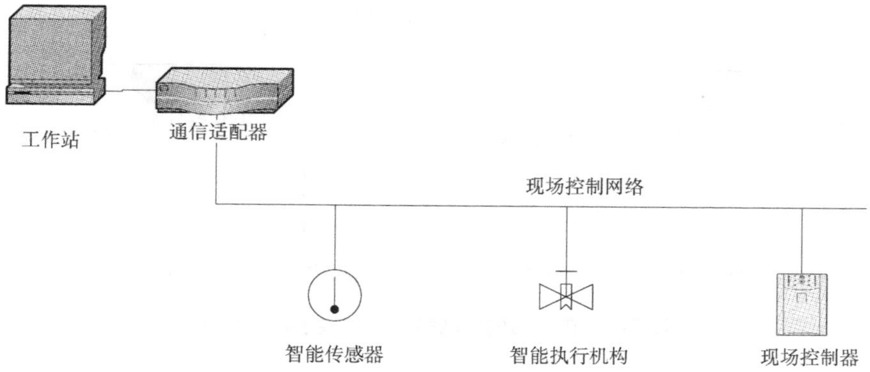

图2-6　工作站通过相应接口直接与现场控制设备相连的网络结构

1）整个系统的网络配置、集中操作、管理及决策等全部由工作站承担。

2）控制功能分散在各类现场控制器及智能传感器、智能执行机构之中。

3）如果现场设备的数量超出了一条现场控制总线的最大设备接入数，可以在工作站上再增加一个通信适配器以增加一条总线。

4）同一条现场控制总线上所挂接的现场控制设备之间可以通过点对点或主从的方式直接进行通信，而不同总线的设备之间通信必须经过工作站的中转。

目前，绝大多数的楼宇自控产品都支持这种网络结构。这种网络结构构建简单、配置方便，但只支持一个工作站，且工作站仍然承担了不同总线设备之间通信中转的任务，控制功能分散不够彻底。随着楼宇自控项目规模的增大，这种网络结构在工程中的应用越来越少。

（二）典型的两层网络构架

如图2-7所示，这种网络采用了典型的集散控制系统两层网络构架，适用于绝大多数楼宇控制系统。上层网络与现场控制总线两层网络满足不同的设备通信需求，两层网络之间通过通信控制器连接。这种网络结构是许多现场总线产品厂商主推的网络构架，如推出LonWorks总线技术的美国Echelon公司等。两层网络结构的楼宇自控系统具有以下特性：

1）底层控制总线具有实时性好、抗干扰能力强等特点，虽然一般通信速率不高，但完全能够满足底层现场控制设备之间通信的需求。

2）操作员站、工作站、服务器之间由于需要进行大量的数据、图形交互，通信带宽要求较高，而实时性要求和抗干扰要求不如现场网络那么严格，因此上层网络多采用局域网络中比较成熟的以太网等技术构建。

3）两层网络之间进行通信需要经过通信控制器实现协议转换、路由选择等功能。通信控制器的功能可以由专用的网桥、网关设备或工控机实现，是连接两层网络的纽带。

4）不同楼宇自控厂商产品在通信控制器上功能的强弱有很大差别。功能简单的只是起到协议转换的作用，在采用这种产品的网络中不同现场控制总线之间设备的通信仍要通过工作站进

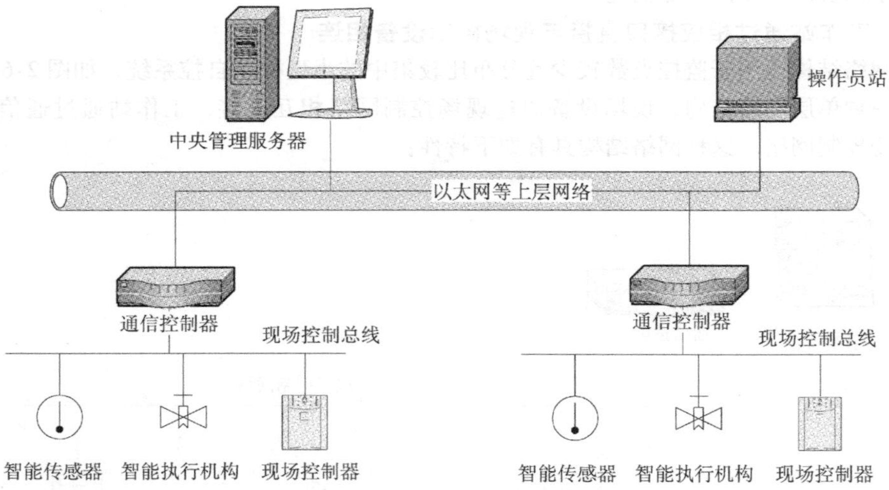

图 2-7 典型的两层网络构架的楼宇自控系统

行中转；功能复杂的可以实现路由选择、数据存储、程序处理等功能，甚至可以直接控制输入/输出模块起到 DDC 的作用，这种设备实际上已不再是简单的通信控制器，而成为一个区域控制器，如美国 Johnson Controls 的网络控制单元（NCU）就是这样一种设备。在采用后一种产品的网络中，不同控制总线之间设备的通信无需通过工作站，且由于整个系统除了人机界面以外的其他功能实际上都是通过区域控制器及以下的现场设备实现的，因此工作站的关闭完全不影响系统正常工作，系统实现了控制功能的彻底分散，真正成为一种全分布式控制系统。目前，有些公司（如 TAC）甚至将 Web 服务器功能集成到区域控制器，这样用户甚至不用选配工作站，通过任意一台安装有标准网络浏览器（如 IE）的 PC 即可实现所有监控任务。

5）绝大多数楼宇自控产品厂商在底层控制总线上都有一些支持某种开放式现场总线技术（如由美国 Echelon 公司推出的 LonWorks 现场总线技术）的产品。这样两层网络都可以构成开放式的网络结构，不同厂商的产品之间能够方便地实现互联。

（三）三层网络结构的楼宇自控系统

这种网络结构（见图 2-8）在以太网等上层网路与现场控制总线之间又增加了一层中间层控制网络，这层网络在通信速率、抗干扰能力等方面的性能都介于以太网等上层网路与底层现场控制总线之间。通过这层网络实现大型通用功能现场控制设备之间的互连。

现场控制器（这里主要是指 DDC）输入/输出点数的多少是产品设计及工程选型时考虑的主要问题。目前市场上流行的 DDC 点数从十几点到几百点不同。在工程中，有些场合监控点比较集中，如冷冻机房的监控，适合采用一些大点数的 DDC；有些场合监控点相对分散，如变风量（VAV）系统末端的监控，适合采用一些小点数的 DDC。而厂商在设计 DDC 时，从经济性的角度考虑，所选用的处理器、存储器也会根据此 DDC 点数的多少有所不同，一般点数较少的 DDC 功能也相对较弱，点数较多的 DDC 功能和处理能力也较强。

在一些诸如 VAV 末端的控制中，虽然末端设备的基本控制要求较低，但作为整个系统的联动控制，如风管静压控制，单个末端状态的变化都会引起其他各监控状态的变化，这些联动控制相当复杂。在这类末端分布范围较广，而联动控制复杂的系统监控中，无论单独采用小点数 DDC 还是大点数 DDC 都存在许多问题，简述如下：

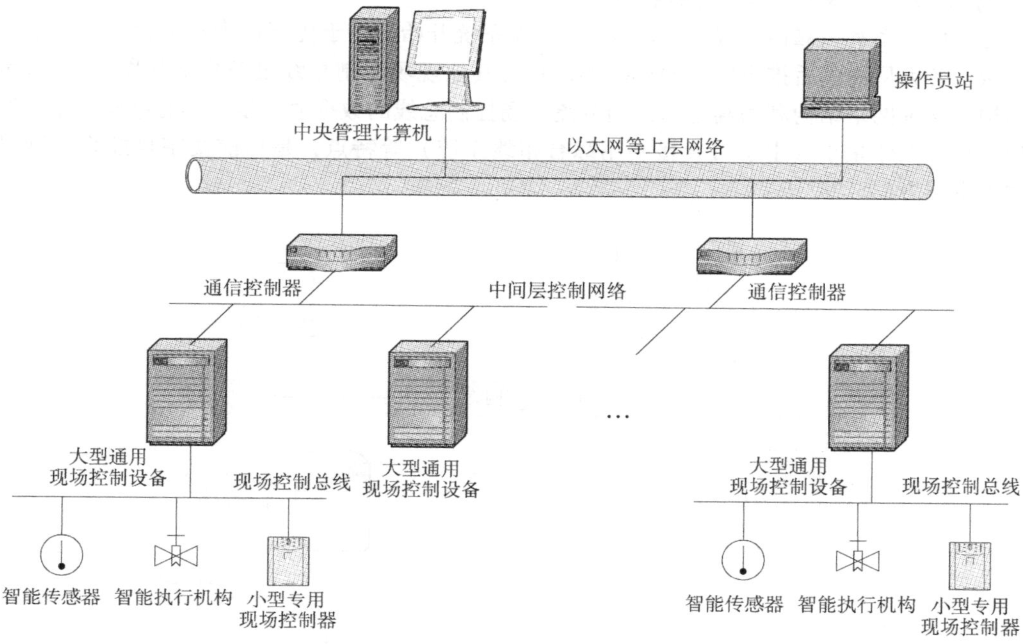

图 2-8　三层网络结构的楼宇自控系统

1）如单独采用一些小点数的 DDC，一方面要求每个 DDC 都具有较强的运算、处理能力，工程成本较高；另一方面，为实现复杂的联动功能，DDC 之间的通信速率要求也较高。

2）如单独采用一些大点数的 DDC，一方面由于末端设备分布范围较广，导致末端传感器、执行机构到 DDC 的布线距离较长，布线复杂，干扰大（目前绝大多数工程中传感器、执行机构到 DDC 之间的通信还是采用模拟信号）；另一方面，如 DDC 的点数过大，实际上又成为一种小集中控制系统，这台 DDC 的故障可能引起较大范围的系统瘫痪。

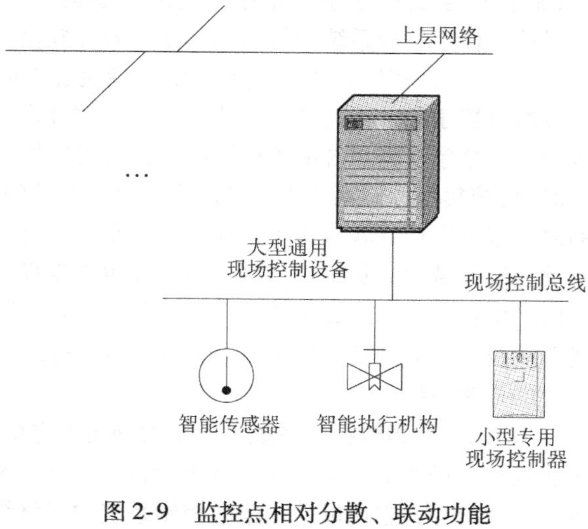

图 2-9　监控点相对分散、联动功能复杂系统解决方案

对于这类系统的监控，比较理想的解决方案如图 2-9 所示。这种解决方案在各末端现场安装一些小点数、简单功能的现场控制设备，完成末端设备的基本监控功能。这些小点数现场控制设备通过现场控制总线接入一个功能较强的控制设备，大量的联动运算在此控制设备内部完成，由这个设备完成整个系统的联动控制。这些功能较强的控制设备也可以带一些输入、输出模块直接监控现场设备，功能较强的控制设备之间数据通信通过上一层网络实现。针对此类应用，三层网络结构的楼宇自控系统就可以体现出其优势。

（四）以太网为基础的两层网络构架

随着通信速率和可靠性的提高，以太网在BA系统开始应用于传统认为不适合其进入的现场控制领域。各大厂商先后推出以太网控制器，并与其他现场控制总线设备构成如图2-10所示的网络结构。这种网络结构利用高速以太网分流现场控制总线的数据通信量，具有结构简单、通信速率快、布线工作量小（上层可直接利用综合布线系统）等特点，是目前楼宇自控系统网络结构的主流发展方向。

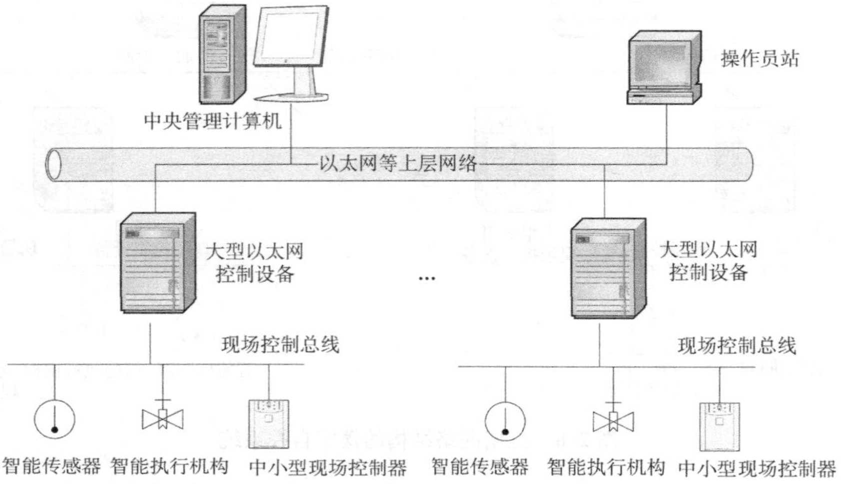

图2-10 以太网为基础的两层网络结构楼宇自控系统

（五）楼宇自控系统网络结构的发展趋势

目前，楼宇自控系统网络结构不断朝着开放化、标准化、远程化、集成化的方向发展。

1）目前，许多厂商的产品都开始支持通过Internet远程接入进行监控。系统操作员、管理员可以通过置于DDC级、通信控制器级或工作站、服务器级的MODEM或Web服务器等接入设备远程登录楼宇自控系统的不同网络层面进行监控与维护。

2）传统集散控制系统中，各厂商推出的产品的网络系统都有自己的通信协议，不同厂商的产品之间很难实现互联。为了打破这种“信息孤岛”，现场总线技术应运而生。现场总线被称为是自动控制领域的计算机局域网，应用在生产现场（现场控制总线级），在微机测控设备之间实现双向、串行、多节点数字通信，是一种开放式、数字化、多点通信的底层控制网络。正是由于现场总线技术的应用使得集散控制系统成为一种公开化、标准化的解决方案，真正成为一种全分布式的控制系统。

3）在以往的集散控制系统中，以太网技术之所以无法直接运用于控制现场是由于传统以太网无法满足现场通信的实时性、抗干扰能力要求。随着以太网技术的发展，DDC直接接入以太网成为一种趋势，它可以简化集散控制系统的网络结构，提高网络监控性能，是未来集散控制系统的发展方向。

4）楼宇自控系统网络结构的标准化进程并不满足于单层网络系统的公开化、标准化，而追求整体通信解决方案的标准化。BACnet是由多个楼宇自控系统产品供应商共同达成的在楼宇自控及控制领域内的一种数据通信协议标准。它是由ASHRAE（American Society of Heating, Refrigeration and Air Condition Engineer）进行研发制定的，提供了在不同厂商产品之间实现数据通信的标准。它从整体上对系统通信网络的标准结构及各层协议进行了定义，为整个楼宇自控系统网络完全标准化提供了可能。

5）在信息集成需求日益强烈的今天，楼宇自控系统并不满足于自身信息的集中与集成，更要求与智能楼宇中的其他子系统进行联动和信息集成。BMS（Building Management System）是整个楼宇中所有监控系统的集成平台。为将信息集成入 BMS，楼宇自控系统与 BMS 之间需要有相应的数据通信接口。OPC（OLE for Process Control）技术是由多家自控公司和微软共同制定的，其中采用了微软的 ActiveX、COM/DCOM 等先进和标准的软件技术，现已成为一种工业标准。OPC 支持多种开放式的通信协议以满足客户对信息集成的需求。它为用户提供了一种开放、灵活、标准的信息集成技术，可以大大地减少系统集成所需的开发和维护费用，增加集成的标准化程度。

6）以往的集散控制系统中，服务器与工作站之间采用 C/S（客户机/服务器）结构构建，这种结构一方面限制了客户机的数量，同时由于各客户机在数据查询时都单独访问服务器，服务器的运算处理量较大。B/S（浏览器/服务器）结构是一种新型的服务器、工作站构架，通过信息发布服务器将楼宇自控系统中的数据、资源以网页的方式发布在局域网，甚至 Internet 上，客户端的访问仅取决于登录权限。这种方式使得楼宇自控系统信息发布的范围更广，是未来互联网时代的楼宇自控系统发展方向。但这种构架的安全性是需要保证的首要问题。

二、楼宇自控系统的现场控制站

在工业控制集散控制系统中，不同厂商的集散控制系统产品，现场控制站的名称各异，如过程接口单元（Process Interface Unit）、基本控制器（Basic Controller）、多功能控制器（Multifunction Controller）等，但其内部结构形式大致相同。它们都是由安装在控制机柜内的一些标准化模件组合而成的。组合后仅具有数据采集功能的称为监测站，组合后仅具有顺序控制功能的则称为顺序控制站。模块化的结构允许各类现场控制站可根据不同的可靠性要求采用冗余结构。可编程逻辑控制器、单片机组成的小型控制采集装置、STD 总线系统、工业 PC 等小型工控总线型工业控制计算机系统以及现场总线的控制模块，都可作为工业控制集散控制系统的现场控制站。

但在楼宇自控系统中，对现场控制站的要求无论在处理能力还是输入/输出点数等方面都较工业控制要弱，控制工艺也相对固定。因此，楼宇自控系统的现场控制站并不像工业控制环境那样庞大，而将工业控制环境中现场控制站的全部功能浓缩在一个现场控制器（通常为 DDC）中。在楼宇自控系统中，一个控制器加上相应的电源、辅助输入/输出设备（如各种继电器、接触器等）就构成了一个典型的现场控制站。由于楼宇自控系统中现场控制站的功能较弱，因此也常称其为“现场控制节点”。

（一）楼宇自控系统中现场控制站的功能

楼宇自控系统现场控制站的处理能力虽然不如工业控制那么强，但实现的功能基本相同。现场控制站对各种现场检测仪表（如各种传感器、变送器等）送来的过程信号进行实时数据采集、滤波、校正、补偿处理，并完成上下限报警、累积量计算等运算、判别功能。重要的测量值和报警值由通信网络传送到操作员站数据库，供实时显示、优化计算、报警打印等。同时，现场控制站还可以完成自动反馈控制、批量控制与顺序控制等控制运算，并接受中央监控站发来的各种操作命令进行参数调整和强制控制，提供对建筑设备的直接调节控制功能。现场控制站的组成如图 2-11 所示。

楼宇自控系统的显示与操作功能通常集中于中央监控站，现场控制站一般不设置显示器和操作键盘，但有的系统备有手操器，在开停工或检修时可直接连接现场控制站进行操作。某些现场控制站在前面板上有小型按钮与数字显示器的智能模件，可进行一些诸如参数调整、状态查看等简单操作。

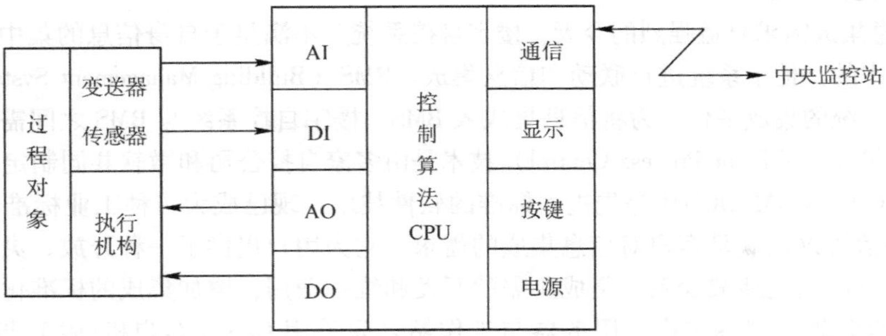

图 2-11　现场控制站的组成

（二）现场控制站的结构

工业控制集散控制系统中单个现场控制站的全部功能一般都集中在一个机柜内。机柜中有各种插槽，工程建设时根据现场监控需求配上各种电源板、CPU 板、存储器板、输入/输出板、通信板等模块组成完整的现场控制站。在楼宇自控系统中，由于现场控制站的绝大多数功能已集成在现场控制器中，因此，机柜、现场控制器、电源加上各种辅助输入/输出设备就可以构成一个典型的现场控制站。

1. 机柜　虽然楼宇自控系统现场控制的绝大多数功能都已集成在现场控制器中，但为了防尘、防电磁干扰、安装电源及辅助输入/输出设备，现场控制器和电源等设备仍然要安装在相应的机柜内。楼宇自控系统根据需要有时会将几个现场控制器安装在同一个机柜内，但从功能上说，每个控制器实际上是一个现场控制站。

楼宇自控系统中机柜内部一般有多层导轨装置，以供安装电源及各种模件之用。外壳均采用金属材料（如钢板或铝材），活动部分（如柜门）与机柜主体之间保证有良好的电气连接，从而为内部的电子设备提供完善的电磁屏蔽。为保证电磁屏蔽效果和操作人员的安全，机柜要求电气可靠接地，接地电阻小于 4Ω。

根据需要，机柜还可以配上相应的散热设备，以保证设备的正常工作温度。

2. 电源　稳定、无干扰的供电系统是现场控制站正常工作的重要保证。在工业控制环境中为保证现场控制站的电源质量，通常采用双路供电、变压器隔离、装设 UPS 以及其他冗余措施。楼宇自控系统对电源的要求不如工业控制环境那么严格，一般要求现场控制站的电源由中央控制室或操作员站单独拉出，这样现场控制站的电源质量基本与中控站或操作员站设备的电源质量相同，且具有 UPS 保护。

目前许多工程中现场控制站采用“就近取电”的方法进行供电，这种做法无法保证良好的电源质量和电源可靠性，是不可取的。

3. 控制器　现场控制器是楼宇自控系统现场控制站的核心，由 CPU、ROM、RAM、输入/输出接口、时钟等基本部件构成。硬件与软件都以一定的标准制成多种类型的模块，现场控制器在硬件上和各类传感器、执行器直接相连，软件中配备各类设备控制模式的程序，可以按建筑物的规模与不同设备类型任意组合、扩展系统。其中丰富的楼宇自控软件可对建筑设备进行分区控制、最佳起停控制、PID 自适应控制、参数趋势记录、报警处理、逻辑及时序控制等。所有这些监控功能均由各类传感器、电动执行装置、阀门等配合现场控制器共同完成。

楼宇自控系统的现场控制器主要是 DDC 和 PLC 等设备，这些设备中均已经集成了 CPU 模块、I/O 处理模块、存储模块、通信模块等功能模块。不同现场控制器的 CPU 处理能力、I/O 点数及存储器大小各不相同，这些都是选择现场控制设备时要考虑的因素。

楼宇自控系统中，工程师一般在上位机以模块组态的方式进行控制程序的编写，编写好的控制程序经上位机编译后下载至现场控制器。这些控制程序存储在现场控制设备的存储器中，即使断电也不会丢失。CPU 的处理能力和存储器的大小决定了现场控制设备所能处理控制程序的复杂性。

现场控制器通过通信模块与其他设备进行通信，包括向上位机发送监视状态、接收上位机发出的指令、与同级设备进行互操作以及通过现场控制面板改变部分程序参数等。通信接口根据产品不同可以包括与现场总线的接口、与现场控制面板的接口、与上层控制网络（可以是以太网、中间层控制网络或通信控制器）的接口等。

现场控制设备中种类最多、数量最大的就是与各种过程控制量之间的接口。它们是整个集散控制系统与控制过程之间的接口，直接负责从各种传感器、变送器读入现场状态，并输出信号控制各类执行机构。现场控制设备包括 4 种最基本的输入/输出接口：模拟量输入接口（AI）、模拟量输出接口（AO）、开关量（或称为数字量）输入接口（DI）、开关量（或称为数字量）输出接口（DO）。

（1）开关量（或称为数字量）输入接口　数字量输入接口用来输入各种限位（限值）开关以及继电器或阀门连动触点的开、关状态，输入信号可以是交流电压信号、直流电压信号或干接点。由于干接点信号性能稳定，不易受干扰，输入/输出方便，所以目前应用最广。

数字量输入接口接收现场各种状态信号，经电平转换、光电转换及去噪等处理后转换为相应的 0 或 1 输入存储单元。数字量输入接口不仅可以输入各种保持式开关信号，也可以输入脉冲信号，并利用内部计数器进行计数。

（2）开关量（或称为数字量）输出接口　数字量输出接口用于控制电磁阀门、继电器、指示灯、声光报警器等只具有开、关两种状态的设备。数字量输出接口一般以干接点形式进行输出，要求输出的 0 或 1 对应于干接点的通或断。利用数字量输出接口控制一盏 24V 直流指示灯的电气原理图如图 2-12 所示。在工程中当控制对象所需要的电源为 220V 以上或需要通过较大电流时，现场控制器的数字量输出接口一般不能直接接入相应回路，需要借助中间继电器、接触器等设备进行控制。

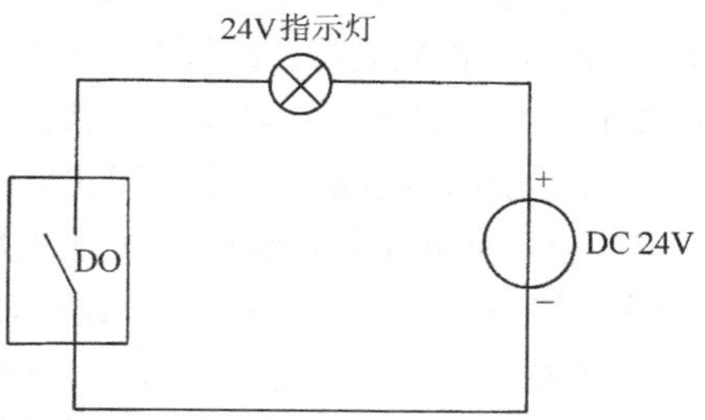

图 2-12　数字量输出接口控制指示灯电气原理图

（3）模拟量输入接口　控制过程中的各种连续性物理量（如温度、压力、压差、应力、位移、速度、加速度以及电流、电压等）和化学量（如 pH 值、浓度等），可以由现场传感器或变送器转变为相应的电信号或其他信号（如温度传感器一般通过热敏电阻的阻值变化反应温度变化）送入现场控制设备的模拟量输入通道进行处理。

一般输入的电信号有以下几种：电压信号——由热电偶、热电阻及应变式等传感器产生；电流信号——由各种温度、压力、位移或各种电量、化学量的变送器产生。楼宇自控系统中现场设备的电信号输入一般主要采用 DC 4～20mA 标准电流信号或 DC 0～10V 标准电压信号，一些厂商也有使用 DC 0～5V 电压信号的。一般推荐在传输距离较长时尽可能采用电流信号，以降低线路损耗。

由于现场传感器类型很多，输出的信号各不相同，因此对于一种特定现场控制设备而言，所支持的传感器类型是有限的，所以在传感器的选型时要注意与现场控制设备所能接受的信号的匹配。如在选择温度传感器时要注意现场控制设备所支持温度传感器的热敏电阻材料、常温下的阻值等。

另外，许多厂商提供的现场控制设备支持将模拟量输入接口与数字量接口通用。这些产品只要在编程时进行设置或在硬件上跳线就可以选择输入信号类型，这种接口称为通用输入接口（UI）。

（4）模拟量输出接口　模拟量输出接口的输出一般为 DC 4～20mA 标准直流电流信号或 DC 0～10V 标准直流电压信号，有些场合也使用 DC 0～5V 或 DC 2～10V 电压信号。模拟量输出接口用来控制直行程或角行程电动执行机构的行程，或通过调速装置（如变频调速器）控制各种电动机的转速，也可通过电/气转换器或电/液转换器来控制各种气动或液动执行机构，如控制电动阀门的开度等。

模拟量输出接口的输出信号一般都可以在电流型和电压型之间转换。这种转换有些可以直接通过软件设置实现，有些则要通过外电路实现，如在 4～20mA 标准直流电流信号输出端接入一个 500Ω 电阻，电阻的两端就是 DC 2～10V 电压信号。

4. 辅助输入/输出设备　现场控制设备的模拟量/数字量输入接口及模拟量输出端口一般都可以直接输入或输出信号与现场传感器、变送器、执行机构进行通信，输入各种现场状态、参数，输出控制现场设备。但当使用数字量输出端口控制现场 36V 以上电压或大电流回路时，往往需要借助各种继电器、接触器等辅助设备，以保证现场控制设备的端子不窜入高电压或通过大电流。

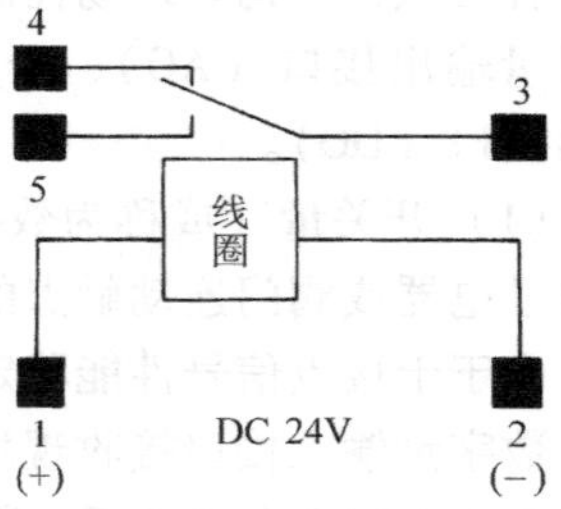

图 2-13　某中间继电器的工作原理图

各种继电器、接触器的工作原理基本相同，它们都是以电磁线圈和动合、动断触点为基本组成部分。图 2-13 为某中间继电器的工作原理图，其中 1 号和 2 号端子接线圈两端，当线圈两端接通 24V 直流电时，线圈吸合；3 号端子与 4 号端子为一对动断触点，当线圈吸合时断开；3 号端子与 5 号端子为一对动合触点，当线圈吸合时导通。这种中间继电器是由 24V 直流电驱动的，动合、动断触点都可以通断 220V 回路，但可承受的电流一般不大。

图 2-14 为通过中间继电器实现现场控制器数字量输出接口控制 220V 回路的原理示意图。当现场控制器要求 220V 回路灯亮起时，DO 点输出为 1，即 DO 两端子导通，中间继电器线圈得电，使得 3 号、5 号这对动合触点闭合，220V 回路导通，灯亮。反之，当 DO 点输出为 0 时，DO 两端子断开，中间继电器线圈失电，3 号、5 号这对动合触点断开，220V 回路开路，灯灭。

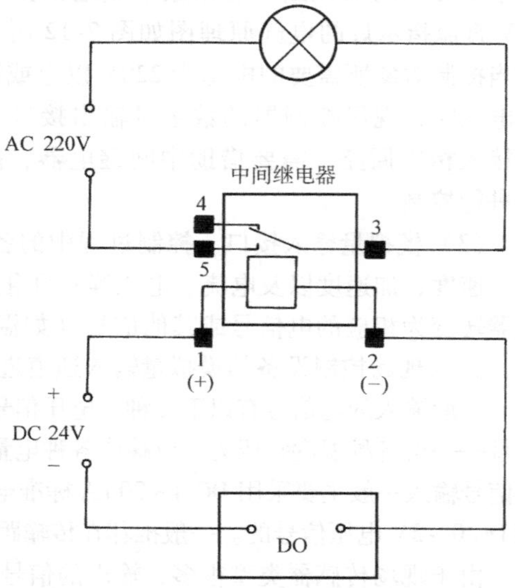

图 2-14　通过中间继电器实现现场控制器数字量输出接口控制 220V 回路的原理示意图

通过中间继电器使得现场控制器的 DO 点可以控制 220V 回路的通断，但当主回路的电流较大时，中间继电器的触点无法承受，这时又需要借助继电器、接触器等。继电器、接触器都是使用小功率信号去控制强电负荷。选择继电器、接触器时需要注意控制参数，如驱动电压、触点对数、触点所能承受和通断的电压/电流等。通过合理的选择、配置，现场控制器可以控制上万伏的高压和上千安的电流回路。

楼宇自控系统现场控制站的主要辅助输入/输出设备是DO点所控制的继电器、接触器等，有时AI、AO、DI等输入/输出点所能接受或输出的信号可能与现场传感器、变送器、执行机构等的信号不匹配而需要其他辅助输入/输出设备，但这些信号匹配问题一般在设备选型时就予以充分地考虑进行解决了，因此AI、AO、DI等输入/输出点需要辅助输入/输出设备的情况不多，在此不予详述。

三、楼宇自控系统的操作员站

（一）中央监控站的功能

楼宇自控系统的中央监控站提供集中监视、远程操作、系统生成、报表处理及诊断等功能。它集中了中央管理服务器、操作员站和工程师站的全部功能。

楼宇自控系统的中央监控站一般包括一台中央管理服务器和若干个操作员站（这些操作员站从功能上可以是分管不同设备子系统的，也可以是相互冗余的；从地域上，可以是集中设置的，也可以是分散在各监控机房的），工程师站为节约成本一般不单独固定设置，而由操作员站实现其功能或利用工程师的计算机临时接入楼宇自控网络进行系统组建和维护。

楼宇自控系统的中央监控站可以设有相应通信接口，通过它可以与上一级系统（如BMS）集成，以实现更高层次的控制和管理功能。中心计算机站的基本功能包括：

1）数据库存储及维护。

2）过程显示和控制。

3）现场数据的收集和恢复显示。

4）级间通信。

5）系统诊断。

6）系统配置和参数生成。

7）仿真调试等。

（二）操作员站的功能

典型的操作员站包括大屏幕监视器（CRT）、监控计算机以及各种输入/输出设备等。它作为操作人员与楼宇自控系统之间的接口，提供了集中显示、打印保存及系统维护、组态等功能。

1. 操作员站的集中显示功能　集中显示功能是楼宇自控系统操作员站的主要功能，显示内容主要包括模拟流程和系统总貌显示、过程状态、特殊数据记录、趋势显示、统计结果显示、历史数据的显示和控制状态显示等。

目前大多数楼宇自控产品都提供了方便的数据库生成、图形生成、报表生成以及控制回路生成等软件，楼宇自控系统操作员站的显示界面就是利用这些软件通过组态将整个系统的状态信息以表格方式或动态图形化方式显示给用户的。

楼宇自控系统操作员站的显示界面可以直接利用一些标准显示界面，这些界面是楼宇自控系统的厂家工程师和操作人员根据多年的经验，在系统中设定的显示功能，也可以由工程师根据用户的特殊需求进行定制。标准显示功能一般包括：

（1）系统总貌显示　这是系统中最高一层的显示，用来显示系统的主要结构和整个被控对象的最主要信息。操作员可以在总貌显示下切换到任一组关心的画面。

（2）分组显示功能　分组显示功能是将控制过程中各监控变量以组的形式在屏幕上显示。分组原则可以以监控对象为依据，也可以以监控类型为依据。分组显示的目的是为操作员提供某些相关部分的详细信息，以方便监视和控制调节。基于分组显示内容，操作员可以方便地了解任一个或几个控制回路的详细信息，并完成此回路的调节给定、控制方式切换（自动、手动、串级等)、手动方式下的输出调节、启/停控制等操作。

(3) 报警显示功能 许多楼宇自控系统产品中提供了多种报警显示功能。

1) 强制报警显示：不论界面上正在显示何种画面，只要此类报警发生，则在屏幕的上端强制显示出红色的报警信息，闪烁并启动报警。

2) 报警列表显示功能：在楼宇自控系统中存有一个报警列表记录，该记录中保留最近发生的 N 项报警纪录。每项纪录的内容包括报警时间、报警点名称、报警性质、报警值、极限、单位、确认信息等。

(4) 趋势显示功能 楼宇自控系统可以将部分监控点数据作为历史数据存储，并以曲线的形式进行显示。一般的趋势显示有两种：

第一种是实时趋势显示，即操作员站自动周期性地从数据库中取出当前的值，并画出曲线。实时趋势曲线不太长，通常每个测控点记录100～300个数据，这些测控点数据以一个循环存储区的形式存在内存中，并周期地更新。刷新周期较短，从几秒钟到几分钟。实时趋势图通常用来观察某些点的近期变化情况。

第二种是历史趋势显示，这种历史记录保存几天或几个月的数据，因此，即使存储间隔比较长（如几分钟存一次），占用的存储空间也是很大的。楼宇自控系统通常将这种长期历史记录存放在磁盘上。这些长期历史数据用来长期趋势显示，亦可以供管理系统分析统计。

(5) 操作记录显示功能 为保证系统的安全性，方便故障分析与操作管理，楼宇自控系统的操作员站一般都具有操作记录功能，哪个操作员在何时、按何权限登录、进行了哪些操作都记录在操作记录档案中，管理员可以随时调取、查看这些操作记录。

(6) 系统状态动态显示 系统的状态信息不仅可以通过表格的方式显示给用户，还可以以一种直观的动态图形化方式显示系统的组成结构和各站及网络干线、各种设备的状态信息等。图2-15所示为某空调箱系统监控状态的动态图形化显示。

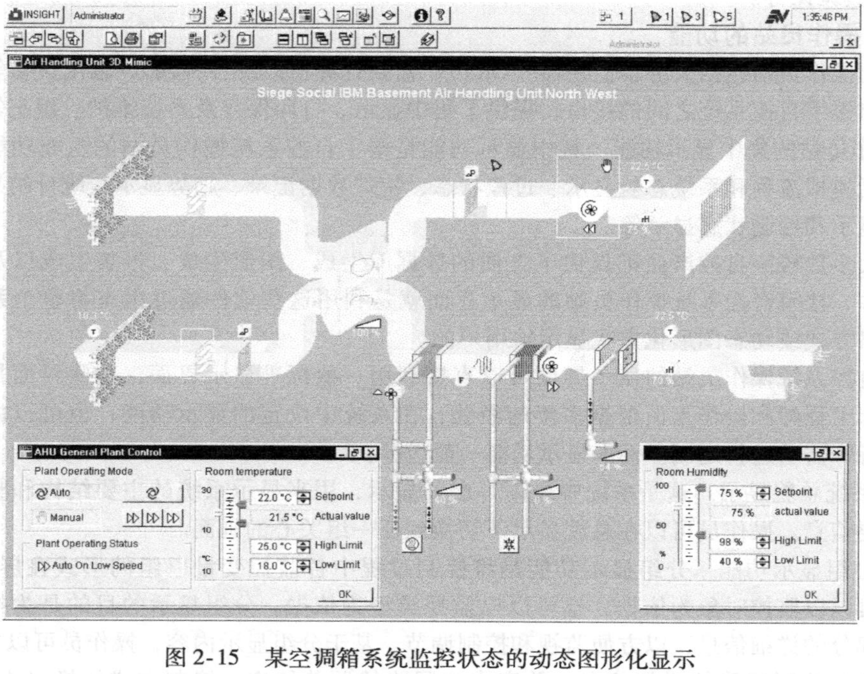

图2-15 某空调箱系统监控状态的动态图形化显示

2. 操作员站的打印功能　操作员站配有若干台打印机，用来打印各种记录和信息。打印功能包括：

（1）操作信息打印　操作员站配有一台打印机，随时打印操作员站的各种操作。这种打印以时间为序，格式简单。如简单的操作记录：

2008/02/18　12:25:55　CONTROL ADJUST（SWITCH TO MAN）

（2）系统状态信息打印　操作员站屏幕上部可随时显示系统的状态报警信息。在显示的同时，将该条报警信息送至打印机打印出来，以作永久保留。

（3）生产过程记录报表和统计报表的打印　楼宇自控系统均有报表打印功能。打印报表一般是定时激活的，操作员站允许操作员设置打印时刻，定时打印控制过程中的各种重要参量。

3. 组态功能　楼宇自控系统的操作员站支持多种组态功能，包括数据库的生成、历史记录的创建、控制流程画面的生成、记录报表的生成、连续控制回路的组态、顺序控制的组态等。这些组态功能通常在工程师站上进行，有的系统可以操作员站代替工程师站，在进入系统时以不同权限来区别。

四、楼宇自控系统中的通信标准与通信协议

网络通信系统是楼宇自控系统各级设备之间以及同级设备之间联系的纽带，同时也是整个系统得以协调运行的保证。楼宇自控系统的发展不仅表现在各种现场监控设备、操作员站设备的发展上，更反映在网络通信系统的更新换代。

通过从封闭式的单层网络系统到现场总线技术的应用，从 BACnet 协议的发布到 OPC 技术的引入，楼宇自控系统已从一个局限于各厂商产品的封闭式控制系统发展成为开放、标准化，并可以方便与其他楼宇智能化系统集成的大系统。

（一）现场总线技术概述

传统集散控制系统中，各厂商产品网络系统都有自己特定的通信协议，不同厂商的产品之间很难实现互联。为了打破这种“信息孤岛”，现场总线技术应运而生。现场总线被称为是自动控制领域的计算机局域网，应用在生产现场（现场控制总线级），在微机测控设备之间实现双向、串行、多节点数字通信，是一种开放式、数字化、多点通信的底层控制网络。正是由于现场总线技术的应用使得集散控制系统逐步成为一种公开化、标准化的解决方案，真正实现了全分布式的控制系统。

现场总线技术将专用微处理器置入传统的测量控制仪表，使它们具有数字计算和数字通信能力，采用双绞线等介质作为总线，把多个测量控制仪表连接成网络系统，并按公开、规范的通信协议，实现位于现场的多个微机化测量控制设备之间以及现场仪表与远程监控计算机之间的数据传输与信息交换，形成各种适应实际需求的自动控制系统。现场总线技术把单个分散的测量控制设备变成网络节点，以现场总线为纽带，把它们连接成可以相互沟通信息、共同完成自控任务的网络系统或控制系统。现场总线技术给自动化领域带来的变化正如局域网技术将众多分散的计算机连接在一起，而使得计算机的功能、作用所发生的变化一样，现场总线技术使得自控系统与设备具有通信能力，不同厂商的产品也可以方便地连接成网络系统，自动控制系统开始加入信息网络的行列。

1. 现场总线的特点及优越性　现场总线技术采用智能化的现场控制装置和开放的通信协议，使得整个控制系统的测控能力大大提高，同时，现场总线技术改变了传统控制系统的结构形式，使得系统的构建、维护也更加方便。

1）现场总线采用的现场测控设备具有数字计算和数字通信能力，使得控制功能能够彻底分

散到现场而不依赖于上位机，真正地实现全分布式控制。

2）现场总线采用数字信号代替模拟信号，不仅具有较强的抗干扰能力和较高的控制精度，同时可以利用数字信号的信道复用技术实现一对线缆上传输多路信号。相对于传统的一对一物理连接，总线系统简化了系统结构，节约了连接电缆与各种安装维护费用。

现场总线系统的特点还包括：

1）开放性：只要符合同一个总线标准的产品都可以方便地进行互联，不同标准的产品之间可以通过标准的协议转换设备实现互联，从而为用户提供了集成自主权。

2）互操作性和互用性：通过现场总线，现场设备之间、系统之间可以方便地实现信息传送与沟通，进行点对点的互操作，不同厂商的类似产品可以实现相互替换。

3）现场设备的智能化与功能自治性：现场总线技术将传感测量、补偿计算、工程量处理与控制等功能分散到现场设备中完成，仅靠现场设备即可完成自动控制的基本功能，并能随时诊断设备的运行状态。

4）系统结构的高度分散性：现场总线技术构成了一种全分布式的控制系统，进一步减少了传统集散控制系统中上位机所起的作用，简化了系统结构，提高了可靠性。理想的现场总线系统要求每一个传感器、执行机构都具有自我控制能力，各传感器、执行机构通过总线网络协同工作，而不依赖于其他上位设备。但实际上，要求每一个传感器、执行机构都具有自我控制能力一方面建设成本过高，另一方面网络数据通信量太大，因此目前绝大多数楼宇自控系统利用现场控制设备（DDC 或 PLC）作为现场总线的控制节点，传感器、执行机构与现场控制设备之间大多仍然是传统的模拟连接，只有极少数传感器、执行机构具有自己的处理系统，直接连接在现场总线上。

5）对现场环境的适应性：现场总线工作在控制现场，作为控制网络的底层，可以支持双绞线、同轴电缆、光缆、射频、红外线、电力线等介质，具有较强的抗干扰能力，并可满足安全防爆要求。

由于现场总线的以上特点，特别是现场总线系统结构的简化，使得控制系统从设计、安装、投运到控制运行及其检修维护，体现了以下优越性：

1）采用总线技术，减少线缆数量与安装费用。

2）现场控制设备具有自诊断和简单的故障处理能力，发生故障时只需针对故障控制器进行维修，节省维护开销。

3）标准化、开放化的通信协议使得用户可在符合同一标准的多家厂商产品中选择，具有高度的集成自主权。

4）数字信号传输和现场设备的智能化提高了系统的准确性和可靠性。

2. 几种有影响的现场总线技术及 LonWorks、Modbus 简介 自 20 世纪 80 年代以来，诞生了许多现场总线标准与技术，其中很多已逐渐形成其影响并在特定应用领域显示自己的优势。它们各具特点，对现场总线技术的发展起了很大作用。表 2-1 列出了一些比较有影响的现场控制总线技术及其传输速率和传输距离等参数。

表 2-1 几种有影响的现场总线技术及其传输速率和传输距离

现场总线技术	最大传输速率	最长传输距离
FF	31. 25kbit/s ~ 2. 5Mbit/s	500m ~ 1. 9km
Bitbus	62. 5kbit/s ~ 2. 4Mbit/s	30m ~ 1. 2km
Profibus	500kbit/s	1. 2km

（续）

现场总线技术	最大传输速率	最长传输距离
CAN	1Mbit/s	1～10km
L2	9.6～1500kbit/s	9.6km
HART	3Mbit/s	3km
ControlNet	5Mbit/s	3～30km
Modbus	9.9kbit/s～10Mbit/s	450m～1.5km
LonWorks	78.8kbit/s～1.25Mbit/s	130m～2.7km

其中的LonWorks是目前楼宇自控系统中应用最广的现场总线技术之一。LON全称为Local Operating Networks，是由美国Echelon公司推出的一种现场总线。它采用了ISO/OSI模型的全部七层通信协议，采用面向对象的设计方法，通过网络变量把网络通信设计简化为参数设置，其通信速率从300bit/s～1.5Mbit/s不等，直接通信距离可达2700m，支持双绞线、同轴电缆、光纤、射频、红外线、电力线等多种通信介质。

LonWorks技术的核心是神经元芯片（Neuron Chip），它不仅是LON总线的通信处理器，同时也可作为采集和控制的通用处理器，LonWorks技术中所有关于网络的操作实际上都是通过神经元芯片来完成的。一个神经元芯片拥有3个单元处理器：一个用于链路层的控制（MAC处理器），实现介质访问的控制与处理；一个用于网络层的控制（网络处理器），进行网络变量的寻址、处理、背景诊断、路径选择、软件计时、网络管理，并负责网络通信控制，收发数据包等；另一个用于用户的应用程序（应用处理器），执行操作系统服务与用户代码。另外，还包括11个I/O口，这样在一个芯片上就能完成网络和控制的全部功能。

表2-2列出的是对应七层OSI参考模型的LonTalk协议为每层提供的服务。

表2-2　LonTalk协议层

OSI层	目　　的	提供的服务	CPU
7 应用层	应用兼容性	LonWorks对象，配置特性，标准网络变量类型（SNVTs），文件传输	应用CPU
6 表示层	数据翻译	网络变量，应用消息，外来帧传送，网络接口	网络CPU
5 会话层	远程操作	请求/响应，鉴别，网络服务	网络CPU
4 传输层	端对端通信的可靠性	应答消息，非应答消息，双重检查，通用排序	网络CPU
3 网络层	寻址	点对点寻址，多点之间广播式寻址，路由信息	网络CPU
2 链路层	介质访问以及组帧	组帧，数据，编码，CRC错误检查，可预测CSMA，冲突避免，优先级，冲突检测	MAC CPU
1 物理层	物理连接	特定传输媒介的接口，调制方案	MAC CPU，XCVR

Neuron芯片上的3个CPU共同执行一个完整的七层网络协议，该协议遵循国际标准化组织（ISO）的OSI（Open System Interconnection）标准，支持灵活编址，单个网络可存在多种类型的通信媒体构成的多种通道，网上任一节点使用LonTalk协议可与同一网上的其他节点互相通信。

LonTalk寻址体系由3级构成。最高一级是域，只有在同一个域中的节点才能相互通信。第二级是子网，每个域可以有多达255个子网。第三级是节点，每个子网可有多达127个节点。节点还可以编成组，构成组的节点可以是不同子网中的节点，一个域内可指定256个组。

Echelon公司的技术策略是鼓励各OEM开发商运用LonWorks技术和神经元芯片，开发自己的应用产品，目前已有1000多家公司推出了LonWorks产品，并进一步组织起LonMark互操作协会，开发LonWorks技术与产品。它被广泛应用在楼宇自动化、家庭自动化、安保自动化、办公设备、交通运输、工业过程控制等领域。另外，在开发智能通信接口、智能传感器方面，LonWorks神经元芯片也具有独特的优势。

除LonWorks外，Modbus在楼宇自控领域也较有影响。Modbus是Modicon公司为其PLC与主机之间的通信而开发的串行通信协议。其物理层采用RS-232、RS-485等异步串行标准。由于其开放性而被大量的PLC厂家采用。目前楼宇中许多电力系统、大型控制对象（如冷冻机组、锅炉机组等）的专业控制器及各种变频器都具有Modbus通信接口，可以在Modbus网络上进行联网。

Modbus通信方式采用主从方式的查询-响应机制，只有主站发出查询时，从站才能给出响应，从站不能主动发送数据。主站可以向某一个从站发出查询，也可以向所有从站广播信息。从站只响应单独发给它的查询，而不响应广播消息。

Modbus串行口的通信参数（如波特率、奇偶校验）可由用户选择。Modbus协议定义了控制器能认识使用的消息结构，而不管它们是经过何种网络进行通信的。它描述了一控制器请求访问其他设备的过程，如何回应来自其他设备的请求，以及怎样侦测错误并记录。它制定了消息域格局和内容的公共格式。

当在Modbus网络上通信时，此协议决定了每个控制器需要知道它们的设备地址，识别地址发来的消息，决定要产生何种行动。如果需要回应，控制器将生成反馈信息并用Modbus协议发出。在其他网络上，包含了Modbus协议的消息将转换为该网络上使用的帧或包结构。这种转换也扩展了根据具体的网络解决节点地址、路由路径及错误检测的方法。

Modbus在规范性方面具有出色的表现，同时也具有良好的发展前景。Modbus/TCP（基于TCP/IP的Modbus协议）是目前在现场直接使用以太网技术的主要发展方向之一。

3. 现场总线技术在楼宇自控系统中的作用　现场总线技术首先在工业控制中得到应用，然后逐渐推广到楼宇自控系统中。目前，现场控制总线已成为楼宇自控系统现场控制级的主流通信网络，是实现底层控制设备之间数据共享与通信的基础。现场控制总线技术提高了楼宇自控系统的可靠性，缩短了响应时间，减小了上位机的运算负荷，提高了楼宇自控系统的性能。

（二）BACnet数据通信协议

现场总线仅仅是对楼宇自控系统的现场控制级网络进行了定义，而楼宇自控系统网络结构的标准化进程并不满足于现场控制级网络系统的公开化、标准化，而追求整体通信解决方案的标准化。BACnet是由多个楼宇自控系统产品供应商共同达成的在楼宇自控及控制领域内的一种数据通信协议标准。它是由美国供热、制冷和空调工程师协会（简称为ASHRAE）进行研发制定的，提供了在不同厂商产品之间实现数据通信的标准。制定BACnet的目的是想通过定义工作站级通信网络的标准通信协议，取消不同厂商工作站之间的专有网关，同时也使工作站直接与相应的控制系统相连，从而实现整个楼宇控制系统的标准化和开放化。

BACnet全称为A Data Communication Protocol for Building Automation and Control Networks，即楼宇自动控制网络数据通信协议。BACnet协议最根本的目的是要提供楼宇自控系统实现互操作的方法。BACnet协议详细地阐述了楼宇自控网络系统的功能，阐明了有关系统组成单元如何共享数据、可以使用何种通信媒介、能实现的功能以及信息格式、协议如何转换等方面的全部规则。BACnet数据通信协议的产生使得系统集成不必考虑设备生产厂商，为各种兼容系统在不依赖于任何专用芯片组的情况下实现相互开放通信提供了可能。BACnet 易于实现，代表着建筑设备监控技术的一种发展方向。

1. BACnet 模型　BACnet 是 ASHRAE 提出的楼宇自动控制网络数据通信协议，这个协议提供了一种机制，通过这种机制，各类功能的微机化设备都可以相互交换信息，而不用考虑它所提供的特定服务。因此，BACnet 协议可以应用于计算机、通用直接数字控制器以及特定或单一应用的控制器等设备中，且应用效用是完全相同的。

BACnet 协议产生的背景是业主和用户对自动控制设备互操作性的广泛要求，这种要求体现在希望不同厂商生产的设备能够组成一个统一的可以协调工作的自动控制系统。为此，标准项目委员会（简称为 SPC）征集了许多对此感兴趣的公司和个人的意见，同时参考了国内和国际各种已成文的或已经实际使用的数据通信标准，花了大量时间从各方面分析各种协议的优、缺点。

SPC 在评价和选择协议解决方案时，考虑到以下问题：解决方案是否需要符合 ISO 的开放式系统互联（OSI）的基本参考模型？解决方案是否需要应用于所有类型的设备？解决方案是否简单、有效？解决方案对于协议的扩展性——对其他的设备、应用、以及将来的硬件和软件技术的支持有何影响？解决方案是否经济合算？

通过讨论，得到了一个包含楼宇自控系统网络通信协议所应具有主要特性的 BACnet 网络协议模型：

1）所有的网络设备，除主从/令牌传递的从属机以外，都是对等的。某些同等设备可能比其他设备具有更多的特权和职责。

2）每一个网络设备都称为是一个“对象”的实体，这是一个具有网络访问特征的集合模型。每个对象用一些“属性”来描述，这些属性表示了设备的硬件、软件以及操作的各个方面。在不需要了解设备内部设计或配置细节的情况下，对象提供了识别和访问设备信息的方法。尽管本标准规定了广泛的应用对象的类型以及它们的属性，但是一旦需要，利用开发工具仍可以自由地增加新的对象类型。

3）设备之间的通信是通过读写某些对象的某些属性及利用其他的协议服务来完成的。协议虽规定了一套详尽的服务集合，但是同样也允许开发工具创建新的服务。

4）设备的完善性，即实现特定服务请求或理解特定对象类型种类的能力，由设备的“一致性类别”参数进行标示。每一种类别定义了一个服务、对象、属性的最小集合，声明为某一类别的设备必须支持其相应的集合。

5）协议遵循 ISO 的“分层”通信体系结构的概念，因此使用不同的网络访问方法和物理介质可以交换相同的报文，可以根据传输速度和吞吐量的要求，采用相宜的开销来配置 BACnet 网络。

6）协议是为采暖、通风、空调、制冷控制设备所设计的，它也为其他楼宇控制系统（如照明、安保、消防系统等）的集成提供一个基本原则。虽然这些扩展超出了 BACnet 协议的范围，但亦可以简单地实现。同时，协议中定义的许多对象和服务可以被不加修改地使用。

最后要指出的是，所有的通信协议都是一个解决各种信息交换问题的方案集合，并且随着时间的推移和技术的进步而不断改变。BACnet 协议也不例外，它的应用给楼宇自控系统的集成与标准化提供了参照体系，同时也将随着业内人士的努力而不断完善和发展。

2. BACnet 的体系结构　国际标准化组织在制定计算机网络通信协议标准时定义了一个模型，称为开放系统互连参考模型（OSI）（ISO 7498）。模型的目的是解决计算机与计算机之间普遍的通信问题。在这个模型中，将计算机通信这样一个复杂的问题分解成 7 个小的、容易解决的子问题，每个子问题只与某些通信功能相关，并且把这些问题称为协议体系结构的一层，整个模型是一个七层的体系结构。图 2-16 给出了这七层的体系结构图。

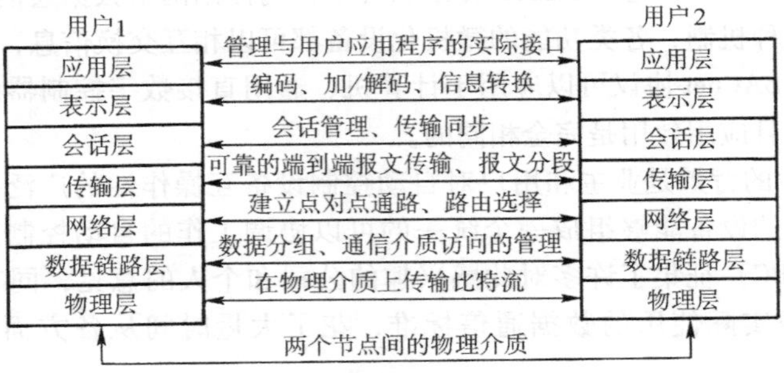

图 2-16 开放系统互连参考模型

就某个层次而言，它使用下面各层所提供的服务，同时也向它上面的各层提供服务。每一层可以想象成一个黑箱，黑箱的上面和下面都具有经过标准化定义的接口。一个应用程序通过与 OSI 应用层链接，实现与另一个远程应用程序的通信。对于这种发生在两个应用程序之间的通信，各层之间仅仅需要了解其他层的很少的情况，协议的每一层利用下面各层的服务来提供通信服务，与另一个系统的同等层建立起一个虚拟的对等层通信，而真正的通信只发生在物理层。

OSI 模型以高度概括的观点来分析计算机与计算机的通信，用来解决全世界范围巨大而复杂的计算机网络的通信问题。在这种情况下，互相通信的各个计算机之间可能相距很远，因此报文要通过一系列中间点才能到达。而这些中间点相应地可能需要实现路由选择功能、某种解析功能，以及复杂的同步和差错恢复功能。

OSI 模型的定义虽然十分规范，但实现 OSI 模型协议所需要的费用较高，网络构建也比较烦琐，因此，实际上完全按照 OSI 模型设计的网络协议并不多。在绝大部分楼宇自动控制系统中，并不需要实现 OSI 模型的所有内容。但从功能性方面来考虑，经过简化，OSI 模型仍然是自动控制协议一个很好的参考。如果只选择 OSI 模型中需要的层次，形成一个简化的模型作为楼宇自动控制系统的协议体系结构，可以减少报文的长度，降低通信处理的开销，并且也满足楼宇自动控制系统的需要。另一方面，结构简化后的各层定义可以充分利用现有的、易用的、应用广泛的局域网技术，如以太网、ARCNET 和 LonTalk 等。这样不但可以降低成本，而且也有利于提高性能，为系统集成开辟新的途径。

BACnet 建立在包含 4 个层次的简化分层体系结构上，这 4 层相当于 OSI 模型中的物理层、数据链路层、网络层和应用层，如图 2-17 所示。BACnet 标准定义了自己的应用层和简单的网络层，对于其数据链路层和物理层，提供了以下 5 种选择方案。

第一种选择是 IEEE 802.2 定义的逻辑链路控制（LLC）协议，加上 IEEE 802.3 介质访问控制（MAC）协议和物理层协议。IEEE 802.2 提供了无连接（Connectionless）不确认（Unacknowledged）的服务，IEEE 802.3 则是著名的以太网协议的国际标准。

第二种选择是 IEEE 802.2 定义的逻辑链路控制协议，加上 ARCNET（ATA/ANSI 878.1）。

第三种选择是主从/令牌传递（MS/TP）协议加上 EIA-485 协议，为拨号串行异步通信提供了通信机制。

第四种选择是点对点（PTP）协议加上 EIA-232 协议，为拨号串行异步通信提供了通信机制。

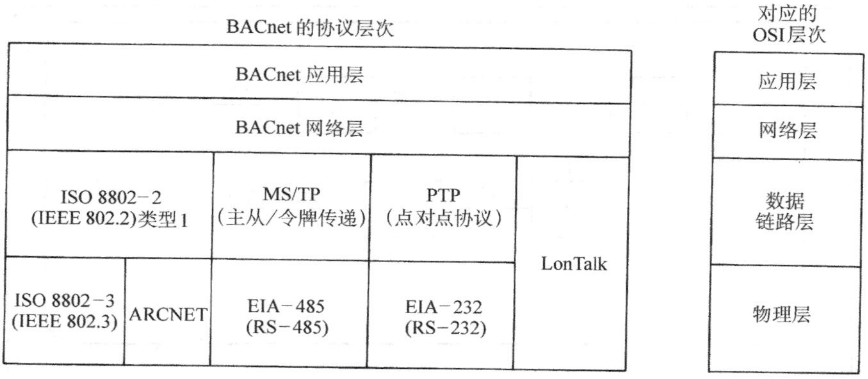

图2-17　BACnet简化的体系结构层次图

第五种选择是LonTalk协议。

这些选择都支持主/从MAC、确定性令牌传递MAC、高速争用MAC以及拨号访问；拓扑结构上，支持星形和总线型拓扑；支持双绞线、同轴电缆、光缆等物理介质。

简化的4层BACnet体系结构，是考虑了BACnet网络的独特特征和要求，以及尽可能少的协议开销原则后得出的。

由此可见BACnet协议体系结构的建立基于以下几点考虑：

1）实现一个完全的OSI七层体系结构需要大量的资源和开销，因此它对于目前的楼宇自动控制系统是不适用的。

2）按照OSI模型的方式构造协议体系结构，并且采用现有的计算机网络技术，可以使得新协议实现成本低，并便于其他计算机网络系统集成。

3）根据楼宇自动控制系统的环境及要求，可以去除OSI某些层的功能来简化OSI模型，制定新协议的体系结构。

4）由物理层、数据链路层、网络层和应用层组成的简化体系结构，是当今楼宇自动控制系统的最佳解决方案之一。

3. BACnet网络的拓扑结构　为了适应各种应用，BACnet并没有规定严格的网络拓扑结构。BACnet设备可以直接连接到图2-17所示4种局域网（LANs）中的一种网络上，也可以通过专线或拨号异步串行线连接起来。这几种局域网又可以通过BACnet路由器进一步互连。

按照局域网拓扑的观点，每个BACnet设备与物理介质相连，物理介质称为物理网段。一个或多个物理网段通过中继器在物理层连接，便形成了一个BACnet网段。而一个BACnet网络则是由一个或多个BACnet网段通过网桥互联而成的。每个BACnet网络都形成一个单一的介质访问控制（MAC）地址域，这些在物理层和数据链路层上连接各个网段的设备，可以利用MAC地址实现报文的过滤。将使用不同LAN技术的多个网络用BACnet路由器互联起来，便形成了一个BACnet互联网（Internetwork）。如前所述，在一个BACnet互联网中，任意两个节点之间恰好存在着一条报文通路。BACnet互联网结构图如图2-18所示。

4. BACnet的安全性　BACnet系统安全方面的主要隐患是有人有意或无意地改变设备的配置参数或控制参数。问题产生的原因经常是由于安全措施没有把某个计算机操作包括在内，从而使得在那台计算机上可以进行非法操作。采取安全措施的一个重要地方是人机接口处。由于人机接口不属于通信协议，因此厂家可根据需要自由地在该接口处设置密码保护、跟踪记录或者

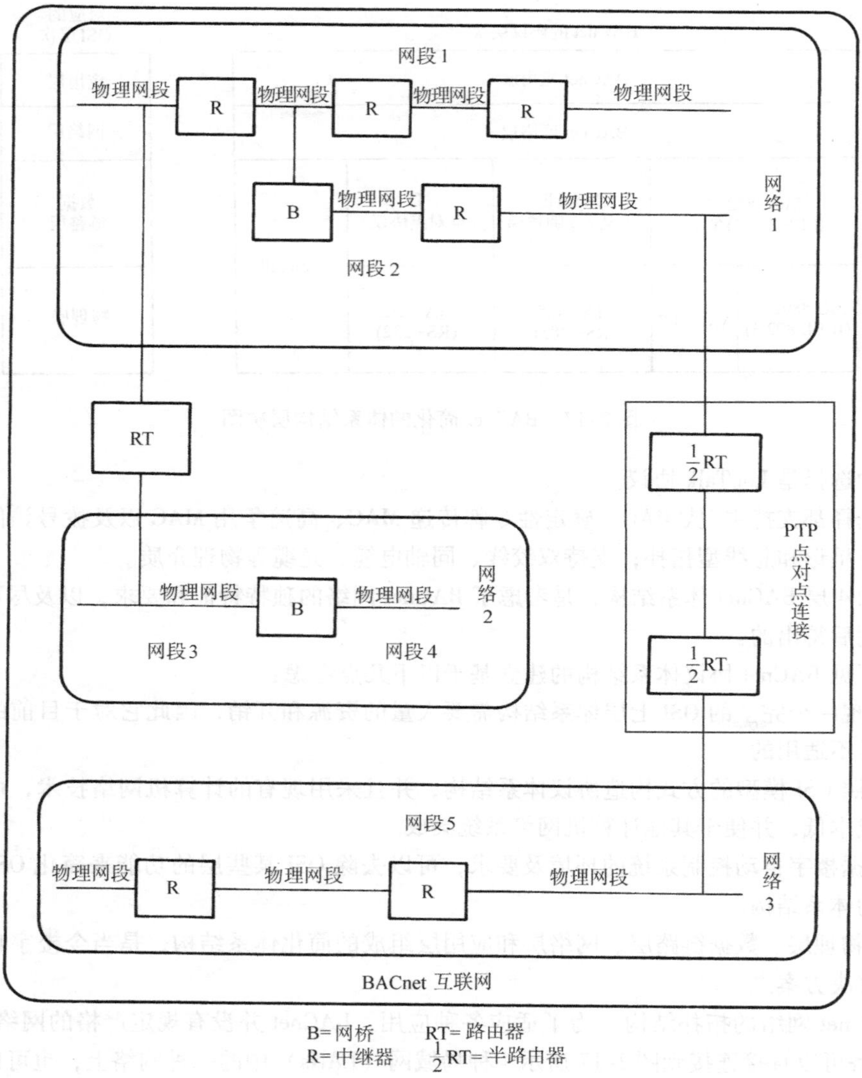

图 2-18 BACnet 互联网结构图

其他控制措施。另外，在标准中对任何属性的写操作，并没有明确要求是“可写的（Writable）”。这一点可以通过限制只能在虚终端节点（Virtual Terminal Node）处才允许修改或干脆完全禁止来加以改进。这样厂家便可以利用它们认为尽可能合适的、完备的机制来保护密钥属性（Key Property）。最后，BACnet 定义了用来提供对等实体、数据来源以及操作员身份鉴别的服务。

（三）OPC 技术

现场总线技术与 BACnet 协议为实现开放的楼宇自控网络系统提供了可能。而当现场信号传至监控计算机后，如何实现计算机内部各应用程序之间的通信沟通与传递（数据源及这些应用程序可以位于同一台计算机上，也可以分布在多台相互联网的计算机上），即如何让现场信号与各应用程序连接起来，让现场信息出现在计算机的各应用平台上，依然存在一个连接标准与规范的问题。这里的“现场信号→OPC→系统监控软件”是指现场总线与各计算机应用程序之间信息传递的通道。

1. OPC 简介　自动化技术在 20 世纪 80 年代以后因廉价 PC 的出现而获得广泛而深入的应用。各类自动化控制系统不仅满足于单套、局部设备的自动控制，同时也强调系统之间的集成。然而，把不同制造商的系统、设备集成在一起是一件十分繁琐的事，需要为每个部件专门开发驱动或服务程序，还需要把这些制造商提供的驱动或服务程序与应用程序联系起来。图 2-19a 就表示了这种应用状态。图中的服务器表示数据源，即数据提供者；应用客户则表示数据的使用者，它从数据源获取数据并进行进一步的处理。如果没有统一的规范与标准，就必须在数据提供者和使用者之间分别建立一对一的驱动链接。一个数据源可能要为多个客户提供数据，一个客户又可能需要从多处获取数据，因而逐一开发驱动或服务程序的工作量很大。

OPC 就是在这种背景下出现的。1997 年由微软倡导建立 OPC 基金会组织。硬件厂商纷纷支持这一标准，1998 年这个组织已经有 170 多家会员，到 1999 年 3 月，成员数已经达到 240 家。它们包括了世界上大多数知名的设备制造厂家和工业控制软件供应商。为推广 OPC 技术，OPC 基金会提供了许多网络服务，如在互联网上提供了最新版本的 OPC 技术规范、OPC 基金会成员及产品信息等，还提供某些通用的开发工具包，使用户可以方便地集成自己的产品。OPC 基金会的互联网网址为 http://www.opcfoundation.org。

OPC 是英文 OLE for Process Control 的缩写，意为过程控制中的对象嵌入技术，是一项工业技术规范与标准。开发者在 Windows 的对象链接与嵌入（Object Linking and Embedding，OLE）、部件对象模块（Component Object Model，COM）、分布部件对象模块（Distributed Component Object Model，DCOM）技术的基础上进行开发，让 OPC 成为自动化系统、现场设备与工厂办公管理应用程序之间有效的联络工具，使现场信号与系统监控软件之间的数据交换间接化、标准化。

在传统系统集成过程中，必须针对各应用程序和硬件驱动开发独立的接口驱动程序，这样应用程序才能从不同厂商的设备中调去数据。在此情况下，当存在多应用程序、多厂商设备时，接口驱动的开发数量和关系就相当庞大，如图 2-19a 所示。OPC 为解决系统集成问题提供了便捷的解决方案。在这种解决方案中，包括 OPC 服务器与 OPC 客户。OPC 服务器一般并不知道它的客户，由 OPC 客户根据需要接通或断开与 OPC 服务器的链接。

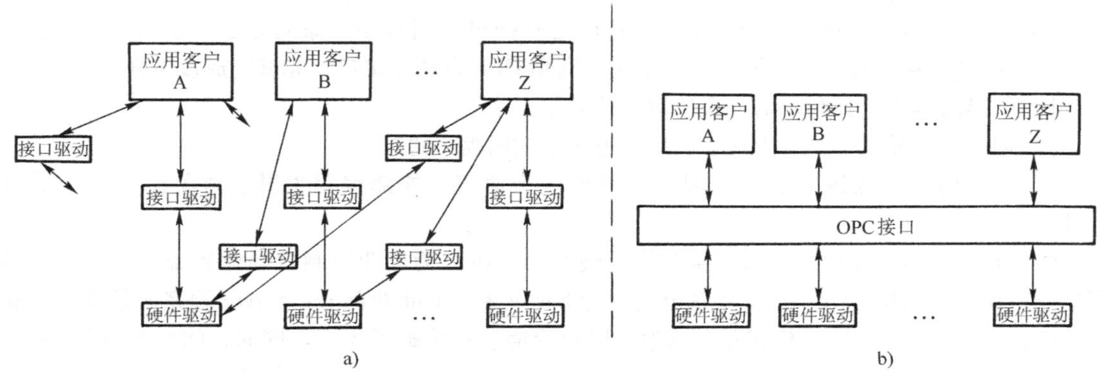

图 2-19　OPC 对数据源与数据用户间连接关系的改善

OPC 的作用就是为服务器/客户的链接提供统一、标准的接口规范。按照这种统一规范，各服务器/客户之间可组成如图 2-19b 所示的链接方式，各客户/服务器间形成即插即用、简单、规范的链接关系，与图 2-19a 中的情形相比，显然简化了许多。

采用OPC解决方案，所有的软、硬件制造商都可以从中获益。制造商可以将开发驱动服务程序的大量人力与资金集中到对单一OPC接口的开发。用户不再需要讨论关于集成不同部件的接口问题，而把精力集中到解决有关自动控制功能的实现上。

2. OPC是连接现场信号与监控软件的桥梁 有了OPC作为通用接口，就可以把现场信号与上位接口、人机界面软件方便地链接起来，还可以把它们与PC的某些通用开发平台和应用软件平台链接起来，如VB、VC、C++、Excel、Access等。图2-20描述了OPC解决方案中几部分信号的传递关系。

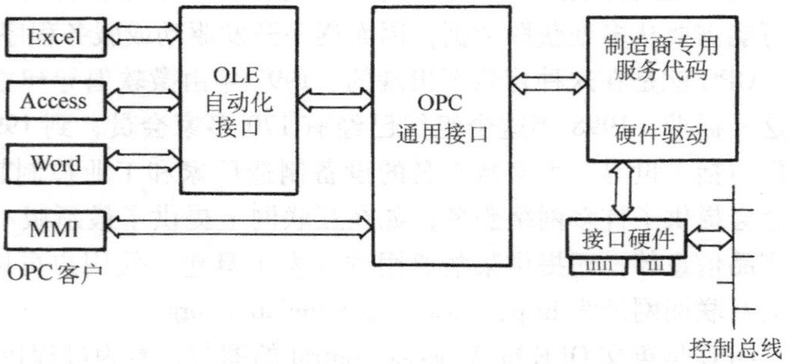

图2-20 OPC模式的链接示意图

从图2-20中可以看出，对象链接与嵌入（OLE）技术是其中的重要组成部分。对象链接与嵌入技术把文件、数据块、表格、声音、图像或其他表示手段描述为对象，使它们能在不同厂商提供的应用程序间容易地交换、合成及处理。

OLE由两种数据类型来组成对象，一类为表示数据（Presentation Data），另一类为原始数据（Native Data）。表示数据用于描述发送到显示设备的信息，而原始数据则是应用程序用以编辑对象所需的全部信息。在OLE模型下，既可实现对象链接，也可把对象嵌入到文档中。链接是把对象的表示数据和原始数据的引用或者指针置入文档的过程。和对象有关的原始数据可以放在其他位置上，如磁盘，甚至联网的计算机上。而对用户来说，被链接的对象就像已经全部包含在文档中一样。嵌入与链接的区别在于，嵌入是把对象的表示数据和原始数据对确确实实地置于文档中，即文档中具有编辑对象所需的全部信息，并允许对象随文档一起转移。因而嵌入会使文件变大，需要更多的开销。而链接由于一个对象数据可以服务于不同文档，因而具有更高的效率。

从图2-20中还可以看到，OLE自动化接口在现场设备与PC应用程序的信息交换中发挥了重要作用。OLE自动化接口是一种在应用程序之外操纵应用程序对象的方法。它用于创建能在应用程序内部和穿越程序进行操作的命令组。利用OLE自动化接口，能够完成以下任务：

1）创建向编辑工具和宏语言表述对象的应用程序。

2）创建和操纵从一个应用程序表述到另一个应用程序的对象。

3）创建访问和操纵对象的工具，还可嵌入宏语言、外部编程工具、对象浏览器和编译器等。

OPC作为过程控制中的对象链接与嵌入技术和标准，为工业控制自动化系统定义了一个通用的应用模式和结构。OPC技术将系统划分为Server和Client两部分：Server端完成硬件设备相关功能；而Client端完成人机交互，或为上层管理信息系统提供支持。同时，OPC技术为Server和Client的通信定义了一套完整和完备的接口，为应用程序间的信息集成和交互提供了强有力的手段。

五、典型楼宇自控系统举例

目前国内楼宇自控市场中汇集了许多国际知名楼宇自控产品生产厂商，其中包括霍尼韦尔（Honeywell）公司、江森自控（Johnson Controls）公司、西门子（Siemens）楼宇科技公司、施耐德电气 TAC（Schneider Electric TAC）公司等。这些厂商的产品各具特色，在不同的工程中应用广泛。以下选取几家典型的厂商产品进行介绍。

（一）霍尼韦尔（Honeywell）公司

Honeywell 公司是一家国际化、多元化的企业，在航空航天、楼宇和工业控制、特殊材料、交通动力产品等方面都处于领先地位。Honeywell 公司建筑智能系统部产品包括楼宇自控（BA）系统、火灾报警消防控制（FA）系统和安保（SA）系统。

Honeywell 公司的 EBI 系统是一套基于客户机/服务器结构的控制网络软件，用于完成网络组建、网络数据传送、网络管理和系统集成。EBI 平台除了服务器软件、客户机软件、开放系统接口软件以外，还有 6 个并列的应用软件系统，涉及建筑设备监控、火灾报警、安全防范、视频监控、能源管理等方方面面的系统监控管理，这些系统能够通过以太网实现数据交换、联动控制和信息集成。

目前，Honeywell 公司楼宇自控产品主要有 XL8000 系列 BACnet 控制器、XL5000 系列控制器及各类末端设备，包括风阀执行器、电动阀门、电动阀门执行器、电动蝶阀、各类传感器等。现以 ComfortPoint 系统为例介绍其楼宇自控系统。

1. ComfortPoint 系统概述　ComfortPoint 系统是霍尼韦尔公司最新基于以太网，并使用 BACnet 协议的可自由编程的楼宇自动化控制器系列产品。其可将不同厂商、不同功能的产品集成在一个系统中，并实现各厂商设备的互操作。Honeywell 的 ComfortPoint 系统结构如图 2-21 所示。

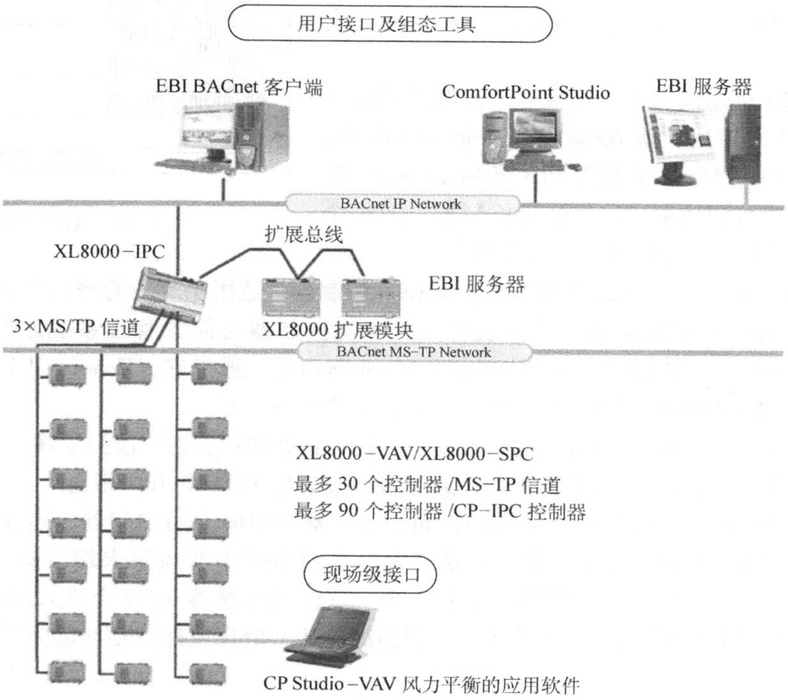

图 2-21　Honeywell 的 ComfortPoint 系统结构

ComfortPoint 系统采用总线型网络拓扑结构，以 EBI 管理系统为中央站，分布在建筑物不同部位的控制分站直接由以太网相互连接起来，形成集散控制。这些控制域的信息在以太网中的传输速度可高达 10～100Mbit/s。控制子站设置在现场受控设备附近，以 MS-TP 总线与受控设备相连，向上通过 IPC 与中央站相连。控制分站和子站均以 32 位微处理器 ColdFire 为核心，实现全部监测及自动控制功能。

ComfortPoint 系统是一个 3 层网络结构，最上层信息域的干线，采用总线型拓扑结构的以太网，将多个系统管理工作站连接起来，构成局域网，实现共享网络资源以及各工作站间的通信，进而还和其他厂商第三方系统相连。作为中央站的 EBI 管理平台，不仅有 BACnet 设备集成管理功能，同时更具有建筑设备管理系统、消防报警管理系统、综合安防管理系统等多种系统集成管理的强大功能。

第二层是 BACnet 楼宇控制器 B-BC 的 XL8000-IPC，内置了 BACnet 路由器和 TCP/IP 端口，有独立的 IP 地址，具有由简单到复杂的多种应用。多个 XL8000-IPC 连接在控制域干线上，同时可连接其他厂商的 BACnet 控制器，共同组成自动控制层，以 BACnet-IP 协议进行通信，通信速率可达 10～100Mbit/s。

第三层为现场层，由 BACnet 专用控制器 XL8000-VAV 和 XL8000-SPC（B-ASC），以及多种执行器 BSA 和传感器 B-SS 等设备组成，现场总线通信协议是 BACnet-MSTP，通信速率为 9.6～78.6kbit/s。

2. ComfortPoint 系统主要 DDC 设备及相关软、硬件

（1）XL8000-IPC　ComfortPoint 系统主控制器 IPC（见图 2-22）采用了 ColdFire 系列 32 位 MCF548x 处理器。以 ColdFire MCF548x 为核心的 IPC 控制器有着超强的运算、存储、集成处理等功能，可靠性也大大提高。

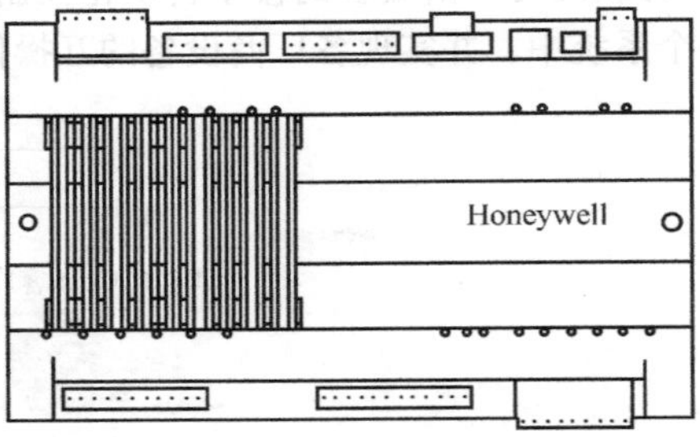

图 2-22　XL8000-IPC

IPC 提供 24 个输入和输出硬件点，配合扩展模块 XL8000-EXPIO 的应用，输入/输出能扩展到 120 点。XL8000 支持一个 BACnet IP 网络和 3 条独立的 MS/TP 通道，每条通道可以连接 30 台单元控制器，即每个 XL8000-IPC 控制器支持 90 台单元控制器。

XL8000-IPC 是一台自由编程的 Native BACnet 控制器，适用于复杂的暖通空调系统控制，能够执行各种暖通空调控制策略、时间表程序、实现控制器与能源管理系统之间的数据共享。XL8000 支持点对点的 IP 通信，由于内置了 BACnet 路由器，通过它，Honeywell EBI 系统能够访问所有 MS/TP 通道的各单元控制器，因此系统的安装十分简便。

XL8000-EXPIO 是 XL8000-IPC 的扩展模块，其内置处理器支持快速扫描输入/输出的状态和数据，它提供 24 个混合式输入和输出点，通过内部线缆与 XL8000-IPC 相连。

（2）XL8000-VAV　XL8000-VAV 是 ComfortPoint 系统中的专用控制器，同样采用了高性能 ColdFire 系列 32 位 MCF512x 处理器，主要应用于空调系统中变风量末端设备的控制与调节。XL8000-VAV 是 Native BACnet 控制器，内置一个空气流量传感器和 20 个输入/输出硬件点，输入/输出点包括了用于能量计的脉冲输入、房间温度输入、电压或触点信号输入等可客户化的备用点。

XL8000-VAV 通过 MS/TP 与 XL8000-IPC 相连，在 MS/TP 网络中可以和其他XL8000-VAV或 XL8000-SPC 通信，实现点数据共享。每个 MS/TP 网络最多可连接 30 台 XL8000-VAV 设备。VAV 应用程序是使用 ComforPoint 工具编制，然后下载到 XL8000-VAV 中的，根据用户的需要，还可用 ComforPoint 工具对控制器备用点进行设置。

（3）XL8000-SPC　XL8000-SPC 是 ComfortPoint 系统另一专用控制器，主要应用于空调系统

的风机盘管机组的控制和管理。配置 ColdFire 系列 32 位 MCF512x 处理器，内置实时时钟的 XL8000-SPC，结构先进、控制灵活、功能强大。它采用标准 FCU 应用程序，通过 ComforPoint 工具进行编制并下载到控制器中，用户也可自行编程。XL8000-SPC 通过 MS/TP 与 XL8000-IPC 相连，在 MS/TP 网络中可以和其他 XL8000-VAV 或 XL8000-SPC 通信，实现数据共享。每个 MS/TP 网络最多可连接 30 台 XL8000-SPC 设备。

关于 Honeywell 控制系统的更详细资料可参阅其公司网站：www. honeywell. com。

（二）西门子楼宇科技公司

西门子（Siemens）楼宇科技公司业务范围涵盖了产品、系统和服务等领域。西门子楼宇科技的解决方案涉及广泛的领域，包括舒适的环境、安全的保障、节约能源、重要的生产环境和楼宇控制等。

西门子楼宇科技的 Apogee 控制管理系统是用于楼宇设备的集散控制系统，每个 DDC 均有 CPU 处理器进行数据处理，独立工作，不受中央或其他控制器故障的影响，从而提高了整个集控管理系统的可靠性。系统可对所有的 DDC 进行巡检，若有 DDC 丢失，中央管理站可在其恢复通信后自动同步数据，保证了系统的可靠运行。

Apogee 系统以安装 Windows 2000/XP 计算机工作站为监控平台，可连接多达 4 个楼宇级网络（BLN），每条楼宇级网络可连接最多 100 个 DDC，而每个 DDC 又可通过楼层级网络（FLN）连接多达 96 个扩展点模块或终端设备控制器。楼宇级网络和楼层级网络都符合 RS-485 标准，最大通信距离可达 1200m，从而使 Apogee 系统可以合理地分布于各监控现场，实现对机电设备集中监控和管理。

Apogee 集散型控制系统的目标是实现建筑物内的暖通空调、变配电、给排水、冷暖源、照明、电梯扶梯及其他各类系统机电设备管理自动化、智能化、安全化、节能化，同时为大楼内的工作人员和其他租户提供最为舒适、便利和高效率的环境。

Apogee 控制管理系统具有如下特点：

1）遵循分布式控制，集中式管理的原则。

2）Windows 2000/XP 平台的实时多任务和多用户管理功能。

3）支持 Web Server 服务，让用户通过 Internet/Intranet，使用标准的浏览器就能监控系统运行状况。

4）支持远程通告，能将系统报警和系统事件信息发布给如寻呼机、电子邮件或电话等各种不同的通告设备。

5）遵循开放性原则，支持 ANSI135-1995 的 BACnet 标准、现场总线 LonMark 标准和 OPC 技术，便于与其他第三方系统实现数据共享。

6）利用微软的 SQL 数据库，可以对系统的历史数据进行统一管理，并提供以 Excel 格式的报表。

7）系统的可靠性高，扩展和维护方便。

1. 系统结构　Apogee 控制管理的系统结构图如图 2-23 所示。

这是一个典型的 3 层网络构架：

（1）管理级网络 MLN（Management Level Network）　支持 Client/Server 结构，采用高速以太网连接，运行 TCP/IP。操作员可以在任何拥有足够权限的工作站实施监测设备状态、控制设备起停、修正设定值、改变末端设备开度等得到充分授权的操作。目前 Apogee 系统在得到授权的前提下，最多可以通过以太网连接 25 台工作站。

（2）楼宇级网络 BLN（Building Level Network）　系统最多可以同时支持 4 条楼宇级网络，每

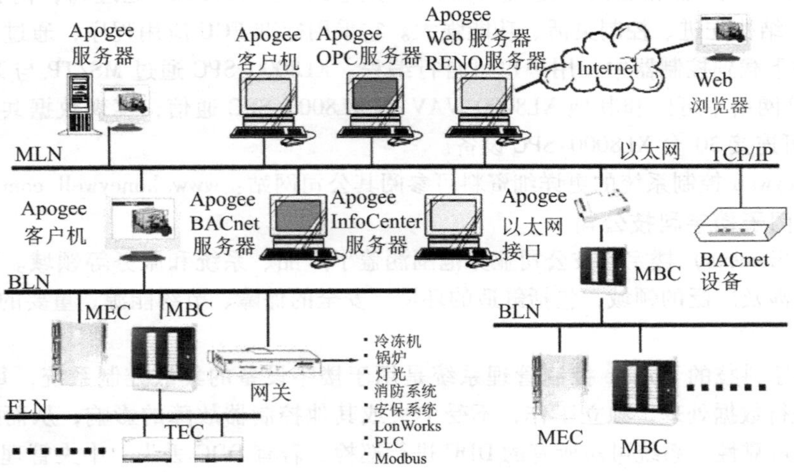

图 2-23 Apogee 控制管理的系统结构图

条楼宇级网络最多可连接 99 个 DDC，如最常用的模块式楼宇控制器（MBC）和模块式设备控制器（MEC）。此外，现在西门子公司推出了替代模块式楼宇控制器（MBC）的 PXC Modular 系列控制器，该控制器在该层网络上具有与 MBC、MEC 相同的地位，同时可以下接 FLN，连接 FLN 设备。楼宇级网络最快支持 115kbit/s 的通信速率。

（3）楼层级网络 FLN（Floor Level Network） DDC 都支持最多 3 条楼层级网络，每条楼层级网络最多可连接 32 个扩展点模块（PXM）或终端设备控制器（TEC）。楼层级网络最快支持 38.4kbit/s 的通信速率。

楼宇级网络是 Apogee 系统的核心，Apogee 系统的运行管理平台称为“Insight”，楼宇级网络与运行 Insight 管理平台的服务器或客户机（即工作站）之间有 3 种连接方式。

1）PC 串口通过 TI-Ⅱ 与楼宇级网络直接连接。直接连接是 Apogee 系统中最常用的连接方式，每个 Insight 工作站最多可以通过 TI-Ⅱ 连接 4 条楼宇级网络（串口不够可通过增加串口卡实现）。

2）使用 AEM100（Apogee 以太网接口）将楼宇级网络与以太网连接。在这种连接方式中，每个 Insight 工作站最多支持 64 个 AEM100，AEM100 都有独立的 IP 地址。使用这种连接方式的楼宇自控设备很大部分可以借用大楼的综合布线系统完成信息交换。

3）Insight 工作站通过 MODEM 与远程带有 MODEM 模块的 MBC 进行通信。

为了节省整个大楼的布线工作量并且得到更快的通信速度以满足大信息量交换的要求，通常将管理级以及楼宇级两层网络合并成一层，组成目前流行的两层网络构架。其系统结构图如图 2-24 所示。

2. 主要 DDC 设备及相关软、硬件

（1）Insight 系统管理平台 Insight 系统管理平台的基本功能包括：

- 系统用户管理；
- 系统网络结构；
- 图形监控界面；
- 点编辑器；
- 程序编辑器；

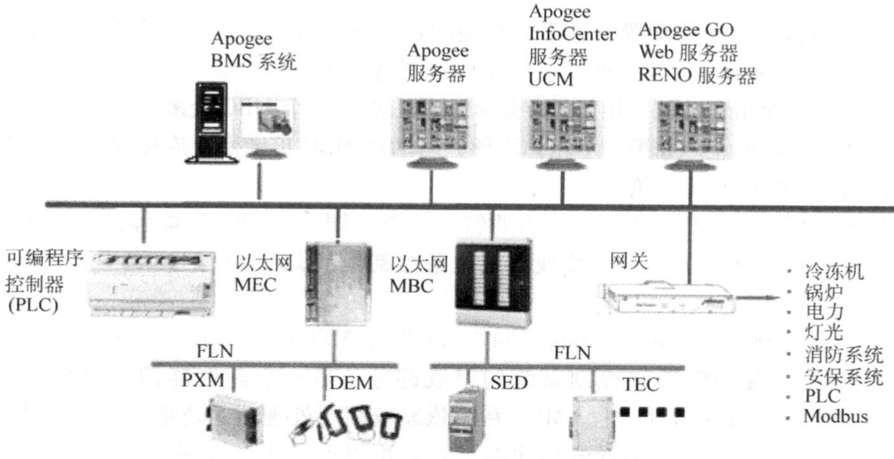

图 2-24　Apogee 新型系统结构图（两层网络）

- 日程安排表；
- 趋势图形界面；
- 系统报警管理；
- 点命令；
- 报表生成器；
- 点的详细信息；
- 程序的上传与下载；
- 数据的备份与恢复；
- 在线帮助功能。

其可选功能包括：

- 自动拨号功能；
- Internet/Intranet 功能；
- 远程通告功能；
- 历史数据管理/效用成本管理功能；
- BACnet 支持功能；
- 支持 OPC 技术等。

（2）模块式楼宇控制器（Modular Building Controller，MBC）　模块式楼宇控制器（MBC）（见图 2-25）是 Apogee 现场管理和控制系统的组成部分，它是一种模块式数字现场控制器，工作于楼宇级网络（BLN）上。现场控制器在不依靠较高层处理器的情况下，可以独立工作或联网以完成复杂的控制、监视和能源管理功能。模块式控制器对楼层级网络（FLN）装置和其他现场系统（如冷冻机、锅炉、消防/人身安全设施、门禁设施和照明设备）进行中央监视和控制。

图 2-25　模块式楼宇控制器（MBC）

MBC 采用 MOTOROLA/TOSHIBA 系列 32 位 CPU，由点终端模块、开放式处理器模块、电源模块、箱体组件等组成，箱体提供 24 模块尺寸和 40 模块尺寸两种。

MBC 可按照系统设计的需要配置各种不同类型的点终端模块，并且可实现模块的带电拔插（见图 2-26），方便系统进行维修及扩展。点终端模块支持一个、两个或 4 个点，这些模块既可以用于模拟量的输入或输出，又可以用于数字输入或输出点。一个 MBC 最多可支持 72 个点终端模块，即最多为 288 个物理点。如果一个箱体不够，可通过 MBC 扩展模块连接 MBC 扩展箱，一个 MBC 最多可连接两个 MBC 扩展箱。

点终端模块均为标准设计且可拆卸，不需要特殊工具。同时，MBC 还能够通过 3 条楼层级网络（FLN）连接最多达 96 个点扩展模块或终端设备控制器，实现 I/O 的扩展，扩展距离最远可达 1200m。

（3）模块式设备控制器（Modular Equipment Controller，MEC） 模块式设备控制器（MEC）（见图 2-27）是 Apogee 现场管理和控制系统的组成部分，是一个高性能的直接数字控制器（DDC），工作于楼宇级网络（BLN）上。MEC 在不依靠较高层处理器的情形下，可以独立工作和联网以完成复杂的控制、监视和能源管理功能。MEC 可以连接楼层级网络（FLN）设备并提供中央监控功能。

图 2-26 MBC 内部结构

图 2-27 模块式设备控制器（MEC）

MEC 目前共有 12 种，所有 MEC 的 I/O 点均为 32 点。其中 MEC-1XX 系列不能扩展 I/O 点，MEC-X1X 系列配有手动/停止/自动（HOA）切换开关，MEC-3XX 系列支持 MODEM 拨号功能，MEC-XXXF 系列支持多达 3 条楼层级网络（FLN），而其余的 MEC 则只能通过 MEC 点扩展总线（EXP）连接最多达 8 个点扩展模块。

（4）模块化控制器 西门子模块化控制器（PXC）是 Apogee 现场管理和控制系统的新成员，同样是一个高性能的直接数字控制器（DDC），工作在楼宇级网络（BLN）上，采用点对点（Peer to Peer）的通信方式，BLN 可以是 TCP/IP 的以太网或 RS-485 网络。该系列控制器又可主要分成 PXC Compact（见图 2-28）以及 PXC Modular（见图 2-29）两种类型。

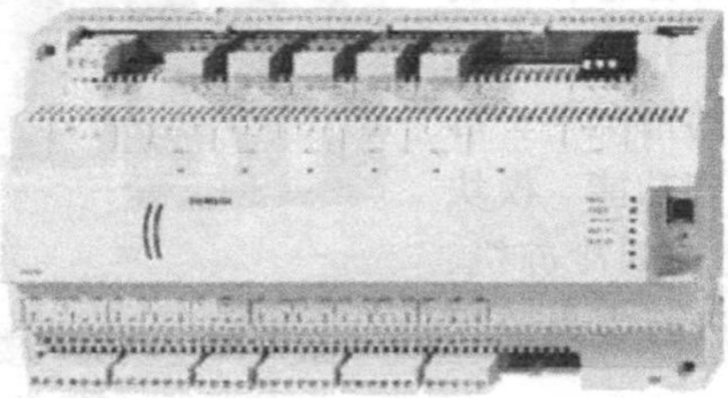

图 2-28 PXC Compact 系列

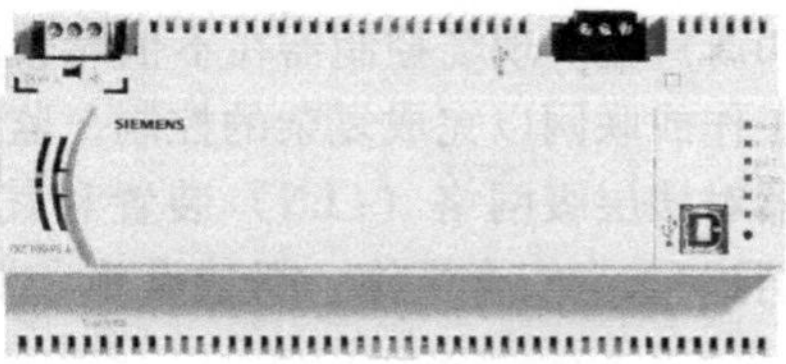

图 2-29 PXC Modular 系列

PXC Compact 控制器具有大量的通用输入/输出点，采用先进的 TX-I/O 技术，可以通过软件设定信号的类型，可以选择相应的机型安装在室外温度要求较高的环境。根据使用情况不同，主要可以提供16点和24点两种以供选择，从而满足不同成本的需求。

PXC Modular控制器除上述特点外，还可以实现在自组总线上添加TX-I/O模块和一个TX-I/O电源的情况下，该系列可以控制500个点。

此外，通过扩展模块，PXC Modular系列还可以对分散在FLN上的设备进行监控。PXC Modular系列扩展模块提供了与FLN设备的硬件连接。使用RS-485扩展模块，PXC ModularR系列支持3条RS-485的FLN上的设备，一共可以连接96个FLN设备，从而实现FLN上的点位扩展。

TX-I/O系列扩展模块由模块本身和终端底部组成。模块通过与PXC Modular的通信来完成A/D或是D/A的转换，信号处理，对点的监测和输出指令。终端底部提供了现场总线的接线端子和对自组总线的通信。

TX-I/O电源模块（见图2-30）提供了TX-I/O模块和外围设备的电源。多个电源模块的并行使用可以满足对大量I/O点控制的供电需要。

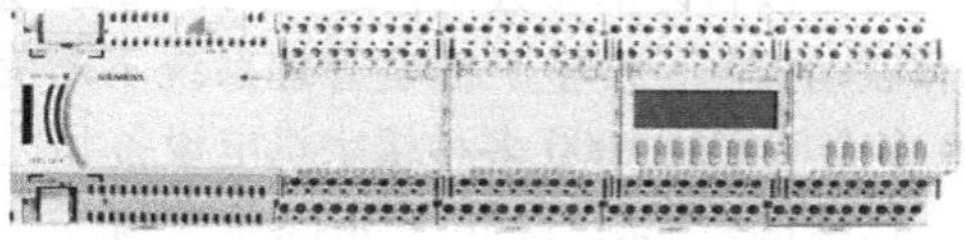

图2-30　TX-I/O电源模块和TX-I/O模块

（5）扩展模块　西门子点扩展模块（PXM）提供有效的方法来控制和监视远程信息点。作为现场控制器的扩展，该项功能可以扩展Apogee控制系统点的容量并使点的位置更接近传感器和负载，终端模块的可移动性使现场布线更容易。点扩展模块（PXM/PBM）如图2-31所示。

PXM与MEC点扩展总线（EXP）和其他楼层级网络（FLN）现场控制器兼容，通信速率为4800bit/s～38.4kbit/s。

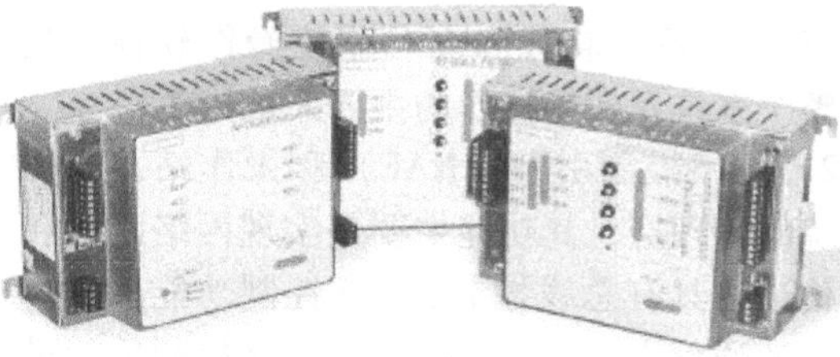

图2-31　点扩展模块（PXM/PBM）

PXM目前共有7种，配有手动/停止/自动（HOA）切换开关各3种，其中模拟点扩展模块一种，为4点AI和4点AO；数字点扩展模块两种，为4点DI和4点DO，8点DI和4点DO。此外，还可以提供8点AI的扩展模块。

模拟量输入点（AI）支持0～10V、4～20mA或1KRTD（1000Ω标准的铂材料温度传感器）3种方式，且可作为开关量输入点（DI）使用。而数字量输入点为干接触点并可用作脉冲累加器点，数字量输出点支持AC 110V/220V继电器。数字点模块的DI和DO点的开关状态均有LED显示。

更详细资料可参阅网站www.siemens.com。

（三）江森自控（Johnson Controls）公司

Johnson Controls公司1985年在美国成立，其楼宇自控系统Metasys采用开放式结构，可以根据用户需求集成不同厂商的软、硬件产品，满足整个楼宇自控系统的优化需求。

Metasys系统采用分布式结构、模块化设计，具有高效、可靠、运行稳定等特点。Metasys集成支持目前楼宇自动化及信息产业中绝大多数的标准，如BACnet、LonWorks、COM&DCOM、OPC、ODBC等世界通用的标准和协议，因此其在系统集成、数据交换、数据库整合等方面也具备了相当的灵活性与互操作性。

Metasys系统的模块化结构由一个或多个现场控制器、网络控制器和操作站组成，系统可以不断满足受控设备扩展的需要，无论是现场控制器或是网络控制器都可以根据项目的需求不断扩展。

Metasys 系统能够提供给用户超过 12 种语言以上的操作界面，它的控制器、传感器、执行器和网络设备都被制成满足各个地区需要的专用设备。

Metasys 系统具有强大的集成能力，其网络结构采用以太网方式，通过相关的通信接口协议，采用 DDE、OPC、SQL/ODBC 等技术，可将楼宇自动化系统、消防报警系统、安防系统等全面集成在一起，运用标准化、模块化方式实现信息资源与任务的共享，大大提高管理的灵活性，减少不必要的管理开销，如大量的管理人员配备、不同专业的管理工作协调、各子系统之间大量的资源互换等。

随着用户对控制要求的提高，越来越多的用户需要将第三方设备参数送入智能化楼宇管理系统，Metasys Intergator 正是满足了这种需求。其支持公开的通信协议，使支持这些协议的第三方设备可以将内部参数完整地传入 Metasys 系统，从而完成更加复杂、周到的系统监控、报警管理和联动控制，使整个楼宇管理系统不断完善。Johnson Controls 的楼宇自动化系统可与世界上 100 多个厂家的 1000 多种楼宇机电设备和机电一体化设备直接联网并交换数据。

1. Metasys 系统结构　Metasys 系统主要有 3 个系列：ADS、M5、M3。Metasys ADS 系统结构图如图 2-32 所示。整个系统由操作站、网络控制引擎、现场控制器组成。

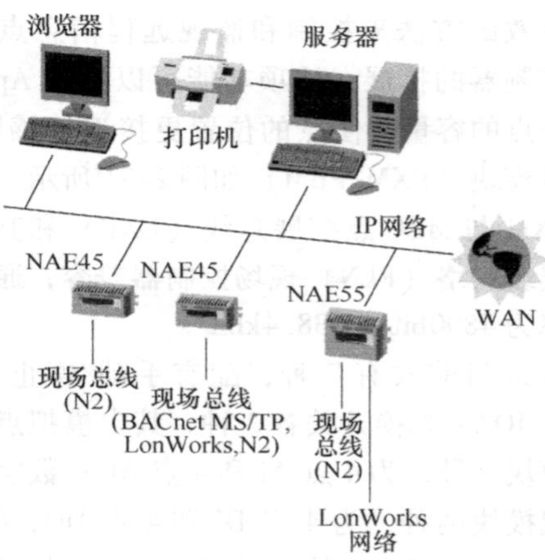

图 2-32　Metasys ADS 系统结构图

1）操作站主要由带鼠标及彩色显示器的计算机和打印机组成，运行由江森公司开发的中英文图形 ADS 系统软件和实时监控操作软件，是管理整个系统及实施操作的主要人机界面。

2）网络控制引擎（NAE）和操作站共同构成系统的管理层，其功能主要是实现网络匹配和信息传递，具有总线控制、I/O 控制功能，操作站以高速通信方式与下一级智能网络控制单元进行信息交换。系统可选择符合国际工业标准的 IP/Ethernet 网络。

3）现场控制器（DDC）主要功能是接收安装于各种机电设备内的传感器、检测器的信息，按 DDC 内部预先设置的参数和执行程序自动实施对相应机电设备的监控，或随时接收操作站发来的指令信息，调整参数或有关执行程序，改变对相应机电设备的监控要求。智能网络控制单元与 DDC 之间可以通过 N2 总线 RS-485 方式或 LON 方式通信。

2. 主要软、硬件设备

（1）Metasys 系统软件　Metasys 应用程序和数据服务器（ADS）管理 Metasys 系统的数据采集和显示以及趋势数据、事件消息、管理员记录和系统设置数据的长期存储，并为网络控制引擎（NAE）和网络集成引擎（NIE）所在的网络提供安全的通信。用户可以通过网络浏览器有效地管理舒适度和能源使用，对危急事件做出快速反应，并且使控制策略达到最佳。多用户可同时访问楼宇自动化系统的信息，该系统使用因特网协议和信息技术标准，并且与企业级的通信网络兼容。

网络中任意一个操作站均可以存取整个网络的所有信息，各操作站可同时使用。Metasys 系统软件的主要功能包括：

1）灵活的网络能力：利用标准的网络浏览器软件可远程连接访问系统，访问是基于对各个用户的授权级别来进行的。

2）完善的报警管理：通过优先级方式管理报警，系统能首先显示最重要的报警，向楼宇管理者发送事件消息以便快速诊断和反应，并建立审计跟踪供以后详细分析。

3）灵活的系统浏览和动态用户图形：Metasys 用户界面提供了一个网络浏览树，允许用户快速浏览整个系统的各个层次。基本的浏览树形结构表现了网络的物理结构。为了便于用户浏览，用户也可以建立带有不同透视效果的浏览树结构。

4）先进的趋势分析：通过趋势分析部件，用户可以从一个集成数据库中检查任意数据源的组合。图形显示可以是单独或组合的，可根据需要定制。

（2）网络控制引擎（NAE） 网络控制引擎（以下称 NAE）是一种基于 Web 的网络控制器，它采用信息技术和互联网协议进行通信。同时，NAE 采用了建筑物自动化行业的网络技术，包括 BACnet 协议、LonWorks 协议及 N2 总线，如图 2-33 所示。因此，NAE 可以监控和管理加热、通风以及空调、灯光、安防等设备。

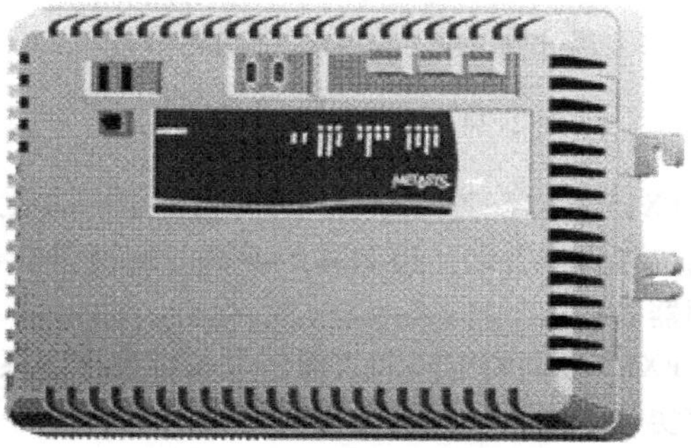

图 2-33 网络控制引擎（NAE）

建筑物内单一或多个 NAE 可以提供监控、报警和事件管理、数据交换、趋势分析、能量管理、时间表以及数据存储等功能。NAE 支持单个或多个 Web 浏览器用户界面，并采用了密码授权以及 IT 行业的安全保护技术。

NAE 及数据管理服务器具有站点控制功能，任何连接到网络的标准浏览器均可以获得 NAE 中的系统数据，包括通过电话拨号和 ISP 上网的远程用户。用户可以通过一台设备获得某一站点的所有数据，对来源于多个 NAE 的数据的显示进行协调以便捷地浏览全部数据。NAE 内置用户界面和在线编程软件，可以通过任何一台配有网络浏览器软件的设备对系统进行配置、调试、数据存档以及监控，不再需要任何独立的工作站软件。

NAE 具备多种连接方式，采用以太网接口或者直接通过 RS-232 串行端口就可以连接到 Web 浏览器。对于一个拨号上网的连接，配有可以选用的内置调制解调器及 RJ11 电话插孔，还可以使用通过 USB 接口的外置调制解调器。

（3）网络控制器（NCM） NCM 系列网络控制模块是用户可以自由编程的管理级控制器（见图 2-34），负责对现场级楼宇自动化设备网络和暖通空调设备进行监控。NCM 可选择用于 N2 总线或 LonWorks 总线的不同接口。

NCM 可以和网络中其他 NCM 和 NCU 共享信息。与其他系统不同，这种共享不受任何限制，即网络中的任一个 NCM 可以访问到任何其他 NCM 的信息。NCM 还提供网络操作终端的接口。NCM 对整个系统网络的信息进行组织并且对操作员的命令和程序改变做出反应。

NCM 还可以对 LonWorks 设备进行监控，只需第三方的 LonWorks 设备的网络接口符合当前的 LonMark 标准。

因此，NCM 能够满足任何规模企业的需求。在小型企业中，NCM 可作为现场控制器的主要管理设备。通过固有程序与用户自定义的程序相结合，NCM 能够在保持最佳舒适度的同时让设备以最高的效率运行。大中型企业可以使用多个 NCM，每个 NCM 负责企业的一部分，对必要的信息和数据进行共享。在每个系统内，当专业应用控制器在执行 HVAC、消防以及出入控制时，NCM 负责对总线上所有控制器进行协调。

（4）FX15 数字控制器 FX15 是一个高性能的数字控制器（见图 2-35），特别为冷水机、室内柜机、热泵机组、AHU 等设备的控制要求而设计。其配置有 6 个模拟量输入（AI），8 个数字量输入（DI），8 个数字量输出（DO），4 个模拟量输出（AO）。

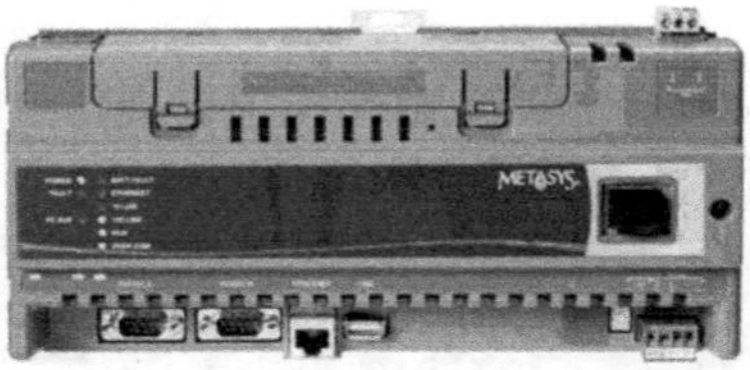

图 2-34 网络控制器（NCM）

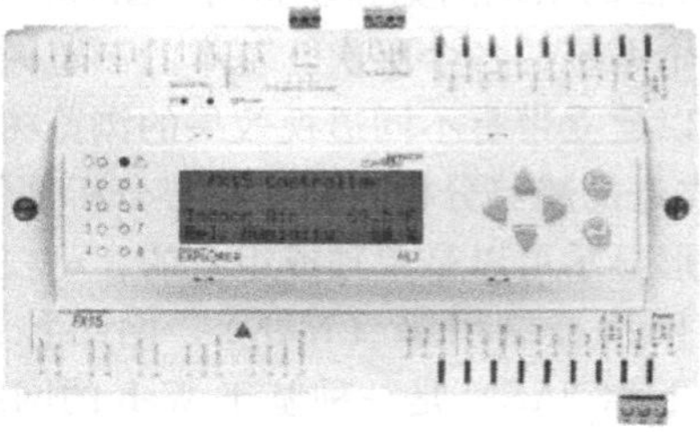

图 2-35 FX15 数字控制器

FX15 可以配置两种用户使用接口：一体化或遥控手操器。一体化手操器带 4 行 20 字母 LCD 显示，可直接安装于控制器的表面。遥控手操器可以在距离 300m 的范围内使用调节器与 FX15 控制器通信。

FX15 可以使用插入式通信卡与中央控制系统联网，备有 LonWorks 和江森 N2 Open 两种不同通信协议卡。

FX15 控制器使用江森的 FX-Tool 软件，功能全面，使用简单。该软件可以按照实际的控制要求而设计，不受计算机语言所限制。用户也可以使用控制方案数据库，快速完成编写控制程序。

更详细资料可参阅网站：www. johnsoncontrols. com。

（四）施耐德电气 TAC 公司

TAC 是一家专注于楼宇自控、安全防范产品以及能源解决方案的瑞典公司，具有超过 80 年行业历史。2003 年，TAC 加入法国施耐德电气集团，并先后收购了安德沃自控（Andover Control）、英维思楼宇系统（Invensys Building System）、派尔高（Pelco）等多家楼宇自控及安全防范产品公司。作为近年来业内增长最为迅速的公司，目前 TAC 的业务已涵盖了完整的楼宇自控、门禁控制、视频监控、入侵防范及末端产品线，并具备较强系统/能源解决方案及工程实施能力。

TAC Vista 是施耐德电气 TAC 旗下的 LonWorks 楼宇自控解决方案。此系统最大的特点在于其 Building IT 设计理念。所谓 Building IT 就是将 IT 的技术、理念充分应用于楼宇自控，从而实现开放、友好、集成与安全性能。TAC Vista 具有以下特点：

（1）开放 TAC Vista 采用完全开放的网络结构，确保用户可以自由选择产品，摆脱对单一供应商的依赖。管理层软件运行于微软 Windows 操作系统，基于标准以太网或 TCP/IP 光纤网进行通信；现场层采用开放的 LonWorks 技术。此技术已被全球超过 3000 家设备供应商所使用；支持 OPC、BACnet、Modbus 等众多开放技术和标准，并为用户提供多种标准软/硬件网关选件。

（2）友好 TAC Vista 5 提供简单、易学的监视操作界面。Vista 5 基于 XML 可标记语言的矢量图形系统，不仅界面精美、功能强大，而且比以往更易于掌握和使用。大量内置组件、功能模块、Internet 图形资源共享网站以及组件重用技术有助于提高编程工作效率。

（3）集成 TAC Vista 不仅为楼宇环境监控提供了强有力的工具，同时其强大的管理功能也可服务于其他楼宇智能化系统。TAC Vista 不仅可与同品牌能源管理、物业管理及安全防范系统协同工作，也可集成第三方智能化系统。通过一个界面监控和管理所有楼宇智能化系统，加强系统之间的协调配合，同时减少客户在软/硬件及系统调试、维护上的投资。

（4）安全　为确保系统安全性，TAC Vista 使用微软 Windows 2000/XP/Vista 的安全系统对本地用户进行管理；对于远程 Web 用户，TAC Vista 采用网上金融行业常用的具有 128 位 SSL 加密的 HTTPS 协议，这种高安全特性在一些特殊行业如制药业等尤为重要。

1. TAC Vista 系统结构　TAC Vista 为典型两层网络架构，如图 2-36 所示。

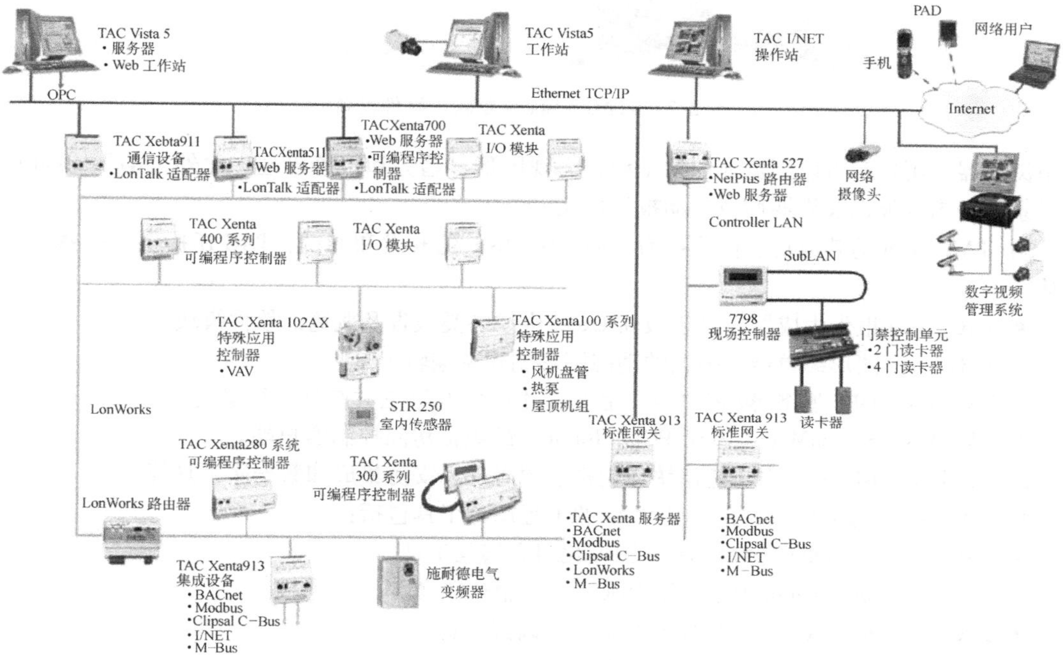

图 2-36　TAC Vista 系统结构图

1）管理层采用高速以太网，基于 TCP/IP。管理层网络连接设备包括 TAC Vista 服务器/客户机、Xenta 网络控制器、Xenta 集成化控制器以及任何第三方 LonWorks/IP 路由器。通过管理层网络，TAC Vista 还可集成 TAC 门禁、视频等安全防范系统，或通过 Xenta 标准网关集成第三方系统。

2）现场层采用 LonWorks 网络，所有节点数量及网络拓扑结构符合 LonWorks 规范。现场层网络既可连接 TAC Xenta DDC，也可集成任何第三方 LonWorks 设备，从而为用户提供最大的产品选择自由度。

2. 主要软、硬件设备

（1）TAC Vista 系统软件　TAC Vista 为楼宇日常操作及经济运行提供了有效的监视、控制和分析管理软件解决方案，其主要软、硬件设备如图 2-37 所示。用户既可选购 TAC 针对特定用户定制的优惠功能套件，也可针对自身需求灵活订购单独模块，从而可非常容易地根据需求改变扩展系统功能。同时，TAC Vista 还提供了多种语言界面供用户选择。

1）TAC Vista 服务器和工作站：TAC Vista 服务器负责通信及数据库管理，为操作员工作站提供了对环境控制及安防系统的接入管理。TAC Vista 工作站是整个楼宇管理系统的主操作界面，通过图形化显示、报警管理、历史及实时趋势记录和标准及定制报告等功能帮助用户实现日常运行操作及监控管理。

2）TAC Webstation：TAC Webstation 允许用户通过标准网络浏览器接入控制系统。使用任何

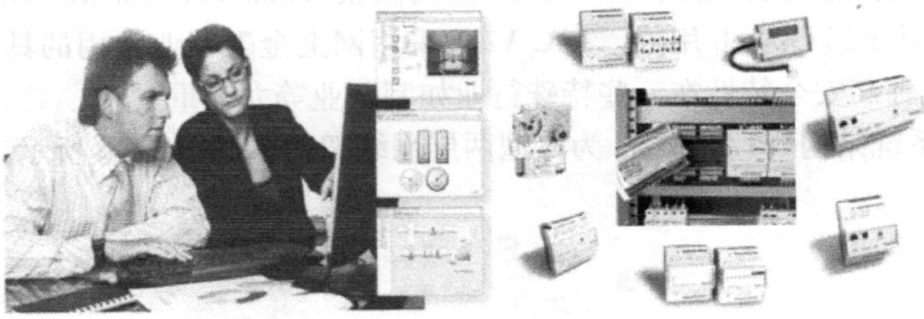

图 2-37 TAC Vista 主要软、硬件设备

网络浏览器，用户都可以浏览他们的工程，实现图形、趋势和报警管理。此外，Webstation 还提供了系统日志查询以及周期性或自动报告功能。

3）TAC Vista 的其他功能模块：为支持 TAC Vista 的开发和调试，TAC 还提供了一系列功能模块：

- TAC Vista 报告生成器：基于微软 Excel 生成各类报告及概览的软件模块。
- TAC Vista 图形编辑器：强大的动态图形创建及编辑工具。
- TAC Vista OPC 服务器/客户端：用于通过 OPC 与第三方产品进行集成。
- TAC Vista ScreenMate：基于 PC 和 Intranet 的虚拟房间控制客户端。

此外，TAC Vista 的独立功能模块还包括能源管理、安防集成和数据库工具等。

4）TAC Vista 的工程工具：TAC Vista 的工程调试工具包括：

- TAC Menta：Xenta 可编程 DDC 图形化组态编程工具。
- TAC Zbuilder：Xenta 固定应用 DDC 图形化配置工具。
- TAC Xbuilder：Xenta 网络控制器配置及调试工具。
- TAC Vista OPC 工具：Vista OPC 网路通信调试工具。

（2）TAC Xenta 网络控制器　TAC Xenta 网络控制器用于连接管理级以太网和现场级 LonWorks 网络，产品系列包括：

1）TAC Xenta51：不仅具备 LonWorks 网络与以太网之间协议转换及路由功能，还可以通过 Web Server 实现状态监控、图形显示、报警管理、趋势浏览、日志查询及日程管理等功能。报警信息可通过电子邮件转发至用户邮箱。Xenta 511-B 更具备 Modbus 通信功能。

2）TAC Xenta911：以太网通信控制器，实现 LonWorks 网络与以太网之间的协议转换。

3）TAC Xenta913：标准网关设备，实现 LonWorks、BACnet、Modbus、M-bus 及奇胜C-Bus 之间的协议转换。

4）TAC Xenta52：实现 I/NET 门禁系统与 TAC Vista 之间的无缝集成，同时也具备 Web Server 功能。

（3）TAC Xenta DDC　TAC Xenta DDC 包括可编程 DDC（Xenta280/300/400 系列）、固定应用 DDC（Xenta100 系列）和 I/O 扩展模块。

1）Xenta 可编程 DDC：Xenta400 适合于大型、复杂应用场合，它处理及存储能力强大，但自身不包括任何监控点，I/O 点数完全根据需求灵活选配相应 I/O 扩展模块；Xenta300 适合于常规应用场合，它本身具备一定监控点数，同时又可根据现场需求选配少数几个 I/O 扩展模块进行扩展，从而在经济性与灵活性之间取得很好平衡；Xenta280 适合于注重经济性的应用场合，它具有很高的性价比，但无法通过 I/O 模块进行点数扩展。

2）Xenta 固定应用 DDC：Xenta100 为各种简单区域应用提供解决方案。这些应用包括风机盘管、变风量末端、冷吊顶和热泵机组等。Xenta100 调试简单、性价比高，是区域简单控制的理想之选。

3）Xenta I/O 扩展模块：TAC Xenta I/O 扩展通过标准 TP/FT-10 LonWorks 网络与 TAC Xenta 400/300 系列控制器相连。它包括不同的输入/输出组合，以适用于各种应用场合。

Xenta 可编程序控制器点位汇总表见表 2-3。

表 2-3　Xenta 可编程序控制器点位汇总表

	控制器						I/O 模块				
	Xenta 281	Xenta 282	Xenta 283	Xenta 301	Xenta 302	Xenta 401	Xenta 411/412	Xenta 421A/422A	Xenta 451A/452A	Xenta 471	Xenta 491/492
I/O 总点数	12	16	12	20	20		10	9	10	8	8
数字量输入（DI）	2	2	2	4	4		10	4			
温度传感器输入（TI）		2	4	4	4						
通用输入（UI）	4	4		4	4				8		
模拟量输入（AI）										8	
数字量输出（DO）	3	4	6	6	4			5			
模拟量输出（AO）	3	4		2	4				2		8
I/O 模块数量				2(4)①	2(4)①	10(15)①					

① I/O 模块数量视具体控制器型号而定。

（4）TAC Xenta 集成化控制器　TAC 最新推出的 Xenta700 系列集成化控制器集网络控制器与 LonWorks 现场控制器的功能于一身，其功能见表 2-4，并具有以下特点：

1）支持 LON、Modbus、I/NET 等现场总线及不同现场总线之间的互联。

2）支持多个自由编程的控制应用并行运行。

3）IP 接入、Web 访问。

4）精美的矢量化图形监控界面。

5）安防、楼控管理控制功能集于一身。

6）128 位 SSL 加密体制。

表 2-4　Xenta 700 系列集成化控制器功能一览表

型　号	Modbus	MicroNet	I/NET	Web 服务	I/O 模块	Xenta 现场控制器支持
Xenta 701				配置	10	
Xenta 711				自定义	10	•
Xenta 721				配置	20	•
Xenta 731	•	•	•	自定义	20	•

注：自定义 = 用户可自定义生成图形界面。

配置 = Web Server 是固化的、自动生成的。仅限于配置维护，非日常监控操作。

Xenta 731 的典型网络结构图如图 2-38 所示。

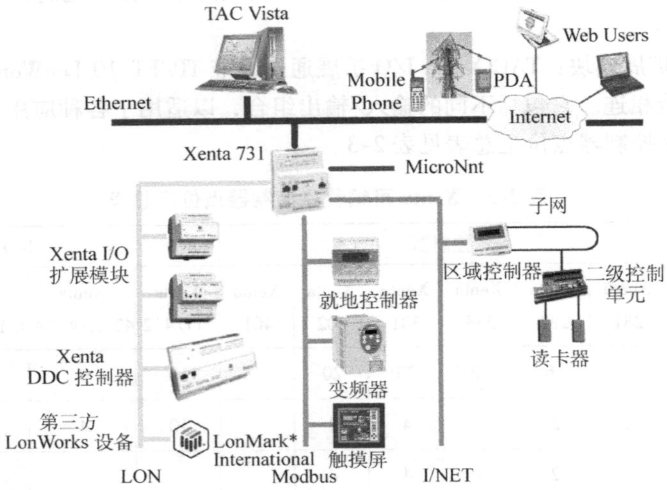

图 2-38 Xenta 731 的典型网络结构图

（5）TAC Xenta OP 手操器 TAC Xenta OP 手操器拥有 4×20 英文字符背光显示，采用 TP/FT-10 进行通信，可通过 RJ10 接头直接连至控制器，也可通过 LON 网络接入。Xenta OP 采用树形结构对控制器参数进行访问和修改，参数树由 DDC 编程软件自动生成，无需大量设置工作。Xenta OP 有 3 级密码保护权限，也可支持第三方 LonWorks 设备。

更详细资料可浏览网站 www. tac. com。

第四节 楼宇自控系统的主要监控对象及监控原理

通过本章第一节的讨论知道，虽然广义“BA 系统”几乎包含了现代化楼宇中的所有自动化监控系统，但狭义“BA 系统”主要包括电力供应与管理系统、照明控制管理系统和环境控制与管理系统三部分监控内容。进一步细分，狭义“BA 系统”的主要监控对象一般包括以下 6 个子系统：

1）冷热源设备子系统。
2）空调通风设备子系统。
3）给排水设备子系统。
4）电力设备子系统。
5）照明设备监控系统。
6）电梯设备子系统。

一、冷热源设备监控系统

现代建筑物中，暖通空调设备的能耗占总能耗的一半以上，而冷热源设备又是暖通空调设备能耗的主要组成部分。冷热源设备不仅监控工艺复杂，而且节能技术手段丰富，对这些设备的监控质量优劣直接影响日后的设备运行经济效益。

冷源系统主要是指为建筑物空调系统提供冷量的设备，如冷水机组、热泵机组等；热源系统主要为建筑物空调系统提供热水及生活热水，如锅炉系统或热泵机组等。

生活热水系统的监控原理与建筑物空调热源水循环系统的工作原理基本相同，以下仅以建筑物空调冷热源系统为例介绍冷热源设备监控系统的工作原理。图 2-39 所示为典型建筑物空调水系统的监控原理图。图中主要有两个水循环回路：冷冻水循环回路和冷却水循环回路。在夏季，冷却水循环回路、冷水机组和冷冻水循环回路共同组成建筑物空调系统的冷源部分；冬季，包含锅炉系统的蒸汽回路（蒸汽回路在图中未画出，在介绍空调热源系统时再予以详述）、热交换器和热水循环回路构成建筑物空调系统的热源部分。

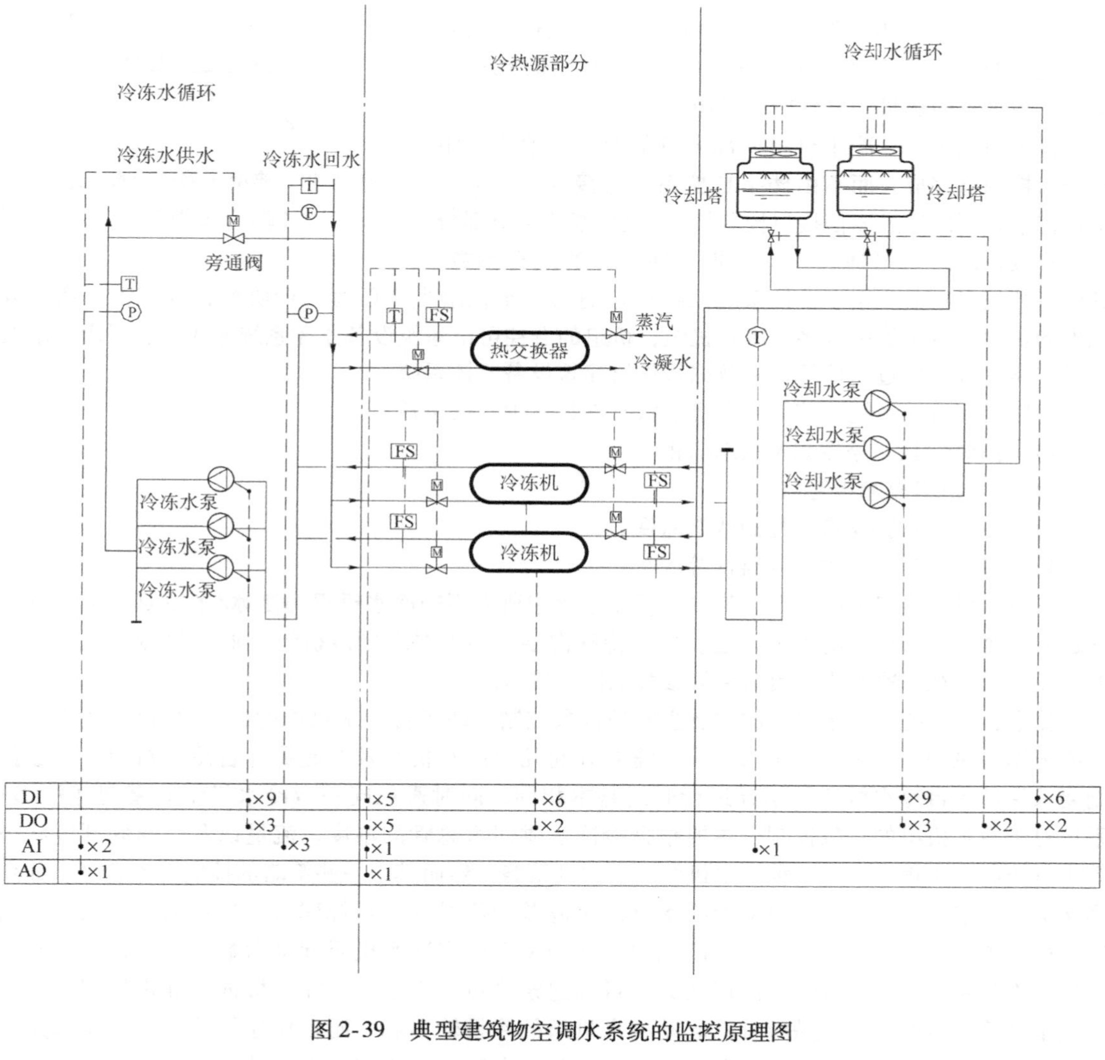

图 2-39　典型建筑物空调水系统的监控原理图

（一）冷源系统监控原理

建筑物空调冷源系统主要包括冷水机组/热泵机组、冷却水循环和冷冻水循环 3 部分。

1. 冷水机组　水冷式热泵机组在制冷工况下的工作原理与冷水机组完全相同，而风冷式热泵机组的控制更加简单（没有冷却水循环系统，由风冷式热泵机组的室外机承担水冷式热泵机组冷却水循环的功能，且室外机由热泵机组自带控制器自行控制）。因此以下仅以冷水机组为例介绍其工作原理及监控范围。

在中央空调系统中常用的制冷方式为压缩式制冷和吸收式制冷两种方式。图2-40所示为典型压缩式冷水机组的工作原理图。图中，制冷剂从蒸发器出来是低温、低压的气体；经压缩机压缩后成为高温、高压气体；进入冷凝器，高温、高压的制冷剂蒸汽在冷凝器中冷凝放热，成为常温、高压液体；经节流减压阀减压后成为低温、低压的气液共存状态；进入蒸发器，低温、低压的制冷剂气液共存体在蒸发器中蒸发、吸热后重新变成低温、低压的气体，回到压缩机。如此不断循环，制冷剂就将不断地冷却冷冻水，同时，将吸收的热量释放到冷却水循环中。

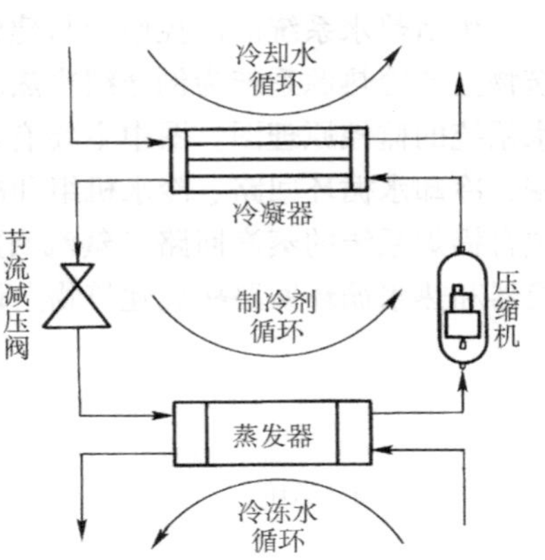

图2-40 典型压缩式冷水机组的工作原理图

在民用建筑中，冷水机组内部设备的控制一般由机组自带的控制器完成，而不由楼宇自控系统直接控制。但楼宇自控系统可以通过通信接口控制机组的起/停及调节部分控制参数，同时也可通过接口监视一些重要的运行参数。具体可控的参数需要楼宇自控系统工程承包商与冷水机组生产厂商进行协调，取决于厂商开放数据的多少。若系统中有多台冷水机组，机组的群控可由建筑设备监控系统完成，也可由冷水机组供应商完成后通过通信接口将数据传送给建筑设备监控系统。

一般楼宇自控系统监控的冷水机组状态参数较少，仅包括：

1）冷水机组起/停控制及状态监视。

2）冷水机组故障报警监视。

3）冷水机组的手/自动控制状态监视。

4）冷冻水出水/回水温度监视等。

若冷水机组为双工况机组（许多冰蓄冷系统中所采用的冷水机组为制冰/水冷双工况机组），则还需视监控冷水机组的工况设定。若有特殊需要，还可要求制冷机组厂商提供冷水机组出水温度设定及监视、冷水机组负荷率等参数的监控接口。

楼宇自控系统对冷水机组的控制主要是台数控制，即各台冷水机组的起/停控制。楼宇自控系统根据建筑物的实际冷量需求，决定需要开起几台冷水机组及开起哪几台冷水机组。一般控制要求保证各台冷水机组的累计运行时间基本相同，同时避免同一台冷水机组频繁起/停。BA系统对于冷水机组的台数控制也主要根据冷冻水供回水总管的温度、流量以及旁通阀开度状态等进行控制。工程中存在多种冷水机组台数控制策略，然而其中一些策略的控制并不合理。如众多文献、方案中常常提到的根据冷冻水供回水温差和流量计算目标建筑冷负荷需求，然后再由冷负荷需求与单台冷水机组额定制冷能力之间的关系确定冷水机组起动台数。这种控制策略错误地将冷源系统的实际冷量输出误认为是目标建筑冷负荷需求，实际上根据冷冻水供回水温差和流量计算获得的冷量就是所有已起动冷水机组的冷量输出和，而目标建筑的冷负荷需求是无法直接获得的。比较科学的控制策略是就增加起动台数和减少起动台数分别设立判断条件，从而逐步调整冷水机组起动台数，以满足目标建筑的冷负荷需求。增加起动台数和减少起动台数的判断条件也有很多，在此仅介绍比较简单的一种。假设当前时刻冷水机组已起动了n台，且水系统已进入稳定状态，则增加冷水机组起动台数的条件为冷冻水供水温度高于设计温度的幅度大于某设定死区，且这一状态已维持时间超过10～15min；减少冷水机组起动台数的条件为：旁通回路的流量大于单台冷水机组设计流量的110%，对于无法获取旁通回路流量的系统，减机条件为由冷冻水供回水温差和流量计算获得的冷源系统实际冷量输出值与已起动冷水机组额定冷量输出和之间的差值大于单台冷水机组额定制冷能力的110%，且这一状态维持时间超过10～15min。

除对冷水机组本身的控制外，楼宇自控系统还要对各冷水机组的冷冻水、冷却水进水阀、冷冻水泵、冷却水泵进行联动控制，还应根据需要测量冷冻水、冷却水进/回水的温度、流量等参数。

2. 冷冻水循环　建筑物空调冷源系统的冷冻水循环如图2-39左半部分所示，它将从各楼层空气处理设备循环回来的高温冷冻水送至冷水机组制冷，然后再供给各空气处理设备。此回路的监控内容主要包括冷冻水泵的监控、冷冻水供/回水各项参数的监测及旁通水阀的控制。

冷冻水泵是冷冻水循环的主要动力设备，其监控内容一般包括：

1）冷冻水泵的起/停及状态监视。

2）冷冻水泵故障报警监视。

3）冷冻水泵的手/自动控制状态监视等。

如果冷冻水泵为变频泵，一般还需对水泵的频率进行控制和监视；如果冷冻水泵设有蝶阀，还需对蝶阀进行控制。

冷冻水泵（大多数由BA直接控制起停的电气设备，如风机、照明等的监控原理与水泵基本相同）的这些监控点一般都直接取自其电气控制回路。图2-41所示为典型电气设备起/停监控的电气原理图。该系统在电气上分为主回路（一次回路）与控制回路（二次回路）两部分。主回路工作电压为三相380V，以刀开关作为电源进线开关，以便故障检修时形成明显的断点，确保安全。主回路通过接触器对设备电源进行控制，采用热继电器对设备进行过载保护。

控制回路分为220V回路，主要实现对主回路接触器的控制。此回路一般要求实现手/自动两种方式对风机起/停进行控制。具体设计方案是：利用一个手/自动转换开关，实现手动回路与自动回路之间的转换。当拨到手动档时，操作人员可通过起动/停止按钮、接触器线圈以及接触器辅助动合触点组成的自保持电路在现场对设备进行控制；当拨到自动档时，设备的起/停则受DDC的控制。在实际运用中，为了避免220V电压进入DDC，会采取中间继电器进行隔离的方法，具体实现可参见图2-14。

设备监控内容中的起/停控制实际上就是对图2-41主回路中接触器的控制，起/停状态信号取自接触器辅助触点，故障状态信号取自热继电器的辅助触点，手/自动转换信号取自手/自动转换开关。

冷冻水供/回水的监测参数包括：

1）冷冻水供/回水温度监测。

2）冷冻水供/回水总管压力监测。

3）冷冻水循环流量监测等。

系统根据冷冻水供/回水总管的压力差可以控制水泵的起动台数（具体起动哪台冷冻水泵可以按照累计运行时间等判别方法进行选择）或旁通阀开度以使冷冻水供/回水总管压差保持恒定。如所采用的冷冻水泵为变频泵，则可取消旁通阀。

3. 冷却水循环　建筑物空调冷源系统的冷却水循环如图2-39右半部分所示，它的主要任务是将冷水机组从冷冻水循环中吸取的热量释放到室外。此回路的监控内容主要包括冷却塔的监控、冷却水泵的监控及冷却水进/回水各项参数的监测。

冷却塔是冷却水循环回路的主要功能设备，其监控内容一般包括：

1）冷却塔风机起/停控制及状态监视。

2）冷却塔风机故障报警监视。

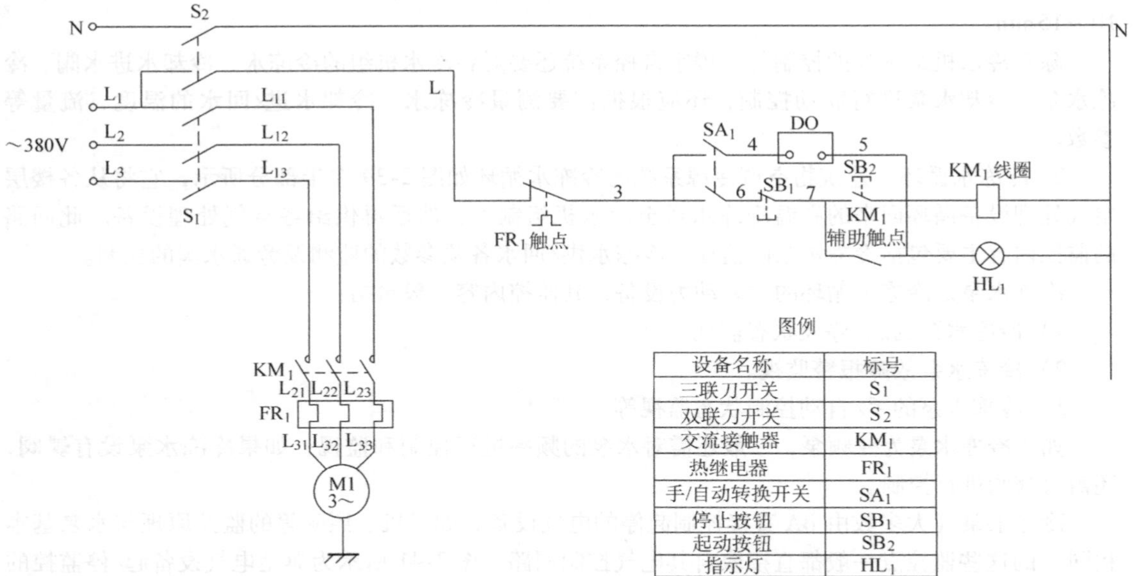

图例

设备名称	标号
三联刀开关	S_1
双联刀开关	S_2
交流接触器	KM_1
热继电器	FR_1
手/自动转换开关	SA_1
停止按钮	SB_1
起动按钮	SB_2
指示灯	HL_1
DDC 输出端	DO
电动机	M1

图 2-41 典型电气设备起/停监控的电气原理图

3）冷却塔风机的手/自动控制状态监视等。

另外，冷却塔的控制还包括其进水管的蝶阀控制等。

冷却水泵是冷却水循环的主要动力设备，其监控内容一般包括：

1）冷却水泵的起/停及状态监视。

2）冷却水泵故障报警监视。

3）冷却水泵的手/自动控制状态监视等。

如冷却水泵设有蝶阀，还需对蝶阀进行控制。

冷却水循环进、回水参数的监测主要是对回水温度的监测，这是保证冷水机组正常工作的重要监测参数。将回水温度维持在正常范围内是冷却水循环的主要功能。除此以外，根据具体需要也可以在进/回水管设置流量、压力等传感器设备，对进、回水参数进行检测。

4. 设备间联动及冷水机组的群控　冷水机组是整个建筑物空调冷源系统的核心设备，冷冻水循环、冷却水循环都是根据冷水机组的运行状态进行相应控制的。

当需要起动冷水机组时，一般首先起动冷却塔，其次起动冷却水循环系统，然后是冷冻水循环系统的起动，当确定冷冻水、冷却水循环系统均已起动后方可起动冷水机组；当需要停止冷水机组时，停止的顺序与起动顺序正好相反，一般首先停止冷水机组，然后是冷冻水循环系统、冷却水循环系统，最后是冷却塔。

当存在多台冷水机组时以上过程将会变得十分复杂。图 2-42 所示为多台冷水机组起/停控制的流程图。

1）首先，当需要增加起动一台冷水机组时，需要确定起动哪台冷水机组，同样，需要停止一台冷水机组时也是一样。这涉及冷水机组的群控概念。楼宇自控系统需要综合考虑目前各台冷水机组的起/停状态、故障状态、累计运行时间及起动频率等因素进行选择。

2）其次，当需要起动或停止某台冷水机组时首先要确定应增开或停止几台及哪几台冷冻水

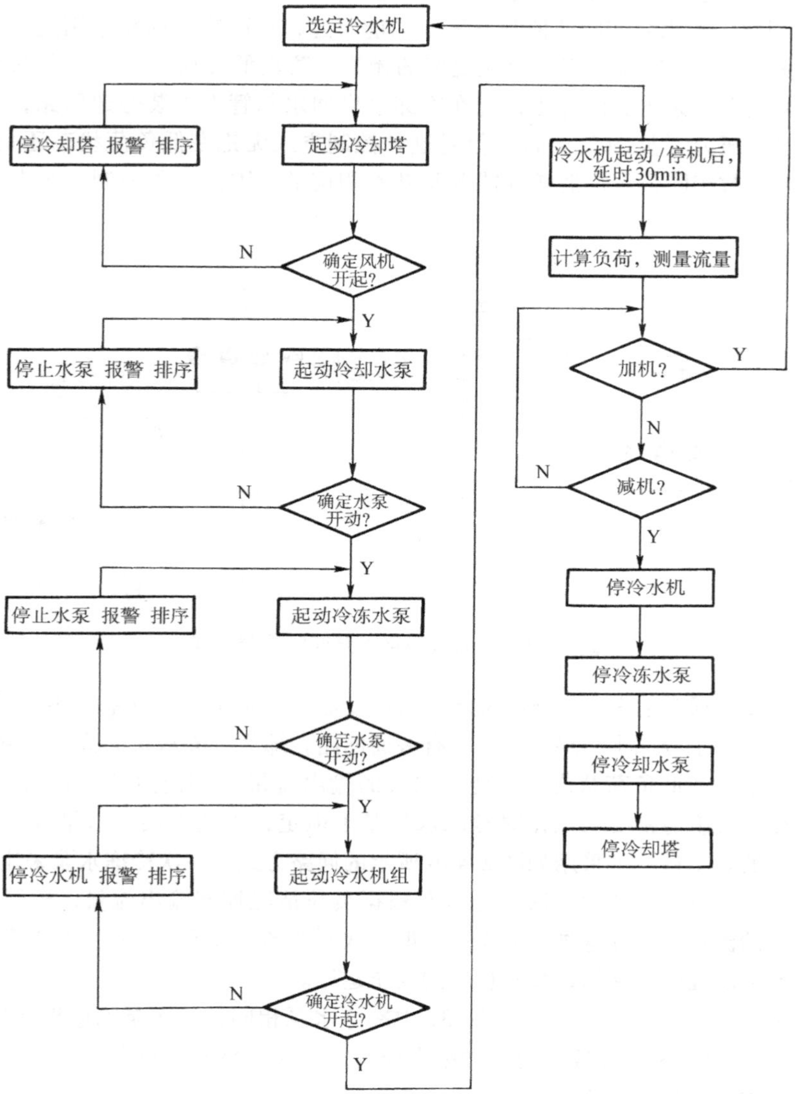

图 2-42　多台冷水机组起/停控制的流程图

泵、冷却水泵和冷却塔。最简单的一种方法是在冷水机组、冷冻水泵、冷却水泵和冷却塔之间建立一一对应的关系，即如决定增开 2 号冷水机组，则首先起动 2 号冷却塔、2 号冷却水泵及 2 号冷冻水泵，反之亦然。这种方案是考虑到在决定各台制冷机组起/停的过程中已融入了群控的概念，因此只要建立各设备之间的一一对应关系，就可实现冷冻水泵、冷却水泵和冷却塔等设备的优化起停。这种方案在正常工作状态下的控制十分理想和方便，但当某台设备，如某台冷却塔发生故障时，又要考虑由哪个其他回路的冷却塔进行替代，那么如果下一时段又需要增开一台冷水机组时，那台替代冷却塔对应回路的冷水机组将无法投入运行。这样，当多台设备发生故障时，这种方案的控制就变得相当复杂，且设备利用率较低。另一种方案是对冷冻水泵、冷却水泵和冷却塔各自分别实行群控，此方案控制策略比较复杂，可根据具体系统加以确定。

实际应用中，每台设备的起/停可能还包括与其相关蝶阀的开关操作，综合考虑各设备起/停及故障处理的控制程序相当复杂，完善的工程实施难度较大。

5. 冷冻水回路二次水泵变频的控制方案　如前所述，在冷冻水回路采用定流量水泵的情况下，为平衡负荷侧变流和冷水机组侧定流之间的矛盾，防止低负荷情况下（负荷侧盘管水阀同时关小）水泵对管路及泵本身的冲击，应在冷冻水供回水总管上加装旁通回路，通过旁通阀的开度控制平衡水管压力（见图2-43a）。但是这种控制方式无论在低负荷状态还是高负荷状态，只要起动的水泵台数相同，水泵消耗的能源是基本相同的，因此这种控制方案在低负荷状态下浪费了大量能源。

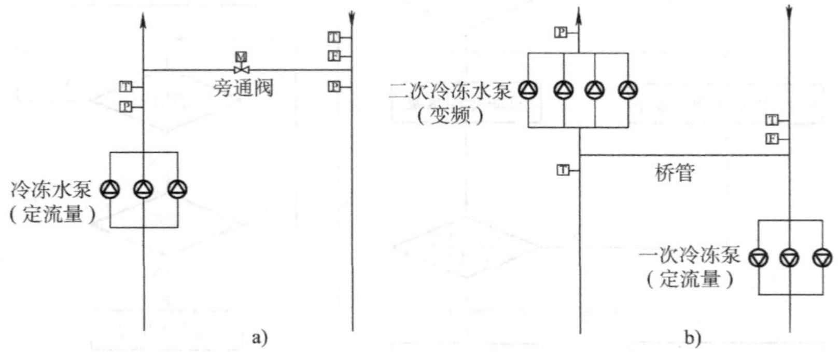

图2-43　冷冻水回路水泵变频控制方式

从节能的角度，通常的做法是将冷冻水泵换成变频泵，根据负荷状态改变水泵的运行频率，实现变频节能。但对于冷冻水回路，如果没有旁通回路，那么冷冻水泵的输出流量等于流过冷水机组的冷冻水流量。在低负荷状态下，变频水泵的输出流量（即流过冷水机组的冷冻水流量）随之降低，而冷水机组通常要求工作时冷冻水量基本恒定，因此直接变水量调节对冷水机组的正常工作是不利的。工程中可采用如图2-43b所示的回路方式。一次冷冻水泵采用定流量保证流过冷水机组的冷冻水流量，变频二次冷冻水泵根据负荷情况控制输出流量，桥管回路的流量为一次泵与二次泵的流量差。在这种回路中，一般一次泵的扬程较低，二次泵根据负荷决定扬程输出，从而既实现节能控制，又保证冷水机组的安全运行。

图2-43b中一次泵的监控方式与图2-43a中冷冻水泵相同，二次泵除监控起停、运行状态、故障状态、手/自动状态外，还需进行变频频率控制。二次水泵的运行台数及运行频率根据末端压力传感器的压力反馈值进行确定。

6. 冰蓄冷系统　冰蓄冷的基本思想是利用夜间低谷电价时段制冰蓄冷，而白天高峰期融冰供冷。鉴于近几年我国夜间电力过剩、白天电力明显不足（甚至拉闸限电）的现状，利用峰谷电价差鼓励冰蓄冷技术应用对国家电力事业具有重要意义。但是冰蓄冷控制工艺复杂，如策略不当往往产生融冰过快后期供冷不足或能源费用不经济的现象。下面介绍冰蓄冷的工作原理及基本控制策略。

根据蓄冰槽工作状态的不同，可将冰蓄冷系统分为充冷和放冷两个循环。如图2-44所示，在低谷电价时段，冷水机组处于制冰工况，其出水温度大约为-2℃，通过充冷循环将蓄冰槽中的水结成冰，储存冷量；在高峰电价时段，通过蝶阀切换将蓄冰槽切换至放冷循环，通过融冰向空调负荷提供冷量，此时可以通过三通阀调节蓄冰槽的融冰速度，即冷量输出。在冰蓄冷系统中为防止载冷剂冻结，一般选用冰点较低的浓度为25%的乙二醇溶液。

图2-44所示是冰蓄冷的完全蓄冷模式，即高峰电价时段的冷负荷完全由蓄冰槽承担。在实

际工程中，采用这种模式的冰蓄冷系统需要大功率的冷水机组和大容量的蓄冰设备，以便在低谷电价时段（一般为 6h 左右）储存足够的冷量供高峰电价时段（一般为 18h 左右）使用。因此，这种模式的初始投资很大，容易造成大量设备浪费。

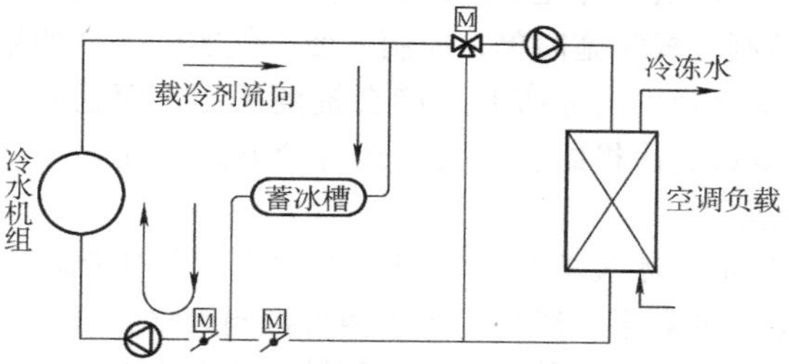

a) 冰蓄冷系统充冷循环

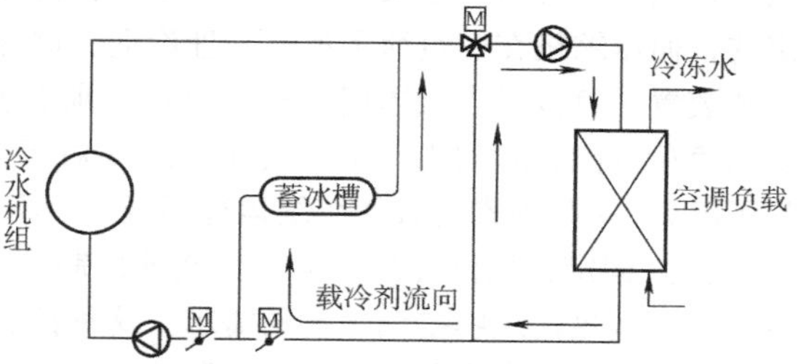

b) 冰蓄冷系统放冷循环

图 2-44　冰蓄冷系统工作原理

目前绝大多数冰蓄冷工程都采用部分蓄冷模式，即高峰电价的冷负荷由蓄冰槽和冷水机组共同承担。此时采用的冷水机组多为双工况机组，有制冰与水冷两种工况可供选择。根据放冷循环中蓄冰槽和冷水机组的位置不同，可将部分蓄冷模式分为蓄冰槽与冷水机组并联运行、串联运行两种，其中串联运行又可分为蓄冰槽上游与冷水机组上游。在并联运行模式中，载冷剂回水分别通过蓄冰槽与冷水机组两路制冷，两组设备的进、回水温度相同；串联模式中，上游设备对载冷剂回水进行一次制冷，工作在高温环境中，下游设备进行二次制冷，工作在低温环境下。由于冷水机组在高温环境中的运行效率较高，因此目前多数冰蓄冷工程中采用的是蓄冰槽与冷水机组串联、冷水机组上游模式，如图 2-45 所示。此模式下，通过蓄冰槽侧的三通阀可以控制蓄冰槽的充/放冷速度，通过热交换器侧的三通阀可以切换充冷循环与放冷循环，并控制放冷循环时热交换器的热交换速度。其他设备的控制方式与常规冷源的控制相同。

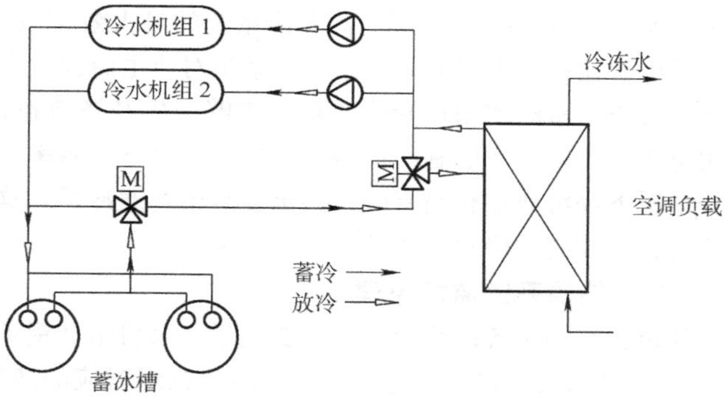

图 2-45　蓄冰槽与冷水机组串联、冷水机组位于上游的冰蓄冷模式

冰蓄冷系统控制的难点在于确定合理的蓄冰量及融冰速度。蓄冰量过小、融冰速度过快往往导致冰提前融尽，后期无法满足冷负荷需求（部分蓄冷模式中，冷水机组的容量往往小于建筑物的尖峰负荷，不足部分由融冰补充）；蓄冰量过大、融冰速度过慢则导致冰量过剩，没有充分发挥冰蓄冷系统的负荷转移能力，造成浪费（主要是冷量泄漏造成的）。

冰蓄冷系统蓄冰量及融冰速度的确定都是以次日的空调负荷预测为基础的，次日空调负荷预测的准确度直接影响冰蓄冷系统的经济效益。获得次日预测负荷后，就应根据一定的原则确定控制策略。常见的控制策略包括：

（1）制冷机组优先控制策略　在空调负荷小于制冷机组容量时仅运行制冷机组，只有当空调负荷大于制冷机组容量时才由蓄冷装置补充不足部分。在这种控制策略下，制冷机组始终处于工作状态，且在接近满负荷状态下运行，运行效率较高。但这种控制方式未能充分发挥冰蓄冷系统“转移负荷”的能力。

（2）蓄冰优先供冷控制策略 在空调负荷低于蓄冰设备最大融冰释冷量时，先由融冰承担负荷，当空调负荷大于最大融冰释冷量时，再投运制冷机组补充。因此，由融冰提供的冷量是恒定的，而压缩机在变负荷下运行。理论上，这种控制方式实施简单、控制方便，但实际上，如果蓄冰装置一直以最大融冰速度进行融冰，那么蓄冰装置中的冰很有可能会提前用尽，而且制冷机组负荷可能长时间工作于低负荷状态（对于大多数制冷机组，低负荷运行会导致工作效率明显下降），这些因素均致使系统运行不经济、不合理。

（3）固定比例供冷控制策略 这种控制策略是指蓄冰装置与制冷机组按照固定的比例输出冷负荷，满足建筑物空调负荷的需求。这种控制策略的效果一般要优于上两种控制策略，虽然没有考虑负荷的动态变化，无法使控制效果进一步优化，但由于其实施的简便性，故在许多工程中仍有应用。

（4）优化控制策略 这种控制策略是根据动态预测负荷，在约束条件（包括制冷机组输出冷负荷最大值约束、蓄冰设备最大蓄冷量约束、最大融冰速率约束等）的限制下，对多个控制目标（包括日运行费用、空调负荷、一个循环的剩余冰量、制冷机组的起停次数等）进行优化。由于需要综合考虑多个优化目标和约束条件，且预测负荷本身的准确程度有限，民用建筑中冷水机组的负荷率难以精确控制，不同负荷率下的效率各不相同，这些因素都使得冰蓄冷的优化控制异常复杂，实际工程中很难实现最优方案。

在冰蓄冷系统中，制冷机组在制冰工况下的效率大约是水冷工况下的80%，泄漏的冷量大约占总蓄冰量的20%，这样，冰蓄冷系统的最大效率只有普通冷源的60%左右。因此，一般要求峰谷电价比在2∶1以上时，冰蓄冷系统对业主而言才有价值。对于3∶2∶1的三段电价，一般认为只有将谷段蓄的冰用在峰段才真正能够产生经济效益，用在平价段基本上和普通冷源的能源费用持平。如果再考虑制冷机组在不同负荷率下的效率，如控制不当，冰蓄冷系统的能源费用在部分情况下经济效益相当有限，甚至会高于普通冷源。这也是限制冰蓄冷发展的一个重要因素。由此可见，控制策略对于冰蓄冷系统至关重要。

（二）热源系统监控原理

建筑物空调系统的热源设备主要包括热泵机组和锅炉系统两种。

1. 热泵系统制热工况监控原理 热泵机组对应的热源系统工作原理及监控内容与其在制冷状态下的工作原理和监控内容类似，只是热泵机组内部冷凝器和蒸发器的位置可以通过四通阀进行互换。图2-46所示为水冷式热泵机组在制热工况下的工作原理图。这样，冷凝器就与冷冻水循环发生热交换，向冷冻水中释放热量；蒸发器与冷却水循环发生热交换，从室外吸收热量，从而达到制热目的。

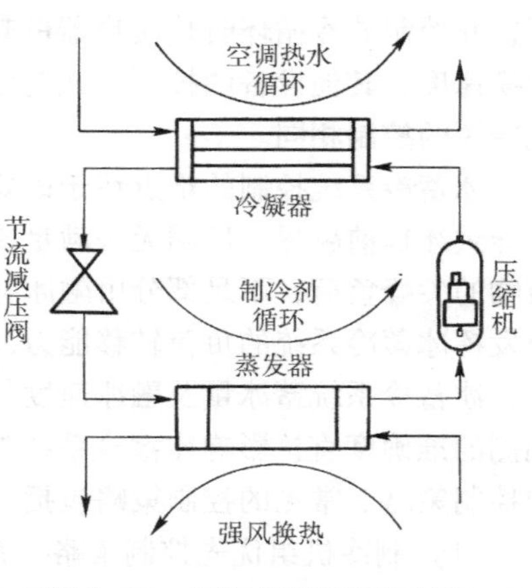

图2-46 水冷式热泵机组制热工况下的工作原理图

热泵系统制热工况下机组及冷冻水、冷却水循环系统的监控内容及控制方式与其在制冷工况下的监控内容、控制方式基本相同，在此不再复述。

2. 锅炉系统监控原理 锅炉系统设备包括锅炉机组（热源）、热交换器及热水循环3部分，如图2-47所示。

其中热水循环系统的工作原理和监控内容与冷水机组冷冻水循环系统完全相同，所不同的只是冷水机组系统的冷冻水系统是与冷水机组的蒸发器发生热交换，被吸取热量，而锅炉系统的热水循环是与热交换器的蒸汽回路发生热交换，吸取热量。

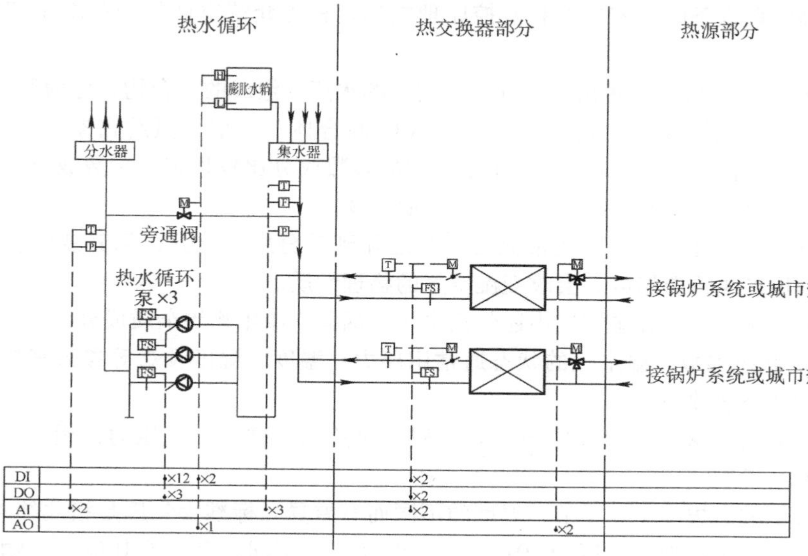

图 2-47　典型建筑物热源系统监控原理图

一般，建筑设备监控系统对锅炉只监视不控制。当系统中有多个锅炉时，锅炉的群控系统一般由锅炉供应商完成，建筑设备监控系统通过通信接口采集锅炉设备的信息，包括：

1）监视锅炉的运行状态、故障报警。

2）监视锅炉的烟道温度、锅炉压力。

3）监视补水箱的高低液位的报警信号。

4）锅炉的油耗或气耗的实时检测。

5）监视锅炉一次侧水泵运行状态、压差及旁通阀的开度。

6）锅炉一次水的供回水温度。

热交换器一端与锅炉机组的蒸汽回路相连，另一端与热水循环回路相连。其主要监控内容包括：

1）监测各热交换器二次水出水温度和回水温度，依据出水温度调节一次热水（或蒸汽）调节阀，保证出水温度稳定在设定值范围内，温度超限时报警；有条件的检测二次侧水流量，以估算冬天空调负荷。

2）监测热水循环泵的运行状态和故障信号，故障时报警，并累计运行时间。

3）监视二次侧压差和旁通阀开度。

有多台热交换器时，还需在每台热交换器热水循环回路的进水口安装蝶阀并进行控制。热交换器根据热水循环回路出水温度实测值及设定温度，对蒸汽/热水回路三通阀的开度进行控制，以控制热水循环回路出水温度。热交换器起动时一般要求先打开二次侧蝶阀，待热水循环回路起动后再开始调节一次侧三通阀，否则容易造成热交换器过热、结垢。

二、空调通风设备监控系统

空调设备控制规律复杂、监控点数多、节能效果明显，是建筑物设备中的控制重点与难点。

空调系统的控制对象主要是室内空气，包括对空气温度、湿度、空气品质以及气流组织等的控制，以满足室内人员的舒适性要求。

（一）空气的状态参数及空调系统分类

在考虑具体空调设备的监控要求和监控原理之前，首先介绍空调的一些基本知识及空调系统分类。

1. 空气的组成　空气是一种由干空气和一定量的水蒸气组成的混合物，称为湿空气。

干空气以氮气和氧气为主，是多种气体组成的混合体。一般，氮约占空气的78%，氧占21%，二氧化碳和其他气体占1%左右。干空气中的多数成分比较稳定，少数成分随季节有所波动，但从总体上仍可以将干空气视为一个稳定的混合物。

水蒸气在湿空气中含量很少，通常只占千分之几到千分之二十几，但其变化会对空气环境的干燥和潮湿程度产生重要影响，会改变湿空气的物理性质。

除干空气和水蒸气外，在湿空气中还包括尘埃、烟雾、微生物等杂质成分。

2. 湿空气的状态参数　湿空气的状态通常用压力、温度、湿度及焓等参数来描述，这些参数称为湿空气的状态参数。

（1）压力　地球的大气层对单位地球表面积形成的压力称为大气压力，用 p 表示，单位为Pa（帕）或 kPa（千帕）。

大气压随各地的海拔高度、季节、温度的不同而有差异。标准大气压是指北纬45°处海平面的全年平均气压，一个标准大气压为101325Pa。大气压力不同，会影响其他空气物理性质的状态参数。

在空调系统中，检测仪表上指示的压力通常称为工作压力（表压），它不是该系统湿空气的绝对压力，而是系统湿空气的绝对压力与当地大气压力之差。

湿空气中，水蒸气分压力的大小，反映了其中水蒸气含量的多少。在一定的温度下，水蒸气含量越多，则其分压力越大。当空气中水蒸气含量超过某一限量时，多余的水蒸气会凝结成水析出。在一定温度条件下，湿空气中水蒸气含量达到最大限值时，湿空气处于饱和状态，称为饱和空气。

（2）温度　空气温度用以表示空气的冷热程度，通常用 T 或 t 表示。T 为热力学温度，单位为K；t 为摄氏温度，单位为℃，一些国家采用℉（华氏）为单位。这三者之间的关系为

$$F=\frac{9}{5}t+32$$

$$T=273.15+t$$

式中，T 为热力学温度（K）；t 为摄氏温度（℃）；F 为华氏温度（℉）。

湿空气的温度也是干空气及水蒸气的温度，又称为干球温度，即用温度计直接测量出的空气温度。

（3）湿度　湿度是表示湿空气中水蒸气含量的物理量，通常有3种表示方法：

1）绝对湿度：$1m^3$ 湿空气中含有的水蒸气量称为绝对湿度 z，单位为 kg/m^3。

2）含湿量：在湿空气中与1kg干空气同时并存的水蒸气量称为含湿量 d，单位为 g/kg。含湿量表示空气中水蒸气的含量，在对空气进行加湿或减湿处理时，都是用含湿量来计算空气中水蒸气量的变化。

3）相对湿度：相对湿度 φ 为空气中水蒸气分压力与同温度下饱和水蒸气分压力之比，用%表示。相对湿度反映了湿空气中水蒸气含量接近饱和的程度。φ 值越大，表示空气越接近饱和，空气越潮湿。

（4）露点温度　在一定的压力下，对含湿量为 d 的空气保持其含湿量不变，而降低其温度，当空气呈饱和状态而刚出现冷凝水时的温度称为此空气状态的露点温度。

在空气处理过程中，常利用冷却方法使空气温度降到露点以下，使水蒸气从空气中凝结成水分离出来，以达到去湿的目的。

（5）湿空气的焓　湿空气的焓 i（单位为 kJ/kg）等于 1kg 干空气的焓加上与其同时存在的 d（单位为 kg）水蒸气的焓，湿空气的焓值计算公式为

$$i = 1.01t + d(2500 + 1.84t) = 1.01t + (2500d + 1.84dt)$$

式中，$(1.01t + 1.84dt)$ 是与温度有关的热量，称为“显热”；而（$2500d$）只与空气含湿量有关，称其为“潜热”。

在空调工程中，空气压力的变化一般很小，可近似为定压过程，所以可用湿空气的焓变化（焓差）来度量空气加热或冷却的热量变化。在空气调节控制中的焓值控制方式即是对室内室外空气焓值进行比较，控制回风比例，充分利用回风能量，以节省能源。

3. 空调系统分类　空调系统按照不同的标准有多种分类方式，在此仅为方便后续讨论，介绍一种按空气处理设备设置位置的分类方法。按空气处理设备的设置位置分类，可将空调系统分为集中式空调系统、半集中式空调系统和分散式空调系统三类。

集中式空调系统是指所有空气处理设备集中在空调机房中，冷冻水或空调热水由冷热源站集中送至空调机房，对空气进行集中处理，然后由风管配送至各个房间。典型的集中式空调系统是由空调机组（Air Handling Unit，AHU）对大空间区域（如会议厅、餐厅、大堂等）空气集中处理的定风量系统，以及对独立、分割空间（如办公区域等）空气进行集中处理的变风量系统等。

半集中式空调系统中，空气处理过程由集中在空调机房中的集中设备和分布在控制区域的分散设备共同完成。典型的半集中式空调是新风机组（Primary Air Unit，PAU）加风机盘管（Fan Coil Unit，FCU）系统。这种空调系统的空气处理过程包括 PAU 对新风的集中处理、配送和 FCU 对回风的分散处理两部分。

分散式空调系统是指空气处理过程完全由分散在控制区域的设备完成，这些分散的空气处理设备往往拥有各自独立的室外机作为冷热源，整套设备由独立的控制器进行控制，一般不纳入楼宇自控系统监控范围或仅通过干接点、网关等方式对其起停及个别状态进行监控。这类空调系统包括普通分体式空调、一些恒温恒湿空调等。

（二）新风机组监控原理

新风机组是用来集中处理室外新风的空气处理装置，它对室外进入的新风进行过滤及温、湿度控制后送入空调区域。新风机组的监控原理图如图 2-48 所示。

如图 2-48 所示，通过风门驱动器控制新风门可以控制新风机组与室外空气的通断。新风门应与送风机联动，进行开关控制。送风机起动时，新风门自动打开；送风机停止，新风门联锁关闭，以防止室内冷量或热量外逸，减少灰尘进入，保持新风机组内清洁，冬季还可起到盘管防冻作用。

室外新风进入新风机组后由滤网进行过滤。为监视滤网的畅通情况，在滤网两端装设压差开关，当滤网发生阻塞时滤网两端的压差就会增大，压差开关动作发出报警，提醒工作人员进行清洗。

换热盘管对经过滤后的新风进行热交换处理，通过水阀开度控制可以调节热交换速度，从而控制热交换后新风的温度。工程中一般根据送风温度与设定温度的差值对水阀开度进行 PID（比例、积分、微分）控制。此外，热水盘管的水阀应与送风机联动，仅当送风机处于运行状态

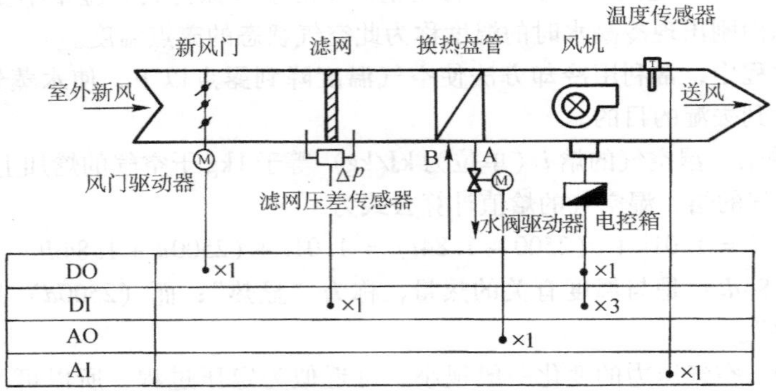

图 2-48 新风机组监控原理图 1

时，水阀进入自动调节状态；送风机停止后，水阀自动回到关闭位置，以免浪费冷冻水循环能源。

风机是新风机组的动力设备，对风机的监控内容包括：

1）风机起/停控制及状态监视。

2）风机故障报警监视。

3）风机的手/自动控制状态监视等。

风机的状态监视一般有两种实现方式：一种是直接从风机电控箱接触器的辅助触点取信号（图 2-48 所示即为这种情况）；另一种在风机两端加设压差开关，根据压差反馈判别风机状态（见图 2-49）。第一种方法虽然简单经济，但实际只是监测风机电控箱的送电状态，而第二种方法可以准确地监视风机的实际运行状态。

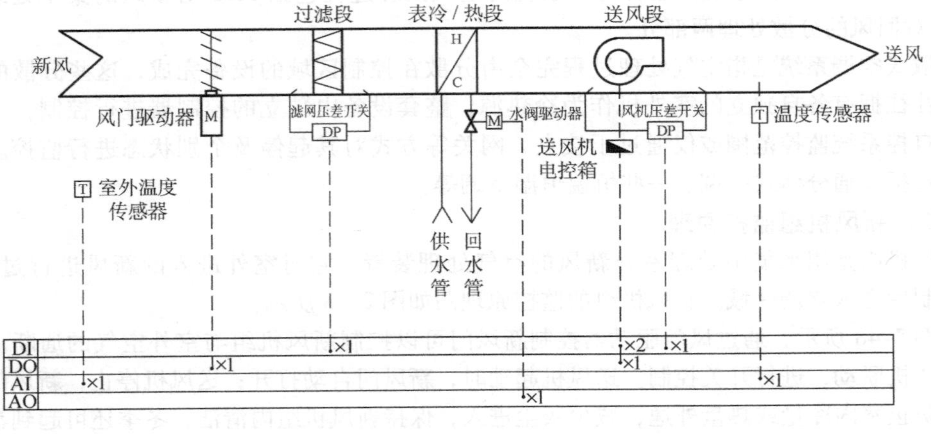

图 2-49 新风机组监控原理图 2（带风压反馈）

此外，在新风机组的出风口设置温度传感器以监视新风机组的送风温度。室外温度传感器一般没有必要每台新风机组单独设置，只需整幢建筑统一设置一个即可。

图 2-48 所示为只包括温度控制最简单的新风机组监控原理图，图 2-50 所示为带湿度控制的 4 盘管变频新风机组监控原理图（其中监控内容较多，实际工程中可根据具体情况进行取舍）。

与图 2-48 相比，图 2-50 增加了防冻保护，这在北方地区是十分必要的。防冻保护主要是在

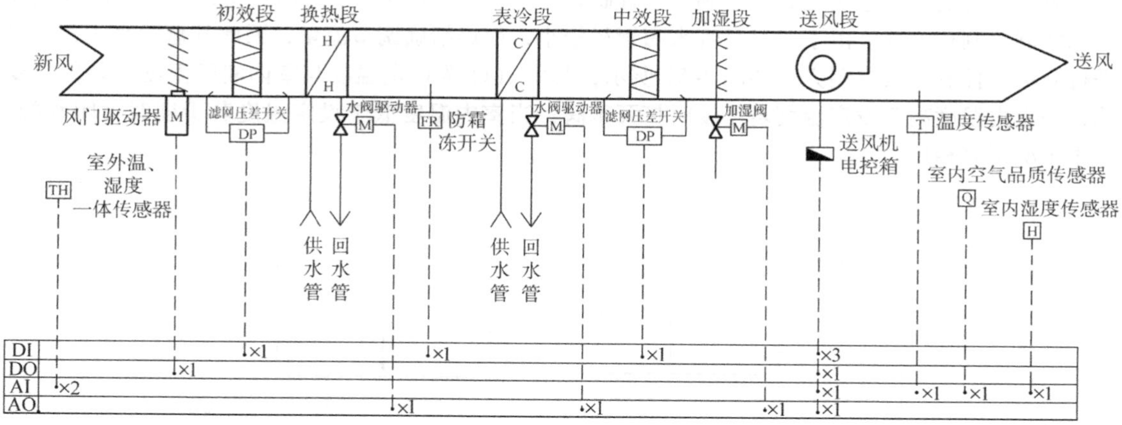

图 2-50　带湿度控制的 4 盘管变频新风机组监控原理图

冬季风机停止运行时，防止盘管冻结。防冻开关的动作温度一般设置在 5℃左右。当冬季防冻开关动作时，加大热水盘管的水阀开度，提升风管温度。

图 2-50 中，热盘管位于冷盘管上游，可以有效地对冷盘管进行防霜冻保护，比较适合北方寒冷地区。但是这种系统无法进行除湿处理。在南方夏季比较潮湿的地区，冷盘管一般位于热盘管上游，这样就可以通过冷盘管将空气温度冷却至其露点温度以下，冷凝除湿，然后再依靠热盘管将空气温度上升至送风温度设定值。

图 2-50 中增加了次级滤网，对空气进行二次过滤。其监控原理同初级滤网。

图 2-50 包含加湿控制，当室内湿度低于设定值时，可通过两者的差值对加湿阀进行 PID 控制，以保证室内湿度恒定。由于湿度控制的要求没有温度控制那么严格，故在许多工程中只对加湿器进行开关控制，而不进行自动调节。

在变频控制的新风机组中，送风机的运行频率一般根据室内空气品质（主要是 CO_2 含量）进行控制。当室内空气品质满足设定值要求时，可以降低送风机频率以节约能源（但送风机一般有最小运行频率限制，以保证最小新风量）；当室内空气品质不满足设定值要求时，应加大送风机运行频率，增加新风量。

带湿度控制的新风机组一般在送风口设置温湿度传感器。带变频控制的新风机组需设置室内空气品质传感器。室外温湿度传感器一般没有必要每台新风机组单独设置，只需整幢建筑统一设置一个即可。

单独由新风机组进行空气集中处理的空调方式称为全新风空调系统。这种空调方式的舒适度高，但能耗巨大，因此一般很少使用。新风机组往往和其他分散空气处理设备（如风机盘管、冷吊顶等）组成半集中式空调系统。在新风机与其他分散空气处理设备组成的半集中式空调系统中，新风机组一般只保证送入足够的新风量、控制送风湿度和温度，而不管控制区域内的温度，控制区域内的温度由分散的空气处理设备进行控制。

（三）风机盘管监控原理

新风机组是对室外新风进行集中处理后送入各空调区域，而风机盘管则是直接安装在各空调区域内，对空调区域内空气进行闭环处理（一般没有新风，完全处理回风）的空调设备。

由于风机盘管是分散对回风进行处理，因此无论从监控内容还是设备功率上都比新风机组简单得多。回风由小功率风机吸入风机盘管，经盘管热交换后送回室内。

风机盘管的盘管系统也有两管制与4管制之分，4管制常应用于高档宾馆，以便住店客人任意选择制冷制热模式。由于风机盘管水阀管径较小，很难精确调节流量，因此其盘管水阀通常仅进行开关量控制，其控制方式如图2-51所示，其中$e(t)$为设定温度与室内实际温度的差值。夏季，当室内温度高于设定温度若干度时打开水阀；当室内温度低于设定温度若干度时关闭水阀。冬季工况正好相反。

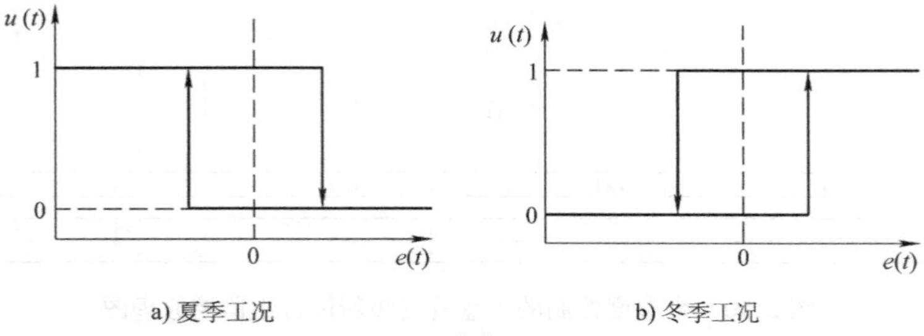

图2-51　风机盘管水阀控制方式

由于风机盘管的风机功率较小，因此控制较为简单，仅包括转速控制，且一般为有级调节，分为高、中、低速3档。另外，由于处理的是室内回风，故风机盘管无需滤网设备。温度采样直接取室内实际温度，温度传感器通常安装在控制面板内。根据类型不同，风机盘管的温度控制器有起停控制、3档风速控制、温度设定、室内温度显示、占用模式设定等功能可供选择。

风机盘管的控制一般有联网和非联网两种实现方式。

所谓非联网实现方式是指上述的盘管水阀控制、风机转速控制等功能均不是通过DDC控制实现的，而是由温度控制面板中的纯电子电路就地实现。这种控制方式不需要CPU，因此造价低廉，但控制方式不够灵活，且无法实现集中监控管理，仅适合于一些控制要求不高的应用场合。图2-52所示为典型纯电子电路风机盘管控制器的电气接线图。

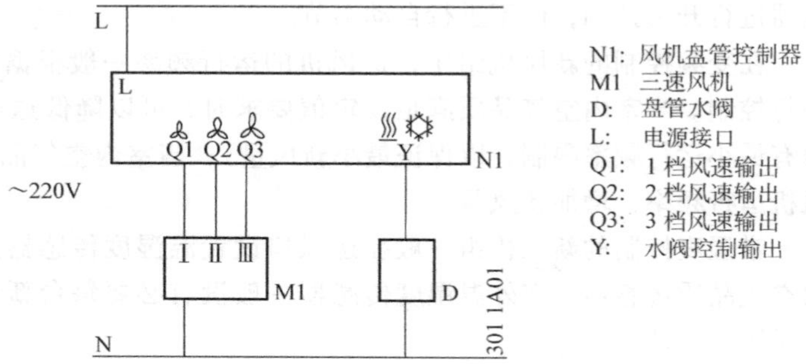

图2-52　典型纯电子电路风机盘管控制器的电气接线图

在联网控制场合，目前工程中多采用一些固化应用程序的小型DDC对风机盘管进行一对一控制。这种控制方式充分地体现了集中管理、分散控制的思想，但造价较高。

另一种折中的控制方式是盘管水阀控制、风机转速控制等功能由温度控制面板中的纯电子电路就地实现，但风机的起停及运行状态等接入大型通用DDC进行集中监控。这种方式的监控效果及造价都介于上两种控制方式之间。

（四）空气处理机监控原理

采用全新风的空调系统能够提供最舒适的空气环境，但能耗巨大；全部采用风机盘管虽然能耗最小，但由于没有新风输入，空气品质无法得到保证，特别是在一些较为密闭的高层建筑中，没有新风输入更是完全不可能的。因此，新风机组和风机盘管往往配合使用，构成新风机加风机盘管系统。这种系统对新风进行集中处理，而回风则分散在各空调区域单独进行处理。

另一种对新风、回风同时进行处理的方法是利用空气处理机对新风、回风的混合空气进行集中处理，然后送到各空调区域。新风、回风的混合比例可根据需要进行调节。图 2-53 为空气处理机的监控原理图。

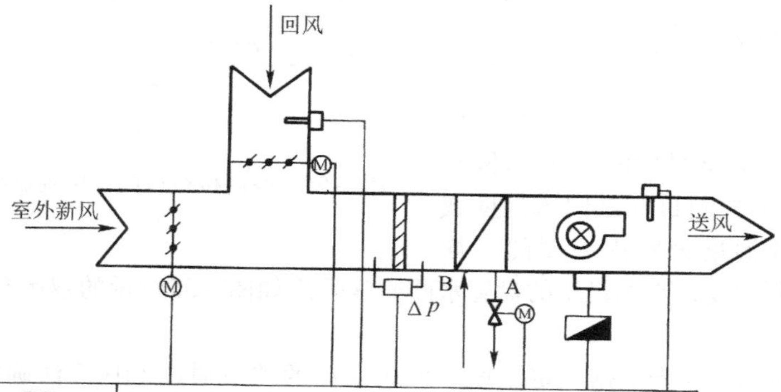

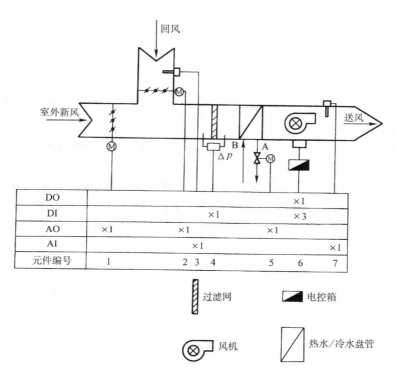

DO						×1	
DI				×1		×3	
AO	×1	×1			×1		
AI			×1				×1
元件编号	1	2	3	4	5	6	7

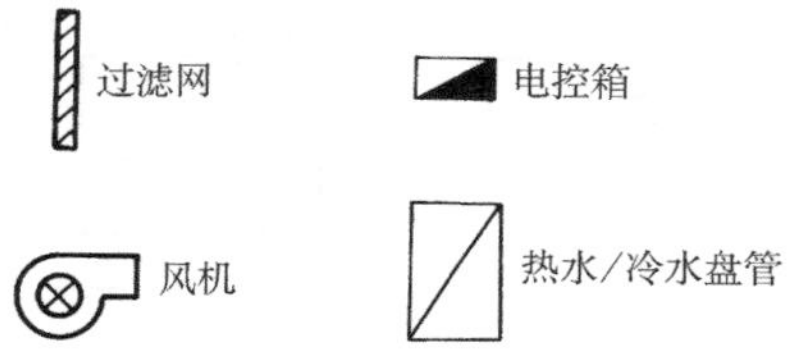

图 2-53　空气处理机的监控原理图

1. 新风、回风门的控制　与新风机组相比，空气处理机主要是加入了新风、回风的混合过程，然后对新风、回风的混合空气进行处理。空气处理机有新风和回风两个风门，分别对两个风阀开度进行控制以控制混合空气中新风、回风的比例。控制新风门开度与回风门开度之和保持为 100%。增大新风比例可以提高室内空气的品质和舒适度，而提高回风比例可以起到节能效果，因此在控制新风、回风比例时需要兼顾舒适度与节能两个因素进行综合考虑。在空气处理机工作时，一般不允许新风门全关，需要设定最小新风门开度，最小新风门开度一般为 15% 左右。

工程中经常采用的新风、回风控制策略有以下几种：

（1）节能优先控制模式　节能优先的控制思想是：只要换热盘管水阀没有处于关断状态，则将新风门开至最小开度以节约能源。具体实施时多根据工况和空气温度（当设有湿度传感器及加湿设备时应用焓值替代）进行判断。在过渡季，盘管水阀处于关断状态，新风门全开。夏季工况，当室外温度大于回风温度时，盘管水阀必然打开，关闭新风门至最小开度；当室外温度小于等于回风温度时，盘管水阀关闭，新风门全开。冬季工况的判别逻辑与夏季工况相反。

（2）PID 控制模式　通过回风温度与设定温度的差值对新风门开度进行 PID 控制。通过改变 PID 参数，可以调整此控制策略的节能、舒适倾向。

（3）有级控制模式　PID 控制模式虽然先进，但参数整定困难。另一种简便、直观的控制方式是将回风温度与设定温度的差值划分为若干区域，每个区域对应不同的新风门开度。如在夏季工况下，可采用如图2-54所示的控制逻辑。具体区域的划分及对应的新风门开度可根据实际工程情况加以确认。最后，空调机组的新风门同新风机组一样，应与送风机的运行状态联锁控制。当送风机停止时，新风门应回到关闭位置。

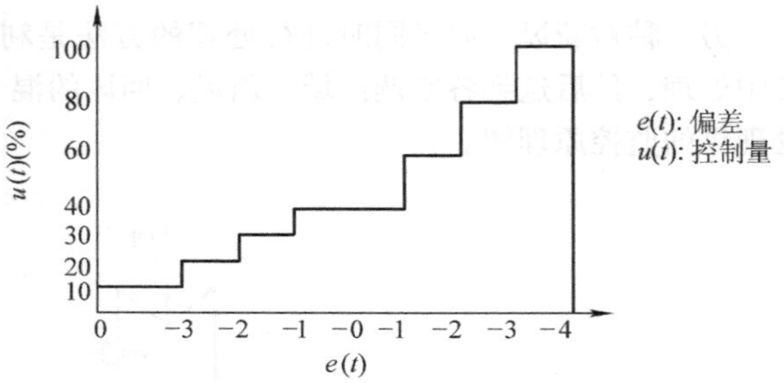

图2-54 空调机组风门有级控制模式夏季工况示例

2. 盘管水阀的控制 空调机组不同于新风机组只需对新风温、湿度进行控制，它控制的是相应空调区域的温、湿度环境。因此，空调机组的控制目标是回风温度或室内温度（回风温度为室内温度的平均值）。为提高控制精度，空调机组的盘管水阀通常采用如图2-55所示的双闭环串级PID模型进行控制。

如图2-55所示，首先根据设定温度与回风温度的差值通过PID算法确定理想的送风温度；然后再由理想送风温度与实际送风温度的差值确定盘管水阀开度。这种双PID的串级控制方法在控制精度与响应速度上都要优于由设定温度与回风温度的差值直接确定盘管水阀开度的单PID闭环控制。

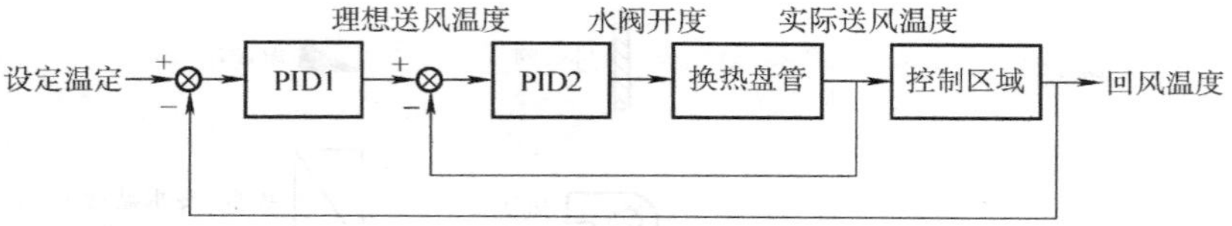

图2-55 空调机组盘管水阀控制方式

空调机组滤网、送风机等其他设备的监控方式与新风机组相同，在此不再详述。

3. 带湿度控制的4管制、变频双风机空调机组监控原理 图2-53所示为只包括温度控制最简单的空调机组控制原理图，图2-56所示为包括带温、湿度控制的4管制、变频双风机空调机组监控原理图（其中监控内容较多，实际工程中可根据具体情况进行取舍）。

与图2-53相比，图2-56中增加了回风风机，回风风机的运行状态及频率应与送风风机联锁，以保证室内压力稳定。图2-56中，除一次回风外，还在冷盘管后增加了二次回风，二次回风的加入可以起到除湿和节能的作用。在冷盘管后没有热盘管的情况下，一般夏季是无法实现除湿功能的。因为如果将盘管水阀开度加大进行除湿，则送风温度会太低，造成空调区域冷负荷过剩。但在具有二次回风的系统中，利用冷水盘管进行除湿后，可以通过与二次回风混合使送风温度上升。这种方式的控制具有明显的节能效果。二次回风风门一般根据送风温度进行PID控制。

新风门、一次回风门、二次回风门和排风门需进行联锁控制，新风门的开度等于排风门的开度，新风门与一次回风、二次回风的开度和为100%。通过调节新风门、排风门以及一次回风门、二次回风门来控制新风、回风以及排风比例。各风门开度的确定顺序为：通过送风温度PID调节二次回风门开度；通过典型空调机组新风门控制方式确定新风门开度；根据各风门之间的关系计算一次回风门和排风门开度。有些要求较高的工程中，还增设了室内空气品质传感器。当

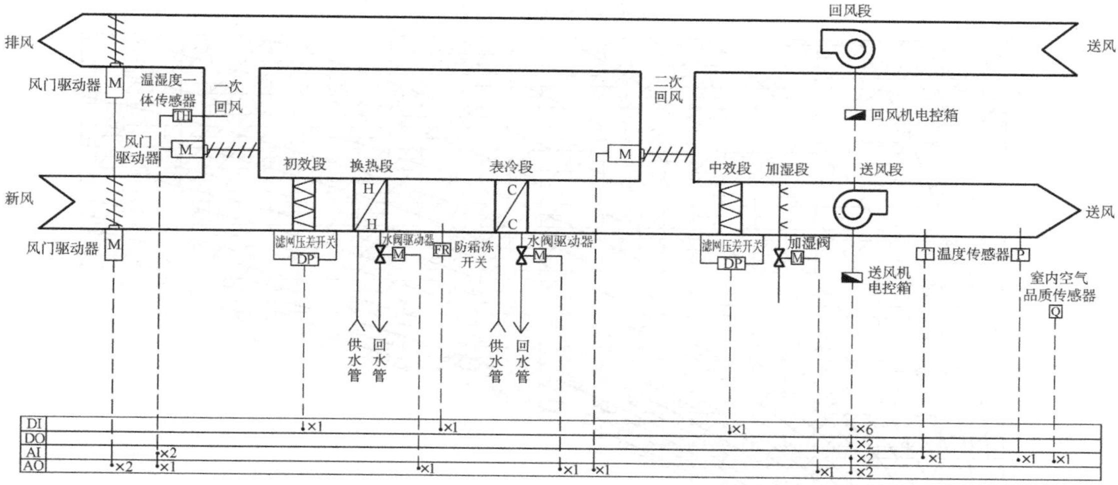

图 2-56　带温、湿度控制的 4 管制、变频双风机空调机组监控原理图

室内空气品质满足设定要求时，按常规控制逻辑控制；当室内空气品质过差时，优先加大新风门开度。

图 2-56 中换热盘管水阀的控制同典型空调机组一样，通常是采用串级 PID 调节。湿度控制的精度要求较低，一般根据回风湿度与回风湿度设定之间的差值进行单 PID 调节或仅对加湿设备进行开关控制。

不同于新风机组，变频空调机组的风机运行频率一般是根据风管静压或其他参数反馈进行控制的，而不是根据室内空气品质进行控制。具体控制方式视整个空调系统的控制模式而定，详见后面关于定风量及变风量系统的描述。

此外，在有些特殊的工程（如传染病医院）中，往往不能直接利用回风，以免不同区域交叉感染。在这种情况下，可以在新风入口处采用全热交换器回收排风中的部分冷/热量，对新风进行预冷/热。全热交换器一般由专用控制器控制，楼宇自控系统仅监控其起/停、运行/故障状态即可。

4. 焓值控制　以上介绍的空调机组温/湿控制实际上是根据不同工况的预先设定值，对温、湿度进行分别控制，最终目标是将室内温、湿度控制在某一个精确的点上。但实际上，人的舒适温、湿度并不是一个精确的点，而是一个较宽的范围。同时，在一定范围内，温度与湿度可以相互弥补。如温度稍高时，通过除湿可以增加人体的舒适度。因此，在空调控制过程中，可以综合考虑室内、外的温、湿度，以及人体的舒适范围，以优化控制，达到节能目的。这就是焓值控制的基本思想。

焓湿图（又称 i-d 图）是进行焓值分析和控制的有力工具。它是在一定的大气压下，描述湿空气各状态参数相互关系的图形，它以焓 i 为纵坐标，含湿量 d 为横坐标，两坐标之间的夹角等于或大于 135°。图 2-57 所示即为一张标准的湿空气的焓湿图。

图 2-57 中包含了 4 种等值曲线：

（1）等温线（等 t 线）　在 i-d 图中，等温线为一群微微向上斜，近似平行而又不平行的直线。当 t 为常数时，i 与 d 为直线关系。

（2）等湿线（等 d 线）　在 i-d 图中，等湿线是一些垂直线，其刻度是在图上方的水平线。

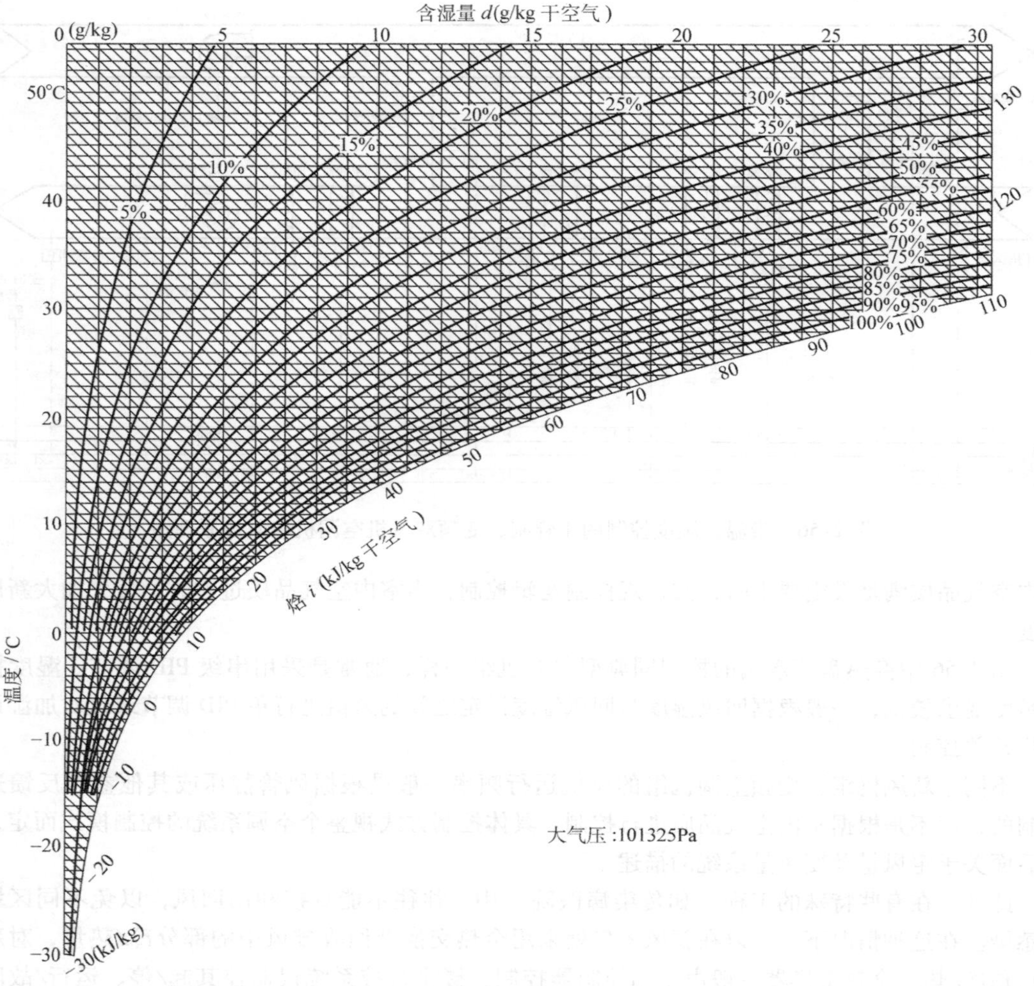

图 2-57 湿空气的焓湿图

（3）等焓线（等 i 线） 等焓线是一些与水平线近似成135°夹角、相互平行的直线，其刻度标在相对湿度弧线下方。

（4）等相对湿度线（等 φ 线） 在 i-d 图中，等相对湿度线是一组发散状的曲线，$\varphi=0\%$ 的等 φ 线是纵坐标，最下面的一条为 $\varphi=100\%$ 的等 φ 线，是湿空气的饱和状态线。

工程中，人体的舒适区域如图 2-58 所示。假如在夏季工况下，当前室外焓值点为 i_1，室内焓值点为 i_2，则新风、回风混合后的焓值点必然位于 i_1 与 i_2 的连线上。但由于有最小新风量的限制，因此混合风的焓值不可能非常接近 i_2 点，在最小新风量状态下只能到达 i_3 点，即实际的混合风焓值在 i_1 与 i_3 的连线上。如果优先考虑节能的话，混合风的焓值即为 i_3 点。

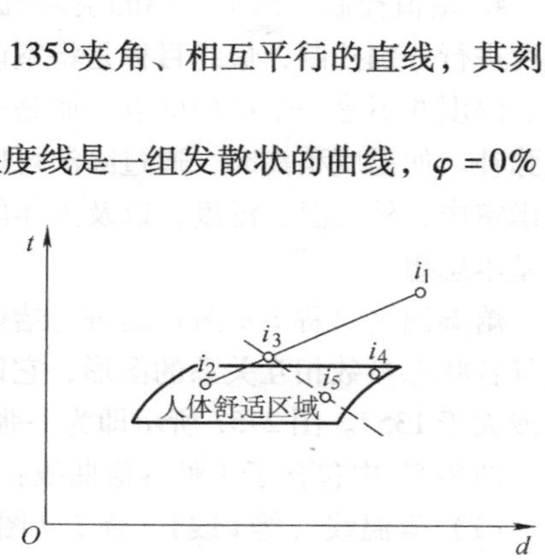

图 2-58 焓值控制示意图

此外，从人体舒适区域考虑，将室内焓值控制在 i_4 点显然要比 i_2 点节能，因此可调整室内温、湿度设定值至 i_4 点。根据控制目标 i_4 点与目前室内实际焓值 i_2 点确定送风焓值点 i_5。本例中 i_5 与 i_3 刚巧位于同一条等焓线上，如果空调机组具有某种等焓降温处理功能，如湿膜加湿（湿膜加湿过程中空气流过湿膜时，湿膜上的水分蒸发吸热，空气降温，同时湿度增加。如控制合理该过程近似为等焓处理）等，则可以在消耗很少能源的情况下完成空气处理任务。

当然，以上情况只是一个特例，工程中很少有这样理想的情况。即使在上例中随着室内焓值点由 i_2 点向 i_4 点移动，这种情况也将发生改变，无法再仅通过等焓移动完成空气处理过程。实际设备也不一定具备等焓降温处理功能。但是仍然可以通过焓湿图的分析寻找最合理的处理过程，充分利用室内、外空气的焓热，避免空气处理过程中产生冷热抵消的情况，以节约能源。

利用焓湿图进行分析的步骤包括：

1）首先根据室外焓值点位置确定人体舒适区域中的最节能控制点，以此作为控制目标。

2）根据控制目标与室内实际焓值点确定送风焓值点。

3）根据送风焓值点与室内、外焓值点的关系确定合理的新风、回风比及空气处理方法。

上述步骤中如果仅考虑稳定状态，即室内温度已达到或接近控制目标时的情况，可以将焓湿图划分为若干个区，各区的空气处理过程相同。工程中，根据室外空气焓值落在哪个区中进行具体控制。

理论上，各区域都可以综合利用各种空气处理手段（如等温加湿、降温去湿、等湿加热、等焓降温等）及组合、排序以达到最优节能的目的，节能效果明显。但实际上由于空调机组的空气处理手段有限，顺序固定，因此单就控制而言，许多理想的节能处理手段都无法实现。真正的焓值控制应该从暖通设计阶段就应该考虑可能的各种处理手段及处理顺序。

目前，实际工程中大量使用的所谓焓值控制实际上是一种新风、回风比的确定方法。夏季，当新风焓值大于回风焓值时采用最小新风量控制，否则采用全新风控制；冬季当新风焓值小于回风焓值时采用最小新风量控制，否则采用全新风控制。

（五）定风量与变风量系统监控原理

空调机组必须与相应的风管配送网络及末端设备配合才能组成完整的空调系统。根据末端设备的控制方式，可以将空调机组分为定风量（Constant Air Volume，CAV）系统与变风量（Variable Air Volume，VAV）系统两大类。

1. 定风量系统　定风量系统采用最简单的风管配送网络及末端不设任何其他装置，经空调机组处理后的空气直接由风管配送网络按比例送至各送风口。由于各送风口不具备任何调节能力，如果送风机为非变频的，则送至各送风口的风量基本不变（忽略室内气压变化对送风量的影响）。但实际上，这种空调系统并不是严格意义上的 CAV 系统，严格意义上的 CAV 系统的末端与 VAV 系统末端完全相同，其监控原理如图 2-59 所示。

对于严格的 CAV 末端，控制器根据风速传感器风速反馈与设定值之间的差值对末端风门进行 PID 调节，以保证风速恒定。在实际工程中，很少有对送风量要求如此精确的场合，因此 CAV 末端很少安装在送风口。CAV 末端通常安装在排风口或新风口，以保证恒定的换气量或室内压力。以下提到定风量空调系统如无特殊说明指的都是前面所说的非严格意义的定风量系统。

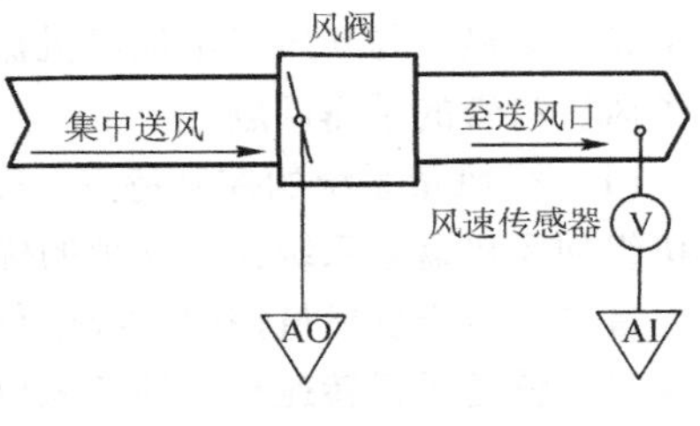

图 2-59　定风量末端监控原理图

对于定风量空调系统而言，一般适合应用在大空间区域（如会议厅、餐厅、大堂等）。这些区域各送风口控制范围内的占用情况及温、湿度设定值相同，可以由一台或多台空调机组统一控制。对于一些温、湿度设定值要求相同的独立、分割空调区域（如一些病房区域、仓库区域等），可以在送风口末端安装开关风阀。当空调区域处于占用状态时打开风阀开关进行控制，当空调区域空闲时关闭风阀开关以节约能源。送风机运行频率根据各末端风阀的开关状态进行确定，保证各末端送风量基本恒定。这种系统仍然属于定风量空调系统。

2. 变风量系统　变风量系统是通过改变送入房间的风量来控制室内温度，以满足室内负荷变化需求的。图2-60为变风量系统示意图。

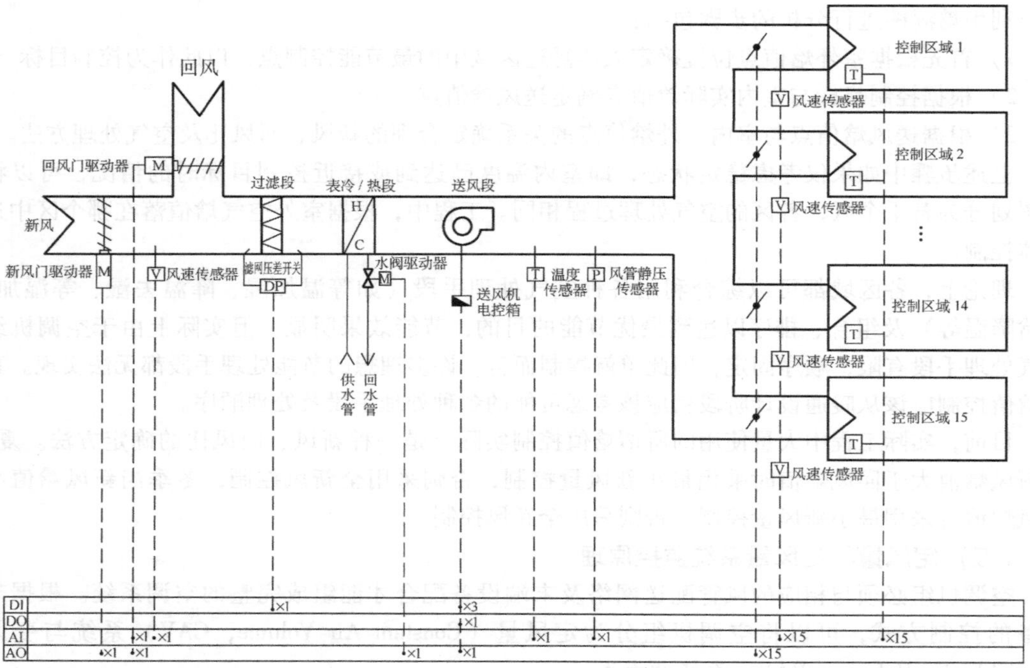

图2-60　变风量系统示意图

如图2-60所示，在变风量系统中每个控制区域都有一个末端风阀装置，称为“VAV Box”，通过改变VAV末端风阀的开度可以控制送入各区域的风量，从而满足不同区域的负荷需求。同时，由于变风量系统根据各控制区域的负荷需求决定总负荷输出，故在低负荷状态下送风能源、冷热量消耗都获得节省（与定风量系统相比），尤其在各控制区域负荷差别较大的情况下，节能效果尤为明显。与新风机组加风机盘管相比，变风量系统属于全空气系统，舒适性更高，同时避免了风机盘管的结露问题。

（1）变风量系统的控制特点　变风量系统在其舒适性和节能性方面具有定风量系统以及新风机组加风机盘管系统无法比拟的优势，但它的控制也相当复杂。

首先，由于变风量控制系统中任何一个末端风量的变化都会导致总风管压力的变化，若不能及时调整送风机转速和其他各风口风阀开度，则其他各末端的风量都将受到干扰，发生变化。以图2-60为例，在夏季工况下，假设人为将控制区域1内的设定温度调高，则控制区域1的VAV末端风阀开度必将减小。如其他设备运行状态不变，则风管静压必将升高，其他各控制区域的送风量加大，温度降低。即控制区域 1 的变化影响了其他区域的控制。如送风机运行频率及其他各末端的风阀进行相应调整，这些调整同样又会影响控制区域 1。如何正确地处理个控制区域之间相互影响的问题是变风量系统控制的最大难点。

其次，在定风量空调系统中，由于各末端的送风量基本保持恒定，因此只要保证送风量中新风的百分比就可保证最小新风量的送人。但是在变风量空调系统中，由于各末端的送风量是变化的，因此依靠百分比保证新风量的做法显然是行不通的。在许多变风量工程中，用户反映低负荷状态下空气品质不好往往就是由于这个原因。在当空调机组总送风量变化时，如何保证足够的新风量也是变风量控制需要解决的问题。

由此可见，变风量控制非常复杂，下面对 VAV 末端控制、风管静压控制和空调机组控制三部分进行讨论。

（2）VAV 末端控制

1）基本 VAV 末端控制：最基本的 VAV 末端由进风口、风阀、风量传感器和箱体等几部分组成。目前绝大多数风量传感器采用毕托管传感器。它通过测量风管内全压和静压，根据两者之差求出动压后可得到风速，进而可求出末端装置的送风量。

VAV 末端根据控制原理不同可分为压力有关型和压力无关型两种。

图 2-61a 所示的是压力有关型 VAV 末端的控制方式。它是直接根据室内温度与设定温度的差值确定末端风门开度的。当风管静压发生变化时，由于室内温度惯性较大，不可能发生突变，因此不会影响风门的开度。风管静压变化了而风门开度不变，送风量必然发生改变。即送风量的大小与风管静压有关，故称为压力有关型 VAV 末端。这种末端由于受风管静压的波动影响过大，目前工程中已很少使用。

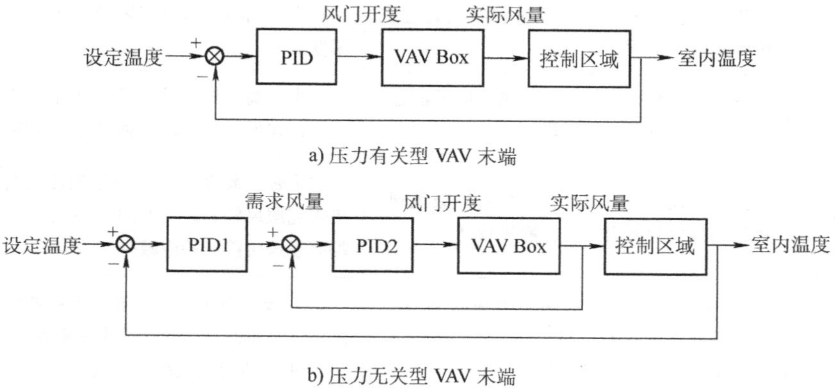

a) 压力有关型 VAV 末端

b) 压力无关型 VAV 末端

图 2-61　VAV 末端的两种控制方式

图 2-61b 为压力无关型 VAV 末端的控制方式。它采用串级 PID 调节方式，首先根据室内温度与设定温度的差值确定需求风量，然后根据需求风量与实际风量的差值确定风门开度。在此系统中，当风管静压变化时，立刻会导致送风量的变化，图 2-61b 中的 PID2 运算模块将改变风门开度，保持送风量恒定。即送风量不再受风管静压的影响，故称为压力无关型 VAV 末端。目前工程中采用的大多是这种压力无关型 VAV 末端。

2）再加热型 VAV 末端控制：在 VAV 系统控制的建筑层面中，往往会区分内区与外区进行控制。

所谓外区是指建筑物的周边区。室内的空气状态不仅与室内人员、灯光、设备等因素有关，还与室外温度和太阳辐射有关。对建筑物的外区，一般夏季供冷，冬季供暖。建筑物内区的空气状态仅与室内负荷有关，而与室外环境无关。建筑物的内区往往常年供冷。

在区分内区、外区的VAV系统中，内区VAV一般采用基本末端形式，外区可采用再加热型VAV末端。外区采用再加热型VAV末端可以在冬季工况下根据需求独立升高各末端的送风温度，以增强系统灵活性。

3）风机驱动型VAV末端控制：风机驱动型VAV末端又称为“Fan Powered VAV Box”。空调系统的控制对象不仅包括温、湿度及空气品质，还包括气流组织。基本VAV末端在风量较小时，无法保证良好的气流组织，往往造成控制区域冷热不均，甚至产生气流死角。风机驱动型VAV末端在基本VAV末端的基础上增设了风机设备，通过将集中送风与部分室内回风混合以改善这一状况。根据风机位置不同，可将风机驱动型VAV末端分为风机串联型和风机并联型两种。风机位于出风口的称为风机串联型（见图2-62a），风机位于回风口的称为风机并联型（见图2-62b）。

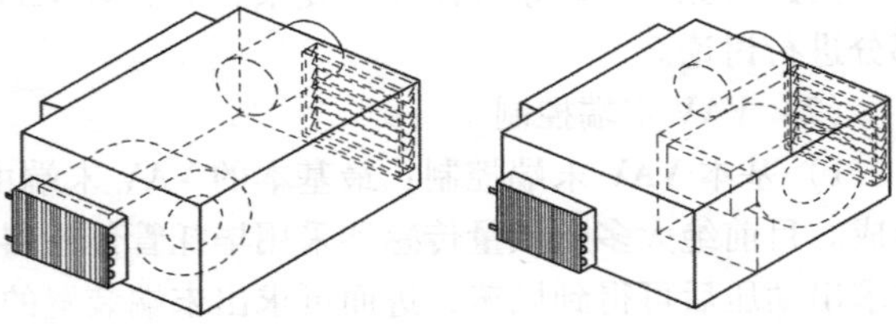

a) 风机串联型　　b) 风机并联型

图2-62　风机驱动型VAV末端

风机串联型与风机并联型VAV末端的比较见表2-5。

表2-5　风机驱动型VAV末端比较表

内　　容	风机串联型	风机并联型
风机运行	连续运行，采暖和制冷时均运行	间歇运行，只有采暖、低冷负荷和夜间才运行
送入房间的风量	不变。包括末端装置风机和空气处理机组的风机	在中、高冷负荷时变风量；在低冷负荷、采暖时不变
送风温度	变化。有制冷时，一次冷风和回风混合；采暖时，再热器逐级加热	在中、高冷负荷时不变，所有的风量均来自空调机组；在低冷负荷和采暖时变，再热器逐级加热
末端装置风机尺寸	按制冷设计负荷设计，风机需克服风阀、风管和风口的阻力损失，静压较高	按采暖负荷设计（一般是制冷负荷的60%），风机需克服风管和风口的阻力损失，因风量减少，末端装置风机静压相应减少
噪声	1. 房间有人时，末端装置风机连续运转，噪声连续发生 2. 末端装置风机静压较高 3. 入口静压较低（25～100Pa），只克服风阀阻力损失，噪声与入口静压成正比	1. 在设计冷负荷时，末端装置风机不运转，在采暖时，风机间歇运转，噪声间歇发生 2. 末端装置风机静压较低 3. 并联式需要较高的入口静压（100～180Pa），需克服风阀、风管和风口阻力损失
能耗	风机连续运转，耗能大；入口静压较低，节约了集中空气处理装置的能量	风机间歇运行，风机风量按采暖负荷确定，耗能低
风机控制	为防止压力过高，与中央空气处理机组联锁	由温控器信号直接控制，与中央空气处理机组无联锁
机组风机	只需克服末端装置风阀阻力损失	需要克服风阀、风管和风口阻力损失

在风机驱动型VAV末端的控制中，楼宇自控系统除需完成常规VAV末端控制任务外，还需对风机的起停及运行状态进行监控。

4）VAV 末端控制方式的实现：目前工程中多采用一些固化应用程序的小型 DDC 对 VAV 末端进行一对一控制，所有的风门、再热设备及末端风机控制都由这种小型 DDC 独立完成。由于这种小型 DDC 的应用程序多是出厂预先固化的，因此在工程订货时应首先根据 VAV 末端的实际情况和监控需求选定应用程序，然后确定 DDC 型号。

一些厂商还提供了一种一体化的 VAV 控制器，这种控制器将 DDC 与风门驱动器进行一体化生产，以方便工程安装和维护。

（3）风管静压控制　如图 2-60 所示，当各 VAV 末端风门开度随控制区域负荷的变化而改变时，如果送风机运行频率不做相应调整，风管静压就会产生波动。工程中必须根据各末端状态及时调整送风机频率以优化控制。目前，应用较多的风管静压控制策略主要包括定静压、变静压和总风量 3 种。

1）定静压控制　此方法是在送风道的适当位置设置静压传感器，以保持该点静压固定不变为前提，通过不断调整变频送风机的控制频率来改变空调系统的送风量。该点一般设在距离主风道末端约为全长三分之一处。这种控制方式的不足之处在于风管较为复杂的情况下，静压传感器的设置位置及数量难以确定，且节能效果较差。定静压控制方式在欧美国家应用较多。

2）变静压控制　在变静压控制中，一般采用压力无关型变风量末端。理论上，风管静压的波动将不影响送风量变化。此方法是通过变风量末端的风阀开度反馈控制变频风机的运行频率，使开度最大的末端风阀处于接近全开的状态。典型变风量变静压控制方式见表 2-6，当阀门开度为 100% 时，认为风量不足，即变风量末端入口静压不足，应增加风机转速；当阀门开度在 85% ~ 100% 之间时，认为风量满足需求，即变风量末端静压适中；当阀门开度小于 85% 时，认为风量满足需求，但变风量末端入口静压过高，应降低风机转速。变静压控制的节能效果良好，但由于各风门末端之间的耦合关系复杂，因此工程实现时较定静压控制方式困难。尤其在各控制区域负荷均较低时，对于变静压这样的低风速系统，使用毕托管测量的送风量误差往往较大，直接影响控制效果。在日本，变静压末端风量的测量一般使用超声波风速传感器，以提高测量精度，但这将大大地提高工程成本。变静压在日本应用广泛。目前国内许多新建高档办公楼都优先考虑采用变静压控制方式，但就已完工的项目而言，控制效果并不理想。

表 2-6　变风量末端控制方式

末端装置阀门状态	风机转速	控制内容
最大阀门开度为 100%	转速增加	增大送风量，使最大阀门开度接近 100%
最大阀门开度在 85% ~100% 之间	转速不变	控制内容不变
最大阀门开度小于 85%	转速降低	减小送风量，使最大阀门开度大于 85%

3）总风量控制　此方法是在 20 世纪末出现的变风量控制方法，在变风量系统中，由于涉及多个末端的状态变量，采用反馈控制方式反应慢、算法复杂，因此，总风量控制提出了前馈控制的思想。在压力无关型 VAV 末端中，已经确定了各控制区域需求风量，将所有区域的需求风量累加即可获得送风机的总输出风量，并以此作为控制风机频率的依据。总风量控制中的关键是确定风机送风量与风机转速之间的函数关系。其控制原理如图 2-63 所示。

理论上由于前馈控制带有一定的超前预测特性，因此响应速度比变静压和定静压都快，且节能效果可以接近变静压控制。但实际上风道的阻力特性要比理想状态下复杂得多，因此总风量控制的效果并没有理论上这么好。为保证系统至少满足各控制区域的负荷需求，总风量控制往往与定静压控制结合使用，在风管静压最不利点（可以是多点）设置静压传感器。当这些点

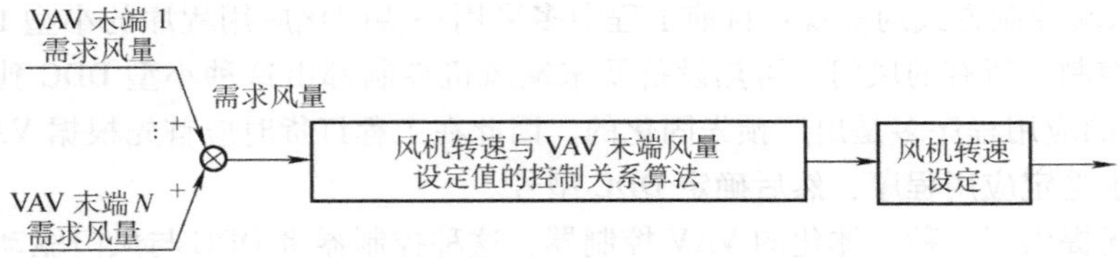

图 2-63 总风量控制法的控制原理

的风管静压均满足最小静压限制时，采用总风量控制；当风管静压低于最小静压限制时，转为定静压控制，优先保证风管静压。

3 种控制方式的工程实施及比较如下：

工程中，许多人往往误认为采用哪种控制策略完全是控制方面的问题，而与暖通设计无关。事实上，每一种控制策略都必须和相应的暖通设计相配合，才能达到良好的控制效果。以定静压和变静压控制为例，定静压由于各 VAV 末端直接的耦合关系不明显，一般一台空调机组可以带 15～20 个末端，而变静压控制方式控制的空调机组一般只能带 5～8 个末端。因此，为定静压控制设计的 VAV 系统如果用变静压方式控制调试基本上是无法达到稳定的。而为变静压控制设计的 VAV 系统如果采用定静压方式调试，就控制而言是可行的。但变静压系统的末端往往采用低风速系统，对 VAV 末端噪声参数要求不高，如果换成定静压控制的话，控制区域的室内噪声将明显增大。

由此可见，工程中 VAV 风管静压控制方式的确定应与暖通设计结合起来，最好暖通设计早期就开始介入。表 2-7 为 VAV 系统风管静压控制方式的比较，供参考。

表 2-7 VAV 系统风管静压控制方式比较表

内 容	定静压控制法	变静压控制法	总风量控制法
产生年代	20 世纪 80 年代前期	20 世纪 90 年代后期	20 世纪 90 年代末期
控制原理	以风管静压为依据，控制送风机运行频率，保持风管静压恒定	以各变风量末端的风阀开度反馈为依据，控制送风机运行频率，使其中开度最大风阀保持接近全开位置	以各变风量末端的风量需求为依据，控制送风机运行频率，使送风机送风量等于各末端风量需求之和
控制形式	反馈控制	反馈控制	前馈控制
建设难点	定压点的确定，尤其在风管结构较复杂时，静压点设置不当会导致节能效果下降或部分风口风量不足	末端风量的准确测量，尤其在风量需求较小时，末端依靠毕托管难以确保风量测量的准确性，往往需要采用超声波传感器	如何在各末端风量需求不断变化的情况下，准确地确定风机转速
节能效果	节能效果较差	节能效果最好	节能效果介于定静压与变静压之间，接近变静压效果
建设难度	难度较低	难度最高	介于定静压与变静压之间
建设成本	介于变静压与总风量之间	成本最高	成本最低
响应速度	介于变静压与总风量之间	响应最慢	响应最快
各末端之间的影响	耦合度最小	介于定静压与总风量之间	耦合度最大
末端数量	支持最多末端数量，可达 20～30个	支持的末端数量较小，一般 5～8 个	支持的末端数量介于定静压与变静压之间，且末端数量不能太少（不宜少于 10～15 个）

（4）空调机组控制　VAV 系统中，空调机组控制的主要难度在于新风量的控制，即在总送风量变化的条件下如何保证最小新风量。其中，最简单、直观的方法是在新风口上安装风速传感器，测量新风量，根据测得的新风量对新风门进行控制。但实际工程中，空调机组的新风量一般较小，且新风管道很短，这给风速的准确测量带来困难。

另一种间接测量新风量的方法是分别测量送风量和回风量，两者的差值即为新风量。由于送风量和回风量一般都较新风量大，且管道较长、风速平稳，因此测量精度较第一种方式要高。

还有一种精确控制新风量的方法是在新风口单独设置对新风进行预处理的 CAV 新风机组。此系统中只要将 CAV 的风量设定为最小新风量即可。采用这种方式的控制系统不仅最小新风量控制精确，而且由于新风机组对新风的预处理作用，使得温度控制效果也进一步优化。

（六）地板送风系统监控原理

地板送风系统是利用结构楼板与架空地板之间的敞开空间（地板静压箱），将处理后的空气送到房间使用区域内位于地板上或近地板处的送风口，以达到空气调节目的。

与常规吊顶送风方式相比，地板送风的优势主要体现在：

（1）热舒适性好　各区域的风量可以调节以满足不同个人需求。

（2）能耗低　由于地板送风系统低混合区以上热源产生的大部分对流热量将直接回到吊顶，计算总送风量时可不考虑这部分热量，因此与常规送风方式相比可减少总送风量以降低风机能耗。另外，常规的送风方式风管静压需克服众多支风道阻力，而地板送风方式静压箱只需维持很小静压，风管静压的减少也可以降低风机能耗。

（3）再分割灵活　可灵活适应二次装修时需要做的变动。

1. 地板送风系统的工作原理　地板送风系统主要由空调机组、送风管道、地板静压箱以及地板送风末端 4 部分组成，如图 2-64 所示。空调机组按一定比例混合新风、回风，对混合风进行过滤及温、湿度处理，并以一定静压送出；各地板静压箱入口的 VAV 末端根据静压箱需求，对送风量进行控制，保证地板静压箱静压；地板送风末端通过手动或自动方式进行调节，将静压箱内一次风按需送入工作区域，并保证适当的气流组织。

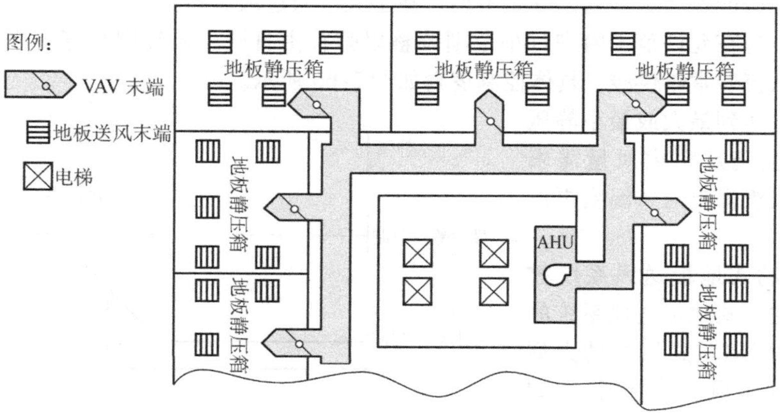

图 2-64　典型地板送风系统的组成

就控制而言，地板送风系统在空调机组和送风管道方面与常规 VAV 系统差别不大，主要区别在于地板静压箱与地板送风末端部分。

地板送风末端有主动式和被动式两种。被动式地板送风末端是一种依靠有压的地板静压箱，将空气输送到建筑物空调区域内的送风散流器；主动式地板送风末端是依靠就地风机，将空气从零压或有压静压箱输送到建筑物空调区域内的散流器。

地板送风系统空调外区因负荷变化较大，通常需采用主动式地板送风末端；空调内区既可采用被动式地板送风末端，也可采用主动式地板送风末端，但这两种送风末端对暖通及控制的要求存在较大差异。

2. 内区被动式地板送风系统控制要点　典型内区被动式地板送风系统内区采用被动式手动调节旋流地板散流器，外区采用串联式风机动力型地板送风装置（带风速传感器、再加热设备），内/外区送风取自同一静压箱，静压箱入口处设 VAV 末端对静压箱的入口风量进行控制，如图 2-65 所示。

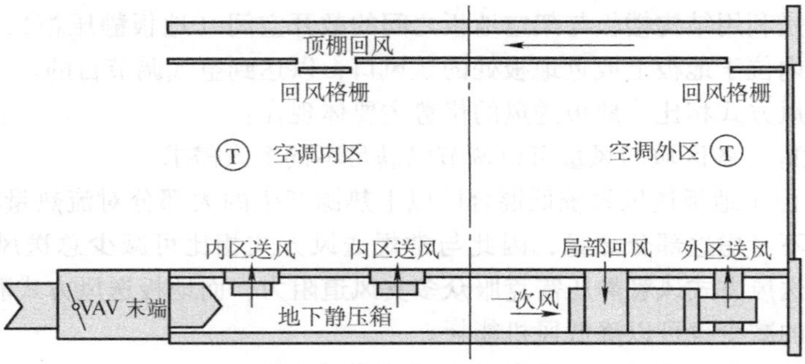

图 2-65　内区被动式地板送风系统

空调内区旋流地板散流器为压力有关型，静压箱压力变化将直接影响内区送风量，因此静压箱压力控制至关重要。对于手动调节型散流器尤为如此。静压箱压力控制应注意：静压箱压力必须控制在一定范围内（一般 20～25Pa），具体压力范围应根据现场情况予以确定。静压箱压力过大可能导致散流器出风速度过大，影响室内气流分层、破坏温度垂直梯度，导致人体不舒适；静压箱压力过小可能引起水平温度分布不均，甚至无法通过散流器。

静压箱压力应在允许范围内进行小范围调整以弥补由日照、人员增减等带来的内区负荷整体波动。内区散流器常年供冷，具体控制逻辑如图 2-66 所示。

当静压箱已达到最大或最小静压限制，但仍无法满足室内风量需求时，应向空调机组提出送风温度再设定请求。

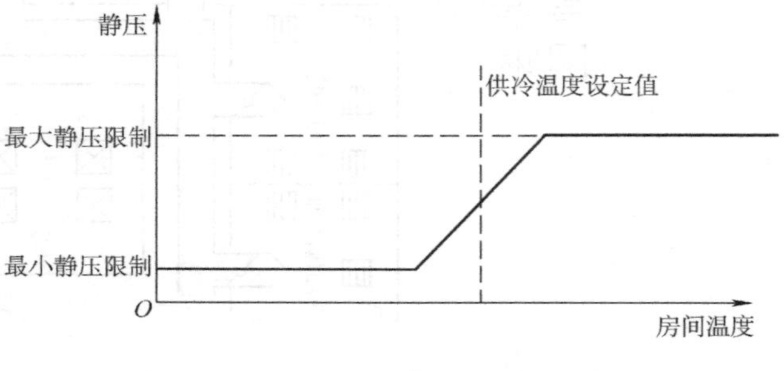

图 2-66　只供冷模式静压箱压力控制逻辑

3. 内区主动式地板送风系统控制要点　内区主动式地板送风系统的内/外区全部采用串联式风机动力型地板送风装置（带风速传感器），如图 2-67 所示。

由于其空调内/外区均采用压力无关型地板送风装置，因此对静压箱压力控制要求不高，可采用定静压或总风量结合定静压方法对静压箱入口 VAV 末端进行控制，控制原理与 VAV 的定静压及总风量控制方式类似，这里不

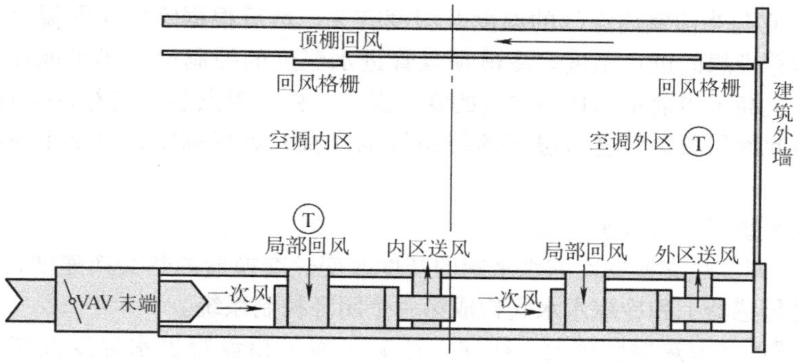

图 2-67　内区主动式地板送风系统

再详述。

（七）冷吊顶系统监控原理

以上介绍的空调设备都是利用对流原理对室内空气进行调节的，而冷吊顶系统是利用热辐射原理对室内的空气温度进行调节的，具有制冷均匀、舒适度高等优点。冷吊顶系统在吊顶上安装盘管，通过盘管中冷水循环对室内空气进行制冷处理。由于低温空气较重，向下沉，而高温空气较轻，向上浮，因此冷吊顶的制热效果不好。冷吊顶系统一般仅用于制冷，不用于制热，且只能控制室内的温度，无法对湿度进行控制。冷吊顶系统常和地板送风系统配合使用，通过地板送风系统调节室内空气的新风比例，实现湿度控制，并可进行制热处理。图 2-68 所示为冷吊顶系统的监控原理图。

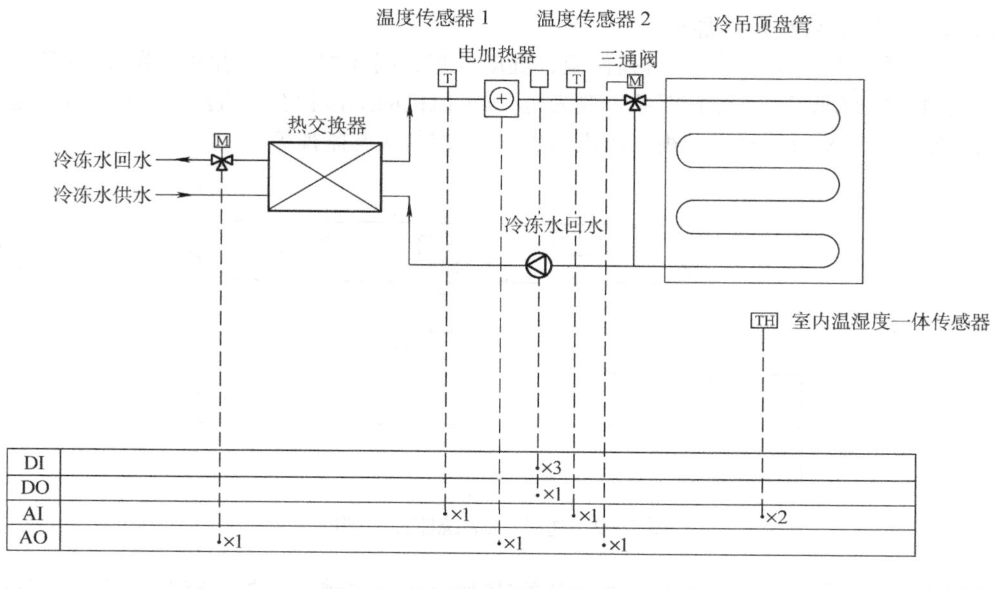

图 2-68　冷吊顶系统监控原理图

冷吊顶系统控制的关键在于冷吊顶盘管进水温度的控制。冷吊顶盘管进水温度过高，往往无法迅速满足室内的制冷需求；温度过低，吊顶盘管容易结露，造成顶板滴水。为合理地控制冷吊顶盘管进水温度，首先要确定室内的露点温度。所谓露点温度是指室内空气开始结露的最高温度，它与当前室内空气的温度及湿度有关。然后根据室内实测温度与设定温度的差值确定冷吊顶盘管理想的进水温度。冷吊顶盘管进水温度的控制值应尽可能接近冷吊顶盘管理想的进水温度，且高于当前室内环境空气的露点温度。由于露点温度随着室内温度、湿度的变化而实时变化，因此冷吊顶盘管进水温度的控制值也应及时进行调整，对整个系统控制的实时性要求较高。

冷吊顶控制系统对盘管进水温度的控制一般包括两次控制：

1）首先通过调节热交换器冷冻水水阀的开度改变热交换器的热交换速度，对盘管进水温度进行控制。温度传感器1和冷冻水水阀构成第一个闭环控制系统。

2）热交换器的调节热惯性较大，往往无法满足冷吊顶盘管进水温度控制值迅速变化的需求，因此在热交换器之后，又增加了电加热设备以保证冷吊顶盘管进水温度严格高于当前室内露点温度。温度传感器2和电加热设备的功率输出控制构成第二个闭环控制系统。

三通阀与室内温度传感器构成闭环控制，控制通过冷吊顶盘管与旁通的冷水比例。三通阀的开度由室内设定温度与室内实测温度之间的差值进行PID控制。

水泵作为冷吊顶盘管水循环系统的动力设备，其监控内容包括：

1）水泵起/停控制及状态监视。

2）水泵故障报警监视。

3）水泵的手/自动控制状态监视等。

利用冷吊顶系统对室内温度进行控制虽然舒适度较高，但其应用受地域气候因素的影响较大。一般在欧洲、我国内陆等湿度较小的地区应用较广，而在沿海等湿度较高的地区，由于露点温度普遍较高，冷吊顶盘管进水温度也必须设定得较高，制冷速度较慢，冷负荷输出能力受到限制，控制效果并不理想，因此应用受限。

（八）送/排风系统监控原理

送/排风系统由于不对空气进行任何温、湿度处理，因此控制较为简单。图2-69所示为送/排风系统的监控原理图。其监控对象主要为送/排风风机的工作状态，监控内容包括风机起/停控制及状态监视、风机故障报警监视、风机的手/自动控制状态监视等。

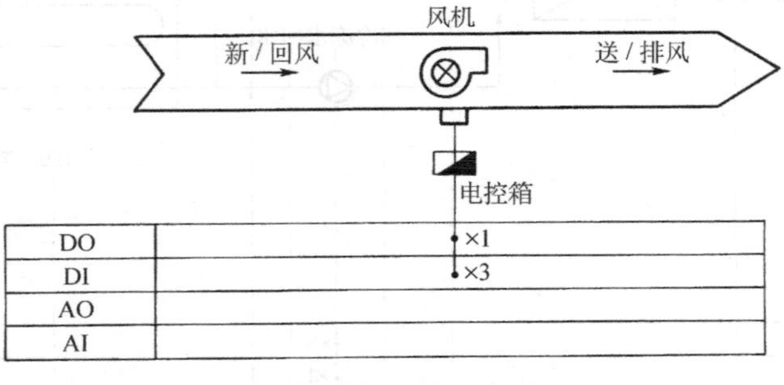

图2-69 送/排风系统监控原理图

若有需要，还可以安装风速传感器，对送/排风量进行监测。另外，有些送风系统需安装滤网对室外空气进行过滤，此时还需安装滤网压差传感器，对滤网阻塞情况进行监视。

工程中，消防排烟风机（Smoke Exhaust Fan，SEF）一般也归入送排风系统，它的起/停一般由消防系统联动控制，楼宇自控系统只需对其运行及故障状态进行监视即可。

三、给排水设备监控系统

给排水系统包括生活给水设备、消防给水设备和污水排放设备等，对给排水设备的监控主要是对各种水位的监测以及各种泵类运行状态的监控。

1. 给水设备监控原理　给水设备包括生活给水设备和消防给水设备两部分，两部分的工作原理基本相同。图 2-70 所示为典型生活给水系统的监控原理图。

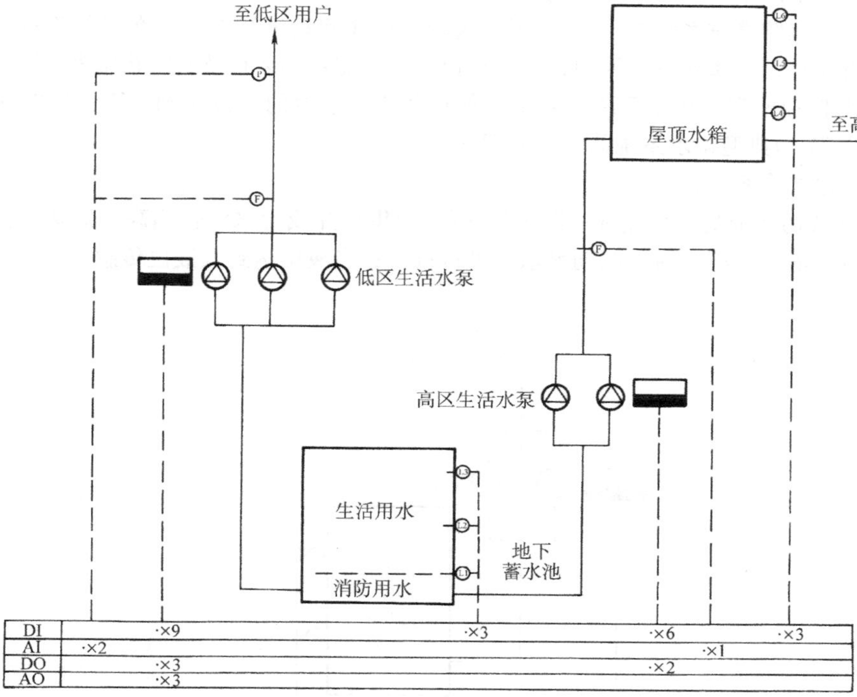

图 2-70　典型生活给水系统的监控原理图

目前高层楼宇的生活给水系统都分为高区、低区两部分对用户进行供水，有的甚至分为高、中、低 3 个区。整个给水系统有两个蓄水设备——地下蓄水池和屋顶水箱。

低区用户的生活用水由地下蓄水池直接供给，其设备监控内容包括：

（1）地下蓄水池的液位监视　图 2-70 所示的地下蓄水池包括高、低两个液位开关。当液位低于低液位开关时，接通市政供水为地下蓄水池补水；当液位达到高液位开关位置时停止补水。有些系统还设有超低和超高液位开关，分别用于低液位报警和溢流报警。

（2）低区生活水泵的监控　低区生活水泵一般为变频泵，根据末端压力进行控制。其监控内容包括水泵起/停控制及状态监视、水泵故障报警监视、水泵的手/自动控制状态监视、水泵运行频率控制等。

（3）低区给水总管参数监测　给水总管水压是低区给水系统的监测重要参数，低区给水系统控制的主要内容就是保证给水总管水压恒定。低区生活水泵就是根据给水总管压力传感器的反馈值及压力设定值进行起动台数和运行频率控制的。

高区用户的生活用水是先将地下蓄水池的水通过高区生活水泵打至屋顶水箱，然后再由屋顶水箱进行供给的。其设备监控内容包括：

1）高区生活水泵的监控：高区生活水泵一般为非变频泵，其监控内容包括水泵起/停控制及状态监视、水泵故障报警监视、水泵的手/自动控制状态监视等。

2）屋顶水箱的液位监视：图2-70所示的屋顶水箱包括高、低两个液位开关。当液位低于低液位开关时，起动高区生活水泵为屋顶水箱补水；当液位达到高液位开关位置时停止高区生活水泵。屋顶水箱同样可以设置超高和超低液位进行报警。

消防给水设备的监控原理与低区用户的生活给水设备的监控原理基本相同，也是从地下蓄水池直接取水，以消防给水总管的水压为控制对象对消防水泵进行控制。只是消防水泵并不是一直开起，只有当消防喷淋系统的干/湿式报警阀动作后才起动进行控制。在多数工程中，消火栓泵与消防喷淋泵由消防系统进行控制，楼宇自控系统只需对其运行及故障状态进行监视即可。

2. 排水设备监控原理　排水系统主要是当集水井或污水池的液位达到一定高度时对污水等进行排放。图2-71为典型排水系统的监控原理图。

排水系统的监控内容包括：

（1）集水井或污水池的液位监视　图2-71所示的集水井或污水池包括高、低两个液位传感器，当液位高于高液位传感器时，起动潜水泵进行排水；当液位达到低液位传感器位置时停止潜水泵。

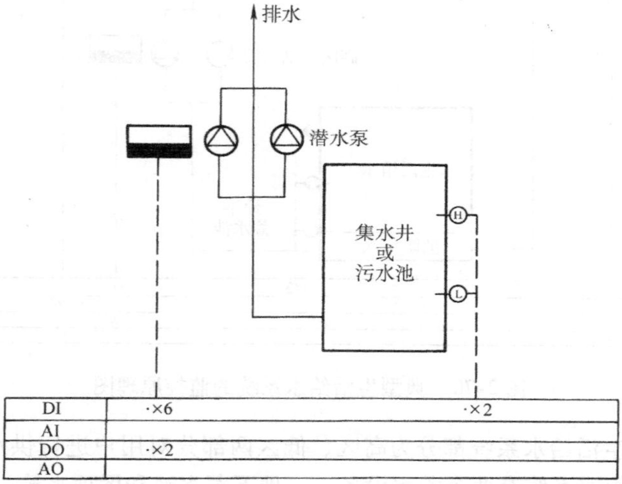

图2-71　典型排水系统监控原理图

（2）潜水泵的监控　潜水泵一般为非变频泵，其监控内容包括水泵起/停控制及状态监视、水泵故障报警监视、水泵的手/自动控制状态监视等。目前，许多工程中潜水泵的起/停控制由水泵生产厂商通过与液位开关联动来完成，在此情况下楼宇自控系统只需对其运行及故障状态进行监视即可。

四、电力设备监控系统

电力设备监控系统是楼宇自控系统的重要组成部分，该系统对于保证楼宇供电质量与可靠性、区域能源计量、功率因数补偿等都具有重要意义。

楼宇中，电力设备监控系统主要有两种构成方式：对于中、小型楼宇变配电系统，楼宇自控系统承包商可以直接利用通用的DDC/PLC及各种变送器对变配电系统进行监视，检测信号直接传至楼宇自控系统；而对于一些大型楼宇变配电系统，用户往往要求采用专业的能源监控管理系统对其进行监控和管理，这类系统往往自成体系，具有自己的通信网络和监控管理工作站，通过通信接口与整个楼宇自控系统进行数据交换。目前电力设备监控中采用的比较多的能源监控管理产品有 ABB、通用电气（GE）、金钟-默勒（Moller）、溯高美、柘中等公司的产品。

（一）电力设备监控系统的组成及总体监控要求

楼宇中变配电系统的基本结构如图 2-72 所示。一般楼宇由两路高压供电，经变压器降压后配送到各动力、照明回路。系统低压侧具有母联开关，以便在单路高压失电的情况下连接两段低压母线，保证重要用电设备的电力供应。部分楼宇还在低压侧设有柴油发电机，以在两路高压同时失电时保证消防、电梯、应急照明等设施的用电。

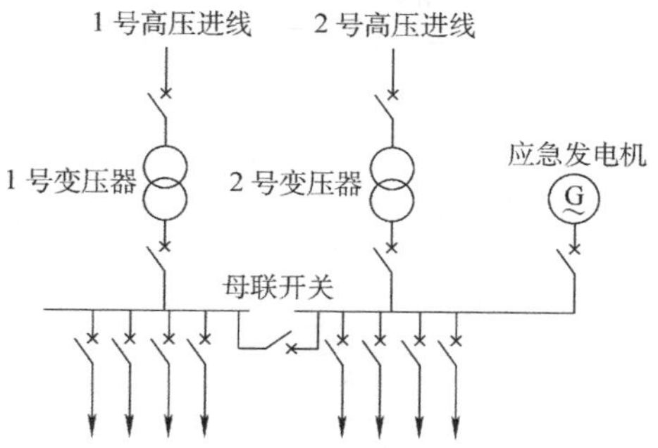

图 2-72　楼宇中变配电系统的基本结构

目前，民用楼宇中的电力设备监控系统主要以监视为主，各类控制、保护及联动功能一般在各开关柜、变压器、配电箱内部实现或由人工就地控制。系统监视应包括对高压、低压、变压器、应急发电机的相关运行参数的监视。

（二）电力设备监控系统的监测内容

1）高压进线柜：三相电压、三相电流、有功功率、无功功率、功率因数。

2）所有高压开关的开关状态、故障跳闸状态。

3）变压器温度。

4）低压进线柜：三相电压、三相电流。

5）所有低压进出线开关的开关状态及故障跳闸状态。

6）低压主要配电回路电能计量。

7）柴油发电机三相电压、三相电流、频率及运行或故障信号、油位指示及报警信号。

8）变压器室、高/低压配电室、发电机房内温度。

（三）电力设备监控的工程实现

目前，许多工程不将变配电系统的高压部分纳入楼宇自控监控管理范围，这一方面是由于高压侧的许多参数是由电力部门负责保证的，无需各楼宇独立进行管理；另一方面，高压侧监控设备安装困难、危险性大，需要与电力部门进行多方面的协调。因此，若需监控，高压侧除开关柜的运行及故障状态利用干接点直接监控外，其他参数建议通过网关从专业的电力管理系统中读取。图 2-73 所示为典型低压配电系统监控原理图。图 2-73 中对两路低压进线总开关及母联开关的分合状态采用两个 DI 点进行监控，分别监测开到位与关到位状态，而对其他开关仅采用一个 DI 点监控其分合状态。

五、照明设备监控系统

在现代化建筑物中，照明系统为使用者提供良好、舒适的光环境，同时也是能源消耗的重要组成部分。照明设备监控系统能保证建筑物的良好光环境并起到节能效果，通过改善光环境提高工作效率和生活舒适度。

照明系统分为公共照明、泛光照明、广告照明和航空障碍灯等几个部分，建筑设备监控系统对以上部分的监控方式可采用以下两种：一是建筑设备监控系统直接监控或由专用智能照明系统控制；二是建筑设备监控系统通过通信接口对照明系统进行监视和控制。在系统设计时应根

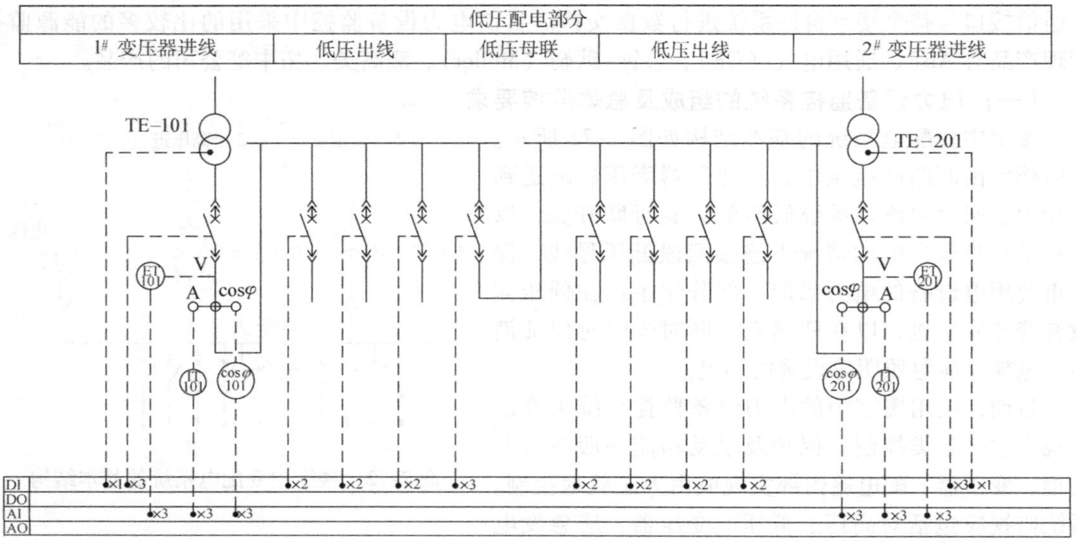

图 2-73 典型低压配电系统监控原理图

TE—温度传感器 IT—电流变送器 ET—电压变送器 cosφ—功率因素变送器

据工程实际情况进行选择。

（一）照明设备监控系统监控需求分析

照明设备的自动控制需根据不同的场合、需求进行控制。一般楼宇中，照明设备监控系统所应用的场合及具体需求包括：

（1）办公室及酒店客房等区域 此类区域的照明控制方式有就地手动控制、按时间表自动控制、按室内照度自动控制、按有/无人自动控制等几种。部分建筑物中此类区域的照明控制也可通过手机、电话、Internet 等方式进行远程遥控。

（2）门厅、走道、楼梯等公共区域 在现代化建筑物中，此类区域的照明控制主要采用时间表控制的方式。如在办公楼宇中，走道照明一般在清晨定时全部开起，整个工作时间维持正常工作的需要；到晚上，除申请加班区域外，其他区域仅长明灯保持开起，以维持巡更人员的可视照度。不同回路的照明灯交替作为长明灯使用，保证同一区域灯泡寿命基本相同，延缓灯泡老化。

（3）大堂、会议厅、接待厅、娱乐场所等区域 此类区域照明系统的使用时间不定，不同场合对照明需求差异较大，因此往往预先设定几种照明场景，使用时根据具体场合进行切换。以会议厅为例，在会议的不同进程中，对会议室的照明要求各异。会议尚未开始时，一般需要照明系统将整个会场照亮；主席发言时要求灯光集中在主席台，听众席照明相对较弱；会议休息时一般将听众席照明照度提高，而主席台照明照度减弱等。在这类区域的照明控制系统中，预先设定好几种常用场景模式，需要进行场景切换时只需按动相应按钮或在控制计算机上进行相应操作即可，这显然是最佳的解决方案。

（4）泛光照明系统 单个或单组泛光照明灯的照明效果一般由专用控制器进行控制，不受楼宇自控系统的控制，但照明设备监控系统可以通过相应接口（一般为干接点接口）控制整个泛光照明系统的起/停和进行场景模式选择。泛光照明的起/停控制以往一般由时间表或人工远程控制，但现在许多区域都要求实现区域泛光照明的统一控制。如上海黄浦江两岸建筑物的泛光照明就由政府的照明管理办公室统一控制起/停。具体控制方法是通过一个无线控制器，此控制器可以接收照明管理办公室发出的无线信号以控制相关照明控制器中的干接点通/断。照明设备监控系统首先读取此干接点信号的状态，然后根据干接点信号的状态来驱动本建筑物泛光照明设备的起/停。通过这种方式实现泛光照明的区域统一管理。

（5）灾难及应急照明设备　灾难及应急照明设备的起动一般由故障或报警信号触发，属于系统间或系统内的联动控制。如正常照明系统故障触发应急照明设备的起动等。

（6）其他区域照明　除上述讨论的几个典型区域、用途照明外，建筑物照明系统还包括航空障碍灯、停车场照明等，这些照明系统大多均采用时间表控制方式或按照度自动调节控制方式进行控制。

（二）照明控制模式

从照明控制的角度看，照明控制包括开/关控制和多级、无级调节两大类。开/关控制主要负责控制某个回路或某个照明子系统的起/停；多级、无级调节主要控制部分区域的照明效果，如会场照明的各种明暗效果等，这类控制一般由专用的控制器或控制系统完成。无论是照明设备监控系统直接控制的开/关控制还是通过接口控制的多级、无级调节，楼宇照明设备的控制都包括以下几种典型控制模式。

（1）时间表控制模式　这是楼宇照明控制中最常用的控制模式，工作人员预先在上位机编制运行时间表，并下载至相应控制器，控制器根据时间表对相应照明设备进行起/停控制。时间表中可以随时插入临时任务，如某单位的加班任务等，临时任务的优先级高于正常时间配置，且一次有效，执行后自动恢复至正常时间配置。

（2）情景切换控制模式　在这种模式中，工作人员预先编写好几种常用场合下的照明方式，并下载至相应控制器，控制器读取现场情景切换按钮状态或远程系统情景设置，并根据读入信号切换至对应的照明模式。

（3）动态控制模式　这种模式往往和一些传感器设备配合使用。如根据照度自动调节的照明系统中需要有照度传感器，控制器根据照度反馈自动控制相应区域照明系统的起/停。又如，有些走道可以根据相应的声感、红外感应等传感器判别是否有人进过，借以控制对象照明系统的起/停等。

（4）远程强制控制模式　除了以上介绍的自动控制方式外，工作人员也可以在工作站远程对固定区域的照明系统进行强制控制，远程设置其照明状态。

（5）联动控制模式　联动控制模式是指由某一联动信号触发的相应区域照明系统的控制变化。如区域泛光控制中无线控制器干接点信号的输入、火警信号的输入、正常照明系统的故障信号输入等均属于联动信号。当它们的状态发生变化时，将触发相应照明区域的一系列联动动作，如泛光照明的开起、逃生诱导灯的起动、应急照明系统的切换等。

以上列出的各种控制模式之间并不相互排斥，在同一区域的照明控制中往往可以配合使用。当然，这就需要处理好各模式之间的切换或优先级关系。以走道照明系统为例，就可以采用时间表控制、远程强制控制及安保联动控制 3 种模式相结合的控制方式。其中，远程强制控制的优先级高于时间表控制，安保联动控制的优先级高于强制远程控制。正常情况下，走道照明按预设时间表进行控制；如有特殊需要可远程强制控制某一区域的走道照明起/停；当某区域安保系统发生报警时，自动打开相应区域走道的全部照明，以便利用 CCTV 系统查看情况。

（三）照明系统监控的工程实现

在实际工程中，楼宇自控系统直接监控照明系统，主要包括公共区域照明、应急照明、泛光照明、航空障碍灯等，这些照明设备的监控内容大都是开关量的，包括设备起/停控制、运行状态监视、手/自动状态监视等（由于照明主回路一般不安装热保护继电器，因此通常不对故障状态进行监视）。其中，应急照明一般只监不控，其联动控制内容由其他系统完成。图2-74所示为典型照明系统的监控原理图。

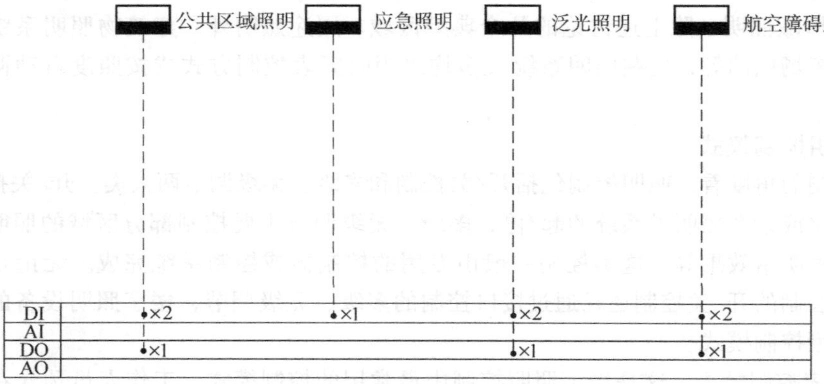

图2-74 典型照明系统的监控原理图

目前对于复杂的照明控制，如调光、场景等，一般均由一些专业智能照明系统进行监控，如奇胜电气的C-Bus系统、Siemens和ABB的EIB系统等。这些系统既可独立运行，也可通过网关接入楼宇自控系统，接受统一管理和控制。

六、电梯设备监控系统

电梯是现代建筑物，尤其是高层建筑中必备的垂直交通工具，包括直升电梯和自动扶梯。直升电梯按用途分又包括普通客梯、观光梯和货梯等。

电梯设备是关系到人身安全的重要设备系统，一般由电梯厂商的专业控制系统进行监控。为了解电梯设备的运行状态，楼宇自控系统通常可以通过干接点或网关方式对其进行监视，但不涉及电梯控制内容。

楼宇自控系统对电梯设备的监控内容包括：

1）电梯设备运行状态。

2）电梯设备上下行方向。

3）电梯设备故障状态等。

对于直升电梯，楼宇自控系统往往还监视其运行所在楼层及报警状态。

一般对于电梯数量较多、品牌单一、需要楼层指示的电梯系统监控，建议楼宇自控系统采用网关方式实现。此时，对于统一品牌的电梯设备，一般只需要一个网关即可实现全部监控功能。但对于电梯数量不多或品牌多样、无需楼层显示的系统，往往采用干接点方式进行监控。即使系统需要楼层指示，干接点一般也只需通过二进制编码的方式获取楼层状态（一幢30层的高楼每台电梯只需5个干接点），而无需每个楼层对应一个干接点，因此电梯数量较少时仍然较网关方式经济。图2-75所示为典型电梯系统的监控原理图（假设楼层高度为30层，采用干接点方式实现）。

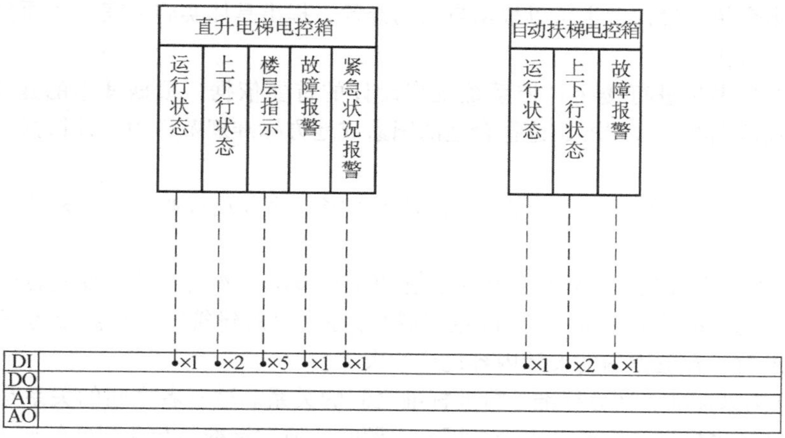

图 2-75　典型电梯系统的监控原理图

第五节　楼宇自控系统工程案例

本节将通过实际案例介绍楼宇自控系统工程设计的基本步骤及方法。

一、工程概况

目标工程为上海某高档自用办公大楼主楼楼宇自控系统。此工程主楼为丁字形，地下 1 层，地上 5 层，空调面积约 12000m^2，空调总冷负荷为 2140kW，空调总热负荷为 1580kW。

（一）空调冷热源系统设计

主楼空调冷热源为 3 台 DG-23M 型燃气直燃型溴化锂冷温水机，制冷能力为985kW/台，供热能力为 824kW/台。服务器室采用一拖多型商用空调系统，计算机房选用机房专用型下送风恒温恒湿机组。

中央空调水系统采用二次泵循环形式，水管系统为双管制异程式。供水一次泵为 4 台定流量泵，负责冷温水机侧的循环；二次泵为 5 台变流量泵（变频控制），负责空调末端系统的循环。膨胀水箱采用闭式膨胀管定压机组，位于地下室水泵房。

（二）空调风系统设计

办公楼主要采用变风量空调形式（VAV 系统），内区空调负荷由 AHU + VAV 装置负担，外区负荷由窗边布置的 FCU 负担。大堂、健身房等采用低速定风量空调形式。

服务器室全部采用风冷热泵一拖多商用空调系统。

网络机房采用机房专用恒温恒湿空调机组，气流组织为地板下送风，机组上方回风。

（三）其他系统设计

目标工程电力系统自带能源监控系统，其他照明、送排风、给排水系统均为常规设计，详见设备清单及系统图样。

二、工程范围及设计依据

楼宇自控系统的工程设计首先要了解目标建筑物所处的地理环境、建筑物用途、楼宇自控系统的建设目标定位、建筑设备规模与控制工艺及监控范围等工程情况。这些情况一般在工程招标技术文件中介绍，设计者也可以根据自己的经验，提出具体实施方案。本项目在工程概况中已对上述情况进行描述。

通常工程招标书是进行楼宇自控系统工程设计的首要依据，根据其中的建筑物地理环境、建设用途、工程范围等工程情况，选择合适的国家或地方标准规范作为设计依据。规范与标准选择时应注意以下几点：

1）项目工程范围内所涉及的全部内容，只要国家、地方及行业发布了相关的标准，都应列出，予以遵循。

2）所选择的标准规范一定要与目标建筑物的工程情况相吻合。若选择地方标准，则必须为目标建筑物所处地区的地方标准；若目标建筑物为特殊用途建筑物，则需要考虑是否存在相关的特殊行业标准对工程范围内的设计内容进行约束等。

3）处理好国家标准、地方标准、行业标准之间的关系。这三者之间的关系是地方标准和行业标准必须遵守国家标准，因此，当论及同一问题时，地方标准与行业标准的要求往往高于国家标准。为体现工程设计及符合国家标准，又符合相关的地方、行业标准，因此当列出这部分标准时，应首先列出国家标准，然后列出相关的地方标准、行业标准。

4）由于建筑物弱电系统更新换代较快，因此相关标准也经常进行升级，工程设计中所引用的标准版本必须是最新的。

以下是针对本项目所选择的现行国家标准（含行业标准）：

1）民用建筑电气设计规范（附条文说明［另册］）（JGJ 16—2008）

2）智能建筑设计标准（GB 50314—2015）

3）建筑设计防火规范（GB 50016—2014）

4）工业建筑供暖通风与空气调节设计规范（GB 50019—2015）

5）自动化仪表工程施工及质量验收规范（GB 50093—2013）

6）电气装置安装工程 电缆线路施工及验收标准（GB 50168—2018）

7）建筑电气工程施工质量验收规范（GB 50303—2015）

8）智能建筑工程质量验收规范（GB 50339—2013）

9）公共建筑节能设计标准（GB 50189—2015）

业主的招标文件和相关的国家标准、行业标准、地方标准就是整个楼宇自控系统工程设计的主要设计依据。

三、系统监控功能设计

楼宇自控系统监控功能设计是工程设计人员在完全了解建筑设备设计理念及工艺流程的基础上，合理地对监控点位及控制逻辑进行设计，以辅助并优化建筑设备实现各种工艺功能。

本节将以目标工程冷热源系统及某典型 VAV 空调系统（含空调机组及 VAV 末端）为例介绍楼宇自控系统工程设计的基本方法，然后直接给出整个工程的监控点位表。其他各设备、系统的监控原理详见第四节。

（一）空调冷热源系统监控功能设计

本项目中，服务器室采用的一拖多型商用空调系统、计算机房的机房专用型下送风恒温恒湿机组以及冷热源系统中的闭式膨胀管定压机组均由独立系统进行控制，不纳入楼宇自控系统监控范围。楼宇自控系统所需监控的主要冷热源设备包括 3 台直燃型溴化锂冷温水机、4 台供水定流量一次泵、5 台变频二次泵。其中，冷温水机组与其冷却塔之间的联动控制由机组厂商自行完成，楼宇自控系统仅通过接口实现机组起/停控制与基本状态监测。目标工程冷热源系统图如图2-76所示。

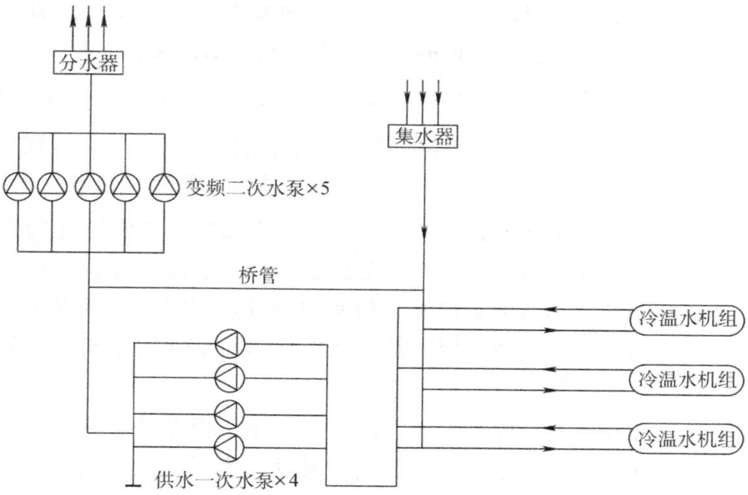

图2-76　目标工程冷热源系统图

根据第四节所描述的监控原理，系统控制原理图如图2-77所示。具体监控内容及控制方法描述如下：

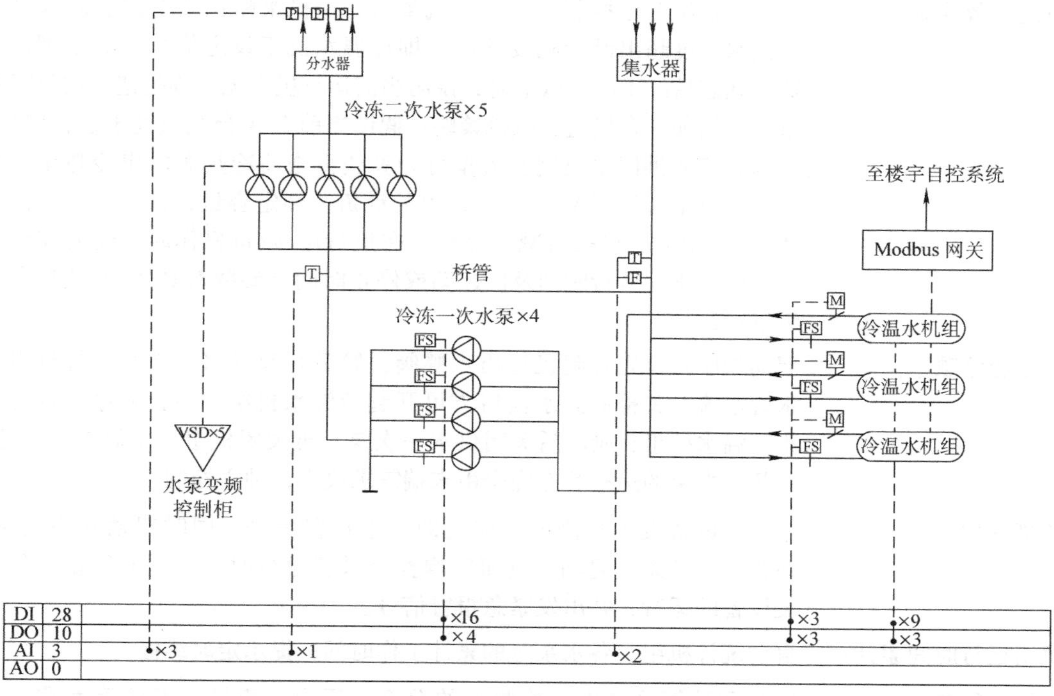

图2-77　目标工程冷热源系统控制原理图

监控内容	控制方法
冷温水机组：	通过干接点与网关通信两种方式对冷温水机组实施监控。对于起/停控制、运行/故障/手自动状态等重要参数采用干接点方式实施监控，以保证可靠性；其他的运行参数通过通信网关获取。
冷温水机组进出水：	机组进出水管安装蝶阀及水流开关，以控制并监视进出水状态。
供水一次泵：	对一次泵进行起/停控制及运行/故障/手自动状态检测。同时为保证准确获得一次泵的运行状态，在各水泵支管路加装水流开关。
变频二次泵：	二次泵采用变频控制。目前主流变频器均具有智能判别及网络通信功能，变频器可自动判别负载运行状态、故障原因并计算能源消耗，通过通信网络可实现所有频率控制及运行参数监视功能。因此，在设备选配时只需考虑变频器功能及与 DDC 的通信方式，而无需考虑 DDC 的 I/O 点数。
末端压力：	空调水管远端最不利点压力是变频二次泵的频率控制依据，但在工程中往往难以区分哪个支路的最远端为压力最不利点，同时此点也可能随负荷分配的变化而移动。本项目选用 3 个水管压力传感器，分别安装在分水器 3 条支路的最远端，并将 3 个压力信号中的最小值作为变频二次泵频率控制依据。
空调供回水总管：	对空调的供回水温度及供水流量进行监测，这 3 个参数是进行能源计量和机组台数控制的重要依据。
机组台数控制：	本项目机组台数控制采用增减机策略。增机策略：当空调供回水总管的供水温度超出设计院设计值（即冷温水机组设定值）一定范围，且这一状态持续 15min 以上时，说明当前运行机组无法满足建筑物负荷需求，需增加一台机组；减机策略：假设当前有 N 台机组处于运行状态，根据总管的供回水温度及流量可计算获得当前冷热源输出冷热量，当输出冷热量小于（$N-1$）台机组的满负荷额定容量，且这一状态持续 15min 以上时，可执行减机操作。在执行增/减机操作时，还需综合考虑各机组累计运行时间及已起动或停止时间等参数对具体增/减哪台机组进行选择。
机组起停顺序：	起动顺序：首先开起机组出水蝶阀，然后开起供水一次泵，待机组进水管水流开关检测到水流后方可开起冷温水机组。停止顺序：首先停止冷温水机组，延时后关闭供水一次泵，再关闭机组出水蝶阀。注意：变频二次泵的运行状态完全由末端需求决定，独立控制。
故障处理：	当单个设备发生故障时，应立即产生报警信号，同时起动备用设备。在备用设备无法起动，进而影响整个系统运行时，应立刻停止其他相关设备的运行，并出发紧急报警信号。
机组运行时间累计：	自动统计机组、各水泵等的累计工作时间，提示定时维修。
机组运行参数：	监测和计算系统内各检测点的温度、压力、流量、能耗等参数，自动显示、记录和统计，并定时打印相关统计结果及系统报警信息。

目标工程冷热源系统的监控点位表见表2-8。

表2-8 目标工程冷热源系统的监控点位表

设备名称	数量	控制说明	数字输出 DO	数字输入 DI	模拟输出 AO	模拟输入 AI	备注
冷温水机组	3台	起/停控制	3				
		运行、故障及手自动状态监视		9			
		其他参数监控					通信网关
		出水蝶阀控制	3				
		水流状态		3			
供水一次泵	4台	起/停控制	4				
		运行、故障及手自动状态监视		12			
		水流状态		4			
变频二次泵	5台	水泵监控					变频器实现
		末端压力监测				3	
空调水总管	1套	供回水温度				2	
		供水流量				1	

优化方案：以上为针对目标工程冷热源系统的基本设计，若工程资金许可，还可增加能源分析功能。

1）冷热源系统冷热量数据获取及记录。通过总管供回水温度及流量计算冷热量输出，并定期采样记录。

2）设备能耗数据获取及记录。通过变频器，楼宇自控系统已经可以获得变频二次泵的能耗情况，通过加装电能表获取供水一次泵的能耗情况，通过协商要求冷温水机组厂商开放机组能耗数据。定期采样并记录这些数据。

3）将这些能耗及冷热量数据自动绘制成图表，并进行统计分析即可获得系统在不同负荷条件、控制策略下的整体能效比，进而比较不同控制策略，发现各种设备、系统及控制缺陷，提高能源效率。

（二）VAV空调系统监控功能设计

本项目主要采用定静压VAV系统，内区空调负荷由AHU+VAV末端负担，外区负荷由窗边布置的FCU负担。VAV末端及FCU均采用联网控制器进行一对一控制，因此无需纳入I/O点数设计，只需根据功能选择合适的末端控制器即可。

1. AHU监控功能设计

目标工程的AHU系统图如图2-78所示。

根据第四节所描述的监控原理，具体监控内容及控制方法描述如下：

监控内容	控制方法
送/回风机监控：	对于服务于VAV系统的AHU，其送/回风机均采用变频控制。故本项目采用变频器与DDC通过网络通信进行监控，而不考虑任何DDC I/O点数。根据定静压VAV系统控制原理，风机频率将根据风管静压进行PID调节。

空气品质控制： 鉴于 VAV 系统的总送风量随负荷变化，因此一般不采用新风、回风比方法控制新风门。为准确测量和控制新风量，本项目在新风、排风管道分别安装 CAV 末端，采用专用 CAV 控制器进行一对一联网控制。只要新风、排风量得到精确控制，回风量也自然确定。此外，考虑本项目对空气品质要求较高，在典型区域（一般设在人员最密集处）设置 CO_2 传感器，根据空气品质对新风量进行重设，以兼顾能耗与舒适度。

过滤网状态监测： 通过压差开关对过滤网状态进行监测，当过滤网阻塞时，压差开关动作，提示工作人员进行清洗。

送风温度控制： 根据送风温度设定值与实际值之间的差值对盘管回水阀进行 PID 控制，将送风温度稳定在设定值附近。

环境湿度控制： 在回风管设置回风湿度传感器，并以此为依据对加湿器进行起停控制（本项目加湿器仅支持开关控制）。

风门/水阀联锁控制： 当风机停止后，新/回风门、盘管水阀应回到关闭位置；仅当风机起动后，各风门、水阀才按控制程序进行开度控制。

盘管防霜冻保护： 因地区冬季温度可低至 -5℃左右，此时若 AHU 处于停止状态，盘管有冻结危险，因此在盘管后加装防霜冻开关，当风管温度低于 3℃时产生报警，并强制加大盘管水阀开度进行保护。

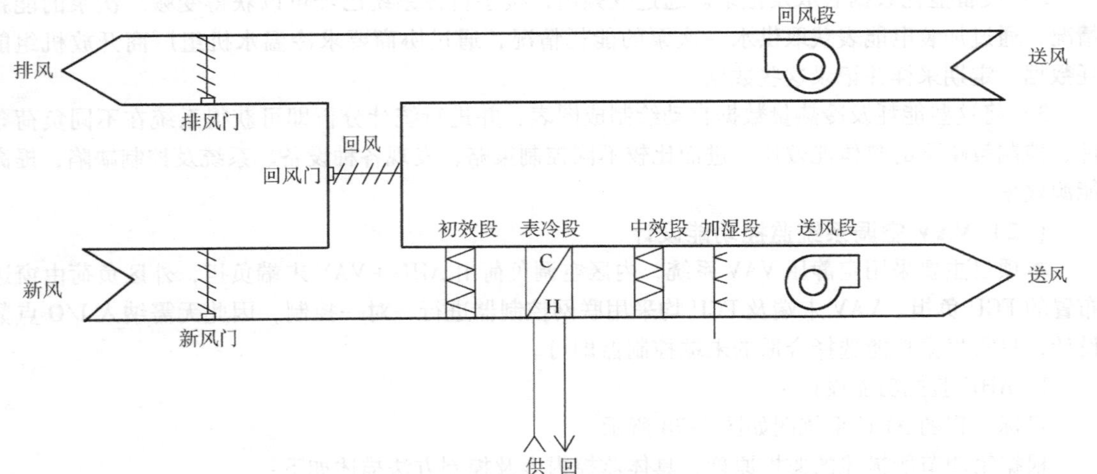

图 2-78 目标工程的 AHU 系统图

目标工程典型 VAV 系统 AHU 控制原理图如图 2-79 所示。

目标工程典型 AHU 监控点位表见表 2-9。

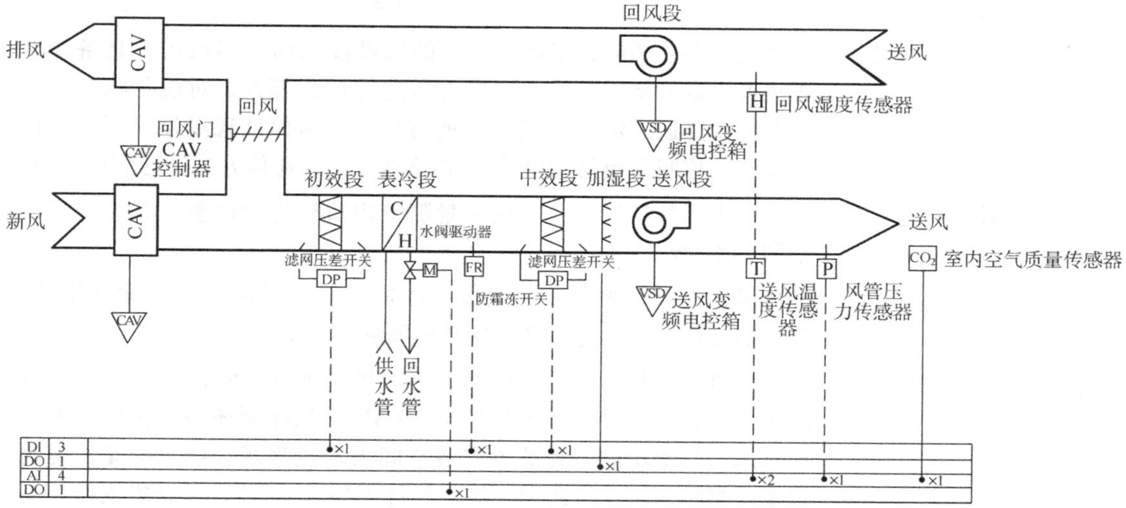

图 2-79　目标工程典型 VAV 系统 AHU 控制原理图

表 2-9　目标工程典型 AHU 监控点位表

设备名称	数量	控 制 说 明	数字输出 DO	数字输入 DI	模拟输出 AO	模拟输入 AI	备注
空调机组	1 台	送/回风机监控					变频器实现
		新/排风门监控					CAV 实现
		换热盘管水阀控制			1		
		加湿器控制	1				
		过滤网监测		2			
		送风温度监测				1	
		回风湿度监测				1	
		风管静压监测				1	
		空气品质监测				1	
		防霜冻保护		1			

2. VAV 末端监控功能设计

为保证控制效果，本项目采用专用控制器对 VAV 末端实施一对一监控。本项目 VAV 系统只负责空调内区，即 VAV 系统常年供冷。对于专用控制器的选择只需确定功能需求，然后按需求进行控制器选择即可，无需逐个进行点数统计。目标工程 VAV 末端示意图如图 2-80 所示。

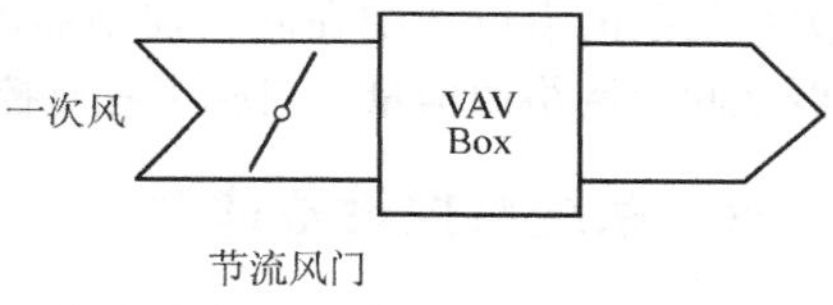

图 2-80　目标工程 VAV 末端示意图

根据第四节所描述的监控原理，具体监控内容及控制方法描述如下：

监控内容	控制方法
室内温度设定及监测：	对于高档办公环境，安装在室内的温度控制面板不仅需要具备温度采集及设定等基本功能，还应可以选择运行模式、对设备状态进行强制控制并通过液晶方式显示所有信息。为保证现场接线便捷、运行稳定，控制面板与 VAV 控制器宜通过网络通信方式进行信息交换。
室内温度控制功能：	本工程内区常年供冷，一次风量随室内负荷进行调整。其控制逻辑如图 2-81 所示。 一次风压力无关控制：为保证一次进风量不受风管静压波动影响，控制器必须支持通过串级 PID 实现风量压力无关型控制。
风量检测与风门控制：	为监测风量（目标工程采用毕托管对风量进行监测，毕托管由 VAV 末端厂商提供）并进行风门控制，VAV 末端控制还需提供微压差监测及风门驱动功能。为节省安装空间需求及现场接线工作量，提高设备可靠性，本项目选用一体化设计 VAV 控制器，自身集成微压差传感器及风门驱动器。
控制模式：	可预设多种控制模式，如白天、夜间、夜间换气、清晨预热等，并根据时间表、操作员命令或传感器输入进行切换，以保证任何时段的优化控制。
故障处理：	可预置多种故障应急模式，如静压监测故障时自动用温度单 PID 代替串级 PID 控制，同时产生报警等，以保证设备可靠运行。
优化控制：	以上为针对目标工程 VAV 末端的基本设计，如工程资金许可，还可增加空气品质及占用传感器，以便根据室内空气品质及占用情况等自动切换正常供冷/强制通风、有人/无人等控制模式，实现最优控制。

（三）目标工程监控点位表制作

按上述步骤确定所有监控设备的监控功能后，需将各设备的监控点位按一定逻辑组织起来，以便进行点数统计和控制器设备选型。设备一般先按区域/楼层分类，以保证选配在同一控制器内的监控点位距离较近，避免模拟布线距离过长；随后同一区域/楼层的设备再按系统进行分类，尽可能将联动关系复杂的点位选配在同一控制器内，以减少控制器之间的网络通信量。目标工程监控点位表见表 2-10。

图 2-81 目标工程 VAV 系统控制逻辑图

四、系统监控设备选型

楼宇自控系统监控设备选型包括产品品牌选择、中央监控设备选型、控制设备选型以及末端设备选型等内容。

（一）产品品牌选择

楼宇自控系统的产品品牌选择应根据项目规模、监控对象特点、监控要求的复杂程度以及

表 2-10　目标工程监控点位表

设备名称	设备数量	DO				AO			DI									AI										备注
		起/停控制	水阀控制	加湿器控制	风阀控制	变频控制	水阀控制	风阀调节	运行状态	故障报警	手/自动状态	水流状态显示	水流量脉冲计量	滤网报警	盘管冷冻报警	高温报警	高/低水位报警	回风温度	回风湿度	送风温度	风管静压	室内空气品质	室内湿度	水管温度	水管压力	室外照度	水流量	
地下一层																												
变电站	2															2												
变压器	6																											网关连接
高压系统	12																											网关连接
低压系统																												
冷热源水系统																												
溴化锂冷热水机组	3	3							3	3	3																	除干接点外网关连接
机组进出水监控	3		3									3																
一次冷热水泵	4	4							4	4	4	4																
二次冷热水变频泵	5																											变频器通信监控
空调水供回水总管	1																							2			1	
送排风系统																												
混流风机	10	10							10	10	10																	
离心风机	2	2							2	2	2																	
高温排烟风机	1								1	1																		
给排水系统																												
生活水泵	2	2							2	2	2																	

（续）

设备名称	设备数量	DO				AO			DI									AI											备注
		起/停控制	水阀控制	加湿器控制	风阀控制	变频控制	水阀控制	风阀调节	运行状态	故障报警	手/自动状态	水流状态显示	水流量脉冲计量	滤网报警	盘管冷冻报警	高温报警	高/低水位报警	回风温度	回风湿度	送风温度	风管静压	室内空气品质	室内湿度	水管温度	水管压力	室外照度	水流量	
集水坑	3																6											
潜污泵	6								6	6																		
大楼用水计量	1												1															
照明系统																												
公共照明控制	2	2							2		2																	
应急照明监视	1								1	1																		
一层																												
组合式空调箱																												
KT1-1	1			1			1							2	1				1	1	1	1						风机采用变频器通信监控，风门采用CAV控制器监控
KT1-2	1	1		1			1	2	1	1	1			2	1			1	1	1								
KT1-3	1			1			1							2	1				1	1	1	1						同KT1-1
KT1-4	1	1		1			1	2	1	1	1			2	1			1	1	1								
KT1-5	1	1		1			1	2	1	1	1			2	1			1	1	1								
照明系统																												
公共照明控制	2	2							2		2																	

应急照明监视	1								1	1																		
二层																												
组合式空调箱																												
KT2-1	1			1			1							2	1				1	1	1	1						同 KT1-1
KT2-2	1			1			1							2	1				1	1	1	1						同 KT1-1
KT2-3	1	1		1			1	2	1	1	1			2	1			1	1	1								
KT2-4	1			1			1							2	1				1	1	1	1						同 KT1-1
照明系统																												
公共照明控制	2	2							2		2																	
应急照明监视	1								1	1																		
三层																												
组合式空调箱																												
KT3-1	1			1			1							2	1				1	1	1	1						同 KT1-1
KT3-2	1			1			1							2	1				1	1	1	1						同 KT1-1
KT3-3	1	1		1			1	2	1	1	1			2	1			1	1	1								
KT3-4	1			1			1							2	1				1	1	1	1						同 KT1-1
照明系统																												
公共照明控制	2	2							2		2																	
应急照明监视	1								1	1																		

（续）

设备名称	设备数量	DO				AO			DI									AI										备注
		起/停控制	水阀控制	加湿器控制	风阀控制	变频控制	水阀控制	风阀调节	运行状态	故障报警	手/自动状态	水流状态显示	水流量脉冲计量	滤网报警	盘管冷冻报警	高温报警	高/低水位报警	回风温度	回风湿度	送风温度	风管静压	室内空气品质	室内湿度	水管温度	水管压力	室外照度	水流量	
四层																												
组合式空调箱																												
KT4-1	1			1			1							2	1				1	1	1	1						同 KT1-1
KT4-2	1			1			1							2	1				1	1	1	1						同 KT1-1
KT4-3	1	1		1			1	2	1	1	1			2	1			1	1	1								
KT4-4	1			1			1							2	1				1	1	1	1						同 KT1-1
照明系统																												
公共照明控制	2	2							2		2																	
应急照明监视	1								1	1																		
五层																												
组合式空调箱																												
KT5-1	1			1			1							2	1				1	1	1	1						同 KT1-1
KT5-2	1			1			1							2	1				1	1	1	1						同 KT1-1
KT5-3	1	1		1			1	2	1	1	1			2	1			1	1	1								
KT5-4				1			1							2	1				1	1	1	1						同 KT1-1

新风机	1	1		1	1		1		1	1	1			2	1					1			1					
照明系统																												
公共照明控制	2	2							2		2																	
应急照明监视	1								1	1																		
屋顶层																												
末端压力监测	3																								3			空调冷热水系统
高温排烟风机	2								2	2																		
生活水箱	1																2											给排水系统
消防水箱	1																2											消防系统
主楼电梯	7								7	7																		电梯系统
室外																												
泛光照明控制	2	2							2		2																	
停车场照明控制	1	2							1		1																	
室外照度仪	1								1	1																1		
其他																												
		42	3	22	1	0	22	14	70	55	42	7	1	44	22	2	10	7	21	22	14	14	1	2	3	1	1	
小计		68				36			253									86										
合计		443																										

监控点数的分布等进行综合考虑。产品品牌选择主要考虑的因素包括：

（1）产品品牌　产品品牌是质量的保证，了解此品牌产品的生产地、典型应用项目以及供货渠道等信息是非常重要的。有些品牌虽然在国际上享有盛誉，但一旦设备损坏需要重新订货，供货周期相当长，往往需要几个月的时间。当然，有些产品虽然没有打开国际市场，但对于部分地区的应用还是十分成功的。

（2）产品的适用范围　这主要是指产品支持的系统规模及监控距离。每个系统都有自己支持的常规监控点数限制及监控距离限制。当超出常规限制时，有些产品可以通过增加扩展设备进行控制，但系统投资将大大增加或系统性能有所下降；而有些产品则无能为力。因此在选择产品时要尽可能选择在目标建筑监控点数和监控距离条件下性价比最高的产品。

（3）产品网络系统的性能及标准化程度　主要考虑产品网络通信系统支持的层次结构是否适合目标建筑的控制要求；各层所采用的通信协议及在不同负荷率下的性能表现（实时性、可靠性等）；各层通信协议的标准化程度等。

（4）现场控制器的灵活性及处理能力　每个现场控制器所能接入的I/O点数是产品选择的重要考虑因素。当目标建筑物监控点数比较分散时，比较适合选用I/O点数较少的现场控制器，因为使用I/O点数较多的现场控制器往往使得现场传感器、执行机构到控制器的距离过远，而目前传感器、执行机构到控制器之间的信息传输多采用模拟信号，抗干扰能力差，连线复杂；当目标建筑物监控点数比较集中时，比较适合I/O点数较多的现场控制器，因为使用I/O点数较少的现场控制器往往使得现场弱电控制柜数量较多或一个弱电控制柜安装多个现场控制器，施工维护复杂，且网络信息传输量较大，实时性差。因此在选择产品时应根据目标建筑物监控点数的分布情况选择合适的现场控制器，同时现场控制器所带I/O点数的类型（DO、DI、AO、AI等）也是考虑因素之一，最好选择可模块化改变I/O点数类型的现场控制器。另外，选择现场控制器时还需考虑现场控制器的处理能力能否满足目标建筑物的监控需求。

（5）上位机监控软件的功能及易操作性　上位机监控软件作为管理、操作人员与楼宇自控系统的人机界面，其各种监控、管理、报表、接口、安全、备份等功能的强弱以及界面的友好性、易操作性也是选择产品时需要考虑的重要因素。

（6）价格因素　除产品在各方面的表现以及服务外，业主关心的另一重要问题就是产品的价格。各种产品在不同应用环境中的表现性能、价格各不相同，产品选择时综合考虑各种产品在目标建筑应用中的性价比因素。

鉴于本节讨论不涉及任何商务因素，因此不对品牌选择进行深入分析，仅以施耐德电气TAC的Vista系统为例介绍产品选型方法。

（二）中央监控设备选型

中央监控设备选型包括结构规划、软件模块选型、计算机选型、打印机选型、UPS选型以及其他附件选型等。

1. 中央监控结构规划　目标工程中央监控站将设在地上一层消防监控中心。鉴于本项目建筑面积较小，监控点数不多，仅在监控中心设楼宇自控服务器一台，不再另设其他工作站。

2. 软件模块选型　目前各厂商已将软件模块化，根据用户选择的功能进行收费。针对目标项目特点，在软件模块选择时考虑以下几点：

1）今后将楼宇自控系统维护服务外包，因此无需订购软件的配置、编程等模块。

2）为保证系统的可扩展性，应订购标准版软件，而不考虑单机版（不支持通信功能，今后不可添加其他工作站）。

3）为便于日常打印各类日志、能源、报警等报表应增配报表生成器模块。

4）本项目网络通信接口较多，其中高/低压变配电系统（自身已通过开关柜厂商提供的能源管理系统实施监控）将通过 OPC 接口与楼宇自控系统集成，因此软件模块中需增配 OPC 客户端模块。

3. 计算机选型　目前市场上的多数商用 PC 配置均可满足楼宇自控系统服务器需求，选型时只需注意内存尽可能大一些（建议 2GB），系统保证稳定（建议购买品牌计算机），显示器尺寸可根据需求选择。

4. 打印机选型　为打印各种报警、时间记录及报表，中央监控站应至少选配针式打印机一台；若需要打印各种图形界面，则再选配彩色喷墨或激光打印机一台（本项目不予考虑）。

5. UPS 选型　UPS 应选用在线式，容量至少满足断电情况下保证服务器及相关配件半小时正常工作。

目标工程中央监控设备选型表见表 2-11。

表 2-11　目标工程中央监控设备选型表

序号	设备型号	设备描述	设备数量
1	戴尔 OptiPlex GX280	戴尔商用台式机，处理器 Intel Pentium4 630 3.0G，2GB 内存，160GB 硬盘，19in（英寸）LCD	1
2	TAC Vista 5 Manager	TAC Vista 5 管理版软件包（包括标准版服务器、工作站及报表生成器授权）	1
3	TAC Vista 5 OPC Client	TAC Vista 5 OPC 客户端组件	1
4	EPSON LQ-590k	爱普生针式打印机	1
5	APC SU2200ICH	APC 在线式 UPS，2.2kV·A，满载备用时间 9.7min，半载备用时间 34.3min	1

（三）控制设备选型

楼宇自控系统控制设备选型需要分区域/楼层、分系统进行点数计算，然后再汇总设备数量。选配控制设备需兼顾价格、网络通信以及现场布线/维护工作量等因素。

以施耐德电气 TAC 产品为例，控制设备选配原则如下（详细设备信息请参阅本章第三节产品介绍）：

就 Xenta 可编程 DDC 而言（参见表 2-3），Xenta 280 系列价格最经济，但不支持 I/O 扩展模块，仅适用于被控设备点数确定且与控制器点位基本吻合的应用环境；Xenta 300 系列的经济性其次，并可支持 2/4 个 I/O 扩展模块，可为后期点数变化或系统扩展留有一定余地，就其点位数量和灵活性而言比较适合选配在各空调机房；Xenta 400 系列的 I/O 点数完全自由组态，可支持 10/15 个 I/O 扩展模块，灵活性极高，比较适用于变配电系统、冷热源系统等点数多且集中的应用场合，对于送排风、给排水等设备分散且控制简单的系统，为避免模拟布线距离过长，一般采用 I/O 扩展模块进行监控。

Xenta 固定应用 DDC 只需根据应用环境及所需监控功能选择即可，无需逐个进行点数计算。

Xenta 系列 DDC 全部采用 LON 总线进行通信，要与服务器/工作站进行以太网通信还需选配 Xenta 以太网控制器。Xenta 511 是最常用的以太网控制器，它集成了协议转换、网络控制、Web 服务器等众多功能；Xenta 700 系列集成化控制器从功能而言相当于 Xenta 511 再加上 Xenta 400 系列 DDC，因此如果一个网段同时选配了 Xenta 511 和 Xenta 400 系列 DDC，那么用 Xenta 700 取代将会进一步提高配置经济性；Xenta 913 也是一种常用的以太网控制器，不过它的主要作用是作为 TAC Vista 系统与第三方设备的标准网关设备，支持 LonWorks、BACnet、Modbus、M-Bus 及奇胜 C-Bus 等通信协议。

下面以目标工程为例，分别以地下一层和地上一层为例进行 DDC 控制设备选型，其他楼层与这两层配置方法类似，将不再详述计算过程。

1. 地下一层（-1F）控制设备选型

（1）冷热源系统　根据点位表统计可得目标工程冷热源系统的基本点位及通信接口情况，见表 2-12。

表 2-12　目标工程冷热源系统的基本点位及通信接口情况

通信接口	DO	AO	DI	AI	LON 变频器	Modbus 网关
-1F 冷热源点位	10	0	28	3	5	1

根据前述原则，在冷热源系统中比较适合选配 Xenta 400 系列 DDC，同时在此工程中为配置 Modbus 网关至少需要选配一个 Xenta 网络控制器。鉴于 Xenta 700 系列的性价比高于 Xenta 511 加 Xenta 400 的组合，因此在冷热源系统中将选配 Xenta 700 系列集成化控制器一个。考虑目标项目冷热源系统还需要 Modbus 网关一个，根据表 2-4 最终选取的 Xenta 700 系列控制器型号为 Xenta 731。

Xenta 731 本身不具备 I/O 点，所有 I/O 点均需由 Xenta I/O 扩展模块接入。根据表 2-3，目标工程需选配 Xenta 421A ×2、Xenta 411 ×2、Xenta 451A ×1。

对于 LON 变频器，选用施耐德电气 TAC 专门针对 HVAC 领域定制的 ATV 21 系列并加配 LonWorks 通信卡，变频器功率根据变频泵功率选取 11kW。

冷热源系统的控制设备选型清单见表 2-13。

表 2-13　冷热源系统的控制设备选型清单

设　备	数量	DO	AO	DI	AI	LON 变频器	Modbus 网关
Xenta 731	1						1
Xenta 421A	2	10		8			
Xenta 411	2			20			
Xenta 451A			2		8UI		
ATV21HD11N4	5					5	
VW3 A21 312	5						
小计		10	2	28	8	5	1
-1F 冷热源点位		10	0	28	3	5	1

（2）变配电系统　根据点位表统计可得目标工程变配电系统的基本点位及通信设备情况，见表 2-14。

表 2-14　目标工程变配电系统的基本点位及通信设备情况

设　备	DO	AO	DI	AI	OPC 网关
-1F 变配电点位	0	0	2	0	1

OPC 网关不属于控制设备层，已在软件模块中进行选择，因此目标项目变配电系统所需考虑的只有 DI×2。根据表 2-3，并考虑价格因素，选配 Xenta 411×1。

变配电系统的控制设备选型清单见表 2-15。

表 2-15 变配电系统的控制设备选型清单

设　备	数　量	DO	AO	DI	AI	OPC 网关
Xenta 411	1			10		
小计		0	0	10	0	1（软件）
-1F 变配电点位		0	0	2	0	1

（3）送排风系统　送排风系统采用 Xenta I/O 模块实施监控，根据点位统计及表 2-3，可得送排风系统的控制设备选型清单，见表 2-16。

表 2-16 送排风系统的控制设备选型清单

设　备	数　量	DO	AO	DI	AI
Xenta 421A	3	15		12	
Xenta 411	3			30	
小计		15	0	42	0
-1F 送排风点位		12	0	38	0

（4）给排水系统　给排水系统采用 Xenta I/O 模块实施监控，根据点位统计及表 2-3 可得给排水系统的控制设备选型清单，见表 2-17。

表 2-17 给排水系统的控制设备选型清单

设　备	数　量	DO	AO	DI	AI
Xenta 421A	1	5		4	
Xenta 411	4			40	
小计		5	0	44	0
-1F 给排水点位		2	0	37	0

（5）照明系统　照明系统采用 Xenta I/O 模块实施监控，根据点位统计及表 2-3 可得照明系统的控制设备选型清单，见表 2-18。

表 2-18 地下一层照明系统的控制设备选型清单

设　备	数　量	DO	AO	DI	AI
Xenta 421A	1	5		4	
Xenta 411	1			10	
小计		5	0	14	0
-1F 照明点位		2	0	6	0

2. 一层控制设备选型

（1）组合式空调箱　目标工程地上一层共包括5台组合式空调箱，其位置分布如图2-82所示。KT1-1、KT1-4和KT1-5在位置上距离较近，可统一配置；同样KT1-2与KT1-3可统一配置。

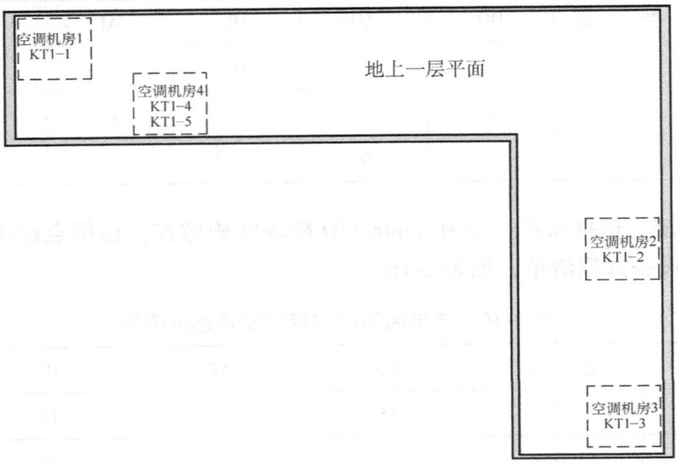

图2-82　目标工程地上一层组合式空调箱分布图

根据点位表统计可得KT1-2与KT1-3的基本点位及通信设备情况，见表2-19。

表2-19　KT1-2与KT1-3的基本点位及通信设备情况

设　备	DO	AO	DI	AI	LON变频器	LON CAV
KT1-2/3点位	3	4	9	7	2	2

对于空调机房，宜选用Xenta 280/300系列控制器。对照表2-3，显然两台空调机组的点位超出了一个Xenta 280系列的监控范围，故只能选用Xenta 300系列。进一步比较点数，Xenta 301与Xenta 302的区别在于输出点分配不同，对于此应用显然应选择Xenta 302。

Xenta 302中的DO、AO和TI（TI表示只能接温度传感器输入）可完成两台空调机组3DO、4 AO以及AI中两个温度输入的监控，剩余4个DI、4个UI点无法满足完成空调机组9DI、5AI的监控需求，需增配Xenta I/O模块。综合考虑经济性，应增配Xenta 451A模块一个。

此外，LON变频器根据风机频率选用ATV21变频器、LonWorks通信卡各两个；LON CAV控制器选用Xenta专用控制器Xenta 102-AX两个。

KT1-2与KT1-3的控制设备选型清单见表2-20。

表2-20　KT1-2与KT1-3的控制设备选型清单

设　备	数　量	DO	AO	DI	AI	LON变频器	LON CAV
Xenta 302	1	4	4	4	4TI 4UI		
Xenta 451A	1			6UI	2UI		
ATV21HU40N4	2					2	
VW3 A21 312	2						

（续）

设　　备	数　　量	DO	AO	DI	AI	LON 变频器	LON CAV
Xenta 102-AX	2						2
小计		4	4	10	10	2	2
KT1-2/3 点位		3	4	9	7	2	2

同样的计算方法可得 KT1-1、KT1-4 和 KT1-5 的控制设备选型清单，见表 2-21。

表 2-21　KT1-1、KT1-4 和 KT1-5 的控制设备选型清单

设　　备	数　　量	DO	AO	DI	AI	LON 变频器	LON CAV
Xenta 302	1	4	4	4	4TI 4UI		
Xenta 281	1	3	3	2	4UI		
Xenta 411	1			10			
ATV21HU40N4	2					2	
VW3 A21 312	2						
Xenta 102-AX	2						2
小计		7	7	16	12	2	2
KT1-1/4/5 点位		5	7	15	10	2	2

（2）风机盘管及 VAV 末端　目标项目风机盘管及 VAV 末端采用 Xenta 100 系列固定应用 DDC 进行一对一控制。根据工程需求，对风机盘管与 VAV 末端分别选择 Xenta 121-FC/230 和 Xenta 102-AX 进行监控。

（3）照明系统　照明系统采用 Xenta I/O 模块实施监控，根据点位统计及表 2-3 可得照明系统的控制设备选型清单，见表 2-22。

表 2-22　一层照明系统的控制设备选型清单

设　　备	数　　量	DO	AO	DI	AI
Xenta 421A	1	5		4	
Xenta 411	1			10	
小计		5	0	14	0
1F 照明点位		2	0	6	0

（4）网络控制设备　目标工程一层共选配了 120 个 LonWorks 节点，为通过以太网与楼宇自控服务器相连，还需选配网络控制器。由于 120 个 LonWorks 节点已接近 LON 网络单网段 125 个节点的极限，因此，若选用 Xenta 511，则每个楼层至少需要选配一个。

为保证配置经济性，本项目选用瑞典 Loytec 公司的第三方 LonWorks 路由器 LIP-3333ECTB。它的价格约为 Xenta 511 的 1.5 倍，但可以同时提供 4 个 LonWorks 网段。这种产品选择的自由度正是 LonWorks 开放性所带来的好处。此外，为保证每个网段均可支持最多 125 个网络节点，还需为每个网段选配 LON 网路中继器一个、LON 网络终端电阻两个。

3. 目标工程控制设备选型清单及系统图　按照上述方法对所有楼层进行设备选型，然后统计累加，可得目标工程的控制设备选型清单，见表 2-23。

表 2-23　目标工程的控制设备选型清单

序号	设备型号	设备描述	设备数量
1	Xenta 731	Xenta 集成化控制器	1
2	Xenta 913	Xenta 标准网关	1
3	LIP-3333ECTB	Loytec IP 路由器（支持 4 条 TP/FT-10 信道）	2
4	Xenta FTT-10 repeater	LonWorks FTT-10 中继器	5
5	FTT-10 terminal	LonWorks FTT-10 网络终端电阻	30
6	Xenta 401	Xenta DDC	1
7	Xenta 302	Xenta DDC	10
8	Xenta 281	Xenta DDC	1
9	Xenta 411	Xenta I/O 扩展模块	16
10	Xenta 421A	Xenta I/O 扩展模块	17
11	Xenta 451A	Xenta I/O 扩展模块	12
12	Xenta 400 terminal	Xenta 400 系列控制器端子座	53
13	Xenta 300 terminal	Xenta 280/300 系列控制器端子座	11
14	ATV21HU40N4	ATV21 变频器 4kW	28
15	ATV21HD11N4	ATV21 变频器 11kW	5
16	VW3 A21 312	ATV21 变频器 LonWorks 通信卡	33
17	Xenta 102-AX	Xenta VAV 末端控制器	236
18	Xenta 121-CF/230	Xenta FCU 控制器	381

目标工程网络系统结构图如图 2-83 所示。

（四）末端设备选型

楼宇自控系统中各类末端设备的数量已在点位表最后的监测点统计中显示，做配置清单时只需根据应用环境进行选型即可，见表 2-24。

1）选择传感器时应逐个考虑测量对象（空气、水、蒸汽等）、应用环境（室内、室外、风管、水管等）、测量范围、测量精度以及与控制设备的信号匹配等因素。

2）选择风门驱动器主要考虑与风门轴的连接以及扭矩是否满足需求，很多产品手册也直接标出了对应扭矩所能匹配的最大风道截面积。

3）水阀选择比较复杂，需要权衡阀门流通能力以及安装后的阀权度；配合驱动器还需要考虑控制信号、与阀体的连接方式、行程范围匹配以及配套后的关断压力等因素。

末端设备原理及选型不是本书介绍重点，因此下面将直接给出目标工程的末端设备选型清单，具体选型过程不再详述。

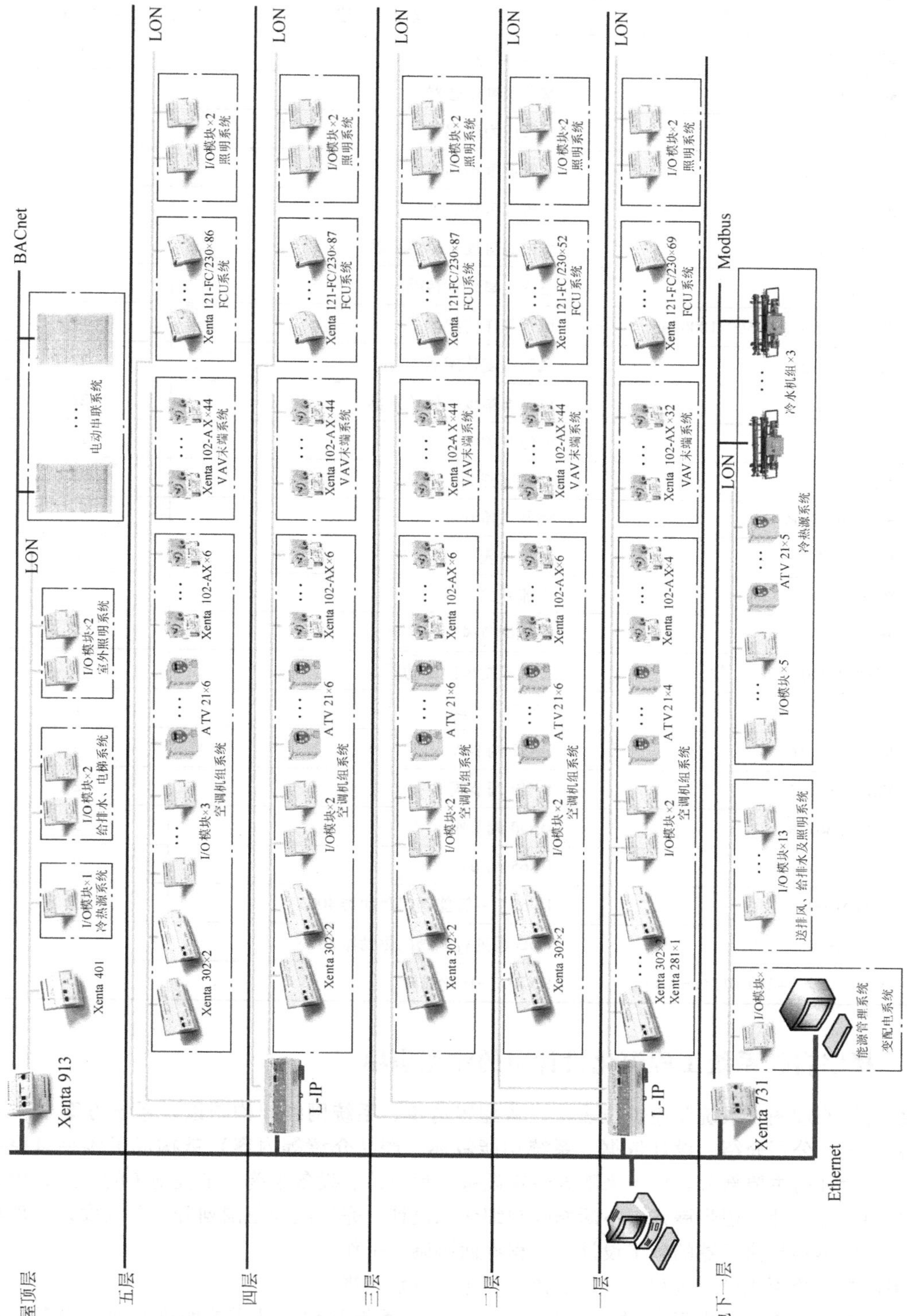

图 2-83 目标工程系统网络结构图

表2-24 目标工程末端设备选型表

序号	设备型号	设备描述	设备数量
1	DWM2000	电磁流量计	1
2	SLO300	室外照度传感器	1
3	SPP110-250kPa	水管压力传感器	3
4	STP100-100	水管温度传感器	2
5	Pocket STP 100mm Brass	水管温度传感器护套	2
6	SHR100-T5	室内温湿度一体传感器	1
7	SCR100	室内二氧化碳传感器	14
8	SPD310-100/300/500/1000Pa	风管静压传感器	14
9	STD100-200	风管温度传感器	22
10	SHD100-T5	风管温湿度一体传感器	21
11	MAC-3	液位开关	10
12	TC-5231	防霜冻开关	22
13	SPD900-200Pa	滤网压差开关	44
14	LXSY-32E	脉冲水表	1
15	WFS	水流开关	7
16	MD20A-24	模拟调节风门驱动器	22
17	MD20B-230	开关控制风门驱动器	1
18	V211T/20/6.3	DN20调节阀	1
19	V211T/32/16	DN32调节阀	5
20	V211T/40/25	DN40调节阀	2
21	V211T/50/38	DN50调节阀	5
22	VG222/65/63	DN65调节阀	9
23	Forta M400	Forta系列智能阀门驱动器400N	15
24	Forta M800	Forta系列智能阀门驱动器800N	7
25	DN200ZL540 + HQ-015(on/off)	DN200一体化蝶阀	3

五、楼宇自控系统工程深化设计中的注意事项

系统监控原理图、系统监控点位表、设备配置清单、系统网络架构图以及系统方案（主要包括工程概况、公司介绍、设计依据、系统功能叙述、产品介绍等内容）就构成了楼宇自控系统工程初步设计的主要部分。接下来随着建筑设备工程设计、设备采购、工程施工的深入，楼宇自控系统的深化设计也逐步展开，不断修改和细化原设计，完成监控范围划分、管线设计、现场屏柜设计、传感器与执行器的施工设计、工程界面协调等工作。

楼宇自控系统深化设计过程中，以下要点应予以特别重视。

1. 确定楼宇自控系统与建筑设备的界面　楼宇自控系统深化设计需要明确与建筑设备之间的接口界面。各类监控功能通过何种形式实现、各传感器及执行机构由谁来提供、通信结构使用

何种通信协议等。这些问题实际上在初步设计过程中已经进行了假设，并已根据这些假设进行了设备选型。在进入深化设计以前，一定要将这些结构界面以书面形式予以呈现，并由多方会签，避免日后相互推脱责任。

图 2-84 为典型楼宇自控系统与冷热源系统之间的接口界面图，供参考。

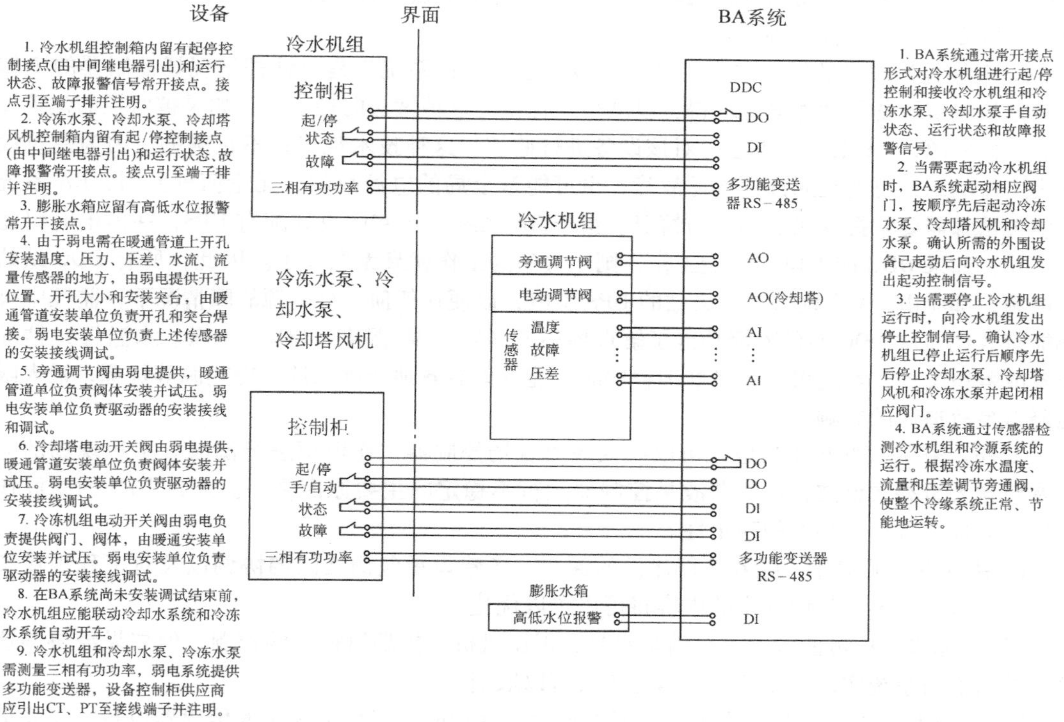

图 2-84　典型楼宇自控系统与冷热源系统之间接口界面图

2. 现场控制器的点位分配及安装位置　现场控制器点位与具体被控设备之间有一一的对应关系。点位对应关系设计的合理性直接影响到控制器编程的复杂性、网络的通信量以及控制器、网络通信故障时的影响范围等。

确定现场控制器点位对应关系时应遵循同一台/组设备的输入/出信号尽可能接入同一个现场控制器内的原则。这样不仅能减少网络通信流量以减少总线的阻塞情况加快系统的实时响应，更重要的是可保证当楼宇自控系统通信装置故障或中断时，现场控制器的独立工作能力仍能保证所监控设备的正常运行。

此外，具体施工时每个现场控制器都要安装在机柜中，几个现场控制器可能合用一个机柜。现场控制器应尽可能靠近被控设备，以减少现场模拟布线工作量及信号传输损耗，便于日后管理维护。

3. 传感器与执行器的安装位置　传感器与执行机构的安装位置在深化设计过程中应予以认真考虑，否则将影响测量精度及控制效果。例如，温度传感器应安装在气流或水流平稳处，避免日光直射或死角；流量传感器应安装在调节阀上游并保证其上游至少 10 倍管径、下游 5 倍管径的直管段；水阀宜安装在盘管等设备的下游等。

4. 楼宇自控系统网络通信的管线设计　工程中大多数楼宇自控系统的管理层以太网均可利

用大楼综合布线系统，但在一些网络安全等级较高的场合，如银行、证券所等，利用大楼综合布线可能会使日后楼宇自控网络维护处处受限（这些建筑中往往任何一根机房跳线都要通过多道安全审批才能进行），此时需要综合考虑决定采用综合布线还是单独布线。

此外现场层楼宇自控网络一般利用屏蔽双绞线单独布线，且不与综合布线系统走同一桥架。因此，楼宇自控系统现场控制级网络通信的管线需要单独设计。此设计过程应在工程初期予以明确，以方便与其他管线协调。

5. 现场控制设备的供电方式　目前大多数楼宇自控系统工程设计都把现场控制器的工作电源就地从建筑设备的动力电源取得，以减少工程量。这种做法的理由是：如果被监控的建筑设备没有工作电源，BA 系统就不必再对该设备进行监控。这种技术观点是不正确的。因为建筑设备失去工作电源，可能是局部的电源故障，也可能是全局的电源故障，无论何种原因，BA 系统监控中央站都需要掌握现场的动态与情况。由于 BA 系统监控室中央站配有 UPS，在停电时仍能维持工作，如果 DDC 因停电而不能工作，则中央站的工作就毫无意义了。因此，所有 DDC 站的工作电源，都应由 BA 系统监控中央站的 UPS 供电，以便在任何一种电源故障情况下，监控中央站都能有效地通过 DDC 站的检测功能了解现场环境（空气温/湿度、CO_2、水压、水温等）情况与设备故障情况，在实施事故预案处理程序时，能准确有效地调度电源、冷热源等资源，最大限度地降低事故造成的影响。

此外，采用 UPS 集中供电还可以有效地对现场控制器工作电源进行滤波。工程现场的电源中常包含大量高次谐波，这些谐波是控制器运行不稳定的主要原因之一。通过 UPS 的滤波作用可以大大提高现场控制器的稳定性。

6. 系统方案的优化　随着工程建设的深入，各建设承包商之间的协调以及对工程现场实际情况的了解，许多初步设计中的内容将可以予以优化。

1）如原设计中可能包含了对消防水泵、正压风机、排烟风机等的控制，但如果经协调这部分监控由消防系统实现，则这部分监控点数可以取消。

2）有时有些系统（如冷水机组）需要增加一些功能，但缺少相应的传感器设备，需要借用楼宇自控系统的传感器，此时监控点数表中要加入这些点的检测。

3）有时有些系统是为非变频水泵设计的，但设备订货时变成了变频泵，此时修改原设计对于节能将大大有益。

4）另外，一些诸如空调系统间歇工作、最佳起/停控制、夜间净化、夜间循环、排风冷/热量回收等节能方式也可以根据目标建筑物的实际情况在深化设计中予以采用，优化楼宇自控系统的能源管理。

总之，深化设计是随着设计人员对目标建筑物了解的深入并与其他系统承包商的协调以及现场环境的变化过程中不断进行的。只有认真地进行深化设计，才能使楼宇自控系统发挥应有的作用，成为为目标建筑物量身订制的优秀控制系统。

思考题与习题

1. 试总结 BA 系统的发展过程。
2. 试分析现代化建筑物中 BA 系统的重要性。
3. 试归纳广义 BA 系统与狭义 BA 系统的监控范围，并分析 BA 系统广、狭义之分形成的原因。
4. 试分析集散型控制系统相对于集中控制系统的优越性。
5. 试分析集散型控制系统的层次结构及各层的作用。

6. 试分析楼宇控制环境与工业控制环境的差别。
7. 为什么说 BA 系统是“一种低成本的集散型控制系统”？
8. 试列举 BA 系统中的层次结构及各层所实现的功能。
9. 为什么 BA 系统中要推广标准化建设？试列举目前在 BA 系统中应用比较广泛的通信标准和协议。
10. 现场总线的原理、特点及各种现场总线的主要应用领域是什么？
11. 试选取 3 个典型的楼宇自控系统，分析它们的层次结构及各层的功能。
12. 试列举变配电及应急发电设备监控的主要内容。
13. 在 BA 系统中，照明设备一般包括几种控制模式？
14. 试总结冷热源设备监控系统中各种设备之间的联动关系。
15. 简述 PID 控制的原理及各个参数的意义。
16. 为什么双 PID 的串级控制方法在控制精度与响应速度上优于单 PID 闭环控制？
17. 试分析定风量和变风量两种空调控制系统的区别及各自优越性。
18. 变风量末端有哪几种类型？它们各自的特点是什么？
19. 变风量空调系统风管静压控制方式主要有哪几种？简述并比较其各自的原理及特点。
20. 试分析给排水控制系统中高区给水与低区给水控制方式的区别。
21. BA 系统工程设计的依据包括几大类？其中标准、规范的选择应注意些什么？
22. BA 系统产品选择时应注意哪些方面的因素？
23. 试列举 BA 系统工程设计的主要内容。
24. 在 BA 工程中，需要特别注意的工程界面有哪些？

第三章
安全防范技术系统

第一节　安全防范技术系统概述

“安全防范”是公安保卫系统的专门术语，是指以维护社会公共安全为目的，防入侵、防破坏、防火、防暴和安全检查等措施。而为了达到防入侵、防盗、防破坏等目的采用了电子技术、传感器技术、通信技术、自动控制技术、计算机技术为基础的安全防范技术器材与设备构成一个系统，由此应运而生的安全防范技术逐步发展成为一项专门的公安技术学科。

智能化楼宇包括党政机关、军事、科研单位的办公场所，也包括文物、银行、金融、商店、办公楼、展览馆等公共设施，涉及社会的方方面面，这些单位与场所的安全保卫工作很重要，所以也是安全防范技术的重点。

利用安全防范技术进行安全防范首先对犯罪分子有威慑作用，使其不敢轻易作案。如楼宇中的防盗报警系统能及时发现犯罪分子作案的时间和地点，商场、大型超市的视频监控系统使失窃率大大减少，银行的监控和报警系统也使犯罪分子望而生畏，所以对预防犯罪相当有效。其次，一旦出现了入侵、盗窃等犯罪活动，安全防范技术系统能及时发现、及时报警，电视监控系统能自动记录下犯罪现场和犯罪分子的犯罪过程，以便及时破案，节省了大量人力、物力。大型楼宇、智能化建筑安装了多功能、多层次的安防监控系统后，大大减少了巡逻值班人员，从而提高效率，减少开支。

智能楼宇中其他一些安全防范控制与管理系统如电子巡更系统、出入口控制系统、可视对讲系统、停车管理系统等，在为人们提供安全保障和舒适、快捷的服务同时，很大程度上提升了物业管理和服务的水准，这也是人们对现代化建筑的认识和追求目标。

一、智能楼宇对安防系统的要求和功能

（一）智能楼宇对安防系统的要求

由于智能楼宇的大型化、多功能、高层次和新技术的特点，对它的安防系统提出了更高的要求，具体要求如下：

（1）防范　不论是对财物、人身或重要数据和情报等的安全保护，都应把防范放在首位。也就是说，安防系统使罪犯不可能进入或在企图犯罪时就能察觉，从而采取措施。把罪犯拒之门外的设施可以是机械的，如安全栅、防盗门、门障、保险柜等；也可以是机械电气的，如报警门锁、报警防暴门等；还有电气式的各类探测触发器等。

（2）报警　当发现安全遭到破坏时，系统应能在安保中心和有关地方发出特定的声光报警，并把报警信号通过网络传到有关安保部门。

（3）监视记录　在发生报警的同时，系统应能迅速地把出事地点的现场录像和声音传到安保中心进行监视，并实时记录下来。

(二) 智能楼宇安防系统的功能

根据智能楼宇对安防系统要求和技防规定，智能楼宇安防系统按技术范畴可以分为以下几种功能。

1. 图像监控功能　图像监控功能包括：

(1) 图像监控　采用各类摄像机和闭路电视技术、模拟或数字记录、多屏幕显示、红外照明装置及切换控制主机，对大楼内部和外界进行有效监控。

(2) 影像验证　在出现报警时，显示器上显示报警现场的实况，以便直观地确认报警，并做出有效的报警处理。

(3) 图像识别系统　在读卡机读卡做凭证或生物特征（包括人脸、指纹等）识别时，可调出所存储相关信息，通过图像扫描比对来鉴定来访者。

2. 探测报警功能　探测报警功能包括：

(1) 内部防卫探测　所配置的感应器包括被动红外探测器、双鉴移动探测器、玻璃破碎探测器、声音探测器、门磁开关等。

(2) 周界防卫探测　精选拾音电缆、光纤、惯性传感器、地下电缆、电容性感应器、微波和主动红外探测器等，对围墙、高墙及无人区域进行保安探测。

(3) 报警点监控　工作人员可通过按动报警按钮发出警报，并通过内部通信线路和闭路电视系统的联动控制，实施报警发生地点的监听与监视。

3. 联动控制功能　联动控制功能包括：

(1) 图像控制　图像显示、切换、记录等。

(2) 门禁控制　通过 IC 智能卡、感应卡对人员出入进行有效控制。

(3) 车辆出入控制　采用停车场收费管理系统，对出入停车场的车辆通过出入口栅栏和防撞挡板时进行身份识别控制。

(4) 专用电梯出入控制　安装在电梯外的读卡机限定只有具备一定身份者方可进入，而安装在电梯内部的装置则限定只有授权者才能抵达指定的楼层。

(5) 报警响应联动控制　在报警发生后，应有硬件和软件设定一系列逻辑联动，如打开灯光、关闭库房、声光报警、通道控制、自动拨打应急电话等。

4. 自动化辅助功能　自动化辅助功能包括：

(1) 内部通信　提供中央控制室和保安人员的特殊通信要求，它与无线通信、电话总机、视频监控系统、防盗报警系统等紧密结合，最大限度发挥报警鉴别和联动作用。

(2) 有线广播　通过安防主机矩阵切换设计，提供一定区域内灵活的音乐播放、指令传送、紧急广播功能。

(3) 巡更管理　利用电子巡更系统，科学有效地进行管理，并保障安防人员人身安全。

(4) 员工考勤　利用门禁系统可以方便地进行员工考勤，在门禁系统基础上还可以建立员工出入综合管理系统。

二、楼宇安全防范系统组成

安全防范系统是以维护社会公共安全为目的，运用安全防范产品和其他相关产品所构成的入侵报警系统、视频安防监控系统、出入口控制系统、防爆安全检查系统等，或以这些系统为子系统组合或集成的电子系统或网络。楼宇安全防范技术系统涉及范围很广，视频安防监控系统和入侵报警系统是其中两个最主要的组成部分。按功能不同，楼宇安全防范技术系统通常由以下 6 个系统组成。

(一) 视频安防监控系统

视频安防监控系统（Video Surveillance & Control System，VSCS）是利用视频技术探测、监视设防区域，并实时显示、记录现场图像的电子系统或网络。

(二) 入侵报警系统

入侵报警系统（Intruder Alarm System，IAS）是利用传感器技术和电子信息技术探测并指示非法进入或试图非法进入设防区域的行为、发出报警信息、处理报警信息的电子系统或网络。

(三) 电子巡查系统

电子巡查系统（Guard Tour System）是对保安巡查人员的巡查路线、方式及过程进行管理和控制的电子系统。

(四) 出入口控制系统

出入口控制系统（Access Control System，ACS）是利用自定义符识别或/和模式识别技术对出入口目标进行识别并控制出入口执行机构起闭的电子系统或网络。

(五) 访客对讲（可视）系统

访客对讲（可视）系统也可称为楼宇保安对讲（可视）系统，适用于高层及多层公寓（包括公寓式办公楼）、别墅住宅的访客管理，是保障住宅户安全的必备设施。

(六) 停车库（场）管理系统

停车库（场）管理系统（Parking Lots Management System）是对进、出停车库（场）的车辆进行自动登录、监控和管理的电子系统或网络。

三、楼宇安全防范技术工程程序

安全防范系统工程是以维护社会公共安全为目的，综合运用安全防范技术和其他科学技术，为建立具有防入侵、防盗窃、防抢劫、防破坏、防爆安全检查等功能（或其组合）的系统而实施的工程，通常也称为技防工程。楼宇中的安全防范技术工程主要涉及上述6个组成部分，工程实施按照我国公安行业标准执行。工程由建设单位提出委托，由持省市级以上公安技术防范管理部门审批、发放的设计、施工资质证书的专业设计、施工单位进行设计与施工。工程的立项、设计、委托、施工、验收必须按照公安主管部门要求的程序进行。

安全防范技术工程按风险等级或工程投资额划分工程规模，分为以下三级：

（1）一级工程　一级风险或投资额100万元以上的工程。

（2）二级工程　二级风险或投资额超过30万元不足100万元的工程。

（3）三级工程　三级风险或投资额30万元以下的工程。

以下是安全防范技术工程实施过程的要求和内容：

(一) 工程立项

建设单位实施安全防范技术工程必须先进行工程项目的可行性研究，研究报告可由建设单位或设计单位编制，应该按政府部门的有关规定，对防护目标的风险等级与防护级别、工程项内容、目的与要求、施工工期、工程费用概算和社会效益分析等方面进行论证。而可行性研究报告经相应主管部门批准（备案）后，才可以正式工程立项。

(二) 项目招标

工程应在主管部门和建设单位的共同主持下进行招标，以避免各种不正当行为的出现。项目招标过程如下：

1）建设单位根据设计任务书的要求编制招标文件，发出招标广告和通知书。

2）建设单位应组织投标单位勘察工作现场，解答招标文件中的有关问题。

3）投标单位应密封报送投标书。

4）当众开标、议标，审查标书，确定中标单位，发出中标通知书。

5）中标单位可接受建设单位根据设计任务书而提出的委托，根据设计和施工的要求，提出项目建议书和工程实施方案，经建设单位审查批准后，委托生效，即可签订合同。

（三）合同内容

安全防范技术工程应包括以下内容：

1）工程名称和内容。

2）建设单位和设计施工单位各方责任、义务。

3）工程进度要求。

4）工程费用和付款方式。

5）工程验收方法。

6）人员培训和维修。

7）风险与违约责任。

8）其他有关事项。

（四）设计

工程设计应经过初步设计和方案论证。初步设计应具备以下内容：

1）系统设计方案以及系统功能。

2）器材平面布防图和防护范围。

3）系统框图和主要器材清单。

4）中央控制室布局。

5）工程费用和建设工期。

工程项目在完成初步设计后由建设单位组织方案论证，业务主管部门、公安主管部门和设计、施工单位及一定数量的技术专家参加。

论证应对初步设计的各项内容进行审查，对其技术、质量、工期、服务和预期效果做出评价。对有异议的评价意见，需要设计单位和建设单位协调处理后，方可上报。经建设单位和业务主管部门审批（备案）后，方可进入正式设计阶段。正式设计包括技术方案设计、施工图设计、设备操作维修及工程费用的预算书。

设计文件和费用，除特殊规定的设计文件需经公安部门的审查批准外，均由建设单位主持，对设计文件和预算进行审查，审查批准后工程进入实施阶段。

（五）施工、调试与试运行

施工阶段包括以下内容：

1）按工程设计文件所选的器材和数量定货。

2）按管线敷设图和有关施工规范进行管线敷设施工。

3）按施工图技术要求进行器材设备安装。

4）按系统功能要求进行系统调试。

5）系统调试开通，试运行一个月并做记录。

6）有关人员进行技术培训。

（六）工程验收

工程按合同内容全部完成，经试运行后，达到设计要求，并为建设单位认可，可进行竣工验收。少数非主要项目，未按合同规定全部建成，经建设单位与设计施工单位协商，对遗留问题有明确的处理办法，经试运行并为建设单位认可后，也可进行验收或部分验收，由设计施工单位提出竣工申请。

工程验收应分初验、第三方检测验收和正式验收3个阶段。

（1）初验 施工单位应首先根据合同要求，由建设单位进行初验，初验包括对技术系统进行验收，对器材设备进行验收，设备、管线安装敷设的验收以及工程资料的验收。

（2）第三方检测验收 初验合格后由公安部门认可的第三方权威机构进行系统检测与验收，并对系统出具检测报告和意见。

（3）正式验收 在初验和第三方检测合格的基础上，再由建设单位的上级业务主管、公安主管、建设单位的主要负责人和技术专家组成的验收委员会或小组，对工程进行验收。验收内容包括技术验收、施工验收、资料审查，分别根据合同条款和有关规范进行，最后根据审查结果做出工程验收结论。

四、楼宇安全防范技术发展趋势

近年来，尤其是随着现代化科学技术的飞速发展，对外开放，高新技术的普及与应用，犯罪分子的犯罪手段也更智能化、复杂化，隐蔽性也更强，促使安全防范技术不论在器材上还是在系统功能上都有飞速的发展。由于智能楼宇的大型化、多功能、智能化的特点，也就对楼宇安全防范技术系统提出了更高的要求，楼宇安全防范技术发展趋势主要体现在以下3个方面：

（一）前端设备集成化和智能化

技术的进步与各类应用需要相结合，随着集成电路与计算机技术发展，多传感器融合、智能计算的引入，安全防范设备不断地推陈出新。现在无论是视频监控摄像机、入侵报警探测器，还是出入口控制和可视对讲设备等，都呈现出产品多样化、功能集成化、信号处理智能化的特征。例如，防盗报警装置易产生误报一直困扰着使用者，而使用多重探测和内置微处理芯片技术对各种传感器信号进行一定的判别、比较和记忆分析，可以大大降低误报率。在视频监控系统中，智能计算技术的引入，监控主机与计算机相连，形成综合型监控系统，行为探测、车辆车牌识别、移动探测自动进行，具备入侵报警、消防联动、门禁控制等综合联动功能。

（二）系统组成数字化和网络化

随着人们生活水平的迅速提高，各种高楼大厦的迅速崛起，人们的安全意识也日益加强，对监控系统的要求也越来越高，传统的模拟监控系统有设备多、价格昂贵、不易检索、不易控制等缺点，难以满足人们的现代需求而逐渐被淘汰。在信息技术智能化、网络全球化和国民经济信息化的信息革命浪潮冲击下，物业管理方便、智能化程度高、高品质全数字监控系统适应人们的现代需求应运而生了，它正以传统监控系统无可比拟的优越性迅速地取代着传统的监控系统，它代表着监控系统的发展方向，现已充分表现了它在经济、文化、科技等领域中的重要作用，已广泛应用于机关、银行、宾馆、道路、工厂、军事设备等，成为智慧城市系统的一个重要组成部分。可以确定，数字化和网络化是安全防范技术必然发展趋势，并使其朝着更深、更广的应用范围发展。

（三）服务平台化与标准化

随着物联网、云计算等技术在安防领域的应用，安全防范技术工程服务模式呈平台化趋势。主流安防厂商在推进自己的智能化解决方案时，硬件资源的概念已逐步淡化，通常会以智能化服务模块的方式提供给客户，越来越多地需要对软件平台及其配套硬件设备进行整合，这个整合方案的目标是兼容性、稳定性、安全性等，其标准也越来越趋于统一。目前，国内的主流监控厂商基本都使用自己开发的软件平台，这些平台的定位和规模大小都不太一样，但未来安防监控的应用已呈大平台趋势，其技术标准、开发接口等将越来越趋于统一。

第二节　视频安防监控系统

一、视频安防监控技术的发展

（一）视频安防技术发展历程

安防技术的发展，实际上主要是看其核心的视频监控技术的发展。而视频安防监控技术的发展，已从第一代的全模拟系统，到第二代的部分数字化与全数字化系统，再到第三代的全数字高清化系统，向第四代智能化的网络视频监控系统的方向发展，如图 3-1 所示。随着图像压缩标准、数字信号处理器性能、视频处理产品的快速发展，尤其是 IT 技术及其企业不断进入到安防行业后，视频安防监控技术及其产品伴同 IT 相关技术迅猛发展。

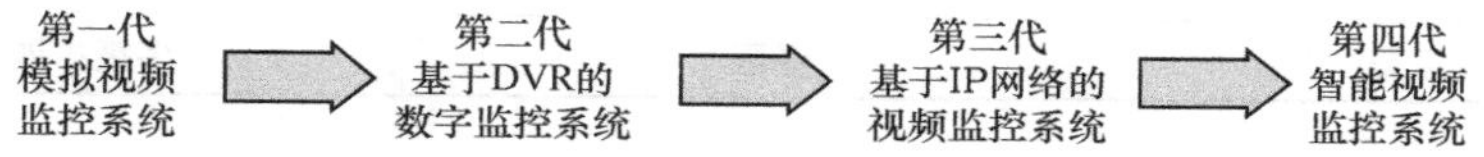

图 3-1　视频安防监控技术发展历程

第一代视频监视系统指的是以 VCR（Video Cassette Recorder）为代表的传统 CCTV 监控系统。该系统主要由模拟摄像机、专用的标准同轴电缆、视频切换矩阵、分割器、模拟监视器、模拟录像设备和盒式录像带等构成。这样的一种模拟式系统虽然技术成熟，实时性好，但存在很多缺点，如系统管理维护麻烦、无法进行远程访问、无法与其他安防系统（如门禁、周界防护等）有效集成、录像质量随着时间的推移下降等。

20 世纪 90 年代中后期，出现了数模结合的视频监控系统，以 DVR（Digital Video Recorder）为代表的第二代视频监控系统出现在视频监控市场上。DVR 使用户可以将模拟的视频信号进行数字化，并存储在计算机硬盘而不是盒式录像带上。这种数字化的存储大大提高了用户对录像信息的处理能力，使用户可以通过 DVR 来控制摄像机的启/闭，从而实现移动侦测功能。此外，对于报警事件及事前/事后报警信息的搜索也变得非常简单。这种混合模式的视频监控系统方案，虽然已可以实现远程传输，但前端视频到监控中心采用模拟传输，因而其距离和布点都有所限制，优质图像质量难以保证。

21 世纪初，第三代全数字化的网络视频监控系统（又称为 IP 监控系统）开始得到应用。它克服了 DVR 无法通过网络获取视频信息的缺点，用户可以通过网络中的任何一台计算机来观看、录制和管理实时的视频信息，并通过设在网上的网络虚拟（数字）矩阵控制主机（IP Matrix，IPM）来实现对整个监控系统的指挥、调度、存储、授权控制等功能；它基于标准的 TCP/IP，能够通过局域网、无线网、互联网传输视频信息，布控区域大大超过了前两代系统；它采用开放式架构，可与门禁、报警、巡更、语音、管理信息系统（Management Information System，MIS）等无缝集成；它基于嵌入式技术，性能稳定，无需专人管理，灵活性大大提高，监控场景可以实现任意组合、任意调用。

前 3 代视频监控系统性能比较见表 3-1。

表 3-1 前 3 代视频监控系统性能比较

内容	第一代模拟监控系统	第二代数字监控系统	第三代网络视频监控系统
监控范围	有限，一般传输距离小于 1km，传输信号距离远时，图像质量下降	基本不受距离限制，图像质量稳定	不受距离限制，可实现跨地域监控
组网方式	单独组网，每路视频信号需单独连至中控室，系统扩充不易，施工困难	简单，可利用计算机网络联网，网络带宽可复用，无需重复布线	简单，可基于运营商网络
系统管理	复杂，现场手工管理	复杂，现场手工管理	简单，远程管理
查看方式	监控中心	特定 PC	网络访问，随时随地
存储介质	磁带，需定期更换录像带，录像带耗费大且容易损坏	大容量硬盘自动循环存储，并刻入光盘永久保存，查询检索方便	可分级存储，安全灵活
远程管理	不能	不方便	方便
可扩展性	受限	受限	多级扩展

（二）数字视频监控技术的发展趋势

安防视频监控技术在数字化、网络化的基础上正向集成化、高清化、智能化方向发展。

1. 集成化　视频监控数字化的进步推动了网络化的飞速发展，让视频监控系统的结构由集中式向集散式、多层分级的结构发展，使整个网络系统硬件和软件资源及任务和负载都得以共享，同时为系统集成与整合奠定了基础。

集成化有两方面含义，一是芯片集成，二是系统集成，芯片集成从开始的“IC”（Integrated Circuit）功能级芯片，到“ASIC”（Application Specific Integrated Circuit）专业级芯片，发展到“SOC”（System-on-a-Chip）系统级芯片，再到现在的 SOC 的延伸“SIP”（System in Package）产品级芯片。也就是说，它从单一功能级发展到一个系统的产品级芯片了。显然，系统的产品体积大大减小，促进了产品的小型化。同时，由于元器件大大减少，也提高了产品的可靠性与稳定性。

所谓系统集成化，主要包括前端硬件一体化和软件系统集成化两方面。视频监控系统前端一体化意味着多种技术的整合、嵌入式构架、适用性和适应性更强及不同探测设备的整合输出。硬件之间的接入模式直接决定了其是否具有可扩充性和信息传输是否能快速反应，如网络摄像机由于其本身集成了音（视）频压缩处理器、网卡、解码器的功能，使得其前端可扩充性加强。同时，目前市面上有部分产品内置报警线，可直接外接报警适配器，适配器连接红外对射、烟感或者门磁等，可通过预置位旋转至报警触发点，从而第一时间把报警现场的图像传输到控制中心。

视频监控软件系统集成化，可使视频监控系统与弱电系统中其他各子系统间实现无缝连接，从而实现在统一的操作平台上进行管理和控制，使用户操作起来更加方便。

2. 高清化　在安防行业，传统监控系统可达到标准清晰度，进行数字编码后，一般可以达到 4CIF（Common Intermediate Format）或 D1 的分辨率，约为 44 万像素，其清晰度在 300 ~ 500TVL（TV Line，电视线）之间。采用高清网络摄像机的 IP 监控，如果要达到 800TVL 的清晰度，其分辨率至少要达到 1280 × 720 的标准，约 90 多万像素。清晰度更高的是，宽高比为 16∶9 的网络摄像机，对应分辨率为 1920 × 1080；宽高比为 4∶3 的网络摄像机，对应分辨率为 1600 ×

1200。安防行业更多的是借用电视领域的高清划分标准，俗称为“高清”和“标清”。

实际上，所谓的“高清”即高分辨率。高清视频监控就是为了解决人们在正常监控过程中“细节”看不清的问题。实质上，“高清”是现代视频监控系统由网络化向智能化发展的需要，且为了提高智能视频分析的准确性才从高清电视中引用而来的。

高清的定义最早来源于数字电视领域，高清电视又称为“HDTV”(High Definition Television)，是由美国电影电视工程师协会确定的高清晰度电视标准格式。电视的清晰度是以水平扫描线数作为计量的。高清的划分方式如下：

1080i 格式：标准数字电视显示模式，1125 条垂直扫描线，1080 条可见垂直扫描线，显示模式为 16:9，分辨率为 1920×1080，隔行 60Hz，行频为 33.75kHz。

720p 格式：标准数字电视显示模式，750 条垂直扫描线，720 条可见垂直扫描线，显示模式为 16:9，分辨率为 1280×720，逐行 60Hz，行频为 45kHz。

1080p 格式：标准数字电视显示模式，1125 条垂直扫描线，1080 条可见垂直扫描线，显示模式为 16:9，分辨率为 1920×1080，逐行扫描，专业格式。

高清电视就是指支持 1080i、720p 和 1080p 的电视标准。这一原本用于广电行业的高清视频标准目前也已被视频监控行业作为公认的技术标准而普遍沿用。

3. 智能化　无论是传统的第一代纯模拟视频监控系统，还是第二代、第三代经过部分或完全数字化之后的网络视频监控系统，都具有一些固有的局限性，即是用人来观察图像。例如，目前广泛应用在银行、仓库等部门的视频监控，通常只是用于事后的取证，它未充分利用图像的基本价值（一个动态、实时的媒质），就如同把直播变成录像一样。而安防迫切需要的是能够连续地监控，并及时告警事件（盗窃、破坏、入侵）可能发生或正在进行，预测一个趋势，提醒管理人员事态的发展到了限定的界线，以便及时阻止事件的发生或避免产生更严重的后果。视频监控具有早期探测（预警）功能的特征是在事发前能够识别和判断出可疑的行为，这就是视频监控的智能化。

智能化视频监控的真正含义是，系统能够自动理解（分析）图像并进行处理，系统从视读走向机读，正是安防系统需要实现的目标。系统由目视解释转变为自动解释，是视频监控技术的飞跃，是安防技术发展的必然。智能化视频监控系统能够识别不同的物体，发现监控画面中的异常情况，并能够以最快和最佳的方式发出警报和提供有用信息，从而能够更加有效地协助安全人员处理危机，并最大限度地降低误报和漏报现象。

二、视频监控系统的组成与功能

视频监控系统主要由前端（摄像）、传输、终端（显示与记录）与控制 4 个主要部分所组成（见图 3-2），并具有对图像信号的分配、切换、存储、处理、还原等功能。

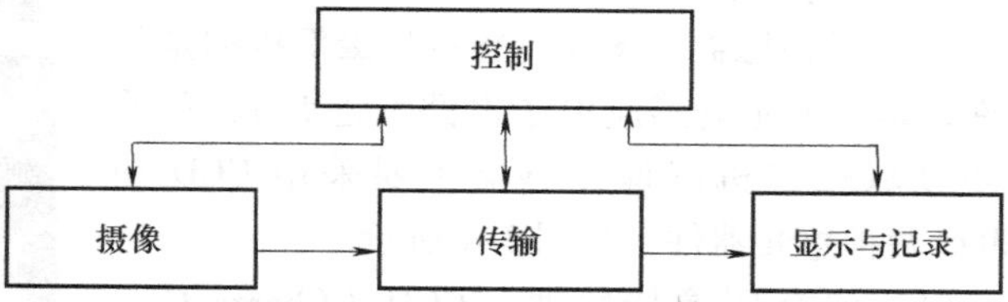

图 3-2　视频监控系统的组成

1. 前端设备　前端设备的主要任务是获取监控区域的图像和声音信息，主要设备是各种摄像机及其配套设备。由于摄像机需公开或隐蔽地安装在防范区内，除需长时间不间断地工作外，其环境变化无常，有时还需要在相当恶劣的条件下工作，如风、沙、雨、雷、高温、低温等，因此要满足“全天候”工作的要求。所以，前端设备应有较强性能和可靠性。在网络视频监控系统中，前端采集到图像信号，接入视频服务器，网络视频服务器对信号进行模数转换、数字化压缩处理，并发布到网络。

对于前端摄像机，除要有较高的清晰度和可靠性外，通常还需配有自动光圈变焦镜头、多功能防护罩、电动云台以及接口控制设备（如解码器）等。

2. 传输系统　传输系统的主要任务是将前端图像信息不失真地传送到终端设备，并将控制中心的各种指令送到前端设备。根据监控系统的传输距离、信息容量和功能要求的不同，主要有无线传输和有线传输两种方式。模拟监控系统大多采用有线传输方式，通常利用同轴电缆、光纤和双绞线来传送图像信号。

网络视频监控系统是基于IP网络的远程实时监控系统，监控点多，监控范围广，组网传输方式与模拟监控系统不同。典型组网传输方式有局域网（LAN）组网方式、无源光网络（PON）组网方式、数模结合专网组网方式以及无线组网方式等。

3. 终端与控制设备　终端与控制设备通常无法分割，由其共同组成视频监控系统的中枢。其主要任务是将前端设备送来的各种信息进行处理和显示，并根据需要，向前端设备发出各种指令，如由中心控制室发出的控制命令等。终端设备主要有显示、记录设备和控制切换设备等，如监视器、录像/录音与存储设备、视频分配器、时序切换装置、时间信号发生器、同步信号发生器以及其他一些配套控制设备等。

网络视频监控系统终端设备集中在系统主控中心和分控中心，组成系统监控平台。该平台是整个视频监控系统的控制中心，负责所有视频采集设备与显示设备的接入与管理，同时实现各监控点数字图像码流的汇集、分发、存储与控制等功能。平台设备包括中心管理服务器、前端接入服务器、分发服务器、存储服务器以及存储介质等。

三、视频监控系统前端设备

在视频监控系统中，摄像机（见图3-3）是用来进行定点或流动地监视和图像取证的。因而要求摄像机各个部件的体积小、重量轻、易于安装，系统操作简便、调整机构少等特点，必要时需便于隐蔽和伪装等。实际工程应用时，摄像机还需配套相应的镜头、防护罩、安装支架以及电动云台等。

图3-3　摄像机

（一）摄像机

1. 图像传感器　图像传感器是摄像机的重要器件，是一种光电感应电子电路（芯片），目前安防领域摄像机图像传感器主要采用CCD和CMOS两种感光器件，如图3-4所示。

a) CCD　　b) CMOS

图3-4　图像传感器

(1) CCD图像传感器　CCD（Charge Coupled Device，电荷耦合器件）图像传感器是一种半导体器件，能把光信号变成电荷，再通过模/数（A/D）转换器芯片转换成数字信号。CCD由许多感光元组成，其最小光敏物质称作像素（Pixel），通常以百万像素为单位，像素越大，成像越清晰。CCD 的靶面尺寸表示了 CCD 芯片的尺寸，目前市场上 CCD 的芯片尺寸主要有 1in、2/3in、1/2 英寸、1/3in、1/4in（1in = 0.0254m），其中 1/3in、1/4in 居多，芯片尺寸越大，图像质量越好，价格越贵。不同尺寸 CCD 图像传感器应用对照表见表 3-2。

表 3-2　不同尺寸 CCD 图像传感器应用对照表

尺寸/in	长/mm	宽/mm	对角线/mm	应　用
1	12.7	9.6	16	百万像素，工业检测
2/3	8.8	6.6	11	百万像素，工业检测
1/2	6.4	4.8	8	交通监控，工业检测
1/3	4.8	3.6	6	普通摄像机
1/4	3.2	2.4	4	低端监控或者一体机

（2）CMOS 图像传感器　CMOS（Complementary Metal Oxide Semiconductor，互补金属氧化物半导体）是电压控制的一种放大器件，是组成 CMOS 数字集成电路的基本单元。CMOS 图像传感器是一种典型的固体成像传感器，与 CCD 有着共同的历史渊源。在 CMOS 图像传感器芯片上还可以集成其他数字信号处理电路，如 A/D 转换器、自动曝光量控制、非均匀补偿、白平衡处理、黑电平控制、伽马校正等，为了进行快速计算甚至可以将具有可编程功能的 DSP 器件与 CMOS 器件集成在一起，从而组成单片数字相机及图像处理系统。

目前，CMOS 图像传感器具有低成本、低功耗以及高整合度的优点，其制造技术不断改良更新，在数码摄像领域应用越来越广。

2. 摄像机的主要技术指标　摄像部分的主体是摄像机，其功能是观察、收集信息。摄像机的性能及其安装方式是决定系统质量的重要因素，其主要由核心感光芯片（CCD 或 CMOS）和信号处理与接口电路组成，主要性能及技术参数要求如下：

（1）色彩　摄像机有黑白和彩色两种，早期模拟黑白摄像机的水平清晰度比彩色摄像机高，且黑白摄像机比彩色摄像机灵敏，更适用于光线不足的地方和夜间灯光较暗的场所。黑白摄像机的价格比彩色摄像机便宜，但彩色的图像容易分辨衣物与场景的颜色，便于及时获取、区分现场的实时信息，逐渐已成为主流。

（2）清晰度　有水平清晰度和垂直清晰度两种。垂直方向的清晰度受到电视制式的限制，有一个最高的限度，由于我国模拟电视信号均为 PAL 制式，PAL 制垂直清晰度为 400 行。所以摄像机的清晰度一般是用水平清晰度表示，水平清晰度表示人眼对电视图像水平细节清晰度的量度，用电视线 TVL 表示。目前数字视频摄像机均达到高清清晰度标准。

（3）照度　单位被照面积上接受到的光通量称为照度。1lx（勒克斯）是 1lm（流明）的光束均匀射在 $1m^2$ 面积上时的照度。摄像机的灵敏度以最低照度来表示，这是摄像机以特定的测试卡为摄取目标，在镜头光圈为 F1.4 时，调节光源照度，用示波器测其输出端的视频信号幅度为额定值的 10%，此时测得的测试卡照度为该摄像机的最低照度。所以，实际上被摄体的照度大约是最低照度的 10 倍以上才能获得较清晰的图像。

（4）同步　要求摄像机具有电源同步、外同步信号接口。对电源同步而言，使所有的摄像机由监控中心的交流同相电源供电，使摄像机场同步信号与市电的相位锁定，以达到摄像机同步信号相位一致的同步方式。

对外同步而言，要求配置一台同步信号发生器来实现强迫同步，电视系统扫描用的行频、场频、帧频信号，复合消隐信号与外设信号发生器提供的同步信号同步的工作方式。

系统只有在同步的情况下，图像进行时序切换时就不会出现滚动现象，录、放像质量才能提高。

(5) 电源　摄像机电源一般有交流220V、交流24V、直流12V，可根据现场情况选择摄像机电源，通常推荐采用安全低电压。

(6) 自动增益控制（AGC）　在低亮度的情况下，自动增益功能可以提高图像信号的强度以获得清晰的图像。目前市场上CCD摄像机的最低照度都是在这种条件下的参数。

(7) 自动白平衡　当彩色摄像机的白平衡正常时，才能真实地还原被摄物体的色彩。彩色摄像机的自动白平衡就是实现其自动调整。

(8) 电子亮度控制　有些CCD摄像机可以根据射入光线的亮度，利用电子快门来调节CCD图像传感器的曝光时间，从而在光线变化较大时可以不用自动光圈镜头。

(9) 光补偿　在只能逆光安装的情况下，采用普通摄像机时，被摄物体的图像会发黑，应选用具有逆光补偿的摄像机才能获得较为清晰的图像。

3. 摄像机的分类　摄像机按外形、安装方式、组成结构、性能等可分为枪式摄像机、半球形摄像机、球形摄像机、一体化摄像机、红外摄像机、网络摄像机等。

(1) 枪式摄像机　枪式摄像机简称枪机，工程应用时需搭配相应型号镜头，如图3-5所示。

枪机只能完成一个固定角度和距离的监视，不具备调焦和旋转功能，安装方式吊装、壁装均可，室外安装需加配防护罩。

(2) 半球形摄像机　半球形摄像机因外形像个半球而命名，如图3-6所示。半球形摄像机自带防护罩，一般室内吸顶安装，用于固定视野的监控，如楼梯间、通道、电梯轿箱等。

受形状限制，半球形摄像机焦距一般小于20mm，如果是变焦镜头，变焦方位也不大，而且镜头不易更换。为适应夜间环境，可采用红外夜视半球摄像机，如图3-7所示。

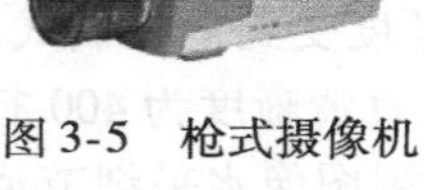

图3-5　枪式摄像机

图3-6　半球形摄像机

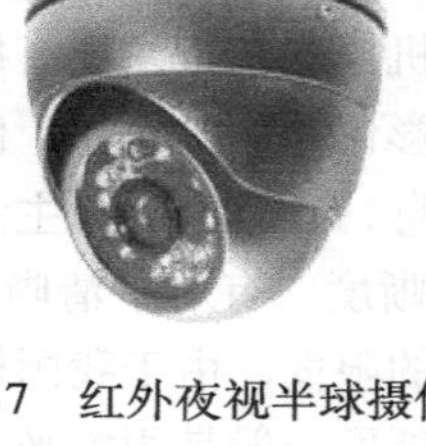

图3-7　红外夜视半球摄像机

(3) 球形摄像机　球形摄像机简称球机，如图3-8所示，外形美观，通常有旋转与变焦功能，可壁式吊装或吸顶安装。

球机按云台转速可分为高速球［(0～360°)/s］、中速球［(0～60°)/s］和低速球［(0～30°)/s］。高速球形摄像机包含一体化摄像机与云台，通常具有快速跟踪、360°水平旋转、无监视盲区等特点，可实现远程控制，全方位摄像采集。

(4) 一体化摄像机　一体化摄像机（见图3-9）内置镜头，可自动聚焦，安装调试方便。

一体化摄像机可装配云台，实现旋转控制。与传统摄像机相比，一体化摄像机具有体积小巧美观、安装使用方便、接口标准、性价比高等优点。

图 3-8　球形摄像机

图 3-9　一体化摄像机

（5）红外摄像机　红外摄像机是将摄像机、防护罩、红外灯、供电散热电源灯综合在一体的摄像单元，如图 3-10 所示，除具有传统摄像功能外，还具有夜视功能。

红外摄像机分为主动红外摄像机和被动红外摄像机两种。主动红外摄像机的工作原理是在夜视状态下，通过红外灯发出人们肉眼看不到的红外线照亮被摄物体，红外线经物体反射后进入镜头成像。被动红外摄像机也称红外热像仪，可应用于大雾、炫光、强尘、零光照等环境，典型应用有森林防火、管道裂缝检测、高压电路检测、周界防范等。

（6）网络摄像机　网络摄像机（Internet Protocol Camera，IPC）也称 IP 摄像机，如图 3-11 所示。

网络摄像机结合传统摄像机和网络视频的技术，能直接接入网络，除具备一般摄像机的图像捕捉功能外，还能让用户通过网络实现视频的远程观看、存储，分析采集的图像信息并采取相应措施。网络摄像机由镜头、图像传感器（CCD 或 CMOS）、声音传感器、A/D 转换器、控制器、网络服务器、外部报警/控制接口等组成。其工作原理是在嵌入式实时操作系统基础上构建 Web 服务器，通过内置芯片对采集的模拟视频进行数字化压缩，打包成帧并通过内部总线传输到 Web 服务器。服务器给网络摄像机提供了网络功能，允许用户通过网络访问网络摄像机。

图 3-10　红外摄像机

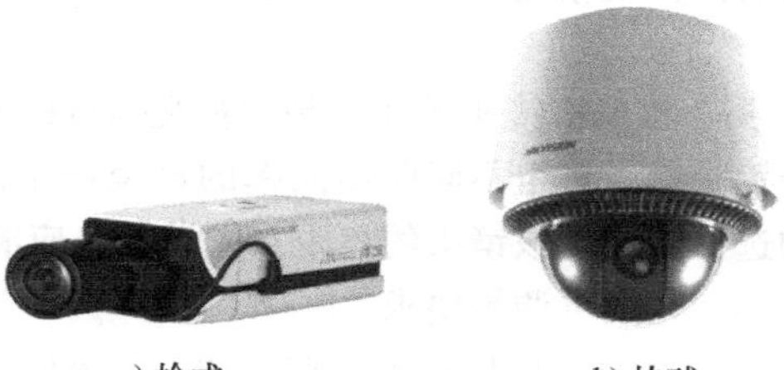

a) 枪式　　b) 快球

图 3-11　网络摄像机

网络摄像机还有以下技术特点：

1）视频压缩。视频压缩是网络摄像机最基本的技术要求，目前网络摄像机的视频处理芯片以专用集成电路（ASIC）为主，视频压缩可采用多种标准，以 H. 264 为主。

2）高度集成。网络摄像机不仅具备模拟摄像机图像采集功能，还是一个前端处理系统，其具备丰富的异构总线接入功能，如网络电话（VOIP）、报警器、RS-232/RS-485 串行设备的接入等。此外，网络摄像机还可以将移动侦测、视频丢失、镜头遮盖、存储异常等报警信号通过网络发送给后端。内嵌的 SD 卡可作为网络故障时图像暂存设备，网络正常时再上传视频，以保证监控视频的连续性、完整性。

3）以太网供电（Power Over Ethernet，POE）。POE 是近年来发展较快、应用较广的网络供电技术，它在不改动现有以太网布线基础架构情况下，除了为基于 IP 的终端传输信号外，还能为终端提供交流电。这样，网络摄像机就无需其他电源供电。目前，多数网络交换机支持 POE 功能。

4）无线接入。无线接入网络解决方案有利于降低工程复杂度，减少成本。例如，移动视频监控时，无线接入方案能轻松解决信息传输问题。网络摄像机使用的无线接入标准主要有 IEEE 802. 11b 和 IEEE 802. 11g，后者是前者的改进，数据传输率高达 54Mbit/s。

5）安全性。网络摄像机可提供用户安全管理，如用户注册、权限管理等；IP/MAC 地址绑定，只允许绑定 IP/MAC 地址的计算机访问等网络安全技术。

图 3-12 为枪式网络摄像机接口介绍。

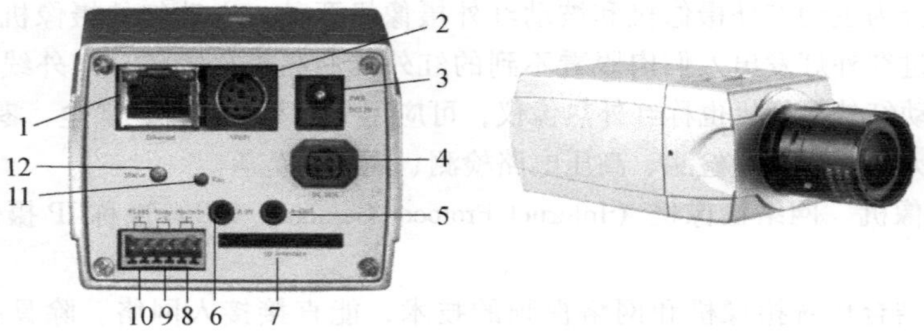

图 3-12　枪式网络摄像机接口

1—网络接口　2—色差输出 YPbPr　3—电源输入　4—自动光圈镜头
5—音频输入　6—音频输出　7— SD 接口　8—RS-485　9—继电器输出
10—报警输入　11—多功能按键　12—状态指示灯

（二）摄像机配件

摄像机需安装相应配件后才能在工程中应用，这些配件包括镜头、支架、防护罩以及电动云台等。

1. 镜头　摄像机镜头的作用是把被观察目标的光像呈现在摄像机的靶面上，也称光学成像。通常每个镜头都由多组不同曲面曲率的透镜按不同间距组合而成，间距和镜片曲率、透光系数等指标的选择决定了该镜头的焦距。光学镜头应满足成像清晰、透光率强、像面照度分布均匀、图像畸变小、光圈可调等要求。

（1）镜头分类　摄像机镜头按其功能和操作方法分为常用镜头和特殊镜头两大类。

常用镜头又分为定焦镜头（自动和手动光圈）和变焦镜头（自动和手动光圈）。特殊镜头是根据特殊工作环境而专门设计的，一般有广角镜头、针孔镜头等。

摄像机镜头按在民用建筑中的应用场合不同又可分为：

1）标准镜头：一般用于走道及小区周界等场所，视角在 30°左右。在 1/2in CCD 摄像机中，标准焦距定为 12mm；在 1/3in CCD 摄像机中，标准焦距定为 8mm。

2）广角镜头：一般用于电梯轿箱内、大厅等小视距大视角场所，视角在 90°以上，焦距小于几毫米。

3）长焦镜头：用于远距离监视，视角在 20°以内，焦距的范围从几十毫米到上百毫米。

4）变焦镜头：镜头的焦距范围可变，可从广角变到长焦，用于景深大、视角范围广的区域。

5）针孔镜头：用于隐蔽监控。

图 3-13 是几种不同类型的镜头。

（2）摄像机镜头的选择　摄像机镜头是视频监控系统的最关键设备，它的质量（指标）优劣直接影响摄像机的整机指标。因此，摄像机镜头的选择是否恰当既关系到系统质量，又关系到工程造价。摄像机镜头选择方法如下：

a) 普通镜头　b) 自动光圈镜头　c) 变焦镜头

图 3-13　不同类型的镜头

1）摄像机焦距选择。摄取静态目标的摄像机，可选用固定焦距镜头，当有视角变化要求的动态目标摄像场合时，可选用变焦距镜头。镜头焦距的选择要根据视场大小和镜头到监视目标的距离而定，焦距的计算公式为

$$F = \frac{AC}{B}$$

式中，F 为焦距（mm）；A 为像场宽；C 为镜头到监视目标的距离；B 为视场高（靶面高，单位 mm）。计算时，A、C 必须采用相同的长度单位。

镜头的焦距和摄像机靶面的大小决定了视角，焦距越小，视野越大；焦距越大，视野越小。若要考虑清晰度，可采用电动变焦距镜头，根据需要随时调整。

2）手动、自动光圈选择。摄像机光圈选择需依据通光量。镜头的通光量是用镜头的焦距和通光孔径的比值（光圈）来衡量的，一般用 F 表示。在光线变化不大的场合，光圈调到合适的大小后不必改动，用手动光圈镜头即可。在光线变化大的场合，如在室外，一般均需要自动光圈镜头。

对景深大、视场范围广的监视区域及需要监视变化的动态场景一般对应采用带全景云台的摄像机，并配置 6 倍以上的电动变焦距带自动光圈镜头。

3）镜头的安装方式选择。摄像机与镜头都是螺纹口安装，有 C 型安装和 CS 型安装两种标准。C 型安装接口指从镜头安装基准面到焦点的距离为 17.526mm，而 CS 型接口的镜头安装基准面到焦点距离为 12.5mm。正常情况下，C 型摄像机配 C 型镜头，CS 型摄像机配 CS 型镜头。C 型镜头安装到 CS 接口摄像机时需要加装一个 5mm 厚的接圈，C 型摄像机不能配 CS 型镜头。

4）成像尺寸的选择。镜头一般可分为 1in（25.4mm）、2/3in（16.9mm）、1/2in（12.7mm）、1/3in（8.47mm）和 1/4in（6.35mm）等几种规格，它们分别对应着不同的成像尺寸，选用镜头时，应使镜头的成像尺寸与摄像机的靶面尺寸相吻合。

2. 防护罩和支架　摄像机在工程中安装使用时，需配备相应的防护罩和支架，如图 3-14 和图 3-15 所示。

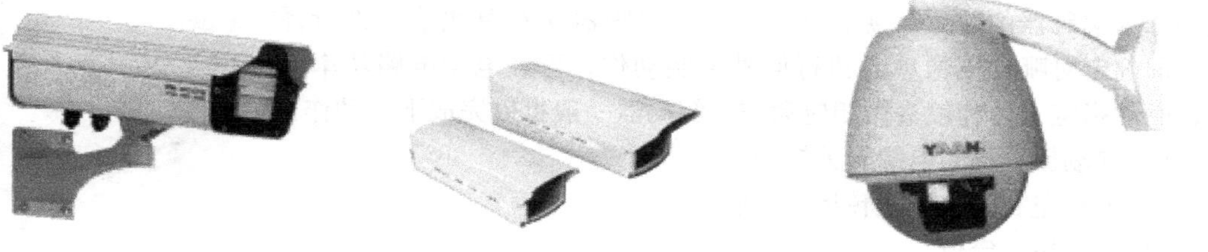

a) 室外防护罩　b) 室内防护罩　c) 球形罩

图 3-14　摄像机防护罩

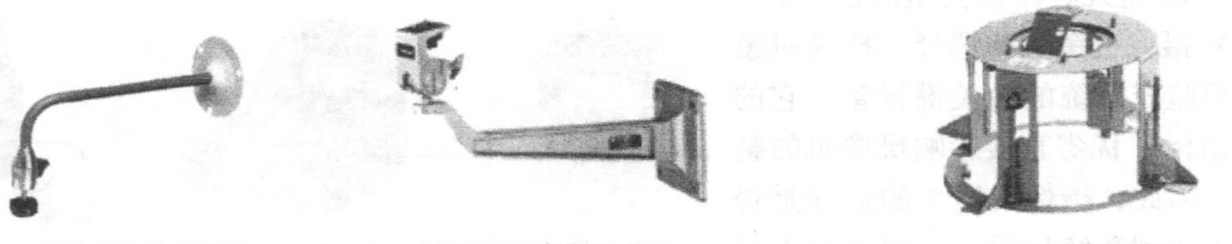

a) 壁式安装支架　　b) 壁/顶面安装支架　　c) 吸顶安装支架

图 3-15　摄像机安装支架

3. 云台　为了扩大监视摄像范围，有时要求摄像机能够以支撑点为中心，在垂直和水平两个方向的一定角度之内自由活动，这个在支撑点上能够固定摄像机并带动它做自由转动的机械结构就称为云台（见图 3-16）。根据构成原理的不同，云台可以分为手动式及电动式两类。

a) 室内云台　　b) 室外云台　　c) 带云台的摄像机

图 3-16　云台

随着遥控设备的发展，电动式云台得到了广泛的应用。电动云台的机械转动部分受到两个伺服电动机及传动机械的推动，当伺服电动机转动时，通过传动机械驱动云台在一定角度范围内转动，安装在云台上的摄像机也随之做上下左右的转动。云台的转动速度取决于伺服电动机的转速及传动机械的传动比，而云台的转动方向及转动角度可由不同控制信号加以控制。

电动云台的遥控，可以采用电缆传输的有线控制方式，也可以用无线控制方式，必要时也可以使用自动跟踪云台。当摄像机捕捉到被搜索的目标信息之后，遥控云台便按照自动跟踪指令带动摄像机自动追踪目标运动的方向进行摄像。

4. 解码器　在以视频矩阵切换与控制为核心的视频监控系统中，为达到对镜头和云台的控制，除近距离和小系统采用多芯电缆做直接控制外，一般由主机通过总线（RS-485 或 RS-232）方式，由双绞线先送到称为解码器的装置（见图 3-17），由解码器先对总线信号进行译码，即确定对哪台摄像单元执行何种控制动作，再经电子电路功率放大，驱动指定云台和镜头做相应动作。解码器一般可以完成下述动作：

图 3-17　解码器

1）前端摄像机的电源开关控制。

2）云台左右、上下旋转运动控制。

3）云台快速定位。

4）镜头光圈变焦变倍、焦距调准。

5）摄像机防护装置（雨刷、除霜、加热）控制。

实际工程应用时，需注意云台与解码器控制协议的兼容性，最好使用同一品牌产品。

四、显示与控制设备

视频监控系统显示与控制设备是视频监控系统的中枢。它的主要任务是将前端设备送来的各种信息进行处理和显示，并根据需要，向前端设备发出各种指令，由中心控制室进行集中控制。显示设备主要有监视器、电视墙、拼接屏等；控制设备主要有矩阵、多画面处理器、视频分配器等。数字视频监控系统显示与控制功能集中在软件平台上，通过监控客户端进行具体操控。

（一）显示设备

1. 监视器　监视器放置在监控中心，用于实时显示或回放监控画面。监视器类型主要有CRT监视器、LCD监视器、PDP监视器、DLP大屏投影等，如图3-18所示。

a) CRT监视器　b) LCD监视器　c) PDP监视器　d) DLP大屏投影

图3-18　常用监视器类型

（1）CRT监视器（见图3-18a）　阴极射线管（Cathode Ray Tube，CRT）显像管广泛应用于电视机、显示器、监视器领域。视频监控领域早期使用的有黑白或彩色专用监视器，一般要求黑白监视器的水平清晰度应大于600线，彩色监视器的水平清晰度应大于350线。

（2）LCD监视器（见图3-18b）　液晶监视器即液晶显示器（Liquid Crystal Display，LCD），为平面超薄的显示设备。LCD以高亮度、高对比度、优雅的外观设计以及环保特性等独有优势正在逐步取代原有CRT监视器。与CRT监视器比较，液晶监视器具有省电、低辐射、节省空间等特性，逐渐成为视频监控显示的主要选择。

（3）PDP监视器（见图3-18c）　PDP监视器也称等离子显示板（Plasma Display Panel，PDP），是一种利用气体放电的显示技术，其采用等离子管作为发光元件，屏幕上每一个等离子管对应一个像素。

与CRT相比，PDP显示器的体积更小、重量更轻，而且无X射线辐射。与LCD相比，PDP有亮度高、色彩还原性好、灰度丰富、对迅速变化的画面响应速度快等优点。但由于PDP的结构特殊，还存在性能不稳定、功耗大、散热困难、价格高等问题。

图3-19　电视墙

（4）DLP投影（见图3-18d）　DLP（Digital Light Procession）投影采用数字光处理技术，先把影像信号经过数字处理，然后再把光投影出来。

DLP投影机外形小巧，结构紧凑；图像采用数字化处理方式，图像清晰、画面均匀、色彩锐利、质量稳定；设备工作可靠，易维护，广泛应用于监控中心大屏幕显示。

2. 电视墙　为便于监控人员实时发现被监控目标的异常状况，监控中心需设监控电视墙。电视墙（见图3-19）

由多个监视器单元拼接而成的一种超大屏幕电视墙体，配以钢板钣金喷塑墙体构成，有些还带有强制排风散热装置。由于电视墙监控只能实时监看，不能回放，因此还需要与硬盘录像机及视频矩阵等配合使用以形成完整的监控系统。

视频监控系统中，常用的摄像机对监视器的比例数为4:1方式，即4台摄像机对应一台监视器进行轮流显示。在有些摄像机台数很多的系统中，用画面分割器把多台摄像机送来的图像信号同时显示在一台监视器上，也就是在一台较大屏幕的监视器上，把屏幕分成几个面积相等的小画面，每个画面显示一台摄像机送来的画面，控制中心电视墙监视器数量以此依据。这样可以大大节省监视器，并且操作人员观看起来也比较方便。

3. 拼接屏　拼接屏是用多块尺寸一致的显示设备按水平或垂直方向拼接成一整块屏幕。拼接屏弥补了单屏在显示面积上的不足，常用于大面积显示墙的场合，如道路监控指挥中心、视频监控中心、大型展示厅等。常用拼接屏有LCD拼接屏和DLP拼接屏两种。

（1）LCD拼接屏　大型LCD屏（见图3-20）由多块LCD模块组成，LCD显示单元常用的尺寸有46in、47in、55in、60in等，它可以根据客户需要任意拼接，采用背光源发光，物理分辨率可以轻易达到高清标准，液晶屏功耗小，发热量低，且运行稳定，维护成本低。LCD大屏单元组成的拼接墙具有低功耗、重量轻、寿命长、无辐射、安装方便快捷、占用空间较小等优点。

图3-20　LCD拼接屏

LCD拼接屏最大的缺点在于每两块屏之间或多或少地有一条拼缝，是由于物理安装原因或屏与屏之间的色彩差异而形成的一种缝隙。这种缝隙会影响用户的视觉体验。

（2）DLP拼接屏　DLP拼接屏使用投影机作为显示设备，由多个DLP显示单元组成拼接屏（见图3-21）。它采用了一整块的投影幕布，其最主要的特点是屏体大尺寸，可以通过软件羽化处理投影机之间的融合带（两幅画面相互重合的部分），使图像颜色过渡更自然，亮度均匀，在视觉上用户将察觉不到整个图像是由多台投影机组成的，一般用于画像质量要求较高，且显示面积较大的场所。DLP拼接墙的分辨率在视频综合平台等拼控设备的控制下可由各显示单元的分辨率叠加而成，可获得超高的分辨率。除了尺寸大之外，DLP拼接墙的另一大特点就是拼缝小，虽然各显示单元之间会有屏幕拼缝，但目前单元之间的物理拼缝已经控制在了0.5mm之内。

图3-21　DLP拼接屏

DLP拼接屏与LCD拼接屏性能对比可参考表3-3。

表3-3　DLP与LCD拼接屏性能对比表

对比内容	DLP拼接显示系统	LCD拼接显示系统
产品尺寸/in	50，60，70、67，80	46，47，55，60
物理分辨率	1024×768、1400×1050、1920×1080	1920 × 1080（向下兼容）
亮度	850-1100ANSI	700CD/m^2

（续）

对比内容	DLP 拼接显示系统	LCD 拼接显示系统
拼接缝	物理拼缝≤0.5mm	物理拼缝≥5.3mm
	光学拼缝≤0.8mm	
视角	170°（水平）/120°（垂直）	178°（水平）/178°（垂直）
功耗	较高	较低
价格	贵	低
工作寿命	一般	长
占用空间	大	小

（二）控制设备

传统视频监控系统控制设备包括视频矩阵、多画面处理器、视频分配器等，在全数字视频监控系统中，保留了传统视频矩阵、多画面处理、视频分配等功能，但相关设备已经虚拟化，改成由平台软件来实现了。

1. 视频矩阵　视频监控系统中，不是一台监视器对应显示一台摄像机的信号，而是几台摄像机信号在一台监视器上轮换显示，视频矩阵切换器（简称矩阵）可以对多路视频输入信号和多路视频输出信号进行切换和控制。其原理是，对 m 路输入视频信号和 n 路显示器，通过内部电子开关，组成 $m\times n$ 切换矩阵，使任一路输入可切换至任一路输出。视频矩阵选择时应考虑视频输入和输出容量，并易扩展。

矩阵输入/输出结构与设备外形如图 3-22 所示。

a) 输入/输出结构　　b) 正面　　c) 背面

图 3-22　视频矩阵

根据接口类型，视频矩阵可分为 AV 矩阵、VGA 矩阵、RGB 矩阵，还有混合矩阵等。图 3-22 所示为视音频（AV）矩阵。

矩阵控制操作使用专用键盘，除主控键盘外，还可根据需要设置分控键盘。控制键盘（见图 3-23）是整个视频监控系统的控制界面，可根据操作人员键入的不同命令向相关控制器发出动作指令，以达到控制前端摄像机、云台等的作用。控制键盘可放置在桌面上，也可镶嵌在控制台面上。

图 3-23　控制键盘

2. 多画面视频处理器　多画面视频处理器能把多路视频信号合成一幅图像，达到在一台监视器上同时观看多路摄像机信号的目的。常用的 16 画面分割器，又称为多画面视频处理器，能用一台录像机同时录制多路视频信号，并具有单路回放的功能，即能选择同时录下的多路视频信号的任意一路在监视器上回放。

多画面处理器及连接图如图 3-24 所示。

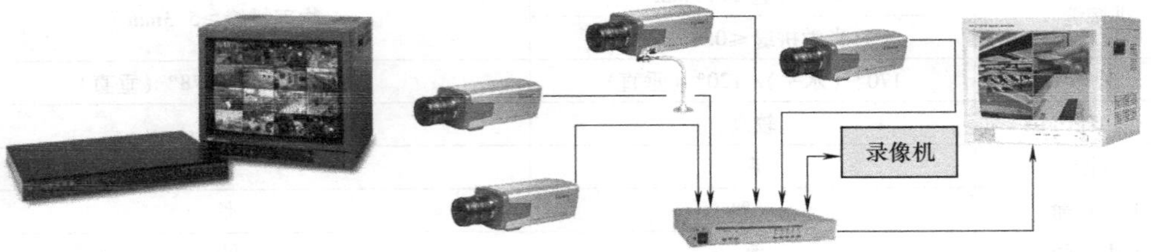

a) 多画面处理器　　b) 多画面处理器连接图

图 3-24　多画面处理器及连接图

3. 视频分配器　视频分配器的作用是把一路视频信号分成多路视频输出，同时保证线路特性阻抗匹配。图 3-25 所示为视频分配器及其使用。

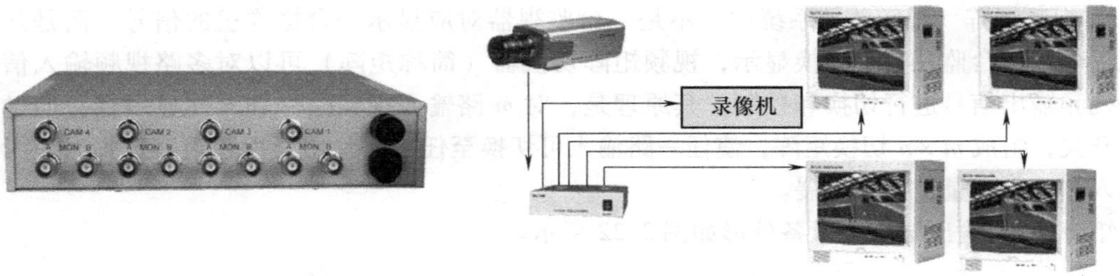

a) 四路一分二视频分配器　　b) 视频分配器连接图

图 3-25　视频分配器及连接图

（三）监控客户端

在数字视频监控系统中，显示与控制功能可以通过用户监控客户端来实现。用户监控客户端主要有相对固定的 PC 客户端和以手机和 Pad 为代表的移动客户端。

1. PC 客户端　PC 客户端有 C/S 客户端和 Web 浏览器两种形式，客户端软件负责为客户呈现系统所提供的监控服务。主要服务内容有：

（1）实时图像的浏览　可以单画面或多画面显示实时视频图像（见图3-26）；支持不同画面的显示方式：1、4、6、9、16 画面等方式；还可以支持各种多画面多种规格的图像组合显示方式；能够实现对前端云台镜头的全功能远程控制；具备图像自动轮巡功能，可以用事先设定的触发序列和时间间隔对监控图像进行轮流显示等。

（2）录像回放与下载　可以单画面、4 画面、单进、单退、快进（1/2/4/8 倍数）、剪辑、抓帧、下载等，在回放的过程中具有图像的电子放大功能，有常规回放、分段回放、事件回放、即时回放等多种回放方式。

通常支持录像的批量下载，有多种备份方式，选择本地备份则保存在本地文件，选择刻盘备份则保存在刻录的光盘里，选择 FTP 上传备份则会上传到指定 FTP 服务器的指定目录里。备份速度与同时开启备份通道数可以根据用户不同的需求自主配置；支持动态加载刻录机。

（3）电子地图应用　通常有多张地图显示及多屏显示功能；可以在导航图上单击将当前窗口显示的地图显示中心快速切换到单击所指定的位置；可以在地图上弹出视频窗口，对监控点的实时图像进行浏览。电子地图应用如图 3-27 所示。

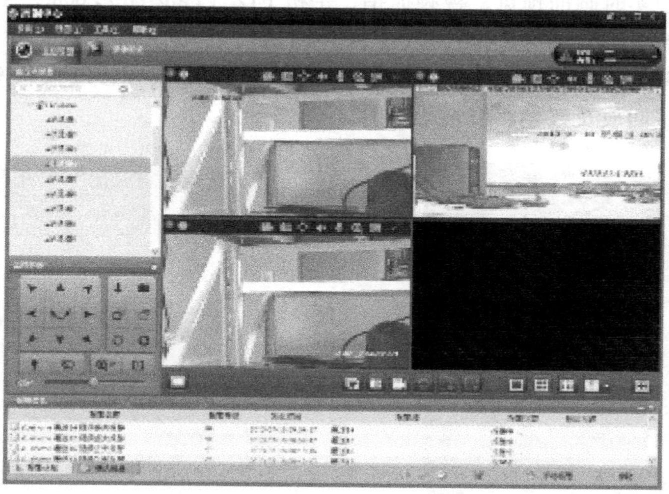

图 3-26　实时图像预览界面

图 3-27　电子地图应用界面

（4）报警接收　接收到报警后可以自动联动预先定义的关联监控点视频在客户端与大屏上显示；同时收到多个报警信息时，能够按照警情级别优先显示，同级别报警排队显示，值班人员可以输入处警信息、警情确认人信息并保存；所有报警信息自动保存到数据库，可以统计、查询和打印，可以通过报警事件来检索录像资料。

（5）日志查询　日志查询功能包括配置日志、操作日志、报警日志、设备日志以及工作记录查询等，可以对各业务在统一界面进行查询统计。

2. 移动客户端　移动客户端主要以手机、Pad 等终端为载体，一般支持图像分辨率为 QVGA（320×240 像素）、QCIF（176×144 像素）等。

用户通过手机浏览监控点，通常需要安装手机监控客户端软件，如图 3-28 所示。手机客户端软件通常包括远程实时画面预览、视频抓拍、手机 PTZ（Pan/Tilt/Zoom，全方位移动及镜头变倍、变焦控制）云台控制、现场抓图、录像保存回放等功能，有的还支持 GIS 地图应用（见图 3-29），可实现辖区组织资源下监控点的地理位置显示、车载或移动设备 GPS 位置实时刷新、车载或移动设备轨迹回放及兴趣点搜索等功能。

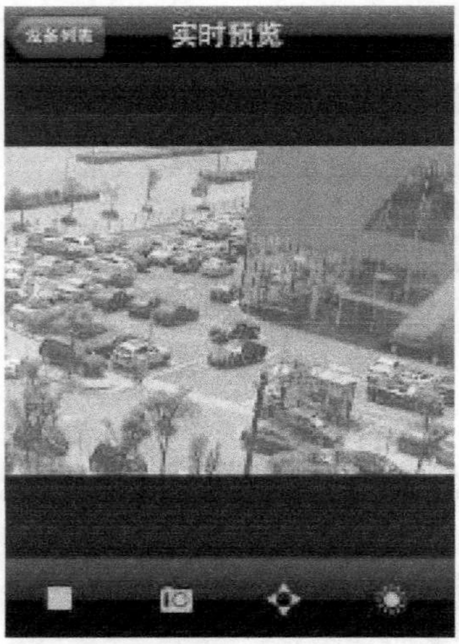

图 3-28 手机客户端界面

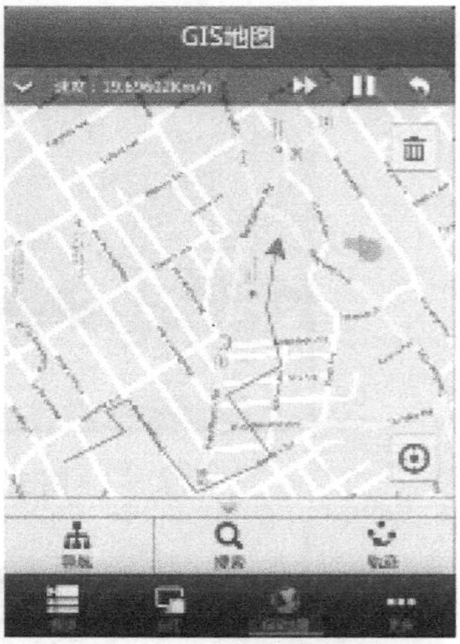

图 3-29 GIS 地图应用界面

五、视频监控存储

（一）视频监控存储技术概述

存储系统作为安全防范系统重要组成部分，其稳定性、性价比已成为衡量工程建设质量的重要指标。监控视频存储与民用领域（如视频网站）视频存储不同。前者主要是"写"的过程，将监控视频"写"入磁盘阵列保存或备份，"写"的过程中可能并发一定比例的"读"操作，如网络用户对视频的回放请求；后者主要指广播电视、网络视频等，视频文件存储于服务器，网络用户通过对视频服务器的访问获取视频，主要是视频的直播或点播，是从存储设备中"读"并播放视频的过程。

在一些中大规模安防项目中，视频监控系统监控点多（摄像头数量多）、视频数据量大、存储时间长、长期不间断工作，视频存储主要特点如下：

1）视频数据以流媒体方式写入存储设备或从存储设备回放，与传统的文件读/写不同。

2）多路视频长时间同时写入同一存储设备，要求存储系统能长期稳定工作。

3）实时多路视频写入要求存储系统带宽大且恒定。

4）容量需求巨大，存储扩展性能要求高，可在线更换故障设备或进行扩容。

5）多路并发读/写时对存储设备性能要求非常高。

存储领域的每次技术变革都带动了视频存储领域相应的发展。视频监控技术的发展可分为模拟监控、数字监控及网络监控。模拟监控时代的存储设备是 VCR；数字监控时代的代表产品是 DVR，内置或外挂硬盘是主要存储设备；在网络监控时代，网络摄像机、编码器负责视频的编码传输，存储设备主要采用 NVR。

网络视频监控阶段，数据呈爆炸性增长，存储系统与监控系统配合应用，真正实现视频海量、高速、实时、稳定的存储与检索。目前，视频监控系统使用的存储方式有硬盘存储、直接附加存储（DAS）、网络附加存储（NAS）、存储区域网络（SAN）以及云存储等。

（二）视频服务器

视频监控系统中，对视频图像进行数字化压缩处理和存储转发的设备统称视频服务器，从产品形态来说，最早是基于 PC 的 DVR，后来是嵌入式 DVR，现在主要有用于数字图像压缩编码转发的 DVS 和 NVR 等。

1. DVS　数字视频服务器（Digital Video Server，DVS），也有称网络视频服务器（Network Video Server，NVS），是实现音频/视频编码、网络传输的专用设备，由视频（音频）编码器、网络接口、视频（音频）接口等组成。它本身没有图像采集设备，要与传统摄像机一起工作，以实现与网络摄像机相同的功能。目前，DVS 大多基于 PC 的访问，分为浏览器/服务器结构（B/S）和客户端/服务器结构（C/S）两种：前者通过浏览器访问视频服务器，侧重于视频观看，操作简单、使用方便；后者通过客户端程序访问，侧重于设备管理、录像等，操作复杂但功能强大，适合多个视频服务器的管理。通过 DVS，用户可直接用浏览器观看、控制、管理相关视频。

网络视频服务器外观及接口如图 3-30 所示。

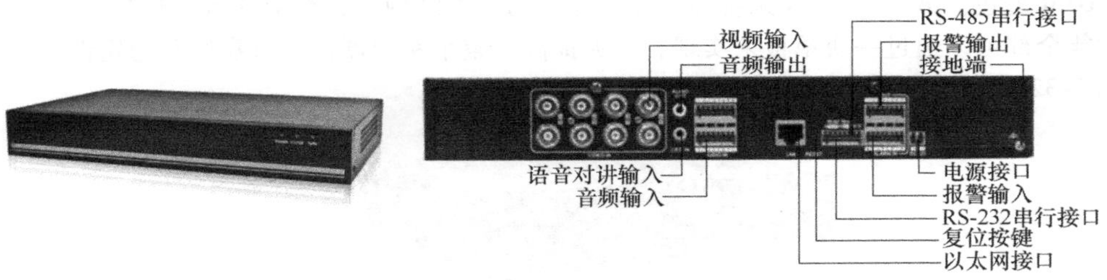

a) 正面　　b) 背面接口

图 3-30　网络视频服务器外观及接口

可以说，DVS 是不带镜头的网络摄像机，其结构与网络摄像机相似，将输入的模拟视频数字化处理后传输至网络，实现远程实时监控。

2. DVR　数字视频录像机（Digital Video Recorder，DVR）是一套进行图像存储处理的计算机系统，具有对图像/语音进行长时间录像、录音、远程监视和控制的功能。DVR 集合了录像机、画面分割器、云台镜头控制、报警控制、网络传输等功能于一身，用一台设备就能取代模拟监控系统一大堆设备的功能，而且在价格上也逐渐占有优势。此外，DVR 影像录制效果好、画面清晰，并可重复多次录制，能对存放影像进行回放检索。

主流 DVR 采用的压缩技术有 MPEG-2、MPEG-4、H. 264、M-JPEG，而 MPEG-4、H. 264 是最常见的压缩方式；从压缩卡上分有软压缩和硬压缩两种，软压缩受到 CPU 的影响较大，多半做不到全实时显示和录像，故逐渐被硬压缩淘汰；从摄像机输入路数上可分为 1 路、2 路、4 路、6 路、9 路、12 路、16 路、32 路，甚至更多路数；按系统结构可以分为两大类：基于 PC 架构的 PC 式 DVR 和脱离 PC 架构的嵌入式 DVR，如图 3-31 所示。

（1）PC 式硬盘录像机　PC 式硬盘录像机（PC-DVR）主要由 CPU、内存、主板、显卡、视频采集卡、机箱、电源、硬盘、连接线缆等构成。这种架构的 DVR 以传统的 PC 为基本硬件，以 Windows、Linux 操作系统为基本软件，配备图像采集或图像采集压缩卡，编制软件成为一套完整的系统。PC 是一种通用的平台，PC 的硬件更新换代速度快，因而 PC 式 DVR 的产品性能提升较容易，同时软件修正、升级也比较方便。PC-DVR 各种功能的实现都依靠各种板卡来完成，如

a) 工控机型PC-DVR

b) 嵌入式DVR

图 3-31　数字视频录像机

视/音频压缩卡、网卡、声卡、显卡等，这种插卡式的系统在系统装配、维修、运输中很容易出现不可靠的问题，不适用于工业控制领域，只适合于对可靠性要求不高的商用办公环境。

（2）嵌入式硬盘录像机　嵌入式硬盘录像机（EM-DVR）就是基于嵌入式处理器和嵌入式实时操作系统的嵌入式系统，它采用专用芯片对图像进行压缩及解压回放，嵌入式操作系统主要是完成整机的控制及管理。此类产品没有 PC-DVR 那么多的模块和多余的软件功能，在设计制造时对软、硬件的稳定性进行了针对性的规划，因此此类产品品质稳定，避免了 PC 死机问题，而且在视/音频压缩码流的储存速度、分辨率及画质上都有较大的改善，就功能来说丝毫不比 PC-DVR 逊色。嵌入式 DVR 系统建立在一体化的硬件结构上，整个视/音频的压缩、显示、网络等功能全部可以通过一块单板来实现，大大提高了整个系统硬件的可靠性和稳定性。

图 3-32 所示为某型号嵌入式 DVR 外观及接口。

a) 正面

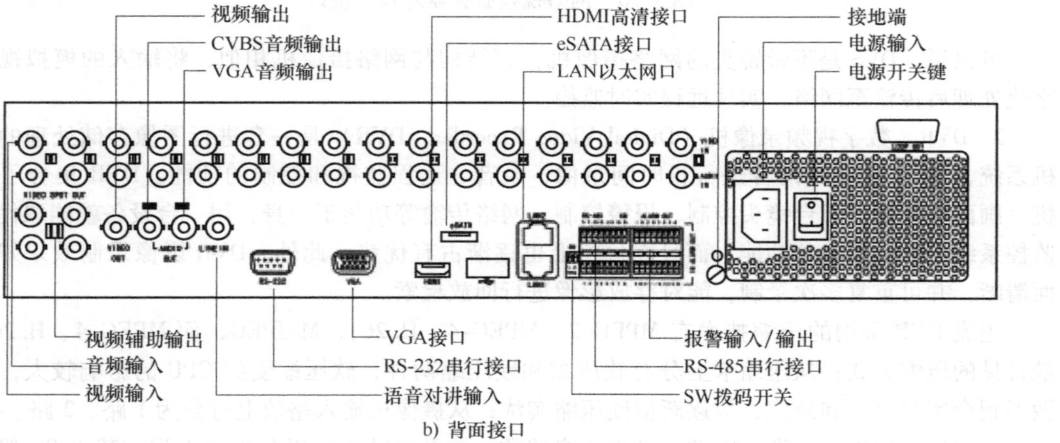

b) 背面接口

图 3-32　嵌入式 DVR 外观及接口

3. NVR　网络视频录像机（Network Video Recorder，NVR）是数字视频监控主流的一种产品形态，其主要功能是记录网络视频流，并提供录像点播等功能。NVR 作为网络摄像机的后端配套产品，随着网络摄像机的兴起，其价值才逐渐为人们所关注。

从逻辑上讲，NVR 与网络摄像机位于网络的两端：网络摄像机负责图像的采集与编码，经过压缩后的视频流通过 IP 网络以分组的形式进行传输；在后端，NVR 负责接入网络视频流，并通过自身内置的硬盘或外接的存储设备进行记录。网络摄像机与 NVR 属于一个不可分割的功能体，前者是信息采集模块，采集的对象包括图片、视频、声音以及报警事件等；后者在系统架构中的主要功能则是一种信息记录设备。在具体应用中，NVR 除负责记录网络摄像机采集的各种信息外，还要提供网络摄像机管理、网络访问、录像点播和本地解码输出（图像预览）等功能。

NVR 从产品形态上可划分为 PC 式和嵌入式两大类。前者基于通用 x86 架构，采用 Windows 或 Linux 操作系统，配合应用软件即可实现 NVR 的功能；后者则基于嵌入式架构，采用 Linux 或其他嵌入式操作系统来实现。嵌入式 NVR（见图 3-33）的核心技术直接继承于嵌入式 DVR/DVS，它们都是经过时间验证的成熟技术，对于加速 NVR 的实用化进程发挥了重要作用。

a) 正面

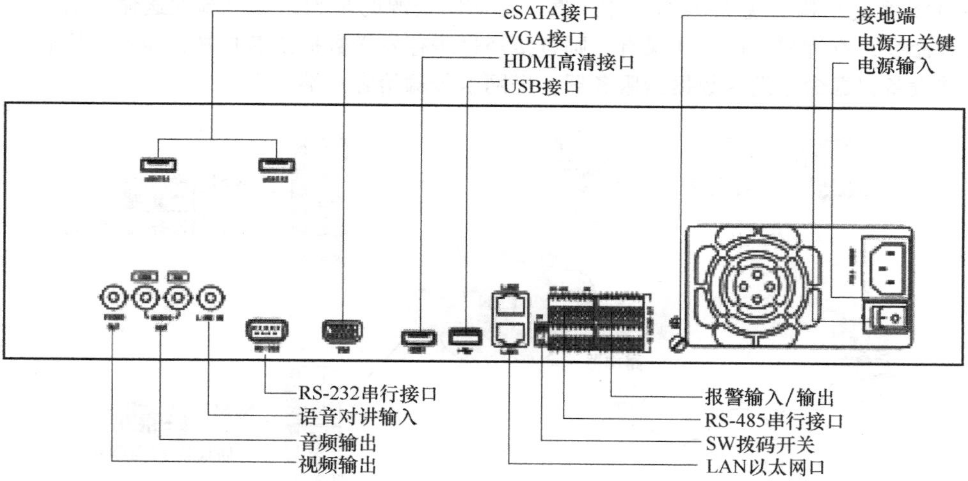

b) 背面接口

图 3-33　嵌入式 NVR 外观及接口

从功能实现和处理性能上来看，PC 式 NVR 因其硬件资源相对较为丰富、开发周期较短以及功能实现灵活而占有优势。如果从稳定性和可靠性来看，嵌入式架构的优势更加明显。

如果从应用规模上来划分，NVR 又可分为单机应用级和服务器级两大类。前者属单机应用，规模较小但功能齐全，拥有完善友好的用户界面，存储方式主要采用内置，辅以外扩存储，可自成一套体系；后者则属于平台级应用，准确的称谓是 NVR 服务器，其功能主要是存储及点播，通常不提供单独的用户界面，在承载性能、可靠性上有着更高的要求，存储方式多采用 NAS/SAN 的架构进行扩展，与平台中的其他功能模块配合使用，实现完整的联网监控功能。

由于单台 NVR 的处理性能、存储容量有限，故其单机应用规模不会很大。因此，NVR 在应用中主要定位于中小规模的网络监控解决方案。在一些使用网络摄像机的小规模联网监控应用中，NVR 可以最大限度简化系统架构，实现快速部署。

（三）视频存储系统

按照视频监控系统存储的体系构架分，除 RAID 外，主流的是 DAS、NAS 和 SAN 等模式，其发展的动力源于视频监控系统对转发和存储要求的不断提高，大型复杂的系统也推动了存储架构的发展。

1. 硬盘存储　硬盘存储方式不能算作严格意义上的存储系统。其主要原因：硬盘数据没有冗余保护，即使有也是通过主机端的廉价磁盘冗余阵列卡（Redundant Arrays of Inexpensive Disks，RAID）或软 RAID 实现的，严重影响了整体性能；扩展能力有限，也难以满足长时间存储需求；无法实现数据集中存储，后期维护成本较高。该方式不适合大型视频监控系统，特别是需要长时间监控的应用，多作为其他存储方式的应急或补充。

2. 直接附加存储　直接附加存储（Direct Attached Storage，DAS）方式是以服务器为中心的存储结构，存储设备设置在各个节点上，数据分别存放于各节点的存储设备中。用户要访问某存储设备的资源需经过服务器，故服务器负担较重，也成为整个系统的瓶颈。该方式易于扩展平台容量，可对数据提供多种 RAID 级别的保护，但连接在各节点服务器的存储设备相对独立，无法共享。在大型数字视频监控系统中，应用 DAS 方式的系统维护工作量相对较大，因此 DAS 方式多用于小型数字视频监控系统。

在 DAS 系统结构（见图 3-34）中，客户端访问资源的步骤：客户端发送命令给服务器，服务器收到命令，查询缓冲区，如果有，则直接经过缓存发送数据给客户端；没有，则转向存储设备，存储设备根据命令发送数据给服务器，经网卡传输给客户端。

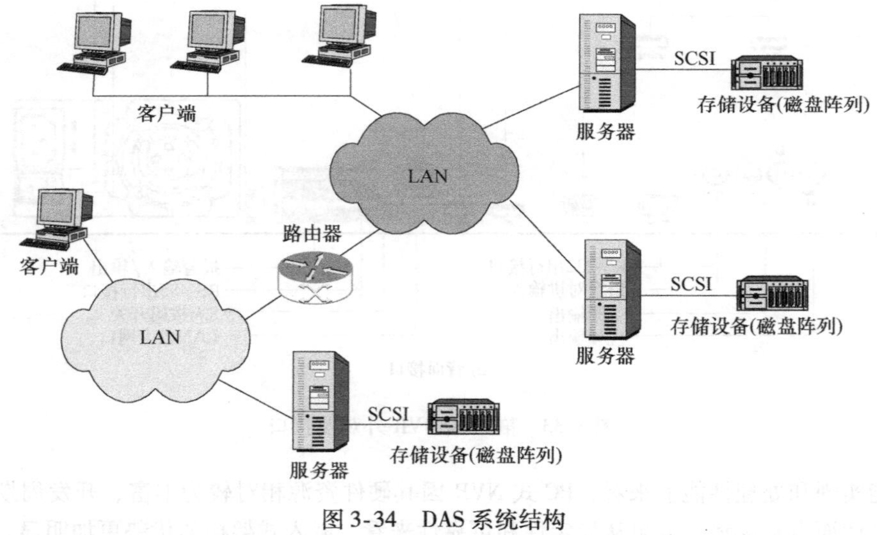

图 3-34　DAS 系统结构

3. 网络附加存储　网络附加存储（Network Attached Storage，NAS）又称网络磁盘阵列，是完全脱离服务器的网络文件存储与备份设备。它把存储设备直接连到网络中，用户可通过网络共享 NAS 的数据，解决了 NAS 对服务器的依赖及服务器的瓶颈问题，显著提高了响应速度和传输速率，还能对数据提供多种 RAID 级别的保护。NAS 方式支持多个主机端同时读（写），有很好的共享性能和扩展能力，并可应用于复杂的网络环境。但 NAS 传输数据时网络开销很大，特别是写入数据时带宽利用率较低。

目前，NAS 多用于小型网络视频监控系统或部分数据的共享存储。在 NAS 系统结构（见

图 3-35）中，客户端访问资源的步骤：客户端发送命令给 NAS 服务器，NAS 服务器收到命令，查询缓冲区，若有，则直接经过网卡发送数据给客户端；如果没有，则转向存储设备，存储设备根据命令经网卡传输数据给客户端。

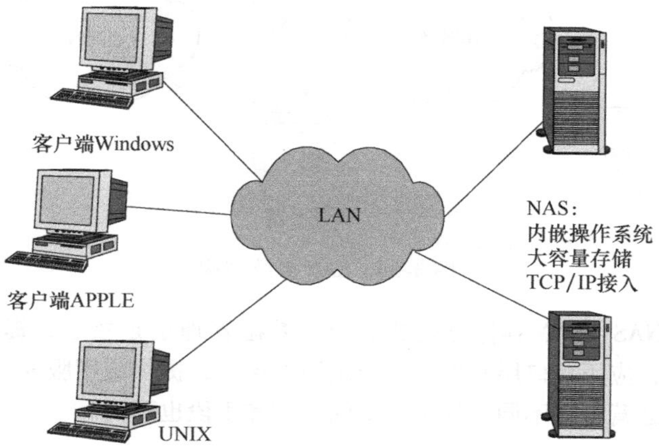

图 3-35　NAS 系统结构

4. 存储区域网络　存储区域网络（Storage Area Network，SAN）是一种以网络为中心的存储结构，提供了专用的、高可靠性的存储网络，允许独立地增加存储容量，使得管理及集中控制更加简化。它以数据存储为中心，采用可伸缩的网络拓扑结构，通过具有高传输速率的光通道等直接连接，提供 SAN 内部任意节点间的多路可选择数据交换，并且将数据存储管理集中在相对独立的存储区域网内，特别适合大型网络数字视频监控系统。SAN 主要设备有存储设备（磁盘阵列）、服务器、连接设备等，其优点是所有存储设备可以高度共享、集中管理，同时具有冗余备份功能，单台服务器宕机后系统仍能正常工作。

SAN 分为分光纤存储区域网络（FC SAN）和以太网存储区域网络（IP SAN），二者的区别是连接线路及使用的数据传输协议不同。IP SAN 采用的是 ISCSI（Internet SCSI）协议，用于将 SCSI（Small Computer System Interface）数据块映射成以太网数据包。SCSI 是块数据传输协议，在存储行业广泛应用，是存储设备最基本的标准协议。从根本上说，ISCSI 协议是一种利用 IP 网络来传输潜伏时间短的 SCSI 数据块的方法，ISCSI 使用以太网协议传送 SCSI 命令、响应和数据。ISCSI 可以用以太网来构建 IP 存储局域网。通过这种方法，ISCSI 克服了直接连接存储的局限性，可以跨不同服务器共享存储资源，同时在不停机状态下扩充存储容量。比较而言，虽然 FC SAN 采用专用协议可以保证传输时更稳定、高效，但部署方式、构建成本比 IP SAN 高得多，故大型网络视频监控系统多采用 IP SAN 架构。SAN 系统结构如图 3-36 所示。

5. 云存储系统　云存储是在云计算基础上延伸和发展出来的一种新的存储技术，是指通过集群应用、网格技术、分布式文集系统等功能，应用存储虚拟化技术将网络中大量不同类型的存储设备，通过应用软件集合起来协同工作，共同对外提供数据存储和业务访问功能的系统。所以，云存储也可以认为是配置了大容量存储设备的云计算系统。

与传统的存储设备不同，云存储是一种服务，通过网络提供给用户，用户可以通过若干方式使用存储。云存储是云计算的存储部分，是虚拟化的、易于扩展的存储资源，用户可以通过云计算使用存储资源。

云存储系统结构模型由存储层、基础管理层、应用接口层和访问层 4 层组成。其中，存储层

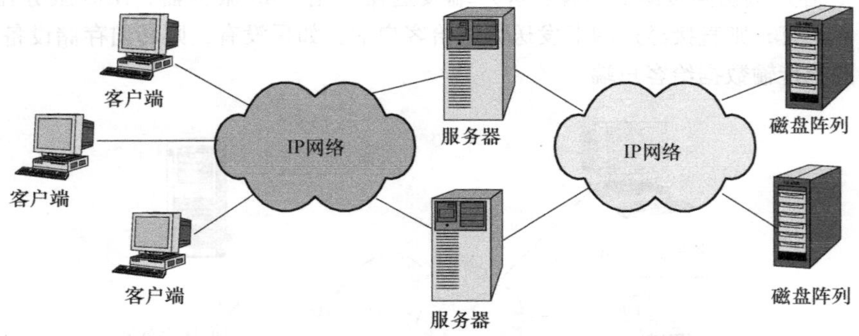

图 3-36 SAN 系统结构

是基础，采用 DAS、NAS、SAN 存储方式或组合；基础管理层是核心，提供数据处理、文件分发、设备协同等功能；应用接口层开发不同应用服务接口，提供应用服务；访问层面向用户，提供访问界面。云存储运营单位不同，提供的访问类型和手段也不同。

六、视频监控系统组网设计

视频监控系统发展历程已经过第一代模拟视频监控系统、第二代模数混合视频监控系统到第三代数字网络视频监控系统，其组网方式也有很大变化。第一代模拟视频监控系统特点是模拟传输、模拟存储，核心设备是矩阵和录像机。第二代模数混合视频监控系统特点是模拟传输、数字存储，核心设备是矩阵与 DVR。第三代数字网络视频监控系统特点是全数字传输与存储，核心设备是监控平台、NVR 和存储网络。以下分别介绍 3 个阶段的典型组网方式。

（一）模拟视频监控系统组网

模拟视频监控系统组网按覆盖范围大小可分为矩阵组网方式和“矩阵 + 光端机”组网方式。

1. 矩阵组网方式　矩阵组网方式（见图 3-37）是局部范围（一般传输距离小于 500m）模拟视频监控系统组网方式，其主要特点如下：

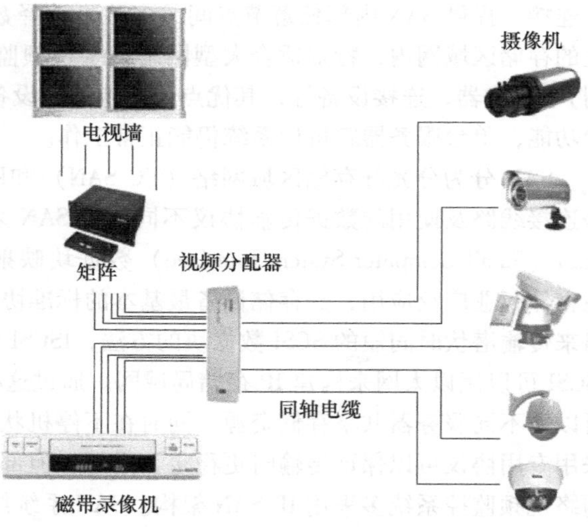

图 3-37 矩阵组网方式

1）主要组成：前端模拟摄像机，控制端矩阵，存储用录像机。

2）处理信号：模拟摄像，模拟传输，模拟存储。

3）同轴电缆作为传输模拟视频信号的主要线缆，内部近距离 30m 内视频设备间互连，推荐采用 SYV75-3 同轴电缆；300m 以内的视频信号传输距离，推荐选用 SYV75-5 同轴电缆；500m 左右，可以采用 SYV75-7 同轴电缆。

4）辅助设备有多画面处理器、视频分配器等。

2. “矩阵 + 光端机”组网方式　“矩阵 + 光端机”组网方式（见图 3-38）是矩阵组网方式的

扩充，信号传输范围可达几十千米，其主要特点如下：

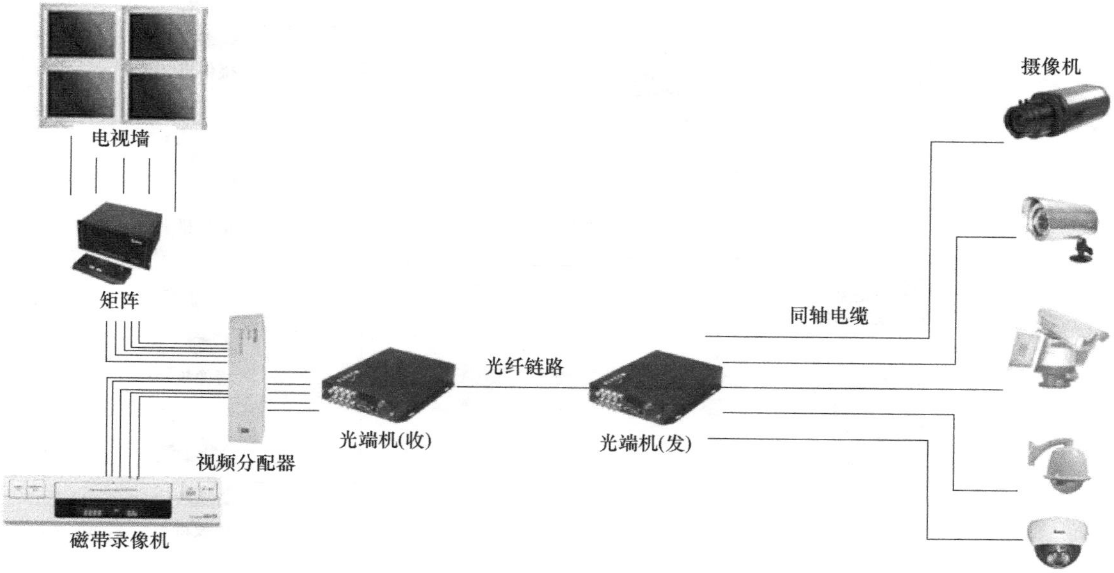

图 3-38 “矩阵 + 光端机”组网方式

1）主要组成：前端模拟摄像机，控制端矩阵，远距离传输用光端机，存储用录像机。

2）处理信号：模拟摄像，模拟传输，模拟存储。

3）同轴电缆作为传输模拟视频信号的主要线缆，远距离的视频信号传输也可采用有源方式传输，如双绞线缆或光缆。

4）辅助设备有多画面处理器、视频分配器等。

（二）模数混合视频监控系统组网

模数混合视频监控系统按系统容量或结构复杂性可分为“以 DVR 为中心”组网方式、“DVR + 矩阵”组网方式、“DVR + 矩阵 + 光端机”组网方式 3 种。

1. “以 DVR 为中心”组网方式 “以 DVR 为中心”组网方式（见图 3-39）是小范围视频监控系统的组网方式，其主要特点如下：

1）主要组成：前端模拟摄像机，无电视墙，所有显示和控制都通过硬盘录像机来完成。

2）处理信号：模拟摄像，模拟传输，数字存储。

3）同轴电缆作为传输模拟视频信号的主要线缆，常用 SYV75-5 型同轴电缆。

4）使用环境：中小企业办公区、4S 店、加油站、银行网点等，摄像机数量少且对实时监控要求比较低的场所。

2. “DVR + 矩阵”组网方式 “DVR + 矩阵”组网方式（见图 3-40）是较大范围视频监控系统的组网方式，其主要特点如下：

1）主要组成：前端模拟摄像机，矩阵切换控制，电视墙显示，存储用 DVR，兼顾网络传输监控。

2）处理信号：模拟摄像，模拟传输，数字存储。

3）同轴电缆作为传输模拟视频信号的主要线缆，常用 SYV75-5 型同轴电缆。

4）使用环境：一般用于摄像机监控路数较多（中型和大型）且对实时监控要求比较高的场所，如大型楼宇的安防控制中心等。

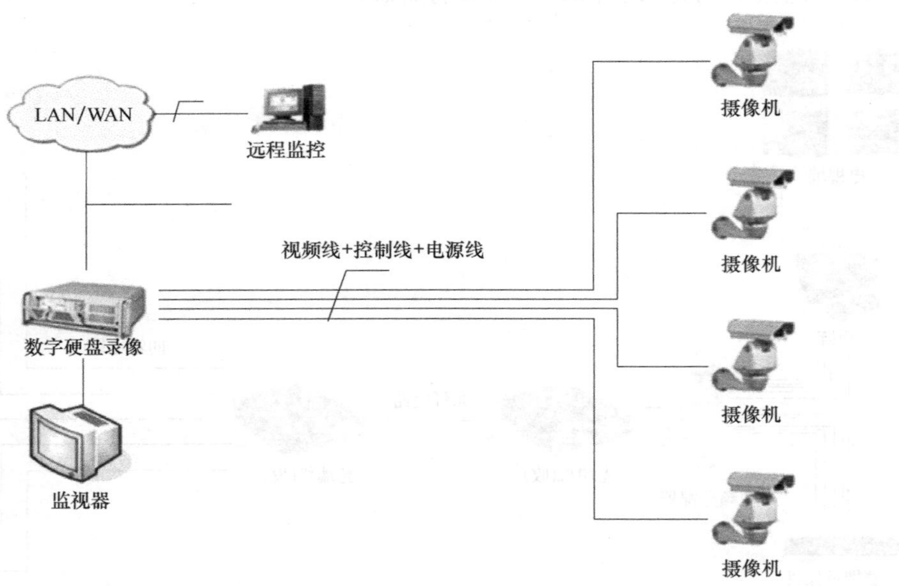

图 3-39 “以 DVR 为中心”组网方式

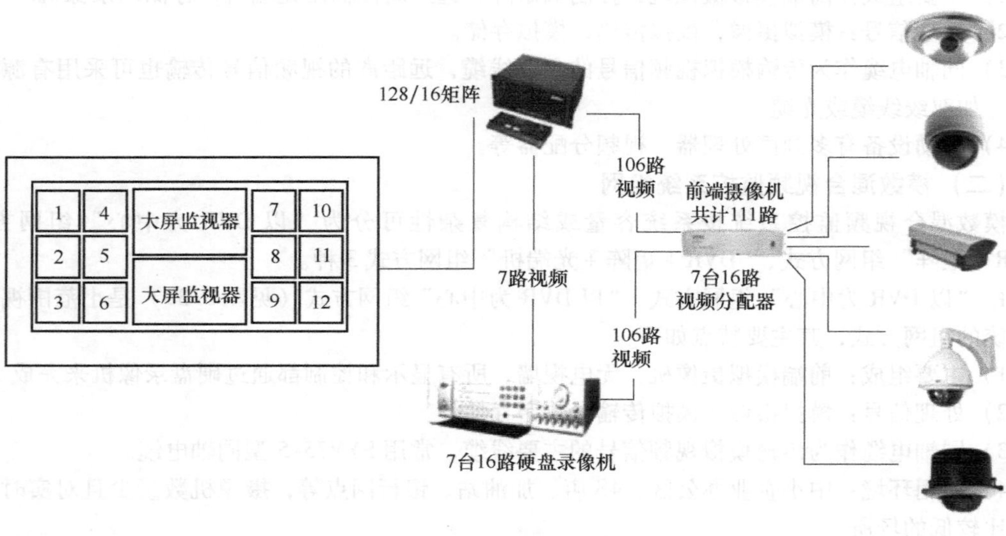

图 3-40 “DVR + 矩阵”组网方式

3. “DVR + 矩阵 + 光端机”组网方式　“DVR + 矩阵 + 光端机”组网方式（见图 3-41）是“DVR + 矩阵”组网方式的扩充，信号传输范围可达几十千米，其主要特点如下：

1）主要组成：前端模拟摄像机，矩阵切换控制，存储用 DVR，兼顾网络传输监控。

2）处理信号：模拟摄像，模拟传输，数字存储。

3）同轴电缆作为传输模拟视频信号的主要线缆，常用 SYV75-5 型同轴电缆，光缆传输远程信号。

4）使用环境：园区、工厂、矿山、交通等。

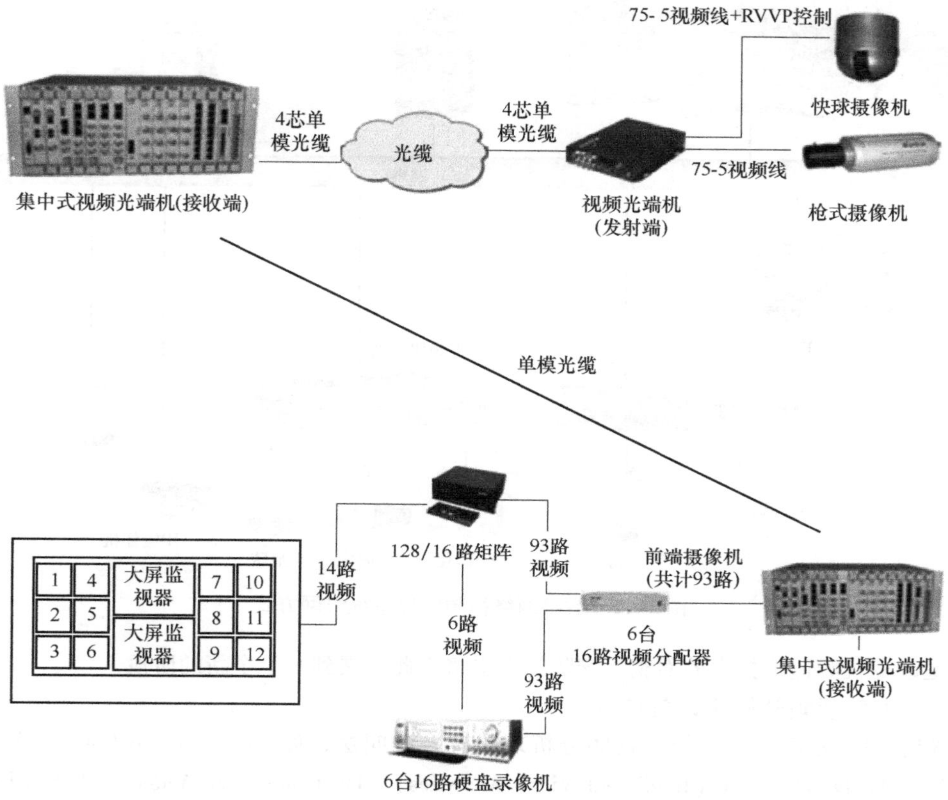

图 3-41 “DVR + 矩阵 + 光端机” 组网方式

（三）数字网络视频监控系统组网

数字网络视频监控系统组网方式如图 3-42 所示，其主要特点如下：

1）主要组成：IP 网络摄像机，储存服务器 ，集成平台。

2）处理信号：数字摄像，数字传输，数字存储。

3）传输介质主要有双绞线和光缆，组成专网，计算机网络传输。

4）可按需求增设移动访问端等。

5）使用环境：智能楼宇的安防控制中心等。

七、智能视频监控系统

智能视频（Intelligent Video，IV）源自计算机视觉（Computer Vision，CV）技术。计算机视觉技术是人工智能（Artificial Intelligent，AI）研究的分支之一，它能够在图像及图像描述之间建立映射关系，从而使计算机能够通过数字图像处理和分析来理解视频画面中的内容。智能视频技术借助计算机强大的数据处理功能，对视频画面中的海量数据进行高速分析，过滤掉冗余和无关的信息，仅仅为监控者提供有用的关键信息。如果把摄像机当作人的眼睛，而智能视频系统或设备则可以看成人的大脑。如果说传统视频监控和数字高清视频监控实现了“看得见”和“看得清”功能，那么，智能视频监控系统将解决“看得懂”的问题。因此，智能视频监控技术

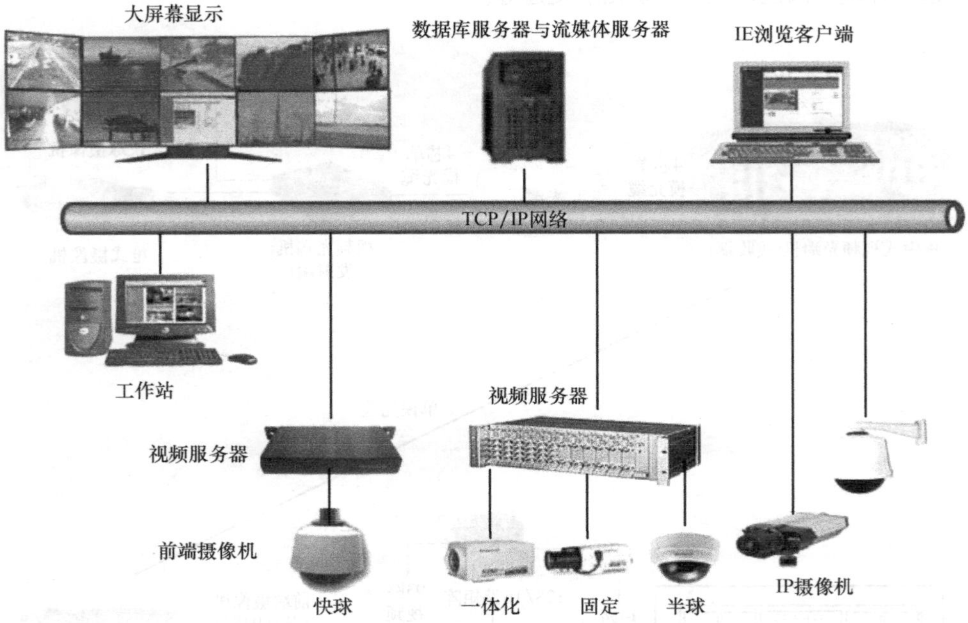

图 3-42　数字网络视频监控系统组网方式

将根本上改变视频监控技术的面貌，安防技术也将由此发展到一个全新的阶段。

（一）智能视频分析原理与技术

1. 智能视频分析原理　智能视频分析现在有多种叫法，如 VCA（Video Content Analysis）、VA（Video Analysis）、IVA（Intelligent Video Analytics）、IV（Intelligent Video）、IVS（Intelligent Video System）等，它是计算机图像视觉技术在安防领域应用的一个分支，它是一种基于目标行为的智能监控技术。

智能视频分析的技术原理是接入各种摄像机以及 DVR、DVS 及流媒体服务器等各种视频设备，并且通过智能化图像识别处理技术，对各种安全事件主动预警，通过实时分析，将报警信息传到综合监控平台及客户端。具体来讲，智能视频分析系统通过摄像机实时“发现敌情”并“看到”视野中的监视目标，同时通过自身的智能化识别算法判断出这些被监视目标的行为是否存在安全威胁，对已经出现或将要出现的威胁，及时向综合监控平台或后台管理人员发出声音、视频等类型报警。

2. 智能视频分析技术　智能视频分析技术在国内外已经有十年左右的发展与应用，国际和国内厂商在该领域已有整体解决方案产品，并已广泛应用于公共安全、建筑智能化、智能交通等相关领域。

目前，智能视频分析主要有以下技术：

（1）前景检测技术　前景检测是指将图像中变化剧烈的图像区域从图像背景中分离出来。前景检测技术实现方法包括背景帧差法、多高斯背景建模及非参数背景建模等方法，上述各种方法复杂程度不同，场景适用也有较大区别。

（2）目标检测技术　目标检测是指从图像序列中将变化区域从背景图像中提取出来，从而检测出运动的目标。目标检测技术包括背景减除、时间差分、光流等处理技术。

（3）目标跟踪技术　目标跟踪是指利用运动目标的历史数据，预测运动目标在本帧可能到达的位置，并在预测位置附近搜索该运动目标。目标跟踪技术包括连续区域跟踪、模板匹配、粒子滤波等技术。

（4）目标分类技术　目标分类是指将所跟踪目标进行分类，如将目标分成人和车辆两类等。目标分类技术主要是通过图像特征，包括目标轮廓、目标尺寸、目标纹理等实现目标类别的判别。

（5）行为识别技术　行为识别技术是指通过分析视频、深度传感器等数据，利用特定的算法对行人的行为进行识别、分析的技术。行为识别包含两个研究方向：个体行为识别与群体行为（事件）识别。近年来，深度摄像技术的发展使得人体运动的深度图像序列变得容易获取，结合高精度的骨架估计算法，能够进一步提取人体骨架运动序列。利用这些运动序列信息，行为识别性能得到了很大提升，对智能视频监控、智能交通管理及智慧城市建设等具有重要意义。

（6）事件检测技术　事件检测技术是指将目标信息与用户设定的报警规则进行逻辑判断，判断是否有报警条件满足，并做出相应报警响应的技术。

（二）智能视频监控模式与功能

1. 智能视频分析实现模式　智能视频分析技术用于视频监控方案有前端解决方案和平台解决方案两种。

（1）前端解决方案　前端解决方案是基于前端智能视频处理器的解决方案。在这种模式下，所有的目标跟踪、行为判断、报警触发都是由前端智能分析设备完成的，只将报警信息通过网络传输至监控中心。

（2）平台解决方案　平台解决方案是基于计算机信息处理的后端智能视频分析解决方案。这种模式下，所有的前端摄像机仅仅具备基本的视频采集功能，而所有的视频分析都必须汇集到后端或者关键节点处由计算机统一处理，该方案对计算机性能和网络带宽要求比较高。

实际工程中，第一种模式应用居多，视频分析设备被放置在IP摄像机之后，可以有效地节约视频流占用的带宽，集中在前端算法和硬件相结合的实时视频分析也是发展趋势。

2. 智能视频监控功能　智能视频功能按实现目的、算法近似等原则，可分为目标识别、事件检测、图像搜索和数据分析4大功能，见表3-4。

表3-4　智能视频功能分类

主要应用		内　　容
目标识别	人体识别	人脸检测、人脸识别、性别识别、年龄识别、体温检测等
	物体识别	目标细分、车辆识别、烟雾检测、火焰检测等
	目标跟踪	对画面人与物进行图像跟踪等
事件检测	周界防范	区域进出控制、区域滞留监控、绊线触发等
	可疑物体	遗留物检测、物体保全、滞留物检测等
	行为识别	徘徊、跌倒、引动、尾随、斗殴等
	故障诊断	图像遮挡、非法转向、画面异常等
图像搜索		在视频库中，搜索具有一定特征的人或物
数据分析		车流、客流、车速分析，对一定场景目标穿越统计等

八、数字视频监控工程案例

（一）工程概况

某展览馆属于国家的重点安全防范单位，具有对外服务内容丰富、重要设施繁多、出入人员复杂、管理涉及领域广等特点。展览馆监控系统必须保证24小时全天候不间断地工作，先进性、安全性和可靠性是该展览馆监控系统所依据的重要原则；由于同时面临扩大营业区域或机构调整，系统还要求具有较强的扩展能力，可随时增大监控的规模；系统要求基于开放标准与技术，使系统可接入现有可用的外围设备。

在监控点的配置上，该项目要求总体把握整个展览馆的安全态势，既不能给用户和参展人员过多的压力，又不能使非法人员有可趁之机。因此在大楼的各出入口和车库出入口等重要部位均需安装监控设备，对安全防范区域内人员进出及活动情况进行监视与录像，从而掌握整个大楼内的安全动态信息。

（二）设计原则

在本项目监控系统设计遵循以下原则：

1. 先进性　视频管理软件系统是一种较为强大的网络监控系统，前端设备均采用专用视频压缩芯片，图像采用H.264图像压缩方式，图像清晰、流畅。

2. 实用性　系统支持用户的网络监控需求，具有多用户多画面实时监控、远程控制、分布式录像、可连接多种报警设备、报警可定时布防撤防等功能，完全满足用户的监控要求。

3. 兼容性　系统采用B/S、C/S架构，可与企业内部网络系统紧密结合；同时，前端系统可在原有的模拟监控系统基础之上进行改造，保护用户设备投资。

4. 扩展性　系统软、硬件采用模块化设计，用户系统升级时，只需要简单增加前端的视频服务器、网络摄像机，并升级相应的系统软件即可，不用额外添加或者废弃原有设备。

5. 灵活性　系统组网灵活，适合在局域网、广域网、Internet中使用；在网络中的授权用户可以通过IE浏览器实时监控前端现场，客户端无需配置任何硬件。

6. 实时性　组成本系统的视频服务器和全高清网络摄像机采用专用的视频压缩芯片，视频压缩采用H.264图像压缩格式，最高可传输25帧/s的清晰图像。

7. 可靠性　服务器软件采用Windows Service方式后台运行，极大地提高了系统工作稳定性；各功能模块相对独立，避免相互影响，保证系统能够可靠运行。

（三）设计依据

1.《智能建筑设计标准》（GB 50314—2015）

2.《民用建筑电气设计规范（附条文说明［另册］）》（JGJ 16—2008）

3.《安全防范工程程序与要求》（GA/T 75—1994）

4.《安全防范系统验收规则》（GA 308—2001）

5.《安全防范系统通用图形符号》（GA/T 74—2017）

6.《安全防范工程技术标准》（GB 50348—2018）

7.《民用闭路监视电视系统工程技术规范》（GB 50198—2011）

8.《视频安防监控数字录像设备》（GB 20815—2006）

（四）需求分析

1. 展示区域分布视频监测　对展示区域进行视频监视，针对偷盗、不明废弃物、违规位移、冲突取证实现智能识别、及时报警、自动记录归档等功能；对展示区域的人流主通道、各展区内人流汇聚区域进行视频监视，能够粗略地统计观众流量，以便根据观众流量分布合理地调配管理人员；对展示区域中的管理“死角”进行跟踪视频监视，对可能发生的治安事件或观众投诉现象能起到监控记录与举证作用。

2. 重点展示展品/展项的视频监控　对珍贵展品或重点展项进行视频监控，保护珍贵展品的本体安全；对部分珍贵展品或重点展项在展示、运行过程进行视频监控，确保正常展示，提供视频锁定和周界自动报警功能。

3. 藏品库房　对藏品库房各门禁设置闭路电视监控系统；局部区域联动防盗报警系统，实现24小时监控。

4. 观众服务区域　对各收银点、仓库、礼品店、停车库和办公区域设置视频监控；对电梯、ATM取款机设置视频监控。

（五）设计说明

1. 设计要点

1）全数字化先进理念，紧跟安防发展的脚步，从前端采集到后端处理都选用数字化方式，分布式集中管理，充分体现数字化优势。

2）采用EPON传输系统、新型的无源光纤接入网技术，实现光纤到点，拓扑结构灵活，带宽高，维护简单，容易扩展。

3）整套系统采用全高清前端设备，达到1080p的高清效果，数字化的同时让图像画质更好。

4）综合软件管理平台，实现数字化矩阵设计，方便的远程客户端访问，为用户提供智能、灵活、快捷、方便的服务。

2. 监控点位设置　根据不同区域和环境设置不同的摄像机：

1）展览馆地下层车库，作为主要停车场所，安装的监控点可以对车库的相应位置进行有效监控。摄像机需适应地下层光照不足的情况以及需要适应车库内部的安装结构方式，故选用彩色固定摄像机以及选择同类产品配套的防护罩，防护等级不低于IP65。

2）展览馆室外面积大，景深较长，选择的摄像机要可大范围地观看到周围场景，同时能适应日夜照度反差强烈的场合，又要考虑室外气候、温度的变化，故选用室外型彩色一体化快球摄像机。

3）作为对展览馆室外监控的完善，需要在主要通道上进行定点监控，要求摄像机具有较高的清晰度，同时能适应日夜照度反差强烈的场合，故选用室外型彩色摄像机，同时配备同类产品配套的室外防护罩，防护等级不低于IP65。

4）展览馆车库出入口，作为车流的重要往来点，是地下车库监控的核心部位。摄像机需要有较高的分辨率，同时能适应日夜照度反差强烈的场合。

5）展览馆大堂等地，是人员往来最密集的场所，而且景深较长，要求可大范围地看到进出的人员及内部活动人员，故采用有较高倍数变焦的彩色快球摄像机。

6）在大楼的公共走道、主要出入口、电梯厅、楼梯间、主要通道、服务台等公共部位均安装具备防破坏防撬的高清晰、低照度的彩色半球摄像机，通过摄像机可观察到进入各楼层区域以及活动区域的人员。

7）展览馆电梯内均安装电梯专用摄像机，摄像机小巧隐蔽。

8）展览馆的展厅因暂时没有详细的规划平面图，按业主提出的要求和设计经验给予预留。

（六）方案设计

本次监控系统采用高清数字网络监控体系，系统各部分分项描述如下：

1. 前端　摄像机点位主要设置在以下部位：走廊、每层的楼梯出入口、主要通道、展厅、停车场、设备机房等。

1）类似室外主要区域等监控范围较大的场所应配置全高清网络快球摄像机，快球能够360°自由转动，内置10倍自动对焦百万像素级镜头（6.3～63mm）。

2）针对楼梯出入口、主要通道、展厅等一些监控区域应配置全高清网络枪式摄像机，点位可布得相对密集，保证无监控盲区。

3）对于电梯等候厅等区域应配置全高清网络半球摄像机，半球具有良好的隐蔽性。

2. 传输　传输部分采用EPON（Ethernet Passive Optical Network，以太无源光网络）光端机。EPON是一种新型的光纤接入网技术，它采用点到多点结构、无源光纤传输，在以太网之上提供多种业务。它在物理层采用了PON技术，在链路层使用以太网协议，利用PON的拓扑结构实现了以太网的接入。

EPON系统包括ONU（发射机）、OLT（接收机）和POS（无源分光器）3个部分。ONU（发射机）可接入标准的8路10/100Mbit/s以太网信号，并提供1个上行EPON接口；OLT（接收机）具有两个PON接口，并提供12个千兆以太网口，用于本地网络交换。

3. 系统管理平台　系统管理平台应包括专用的中央管理服务器、网络视频存储服务器、流媒体服务器、视频监控客户端及相应的网络配置工具等部分。

（1）中央管理服务器　中央管理服务器用来负责配置前端编解码器列表限定用户的访问权限、流媒体服务器及录像服务器编码器列表配置，并负责用户管理。用户只有登录到该服务器，才能对系统进行相关的配置和操作。具体来说，中央管理服务器实现以下功能：

1）负责系统中的用户管理。实现了软件和硬件权限的双重限定，软件权限可分为操作权限和配置权限，硬件权限主要为该类用户指定可以操作的前端摄像机，管理员可以根据用户在系统中的位置角色来为用户分配合适的权限。配置相关流媒体服务器、录像服务器IP地址及管理的编解码器列表。

对于系统中的每台摄像机，为每个用户分配一个控制权限级别，而且控制时权限高的能抢占权限低的控制权。

用户只有登录到中央管理服务器上才能获得相应的配置权限，权限和用户是完全绑定的，确保用户从网络任何一点登录都有相同的权限。

2）中央管理服务器负责管理前端设备，包括高清摄像机、视频服务器、视频解码器、录像服务器和流媒体服务器。

3）中央管理服务器提供数字矩阵功能及报警管理，即可以提供数字视频切换、巡视切换、成组切换及报警联动管理。

（2）网络视频存储服务器　网络视频存储服务器的主要功能为管理存储设备、存储资源和视频数据，支持对系统所有存储资源进行全方位的监控和管理，支持不间断的视频检索、回放等业务。具体可实现以下功能：

1）支持计划录像，计划以星期为周期，可以精确到分。

2）支持本地和网络数据存档功能，每天可多次定时备份。

3）磁盘满报警，当磁盘容量低于设定值时，报警通知用户。

4）支持循环录像，当磁盘满时，可以覆盖最旧的录像数据来存储当前视频数据。

5）单个录像服务器至少支持16路视频录像。

6）支持多录像服务器模式。

7）支持ISCSI网络磁盘阵列存储。

（3）流媒体服务器　流媒体服务器负责视频数据的分发，解决多用户并发和网络带宽不足的问题，具体可实现以下功能：

1）获取前端高清摄像机、视频服务器的视频，转发给需要实时浏览的客户端。

2）获取前端高清摄像机、视频服务器的视频，转发给需要录像的录像服务器。

3）获取前端高清摄像机、视频服务器的视频，转发给解码器进行解码。

4）单个流媒体服务器能支持32路1080p视频流的转发。

5）支持多流媒体服务器模式。

（4）视频监控客户端　视频监控客户端可以提供友好方便的人机界面功能，可安装在系统中任意一台计算机上，提供监控系统的主要用户操作界面。用户可以使用客户端完成以下功能：

1）客户端根据用户权限来显示界面内容，用户在两个不同站点登录显示的内容应该完全一致。

2）配置和使用电子地图。

3）实时视频浏览，支持同时4画面的实时视频浏览，用户可以在视频窗口中进行设置好的巡视，并可以调用预先设置好的视频模式。在实时浏览时，用户可以方便地进行手动抓拍和本地录像。

4）控制数字矩阵，具有权限的用户可以通过客户端对前端摄像机和视频解码器进行巡视、成组切换，及设置定时器等，实现数字矩阵功能。

5）内嵌播放器模块，可以实现本地网络检索和录像回放。

6）具有报警处理功能，实现报警联动；对前端摄像机进行PTZ控制；提供语音对讲功能；移动侦测；支持客户端解码器模式，用户可通过虚拟键盘进行解码器切换，解码器图像显示于客户端中；设备实时在线检测等功能。

总的来说，系统管理平台应实现以下功能：

1）用户管理：提供用户组管理模式，采用区域化管理，每个区域可设置一个或几个用户组，每个用户组权限包括视频浏览权限、回放权限、PTZ控制权限、录像权限、数字矩阵权限和参数设置权限。通过区域化管理为访问用户分配不同的可用资源，支持多级用户权限，高优先级用户抢占低优先级用户资源。提供添加和删除用户、修改用户基本信息等功能，为用户提供可视化操作。

2）设备管理：系统管理平台对前端数字视频设备、流媒体服务器和录像服务器进行分类搜索，同时可通过平台对前端数字视频设备、流媒体服务器和录像服务器进行批量添加/删除操作，可配置和管理流媒体服务器和录像服务器，支持配置流媒体服务器和录像服务器对前端数字视频设备的管理。

3）数字矩阵管理：提供数字矩阵配置功能，用户可通过相关配置界面进行切换配置、巡视配置、成组切换配置和定时器配置。切换配置包括编码器的IP地址、名称、协议、地址位、速度、波特率以及解码器的IP地址设备类型等配置内容。巡视配置内容包括巡视步、数字视频设备IP地址、停留时间预置位等。成组切换配置内容包括成组号、成组标题、预置位和辅助开关等。定时器设置包括起始时间设置和日期设置。

4）报警、录像、日志管理：管理平台提供报警配置功能，用户可根据实际需求进行报警设置，报警可联动数字视频前端的报警开关量和矩阵报警源。报警配置内容应包括报警摄像机、监视器和布防类型。报警摄像机配置内容应包括摄像机ID、预置位、延时和辅助开关等。报警监视器配置内容应包括报警号所对应的监视器列表。

管理平台提供录像管理配置，用户可根据需求配置每个高清前端设备录像计划表，可设置相应的流媒体服务器IP和录像计划。录像服务器登录时，自动从中央管理服务器中获取录像计划表。

客户端、录像服务器、流媒体服务器均能提供日志管理功能，同时日志信息自动上传中央管理服务器，中央管理服务器对日志进行统一的管理，可通过用户或时间进行分类搜索。

5）流媒体转发：流媒体服务器通过相应中央管理服务器的用户名和密码，从中央管理服务器获取相应权限。当用户需要查看、录像相应的视频流时，流媒体服务器自动从前端获取视频流并转发成多路视频流。流媒体服务器可将前端视频流转发给客户端、录像服务器或解码器等。

6）视频录像实时监控：录像服务器通过相应中央管理服务器的用户名和密码，从中央管理服务器获取相应的录像权限。用户可通过录像服务器查看录像状态和相关的计划表，同时可设置磁盘位置、录像文件是否进行再次压缩，提供多种压缩模式，支持 ISCSI 网络磁盘阵列。支持通过流媒体服务器转发或直接连接前端数字视频设备，支持 1/4/6/8/9/16 画面实时浏览，支持摄像机显示列表，用户可通过摄像机列表对前端数字视频设备进行拖放浏览，或通过 PTZ 控制面板进行 PTZ 等实时控制，同时可提供实时快照功能。

7）设备参数设置：用户登录客户端从管理平台获取相关权限，可通过客户端设置前端数字视频产品的设备参数，包括前端视频的 PTZ 控制协议、图像参数设置、前端报警设置和网络相关设置等。图像参数设置包括码流、图像质量、对比度、亮度、通道选择和图像分辨率设置等。

8）电子地图：用户可添加多幅电子地图，在各个电子地图之间进行切换，从而可以方便快捷地查看各个电子地图的信息。用户可在电子地图上进行前端监控点的拖放，可实时查看报警状态，可通过双击摄像机图标浏览摄像机图像和摄像机的基本控制功能。

9）模拟键盘：用户通过模拟键盘对数字视频产品进行切换、巡视、成组切换等操作。巡视和成组切换内容是用户登录时从中央管理服务器中获取的，用户根据这些内容，进行相关的巡视操作和成组切换操作。同时也需支持解码器模式，用户可通过虚拟键盘进行解码器切换，解码器图像显示于客户端中。

10）查询回放：用户通过客户端进行录像文件的搜索和远程回放，支持 1/4/6/8/9/16 画面回放功能。回放时提供快进、快退、帧进、帧退、快照、局部放大，以及文件格式转换等功能。

4. 网络存储　网络视频存储系统由 IP SAN 存储磁盘阵列和网络视频存储服务器组成，存储资源均采取统一部署，并加以统一管理和调度，支持动态存储资源管理、在线部署，可以基于统一平台满足不同存储质量、容量和服务质量的需求，可以提供完善的备份和存储生命周期管理功能。

采用了集中式存储设计，逻辑集中管理的建设模式，即在视频监控中心内设置集中式的 IP SAN 网络存储磁盘阵列进行图像集中存储。

本系统的视频存储设备须满足全部监视图像以 25 帧 1080p 格式存储 15 天的要求。本项目所有展区均用高清摄像机，电梯轿厢半球用标清。按照高清每条存储码流 8Mbit/s，标清每条存储码流 2Mbit/s 计算：

一台高清摄像机一天(24h)存储容量 = $[(8\times3600\times24)\div(8\times1024)]$GB = 84.38GB

一台标清摄像机一天(24h)存储容量 = $[(2\times3600\times24)\div(8\times1024)]$GB = 21.09GB

网络存储磁盘阵列容量配置按上式计算，同时应考虑一定冗余量。

5. 图像显示系统　本项目的显示系统通过高清解码器将数字信号解码为高清信号，接入到 1080p 的高清显示器，以达到整个系统的高清视频效果。

6. 系统图　本案例数字视频监控系统图如图 3-43 所示。

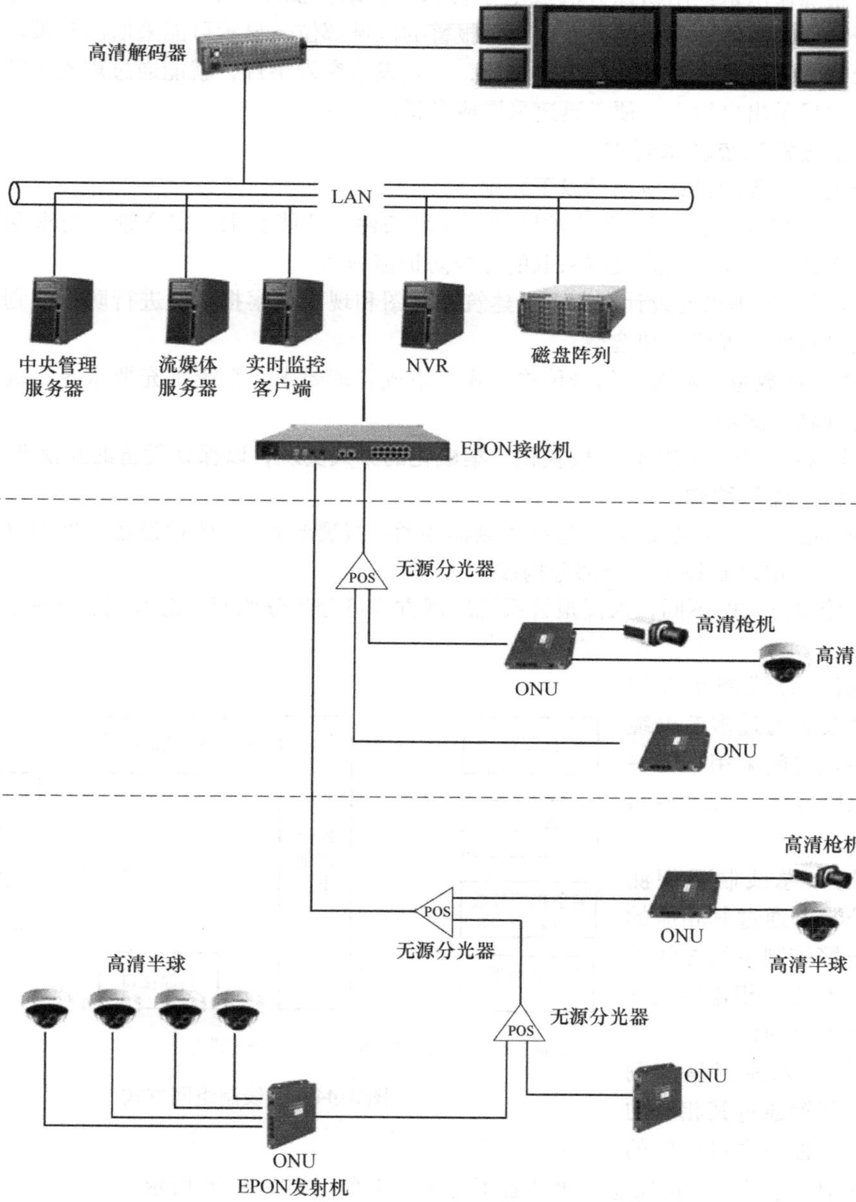

图 3-43　数字视频监控系统图

第三节　入侵报警系统

一、入侵报警系统概述

入侵报警系统（Intruder Alarm System，IAS）是利用传感技术和电子信息技术探测并指示非法进入或试图非法进入设防区域的行为、处理报警信息、发出报警信息的电子系统或网络。

入侵报警系统作用是：用物理方法或电子技术，自动探测发生在布防监测区域内的侵入行为，产生报警信号，并辅助提示值班人员发生报警的区域部位，显示可能采取的对策。入侵报警系统是预防抢劫、盗窃等意外事件的重要设施，一旦发生突发事件，就能通过声光报警信号在安保控制中心准确显示出事地点，便于迅速采取应急措施。

（一）入侵报警系统基本要求

入侵报警系统工程的设计应遵循以下原则：

1）根据防护对象的风险等级和防护级别、环境条件、功能要求、安全管理要求和建设投资等因素，确定系统的规模、模式及应采取的综合防护措施。

2）根据建设单位提供的设计任务书、建筑平面图和现场勘察报告，进行防区的划分，确定探测器、传输设备的设置位置和选型。

3）根据防区的数量和分布、信号传输方式、集成管理要求、系统扩充要求等，确定控制设备的配置和管理软件的功能。

4）系统应以规范化、结构化、模块化、集成化的方式实现，以保证设备的互换性。

（二）系统组成与结构

入侵报警系统通常由前端设备（包括探测器和紧急报警装置）、传输设备、处理（控制与管理）设备和显示（记录）设备4个部分构成。

根据信号传输方式的不同，入侵报警系统组网方式可分为分线制、总线制、无线制和公共网络4种。

1. 分线制　分线制是探测器、紧急报警装置通过多芯电缆与报警控制主机之间采用一对一专线相连的组网方式，如图3-44所示。

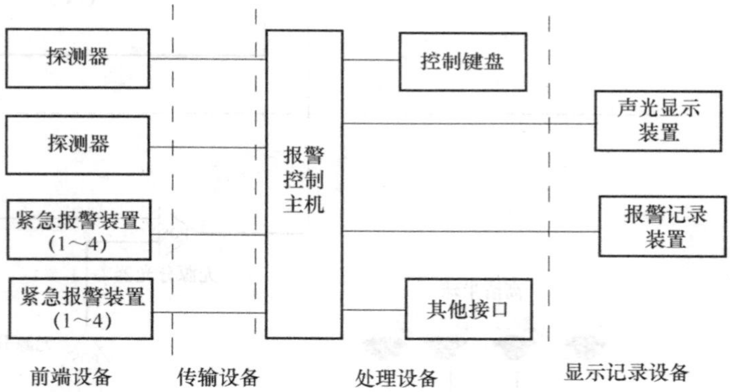

图3-44　分线制组网方式

2. 总线制　总线制是探测器、紧急报警装置通过其相应的编址模块与报警控制主机之间采用报警总线（专线）相连的组网方式，如图3-45所示。

3. 无线制　无线制是探测器、紧急报警装置通过其相应的无线设备与报警控制主机通信的组网方式，其中一个防区内的紧急报警装置不得大于4个，如图3-46所示。

4. 公共网络　探测器、紧急报警装置通过现场报警控制设备（或网络传输接入设备）与报警控制主机之间采用公共网络相连的组网方式。公共网络可以是有线网络，也可以是有线、无线混合网络，如图3-47所示。

入侵报警系统以上4种组网方式可以单独使用，也可以组合使用；可单级使用，也可多级使用。

（三）入侵报警系统功能

入侵报警系统功能设计有如下要求：

1）紧急报警装置应设置为不可撤防状态，应有防误触发措施，被触发后应自锁。

2）当下列任何情况发生时，报警控制设备应发出声、光报警信息，报警信息应能保持到手

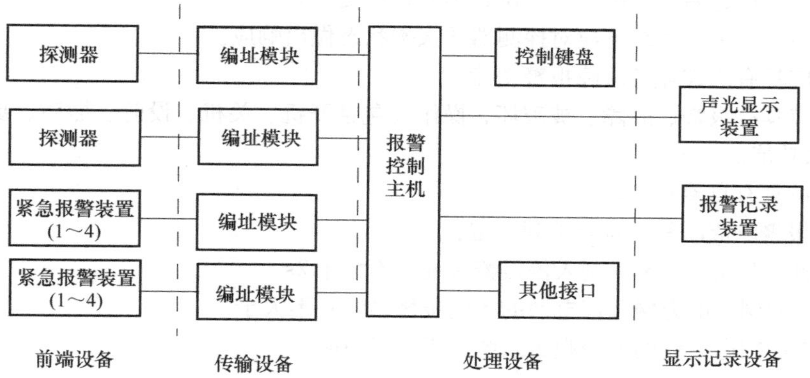

图 3-45　总线制组网方式

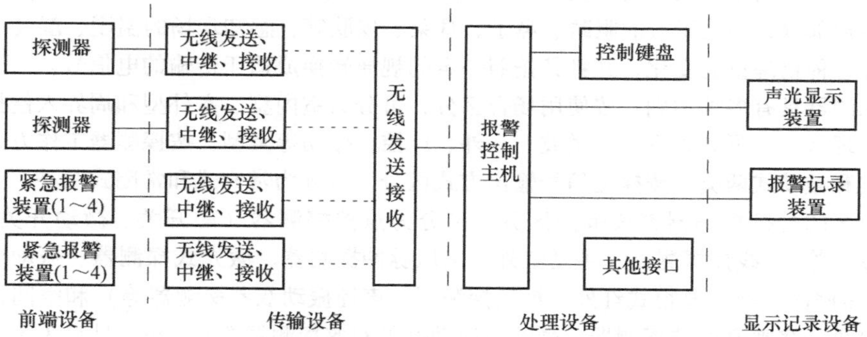

图 3-46　无线制组网方式

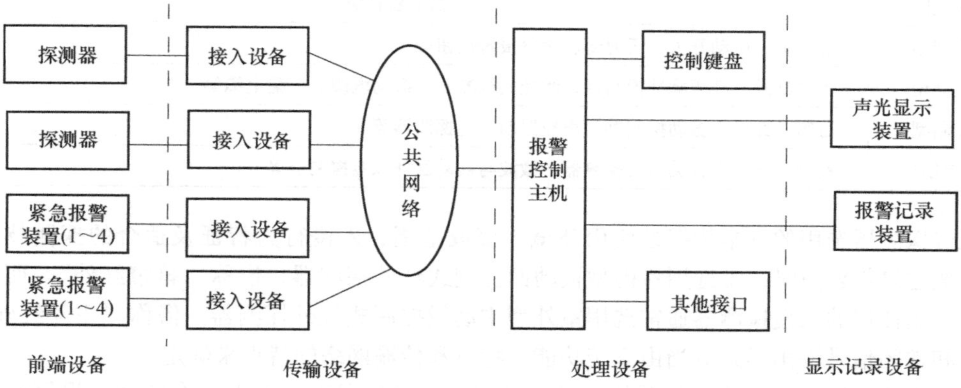

图 3-47　公共网络组网方式

动复位，报警信号应无丢失。

① 在设防状态下，当探测器探测到有入侵发生或触动紧急报警装置时，报警控制设备应显示出报警发生的区域或地址。

② 在设防状态下，当多路探测器同时报警（含紧急报警装置报警）时，报警控制设备应依次显示出报警发生的区域或地址。

3）报警发生后，系统应能手动复位，不应自动复位。

4）在撤防状态下，系统不应对探测器的报警状态做出响应。

5）系统应具有防破坏及故障报警功能。

6）系统应具有报警、故障、被破坏、操作（包括开机、关机、设防、撤防、更改等）等信息的显示记录功能。

7）系统应具有自检功能。

8）系统报警响应时间应符合下列规定：

① 分线制、总线制和无线制入侵报警系统：不大于2s。

② 基于局域网、电力网和广电网的入侵报警系统：不大于2s。

③ 基于市话网电话线的入侵报警系统：不大于20s。

二、入侵报警探测器

入侵探测器是用来探测入侵者的移动或其他动作的电子及机械部件组成的装置，是入侵报警系统的触觉部分，相当于人的眼睛、鼻子、耳朵、皮肤等，感知现场的温度、湿度、照度、电量、能量等各种物理量的变化，并将其按照一定的规律转换成适于传输的电信号。

入侵探测器具有多种类别：按使用场合区分，可分为室内型、室外型和周界入侵探测器；按探测技术原理区分，可分为雷达、微波、红外、声控、振动等类型；按探测器工作方式区分，可分为主动式和被动式两类；按探测信号输出方式区分，可分为常开式和常闭式两种。

目前更多的是按探测器警戒范围区分，可分为点控探测器（磁开关、微动开关、压力垫、紧急报警按钮等）、线控探测器（主动红外、高压脉冲探测器、激光式探测器、振动电缆、泄漏电缆等）、面控探测器（幕帘式红外、振动探测器、声控振动双鉴探测器等）和空间控制式探测器（被动红外、多普勒微波探测器、微波与被动红外双鉴探测器等）4类，见表3-5。

表3-5 按探测器的警戒范围分类

警戒范围	探测器种类
点控制型	磁开关、微动开关、压力垫、紧急报警按钮等
线控制型	主动红外、高压脉冲探测器、激光式探测器、振动电缆、泄漏电缆等
面控制型	幕帘式红外、振动探测器、声控振动双鉴探测器等
空间控制型	被动红外、多普勒微波探测器、微波与被动红外双鉴探测器等

入侵探测器选用的基本依据是使用环境、警戒范围、入侵行为特征及适合的探测技术。例如，警戒建筑物窗户时，常选用室内型被动面控制式红外探测器，俗称“幕帘红外”。而警戒社区周界围墙使用的入侵探测器通常选用室外型主动线控制式红外探测器，俗称“主动红外”。至于常开和常闭信号输出形式应当由系统功能、特点和传输网络的特点来确定。

紧急报警装置也属入侵探测器的一种，是用于紧急情况下，由人工有意触发报警信号的开关装置，如手动紧急求助报警按钮、脚踢报警开关等。

下面介绍一些常用的入侵报警探测器及其基本工作原理。

1. 开关 开关是探测器最基本、最简单有效的装置，常用的有手动开关、微动开关和门磁开关等，如图3-48所示。手动开关安装在桌面上下，其他开关一般装在门窗上。开关可分为常开和常闭两种：常开式常处于开路，当有情况（如门、窗被推开）时开关就闭合，使电路导通启动警报，这种方式优点是平时开关不耗电，缺点是如果电线被剪断或接触不良将使其失效；常闭式则相反，平常开关为闭合，异常时打开，使电路断路而报警，该方式优点是在线路被剪断或线路有故障时会启动报警，但当罪犯在断开回路之前选用导线将其短路，就会使其失效。一般在门磁探测器中，大多采用磁簧开关，用常闭方式。

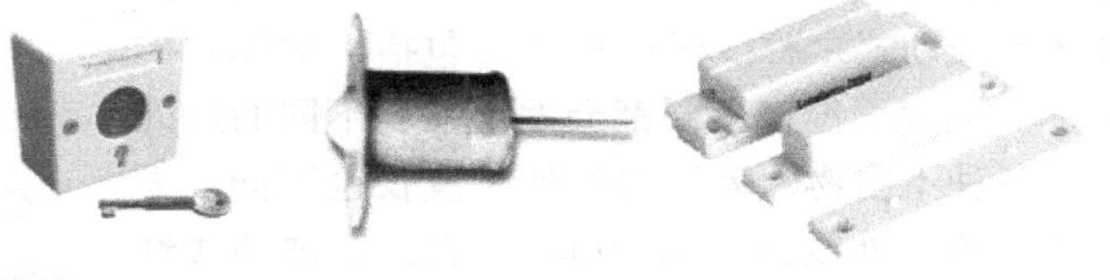

a) 手动开关　　b) 微动开关　　c) 门磁开关

图 3-48　开关

门磁开关主要是由永久磁铁和磁簧开关组成的。磁簧开关由一对用磁性材料（铁和镍）制造的弹性舌簧组成，舌簧密封于充有惰性气体的玻璃管中，舌簧端面互叠但留有一条细间隙。舌簧端面触点镀有一层贵金属，如铑或钌，使开关具有稳定的特性和极长的使用寿命。永久磁铁靠近时，磁簧开关内部闭合；磁铁离开时，开关断开。其工作原理如图 3-49 所示。

使用时把门磁开关固定在希望警戒的门、窗上，从偏重于美观的要求或是警戒性能的要求可选择露出型或埋入型。另外，动作距离的选择也是非常重要的一个环节，同时必须注意由于构成门、窗材料的不同，磁性材料的动作距离存在不同的差别。在磁性材料的门、窗上安装门磁开关时要利用垫片（非铁质材料）使其隔开一定的距离使用。

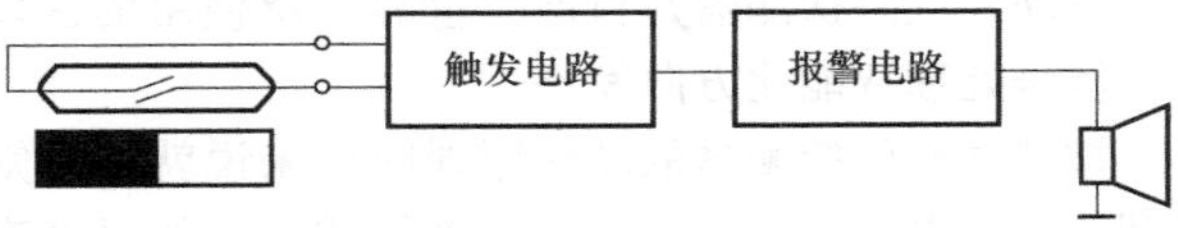

图 3-49　磁簧开关工作原理图

2. 光束遮断式探测器　光束遮断式探测器（又称为主动红外探测器）原理是用肉眼看不到的红外线光束张成的一道保护开关探测光束是否被遮断。目前用得最多的是红外线对射式，其由一个红外线发射器和一个接收器以相对方式布置组成（见图 3-50）。当非法入侵者横跨门窗或其他防护区域时，挡住了不可见的红外光束，从而引发报警。为防止非法入侵者可能利用另一个红外光束来瞒过探测器，则将探测器的红外线先调制到指定的频率再发送出去，而接收器也必须配有频率与相位鉴别电路来判别光束的真伪或防止日光等光源的干扰。该探测器一般较多用于周界防护探测，是用来警戒院落周边最基本的探测器。

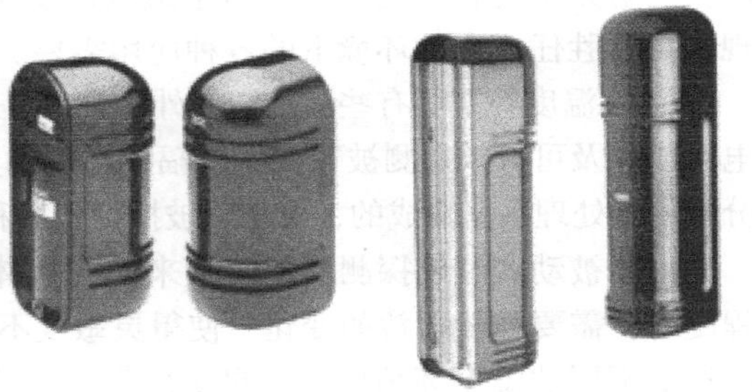

图 3-50　主动红外探测器

在屋外使用的探测器有其非常严格的环境适应要求，主动红外线探测器克服了种种困难条件，揉进了各种光、机、电技术，其中最有价值之处是探测器的检知感度余量，设置了检知感度余量，在各种恶劣的环境变化中可以得到稳定的警戒、监视效果。通常在晴朗的天气状况下具有 100 倍以上的检知感度余量，在恶劣的天气环境中也具有不发生误报的检知感度维护能力。如果简单通俗地说明 100 倍检知感度能力的话，也即只要能接收到发射侧红外线光束量的 1/100 就可以进行正常动作，被雨、雾所遮挡也不会发生误报。

除此之外，还根据不同的使用要求设置了 2 束、4 束等多量束，目的是不至于因飘落的树叶等的遮挡而使探测器产生误报，这种功能对在屋外使用的探测器来说是至关重要的。

3. 被动式红外探测器　被动式红外探测器（Passive Infrared Detector，PIR）又称热感式红外探测器，如图 3-51 所示，其特点是不需要附加红外辐射光源，本身不向外界发射任何能量，而是探测器直接探测来自移动目标的红外辐射，因此才有被动式之称。任何物体（包括生物体和矿物体）因表面温度不同都会发出强弱不同的红外线，各种不同物体辐射的红外线波长也不同，人体辐射的红外线波长为 10μm 左右，而被动式红外探测器件的探测波范围为 8 ~ 14μm，因此能较好地探测到活动的人体跨入禁区段，从而发出警戒报警信号。被动式红外探测器按结构、警戒范围及探测距离的不同可分为单波束型和多波束型两种。单波束型采用反射聚焦式光学系统，其警戒视角较窄，一般小于 5°，但作用距离较远（可达百米）。多波束型采用透镜聚集式光学系统，用于大视角警戒，可达 90°，作用距离一般只有几米到十几米，一般用于对重要出入口入侵警戒及区域防护。

图 3-51 被动式红外探测器

被动式红外探测器是目前全世界广泛使用的区域探测器中的代表，其正向使用、安装简单化，信号处理智能化方向发展。

被动式红外探测器的动作原理简单来说就是检知不法入侵者和环境之间产生的温度差，也即利用捕捉电磁波能量进行检知被警戒范围的温度变化，利用光学系统将各防护区的红外辐射聚集到红外敏感元件上，由于人体表面温度与周围环境温度存在差别，因而人体的红外辐射强度和环境的红外辐射强度也就存在着差异，在人体穿越设防区域时，红外敏感元件就检测到一系列的信号变化，从而触发报警。早期应用的被动式红外探测器因为技术与生产工艺的原因，容易发生误报，后来有些制造商采用了多项新技术和新工艺，其中包括温度补偿技术、使用双元红外传感器（部分为四元）、交替极性脉冲计数技术、改进的菲涅尔透镜和表面贴片工艺（提高抗射频干扰能力）以及智能化的模糊逻辑分析真实移动识别等技术，有效地防止了因为环境温度改变、射频干扰和气流等各种因素造成的误报。其灵敏度、防误报能力与可靠性都有卓越的表现，可以胜任大多数环境下的各种应用需要。这些技术表现在以下几个方面：

（1）温度补偿　有些被动式红外探测器是由可将电磁波进行高效率变换的热电变换素子（焦电素子）及可有效探测被警戒场所辐射温度的光学系统、探测信号进行 A/D 转换的转换器、波形分析的微处理系统构成的，可实现被捕捉目标和环境温度差最小到1℃时仍能进行检测的高精度。

由于被动式红外探测器的信号来源于人体与环境温度的差别，因此当环境温度上升到一定程度时，需要补偿增益的变化，使得灵敏度不致下降。采用抛物线形的温度补偿，使得在低温和高温等不同的温度环境中，其灵敏度保持一致且稳定性不变，使之可在 -10 ~ +50℃的环境内稳定工作。

（2）交替极性脉冲计数　闯入者在移动时必须穿越一个个的防护区（光束），每穿越一道光束就会造成接收的信号在一定的时间段内产生一正一负的交替极性脉冲信号，探测器就把这个当作一个有效的脉冲计数，为使结果更加可靠，探测器往往需要在一定的时期内连续记录到数个这样的有效脉冲才会触发警报。而环境温度的变化、气流干扰和电磁干扰等因素引发的干扰信号和噪声在信号的空间与时序上不具备上述特性而被有效去除，不会引起误报。

（3）双元被动红外探测器和四元被动红外探测器　双元被动红外探测器使用的红外感应元件被分割成两个相互独立的单元，四元被动红外探测器使用的红外感应元件是四分割或两个独立的双元器件。其工作方式是只有每个红外感应单元都探测到信号才触发报警，因此对老鼠等小动物来说，由于仅能在其中一部分元件上产生信号，因而不会触发报警，应用在较复杂的环境中，可以避免误报。

（4）菲涅尔透镜　被动式红外探测器上使用的菲涅尔透镜是被动式红外探测器的一项非常关键的核心技术，菲涅尔透镜是多焦距的，使得各个方向和距离上的灵敏度保持一致。另外，镜片采用可见光过滤技术能有效消除可见光的干扰，有广角、超广角、长距离、防宠物和帘幕型等多种产品可供在不同环境下选择。某些产品上还采用了真实移动识别技术、防宠物误报技术、移动方向识别技术、内置移动模拟器自检技术和防遮盖技术等多种技术，制造了可全面对应使用环境所要求的耐电波干扰、耐电冲击（防雷对策）、耐外部衍射光干扰及耐温度变化干扰的探测器。

4. 微波探测器　在探测技术中，光电型探测器控制区域小，红外型探测器受外界温度、气候条件影响较大，微波探测器（见图3-52）则能克服上述入侵报警探测器的缺点。微波探测器的特点是立体探测范围探测，可以覆盖60°～70°的辐射角范围甚至可以更大，受气候条件、环境变化的影响较小。同时，由于微波有着穿透非金属物质的特点，所以微波防盗探测器能安装在隐蔽之处，或外加修饰物，不容易被人察觉，能起到良好的防范作用。

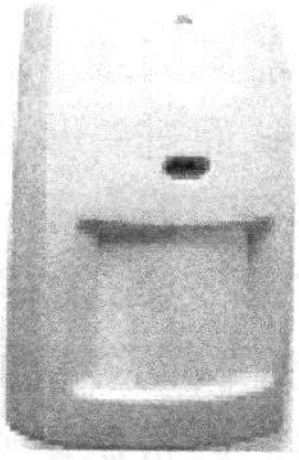

图3-52　微波探测器

微波入侵报警探测器的工作原理是利用目标的多普勒效应。多普勒效应是指当发射源和被测目标之间有相对径向运动时，接收到的信号频率将发生变化。人体在不同的运动速度下产生的多普勒频率是音频段的低频。所以，只要检出这个多普勒频率就能获得人体运动的信息，达到检测运动目标的目的，完成报警传感功能。

微波入侵报警探测器实际上是一种利用多普勒技术设计的小型多普勒雷达。微波入侵报警探测器的设计过程是将检测多普勒信号和克服误报的措施结合起来考虑的过程。

5. 玻璃破碎探测器　玻璃破碎探测器（见图3-53）使用压电式拾音器，装在面对玻璃面的位置，对于高频的玻璃破碎声音进行有效检测。其对玻璃破碎时产生的特殊频率信号敏感，但对风吹动窗户、行驶车辆产生的振动无反应。玻璃破碎探测器中的压电陶瓷片在外力作用下产生扭曲、变形时将会在其表面产生电荷，对10～15kHz的玻璃破碎声音有效检测，而对10kHz以下的声音信号（如说话、走路声）有较强的抑制作用。玻璃破碎声发射频率的高低、强度的大小同玻璃厚度、面积有关。玻璃破碎探测报警装置在玻璃破碎时产生报警，防止非法入侵。

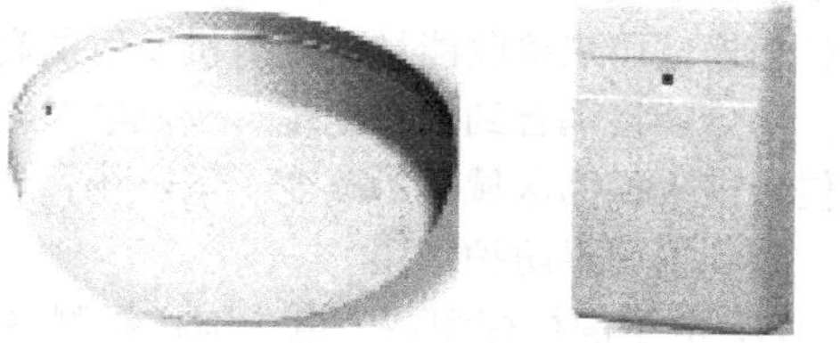

图3-53　玻璃破碎探测器

目前多采用双探测技术，以降低误报率，如声控-振动型，是将声控与振动探测两种技术组合在一起，只有同时探测到玻璃破碎时发出的高频声音信号和敲击玻璃引起的振动，才输出报警信号。

6. 振动探测器　振动探测器是在探测范围内机械振动（冲击）能引起的产生报警信号的装置，一般由振动传感器、适调放大器和触发器组成。振动探测器必须要有机械位移才能产生信号，适合于如文件柜、保险箱等机要、贵重特殊物件的保护，也适宜于与其他系统结合使用，来防止盗贼破墙而入。振动探测器常常用来对某些一般情况下有人员在活动的保护区内的特殊物件提供保护。

7. 视频移动探测器　视频移动探测器又称为景象探测器，多采用电荷耦合器件CCD作为遥测传感器，是通过检测被检测区域的图像变化来报警的一种装置。由于是通过检测因移动目标闯入摄像机的监视视野而引起的视频图像的变化，所以又称为视频运动探测器或动目标探测报警器。视频报警器利用图像比对技术，把图像的像素转换成数字信号存在存储器中，然后与以后每一幅图像相比较，如果有很大的差异，说明有物体的移动。

目前，视频移动探测功能通常已通过视频监控系统的前端摄像机来完成。

8. 超声波探测器　超声波探测器又称为超声波报警器，是利用人耳听不到的超声波段（频率高于20000Hz）的机械振动波来作为探测源的报警器，也是用来探测移动物体的空间型探测器。

9. 双技术探测器　双技术探测器又称为双鉴探测器（见图3-54），是将两种探测技术结合在一起，由复合探测来触发报警，即只有当两种探测器同时或者相继在短暂时间内都探测到目标时，才可发出报警信号，从而进一步提高报警可靠性。目前使用较多的有微波-被动红外双鉴探测器和超声波-被动红外双鉴探测器。由于双技术探测器组件内有两个独立的探测技术做双重鉴证，所以避免了单技术探测器因受环境干扰而导致的误报警。双鉴探测器中一种探测器不应对另一种探测器的误报源敏感。微波与被动红外两种探测器的组合是一种性能较高的双鉴探测器。微波探测器主要敏感于运动物体，而被动红外探测器主要敏感于具有一定温度的物体。对于一个人体目标，他既运动又有热辐射，因此，这种双鉴探测器能很好地把人体活动目标区分出来，而对树木、灌丛的扰动有很大抑制，使误报的可能性大大减少。虽然这种双鉴探测器比较复杂，价格要贵些，但由于它具有许多优点，对那些要害部门的报警系统仍具有实用价值。

图3-54　双鉴探测器

10. 泄漏电缆传感器　泄漏电缆传感器一般用来组成周界防护。该传感器由平行埋在地下的两根泄漏电缆组成：一根泄漏同轴电缆与发射机相连，向外发射能量；另一根泄漏同轴电缆与接收机相连，用来接收能量。发射机发射的高频电磁能（频率为30~300MHz）经发射电缆向外辐射，部分能量耦合到接收电缆，收发电缆之间的空间形成一个椭圆形的电磁场探测区域。当非法入侵者进入探测区域时，改变了电磁场，使接收电缆接收的电磁场信号发生了变化，发出报警信息，起到了周界防护作用。

11. 电子围栏探测器　电子围栏探测器一般用来组成周界防护。根据采用的原理不同，电子围栏探测器可分为拉力式和高压脉冲式探测器：拉力式有直接利用机械开关的断开与否来判断的，也有利用称重原理做成的开关，其特点是围栏的检测线上没有电压，根据拉力的大小判断是否达到报警设置值，产生报警信号；高压脉冲式是在围栏的高压线上加载周期性的高压脉冲电压（一般8000~10000V，1次/s），利用电子技术检测接收端是否定期接收到高压脉冲信号，若超过规定周期没有接收到脉冲信号，则发出报警信息，起到周界防护作用。

随着新技术的引入，目前已不断开发出许多更高性能的新探测器产品（如振动光纤探测器），这里不一一描述。探测器选择是否恰当，布置是否合理，将直接影响报警系统的质量。在设计入侵报警系统时，要对现场进行仔细分析，根据需要首先确定探测器选型，进而完成整体规划。

常用入侵探测器的选型要求参见表3-6。

三、报警接收与处理主机

（一）报警控制器

报警控制器是入侵报警接收与处理主机（见图3-55），负责对下层探测设备的管理，同时向报警控制中心传送管理区域内报警情况。一个报警控制器一般含有设撤防控制装置和显示装置，能够方便看出所管辖区域内的探测器状态。

报警控制器将某区域内的所有防盗防侵入传感器组合在一起，形成一个防盗管区，一旦发

表 3-6　常用入侵探测器的选型要求

名　称	适应场所与安装方式		主要特点	安装设计要点	适宜工作环境和条件	不适宜工作环境和条件	附加功能
超声波多普勒探测器	室内空间型	吸顶	没有死角且成本低	水平安装，距地宜小于3.6m	警戒空间要有较好密封性	简易或密封性不好的室内；有活动物和可能活动物；环境嘈杂，附近有金属打击声、汽笛声、电铃等高频声响	智能鉴别技术
		壁挂		距地2.2m左右，透镜的法线方向宜与可能入侵方向成180°角			
微波多普勒探测器	室内空间型：壁挂式		不受声、光、热的影响	距地1.5～2.2m，严禁对着房间的外墙、外窗。透镜的法线方向宜与可能入侵方向成180°角	可在环境噪声较强，光变化、热变化较大的条件下工作	有活动物和可能活动物；微波段高频电磁场环境；防护区域内有过大、过厚的物体	平面天线技术；智能鉴别技术
被动红外入侵探测器	室内空间型	吸顶	被动式（多台交叉使用互不干扰），功耗低，可靠性较好	水平安装，距地宜小于3.6m	日常环境噪声，温度在15～25℃时探测效果最佳	背景有热冷变化，如冷热气流、强光间歇照射等；背景温度接近人体温度；强电磁场干扰；小动物频繁出没场合等	自动温度补偿技术；抗小动物干扰技术；防遮挡技术；抗强光干扰技术；智能鉴别技术
		壁挂		距地2.2m左右，透镜的法线方向宜与可能入侵方向成90°角			
		楼道		距地2.2m左右，视场面对楼道			
		幕帘		在顶棚与立墙拐角处，透镜的法线方向宜与窗户平行	窗户内窗台较大或与窗户平行的墙面无遮挡；其他与上同	窗户内窗台较小或与窗户平行的墙面有遮挡或紧贴窗帘安装；其他与上同	

（续）

名称	适应场所与安装方式		主要特点	安装设计要点	适宜工作环境和条件	不适宜工作环境和条件	附加功能
微波和被动红外复合入侵探测器	室内空间型	吸顶	误报警少（与被动红外探测器相比），可靠性较好	水平安装，距地宜小于4.5m	日常环境噪声，温度在15～25℃时，探测效果最佳	背景温度接近人体温度；小动物频繁出没场合等	双-单转换型；自动温度补偿技术；抗小动物干扰技术；防遮挡技术；智能鉴别技术
		壁挂		距地2.2m左右，透镜的法线方向宜与可能入侵方向成135°角			
		楼道		距地2.2m左右，视场面对楼道			
被动式玻璃破碎探测器	室内空间型：有吸顶、壁挂等		被动式，仅对玻璃破碎等高频声响敏感	所要保护的玻璃应在探测器保护范围之内，并应尽量靠近所要保护玻璃附近的墙壁或天花板上，具体按说明书的安装要求进行	日常环境噪声	环境嘈杂，附近有金属打击声、汽笛声、电铃等高频声响	智能鉴别技术
振动入侵探测器	室内、室外		被动式	墙壁、天花板、玻璃；室外地面表层物下面、保护栏网或桩柱，最好与防护对象实现刚性连接	远离振源	地质板结的冻土或土质松软的泥土地，时常引起振动或环境过于嘈杂的场合	智能鉴别技术
主动红外入侵探测器	室内、室外（室内机不能用于室外）		红外脉冲，便于隐蔽	红外光路不能有阻挡物；严禁阳光直射接收机透镜内；防止入侵者从光路下方或上方侵入	室内周界控制；室外“静态”干燥气候	室外恶劣气候，特别是经常有浓雾、毛毛雨的地域，或动物出没的场所、灌木丛、杂草、树叶树枝多的地方	

遮挡式微波入侵探测器	室内、室外周界控制	受气候影响	高度应一致，一般为设备垂直作用高度的一致	无高频电磁场存在场所；收发机间无遮挡物	高频电磁场存在的场所；收发机间有可能有遮挡物	报警控制设备宜有智能鉴别技术
振动电缆入侵探测器	室内、室外均可	可与室内外各种实体周界配合使用	在围栏、房屋墙体、围墙内侧或外侧高度的2/3处。网状围栏上安装应满足产品安装要求	非嘈杂振动环境	嘈杂振动环境	报警控制设备宜有智能鉴别技术
泄漏电缆入侵探测器	室内、室外均可	可随地形埋设，可埋入墙体	埋入地域应尽量避开金属堆积物	两探测电缆间无活动物体；无高频电磁场存在场所	高频电磁场存在场所；两探测电缆间有易活动物体（如灌木丛等）	报警控制设备宜有智能鉴别技术
磁开关入侵探测器	各种门、窗、抽屉等	体积小，可靠性好	舌簧管宜置于固定框上，磁铁置于门窗等的活动部位上，两者宜安装在产生位移最大的位置，其间距应满足产品安装要求	非强磁场存在情况	强磁场存在情况	在特制门窗使用时宜选用特制门窗专用门磁开关
紧急报警装置	用于可能发生直接威胁生命的场所（如金融营业场所、值班室、收银台等）	利用人工启动（手动报警开关、脚踢报警开关等）发出报警信号	要隐蔽安装，一般安装在紧急情况下人员易可靠触发的部位	日常工作环境		防误触发措施，触发报警后能自锁，复位需采用人工再操作方式

生报警，则在报警控制器上可以一目了然反映出报警区域所在。报警控制器目前以多回路分区防护为主流，自带防区通常为8～16回路居多，也有以总线形式引入可扩展到上百路分区的报警控制器，视系统规模可分为小型报警控制器和联网型报警控制器。

图3-55 防盗报警主机

通常一个报警控制器、探测器加上声光报警设备就可以构成一个简单的报警系统，但对于整个智能楼宇来说，必须设置安保控制中心，能起到对整个入侵报警系统的管理和系统集成。

一般来说，报警控制器应具有以下功能：

1. 布防与撤防功能　正常工作时，工作人员频繁进入探测器所在区域，探测器的报警信号不能起报警作用，这时报警控制器需要撤防。下班后，因人员减少需要布防，使报警系统投入正常工作。布防条件下探测器有报警信号时，报警控制器就要发出警报。

2. 布防后的延时功能　如果布防时，操作人员正好在探测区域之内，就需要报警控制器能延时一段时间，待操作人员离开后再生效，这就是布防后的延时功能。

3. 防破坏功能　如果有人对线路和设备进行破坏，报警控制器应发生报警。常见的破坏是线路断路或短路。报警控制器在连接探测器的线路上加以一定的电流，如果断线，则线路上的电流为零，如果短路，则电流太大超过正常值，上述任何一种情况发生，都会引起报警器报警，从而达到防破坏的目的。

4. 联网功能　作为智能楼宇自动控制系统设备，必须具有联网通信功能，以便把本区域的报警信息送到防灾入侵报警控制中心，由控制中心完成数据分析处理，以提高系统的可靠性等指标。特别是重点报警部位应与视频安防监控系统相联动，自动切换到该报警部位的图像画面，自动录像，并自动打开夜间照明，进行联动。

（二）报警中继器

报警中继器（见图3-56）也称为区域控制器，负责对下层报警设备的管理，同时向报警控制中心传送管理区域内报警情况。一个报警中继器一般可管理多个报警控制器。

一般来说，报警中继器应具有以下功能：

1. 防破坏功能　如果有人对线路和设备进行破坏，报警中继器应发生报警。常见的破坏是线路短路或断路，都会引起中继器报警，从而达到防破坏的目的。

2. 联网功能　能够把报警控制器上来的信号转发给报警控制中心，把控制中心下发的信号转发给所管理的报警控制器。

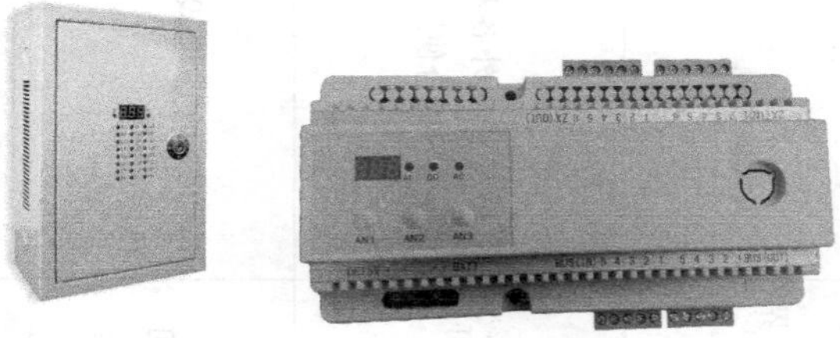

a) 入侵报警中继器（周界使用）　b) 入侵报警中继器（室内使用）

图3-56 入侵报警中继器

（三）报警控制中心

报警控制中心一般由两部分组成，一是负责接收报警信号的接警管理主机（见图3-57），二是接警管理软件，负责对系统内所有报警信号进行记录、管理等。

一般来说，接警管理主机应具有以下功能：

1. 防破坏功能　如果有人对线路和设备进行破坏，接警管理主机应发生报警。常见的破坏是线路短路或断路，都会引起接警管理主机报警，从而达到防破坏的目的。

2. 联网功能　能够把报警系统上来的信号转发给管理软件，把控制中心下发的信号转发给所管理的报警控制器和中继器。

3. 电子地图显示功能　能局部放大报警部位，并发出声、光报警提示等。

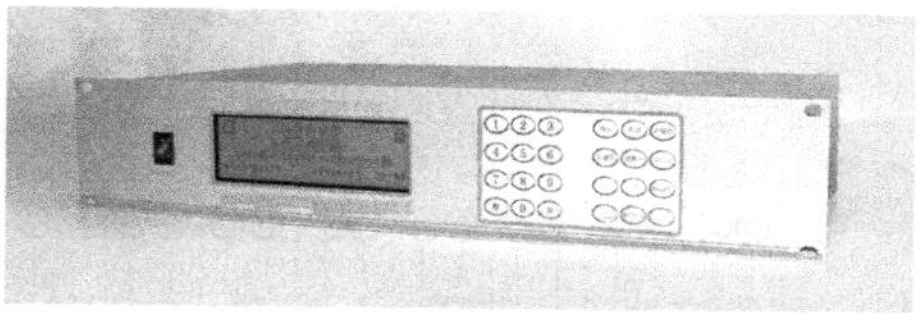

图 3-57　接警管理主机

4. 记录功能　能够在接警管理软件关闭或安装管理软件的服务器故障时，记录报警系统的报警和设备信息，并在接警管理软件恢复时，把所记录的信息自动发送到接警管理软件中进行管理。

四、入侵报警系统设计

（一）小型报警系统

对于一般的小用户，其防护部位很少，从性价比出发，应采用小型报警系统。小型报警系统有如下特点：

1）防区一般为 4 ~ 16 路，探测器与主机采用点到点直接连接方式。

2）能在任何一路信号报警时，发出声光报警信号，并显示报警部位与时间。

3）对系统有自查能力。

4）市电正常供电时能对备用电池充电，断电时自动切换到备用电源上，以保证系统正常工作。系统还有欠电压报警功能。

5）如果没有就近的 24 小时报警控制中心，则应能预存 2 ~ 4 个紧急报警电话号码，发生紧急情况时，能依次向紧急报警电话发出报警信号；如果有就近的 24 小时报警控制中心，则应向报警控制中心报警。

小型报警系统组成框图如图 3-58 所示。

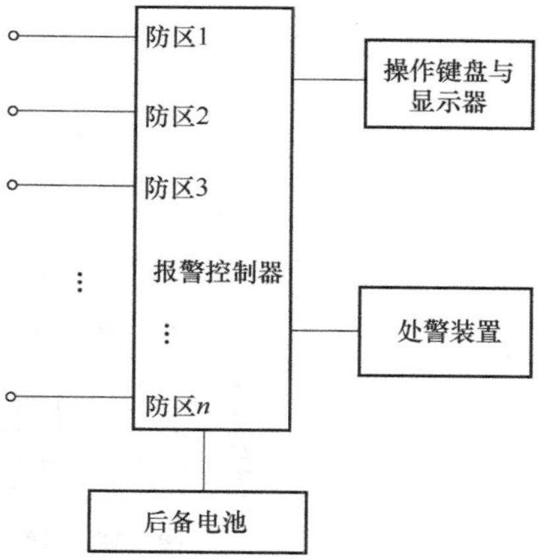

图 3-58　小型报警系统组成框图

（二）混合型报警系统

对于一些相对较大的工程系统，要求防范区域大，防范的点也很多。这些系统不仅含有智能楼宇内部入侵报警系统，同时还有周界入侵报警系统，形成了混合型入侵报警系统。这时需要选用联网型报警控制器。联网型报警控制器通常采用先进的电子技术、微处理器技术、通信技术，信号实行总线控制，所有报警控制器根据安置的地点实行统一编码，探测器的地址码、信号以及供电分别由信号输入总线和电源总线完成，大大简化了工程施工。当任何部位发出报警信号时，联网型报警控制器及时处理，在报警控制器本机显示板上正确显示出报警区域，驱动声光报警装置，就地报警。同时，控制器通过内部电路与通信接口，按原先存储的报警控制中心地址，向更高一级报警中心或有关主管单位报警。

混合联网型防盗报警系统组成如图 3-59 所示。

在大型或特大型的报警系统中，中继器把多个联网型报警控制器联系在一起。中继器能接收各个报警控制器送来的信息，同时也向各报警控制器送去控制指令，直接监控各报警控制器监控的防范区域。由中继器使多个报警控制器联网，系统也具有更大的存储功能和更丰富的表现形式，通常接警管理主机接收下面发来的报警信号的同时与多媒体计算机、相应的地理信息系统、处警响应系统等结合使用。

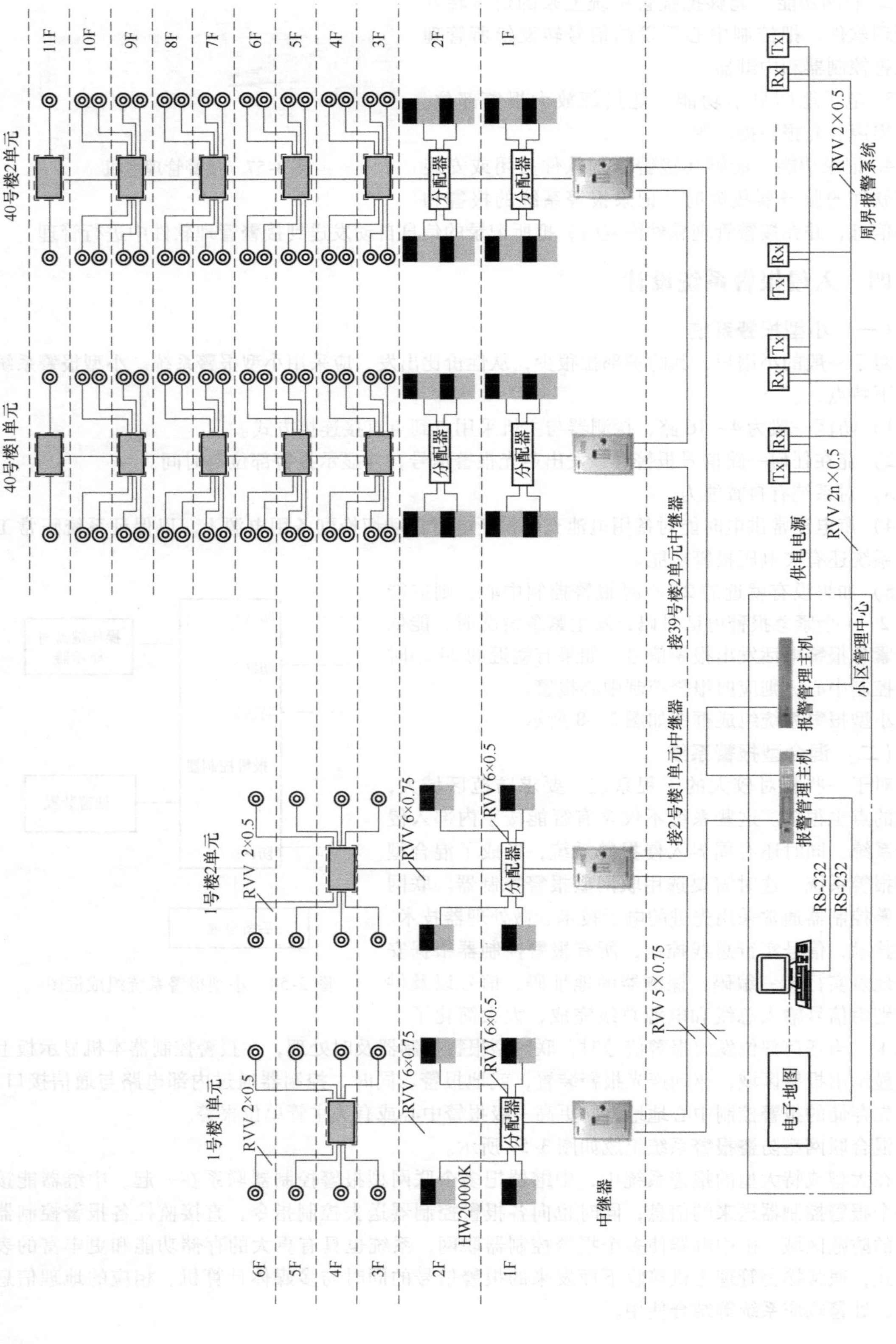

图 3-59　混合联网型防盗报警系统组成

第四节　电子巡查系统

一、系统概述

电子巡查系统也称电子巡更系统，是对保安巡查人员的巡查路线、方式及过程进行管理和控制的电子系统。

电子巡查系统是安全防范系统的一个重要部分，在智能楼宇的主要通道和重要场所设置巡更点，保安人员按规定的巡逻路线在规定时间到达巡更点进行巡查，在规定的巡逻路线、指定的时间和地点向安保控制中心发回信号，若巡更人员未能在规定时间与地点启动巡更信号开关，则认为在相关路段发生了不正常情况或异常突发事件，巡更系统应及时地做出响应，进行报警处理，如产生声光报警动作、自动显示相应区域的布防图及地点等，以便报值班人员分析现场情况，并立即采取应急防范措施。

电子巡查系统应用领域有：

- 安全巡逻管理（物业管理、安保巡更）
- 医院病房巡查
- 油田油井巡查
- 电力部门铁塔、变电站巡查
- 通信部门机站巡查
- 邮政部门邮筒开筒管理
- 燃气部门增压站巡查
- 监狱、看守所巡查

……

凡是需要人员定时或不定时巡逻检查的场合，均可采用电子巡查系统以对巡检工作进行科学地管理。

二、系统分类和组成

电子巡查系统通常按巡查信号传输方式分为在线式电子巡查系统和离线式电子巡查系统两种。

（一）在线式电子巡查系统

在线式电子巡查系统由计算机、网络收发器、前端控制器、巡更点等设备组成。保安人员到达巡更点并触发巡更点开关，巡更点将信号通过前端控制器及网络收发器送到管理计算机。巡更点主要设备放在各个主要出入口、主要通道、紧急出入口、主要部门等处。

在线式电子巡查系统中，识读装置通过有线或无线方式与管理终端实时通信，使采集到的巡查信息能即时传输到管理终端。

在线式电子巡查系统按组网方式分为有线方式和无线方式两种。

1. 有线组网在线式电子巡查系统　大多数有线电子巡查系统是从对讲、门禁、防盗报警等系统升级而来的，其结构如图 3-60 所示。

图 3-60 中，系统由管理终端、网络控制器、巡更点（IC 卡读卡机）等设备组成。保安值班人员到达巡更点触发巡更点开关或刷卡，巡更点将信号通过网络控制器即刻送到管理终端，计算机会自动反映和记录巡更点发出的时间、地点和巡更人员编号（IC 卡号），安保值班室可以随时了解巡更人员的巡更情况。在巡更路线上合理位置设置巡更点，由巡更计算机软件编排巡更

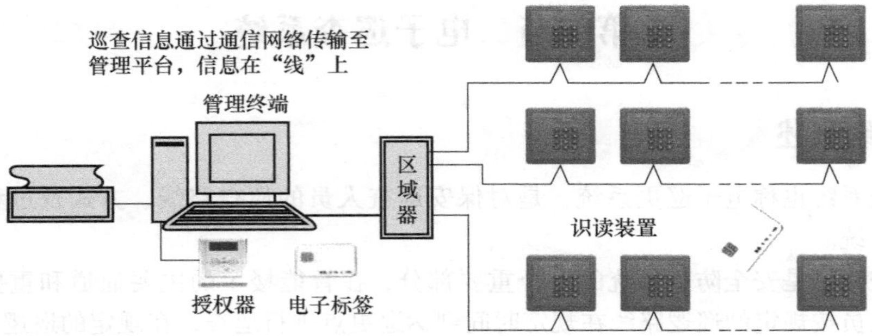

图 3-60　有线组网方式在线式电子巡查系统

班次、时间间隔、线路走向，可以有效地管理巡更员的巡视活动，增强安全防范措施。

2. 无线组网在线式电子巡查系统　无线组网在线式电子巡查系统优点是无需布线，安装简单，易携带，操作方便，性能可靠，不受温度、湿度、地理范围的影响，系统扩容、线路变更容易且价格低，又不宜被破坏，系统维护方便，适用于任何巡逻或值班巡视领域。

无线组网在线式电子巡查系统结构如图 3-61 所示，除实时采集信号无线传输外，工作流程与有线组网方式相同。

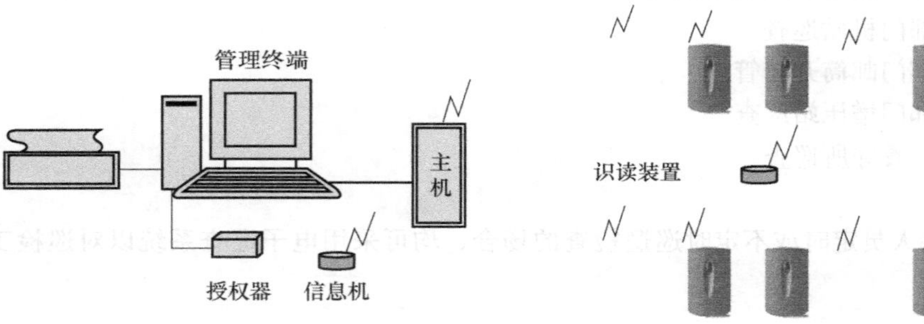

图 3-61　无线组网方式在线式电子巡查系统

（二）离线式电子巡查系统

离线式电子巡查系统由计算机、传送单元、巡更器（手持读取器）、信息钮（或编码片）等设备组成（见图 3-62）。信息钮安装在巡更点处代替电子巡更点，值班人员巡更时，手持巡更器读取数据，巡更结束后将手持读取器插入传送单元，使其存储的所有信息输入到计算机，记录多种巡更信息并可打印巡更记录。离线巡查系统虽不能在巡更时同步显示值班情况，但安装比较方便，推广应用比较快，已成为电子巡查系统的主流形式。

在离线式电子巡查系统中，巡查人员采集到的巡查信息不能即时传输到管理终端的电子巡查系统，“离线”含义是信息采集不在线上，而在“棒”（采集器）上。

离线式电子巡查系统按信号读取方式可分为接触式和非接触式（感应式）两种。

如图 3-63 所示，一套完整的离线式电子巡查系统是由巡查数据采集器、系统软件、信息钮系统 3 大部分组成的。

1. 系统软件　它是整个巡更系统的核心，整个巡更过程都是通过软件来查询记录、操作和检验巡逻的。一个完善的系统管理软件为用户提供如下功能：

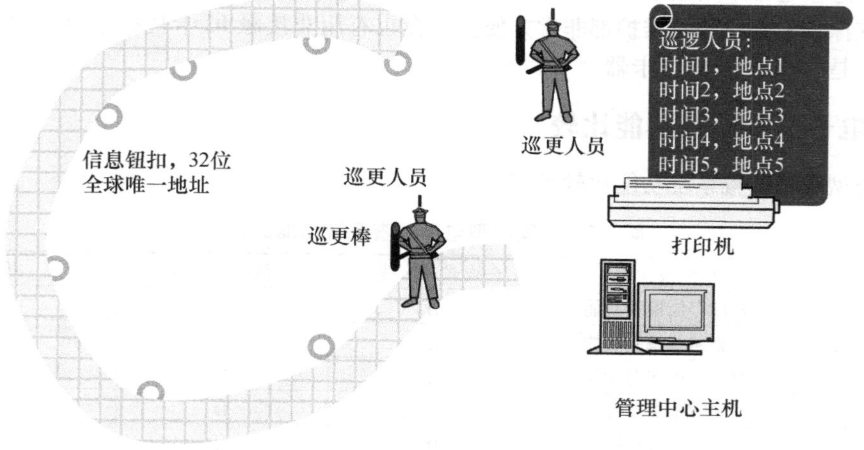

图 3-62　离线式电子巡查系统

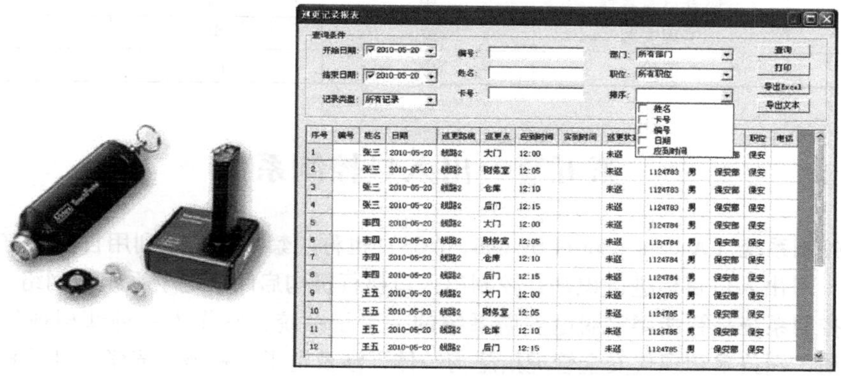

a) 巡查数据采集器与信息钮　　　　b) 巡查系统软件

图 3-63　离线式电子巡查系统硬件和软件

（1）人员设置　即为用户提供操作人员身份识别。

（2）地点设置　即为不同巡逻地点提供的巡逻计划。巡逻计划包括为整个巡逻范围提供人员、地点和方案的设置，并通过计算机查询近期记录，组合和优化巡更地点、巡更人、时间、事件等不同选项结果，提出在巡更过程中根据具体情况添加和减少巡更员人数建议等。

（3）密码设置　有便于管理人员操作的密码设置，可更加有效地评估巡更人员的工作状况。

针对不同的产品，有不同的软件配置，软件配置应易安装、易操作，有统计分析、打印、备份等功能，便于管理人员管理。随着巡更系统应用领域的扩大，巡更软件的功能也在扩展，以便适应不同的客户群。

2. 巡更器　巡更器有时又称巡更棒，一般以 RFID 识别技术采集、存储或传输信息。巡更人员带着巡更棒按规定时间及线路要求巡视，逐个读入巡更按钮信息，便可记录巡更员的到达日期、时间、地点及相关信息。若不按正常程序巡视，则记录无效，查对核实后，即视为失职。在控制中心可通过计算机下载所有数据，并整理存档。

3. 信息钮　信息钮一般是无源、钮扣大小、安全封装的存储设备，其中存储了巡更点的地理信息。信息钮通常采用接触式操作，不怕干扰，识读百分之百，无误差，可以镶嵌在墙上、树上或其他支撑物上，安装与维护都非常方便。现在也有用非接触IC卡代替信息钮的应用，相应的巡更棒就是手持式IC卡读卡器。

三、电子巡查系统功能比较

不同类型电子巡查系统功能比较见表3-7。

表3-7 不同类型电子巡查系统功能比较表

序号	功能及优势	在线式（有线）	在线式（无线）	离线式
1	软件存储检索功能	有	有	有
2	巡查路线编制功能	有	有	有
3	巡查途中实时功能	有	有	无
4	实时报警功能	有	有	无
5	巡查棒存储功能	有	有	有
6	电子地图实时显示功能	有	有	无
7	脱机工作功能	无	无	有
8	巡查点兼容性	中	高	低
9	工程安装	难	中	易
10	造价	中	高	低

第五节 出入口控制系统

出入口控制系统（Access Control System，ACS）也称门禁系统，是利用自定义符识别（模式识别）技术，对出入口目标进行识别并控制出入口执行机构启闭的电子系统或网络。

出入口控制系统是智能楼宇弱电安防系统的一个子系统，它作为一种新型现代化安全管理系统，集自动识别技术和现代安全管理措施为一体，涉及电子、机械、光学、计算机技术、通信技术、生物技术等诸多新技术。出入口控制系统通过在建筑物内的主要出入口及电梯厅、设备控制中心机房、贵重物品的库房等重要部门的通道口安装门磁、电控锁或控制器、读卡器等控制装置，由计算机或管理人员在中心控制室监控，能够对各通道口的位置、通行对象、通行时间及方向等进行实时控制或设定程序控制。

一、出入口控制系统组成

出入口控制系统通常由门禁控制器、读卡器、电控锁、管理工作站、传输网络和其他相关门禁设备几部分组成，如图3-64所示。

1. 门禁控制器 门禁控制器是门禁系统的核心部分，其功能相当于计算机的CPU。它负责整个系统的输入/输出信息的处理和储存、控制等，其通信方式常见有RS-485、TCP/IP等。它验证门禁读卡器输入信息的可靠性，并根据出入规则判断其有效性，有效则对执行部件发出动作信号。

2. 读卡器 读卡器是身份信息识读装置，一般设置于出入口外侧（在出、入均需控制的场合，在出入口内、外均需配置），为人机信息交互的装置，常见有门禁读卡器、指纹仪、掌形仪、人脸识别装置等。它采集人员身份信息（门禁卡密码、指纹、掌形、人脸特征等），并将此信息发送至预定的系统设备，如现场控制设备或管理工作站。

3. 电控锁 电控锁是出入口通道设施（门、闸机等）的启闭执行装置，常见有电控门锁、

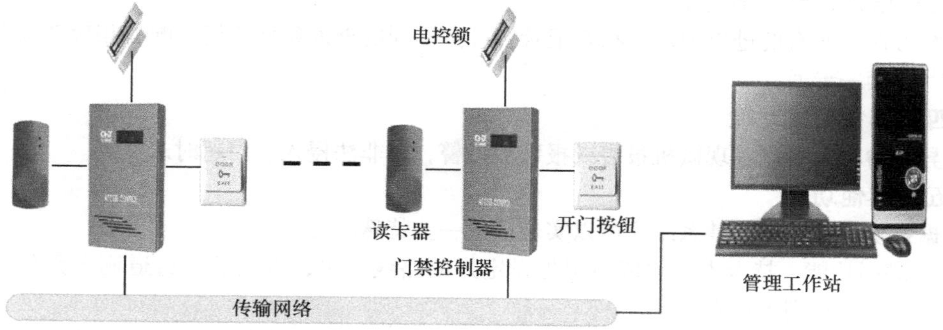

图 3-64　出入口控制系统组成

磁力锁、电控闸机等。其作用是常态下呈闭锁状态，在系统给予“开门”指令时转换为开启状态，释放门锁或闸机，在设定时间段后自动恢复闭锁。

电控锁通常在断电时呈开门状态，以符合消防要求，并配备多种安装结构类型供客户选择使用。按单向的木门、玻璃门、金属防火门和双向对开的电动门等不同技术要求可选取不同类别的电控锁。

4. 管理工作站　管理工作站负责门禁系统的监控、管理、查询等工作。管理工作站配置出入口系统管理应用软件，实现用户身份信息的采集、授权、存储和下载，记录（查询）出入口出入信息，进行用户身份信息管理、系统设备运行管理，在系统异常（出入信息异常或设备故障）状态发生时予以报警。

5. 传输网络　传输网络实现系统管理工作站与系统中所有出入口门禁控制器之间的通信，传输出入信息、控制系统和系统运行信息，常用现场控制总线网络和以太网络。

若干个出入口控制系统管理工作站可以通过现场总线、局域网或互联网实现扩展和联网运行。

6. 其他相关门禁设备　包括电源、开门按钮、门磁等。

电源是负责整个门禁系统的能源，是一个非常重要的组成部分，门禁系统若无电源供电，整个门禁系统将呈瘫痪状态。

开门按钮按一下可打开开门设备。开门按钮设置于出入口内侧，一般采用人工按钮开关。在出、入均需控制的场合，它由识读装置替代。

门磁一般安装在门框上，用于检测门的开关状态等。

二、出入口控制系统功能

（一）对通道进出权限的管理

对通道进出权限的管理主要有以下几个方面：

1. 进出通道的权限　对每个通道设置哪些人可以进出，哪些人不能进出 。

2. 进出通道的方式　对可以进出该通道的人进行进出方式的授权，进出方式通常有密码、读卡（生物识别）、读卡（生物识别）+密码组合 3 种方式。

3. 进出通道的时段　设置人员通过该通道的时间范围。

（二）实时监控功能

系统管理人员可以通过微机实时查看每个门区人员的进出情况，可与视频监控系统联动，同时图像显示，监视每个门区的状态（包括门的开关、各种非正常状态报警等），也可以在紧急状态时打开或关闭所有的门区。

（三）出入记录查询功能

系统可储存所有的进出记录、状态记录，可按不同的查询条件查询，配备相应考勤软件可实现考勤、门禁一卡通。

（四）异常报警功能

在异常情况下可以实现微机报警或报警器报警，如非法侵入、门超时未关等。

（五）其他功能

根据系统的不同，门禁系统还可以实现以下一些特殊功能：

1. 反潜回功能　持卡人必须依照预先设定好的路线进出，否则下一通道刷卡无效。本功能是防止持卡人尾随别人进入。

2. 防尾随功能　持卡人必须关上刚进入的门才能打开下一个门。本功能与反潜回实现的功能一样，只是方式不同。

3. 消防报警监控联动功能　在出现火警时门禁系统可以自动打开所有电子锁让里面的人随时逃生。

4. 灵活管理监控功能　可在网络上任何一个授权的位置对整个系统进行设置监控查询管理，也可以通过 Internet 进行异地设置管理监控查询。

5. 逻辑开门功能　简单地说就是同一个门需要几个人同时刷卡（或其他方式）才能打开电控门锁。

6. 电梯控制功能　在电梯内部安装读卡器，用户通过刷卡对电梯进行控制，无需按任何按钮。

三、出入口控制系统分类

（一）按识别方式分类

门禁系统按进出识别方式可分为以下 3 大类：

1. 密码识别　通过检验输入密码是否正确来识别进出权限。这类产品又分两类：一类是普通型，另一类是乱序键盘型。普通型的优点是操作方便，无需携带卡片，成本低；缺点是密码容易泄露，安全性很差，无进出记录，只能单向控制。乱序键盘型的键盘上的数字不固定，不定期自动变化，以起到保密作用。

2. 卡片识别　通过读卡或读卡 + 密码方式来识别进出权限。常用智能卡识别，以智能卡授权的密码或身份证信息作为用户身份信息，一人一卡，比密码开门的安全性显著提高，但需注意门禁卡转借或丢失造成的安全隐患。

3. 生物识别　以用户的生物特征信息作为识别的依据，常见有指纹、掌形和人脸。此种方式对出入口控制的安全性显著提高，只需事先由系统采集用户生物特征信息，系统内予以设置与配置，出入口配置相应的指纹仪、掌形仪或人脸识别装置即可。

目前，人脸识别以其方便与快捷的优势，成为新一代出入口控制系统的主流识别方式。在人工智能技术发展影响下，人的语音特征也被用以身份识别的依据。目前，由于语音识别的唯一性较之人脸识别尚存差异，故常采用人脸识别和语音识别的综合应用，充分发挥人工智能在出入口控制系统的安全性和便捷性。

（二）按卡片种类分类

门禁系统按卡片种类可又分为以下 3 类：

1. 磁卡　磁卡是早期出入口控制系统中常用的一种电子装置。磁卡可存储大量的信息。磁卡的优点是成本较低，一人一卡（+ 密码），安全一般，可连微机，有开门记录。其缺点是卡片和设备有磨损，寿命较短；卡片容易复制，不易双向控制；卡片信息容易因外界磁场丢失，使卡片无效。

2. IC卡　IC卡也叫智能卡，一般指接触式IC卡。IC卡存储区域中能存储大量的数据，可在多种场合使用。IC卡上的信息可方便地进行修改，只有使用专用设备才能读取IC卡中的相关数据存储区域。IC卡很难伪造，在出入口控制系统中使用IC卡有很高的安全性。

3. 射频卡　射频卡也称感应卡或非接触式IC卡。使用感应卡时不需要将其插入读卡机中，手持感应卡接近读卡机就可以完成读卡操作并快速通过出入通道关卡。感应卡具有防水、防污功能，能用于潮湿的恶劣环境，使用方便，节省识别时间，特别适合在安全要求不很高的大流通量的情况下使用。感应卡随着性能价格比的提高，已逐渐成为智能化建筑出入口控制系统的主流识别卡。

（三）按与微机通信方式分类

门禁系统按与微机通信方式可分为以下两类：

1. 单机控制型　这类产品是最常见的，适用于小系统或安装位置集中的单位，通常采用RS-485通信方式。它的优点是投资小，通信线路专用。

2. 网络型　它的通信方式采用的是网络常用的TCP/IP。这类系统的优点是控制器与管理中心是通过局域网传递数据的，管理中心位置可以随时变更，不需重新布线，很容易实现网络控制或异地控制，适用于大系统或安装位置分散的单位使用。

四、出入口控制工程系统图

在智能化工程中，重要部位与主要通道口一般均安装门磁开关、电子门锁与读卡器等装置，并由安保控制室对上述区域的出入对象与通行时间进行统一的实时监控。图3-65为典型出入口控制工程系统图，该系统由中央管理机、控制器、读卡器、执行机构4大部分组成，系统的性能取决于系统硬件及管理软件。

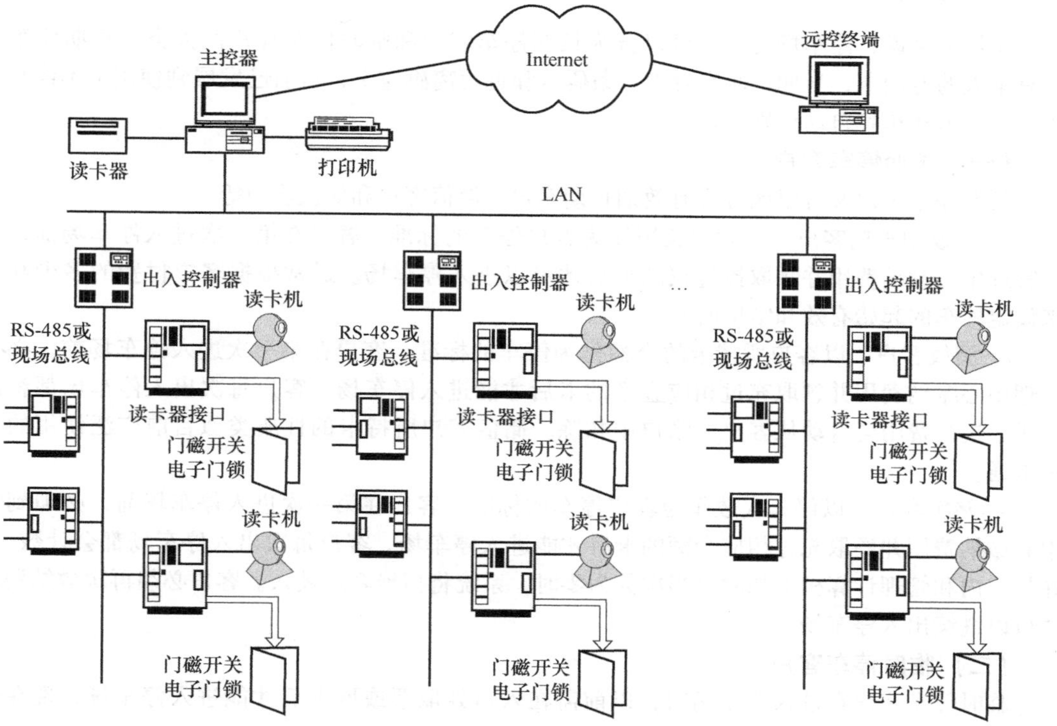

图3-65　典型出入口控制工程系统图

第六节 停车库（场）管理系统

一、停车库（场）管理系统概述

停车库（场）管理系统是对进、出停车库（场）的车辆进行自动登录、监控和管理的电子系统或网络。

随着我国国民经济的迅速发展，机动车数量增长很快，合理的停车场设施与管理系统不仅能解决城市的市容、交通及管理收费问题，而且是智能楼宇或智能住宅小区正常运营和加强安全的必要设施，停车库（场）管理系统作用逐渐显现。

停车库（场）管理系统的主要功能分为停车与收费，即泊车与管理两大部分。

1. 泊车　要全面达到安全、迅速停车目的，首先必须解决车辆进出与泊车的控制，并在车场内有车位引导设施，使入场的车辆尽快找到合适的停泊车位，保证停车全过程的安全。最后，必须解决停车场出口的控制，使被允许驶出的车辆能方便迅速驶离。

2. 管理　为实现停车场的科学管理和获得更好的经济效益，车库管理应同时有利于停车者与管理者。因此必须构建停车出入与交费迅速、简便的环境，使停车者使用方便，并能使管理者实时了解车库管理系统整体组成部分的运转情况，能随时读取、打印各组成部分数据情况并进行整个停车场的经济分析。

二、停车客户分类

总体上来说，停车场的客户可以分为长期停车客户和临时停车客户两大类。长期停车客户持有本人的专用卡，早期产品有磁卡、条码卡和近距离感应卡，目前已发展到使用可不停车的远距离感应卡和车牌自动识别等。

（一）长期停车客户

长期停车客户又可以区分为有效期长期客户、储值客户和储次客户等。

1. 有效期长期客户　以时间长短作为客户停车的标准。客户在第一次进入停车场前，必须到管理中心缴纳费用并领取授过权的卡后才可以进入停车场。通常根据客户付费的多少和需要来设定停车的起始有效和结束时间。

2. 储值客户　以客户所持卡的金额作为停车的标准。客户在第一次进入停车场前，必须到管理中心缴纳费用并领取充过相应金额的卡后才能进入停车场。客户每次出入停车场都将产生费用，这个费用会自动从客户卡账户中扣除。储值客户所持卡的性质类似目前广泛使用的交通一卡通。

3. 储次客户　以停车次数作为客户停车的标准。客户在第一次进入停车场前，必须到管理中心缴纳费用并领取充过相应金额的卡后才能进入停车场。客户每次出入停车场都会计数一次，并从卡内和管理计算机上扣除。当次数为零时，系统将拒绝客户驶入。客户必须再次缴纳费用后才可以继续出入停车场。

（二）临时停车客户

临时停车客户在进入停车场时，以前需在入口处取票或取卡后才能进入停车场，现在通常为在入口通过车牌识别进入停车场，在出口处收费。

根据客户驶出停车场时付费方式的不同，又可区分为一般客户、优惠客户、免费客户等。

1. 一般客户　完全按照正常的停车收费标准来进行收费的用户，根据车型的不同和停车时间长短收取不同的费用。

2. 优惠客户　优惠客户可以享受停车的优惠，如减去一定的停车时间或者停车费用打折扣等。

3. 免费客户　免费客户则无需付费便可以离开停车场，由出口处完成具体操作。

若客户不慎遗失票卡，可以通过事先在管理和收费系统中设置的程序处理方式解决。

三、停车库（场）管理系统组成

一个停车库（场）管理系统组成如图3-66所示，其基本组成有入口、库（场）区、出口和中央管理4个部分。

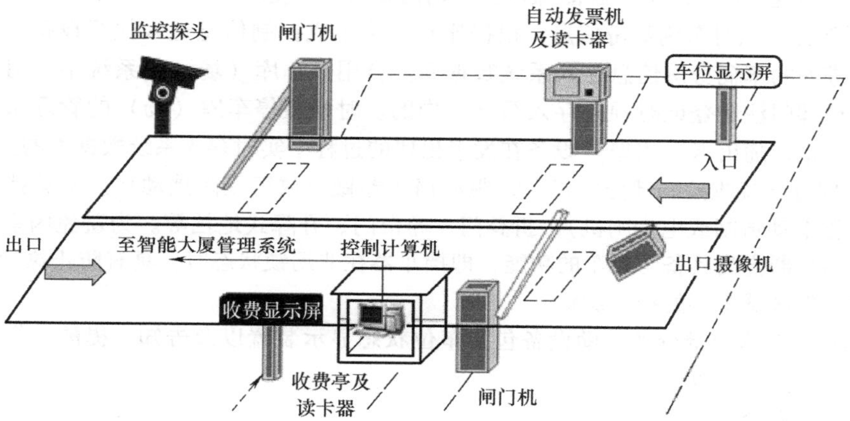

图3-66　停车库（场）管理系统组成

（一）入口部分

入口部分主要由识别、控制、执行3部分组成，根据需要可扩充自动出卡（出票）设备、识读（引导）指示装置、图像获取设备和对讲等设备，如图3-67a所示。

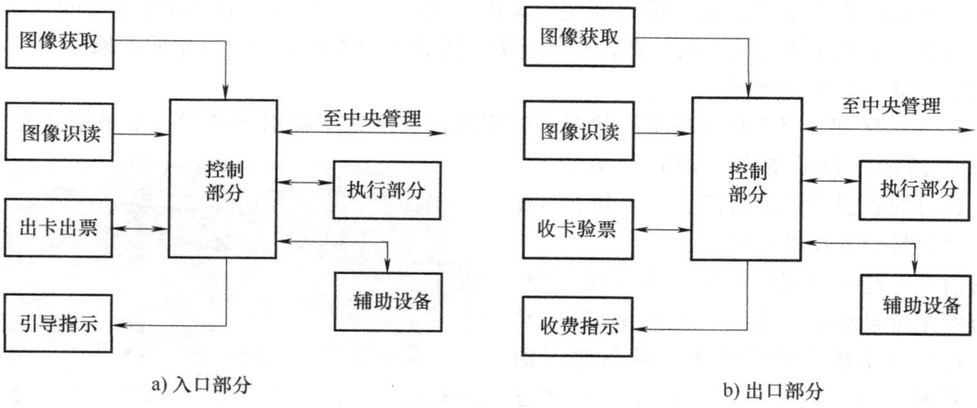

图3-67　停车库（场）管理系统出入口部分

1. 识读部分　完成车辆身份的识别，并与控制部分交互信息。其能有：

（1）判断有无车辆进入　通常车辆入口前端的地面下方安装有地感线圈，感知车辆进入通道的信息，通过车检器形成数据信息，送至控制部分。

（2）车辆身份识读　车辆身份标识通常以智能卡、电子标签、条形码、磁条票、打孔票和车俩号牌等表示。住宅小区、科技园区、厂区及企事业单位等自用的停车库（场）一般为用户授权发放具有时效期限的固定智能卡、电子标签等，商业时租型停车库（场）通常以自动出卡/出票装置发放临时卡/票。上述各类车辆身份标识的信息介质通过识读装置识读，将此车辆身份信息送入控制设备。

随着信息识别技术的日益成熟，车牌自动识别技术得到推广和普及，车辆号牌成为本系统中车辆身份的标志。在车辆入口处安装车牌识别摄像机，读取车牌信息，送达控制设备。为达到预期的识别效果，车牌识别摄像机应具有防强逆光的性能，在配置入口设备中需要增配补光灯，提高车牌的光照度，使获取的车牌图像达到识别需要的清晰度。

2. 控制部分　比对车辆身份信息，根据比对结果生成控制信息送入执行设备。为此，预先必须将允许进入的车辆身份信息存入系统数据库。自用停车库（场）的系统中，用户车辆身份信息是在管理部门注册登记时预先存入系统之中的。时租型停车库（场）的管理系统中，车辆身份有效信息是伴随出卡（出票）设备在发卡出票的过程中实时存入系统数据库的。

3. 执行部分　接收控制部分的指令，驱动挡车器做出放行或阻挡动作。常见挡车器有电动栏杆机（亦称电动道闸或电动闸机）、折叠门、卷帘门、升降式地挡等。为避免因系统故障危及车辆安全，挡车器应当具备防砸车的功能，即挡车器在非闭锁状态时，具有防止执行部件碰触已进入挡车器工作区域车辆的控制逻辑。

4. 辅助设备　入口部分的辅助设备包括车位状态显示装置以及告知、提醒、报警等显示装置，引导车辆有序、规范进入。

（二）出口部分

出口部分的设备与入口部分基本相同，如图3-67b所示，但其扩充功能的设备有所不同，无需出卡（出票）设备和入库（场）引导指示装置，而增设了收卡（验票）设备。在时租型停车库（场）的出口部分还需要配置收费指示装置。在车牌自动识别的管理系统中，出口部分还配置一台PC，车辆验证过程中还能自动调取该车辆入口时抓拍的图像，并与出口获取的图像在同一界面内进行直观比对，提升管理安全性。

在一些现代化程度较高的时租型大型停车库（场）内，已运用自动扫码付费的技术系统，为驾车者在驾车离场前完成扫码付费，有效避免了因收费行为致使出口堵车的现象。

（三）库（场）区部分

库（场）区部分可根据现场实际状况和管理的需求配置车辆引导装置，常采用灯光、标志牌等设施指示。为保持库（场）区的安全、有序，还可配置视频安防监控系统、电子巡查系统、紧急报警等技术系统。

目前在一些大型现代化停车库（场）中，还设有停车位自动引导系统（见图3-68）。常用的自动引导系统采用雷达侦测或图像识别技术，对库（场）内所有停车位空、满状态进行实时侦测（见图3-69），将车位空、满信息录入系统，通过管理系统的比对分析，引导入库（场）车辆就近驶向具有空位的区域停泊。

图3-68　停车位自动引导系统

图 3-69　车位侦测

（四）中央管理部分

中央管理部分是系统的管理与控制中心，由中央管理单元、数据管理单元（数据库）、中央管理执行设备等组成。中央管理单元和数据库通常集成在一起，中央管理执行设备主要包括车辆身份信息识别设备、授权设备、信息传输网络及灯光显示和打印等设备。

中央管理部分主要完成操作权限、车辆出入信息的管理，车辆身份注册授权和鉴别，车辆出入、停放行为的鉴别以及车辆停放时间和付费计算等功能。

（五）系统联网

停车库（场）管理系统按照停车库（场）出入口数量和管理的需要确定联网模式。

设置于同一区域的出、入口的停车库（场），可将入口、出口和管理设备同置于一室（岗亭）内，就近直接连接成网。

具有多个出入口的停车库（场）或需要对多个停车库（场）进行集中管理时，需要专用或共用的网络予以连接，通信网络形式常见有总线网络或 TCP/IP 局域网。这样，车辆在一个入口进入在另一个出口离库（场），同样能够在一个数据库和管理系统中实施控制和管理。

随着物联网、移动互联网和云计算技术的发展，已经有不少场合采用将分散于不同区域、不同城市的停车库（场）管理系统连接于同一个信息平台上的方式，进行更大范围的集中管理。该系统具有停车咨询、引导、预定车位等功能，可充分挖掘城市停车位资源，方便市民车辆停放，缓解城市“停车难”等问题。

第七节　楼宇（可视）对讲系统

一、楼宇（可视）对讲系统概述

楼宇（可视）对讲系统又称访客对讲系统，是具有选通、对讲功能，并提供电控开锁的电子系统，主要设备如图 3-70 所示。其在当今错综复杂的建筑群体中，为防止外来人员的入侵，确保家居安全，起到了非常可靠的防范作用。

按功能楼宇对讲系统分可分成单对讲型基本功能和可视对讲型多功能两种。一般住宅小区、高层、小高层、多层公寓住宅、别墅、商住办公楼宇等建筑都应建立楼宇对讲系统，能实施访客选通对讲、电控启闭电锁功能，可视装置又能使各住宅的主人立即看到来访者的图像，决定是否接待访客，能起到安全防范的作用，有效地加强物业管理。

二、楼宇（可视）对讲系统组成

楼宇（可视）对讲系统一般由门口机、室内机、管理主机、电控门、电源箱和通信网络等组成。

1. 门口机 一般安装在住宅楼主要出入口、公寓及别墅出入口处。门口机配有各住宅房号数码按键，如图3-70b所示。

2. 室内机 安装在住户室内，响应门口机呼叫，实现与门口机双向对讲（可视对讲型系统还可监看门口机摄取的视像），控制门口机开启电控门，如图3-70a所示。

3. 管理机 管理系统内所有门口机、室内机，记录系统设备运行状态，处理设备故障报警信息。

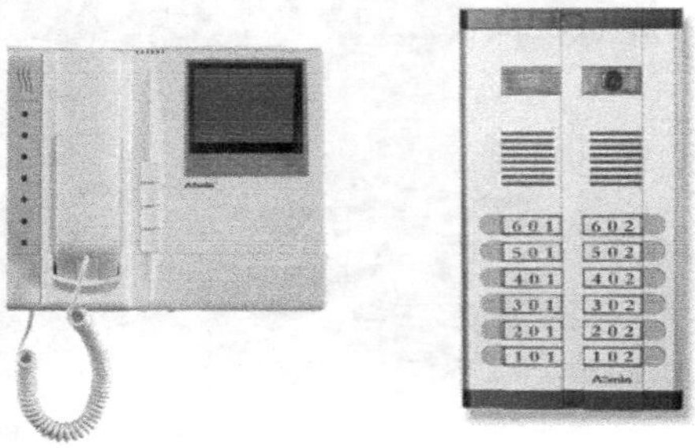

a) 室内机 b) 门口机

图3-70 楼宇（可视）对讲系统

4. 电控门 电控门系统由门、电控锁、门状态检测装置、人工开门按钮、闭门器等组成，接收管理机和室内机指令，电动开启或闭合。

5. 电源箱 向访客（可视）对讲系统的主机、分机、电控锁等各部分提供电源的装置。当电源断电时，应能自动转入备用电源连续不间断地工作。当主电源恢复正常后，应自动切换为主电源工作。

6. 通信网络 通信网络连接系统各组成部分，实现数据通信，因应用环境、系统规模以及产品技术要求不同而有较大差异，将在下面介绍。

三、楼宇（可视）对讲系统结构

楼宇（可视）对讲系统按应用环境、联网规模以及通信技术不同可分成直接连接、单元连接、多单元互连、云对讲4种网络结构。

（一）直接连接

直接连接结构为独户连接模式，如图3-71所示，门口机与室内机（管理机）直接连接。

（二）单元连接

在单元连接结构中，由于用户集中于建筑物单元中并呈垂直分布，因此门口机与用户室内机之间常采用总线网络连接，如图3-72所示，适用于规模不大的社区内，门口机数量多（数十台）且分布又较为集中的场合。

图3-71 直接连接

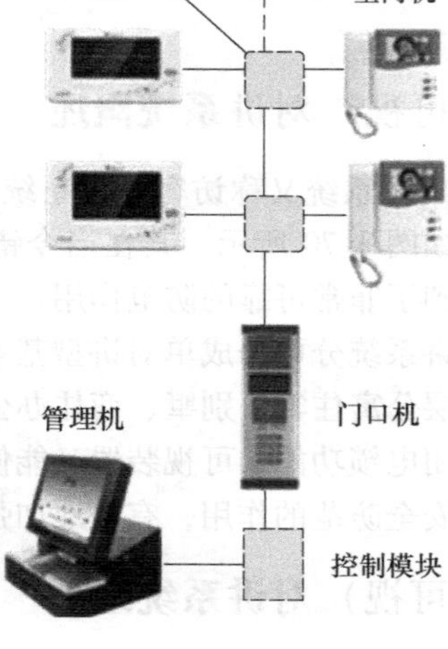

图3-72 单元连接

（三）多单元互连

多单元互连是单元连接结构的扩展，如图 3-73 所示，单元间通过控制总线或局域网组成网络，也有利用公共网络（如市话局交换设备）实现组网，可节省联网管、线和工程量。多单元互连结构适合较大型的居住社区采用，企事业单位也有应用。

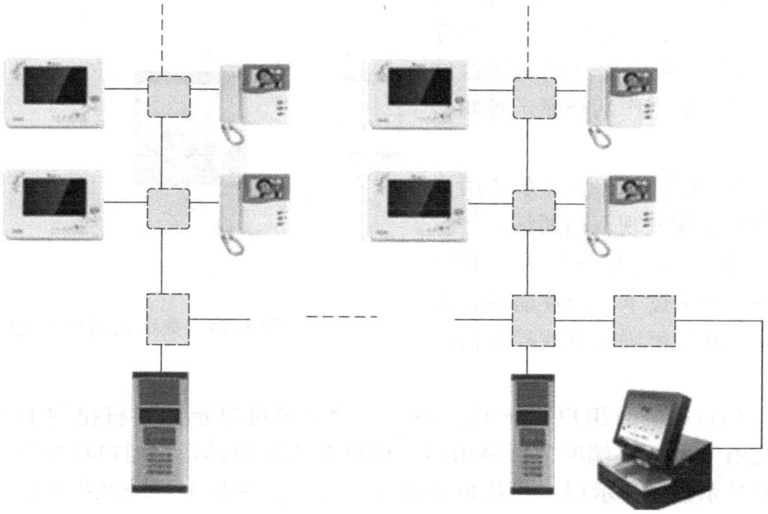

图 3-73　多单元互连

（四）云对讲

云对讲是互联网云技术在传统访客对讲系统中的应用。此种系统中用户的室内机被智能手机、Pad 等移动通信终端的 APP 所替代，门口机、系统管理机均通过有线、无线等方式直接接入互联网，在互联网云平台上交互、管理系统信息，用户可以在任何互联网抵达的地方响应访客呼叫，使用十分便捷。有些产品还将人脸识别、语音识别技术应用于系统之中，人工智能水准不断提升，加之系统建设、维护方便，运行成本低廉，功能扩展强大，将成为访客对讲系统发展的趋势。

一种典型云对讲系统结构如图 3-74 所示。

1. 系统组成　该系统由门口机、用户 APP、管理员客户端、云执行平台 4 部分组成。

（1）门口机　配置于需要控制和管理的出入口的人机互动操作控制设备，连接人工开门装置（如开门按钮）、电控开门机构（如电控门锁）。

（2）用户 APP　经实名认证后安装于用户移动通信终端。

（3）管理员客户端　安装有特定云客户端管理平台系统软件的计算机，配置于属地的管理部门或安保部门，通过互联网接入云。其功能有授权用户端 APP 实名制认证，管理所属区域云门口机及出入口操作信息，接受门口机呼叫，实现可视对讲、控制开锁，与用户终端 APP 双向呼叫、对讲。

（4）云执行平台　安装有特定云出入口管理系统平台执行软件，主要功能是管理和存储所有接入云的门口机、用户 APP、管理员客户端以及系统发生的所有信息，发出相应执行逻辑。

2. 系统功能　系统实现如下功能：

（1）识别　门口机内存储所辖用户门禁卡、用户密码和用户人脸信息，能通过比对识别用户密码的真伪，识别门禁卡、人脸的合法性，同时也能通过门口机数字按键正确选呼相应户室的用户 APP。

(2) 呼叫　能通过门口机呼叫键呼叫用户 APP，用户 APP 移动终端能听到应答提示音。呼叫用户时具有巡呼功能，当该住室首席用户 APP 未响应，延时一定时间后自动改呼该室第 2 位 APP，通常一次最多巡呼 3 个 APP。能通过门口机直接呼叫所属区域管理员，管理员客户端工作站会显示呼叫信息和呼叫地址。

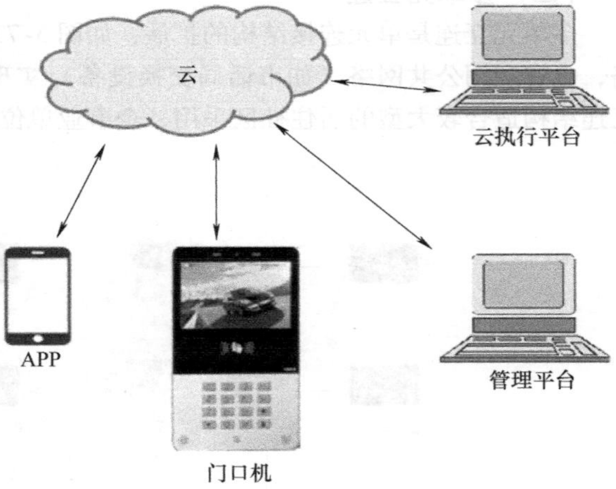

图 3-74　典型云对讲系统结构

(3) 通话　呼叫并在被呼叫方（用户或管理员）接听后，能实现双向通话。

(4) 控制开锁　可通过按动人工开门按钮、授权合法门禁卡读卡、经注册备存人脸信息识别、输入数字密码等方式控制门锁启闭。

(5) 可视　门口机叫通用户 APP 后，APP 终端屏幕可显示门口机摄取的视频影像。用户 APP 经操作“查看”后，终端屏幕可显示门口机摄取的视频影像。门口机叫通管理员后，管理员客户端工作站显示器可显示门口机摄取的视频影像。管理员客户端经操作后，可选看所属区域任何一台门口机摄取的视频影像。

(6) 报警　当发生门口机失电、门口机被拆、门扇常开、门被非法开启时，门口机自动向系统平台发出报警信号。

(7) 扩展功能　云对讲系统还可提供如下功能：

1）门牌显示：当环境照度低于 1lx 时，门口机屏幕自动显示预置的门牌号码。

2）操作信息提示：当门口机按键操控时，应能自动以文字和语音方式提示当前操作。

3）实时信息公告：门口机显示屏应能以“走马灯”文字方式显示所属区域发布的公告信息。

4）自动人脸补光：当门口机摄取图像因夜间环境照度过低或背景照度过大造成被摄人脸过暗时，可自动开启门口机补光灯，提高人脸部分的照度，改善人脸影像清晰度，以便于辨别人脸特征。

5）图像抓拍和存储：在使用密码、刷卡、刷脸、呼叫用户 APP、呼叫管理员时，门口机可自动抓拍一帧图像，并发送至云服务器存储。

思考题与习题

1. 楼宇安全防范系统组成分为哪几个部分？
2. 简述视频安防系统发展历程与趋势。
3. 简述视频安防系统的组成与功能。
4. 摄像机的主要技术参数有哪些？
5. 视频监控系统组网有哪几种方式？各适合什么场合？
6. 比较模拟监控系统与数字监控系统的差别和性能特点。
7. 简述存储区域网络（SAN）的组成与功能。
8. 入侵报警探测器有哪几种类型？其基本工作原理是什么？

9. 什么是双技术探测器？应用时有什么特点？
10. 简述电子巡查系统的组成与功能。
11. 比较在线式电子巡查系统与离线式电子巡查系统的区别。
12. 简述出入口控制系统的组成与功能。
13. 什么是停车库（场）管理系统？由哪几部分组成？
14. 简述楼宇（可视）对讲系统的组网方式。
15. 简述云对讲系统的工作原理与组成。

第四章 火灾自动报警与消防联动控制

火灾自动报警与消防联动控制系统（FAS）是智能楼宇自动化系统的一个重要组成部分。其原因是：在楼宇中存在大量的电气设备，其装修材料和内部陈设均可因人为或自然原因发生火灾，造成严重的财产损失与人身伤亡事故。其中火灾自动报警控制系统是系统的感测部分，用以完成对火灾的发现和报警。灭火和联动控制系统则是系统的执行部分，在接到火警信号后执行灭火任务。

第一节　楼宇火灾自动报警系统概述

火灾自动报警系统是智能楼宇消防工程的重要组成部分，它的工作可靠，技术先进，是控制火灾蔓延、减少灾害、及时有效地扑灭火灾的关键。

一、火灾自动报警系统构成

对于不同形式、不同结构、不同功能的建筑物来说，火灾自动报警系统的结构模式不一定完全一样，应根据建筑物的使用性质、火灾危险性、疏散和扑救难度等按消防有关规范进行设计。

在结构上，一个火灾自动报警系统通常由火灾探测器、区域报警器、集中报警器 3 部分组成，如图 4-1 所示。

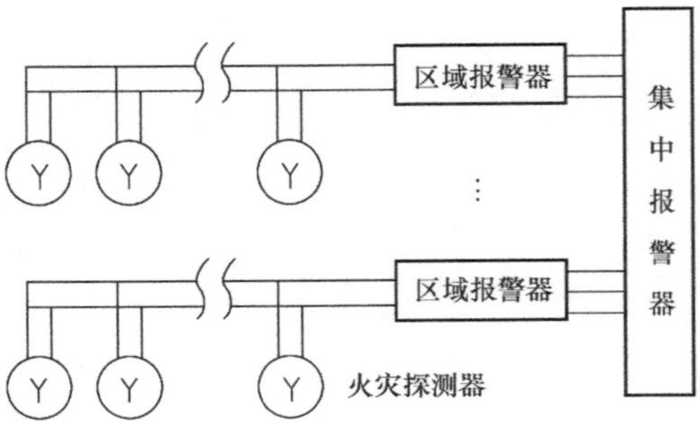

图 4-1　火灾自动报警示意图

图 4-1 中Y表示火灾探测器，安装于火灾可能发生的场所，将现场火灾信息（烟、光、温度）转换成电气信号，为区域报警器提供火警信号。

区域报警器是接收一个探测防火区域内的各个探测器送来的火警信号，集中控制和发出警报的控制器。

集中报警器一般设置在一个建筑物的消防控制中心室内，接收来自各区域报警器送来的火警信号，并发出声、光警报信号，起动消防设备。

图 4-2 为一个实用火灾自动报警灭火联动系统框图。系统主要由火灾探测器、手动报警按钮、火灾自动报警控制器、声光报警装置、联动装置（输出若干控制信号，驱动灭火装置、驱动排烟机及风机等）等构成，火灾自动报警控制器还能记忆与显示火灾与事故发生的时间及地点。

当火灾自动报警控制器的构成是针对某一监控区域时，这样的系统称为单级自动监控系统。与单级自动监控系统相类似，由多个火灾自动报警控制器构成的针对多个监控区域的消防系统称为多级自动监控系统，或为多级集中—区域自动监控系统。多级自动监控系统的结构图如图 4-3 所示。

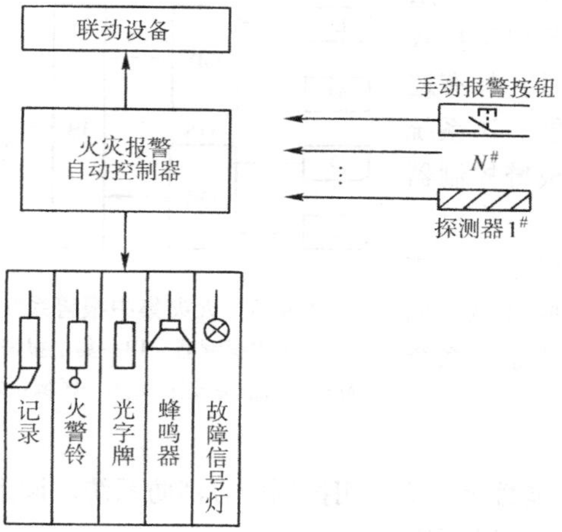

图 4-2　实用火灾自动报警灭火联动系统框图

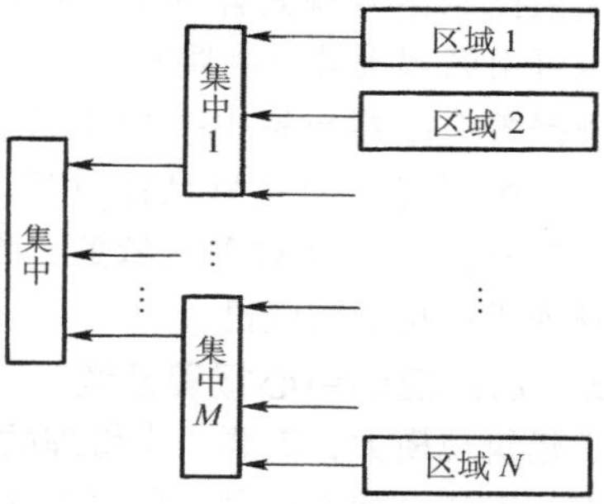

图 4-3　多级自动监控系统结构图

二、火灾自动报警系统功能

火灾自动报警系统由于组成形式的不同，功能也有差别。其基本形式有：

（一）区域报警系统

对于建筑规模小，保护对象仅为某一区域或某一局部范围，常使用区域报警系统。系统具有独立处理火灾事故的能力。火灾区域报警系统框图如图 4-4 所示。

区域报警系统多为环状结构，也可为枝状结构，如图 4-5 所示，但是需加楼层报警确认灯。一个报警区域设置一台区域火灾报警控制器，最多不超过两台。系统可设置一些功能简单的消防联动控制设备。

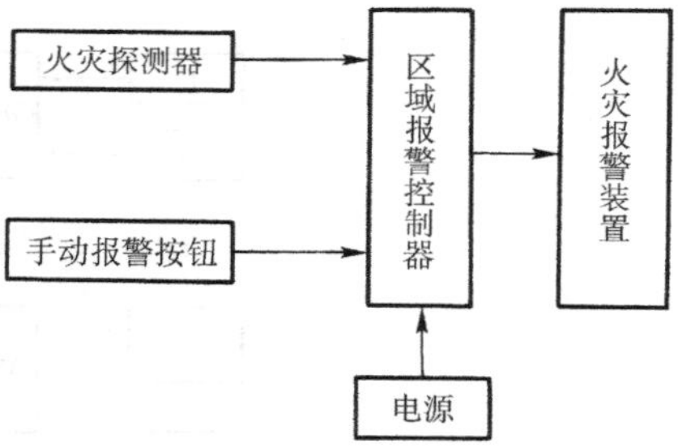

图 4-4　火灾区域报警系统框图

（二）集中报警系统

由于楼宇体量增大的需要，区域消防系统的容量及性能已经不能满足要求，因此有必要构成火灾集中报警系统。火灾集中系统应设置消防控制室，集中报警系统及其附属设备应安置在消防控制室内。系统构成模式如图 4-6 所示。

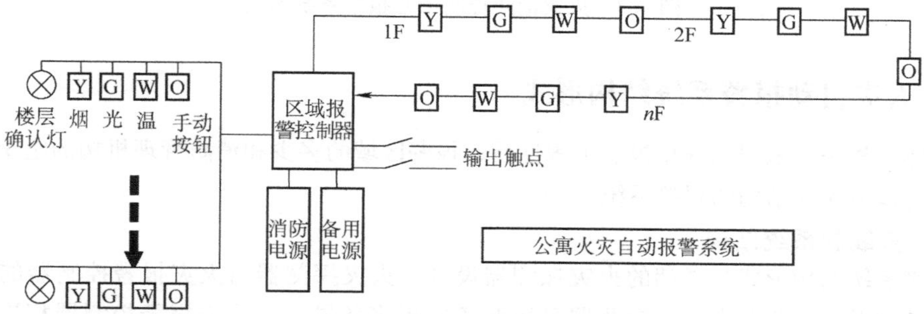

图 4-5　火灾区域报警系统构成

该系统中的若干台区域报警控制器被设置在按楼层划分的各个监控区域内，一台集中报警控制器用于接收各区域报警控制器发送的火灾或故障报警信号，具有巡检各区域报警控制器和探测器工作状态的功能。该系统的联动灭火控制信号视具体要求，可由集中报警控制器发出，也可由区域报警控制器发出。

区域报警控制器与集中报警控制器在结构上没有本质区别。区域报警控制器只是针对某个被监控区域，而集中报警控制器则是针对多区域的，作为区域监控系统的上位管理机或集中调度机。

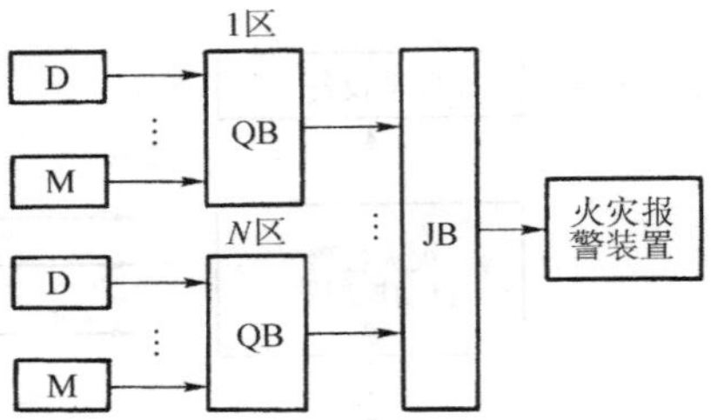

图 4-6　火灾集中报警系统框图
D—火灾探测器　JB—集中报警控制器
M—手动报警按钮　QB—区域报警控制器

（三）消防控制中心报警系统

对于建筑规模大，需要集中管理的多个智能楼宇，应采用控制中心消防系统。该系统能显示各消防控制室的总状态信号并负责总体灭火的联络与调度。

系统至少应有一台集中报警控制器和若干台区域报警控制器，还应联动必要的消防设备，进行自动灭火工作。一般系统控制中心室（又称消防控制室）安置有集中报警控制器柜和消防联动控制器柜。消防灭火设备如消防水泵、喷淋水泵、排烟风机、灭火剂贮罐、输送管路及喷头等则安装在欲进行自动灭火的场所及其附近。火灾消防控制中心报警系统框图如图 4-7 所示。

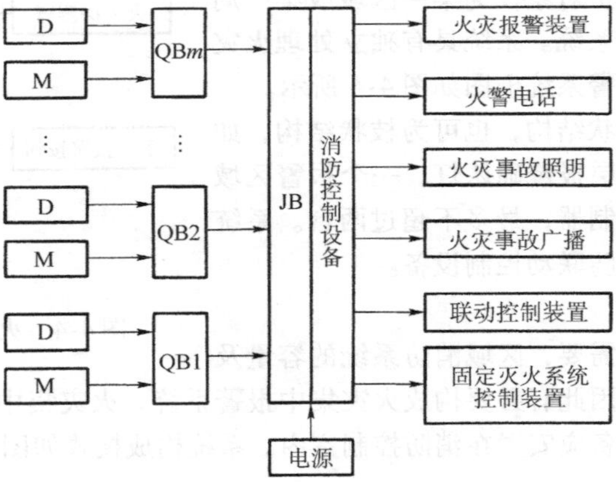

图 4-7　火灾消防控制中心报警系统框图

三、火灾自动报警系统结构形式

在具体工程中，依据工程规模、工程性质、报警区域的多少和消防管理机构的组织形式之不同，常见有以下 5 种结构的报警系统。

（一）多线制系统结构

多线制系统结构形式与早期的火灾探测器设计、火灾探测器与火灾报警控制器的连接等有关。这种结构形式一般要求火灾探测器采用两条或更多条导线与火灾报警控制器相连接，以确保从每个火灾探测点发出火灾报警信号。换句话说，多线制系统结构的火灾监控系统，采用简单的模拟或数字电路构成火灾探测器，并通过电平翻转输出火警信号，火灾报警控制器采用电流信号巡检和向火灾探测器供电，且探测器和控制器之间采用硬线一一对应连接关系，有一个火灾探测点便需要一组硬线与之对应，其线制为$an+b$（n是探测器个数；$a=1$；$b=1，2，4$）。先进的多线制系统采用数字编码技术，最少线制是$n+1$。

多线制系统经常用于探测点和控制点较少的场所，具有结构简单、维护技术单纯等优点，但由于设计、施工和维护复杂，已基本淘汰。

（二）总线制系统结构

总线制自动报警系统是随着计算机的发展而逐渐成熟的报警技术，总线技术是利用计算机的中央处理控制器（CPU）与探测器或联动设备间通过总线建立数据相互传输关系。相互之间传输的时钟数据流一般为数字信息，这些数字信息包含了设备检测、故障检测、报警检测等多种数据成分。总线制系统结构的核心是采用数字脉冲信号巡检和数据压缩传输技术，通过收发码电路和微处理器实现探测器与控制器的协议通信和系统检测控制。

探测器与控制器、功能模块与控制器之间都采用总线连接称为全总线制，其工程布线灵活，可模块联动或硬线联动消防设备，抗干扰能力强，误报率低，系统总功耗小。

总线制系统结构一般是二总线、三总线或四总线，总线制自动报警系统适合在较大场所安装使用，具有安装简单、节省线材等优点，但同时存在着维护技术比较高的缺点。

（三）集中智能系统结构

集中智能系统结构一般采用总线制和通用控制器，特点是火灾探测器仅完成火灾参数的有效采集、变换和传输，控制器采用计算机技术实现火灾信号识别、数据集中处理储存、系统巡检、报警灵敏度调整、火灾判定和消防设备联动等功能，并配以区域显示器完成分区声光报警，可以满足智能建筑的基本要求。

中控机应用形式由集中智能报警通用控制器、楼层显示器、类比探测器及模块连接的普通探测器构成，可总线制，也可树枝状布线，系统基本容量500编码点左右并可扩展成系列。系统中探测器采集现场参数及特征，控制器存储火灾特征数据并可对采集数据集中进行多级类比判断处理，识别并判定火灾。

主子机系统应用形式如图4-8所示，它是由集中控制器加区域控制器，或是由通用控制器加功能子机（完成楼层显示和区域管理功能，或仅完成区域管理功能），并配以类比式或分布智能式探测器和模块连接的普通探测器构成，总线制，多机大容量，适于大型工程，系统火灾信息处理采用集中智能或分布智能方式。

（四）分布智能系统结构

分布智能系统结构是在集中智能系统基础上形成的，它将火灾探测信息的基本处理、环境补偿、探头污染检测和故障判断等功能由控制器返回给现场火灾探测器，免去控制器大量的信号处理负担，使之能从容实现系统巡检、消防设备监控、联网通信等功能，提高了系统巡检速度、稳定性和可靠性。显然，分布智能方式探测器提高了输出数据的有效性，能满足智能建筑的性能并对火灾探测器设计提出了更高要求，为兼顾火灾探测的及时性和可靠性，必须采用专用集成电路设计技术（ASIC）来降低分布智能式探测器成本，提高性能价格比。

（五）网络通信系统结构

所谓网络型火灾报警控制系统，即由多个区域报警控制器组成的一个基于某种网络通信方式的局域网系统。网络中每个区域控制器与其所控设备组成一个相对独立的报警区域，控制器之间通过局域网进行数据交换，完成交互的显示和控制功能。

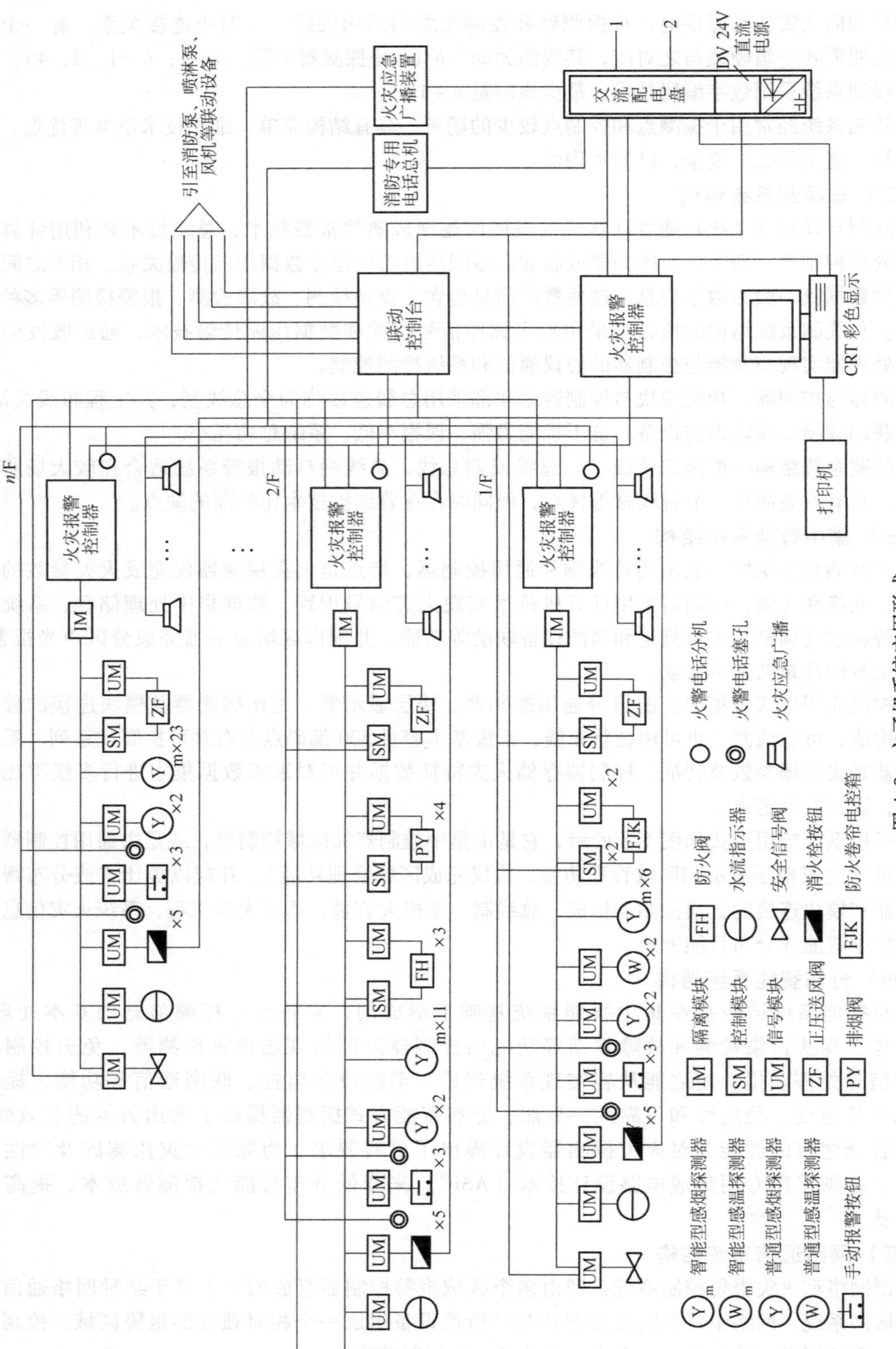

图 4-8 主子机系统应用形式

网络通信系统结构可在集中智能或分布智能系统基础上形成，它将计算机数据通信技术应用于火灾报警控制器，使控制器之间能够通过 Ethernet、Token Ring、Token Bus 等网络通信协议，以及专用通信线或总线（RS-232、RS-422、RS-485）交换数据信息，实现火灾自动报警系统层次功能设定、远程数据调用管理和网络通信服务等功能。因此，网络通信系统结构配以分布智能数据处理方式，能适应智能建筑火灾自动报警系统的发展需要，并能适应智能建筑楼宇设备监控与管理系统和城市消防数据通信系统的建设与发展的需要。

四、火灾自动报警系统工作原理

火灾自动报警系统工作原理如图 4-9 所示。安装在保护区的探测器不断地向所监视的现场发出巡测信号，监视现场的烟雾浓度、温度等火灾参数，并不断反馈给报警控制器。当反馈信号送到火灾自动报警系统后，反馈值与系统给定值即现场正常状态（无火灾）时的烟雾浓度、温度（或温度上升速率）及火光照度等参数的规定值一并送入火灾报警控制器进行运算。与一般自动控制系统不同，火灾报警控制器在运算、处理这两个信号的差值时，要人为地加一段适当的延时，在这段延时时间内对信号进行逻辑运算、处理、判断、确认。当确认发生火灾时，火灾自动报警系统发出声、光报警，显示火灾区域或楼层房号的地址编码，打印报警时间、地址等。同时，向火灾现场发出警铃报警与语音报警，在火灾发生楼层的上、下相邻层或火灾区域的相邻区域也同时发出报警，并显示火灾区域。各应急疏散指示灯亮，指明疏散方向。只有确认是火灾时，火灾报警控制器才发出系统控制信号，驱动灭火设备，实现快速、准确灭火。

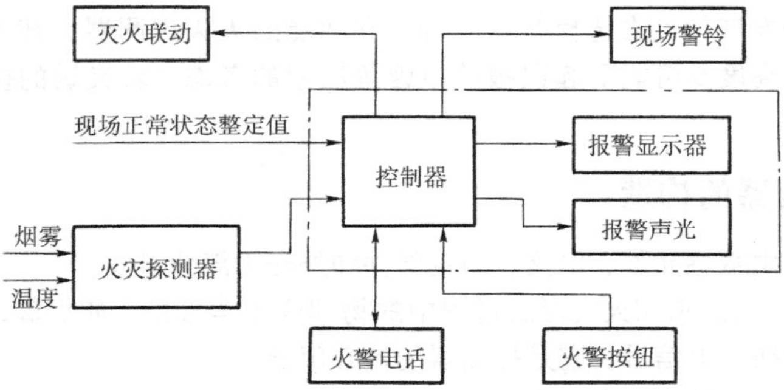

图 4-9　火灾自动报警系统工作原理

这段人为的延时（一般设计在 20～40s 之间），对消防系统是非常必要的。如果火灾未经确认，火灾报警控制器就发出系统控制信号，驱动灭火系统动作，势必造成不必要的混乱、浪费与损失。

五、常用消防术语及名词

为便于对火灾自动报警系统的分析与设计，以下对一些常用消防术语及名词做出解释。

（1）火灾报警控制器　它由控制器和声、光报警显示器组成，是接收系统给定输入信号及现场检测反馈信号，输出系统控制信号的装置。

（2）火灾探测器　探测火灾信息的传感器。

（3）火灾正常状态　被监控现场火灾参数信号小于火灾探测器动作值的状态。

（4）故障状态　系统中由于某些环节不能正常工作而造成的故障必须给以显示并尽快排除，这种故障称为故障状态。

(5) 火灾报警　消防系统中的火灾报警分为预告报警及紧急报警。预告报警是指火灾刚处在“阴燃阶段”由报警装置发出的声、光报警。这种报警预示火灾可能发生，但不起动灭火设备。紧急报警是指火灾已经被确认的情况下，由报警装置发出的声、光报警。报警的同时，必须给出起动灭火装置的控制信号。

(6) 探测部位　它是指作为一个报警回路的所有火灾探测器所能监控的场所。一个部位只能作为一个回路接入自动报警控制器。

(7) 部位号　它是指在报警控制器内设置的部位号，对应接入的探测器的回路号。

(8) 探测范围　通常指一个探测器能有效可靠地探测到火灾参数的地面面积，即保护面积。

(9) 监控区域号　监控区域也称报警区域，是系统中区域报警控制器的编号。

(10) 火灾报警控制器容量　区域报警控制器的容量是指所监控的区域内最多的探测部位数；集中报警控制器的容量除指它所监控的最多探测部位数外，还指它所监控的最多“监控区域”数，即最多的区域报警控制器的台数。

第二节　火灾探测器

火灾探测器是火灾自动报警和消防联动控制系统最基本和最关键的部件之一，对被保护区域进行不间断地监视和探测，把火灾初期阶段能引起火灾的参数（烟、热及光等信息）尽早、及时和准确地检测出来并报警。除易燃易爆物质遇火立即爆炸起火外，一般物质的火灾发展过程通常都要经过阴燃、发展和熄灭3个阶段。因此，火灾探测器的选择原则是要根据被保护区域内初期火灾的形成和发展特点去选择有相应特点和功能的火灾探测器。其中探测器的特点包含了对环境条件、房间高度及可能引起误报的原因等因素的考虑。较灵敏的探测器宜用于较大高度的房间。

一、火灾探测器的构造

火灾探测器通常由敏感元件、电路、固定部件和外壳4部分组成。

1) 敏感元件的作用是感知火灾形成过程中的物理或化学参量，如烟雾、温度、辐射光和气体浓度等，并将其转换成电信号。它是探测器的核心部分。

2) 电路的作用是将敏感元件转换所得的电信号进行放大和处理。火灾探测器电路框图如图4-10所示。

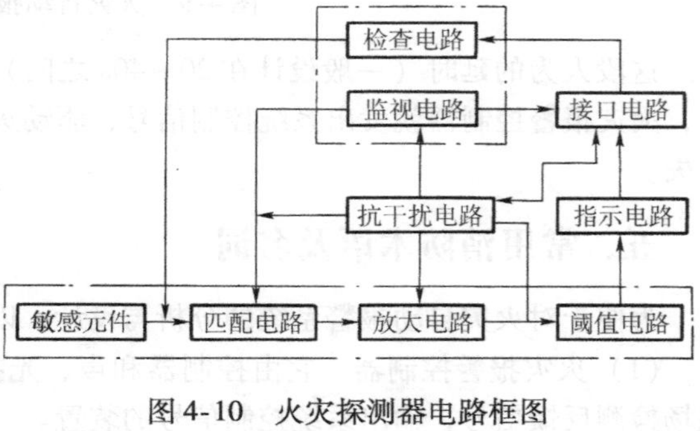

图4-10　火灾探测器电路框图

转换电路　其作用是将敏感元件输出的电信号进行放大和处理，使之满足火灾报警系统传输所需的模拟载频信号或数字信号，通常由匹配电路、放大电路和阈值电路（有的消防报警系统产品其探测器的阈值比较电路被取消，其功能由报警控制器取代）等部分组成。

保护电路　用于监视探测器和传输线路故障的电路，它由监视电路和检查电路两部分组成。

抗干扰电路　用于提高火灾探测器信号感知的可靠性，防止或减少误报，如采用滤波、延时、补偿和积分电路等。

指示电路　显示探测器是否动作，给出动作信号，一般在探测器上都设置动作信号灯。

接口电路　用于实现火灾探测器之间、火灾探测器和火灾报警器之间的信号连接。

3）固定部件和外壳是探测器的机械结构。其作用是将敏感元件、印制电路板、接插件、确认灯和紧固件等部件有机地连成一体，保证一定的机械强度，达到规定的电气性能，以防止其所处环境如光源、灰尘、气流、高频电磁波等的干扰和机械力的破坏。

二、火灾探测器的种类

火灾探测器的种类很多，按探测器的结构形式可分为点型和线型；按探测的火灾参数可分为感烟、感温、感光（火焰）、可燃气体和复合式等几大类；按使用环境可分为陆用型（主要用于陆地、无腐蚀性气体、温度范围 $-10 \sim +50$℃、相对湿度在85%以下的场合中）、船用型（其特点是耐温和耐湿，也可用于其他高温、高湿的场所）、耐酸型、耐碱型、防爆型等；按探测到火灾信号后的动作是否延时向火灾报警控制器送出火警信号可分为延时型和非延时型；按输出信号的形式可分为模拟型探测器和开关型探测器；按安装方式可分为露出型和埋入型。其中以探测的火灾参数分类最为多见，也多为通常工程设计所采用。

（一）感烟火灾探测器

感烟探测器是用于探测物质燃烧初期在周围空间所形成的烟雾粒子浓度，并自动向火灾报警控制器发出火灾报警信号的一种火灾探测器。它响应速度快，能及早地发现火情，是使用量最大的一种火灾探测器。

感烟探测器从作用原理上分类，可分为离子型、光电型两种类型。

1. 离子感烟火灾探测器　离子感烟火灾探测器是对某一点周围空间烟雾响应的火灾探测器。它是应用烟雾粒子改变电离室电离电流原理的感烟火灾探测器。

根据探测器内电离室的结构形式，又可分为双源和单源感烟式探测器。

（1）电离电流形成原理　感烟电离室是离子感烟探测器的核心传感器件，其电离电流形成示意图如图4-11所示。

在图4-11中，P_1 和 P_2 是一相对的电极。在电极之间放有 α 放射源镅－241，由于它持续不断地放射出 α 粒子，α 粒子以高速运动撞击空气分子，从而使极板间空气分子电离为正离子和负离子（电子），这样电极之间原来不导电的空气具有了导电性。

如果在极板 P_1 和 P_2 间加上电压 U，极板间原来做杂乱无章运动的正负离子，此时在电场作用下做有规则的运动。正离子向负极运动，负离子向正极运动，从而形成了电离电流 I。施加的电压 U 越高，则电离电流越大。当电离电流增加到一定值时，外加电压再增高，电离电流也不会增加，此电流称为饱和电流 I_S，如图4-12所示。

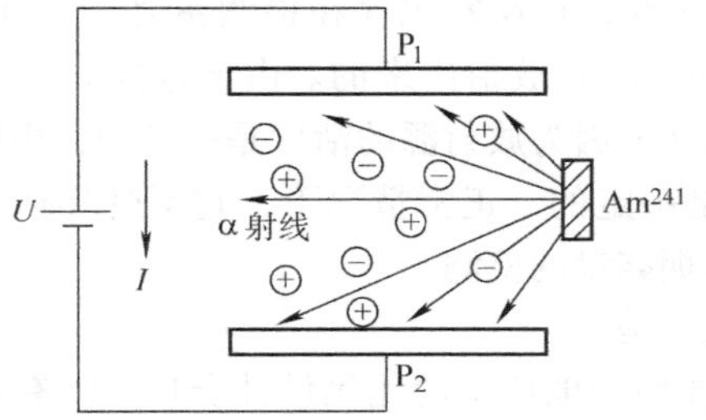

图4-11　电离室电离电流形成示意图

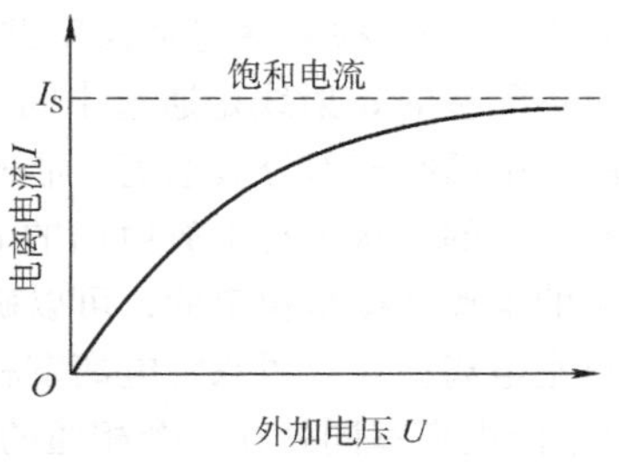

图4-12　电离电流与电压的关系

离子感烟探测器感烟原理：当烟雾粒子进入电离室后，被电离的部分正离子与负离子被吸附到烟雾粒子上，使正、负离子相互中和的概率增加，而且离子附着在体积比自身体积大许多倍的烟雾粒子上，会使离子运动速度急剧减慢；另一方面，由于烟粒子的作用，α射线被阻挡，电离能力降低，电离室内产生的正负离子数减少，最后导致的结果就是电离电流减小。显然，烟雾浓度大小可以以电离电流的变化量大小进行表示，从而实现对火灾过程中烟雾浓度这个参数的探测。

（2）双源式离子感烟探测原理　图4-13是双源式离子感烟探测器的电路原理和工作特性，这是一种双源双电离室结构的感烟探测器，即每一电离室都有一块放射源。一室为检测用开室结构电离室；另一室为补偿用闭室结构电离室。这两个室反向串联在一起，检测室工作在其特性的灵敏区，补偿室工作在其特性的饱和区，即流过补偿室的电离电流不随其两端电压的变化而变化。

由图4-13曲线可知，在正常情况下，探测器两端的外加电压 U_0，即回路电压，等于两电离室电压之和，即 $U_0 = U_1 + U_2$。

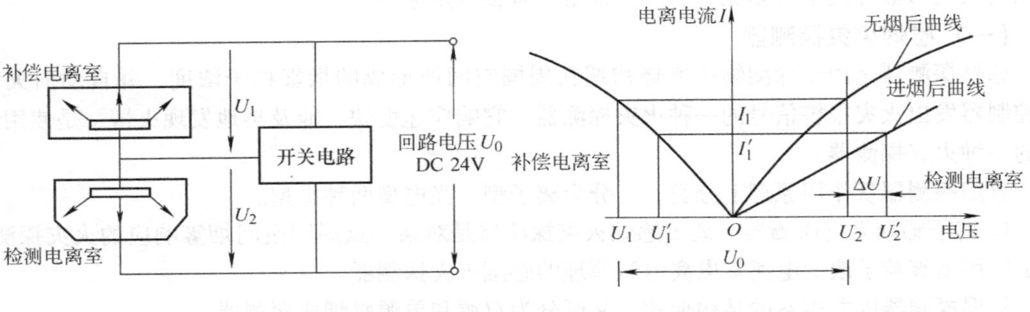

图4-13　双源式离子感烟探测器的电路原理和工作特性

当火灾发生时，烟雾进入检测电离室后，电离电流减小，相当于检测电离室阻抗增加。又因双室串联，回路电流减小，故检测室两端的电压从 U_2 增加到 U_2'，$\Delta U = U_2' - U_2$，当该增量增加到一定值时，开关控制电路动作，发出报警信号。此报警信号传输给报警器，实现了火灾自动报警。

（3）单源式离子感烟探测原理　单源式离子感烟探测器与双源式工作原理基本相同，但结构形式则完全不同。它是利用一个放射源在同一平面（也有的不在同一平面）形成两个电离室，即单源双室。检测电离室与补偿电离室的比例相差很大，其几何尺寸也不大相同。两室基本是敞开的，气流是互通的，检测室直接与大气相通，而补偿室则通过检测室间接与大气相通。图4-14所示为单源双室离子感烟探测器的结构示意图。

由图4-14可知，检测室与补偿室共有一个放射源，补偿室包含在检测室之中，补偿室小，检测室大。检测室的α射线是通过中间电极中的一个小孔放射出来的。由于这部分α射线的作用，使检测室中的空气部分被电离，形成空间电荷区。因为放射源的活度是一定的，中间电极的小孔面积是一定的，从小孔中放射出的α粒子也是一定的，正常情况下，它不受环境影响，因此，电离室的电离平衡是稳定的，可以确定地进行烟雾量的检测。

单源双室电离室与双源双室电离室相比，其优点是：

1）由于两电离室同处在一个相通的空间，只要两个电离室的比例设计合理，既有利于火灾早期进行烟雾检测并及时报警，又能保证在环境变化时两室同时变化。因此它工作稳定，环境适应能力强，不仅对环境因素（温度、湿度、气压和气流）的慢变化，也对快变化有更好的适应性，提高了抗潮、抗温性能。

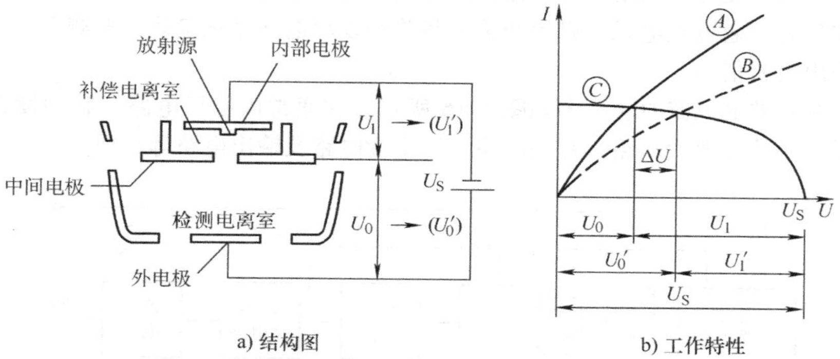

图 4-14　单源双室离子感烟探测器的结构示意图

U_S—加在内外电离室两端的电压　U_1—无烟时加在补偿电离室两端的电压

U_1'—有烟时加在补偿电离室两端的电压　U_0—无烟时加在检测电离室两端的电压

U_0'—有烟时加在检测电离室两端的电压

2）增强了抗灰尘、抗污染的能力。当灰尘轻微地层积在放射源的有效源面上，导致放射源发射的 α 粒子的能量和强度明显变化时，会引起工作电流变化，补偿室和检测室的电流均会变化，从而检测室分压的变化不明显。

3）一般双源双室离子感烟探测器是通过改变电阻的方式实现灵敏度调节的，而单源双室离子感烟探测器是通过改变放射源的位置来改变电离室的空间电荷分布的，也即源极和中间电极的距离连续可调，可以比较方便地改变检测室的静态分压，实现灵敏度调节。这种灵敏度调节连续且简单，有利于探测器响应阈值一致性的调整。

4）因为单源双室只需一个更弱的 α 放射线，这比双源双室的电离室源强可减少一半，且也克服了双源双室电离室要求两源相互匹配的缺点。

总之，单源双室离子感烟探测器具有不可比拟的优点，它灵敏度高且连续可调，环境适应能力强，工作稳定，可靠性高，放射源活度小，特别是抗潮湿能力大大优于双源双室，在缓慢变化的环境中使用是不会发生误报的。

在相对湿度长期偏高、气流速度大、有大量粉尘和水雾滞留、有腐蚀性气体、正常情况下有烟滞留等情形的场所不宜选用离子感烟探测器。

2. 光电感烟火灾探测器　光电感烟探测器是利用火灾时产生的烟雾粒子对光线产生遮挡、散射或吸收的原理并通过光电效应而制成的火灾探测器。光电感烟探测器可分为遮光型和散射型两种。

（1）遮光型光电感烟探测器　遮光型光电感烟探测器具体又可分为点型和线型两种类型。

1）点型遮光感烟探测器：点型遮光感烟探测器主要由光束发射器、光电接收器、暗室和电路等组成。其原理示意图如图 4-15

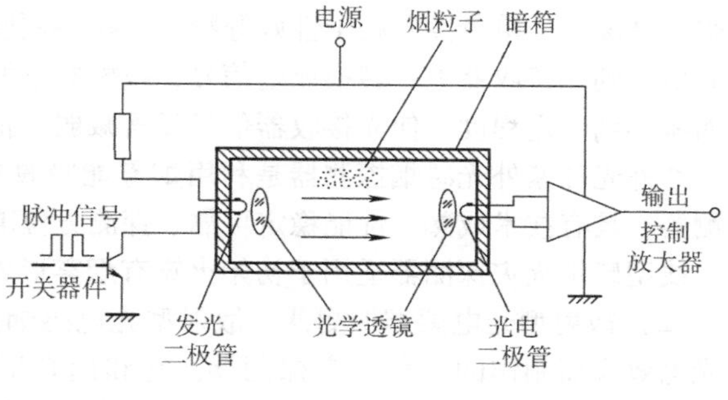

图 4-15　点型遮光感烟探测器原理示意图

所示。

当火灾发生，有烟雾进入暗室时，烟粒子将光源发出的光遮挡（吸收），到达光电元件的光能将减弱，其减弱程度与进入暗室的烟雾浓度有关。当烟雾达到一定浓度，光电元件接收的光强度下降到预定值时，通过光电元件启动开关电路并经以后电路鉴别确认，探测器即动作，向火灾报警控制器送出报警信号。

光电感烟探测器的电路原理框图如图4-16所示。它通常由稳压电路、脉冲发光电路、发光元件、光电元件、信号放大电路、开关电路、抗干扰电路及输出电路等组成。

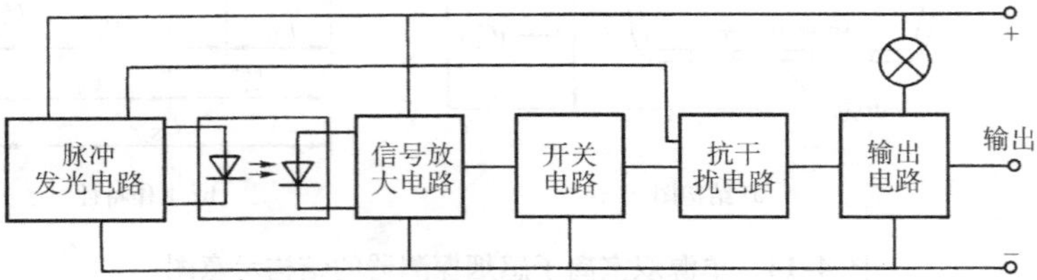

图4-16 光电感烟探测器的电路原理框图

2）线型遮光感烟探测器：线型遮光感烟探测器是一种能探测到被保护范围中某一线路周围烟雾的火灾探测器。探测器由光束发射器和光接收器两部分组成。它们分别安装在被保护区域的两端，中间用光束连接（软连接），其间不能有任何可能遮断光束的障碍物存在，否则探测器将不能正常工作。常用的有红外光束型、紫外光束型和激光型感烟探测器3种，故而又称线型感烟探测器为光电式分离型感烟探测器。其工作原理如图4-17所示。

在无烟情况下，光束发射器发出的光束射到光接收器上，转换成电信号，经电路鉴别后，报警器不报警。当火灾发生并有烟雾进入被保护空间时，部分光线束将被烟雾遮挡（吸收），则光接收器接收到的光能将减弱，当减弱到预定值时，通过其电路鉴定，光接收器便向报警器送出报警信号。

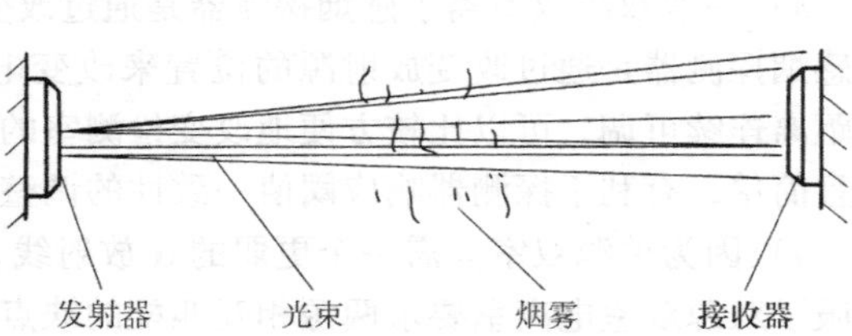

图4-17 线型感烟探测器的工作原理图

在接收器中设置有故障报警电路，以便当光束为飞鸟或人遮住、发射器损坏或丢失、探测器因外因倾斜而不能接收光束等原因时，故障报警电路要锁住火警信号通道，向报警器送出故障报警信号。接收器一旦发出火警信号便自保持确认灯亮。

感烟火灾探测器的激光是由单一波长组成的光束，这类探测器的光源有多种，由于其方向性强、亮度高、单色性和相干性好等特点，在各领域中都得到了广泛应用。在无烟情况下，脉冲激光束射到光接收器上，转换成电信号，报警器不发出报警。一旦激光束在发射过程中有烟雾遮挡而减小到一定程度，使光接收器信号显著减弱，报警器便自动发出报警信号。

红外光和紫外光感烟探测器是利用烟雾能吸收或散射红外光束或紫外光束原理制成的感烟探测器，具有技术成熟、性能稳定可靠、探测方位准确、灵敏度高等优点。

线型感烟火灾探测器适用于初始火灾有烟雾形成的高大空间、大范围场所。

（2）散射型光电感烟探测器　散射型光电感烟探测器是应用烟雾粒子对光的散射作用并通过光电效应而制作的一种火灾探测器。它和遮光型光电感烟探测器的主要区别在暗室结构上，而电路组成、抗干扰方法等基本相同。由于是利用烟雾对光线的散射作用，因此暗室的结构就要求光源 E（红外发光二极管）发出的红外光线在无烟时，不能直接射到光敏元件 R（光电二极管）上。实现散射型的暗室各有不同，其中一种是在光源与光敏元件之间加入隔板（黑框），如图 4-18 所示。

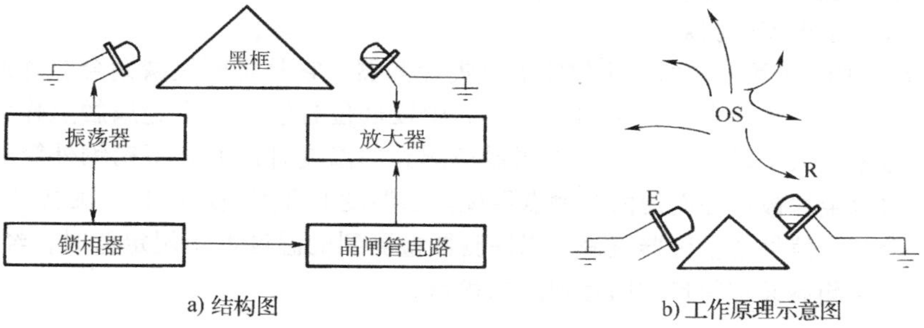

图 4-18　散射型光电感烟探测器结构示意图

无烟雾时，红外光无散射作用，也无光线射在光电二极管上，二极管不导通，无信号输出，探测器不动作。当烟雾粒子进入暗室时，由于烟粒子对光的散（乱）射作用，光电二极管会接收到一定数量的散射光，接收散射光的数量与烟雾浓度有关，当烟的浓度达到一定程度时，光电二极管导通，电路开始工作。由抗干扰电路确认是有两次（或两次以上）超过规定水平的信号时，探测器动作，向报警器发出报警信号。光源仍由脉冲发光电路驱动，每隔 3 ~ 4s 发光一次，每次发光时间约 100μs 左右，以提高探测器抗干扰能力。

光电式感烟探测器在一定程度上可克服离子感烟探测器的缺点，除了可在建筑物内部使用，更适用于电气火灾危险较大的场所。使用中应注意，当附近有过强的红外光源时，可导致探测器工作不稳定。

在可能产生黑烟、有大量积聚粉尘、可能产生蒸汽和油雾、有高频电磁干扰、过强的红外光源等情形的场所不宜选用光电感烟探测器。

（二）感温火灾探测器

感温探测器是对警戒范围内某一点或某一线段周围的温度参数敏感响应的火灾探测器。根据监测温度参数的不同，感温探测器有定温、差温和差定温 3 种。探测器由于采用的敏感元件不同，又可派生出各种感温探测器。

与感烟探测器和感光探测器比较，感温探测器的可靠性较高，对环境条件的要求更低，但对初期火灾的响应要迟钝些。它主要适用于因环境条件而使感烟探测器不宜使用的某些场所，并常与感烟探测器联合使用组成与逻辑关系，为火灾报警控制器提供复合报警信号。由于感温探测器有很多优点，它是仅次于感烟探测器使用广泛的一种火灾早期报警探测器。

在可能产生明燃或者如发生火灾不及早报警将造成重大损失的场所不宜选用感温探测器；环境温度在 0℃以下的场所，不宜选用定温探测器；正常情况下温度变化较大的场所，不宜选用差温探测器；火灾初期环境温度难以肯定时，宜选用差定温复合式探测器。

1. 点型感温火灾探测器　点型感温探测器是对警戒范围中某一点周围的温度响应的火灾探测器。

感温探测器的结构较简单，关键部件是它的热敏元件。常用的热敏元件有双金属片、易熔合金、低熔点塑料、水银、酒精、热敏绝缘材料、半导体热敏电阻、膜盒机构等。感温探测器是以对温度的响应方式分类的，每类中又以敏感元件不同而分为若干种。

(1) 定温火灾探测器 点型定温探测器是对警戒范围中某一点周围温度达到或超过规定值时响应的火灾探测器。当探测到的温度达到或超过其动作温度值时，探测器动作向报警控制器送出报警信号。定温探测器的动作温度应按其所在的环境温度进行选择。

1) 双金属型定温火灾探测器：双金属型定温火灾探测器是以具有不同热膨胀系数的双金属片为热敏元件的定温火灾探测器。

图 4-19 是一种圆筒状结构的双金属定温火灾探测器。它是将两块磷铜合金片通过固定块固定在一个不锈钢的圆筒形外壳内，在铜合金片的中段部位各装有一个金属触点作为电接点。由于不锈钢的热胀系数大于磷铜合金，当探测器检测到的温度升高时，不锈钢外筒的伸长大于磷铜合金片，两块合金片被拉伸而使两个触点靠拢。当温度上升到规定值时，触点闭合，探测器即动作，送出一个开关信号使报警器报警。当探测器检测到的温度低于规定值时，经过一段时间，两触点又分开，探测器又重新自动回复到监视状态。

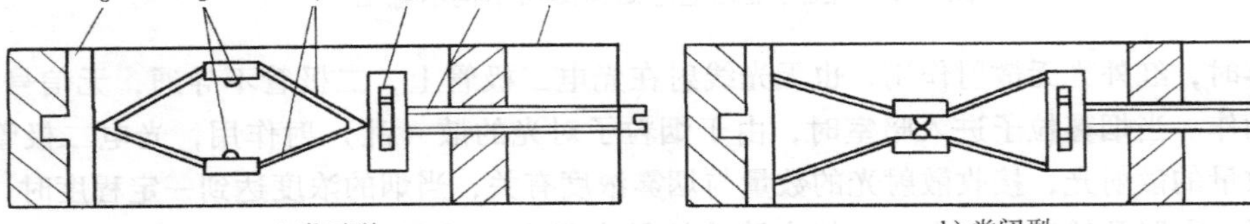

图 4-19 圆筒状结构的双金属定温火灾探测器

1—不锈钢管 2—调节螺栓 3、6—固定块 4—铜合金片 5—电接点

2) 易熔金属型定温火灾探测器：易熔金属型定温火灾探测器是一种以能在规定温度值时迅速熔化的易熔合金作为热敏元件的定温火灾探测器。图 4-20 是易熔合金定温火灾探测器的结构示意图。

探测器下方吸热片的中心处和顶杆的端面用低熔点合金焊接，弹簧处于压紧状态，在顶杆的上方有一对电接点。无火灾时，电接点处于断开状态，使探测器处于监视状态。火灾发生后，只要它探测到的温度升到动作温度值，低熔点合金迅速熔化，释放顶杆，顶杆借助弹簧弹力立即被弹起，使电接点闭合，探测器发出报警信号。

另一类定温探测器属电子型，常用热敏电阻或半导体 P－N 结为敏感元件，内置电路采用运算放大器。电子型比机械型的分辨能力高，动作温度的准确性容易实现，适用于某些要求动作温度较低，而机械型又难以胜任的场合。机械型不需配置电路，牢固可靠，不易产生误动作，价格低廉。工程中两种类型的定温探测器都经常采用。

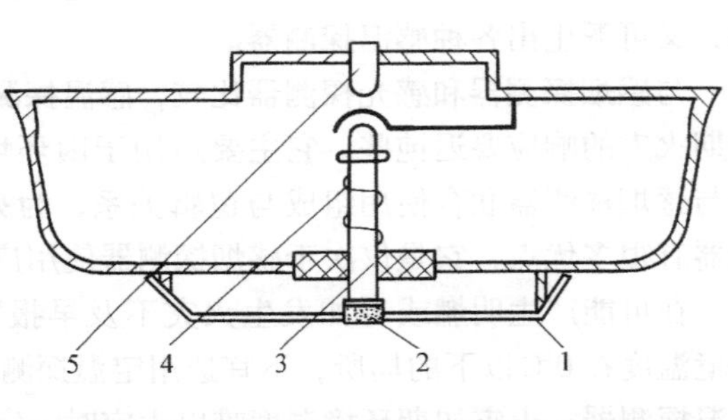

图 4-20 易熔合金定温火灾探测器的结构示意图

1—吸热片 2—易熔合金 3—顶杆 4—弹簧 5—电接点

(2) 差温及差定温火灾探测器

1) 差温火灾探测器：差温火灾探测器是对警戒范围中某一点周围的温度上升速率超过规定值时响应的火灾探测器。根据工作原理不同，可分为电子差温火灾探测器、膜盒差温探测器等。

图4-21是一种电子差温火灾探测器的原理图。它是应用两个热时间常数不等的热敏电阻R_{t1}和R_{t2}，R_{t1}的热时间常数小于R_{t2}的热时间常数，在相同温升环境下，R_{t1}下降比R_{t2}快，当$U_a > U_b$时，比较器输出U_c为高电平，点亮报警灯，并且输出报警信号。图4-22是一种膜盒型的差温探测器内部结构示意图。

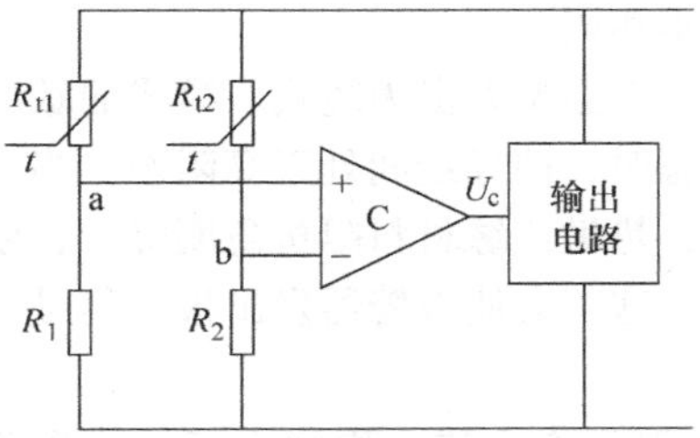

图4-21　电子差温火灾探测器的原理图

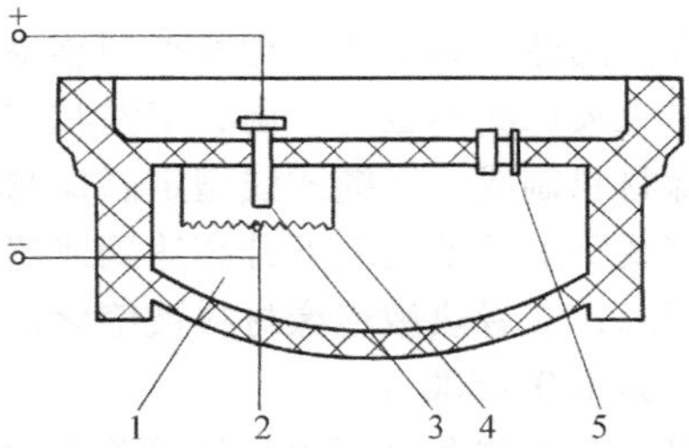

图4-22　膜盒型差温探测器内部结构示意图

1—气室　2—动触点　3—静触点　4—波纹板　5—漏气孔

由于常温变化缓慢，温度升高时，气室内的气体压力增高，可以从漏气孔中泄放出去。但当发生火灾时，温升速率增高，气室内空气迅速膨胀来不及从漏气孔跑掉，气压推动波纹板，接通电接点，报警器报警。温升速率越大，探测器动作的时间越短。显然，差温探测器特别适于火灾时温升速率大的场所。这是一种可恢复型的感温探测器。

2）差定温火灾探测器：差定温探测器兼有差温和定温两种功能，是既能响应预定温度报警，又能响应预定温升速率报警的火灾探测器，因而扩大了使用范围。

在图4-22中如果另用一个弹簧片，并用易熔合金将此弹簧片的一端焊在吸热外罩上，就能够形成膜盒型差定温感温探测器。其中，气室是差温的敏感元件，它在环境温度速率剧增时，该差温部分起作用；易熔元件是定温的敏感元件，当环境温度升高到易熔合金标定的动作温度时，该定温部分起作用，此时易熔合金熔化，弹簧片向上弹起，推动波纹膜片，使电接点接通。但这种做法的膜盒型差定温探测器的定温部分动作后，其性能即失效，但差温部分动作后仍可反复使用。

图4-23是一种电子式差定温探测器的电气原理图，它有3个热敏电阻和两个电压比较器。当探测器警戒范围的环境温度缓慢变化，温度上升到预定报警温度时，由于热敏电阻R_{t3}阻值下

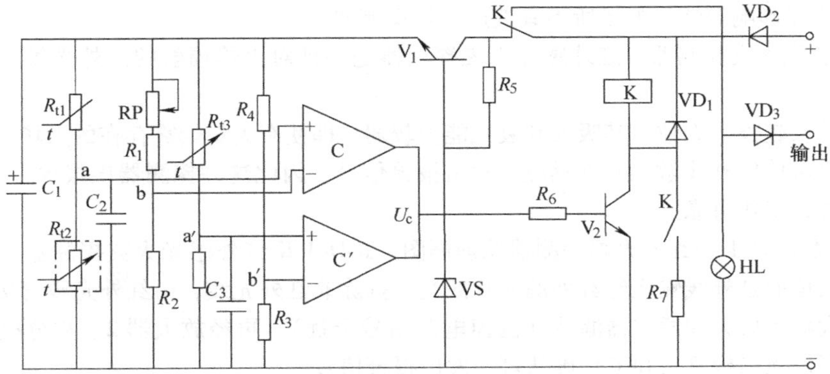

图4-23　电子式差定温探测器电气原理图

降较大，使 $U'_a > U'_b$，比较器 C′翻转，$U_c > 0$，使 V_2 导通，K 动作，点亮报警灯 HL，输出报警信号为高电平。这是定温报警。

当环境温度上升速率较大时，热敏电阻 R_{t1} 阻值比 R_{t2} 下降得多，使 $U_a > U_b$，比较器 C 翻转，$U_c > 0$，使 V_2 导通，K 动作，点亮报警灯 HL，输出报警信号为高电平。这是差温报警。

2. 线型感温火灾探测器　线型感温火灾探测器是对警戒范围中某一线路周围的温度升高敏感响应的火灾探测器，其工作原理和点型感温火灾探测器基本相同。

线型感温火灾探测器也有差温、定温和差定温 3 种类型。定温型大多为缆式。缆式的敏感元件用热敏绝缘材料制成。当缆式线型定温探测器处于警戒状态时，两导线间处于高阻态。当火灾发生，只要该线路上某处的温度升高达到或超过预定温度时，热敏绝缘材料阻抗急剧降低，使两芯线间呈低阻态；或者热敏绝缘材料被熔化，使两芯线短路。这都会使报警器发出报警信号。缆线的长度一般为 100～500m。

线型感温火灾探测器也可用空气管作为敏感元件制成差温工作方式，称为空气管线型差温火灾探测器。利用点型膜盒差温探测器气室的工作特点，将一根用铜或不锈钢制成的细管（空气管）与膜盒相接构成气室。当环境温度上升较慢时，空气管内受热膨胀的空气可从泄漏孔排出，不会推动膜片，电接点不闭合；火灾时，若环境温度上升很快，空气管内急剧膨胀的空气来不及从泄漏孔排出，空气室中压强增大到足以推动膜片位移，使电接点闭合，即探测器动作，报警器发出报警信号。

线型感温火灾探测器通常用于电缆托架、电缆隧道、电缆夹层、电缆沟、电缆竖井等一些特定场合。

（三）感光火灾探测器

感光火灾探测器又称火焰探测器，它是一种能对物质燃烧火焰的光谱特性、光照强度和火焰的闪烁频率敏感响应的火灾探测器。它能响应火焰辐射出的红外、紫外和可见光。工程中主要用红外火焰型和紫外火焰型两种。

感光探测器的主要优点是响应速度快，其敏感元件在接收到火焰辐射光后的几毫秒，甚至几微秒内就发出信号，特别适用于突然起火无烟的易燃易爆场所；它不受环境气流的影响，是唯一能在户外使用的火灾探测器；它性能稳定、可靠，探测方位准确。因而在火灾发展迅速，有强烈的火焰和少量烟、热的场所，应选用火焰探测器。

在可能发生无焰火灾、在火焰出现前有浓烟扩散、探测器的镜头易被污染、探测器的“视线”（光束）易被遮挡、探测器易受阳光或其他光源直接或间接照射、在正常情况下有明火作业及 X 射线与弧光影响等情形的场所不宜选用火焰探测器。

1. 红外感光火灾探测器　红外感光火灾探测器是一种对火焰辐射的红外光敏感响应的火灾探测器。

红外线波长较长，烟粒对其吸收和衰减能力较弱，即使有大量烟雾存在的火场，在距火焰一定距离内，仍可使红外线敏感元件感应，发出报警信号。因此这种探测器误报少，响应时间快，抗干扰能力强，工作可靠。

图 4-24 为 JGD-1 型红外火焰探测器原理框图。JGD-1 型红外感光火灾探测器是一种点型火灾探测器。火焰的红外线输入经红外滤光片滤光，排除非红外光线，由红外光敏管接收转变为电信号，经放大器 1 放大和滤波器滤波（滤掉电源信号干扰），再经放大器 2、积分电路等触发开关电路，点亮发光二极管（LED）确认灯，发出报警信号。

2. 紫外感光火灾探测器　紫外感光火灾探测器是一种对紫外光辐射敏感响应的火灾探测器。

紫外感光探测器由于使用了紫外光敏管为敏感元件，而紫外光敏管同时也具有光电管和充

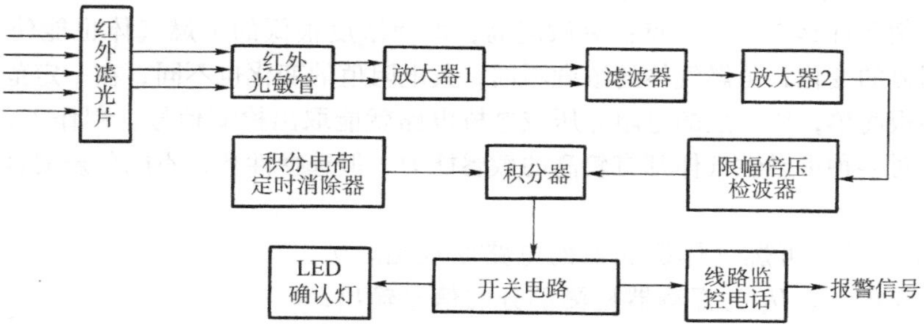

图 4-24　JGD-1 型红外火焰探测器原理框图

气闸流管的特性，所以它使紫外感光火灾探测器具有响应速度快、灵敏度高的特点，可以对易燃物火灾进行有效报警。

由于紫外光主要是由高温火焰发出的，温度较低的火焰产生的紫外光很少，而且紫外光的波长也较短，对烟雾穿透能力弱，所以它特别适用于有机化合物燃烧的场合，如油井、输油站、飞机库、可燃气罐、液化气罐、易燃易爆品仓库等，且特别适用于火灾初期不产生烟雾的场所（如生产储存酒精、石油等场所）。火焰温度越高，火焰强度越大，紫外光辐射强度也越高。

图 4-25 为紫外火焰探测器结构示意图。火焰产生的紫外光辐射，从反光环和石英玻璃窗进入，被紫外光敏管接收，变成电信号（电离子）。石英玻璃窗有阻挡波长小于 185nm 的紫外线通过的能力，而紫外光敏管接收紫外线上限波长的能力取决于光敏管电极材质、温度、管内充气的成分、配比和压力等因素。紫外线实验灯发出紫外线，经反光环反射给紫外光敏管，用来进行探测器光学功能的自检。

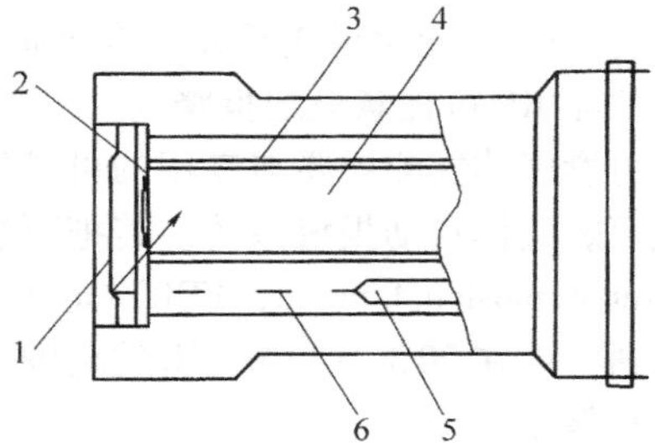

图 4-25　紫外火焰探测器结构示意图
1—反光环　2—石英玻璃窗　3—光学遮护板
4—紫外光敏管　5—紫外线实验灯
6—测试紫外线

紫外火焰探测器对强烈的紫外光辐射响应时间极短，25ms 即可动作。它不受风、雨、高气温等影响，室内外均可使用。

（四）可燃气体火灾探测器

可燃气体包括天然气、煤气、烷、醇、醛、炔等。可燃气体火灾探测器是一种能对空气中可燃气体浓度进行检测并发出报警信号的火灾探测器。它通过测量空气中可燃气体爆炸下限以内的含量，当空气中可燃气体浓度达到或超过报警设定值时自动发出报警信号，以提醒人们及早采取安全措施，避免事故发生。可燃气体探测器除具有预报火灾、防火防爆功能外，还可以起监测环境污染作用。和紫外火焰探测器一样，其主要在易燃易爆场合中安装使用。

1. 催化型可燃气体探测器　催化型是用难熔的铂（Pt）金丝作为探测器的气敏元件。工作时，铂金丝要先被靠近它的电热体预热到工作温度。铂金丝在接触到可燃气体时，会产生催化作用，并在自身表面引起强烈的氧化反应（即所谓“无烟燃烧”），使铂金丝的温度升高，其电阻增大，并通过由铂金丝组成的不平衡电桥将这一变化取出，通过电路发出报警信号。

2. 半导体可燃气体探测器　这是一种用对可燃气体高度敏感的半导体器件作为气敏元件的火灾探测器，可以对空气中散发的可燃气体，如烷（甲烷、乙烷）、醛（丙醛、丁醛）、醇（乙醇)、炔(乙炔)等，或气化可燃气体，如一氧化碳、氢气及天然气等进行有效的监测。

半导体气敏元件具有如下特点：灵敏度高，即使浓度很低的可燃气体也能使半导体器件的电阻发生极明显的变化，可燃气体的浓度不同，其电阻值的变化也不同，在一定范围内成正比变化；检测电路很简单，用一般的电阻分压或电桥电路就能取出检测信号，制作工艺简单、价廉、适用范围广，对多种可燃性气体都有较高的敏感能力，但选择性差，不能分辨混合气体中的某单一成分的气体。

图4-26是半导体可燃气体探测器的电路原理图。U_1为探测器的工作电压，U_2为探测器检测部分的信号输出，由R_3取出作用于开关电路，微安表用来显示其变化。探测器工作时，半导体气敏元件的一根电热丝先将元件预热至它的工作温度。无可燃气体时，U_2值不能产生报警信号，微安表指示为零。在可燃气体接触到气敏半导体时，其阻值(A、B间电阻)发生变化，U_2也随之变化，微安表有对应的浓度显示，可燃气体浓度一旦达到或超过预报警设定点时，U_2的变化将使开关电路导通，发出报警信号。调节电位器RP可任意设定报警点。

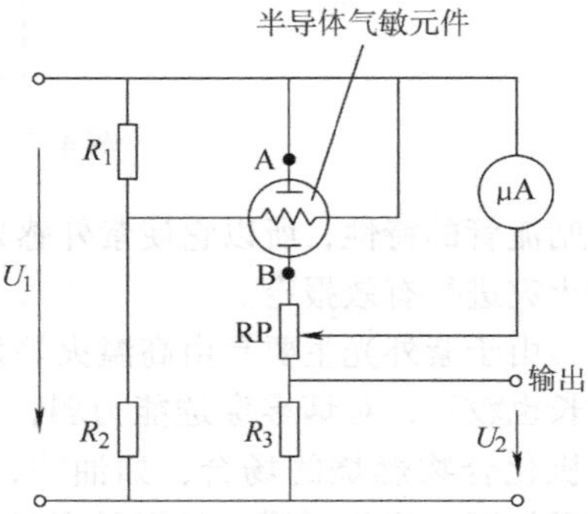

图4-26 半导体可燃气体探测器电路原理图

可燃气体探测器要与专用的可燃气体报警器配套使用组成可燃气体自动报警系统。若把可燃气体爆炸浓度下限(Lower Explosion Limited，LEL)定为100%，而预报的报警点通常设在20%~25%LEL的范围，则不等空气中可燃气体浓度引起燃烧或爆炸，报警器就提前报警了。

(五) 复合式火灾探测器

除以上介绍的火灾探测器外，复合式火灾探测器也逐步引起重视和应用。现实生活中火灾发生的情况多种多样，往往会由于火灾类型不同以及火灾探测器探测性能的局限，造成延误报警甚至漏报火情。目前，人们除了大量应用普通点型火灾探测器以外，还希望能够寻求一种更有效地探测多种类型火情的复合式点型探测器，即一个火灾探测器同时能响应两种或两种以上火灾参数。

感烟感温复合式火灾探测器将普通感烟和感温火灾探测器结合在一起，以期在探测早期火情的前提下，对后期火情也给予监视，属于早期探火与非早期探火的复合。就其多层次探测和杜绝漏报火情而言，无疑要比普通型火灾探测器优越得多。一般采取"或"的复合方式，将会大大提高探报火情的可靠性和有效性，极具实用价值。

离子光电感烟复合式火灾探测器是探测早期各类火情最理想的火灾探测器。它既可以探测到开放燃烧的小颗粒烟雾，又可以探测到闷燃火产生的大颗粒烟雾。离子感烟火灾探测器和光电感烟火灾探测器的传感特性，决定了二者复合后的火灾探测器的性能要优越得多，似乎最具有实用意义。

采取"或"方式复合的火灾探测器，无论是离子感烟部分探测到火情，还是光电感烟部分探测到火情，都给予及时报警。"或"方式虽然扩大了探测火情范围，但同时也可能增加非火情报警率。这是因为组成"或"方式的两部分受环境影响，都会引起复合后的火灾探测器产生非火情报警，无形之中受各类因素影响的可能性增加了，而采取降低灵敏度解决非火情报警不可取。所以，要使"或"方式复合式火灾探测器进入批量生产的应用阶段，还要在保证离子和光电感烟部分各自特性得到满足的前提下，解决它的非火情报警问题。

"与"方式复合的最大特点是可以有效地降低非火情报警，但是探测范围远没有"或"方式广泛，也即火情发生时，只有当离子和光电感烟两部分都探测到火情时才能报警，因此会造成可怕的漏报现象。要使"与"方式复合火灾探测器既要发挥抑制非火情报警的特性，又要力争不缩小探测火情的范围，只能寄希望于离子和光电火灾探测器都能独立完成全范围火情的探测。

综上所述，感烟感温复合式火灾探测器以及离子光电感烟复合式火灾探测器都是具有实际意义和发展潜力的。两者相比，后者的实用价值、特性要明显高于前者。此外，复合式火灾探测器并不是尽善尽美的。组成复合的两种探测器本身存在的问题依然存在，而且在被复合之后还会有新问题出现。随着科学技术的进步，不久的将来定会生产出人们所期望的、比较完善的复合式火灾探测器。

在工程设计中应正确选用探测器的类型，对有特殊工作环境条件的场所，应分别采用耐寒、耐酸、耐碱、防水、防爆等功能的探测器，才能有效地发挥火灾探测器的作用，延长其使用寿命，减少误报和提高系统的可靠性。

三、火灾探测器的选择与设置

（一）火灾探测器的选择

探测器种类的选择应根据探测区域内的环境条件、火灾特点、房间高度、安装场所的气流状况等，选用其所适宜类型的探测器或几种探测器的组合。

1. 根据火灾特点、环境条件及安装场所确定探测器的类型　火灾受可燃物质的类别、着火的性质、可燃物质的分布、着火场所的条件、火载荷重、新鲜空气的供给程度以及环境温度等因素的影响。

（1）火灾形成规律

前期：火灾尚未形成，只出现一定量的烟，基本上未造成物质损失。

早期：火灾开始形成，烟量大增，温度上升，已开始出现火，造成较小的损失。

中期：火灾已经形成，温度很高，燃烧加速，造成了较大的物质损失。

晚期：火灾已经扩散。

（2）火灾探测器的选择原则　根据以上对火灾特点的分析，火灾探测器的选择主要依据预期火灾特点、建筑物场景状况及火灾探测器的参数。具体应符合以下基本原则：

1）感烟探测器作为前期、早期报警是非常有效的。凡是要求火灾损失小的重要地点，对火灾初期有阴燃阶段，即产生大量的烟和小量的热，很少或没有火焰辐射的火灾，如棉、麻织物的引燃等，都适于选用。

不适于选用的场所有：正常情况下有烟的场所，经常有粉尘及水蒸气等固体、液体微粒出现的场所，发火迅速、生烟极少及爆炸性场合。

离子感烟与光电感烟探测器的适用场合基本相同，但应注意它们不同的特点。离子感烟探测器对人眼看不到的微小颗粒同样敏感，如人能嗅到的油漆味、考焦味等都能引起探测器动作，甚至一些分子量大的气体分子也会使探测器发生动作，在风速过大的场合（如大于6m/s）将引起探测器工作不稳定，且其敏感元件的寿命较光电感烟探测器的短。

2）感温型探测器作为火灾形成早期（早期、中期）报警非常有效。因其工作稳定，不受非火灾性烟雾汽尘等干扰，凡无法应用感烟探测器、允许产生一定的物质损失、非爆炸性的场合都可采用感温型探测器，特别适用于经常存在大量粉尘、烟雾水蒸气的场所及相对湿度经常高于95%的房间，但不宜用于有可能产生阴燃火的场所。

定温型探测器允许环境温度有较大的变化，性能比较稳定，但火灾造成的损失较大，在0℃以下的场所不宜选用。

差温型适用于火灾早期报警，火灾造成损失较小，但火灾温度升高过慢则无反应而漏报。差定温复合型探测器具有差温型的优点而又比差温型更可靠，所以最好选用差定温探测器。

3）对于火灾发展迅速，有强烈的火焰辐射而仅有少量烟和热产生的火灾，如轻金属及它们的化合物的火灾，应选用感光探测器，但不宜在火焰出现前有浓烟扩散的场所及探测器的镜头易被污染、遮挡以及受电焊、X射线等影响的场所中使用。

4）对使用、生产或聚集可燃气体或可燃液体的场所，应选择可燃气体探测器。

5）各种探测器可配合使用，如感烟与感温探测器的组合，宜用于大中型计算机房、洁净厂房以及防火卷帘设施的部位等处；对于蔓延迅速、有大量的烟和热产生、有火焰辐射的火灾，如油品燃烧等，可选择感温探测器、感烟探测器、火焰探测器或其组合；装有联动装置，自动灭火系统以及用单一探测器不能有效确认火灾的场合，宜采用感烟探测器、感温探测器、火焰探测器（同类型或不同类型）的组合。

6）对火灾形成特征不可预料的场所，可根据模拟实验的结果选择探测器。

7）对无遮拦大空间保护区域，宜选用线型火灾探测器。

总之，离子感烟探测器具有稳定性好、误报率低、寿命长、结构紧凑等优点，因而得到广泛应用。其他类型的探测器，只在某些特殊场合作为补充才用到。例如，在厨房、发电机房、地下车库及具有气体自动灭火装置时，需要提高灭火报警可靠性而且与感烟探测器联合使用的地方才考虑用感温探测器。

（3）点型探测器的适用场所　点型探测器的适用场所见表4-1。

表4-1　点型探测器的适用场所

序号	探测器类型 / 场所或情形	感烟		感温			火焰		说明
		离子	光电	定温	差温	差定温	红外	紫外	
1	饭店、宾馆、教学楼、办公楼的厅堂、卧室、办公室等	√	√						厅堂、办公室、会议室、值班室、娱乐室、接待室等，灵敏度档次为中低，可延时；卧室、病房、休息厅、衣帽室、展览室等，灵敏度档次为高
2	计算机房、通信机房、电影电视放映室等	√	√						这些场所灵敏度要高或高中档次联合使用
3	楼梯、走道、电梯、机房等	√	√						灵敏度档次为高、中
4	书库、档案库	√	√						灵敏度档次为高
5	有电器火灾危险	√	√						早期热解产物，气溶胶微粒小，可用离子型；气溶胶微粒较大，可用光电型
6	气流速度大于5m/s	×	√						
7	相对湿度经常高于95%以上	×				√			根据不同要求也可选用定温或差温

（续）

序号	探测器类型 场所或情形	感烟		感温			火焰		说明
		离子	光电	定温	差温	差定温	红外	紫外	
8	有大量粉尘、水雾滞留	×	×	√	√	√			
9	有可能发生无烟火灾	×	×	√	√	√			根据具体要求选用
10	在正常情况下有烟和蒸汽滞留	×	×	√	√	√			
11	有可能产生蒸汽和油雾		×						
12	厨房、锅炉房、发电机房、烘干车间等			√		√			在正常高温情况下，感温探测器的额定动作温度值可定的高些，或选用高温感温探测器
13	吸烟室、小会议室				√	√			若选用感烟探测器，则应选低灵敏度档次
14	汽车库				√	√			
15	其他不宜安装感烟探测器的厅堂和公共场所	×	×	√	√	√			
16	可能产生阴燃火或者如发生火灾不及早报警将造成重大损失的场所	√	√	×	×	×			
17	温度在0°C以下			×					
18	正常情况下温度变化较大的场所				×				
19	可能产生腐蚀性气体	×							
20	产生醇类、醚类、酮类等有机物质	×							
21	可能产生黑烟		×						
22	存在高频电磁干扰		×						
23	银行、百货店、商场、仓库	√	√						
24	火灾时有强烈的火焰辐射						√	√	如含有易燃材料的房间、飞机库、油库、海上石油钻井和开采平台；炼油列化厂等
25	需要对火焰做出快速反应						√	√	如镁和金属粉末的生产，大型仓库、码头
26	无阴燃阶段的火灾						√	√	
27	博物馆、美术馆、图书馆	√	√				√	√	
28	电站、变压器间、配电室	√	√				√	√	
29	可能发生无焰火灾						×	×	
30	在火焰出现前有浓烟扩散						×	×	

（续）

序号	探测器类型 / 场所或情形	感烟 离子	感烟 光电	感温 定温	感温 差温	感温 差定温	火焰 红外	火焰 紫外	说明
31	探测器的镜头易被污染						×	×	
32	探测器的“视线”易被遮挡						×	×	
33	探测器易受阳光或其他光源直接或间接照射						×	×	
34	在正常情况下有明火作业以及X射线、弧光等影响						×	×	

注：1. 符号说明：

√—适合的探测器，应优先选用；×—不适合的探测器，不应选用；空白、无符号表示须谨慎使用。

2. 下列场所可不设火灾探测器：

a. 厕所、浴室等；b. 不能有效探测火灾的场所；c. 不便维修、使用（重点部位除外）的场所。

在工程实际中，在危险性大又很重要的场所即需设置自动灭火系统或设有联动装置的场所，均应采用感烟、感温、火焰探测器的组合。

（4）线型探测器的适用场所

1）宜选用缆式线型定温探测器的场所：

① 计算机室、控制室的闷顶内、地板下及重要设施隐蔽处等。

② 开关设备、发电厂、变电站及配电装置等。

③ 各种带传动运输装置。

④ 电缆夹层、电缆竖井、电线隧道等。

⑤ 其他环境恶劣不适合点型探测器安装的危险场所。

2）宜选用空气管线型差温探测器的场所：

① 不易安装点型探测器的夹层、闷顶。

② 公路隧道工程。

③ 古建筑。

④ 大型室内停车场。

3）宜选用红外光束感烟探测器的场所：

① 隧道工程。

② 古建筑、文物保护的厅堂馆所等。

③ 档案馆、博物馆、飞机库、无遮挡大空间的库房等。

④ 发电厂、变电站等。

（5）可燃气体探测器的选择　宜选用可燃气体探测器的场所：

1）煤气表房、煤气站以及大量存贮液化石油气罐的场所。

2）使用管道煤气或燃气的房屋。

3）其他散发或积聚可燃气体和可燃液体蒸气的场所。

4）有可能产生大量一氧化碳气体的场所，宜选用一氧化碳气体探测器。

2. 根据房间高度选探测器　由于各种探测器特点各异，其适于房间高度也不尽一致，为了使选择的探测器能更有效地达到保护之目的，表4-2列举了几种常用的探测器对房间高度的要求，供学习及设计参考。

表4-2　根据房间高度选择探测器

房间高度 h/m	感烟探测器	感温探测器			火焰探测器
		一级	二级	三级	
$12<h\leqslant 20$	不适合	不适合	不适合	不适合	适合
$8<h\leqslant 12$	适合	不适合	不适合	不适合	适合
$6<h\leqslant 8$	适合	适合	不适合	不适合	适合
$4<h\leqslant 6$	适合	适合	适合	不适合	适合
$\leqslant 4$	适合	适合	适合	适合	适合

高出顶棚的面积小于整个顶棚面积的10%，只要这一顶棚部分的面积不大于1只探测器的保护面积，则该较高的顶棚部分同整个顶棚面积一样看待。否则，较高的顶棚部分应如同分隔开的房间处理。

在按房间高度选用探测器时，应注意这仅仅是按房间高度对探测器选用的大致划分，具体选用时尚需结合火灾的危险度和探测器本身的灵敏度档次来进行。判断不准时，需做模拟实验后最后确定。

（二）火灾探测器的布置

1. 探测器数量的确定　在实际工程中房间大小及探测区大小不一，房间高度、棚项坡度也各异，那么怎样确定探测器的数量呢？规范规定：探测区域内每个房间应至少设置一只火灾探测器。一个探测区域内所设置探测器的数量应按下式计算：

$$N\geqslant\frac{S}{KA}$$

式中，N为一个探测区域内应设置的探测器的数量（只），N取整数；S为一个探测区域的地面面积（m^2）；A为一个探测器的保护面积（m^2），指一只探测器能有效探测的地面面积；K为安全修正系数，特级保护对象宜取0.7～0.8，一级保护对象宜取0.8～0.9，二级保护对象宜取0.9～1.0（选取时根据设计者的实际经验，并考虑一旦发生火灾，对人身和财产的损失程度、火灾危险性大小、疏散及扑救火灾的难易程度及对社会的影响大小等多种因素）。

探测器设置数量的具体计算步骤：

1）根据探测器监视的地面面积S、房间高度h、屋顶坡度θ及火灾探测器的种类查表4-3，得出使用一个不同种类探测器的保护面积（A）和保护半径值（R），再考虑修正系数K，计算出所需探测器数量，取整数。

表4-3　感烟、感温探测器的保护面积和保护半径

火灾探测器的种类	地面面积 S/m^2	房间高度 h/m	探测器的保护面积A和保护半径R					
			房顶坡度θ					
			$\theta\leqslant 15°$		$15°<\theta\leqslant 30°$		$\theta>30°$	
			A/m^2	R/m	A/m^2	R/m	A/m^2	R/m
感烟探测器	$\leqslant 80$	$\leqslant 12$	80	6.7	80	7.2	80	8.0
	>80	$6<h\leqslant 12$	80	6.7	100	8.0	120	9.9
		$\leqslant 6$	60	5.8	80	7.2	100	9.0
感温探测器	$\leqslant 30$	$\leqslant 8$	30	4.4	30	4.9	30	5.5
	>30	$\leqslant 8$	20	3.6	30	4.9	40	6.3

2）根据探测器的保护面积 A 和保护半径 R，由图4-27中两极限曲线选取探测器的安装间距不应大于 a、b，然后具体布置探测器。

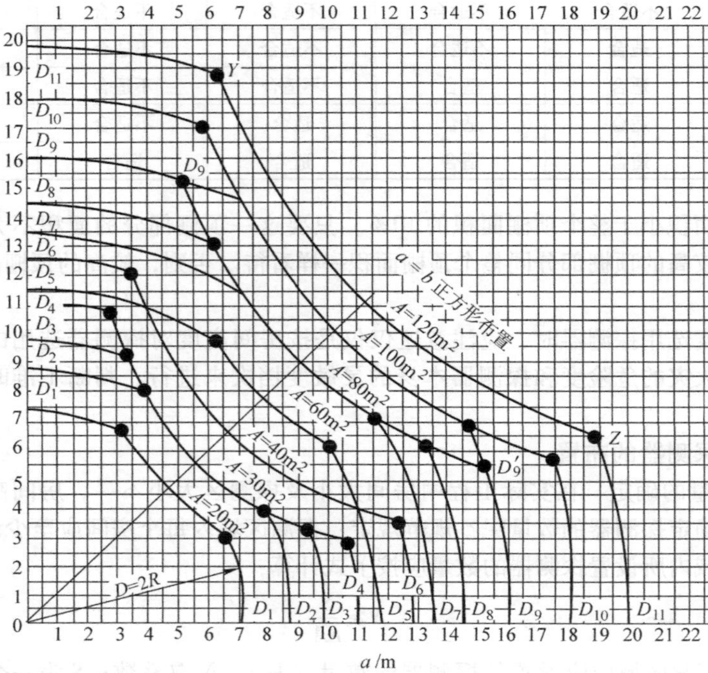

图4-27 探测器的安装间距 a、b 的两极限曲线

图4-27中 A 为探测器的保护面积（m^2）；a、b 为探测器的安装间距（m）；D_1 ~ D_{11}（含 D'_9）为在不同保护面积 A 和保护半径 R 下确定探测器安装间距 a、b 的极限曲线；Y、Z 为极限曲线的端点（在 Y 和 Z 两点间的曲线范围内，保护面积可以得到充分利用）。

另外，探测器的安装间距也可由以下公式确定：

$$a^2 + b^2 = (2R)^2$$

$$ab = A$$

式中，a、b 为探测器的前后、左右极限间距（m）；A 为单个探测器的保护面积（m^2）；R 为单个探测器的保护半径（m）。

3）检验探测器到最远点的水平距离是否超过探测器保护半径，超过时，应重新安排探测器或增加探测器数值。

2. 探测器布置的基本原则

1）探测区域内的每个房间至少应设置一只火灾探测器。

2）当梁突出顶棚的高度超过600mm时，被梁隔断的每个梁间区域至少应设置一只探测器。

3）在宽度小于3m的内走道顶棚上设置探测器时，宜居中布置。感温探测器的安装间距不应超过10m；感烟探测器的安装间距不应超过15m。探测器至端墙的距离应不大于探测器安装间距的一半；探测器至墙壁、梁边的水平距离应不小于0.5m。

4）探测器周围0.5m内，不应有遮挡物。房间被书架、设备或隔断等分离，其顶部至顶棚或梁的距离小于房间净高的5%时，每个被隔开的部分至少应安装一只探测器。

5）探测器至空调送风口的水平距离应不小于1.5m，并宜接近回风口安装。探测器至多孔送风棚顶孔口的水平距离应不小于0.5m。

6）探测器与灯具的水平净距应不小于0.2m，感温探测器与高温光源灯具（如碘钨灯、容量大于100W的白炽灯等）的净距应不小于0.5m。

7）探测器距扬声器的净距不小于0.1m。

8）锯齿形屋顶和坡度大于15°的人字形屋顶，应在每个屋脊处设置一排探测器，探测器下表面至屋顶最高处的距离，应符合表4-4的规定。

表4-4 感烟探测器下表面距顶棚（或屋顶）的距离 （单位：mm）

探测器安装高度 h/m	屋顶或顶棚坡度 θ					
	$\theta \leq 15°$		$15° < \theta \leq 30°$		$\theta > 30°$	
	最小	最大	最小	最大	最小	最大
≤ 6	30	200	200	300	300	500
$6 < h \leq 8$	70	250	250	400	400	600
$8 < h \leq 10$	100	300	300	500	500	700
$10 < h \leq 12$	150	350	350	600	600	800

9）探测器宜水平安装，当必须倾斜安装时，倾斜角不应大于45°；大于45°时，应加木台安装。

10）在电梯井、升降机井设置探测器时，其位置宜在井道上方的机房顶棚上。

11）楼梯间或斜坡道，可按垂直距离每10～15m高处安装一只探测器。为便于维护管理方便，应在房间面对楼梯平台上设置。

四、探测器与系统的连接

探测器根据其适用环境、保护面积以及有关规范进行布置后，通过其底座与系统进行连接。对于不同厂家生产的不同型号的探测器，其接线形式也不一样，从探测器到报警控制器的线数也有很大差别。

（一）两线制系统

两线制属于多线制系统，也称 $n+1$ 线制，即一条公用地线，另一条则承担供电、选通信息与自检的功能。

探测器采用两线制时，可完成电源供电故障检查、火灾报警、断线报警（包括接触不良、探测器被取走）等功能。

1）每个探测器各占一个部位时底座的接线方法如图4-28所示。终端器为一个硅二极管（2CK或2CZ型）和一个电阻并联。凡是没有接探测器的区域控制器的空位，都应在其相应接线端子上接上终端器。

2）探测器的并联。同一部位上，为增大保护面积，可以将探测器并联使用，这些并联在一起的探测器仅占用一个部位号。不同部位的探测器不宜并联使用。探测器并联时，其底座配线是串联式配线连接，这样可以保证取走任何一只探测器时，火灾报警控制器均能报出故障。探测器并联时，其底座应依次接线，如图4-29所示。不应有分支线路，这样才能保证终端器接在最后一只底座的 L_2-L_5 两端，以保证火灾报警控制器的自检功能。

3）同一根管路内既有并联又有独立探测器时底座的接线方法即混合连接的接线方法如图4-30所示。

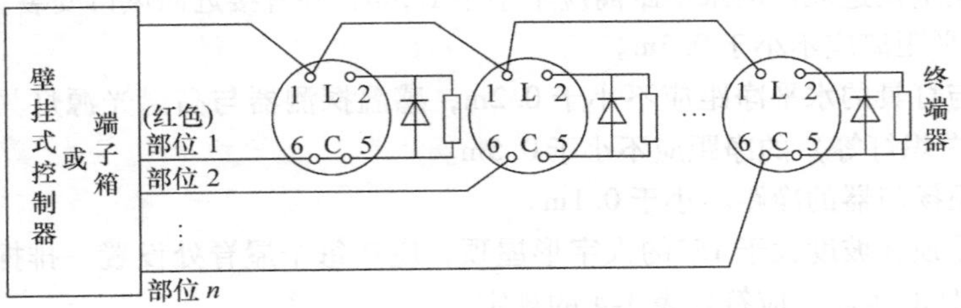

图 4-28 探测器各占一个部位时底座的接线方法

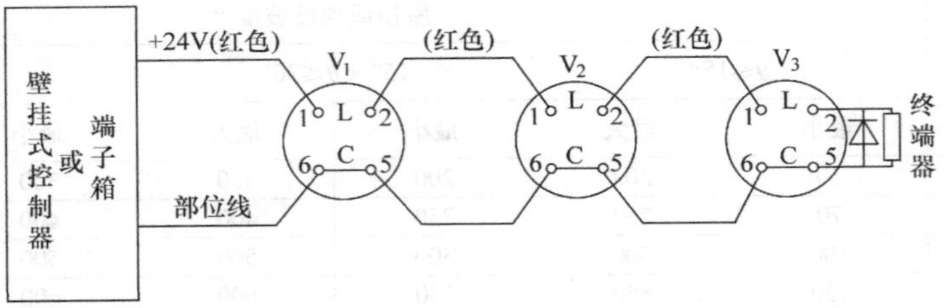

图 4-29 探测器并联时的接线图

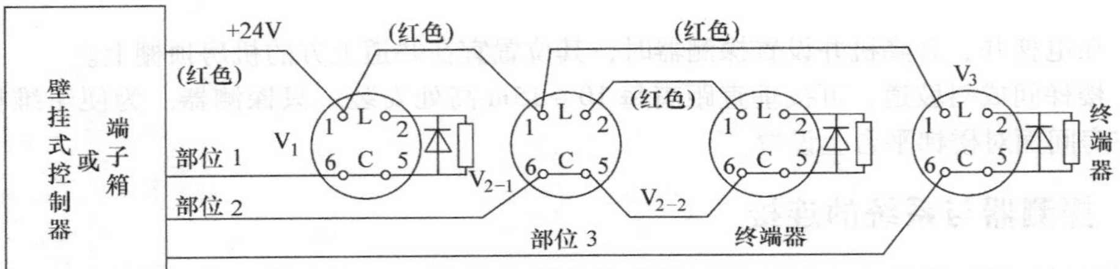

图 4-30 探测器混合连接的接线方法

(二) 总线制系统

总线制采用地址编码技术，整个系统只用两条及 4 条线，建筑物内布线极其简单，给设计、施工及维护带来了极大的方便，因此被广泛采用。

值得注意的是，一旦系统某一局部出现故障（如短路），则造成整个火灾自动报警系统无法工作，甚至损坏部分控制器和探测器。为了保证火灾报警控制器与总线不受故障影响，同时有利于确定故障总线的部位，便于维护，必须使发生故障的总线部分与正常工作的总线部分隔开，如分段加装短路隔离器，如图 4-31 所示。短路隔离器一般直接串联在总线上，安装在总线的分支处，形成对每一个火灾探测器回路的分段保护。现在有些探测器本身也具有短路隔离器的作用。

由于总线制采用了编码选址技术，使控制器能准确地报警到具体探测部位，测试、安装简化，系统的运行可靠性大为提高。

1. 四总线制　如图 4-32 所示，4 条总线为：P 线给出探测器的电源、编码、选址信号；T 线给出自检信号以判断探测部位或传输线是否有故障；控制器从 S 线上获得探测部位的信息；G 为公共地线。P、T、S、G 均为并联方式连接，S 线上的信号对探测部位而言是分时的，从逻辑实现方式上看是“线或”逻辑。

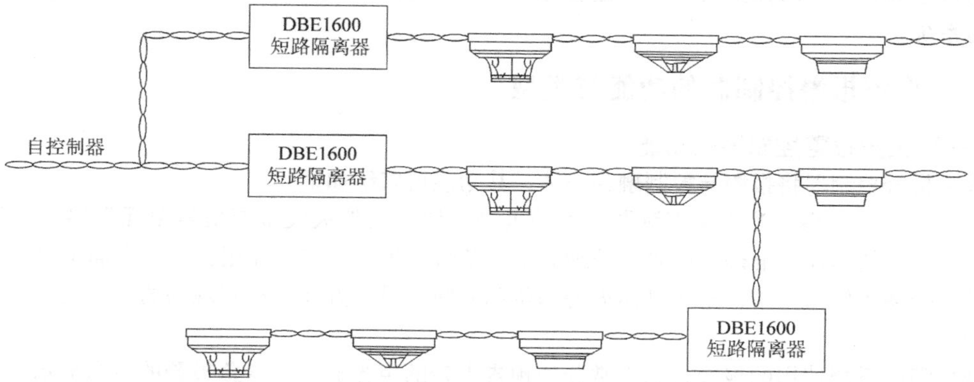

图 4-31　短路隔离器的应用实例

由图 4-32 可见，从探测器到区域报警器只用 4 根全总线，有时可增加一根 V 线（DC 24V），也以总线形式由区域报警控制器接出来，其他现场设备也可使用。这样控制器与区域报警器的布线为 5 线，大大简化了系统，尤其是在大系统中，这种布线优点更为突出。

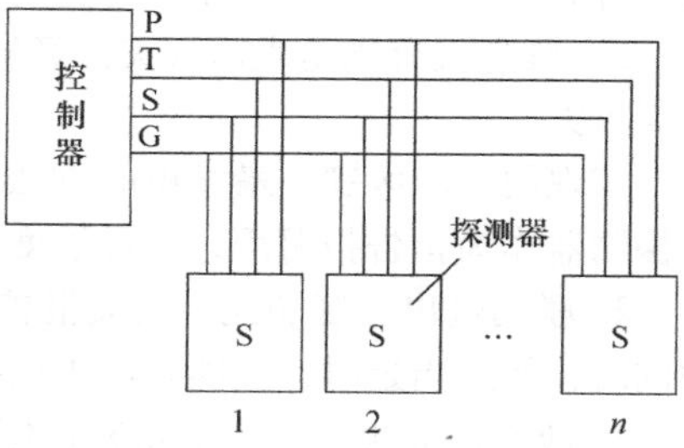

图 4-32　四总线制连接方式

2. 二总线制　这是一种最简单的接线方法，用线量更少，但技术的复杂性和难度也提高了。总线中的 G 线为公共地线，P 线则完成供电、选址、自检、获取信息等功能。总线系统有树枝形和环形两种。

1）图 4-33 所示为树枝形接线方式，这种方式应用广泛。这种接线如果发生断线，可以报出断线故障点，但断点之后的探测器不能工作。

2）图 4-34 所示为环形接线方式，这种系统要求输出的两根总线再返回控制器另两个输出端子构成环形。这种接线方式如果中间发生断线，不影响系统正常工作。

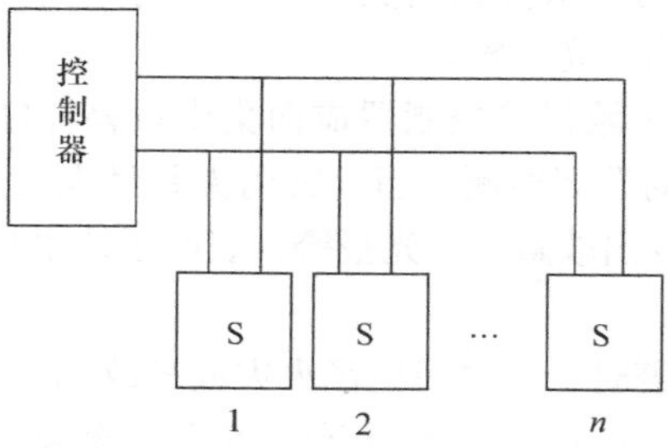

图 4-33　树枝形接线（二总线制）方式

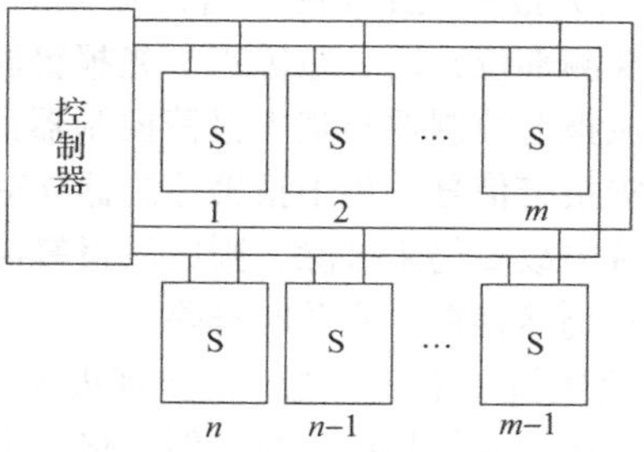

图 4-34　环形接线（二总线制）方式

第三节　火灾报警控制器

火灾报警控制器是一种为火灾探测器供电、接收、转换、处理和传递火灾报警信号，进行声光报警，并对自动消防等装置发出控制信号的报警装置。火灾报警控制器是火灾自动报警控制系统的核心部分，可以独立构成自动监测报警系统，也可以与灭火装置构成完整的火灾自动监控消防系统。

一、火灾报警控制器的功能与类型

（一）火灾报警控制器的功能

火灾报警控制器将报警与控制融为一体，其功能可归纳如下：

1. 火灾声光报警　当火灾探测器、手动报警按钮或其他火灾报警信号单元发出火灾报警信号时，控制器能迅速、准确地接收、处理此报警信号，进行火灾声光报警，一方面由报警控制器本身的报警装置发出报警，指示具体火警部位和时间，另一方面也控制现场的声、光报警装置发出报警。

现代消防系统使用的报警显示常常分为预告报警的声光显示及紧急报警的声光显示。

1）预告报警是在探测器已经动作，即探测器已经探测到火灾信息，但火灾处于燃烧的初期，如果此时能用人工方法及时去扑灭火灾，而不必动用消防系统的灭火设备，对于“减少损失，有效灭火”来说，是十分有益的。

2）紧急报警则是表示火灾已经被确认，火灾已经发生，需要动用消防系统的灭火设备快速扑灭火灾。

实现两者的区别，最简单的方法就是在被保护现场安置两种灵敏度的探测器，其中高灵敏度探测器作为预告报警用，低灵敏度探测器则用作紧急报警。

2. 联动输出控制功能　火灾报警控制器应具有一对以上的输出控制接点，在发出火警信号的同时，经适当延时，还能发出灭火控制信号，起动联动灭火设备。

3. 故障声光报警　火灾报警控制器为确保其安全可靠长期不间断运行，对本机某些重要线路和元部件还要能进行自动监测。一旦出现线路断线、短路及电源欠电压、失电压等故障时，及时发出有别于火灾的故障声、光报警。

4. 声报警消声及再声响功能　当火灾报警控制器出现火灾报警或故障报警后，可首先手动消除声报警，但光字信号继续保留。消声后，若再次出现其他区域火灾或其他设备故障，音响设备能自动恢复再响。

5. 火灾报警优先功能　当火灾与故障同时发生或者先故障而后火灾（故障与火灾不应发生在同一探测部位）时，故障声、光报警能让位于火灾声、光报警。

区域报警控制器与集中报警控制器配合使用时，区域报警控制器应向集中报警控制器优先发出火灾报警信号，集中报警控制器立刻进行火灾自动巡回检测。当火灾消失并经人工复位后，如果区域内故障仍未排除，则区域报警控制器还能再发出故障声、光报警，表明系统中某报警回路的故障仍然存在，应及时排除。

6. 火灾报警记忆功能　当出现火灾报警或故障报警时，能立即记忆火灾或事故地址与时间，尽管火灾或事故信号已消失，但记忆并不消失。只有当人工复位后，记忆才消失，恢复正常监控状态。火灾报警控制器还能启动自动记录设备，记下火灾状况，以备事后查询。

7. 电源　火灾报警控制器采用信号复合传输方式，将24V（或12V）直流电源信号与地址编码信号复合传输，为火灾探测器供电。为了确保系统供电，火灾报警控制器本身一般均自备浮充备用电源，目前多采用镉镍电池。

8. 联网功能　智能建筑中的消防自动报警与联动控制系统既能独立地完成火灾信息的采集、处理、判断和确认，实现自动报警与联动控制，同时还应能通过网络通信方式与建筑物内的安保中心及城市消防中心实现信息共享和联动控制。

（二）火灾报警控制器的类型

火灾报警控制器按其技术性能和使用要求进行分类，是多种多样的，国内常见的分类如图4-35所示。

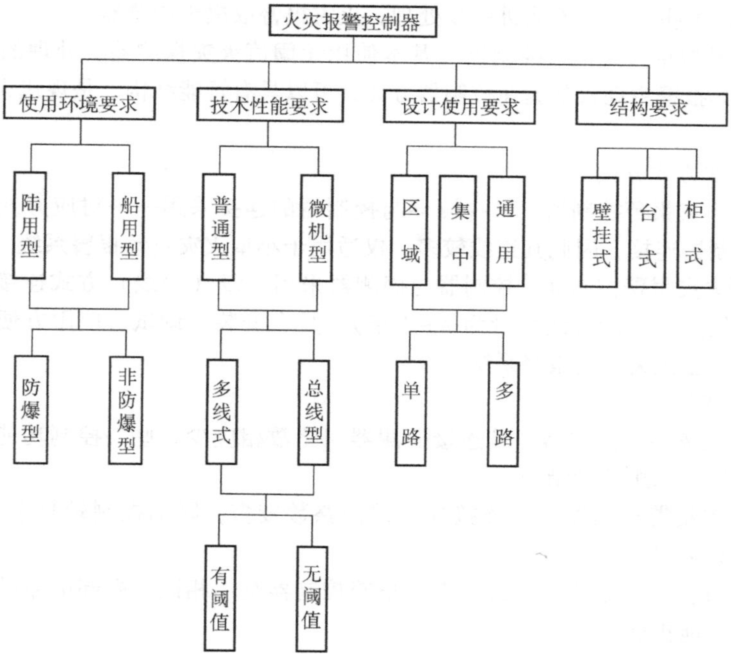

图4-35 火灾报警控制器的类型

火灾报警控制器常用的分类方法大致如下：

1. 按容量分类

（1）单路火灾报警控制器　其仅处理一个回路的探测器工作信号，一般仅用在某些特殊的联动控制系统。

（2）多路火灾报警控制器　其能同时处理多个回路的探测器工作信号，并显示具体报警部位。相对而言，它的性能价格比较高，也是目前最常见的使用类型。

2. 按用途分类

（1）区域火灾报警控制器　其直接连接火灾探测器，处理各种报警信息，是组成自动报警系统最常用的设备之一。

（2）集中火灾报警控制器　它一般不与火灾探测器相连，而与区域火灾报警控制器相连，处理区域级火灾报警控制器送来的报警信号，常使用在较大型系统中。

（3）通用火灾报警控制器　它兼有区域、集中两级火灾报警控制器的双重特点，通过设置或修改某些参数（可以是硬件或者软件方面），既可作为区域级使用，连接火灾探测器，又可作为集中级使用，连接区域火灾报警控制器。

3. 按主机电路设计分类

（1）普通型火灾报警控制器　其电路设计采用通用逻辑组合形式，具有成本低廉、使用简单等特点，易于实现以标准单元的插板组合方式进行功能扩展，其功能一般较简单。

（2）微机型火灾报警控制器　其电路设计采用微机结构，对硬件及软件程序均有相应要求，具有功能扩展方便、技术要求复杂、硬件可靠性高等特点。目前绝大多数火灾报警控制器均采用此形式。

4. 按信号处理方式分类

（1）有阈值火灾报警控制器　使用有阈值火灾探测器，处理的探测信号为阶跃开关量信号，对火灾探测器发出的报警信号不能进一步处理，火灾报警取决于探测器。

（2）无阈值模拟量火灾报警控制器　基本使用无阈值火灾探测器，处理的探测信号为连续的模拟量信号。其报警主动权掌握在控制器方面，可以具有智能结构，是现代火灾报警控制器的发展方向。

5. 按系统连线方式分类

（1）多线制火灾报警控制器　其探测器与控制器的连接采用一一对应方式。每个探测器至少有一根线与控制器连接，因此其连线较多，仅适用于小型火灾自动报警系统。

（2）总线制火灾报警控制器　控制器与探测器采用总线（少线）方式连接。所有探测器均并联或串联在总线上（一般总线数量为 2～4 条），具有安装、调试、使用方便，工程造价较低的特点，适用于大型火灾自动报警系统。

6. 按结构形式分类

（1）壁挂式火灾报警控制器　其连接探测器回路数相应少一些，控制功能较简单。一般区域火灾报警控制器常采用这种结构。

（2）台式火灾报警控制器　其连接探测器回路数较多，联动控制较复杂，操作使用方便，一般常见于集中火灾报警控制器。

（3）柜式火灾报警控制器　与台式火灾报警控制器基本相同，内部电路结构大多设计成插板组合式，易于功能扩展。

7. 按使用环境分类

（1）陆用型火灾报警控制器　即最通用的火灾报警控制器，要求环境温度 $-10 \sim 50℃$，相对湿度 $\leqslant 92\%$（40℃），风速 $<5m/s$，气压 $85 \sim 106kPa$。

（2）船用型火灾报警控制器　其工作环境温度、湿度等要求均高于陆用型。

8. 按防爆性能分类

（1）非防爆型火灾报警控制器　无防爆性能，目前民用建筑中使用的绝大部分火灾报警控制器都属于这一类。

（2）防爆型火灾报警控制器　适用于易燃易爆场合

二、区域与集中火灾报警控制器

区域报警控制器与集中报警控制器在结构上没有本质区别，只是在功能上分别适应区域报警工作状态与集中报警工作状态。

（一）区域报警控制器

1. 区域报警控制器的基本单元

（1）声光报警单元　它将本区域各个火灾探测器送来的火灾信号转换为报警信号，即发出声响报警并在显示器上以光的形式显示着火部位。

（2）记忆单元　其作用是记下第一次报警时间。

（3）输出单元　一方面将本区域内火灾信号送到集中报警控制器显示火灾报警，另一方面向有关联动灭火子系统输出操作指令信号。

输出单元输出的信息指令形式可以是电位信号也可以是继电器触点信号。

（4）检查单元　其作用是检查区域报警控制器与探测器之间连线出现断路、探测器接触不良或探测器被取走等故障。

检查单元设有故障自动监测电路。当线路出现故障时，故障显示黄灯亮，故障声报警同时动作。通常检查单元还设有手动检查电路，模拟火灾信号逐个检查每个探测器工作是否正常。

（5）电源单元　将220V交流电通过该单元转换为本装置所需要的高稳定度的直流电为24V、18V、10V、1.5V等，以满足区域报警控制器正常工作需要，同时向本区域探测器供电。

2. 区域报警控制器的主要技术指标及功能

（1）供电方式　交流主电AC 220V，频率50Hz；直流备电DC 24V，3～20A·h，全封闭蓄电池。

（2）监控功率与额定功率　分别指报警控制器在正常监控状态和发生火灾报警时的最大功率。例如，某火灾报警控制器监控功率≤10W，报警功率≤50W。

（3）使用环境　指报警控制器使用场所的温度及相对湿度值。

（4）容量　指报警控制器能监控的最大部位数。

（5）系统布线数　指区域报警控制器与探测器、集中报警控制器之间的连接线数。

（6）报警功能　指报警控制器确定有火灾或故障信号时，能将火灾或故障信号转换成声、光报警信号。

（7）外控功能　区域报警控制器一般都设有若干对常开（或常闭）外控触点。外控触点动作，可驱动相应的灭火设备。

（8）故障自动监测功能　当任何回路的探测器与报警控制器之间的连线断路或短路，探测器与底座接线接触不良，以及探测器被取走等时，报警控制器都能自动地发出声、光报警，也即报警控制器具有自动监测故障的功能。

（9）火灾报警优先功能　当火灾与故障同时发生，或故障在先火灾在后（只要不是发生在同一回路上）时，故障报警让位于火灾报警。当区域报警控制器与集中报警控制器配合使用时，区域报警控制器能优先向集中报警控制器发出火警信号。

（10）系统自检功能　当检查人员按下自检按钮后，报警控制器自检单元电路便分组依次对探测器发出模拟火灾信号，对探测器及其相应报警回路进行自动巡回故障检查。

（11）电源及监控功能　区域报警控制器设有备用电源，同时还设有电源过电流、过电压保护，以及故障报警和电压监测装置等。

（二）集中报警控制器

1. 集中报警控制器基本单元　集中报警控制器一般是区域报警控制器的上位控制器，除具有区域报警控制器的基本单元外，还有其他一些单元。

（1）声光报警单元　它与区域报警控制器类似，但不同的是火灾信号主要来自各区域报警控制器，发出的声光报警显示火灾地址是区域（或楼层）、房间号。集中报警控制器也可直接接收火灾探测器的火灾信号而给出火灾报警显示。

（2）记忆单元　它与区域报警控制器相同。

（3）输出单元　当火灾确认后，输出联动控制信号。

（4）总检查单元　其作用是检查集中报警控制器与区域报警控制器之间的连接线是否完好，有无断路、短路现象，以确保系统工作安全可靠。

（5）巡检单元　依次周而复始地逐个接收由各区域报警控制器发来的信号，即进行巡回检测，实现集中报警控制器的实时控制。图4-36表示了这种巡检方式的电路图。

（6）电话单元　通常在集中报警控制器内设置一部直接与119通话的电话。

(7) 电源单元 与区域报警控制器相同，但功率比区域报警控制器大。

2. 集中报警控制器主要技术指标及功能 集中报警控制器在供电方式、使用环境要求、外控功能、监控功率与额定功率、火灾优先报警功能等与区域报警控制器类似。不同之处有：

(1) 容量 指集中报警控制器监控的最大部位数及所监控的区域报警控制器的最大台数。例如，某集中报警控制器控制的区域报警控制器为60个，而每个区域报警控制器监控的部位为60个，则集中报警控制器的容量为60×60=3600个部位，基本容量为60。

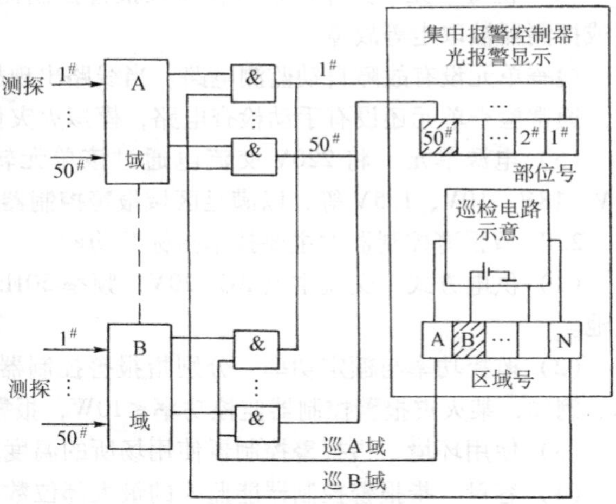

图4-36 集中报警控制器巡检方式电路图

(2) 系统布线数 指集中报警控制器与区域报警控制器之间的连线数。

(3) 巡检速度 指集中报警控制器在单位时间内巡回检测区域报警控制器的个数。

(4) 报警功能 集中报警控制器接收到某区域报警控制器发送的火灾或故障信号时，便自动进行火警或故障部位的巡检并发出声光报警。可手动按钮消音，但不影响光报警信号。

(5) 故障自动监测功能 能检查区域报警控制器与集中报警控制器之间的连线是否连接良好，区域报警控制器接口电子电路与本机工作是否正常。若发现故障，则集中报警控制器能立即发出声光报警。

(6) 自检功能 与区域报警控制器类似，当检查人员按下自检按钮后，即把模拟火灾信号送至各区域报警控制器。若有故障，显示这一组的部位号，不显示的部位号为故障点。对各区域的巡检，有助于了解和掌握各区域报警控制器的工作情况。

三、火灾报警控制器的结构与工作原理

(一) 火灾自动报警系统构成原理

以微型计算机为基础的现代消防系统的基本结构与原理如图4-37所示。系统中，火灾探测器和消防控制设备与微处理器间的连接必须通过输入/输出接口来实现。

数据采集器（DGP）一般多安装于现场，它一方面接收探测器来的信息，经变换后，通过传输系统送进微处理器进行运算处理；另一方面，它又接收微处理器发来的指令信号，经转换后向现场有关监控点的控制装置传送。显然，DGP是微处理器与现场监控点进行信息交换的重要设备，是系统输入/输出接口电路部件。

传输系统的功用是传递现场（探测器、灭火装置）与微处理器之间的所有信息，一般由两条专用电缆线构成数字传输通道，它可以方便地加长传输距离，扩大监控范围。

对于不同型号的微机报警系统，其主控台和外围设备的数量、种类也是不同的。通过主控台可校正（整定）各监控现场正常状态值（即给定值），并对各监控现场控制装置进行远距离操作，显示设备各种参数和状态。主控台一般安装在中央控制室或各监控区域的控制室内。

外围设备一般应设有打印机、记录器、控制接口、警报装置等，有的还具有视频监控装置，对被监控现场火情进行直接的图像监控。

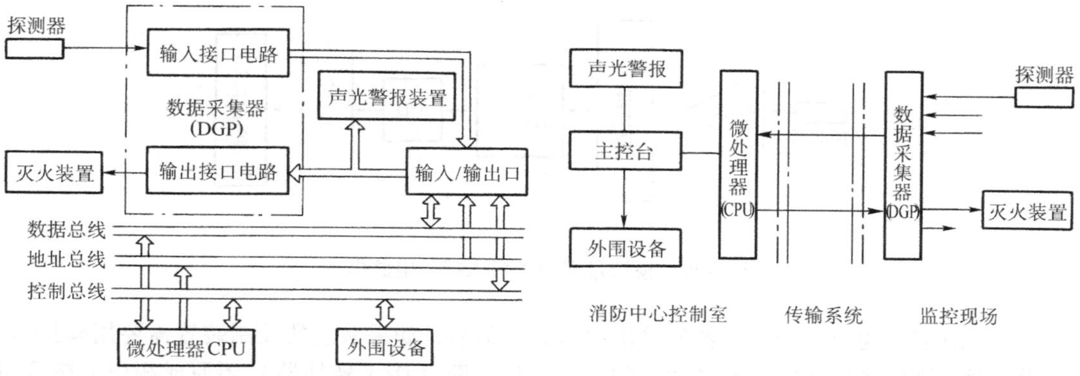

a) 基本原理图　　b) 结构示意图

图 4-37　以微型计算机为基础的现代消防系统的基本结构与原理

（二）接口电路

接口电路包括输入接口和输出接口电路两种。

（1）开关量探测器输入接口电路　开关量探测器的信号输出有的是有触点的开关量信号（如手动报警按钮、机械式探测器），有的是无触点的开关量信号（如电子式探测器）。有触点开关量探测器输入接口电路与微处理器连接如图 4-38 所示。无触点开关量探测器输入接口电路与微处理器连接如图 4-39 所示。

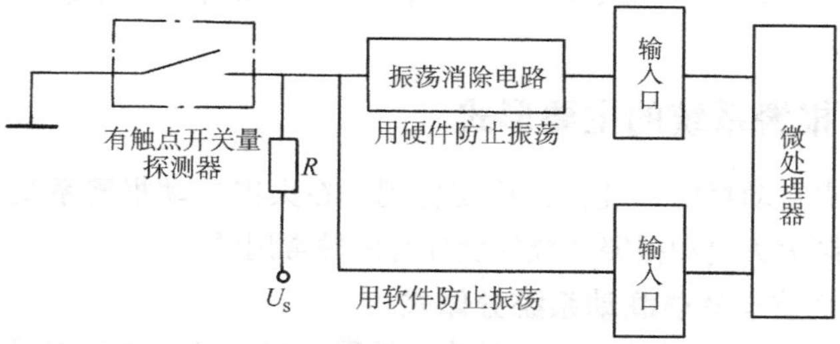

图 4-38　有触点开关量探测器输入接口电路与微处理器的连接

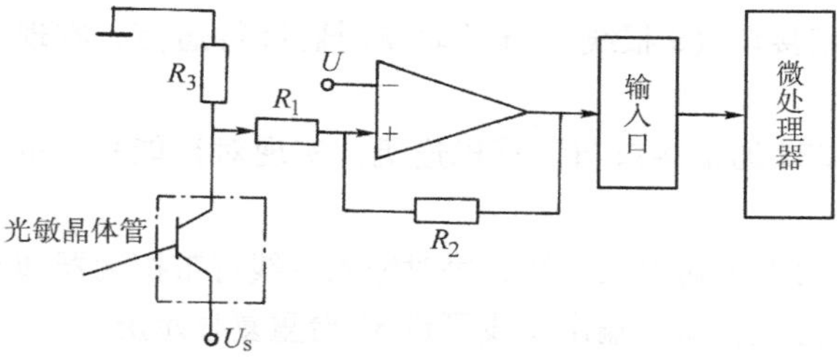

图 4-39　无触点开关量探测器输入接口电路与微处理器的连接

（2）模拟量探测器输入接口电路　现采用的模拟量探测器接口电路一般包括前置放大、多路转换、采样保持、A/D 转换部分，如图 4-40 所示。

图 4-40 中多路转换器可对许多被监控现场的状态进行巡回检测。

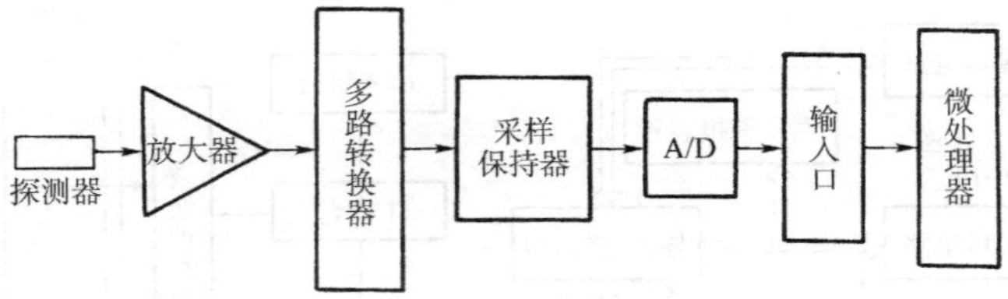

图 4-40 模拟量探测器输入接口电路框图

（3）输出接口电路 微处理器的输出也是数字信号，如果系统的控制装置需要用模拟信号进行操作时，则应将数字信号通过适当的输出接口电路（D/A 转换器）还原成相应的模拟量，以驱动控制装置动作。但是在大多数系统中，都是利用微处理器输出的数字信号去控制一些继电装置，再由继电装置去开启灭火装置，如图 4-41 所示。

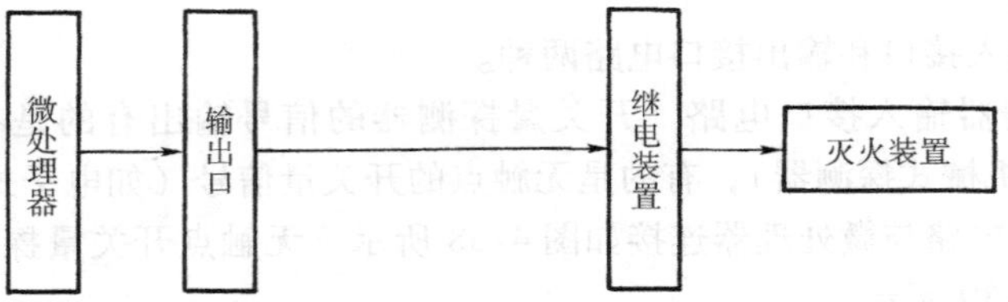

图 4-41 微处理器与控制装置（继电装置）的连接

四、火灾自动报警系统的主要形式

目前，总线制火灾自动报警系统获得广泛应用。在火灾自动报警系统与消防联动控制设备的组合方式上，总线制火灾自动报警系统的设计有两种常用的形式。

（一）消防报警系统与消防联动系统分体式

图 4-42 所示为现场编程二总线可寻址开关量报警系统。其主要特点是探测报警回路与联动控制回路分开。

（1）火灾报警控制器主要特点

1）通过 RS-232 通信接口（3 根线）与联动控制器进行通信，实现对消防设备的自动、手动控制。

2）通过另一组 RS-232 通信接口与计算机连机，实现对智能楼宇的平面图、着火部位等的 CRT 彩色显示。

3）接收报警信号，可有 8 对输入总线，每对输入总线可带探测器和节点型信号 127 个。

4）最多有两对输出总线，每对输出总线可带 31 台重复显示屏。

5）操作编程键盘能进行现场编程，进行自检和调看火警、断线的具体部位以及火警发生的时间和进行时钟的调整。

（2）短路隔离器 它用于二总线火灾报警控制器的输入总线回路中。一般每隔 10 ~ 20 只探测器或每一分支回路的前端安装短路隔离器，当发生短路时，隔离器可以将发生短路的这一部分与总线隔离，保证其余部分正常工作。

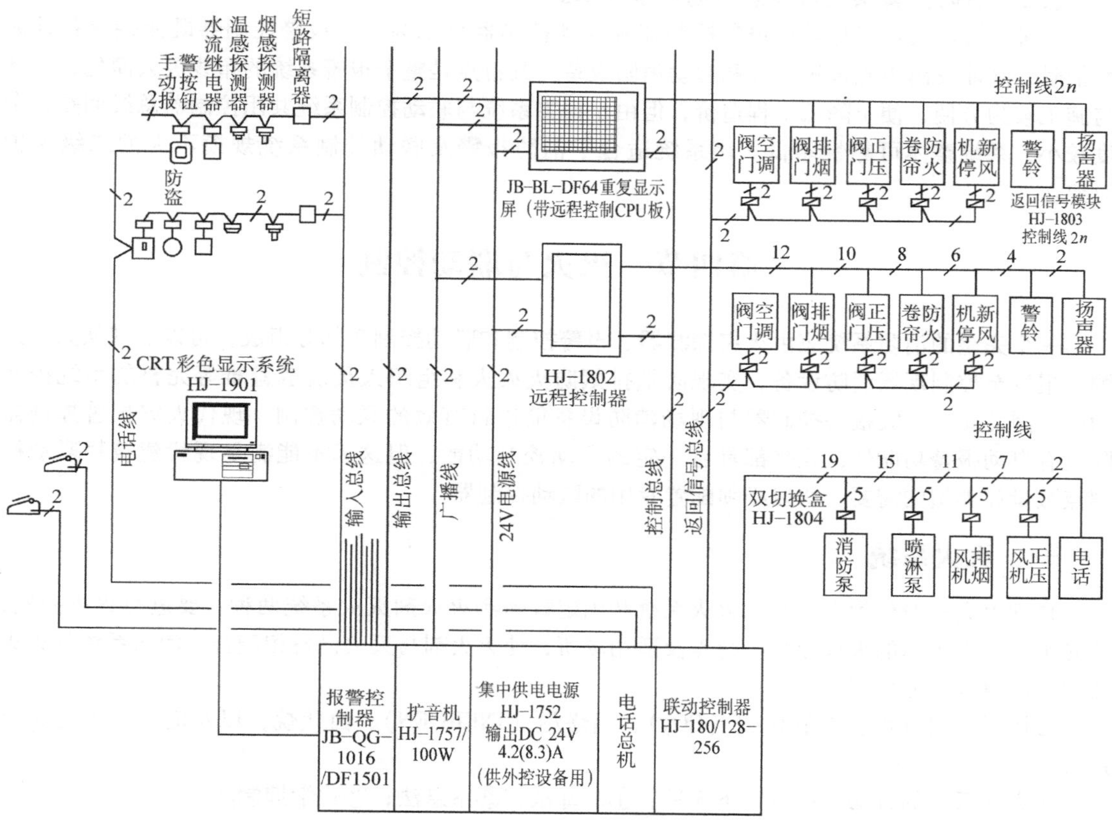

图4-42　现场编程二总线可寻址开关量报警系统

带编码的短路隔离器内有二进制地址编码开关和继电器，可以现场编号。当发生短路时，能显示自身的地址和声、光故障报警信号，使继电器动作，与总线断开。此时，受控于该隔离器的全部探测器和节点型信号在控制器的地址显示面板上同样发出声、光故障信号。排除短路故障后，控制器必须“复位”，短路隔离器才能恢复正常工作。

（3）系统输入模块　它在二总线火灾报警控制器上作为输入地址的各类信号（如探测器、水流指示器、消火栓等），必须配备输入模块上二进制地址编码开关的拨号，可明显地在控制器或重复显示屏等具有地址显示的地方表示其工作状态。

该系统的优点还表现在同一房间的多只探测器可用同一个地址编码，不影响火情的探测，方便控制器信号处理。但在每只探测器底座（编码底座）上单独装设地址编码（编码开关）的缺点是：

1）在安装和调试期间，要仔细检查每只探测器的地址，避免几只探测器误装成同一地址编码（同一房间内除外）。

2）编码开关本身要求有较高的可靠性，以防止受环境（灰尘、腐蚀、潮湿）的影响。

3）在顶棚或不容易接近的地点，调整地址编码较费时间，甚至不容易更换地址编码。

这种系统由于分别设置了控制器及总线回路，报警系统与联动系统相对独立运行，整个报警与联动系统的可靠性较高，但系统的造价也较高，设计较为复杂，管线较多，施工与维护较为困难。该系统适合于消防报警及联动控制系统规模较大的特级、一级保护对象。

（二）消防报警系统与消防联动系统一体式

这种系统的设计思想是将报警控制器和联动控制器合二为一。报警控制器既能接收各种火警信号，又能发出声光报警信号和起动消防设备。其特点是整个报警系统的布线极大简化，设计与施工较为方便，便于降低工程造价，但由于报警系统与联动控制系统共用控制器总线回路，余度较小，系统整体可靠性略低。该系统适合于消防报警及联动控制系统规模不大的二级保护对象。

第四节 灭火与联动控制

一个完整的消防系统应由火灾探测器、报警控制和联动控制3部分组成，可以实现从火灾探测、报警至控制现场消防设备，实现防烟排烟防火灭火和组织人员疏散避难等完整的系统控制功能。因此要求火灾报警控制器与现场消防设备能进行有效的联动控制。现代火灾报警控制器除具有自动报警功能外，几乎都具有一定的联动控制功能，但这远不能满足现代建筑物联动控制点数量和类型的需要，所以必须配置专用的联动控制器。

一、灭火系统

自动灭火一般分为自动喷水灭火系统和固定式喷洒灭火剂灭火系统两种。要进行灭火控制，就必须掌握灭火剂的灭火原理、特点及适用场所，使灭火剂与灭火设备相配合，消防系统的灭火能力才能得以充分发挥。

常用灭火剂有水、二氧化碳（CO_2）、烟烙尽（INERGEN）、卤代烷，以及泡沫、干粉灭火剂等。

灭火剂灭火的方法一般有以下3种：①冷却法；②窒息法；③化学抑制法。

（一）水灭火系统

水是人类使用最久、最得力的灭火介质。在大面积火灾情况下，人们总是优先考虑用水去灭火。

水与火的接触中，吸收燃烧物的热量，而使燃烧物冷却下来，起到降温灭火的作用。水在吸收大量热的同时被汽化，并产生大量水蒸气阻止了外界空气再次侵入燃烧区，可使着火现场的氧（助燃剂）得以稀释，导致火灾由于缺氧而熄灭。在救火现场，由喷水枪喷出的高压水柱具有强烈的冲击作用，同样是水灭火的一个重要作用。

电气火灾、可燃粉尘聚集处发生的火灾、储有大量浓硫酸或浓硝酸场所发生的火灾等都不能用水去灭火。

一些与水能生成化学反应的产生可燃气体且容易引起爆炸的物质（如碱金属、电石、熔化的钢水及铁水等），由它们引起的火灾也不能用水去扑灭。

自动水灭火系统是最基本、最常用的消防设施。根据系统构成及灭火过程，基本分为两类，即室内消火栓灭火系统及室内喷洒水灭火系统。

1. 室内消火栓灭火系统　室内消火栓灭火系统由高位水箱（蓄水池）、消防水泵（加压泵）、管网、室内消火栓设备、水泵接合器以及阀门等组成。

室内消火栓设备由水枪、水带和消火栓（消防用水出水阀）组成。图4-43为室内消火栓灭火系统示意图。

消防水箱应设置在屋顶，宜与其他用水的水箱合用，让水箱中的水经常处于流动状态，以防止消防用水长期静止储存而使水质变坏发臭。设置两个消防水箱时，用联络管在水箱底部将它们连接起来，并在联络管上安设阀门，此阀门应处在常开状态。高位水箱应充满足够的消防用水，一般规定储水量应能提供火灾初期消防水泵投入前10min的消防用水。10min后的灭火用水要由消防水泵从低位蓄水池或市区供水管网将水注入室内消防管网。

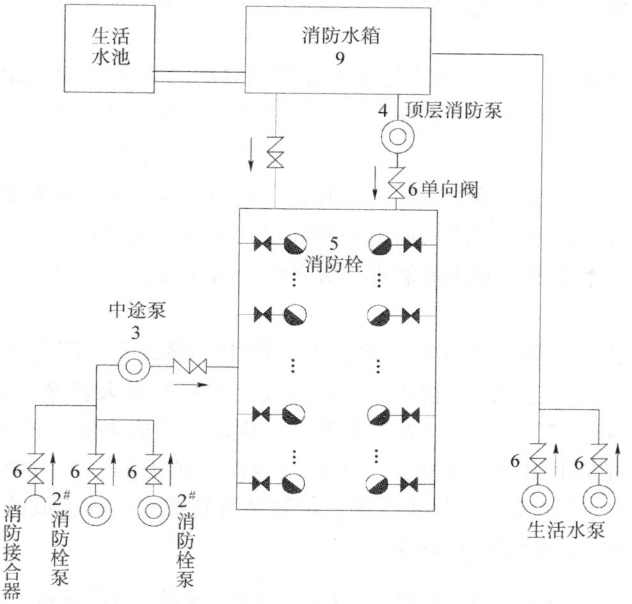

图 4-43　室内消火栓灭火系统示意图

水箱下部的单向阀门是为防止消防水泵起动后消防管网的水进入消防水箱而设的。

为保证楼内最不利点消火栓设备所需压力，满足喷水枪喷水灭火需要的充实水柱长度，常需要采用加压设备。常用的加压设备有两种：消防水泵和气压给水装置。采用消防水泵时，可用消火栓内设置消防报警按钮报警，并给出信号起动消防水泵。采用气压给水装置时，由于采用了气压水罐，所以水泵功率较小，可采用电接点压力表，通过测量供水压力来控制水泵的起动。

为确保由高位水箱与管网构成的灭火供水系统可靠供水，还需对供水系统施加必要的安全保护措施。例如，在室内消防给水管网上设置一定数量的阀门，阀门应经常处于开启状态，并有明显的启闭标志，同时阀门位置的设置还应有利于阀门的检修与更换。屋顶消火栓的设置，对扑灭楼内和邻近大楼火灾都有良好的效果，同时它又是定期检查室内消火栓供水系统供水能力的有效措施。水泵接合器是消防车往室内管网供水的接口，为确保消防车从室外消火栓、消防水池或天然水源取水后安全可靠地送入室内供水管网，在水泵接合器与室内管网的连接管上，应设置阀门、单向阀门及安全阀门，尤其是安全阀门可防止消防车送水压力过高而损坏室内供水管网。

在一些高层建筑中，为弥补消防水泵供水时扬程不足，或降低单台消防水泵的容量以达到降低自备应急发电机组的额定容量，往往在消火栓灭火系统中增设中途接力泵。

在消火栓箱内的按钮盒，通常是联动的一动合一动断按钮触点，可用于远距离起动消防水泵。

火灾发生时，消防按钮能够立即起动顶层加压泵并向消防控制中心和就地发出声光报警信号，此时喷出的消防水由上层水箱经顶层加压泵供给，上层消防水箱水位将很快下降，当降到危险水位时，则由水位信号检测器起动底层消防泵，并经短暂延时后起动中途接力泵。当底层消防泵及中途接力泵投入运行后，顶层加压泵随即停止运行，消火栓系统用水由底层消防泵和中途接力泵直接注入。一般，在水泵接合器旁应设有消防按钮，用于打碎玻璃后能够直接起动中途接力泵。

2. 室内喷洒水灭火系统　我国《高层民用建筑设计防火规范》中规定，在高层建筑及建筑群体中，除了设置重要的消火栓灭火系统以外，还要求设置自动喷洒水灭火系统。由于自动喷洒水灭火系统具有系统安全可靠，灭火效率高，结构简单，使用、维护方便，成本低且使用期长等特点，在火灾的初期，灭火效果尤为明显。因此，自动喷洒水灭火系统在智能建筑和高层建筑中得到广泛的应用，是目前国内外广泛采用的一种固定式消防灭火设备。

根据使用环境及技术要求，室内喷洒水灭火系统可分为湿式、干式、预作用式、雨淋式、喷雾式及水幕式等多种类型。

（1）湿式喷洒水灭火系统　在自动喷水灭火系统中，湿式系统即充水式闭式自动喷水灭火系统是应用最广泛的一种。它随时监视火灾，是最安全可靠的灭火装置，适用于温度不低于4℃（低于4℃受冻）和不高于70℃（高于70℃失控，易误动作造成火灾）的场所。

湿式喷水灭火系统是由闭式洒水喷头、湿式报警阀、延迟器、水力警铃、压力开关（安在干管上）、水流指示器、管道系统、供水设施、报警装置及控制盘等组成的，如图4-44所示，主要部件见表4-5。其相互关系如图4-45所示。

表4-5　湿式自动喷洒水灭火系统主要部件及用途表

编号	名　称	用　途	编号	名　称	用　途
1	高位水箱	贮存初期火灾用水	13	水池	贮存1h火灾用水
2	水力警铃	发出音响报警信号	14	压力开关	自动报警或自动控制
3	湿式报警阀	系统控制阀，输出报警水流	15	感烟探测器	感知火灾，自动报警
4	消防水泵接合器	消防车供水口	16	延迟器	克服水压液动引起的误报警
5	控制箱	接收电信号并发出指令	17	消防安全指示阀	显示阀门启闭状态
6	压力罐	自动起闭消防水泵	18	放水阀	试警铃阀
7	消防水泵	专用消防增压泵	19	放水阀	检修系统时，放空用
8	进水管	水源管	20	排水漏斗(或管)	排走系统的出水
9	排水管	末端试水装置排水	21	压力表	指示系统压力
10	末端试水装置	试验系统功能	22	节流孔板	减压
11	闭式喷头	感知火灾，出水灭火	23	水表	计量末端试验装置出水量
12	水流指示器	输出电信号，指示火灾区域	24	过滤器	过滤水中杂质

湿式自动喷水灭火系统原理是当发生火灾时，温度上升，喷头开启喷水，管网压力下降，报警阀后压力下降使阀门开启，接通管网和水源以供水灭火。管网中设置的水流指示器感应到水流动时，发出电信号。管网中压力开关因管网压力下降到一定值时，也发出电信号，起动水泵供水，消防控制室同时接到信号。

系统中水流指示器（水流开关）是把水的流动转换成电信号报警的部件。其电触点既可直接起动消防水泵，也可接通电警铃报警。

在多层或大型建筑的自动喷水灭火系统中，在每一层或每分区的干管或支管的始端需安装一个水流指示器。为了便于检修分区管网，水流指示器前宜装设安全信号阀。

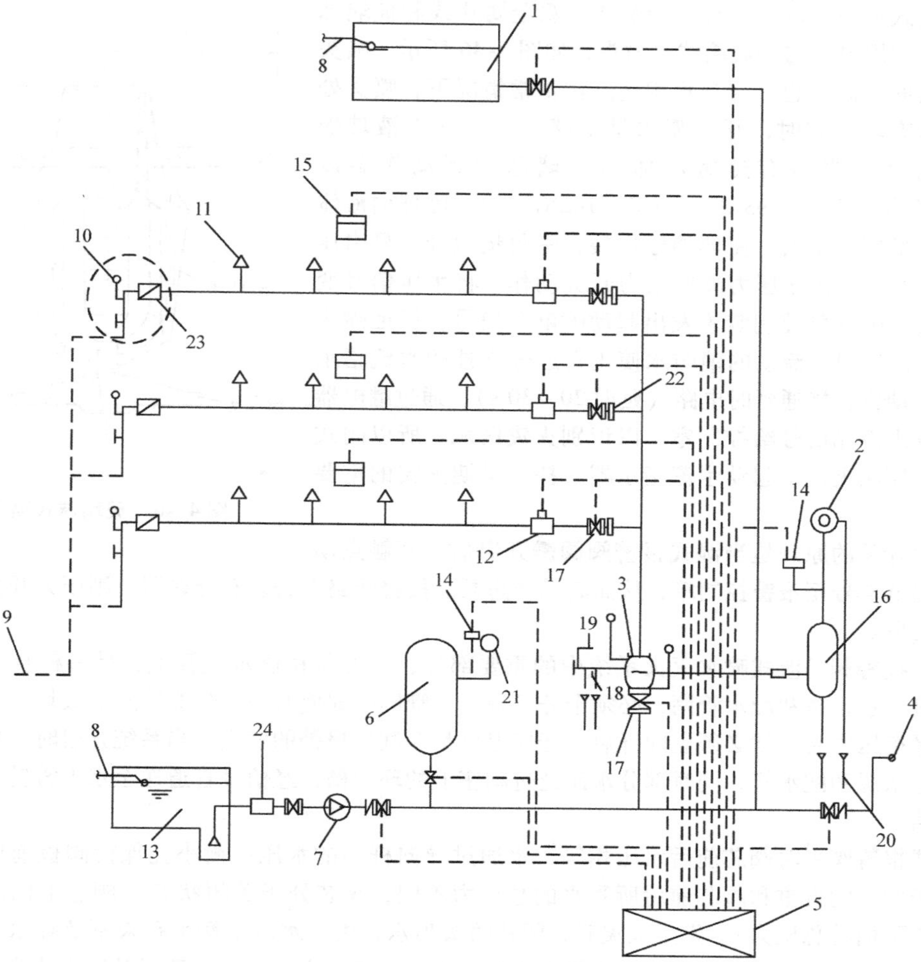

图 4-44　湿式自动喷洒水灭火系统示意图

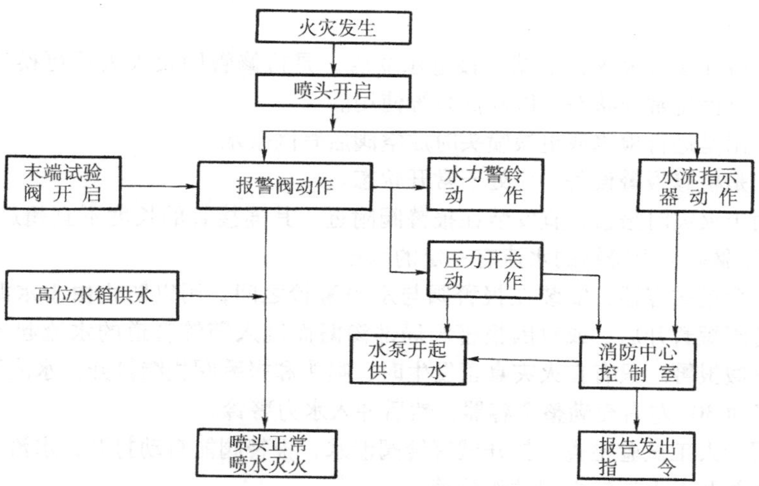

图 4-45　湿式自动喷洒水灭火系统动作程序图

封闭式喷头可以分为易熔合金式、双金属片式和玻璃球式3种。应用最多的是玻璃球式喷头，如图4-46所示。喷头布置在房间顶棚下边，与支管相连。在正常情况下，喷头处于封闭状态。火灾时，开启喷水是由感温部件（充液玻璃球）控制的。当装有热敏液体的玻璃球达到动作温度（57℃、68℃、79℃、93℃、141℃、182℃）时，因球内液体膨胀，内部压力增大，使玻璃球炸裂，密封垫脱开，喷出压力水，喷水后，由于压力降低压力开关动作，将水压信号变为电信号向喷淋泵控制装置发出起动喷淋泵信号，保证喷头有水喷出。同时，流动的消防水使主管道分支处的水流指示器电接点动作，接通延时电路（延时20～30 s），通过继电器触点，发出声光信号给控制室，以识别火灾区域。所以闭式喷头具有探测火情、起动水流指示器、扑灭早期火灾的重要作用。

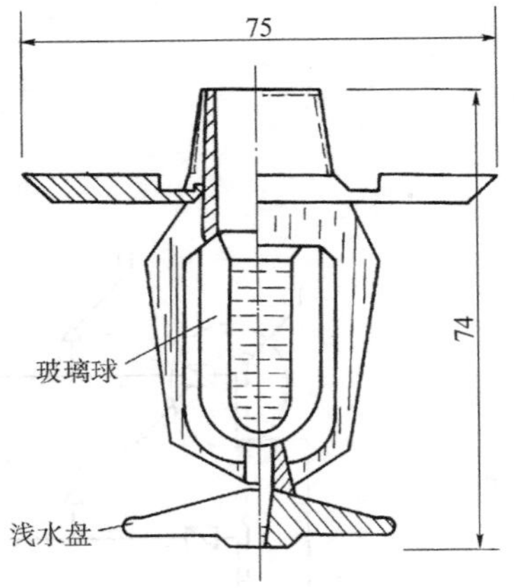

图4-46 玻璃球式喷头

压力开关的原理是当湿式报警阀阀瓣开启后，其触点动作，发出电信号至报警控制箱，从而起动消防泵。报警管路上若装有延迟器，则压力开关应装在延迟器之后。

湿式报警阀是湿式喷水灭火系统中的重要部件，它安装在供水立管上，是一种直立式单向阀，连接供水设备和配水管网，必须十分灵敏。当管网中即使有一个喷头喷水，破坏了阀门上下的静止平衡压力时，就必须立即开启，任何迟延都会耽误报警的发生。当系统开启时，报警阀打开，接通水源和配水管；同时部分水流通过阀座上的环形槽，经信号管道送至水力警铃，发出音响报警信号。

湿式报警阀平时阀芯前后水压相等，水通过导向杆中的水压平衡小孔保持阀板前后水压平衡，由于阀芯的自重和阀芯前后所受水的总压力不同，阀芯处于关闭状态（阀芯上面的总压力大于阀芯下面的总压力）。发生火灾时，闭式喷头喷水，由于水压平衡小孔来不及补水，报警阀上面的水压下降，此时阀下水压大于阀上水压，于是阀板开启，向洒水管网及洒水喷头供水，同时水沿着报警阀的环形槽进入延迟器、压力继电器及水力警铃等设施，发出火警信号并起动消防水泵等设施。

控制阀的上端连接报警阀，下端连接进水立管，是检修管网及灭火后更换喷头时关闭水源的部件。它应一直保持常开状态，以确保系统使用。

放水阀的作用是进行检修或更换喷头时放空阀后管网余水。

警铃管阀门是检修报警设备，应处于常开状态。

水力警铃用于火灾时报警，宜安装在报警阀附近，其连接管的长度不宜超过6m，高度不宜超过2m，以保证驱动水力警铃的水流有一定的水压。

延迟器是一个罐式容器，安装在报警阀与水力警铃之间，用以防止由于水源压力突然发生变化而引起报警阀短暂开启，或对因报警阀局部渗漏而进入警铃管道的水流起一个暂时容纳作用，从而避免虚假报警。只有在火灾真正发生时，喷头和报警阀相继打开，水流源源不断地大量流入延迟器，经对30s左右充满整个容器，然后冲入水力警铃。

试警铃阀用于人工试验检查，打开试警铃阀泄水，报警阀能自动打开，水流应迅速充满延迟器，并使压力开关及水力警铃立即动作报警。

喷水管网的末端应设置末端试水装置，宜与水流指示器一一对应，可用于对系统进行定期检查。

压力罐要与稳压泵配合，用来稳定管网内水的压力。通过装设在压力罐上的电接点压力表的上、下限接点，使稳压泵自动在高压力时停止和低压力时起动，以确保水的压力在设计规定的压力范围内，保证消防用水正常供应。

（2）干式喷洒水灭火系统　干式自动喷水灭火系统适用于室内温度低于4℃或年采暖期超过240天的不采暖房间，或高于70m的建筑物、构筑物内。它是除湿式系统以外使用历史最长的一种闭式自动喷水灭火系统，如图4-47所示，主要由闭式喷头、管网、干式报警阀、充气设备、报警装置和供水设备等组成。平时报警阀后管网充以有压气体，水源至报警阀的管段内充以有压水。空气压缩机把压缩空气通过单向阀压入干式阀至整个管网之中，把水阻止在管网以外（即干式阀以下）。

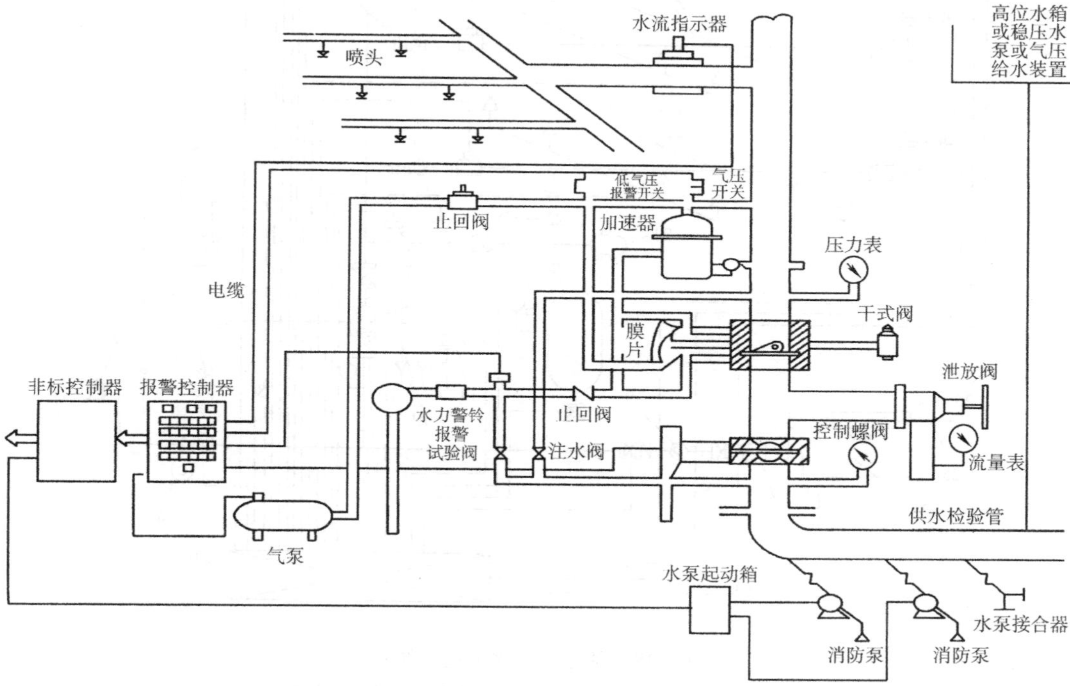

图4-47　干式喷洒水灭火系统组成示意图

系统工作原理是当火灾发生时，闭式喷头周围的温度升高，在达到其动作温度时，闭式喷头的玻璃球爆裂，喷水口开放，但首先喷射出来的是空气，随着管网中压力下降，水即顶开干式阀门流入管网，并由闭式喷头喷水灭火。

（3）预作用喷水灭火系统　该系统中设有一套火灾自动报警装置，即系统中使用感烟探测器，火灾报警更为及时。当发生火灾时，火灾自动报警系统首先报警，并通过外联触点打开排气阀，迅速排出管网内领先充好的压缩空气，使消防水进入管网。当火灾现场温度升高至闭式喷头动作温度时，喷头打开，系统开始喷水灭火。因此在系统喷水灭火之前的预作用，不但使系统有更及时的火灾报警，同时也克服了干式喷水灭火系统在喷头打开后，必须先放走管网内压缩空气才能喷水灭火而耽误的灭火时间，也避免了湿式喷水灭火系统存在消防水渗漏而污染室内装修的弊病。

预作用喷水灭火系统由火灾探测系统、闭式喷头、预作用阀及充以有压或无压气体的管道组成。喷头打开之前，管道内气体排出，并充以消防水，如图4-48所示。

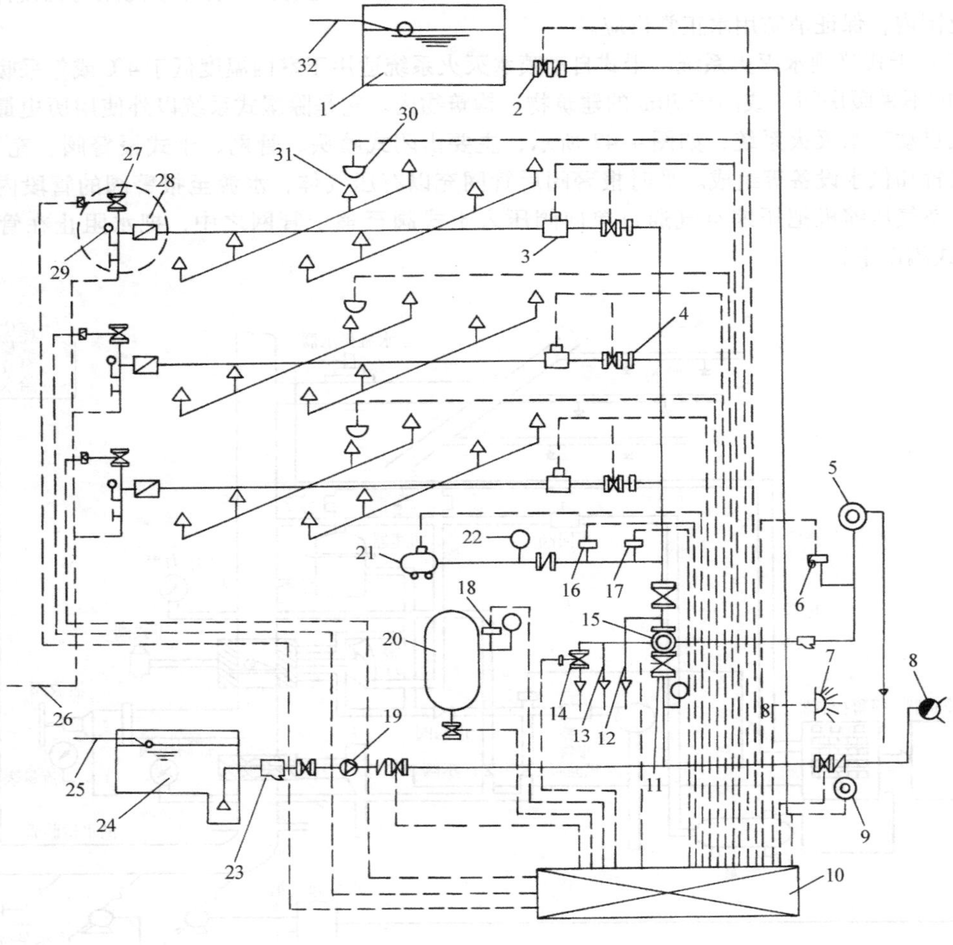

图4-48 预作用喷水灭火系统

1—高位水箱 2、11—消防安全指示阀 3—水流指示器 4—节流孔板 5—水力警铃 6、16、17、18—压力开关 7—电铃 8—消防水泵接合器 9—紧急按钮 10—控制箱 12、13—截止阀 14—电磁阀 15—预作用阀 19—消防水泵 20—压力罐 21—空压机 22—压力表 23—过滤器 24—水池 25、32—进水管 26—排水管 27—排气阀 28—水表 29—末端试水装置 30—探测器 31—闭式喷头

预作用喷水灭火系统集中了湿式与干式灭火系统的优点，同时可做到及时报警，因此在智能楼宇中得到越来越广泛的应用。

(4) 雨淋喷水灭火系统 该系统采用开式喷头，开式喷头无温感释放元件，按结构有双臂下垂型、单臂下垂型、双臂直立型和单臂直立型4种。当雨淋阀动作后，保护区上所有开式喷头便一起自动喷水，大面积均匀灭火，效果十分显著。但这种系统对电气控制要求较高，不允许有误动作或不动作现象。此系统适用于需要大面积喷水灭火并需快速制止火灾蔓延的危险场所，如剧院舞台、大型演播厅等。

雨淋喷水灭火系统由高位水箱、喷洒水泵、供水设备、雨淋阀、管网、开式喷头及报警器、控制箱等组成。由雨淋阀组成的雨淋灭火系统如图 4-49 所示。

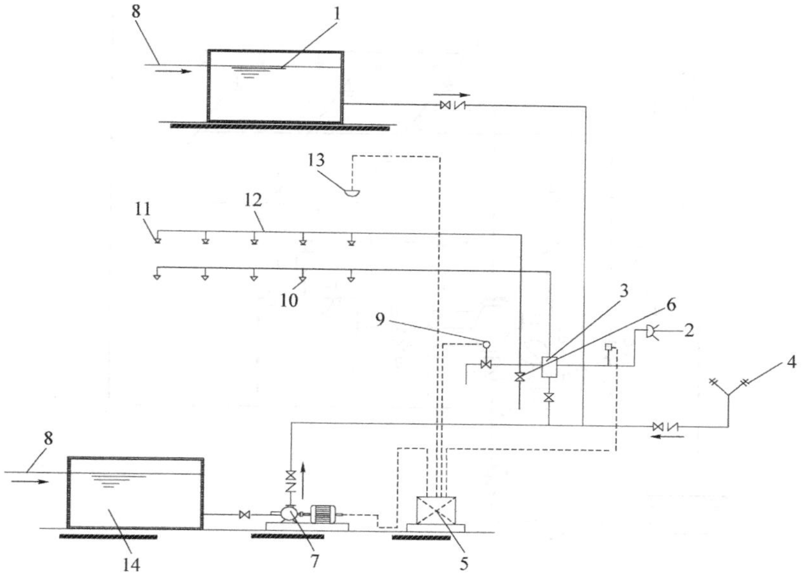

图 4-49　由雨淋阀组成的雨淋灭火系统

1—高位水箱　2—水力警铃　3—雨淋阀　4—水泵接合器　5—电控箱　6—手动阀　7—水泵　8—进水管　9—电磁阀　10—开式喷头　11—闭式喷头　12—传动管　13—火灾探测器　14—水池

该系统在结构上与湿式喷水灭火系统类似，只是该系统采用了雨淋阀而不是湿式报警阀。如前所述，在湿式喷水灭火系统中，湿式报警阀在喷头喷水后便自动打开，而雨淋阀则是由火灾探测器起动、打开，使喷淋泵向灭火管网供水。因此雨淋阀的控制要求自动化程度较高，且安全、准确、可靠。

发生火灾时，被保护现场的火灾探测器动作，起动电磁阀，从而打开雨淋阀，由高位水箱供水，经开式喷头喷水灭火。当供水管网水压不足时，经压力开关检测并起动消防喷淋泵，补充消防用水，以保证管网水流的流量及压力。为充分保证灭火系统用水，通常在开通雨淋阀的同时，就应当尽快起动消防水泵。

雨淋喷水灭火系统中设置的火灾探测器，除能起动雨淋阀外，还能将火灾信号及时输送至报警控制柜（箱），发出声、光报警，并显示灭火地址。因此，雨淋喷水灭火系统还能及早地实现火灾报警。灭火时，压力开关、水力警铃（系统中未画出）也能实现火灾报警。

（5）水幕系统　该系统的开式喷头沿线状布置，将水喷洒成水帘幕状，发生火灾时主要起阻火、冷却、隔离作用，是不以灭火为主要直接目的的一种系统。该系统适用于需防火隔离的开口部位，如舞台与观众之间的隔离水帘、消防防火卷帘的冷却等。

水幕系统由火灾探测报警装置、雨淋阀（或手动快开阀）、水幕喷头、管道等组成，如图 4-50 所示。

控制阀后的管网平时不蓄水，当发生火灾时自动或手动打开控制阀门后，水才进入管网，从水幕喷头喷水。

当发生火灾时，探测器或人发现后，电动或手动开启控制阀（可以是雨淋阀、电磁阀、手动阀门），管网中有水后，通过水幕喷头喷水，进行阻火、隔火、冷却防火隔断物等。

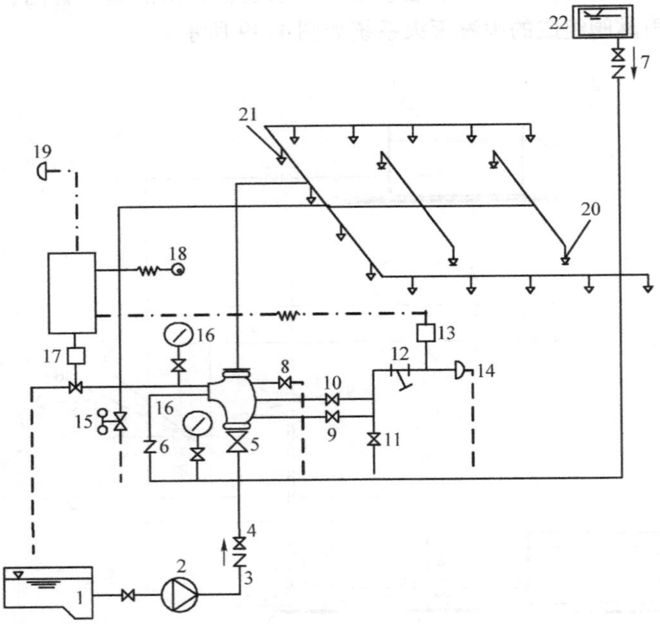

图 4-50 水幕系统示意图

1—水池 2—水泵 3、6—止回阀 4—阀门 5—供水闸阀 7—雨淋阀 8、11—放水阀 9—试警铃阀 10—警铃管阀 12—滤网 13—压力开关 14—水力警铃 15—手动快开阀 16—压力表 17—电磁阀 18—紧急按钮 19—电铃 20—感温玻璃球喷头 21—开式水幕喷头 22—水箱

(6) 水喷雾灭火系统 水喷雾灭火系统属于固定式灭火设施，根据需要可设计成移动式。移动式喷头可作为固定装置的辅助喷头。固定式灭火系统的起动方式，可设计成自动和手动控制，但自动控制必须同时设置手动操作装置。手动操作装置应设在火灾时容易接近便于操作的地方。

水喷雾灭火系统由开式喷头、高压水给水加压设备、雨淋阀、感温探测器、报警控制器等组成，如图 4-51 所示。

水的雾化质量好坏与喷头的性能及加工精度有关。如供水压力增高，水雾中的水粒变细，有效射程也增大，考虑到水带强度、功率消耗及实际需要，中速水雾喷头前的水压一般为 0.35～0.8MPa。

该系统用喷雾喷头把水粉碎成细小的水雾滴之后喷射到正在燃烧的物质表面，通过表面冷却、窒息以及乳化、稀释的同时作用实现灭火。由于水喷雾具有多种灭火机理，使其具有适用范围广的优点，不仅可以提高扑灭固体火灾的灭火效率，同时由于水雾具有不会造成液体火飞溅、电气绝缘性好的特点，在扑灭可燃液体火灾、电气火灾中均得到了广泛应用。

(二) 气体灭火系统

气体自动灭火系统适用于不能采用水或泡沫灭火而又比较重要的场所，如变配电室、通信机房、计算机房等重要设备间。根据使用的不同气体灭火剂，可分为二氧化碳、烟烙尽等气体灭火系统。

1. 二氧化碳灭火系统 二氧化碳灭火的基本原理是依靠对火灾的窒息、冷却和降温作用。二氧化碳挤入着火空间时，使空气中的含氧量明显减少，火灾由于助燃剂（氧气）的减少而最

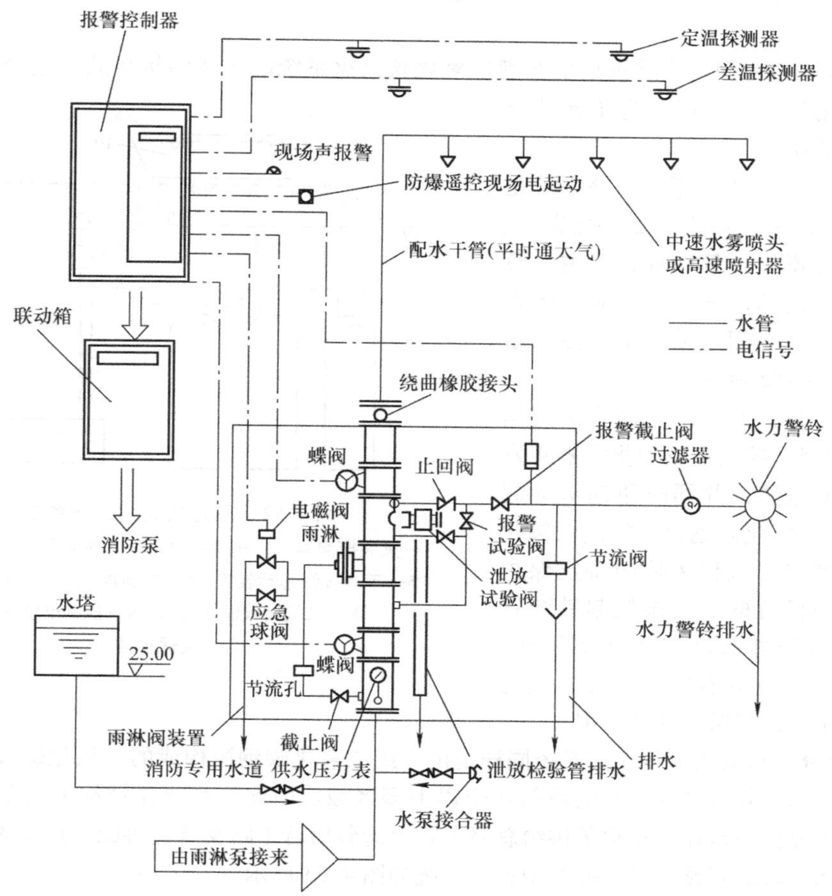

图 4-51　水喷雾灭火系统示意图

后“窒息”熄灭。同时，二氧化碳由液态变成气态时，将吸收着火现场大量的热量，从而使燃烧区温度大大降低，同样起到灭火作用。

由于二氧化碳灭火具有不沾污物品、无水渍损失、不导电及无毒等优点，所以广泛应用在扑救各种易燃液体火灾、电气火灾，以及重要设备、机房、电子计算机房、图书馆、珍宝库、科研楼及档案楼等发生的火灾。

二氧化碳气体在常温、常压下是一种无色、无味、不导电的气体，不具腐蚀性。二氧化碳密度比空气大，从容器放出后将沉积在地面。二氧化碳对人体有危害，具有一定毒性，当空气中二氧化碳含量在 15% 以上时，会使人窒息死亡。固定式二氧化碳灭火系统应安装在无人场所或不经常有人活动的场所，特别注意要经常维护管理，防止二氧化碳的泄漏。

按系统应用场合，二氧化碳灭火系统通常可分为全充满二氧化碳灭火系统及局部二氧化碳灭火系统。

（1）全充满系统　所谓全充满系统也称全淹没系统，是由固定在某一特定地点的二氧化碳钢瓶、容器阀、管道、喷嘴、控制系统及辅助装置等组成的。此系统在火灾发生后的规定时间内，使被保护封闭空间的二氧化碳浓度达到灭火浓度，并使其均匀充满整个被保护区的空间，将燃烧物体完全淹没在二氧化碳中。

全充满系统在设计、安装与使用上都比较成熟，因此是一种应用较为广泛的二氧化碳灭火系统。

管网式结构或称固定式结构是全充满二氧化碳灭火系统的主要结构形式。这种管网式灭火系统按其作用的不同，可分为单元独立型及组合分配型。

1）单元独立型灭火系统：该系统是由一组二氧化碳钢瓶构成的二氧化碳源、管路及喷嘴（喷头）等组成的，主要负责保护一个特定的区域，且二氧化碳贮存装置及管网都是固定的。单元独立型灭火系统如图4-52所示。

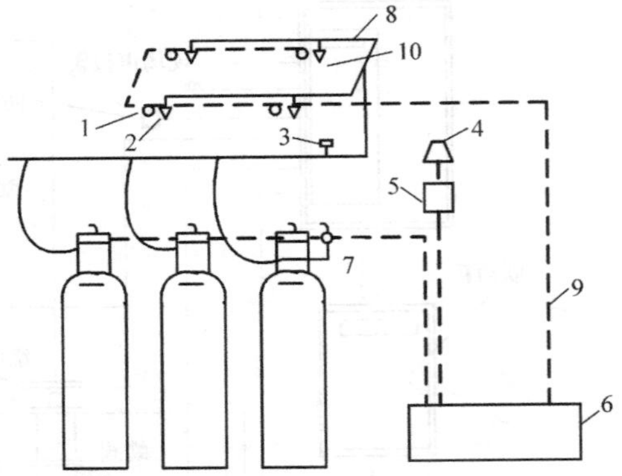

图4-52 单元独立型灭火系统

1—火灾探测器 2—喷嘴 3—压力继电器 4—报警器 5—手动按钮起动装置 6—控制盘 7—电动起动器 8—二氧化碳输气管道 9—控制电缆线 10—被保护区

发生火灾时，火灾探测器将火灾信号送至控制盘6，控制盘驱动报警器4发出火灾声、光报警，并同时驱动电动起动器7，打开二氧化碳钢瓶，放出二氧化碳，并经喷嘴将二氧化碳喷向特定保护区域。系统中设置的手动按钮起动装置供人工操作报警并起动二氧化碳钢瓶，实现灭火。压力继电器用以监视二氧化碳管网气体压力，起保护管网作用。

2）组合分配型灭火系统：该系统同样是由一组二氧化碳钢瓶构成的二氧化碳源、管路及开式喷头等组成的，其负责保护的区域是两个以上多区域。因此该系统在结构上与单元独立型有所不同，其主要特征是在二氧化碳供给总路干管上需分出若干路支管，再配以选择阀，可选通各自保护的封闭区域的管路。组合分配型灭火系统如图4-53所示。

组合分配型二氧化碳灭火系统工作原理与单元独立型相同，火灾区域内由火灾探测器负责报警并起动二氧化碳钢瓶，开启通向火灾区域的选择阀，喷出二氧化碳扑灭火灾，系统同样也配有手动操作方式。

对于全淹没系统，由于被保护区域是封闭型区域，所以在起火后，利用二氧化碳灭火必须将被保护区域的房门、窗以及排风道上设置的防火阀全部关闭，然后再迅速起动二氧化碳灭火系统，以避免二氧化碳灭火剂的流失。在封闭的被保护区内充以二氧化碳灭火剂时，为确保灭火需要的二氧化碳浓度还必须设置一定的保持时间，即为二氧化碳灭火提供足够的时间（通常认为最少1h），切忌释放二氧化碳不久，便大开门窗通风换气，这样很可能会造成死灰复燃。

在被保护区内，为实现快速报警与操作必须设置一定数量的火灾探测器及人工报警装置（手动按钮）及其相应的报警显示装置。二氧化碳钢瓶应根据被保护区域需要设置，且应将其设置在安全可靠的地方（如钢瓶间）。管道及多种控制阀门的安装也应满足《高层民用建筑设计消防规范》中的有关规定。

（2）局部二氧化碳灭火系统　局部灭火系统的构成与全淹没式灭火系统基本相同，只是灭火对象不同。局部灭火系统主要针对某一局部位置或某一具体设备、装置等。其喷嘴位置要根据不同设备来进行不同的排列，每种设备各自有不同的具体排列方式，无统一规定。原则上，应该使喷射方向与距离设置得当，以确保灭火的快速性。

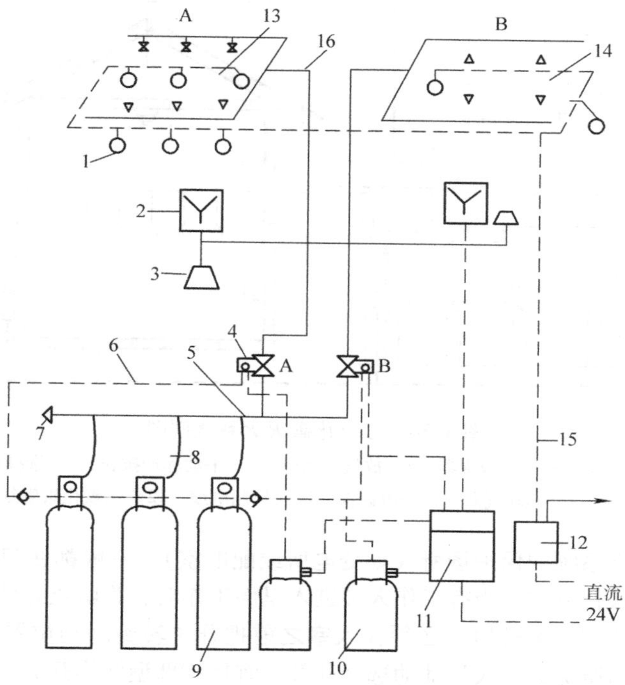

图 4-53　组合分配型灭火系统

1—火灾探测器　2—手动按钮起动装置　3—报警器　4—选择阀　5—总管　6—操作管控制盘　7—安全阀　8—连接管　9—贮存容器　10—起动用气体容器　11—报警控制装置　12—控制盘　13—被保护区 1　14—被保护区 2　15—控制电缆线　16—二氧化碳支管

（3）二氧化碳灭火系统自动控制　二氧化碳灭火系统的自动控制包括火灾报警显示、灭火介质的自动释放灭火以及切断被保护区的送、排风机，关闭门窗等的联动控制。

火灾报警由安置在保护区域的火灾报警控制器实现，灭火介质的释放同样由火灾探测器控制电磁阀，实现灭火介质的自动释放。系统中设置两路火灾探测器（感烟、感温），两路信号形成“与”的关系，当报警控制器只接收到一个独立火警信号时，系统处于预警状态；当两个独立火灾信号同时发出时，报警控制器处于火警状态，确认火灾发生，自动执行灭火程序，再经大约 30s 的延时，自动释放灭火介质。

以图 4-54 所示二氧化碳灭火系统为例，说明灭火系统中的自动控制过程。发生火灾时，被保护区域的火灾探测器探测到火灾信号（或由消防按钮发出火灾信号）后驱动火灾报警控制器，一方面发出火灾声、光报警，同时又发出主令控制信号，起动容器上的电磁阀打开二氧化碳钢瓶，灭火介质自动释放，并快速灭火。与此同时，火灾报警控制器还发出联动控制信号，停止空调风机、关闭防火门等，并延时一定时间，待人员撤离后，再发送信号关闭房间，还应发出火灾声响报警。待二氧化碳喷出后，报警控制器发出指令，使置于门框上方的放气指示灯点亮，提醒室外人员不得进入。火灾扑灭后，报警控制器发出排气指示，说明灭火过程结束。

二氧化碳灭火系统的手动控制也是十分必要的，当发生火灾时，用手直接打开二氧化碳容器阀或将放气开关拉动，即可喷出二氧化碳，实现快速灭火。

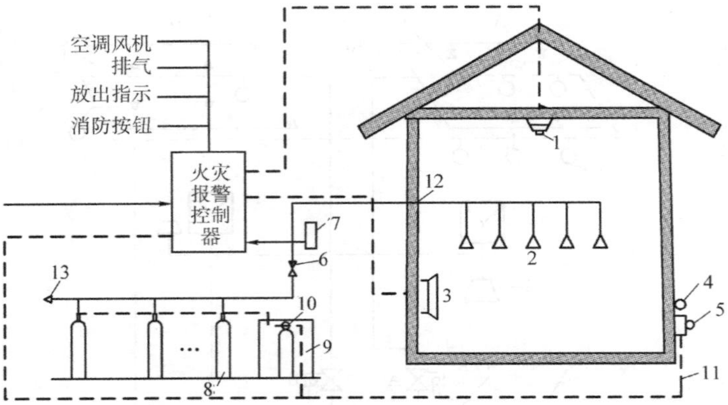

图 4-54 二氧化碳灭火系统例图

1—火灾探测器 2—喷头 3—警报器 4—放气指示灯 5—手动起动按钮 6—选择阀 7—压力开关 8—二氧化碳钢瓶 9—起动气瓶 10—电磁阀 11—控制电缆 12—二氧化碳管线 13—安全阀

装有二氧化碳灭火系统的保护场所（如变电所或配电室），一般都在门口加装选择开关，可就地选择自动或手动操作方式。当有工作人员进入里面工作时，为防止意外事故，即避免有人在里面工作时喷出二氧化碳影响健康，必须在入室之前把开关转到手动位置，离开时关门之后复归自动位置。同时也为避免无关人员乱动选择开关，宜用钥匙型转换开关。

二氧化碳灭火系统功能及动作原理框图如图 4-55 所示。

2. 烟烙尽气体灭火系统　烟烙尽是自然界存在的氮气、氩气和二氧化碳气体的混合物，不是化学合成品，是无毒的灭火剂，也不会因燃烧或高温而产生腐蚀性分解物。烟烙尽气体按氮气 52%、氩气 40%、二氧化碳 8% 比例进行混合，是无色无味的气体，以气体的形式储存于储存瓶中。它排放时不会形成雾状气体，人们可以在视觉清晰的情况下安全撤离保护区。由于烟烙尽的密度与空气接近，不易流失，有良好的浸渍时间。

烟烙尽灭火系统是采用排放出的气体将保护区域内的氧气含量降低到不可以支持燃烧，从而达到灭火目的的。简单地说，如果大气中的氧气含量降低到 15% 以下，大多数普通可燃物都不会燃烧。若喷放烟烙尽使氧气含量下降控制在 10% ~ 15%，而二氧化碳的含量会提高 2% ~ 5%，就能达到灭火的要求。烟烙尽灭火迅速，在 1min 内就能扑灭火灾。

烟烙尽气体对火灾采取了控制、抑制和扑灭的手段。在开始喷放的 10s 内，保护区内的含氧量已可下降至制止火势扩大的阶段，这时火情已受控。在含氧量下降的过程中，火势会迅速减弱，即受到抑制。在经过控制、抑制过程后，火苗完全扑灭。同时，由于烟烙尽和空气分子结构接近，因此只要维持保护区继续密闭一段时间，以其特优的浸渍时间防止复燃。另外，虽然在保护区内的二氧化碳相对提高，对于身陷火场的人，仍能提供足够的氧气。因此烟烙尽可以安全地用于有人工作的场所，并能有效地扑灭保护区的火灾。但是一定要意识到，燃烧物本身产生的分解物特别是一氧化碳、烟和热及其他有毒气体，会在保护区产生危险。

烟烙尽气体不导电，在喷放时没有产生温差和雾化，不会出现冷凝现象，其气体成分会迅速还原到大气中，不遗留残浸，对设备无腐蚀，可以马上恢复生产。烟烙尽一般用来扑灭可燃液体、气体和电气设备的火灾，在有危险的封闭区，需要干净、不导电介质的设备时，或不能确定是否可以清除干净的泡沫、水或干粉的情况下，使用烟烙尽气体灭火很有必要。

对于涉及以下方面火灾，不应使用烟烙尽气体灭火：

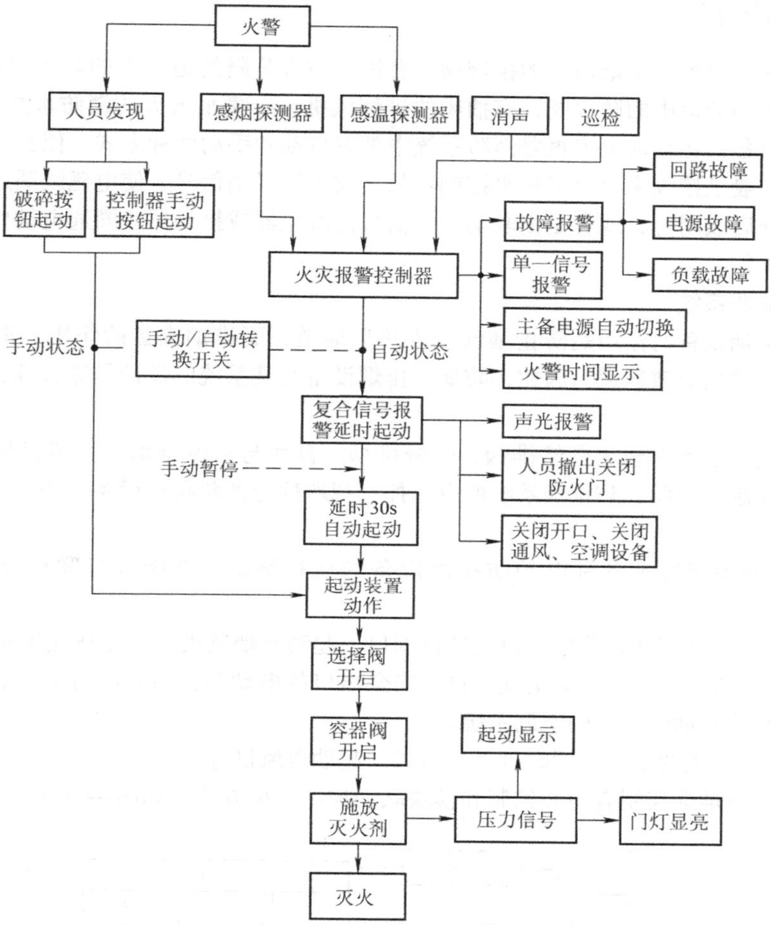

图 4-55　二氧化碳灭火系统功能及动作原理框图

1）自身带有氧气供给的化学物品，如硝化纤维。

2）带有氧化剂如氨酸钠或硝酸钠的混合物。

3）能够进行自热分解的化学物品如某些有机过氧化物。

4）活泼的金属。

5）火能迅速深入到固体材料内部的。

在合适的浓度下用烟烙尽气可以很快地扑灭固体和可燃液体的火灾，但是在扑灭气体火灾时，要特别考虑爆炸的危险，可能的话，在灭火以前或灭火后尽快将可燃的气体隔开来。

烟烙尽气是自然界存在的气体混合物，不会破坏大气层，是卤代烷灭火剂的替代品。

烟烙尽气体灭火系统一般设计为固定管网全淹没方式，由监控系统、气源储瓶和释放装置、管道及开式喷头等组成。储存瓶阀设计成可用电磁起动器、现场手动起动或气动起动的快速反应阀。系统构成可以是组合分配型或单元独立型。尽管烟烙尽气体灭火系统灭火速度快，但必须保证灭火时保护区有足够的气体浓度和浸渍时间，以确保灭火效果。

烟烙尽气体灭火系统功能及动作原理与管网式二氧化碳、卤代烷等全淹没系统基本相似，不再赘述。

二、联动控制

自动消防联动设备有排烟口上的排烟阀，有用于防火分隔的通道上的防火门及防火卷帘门，有用于通风或排烟管道中的防火阀，有抽风的排烟风机，有喷水灭火的消防水泵等。这些防火、排烟、灭火等设备，在自动火灾报警消防系统中都有自动和手动两种方式，使其动作发挥消防作用。自动方式一般是接收来自火灾报警控制器的火灾报警联动信号，使电磁线圈通电，电磁铁动作，牵引设备开启或闭合，或者是由联动控制信号使继电器或接触器线圈通电动作，起动消防水泵或排烟风机工作。

（一）防排烟系统

建筑物中防烟设备的作用是防止烟气侵入疏散通道，而排烟设备的作用是消除烟气大量积累并防止烟气扩散到疏散通道。因此，防烟、排烟设备及其系统的设计是综合性自动消防系统的必要组成部分。

防排烟系统一般是在选定自然排烟、机械排烟、自然与机械排烟并用或机械加压送风方式后设计其电气控制。因此，防排烟系统的电气控制视所确定的防排烟设备，由以下不同内容与要求组成。

1）消防控制室能显示各种电动防排烟设备的运行情况，并能进行联锁控制和就地手动控制。

2）根据火灾情况打开有关排烟道上的排烟口，起动排烟风机（有正压送风机时同时起动）。

3）降下有关防火卷帘及防烟垂壁，打开安全出口的电动门，与此同时关闭有关的防火阀及防火门，停止有关防烟分区内的空调系统。

4）设有正压送风的系统则同时打开送风口、起动送风机等。

一般而言，防排烟控制有中心控制和模块联动控制两种方式，如图4-56所示。

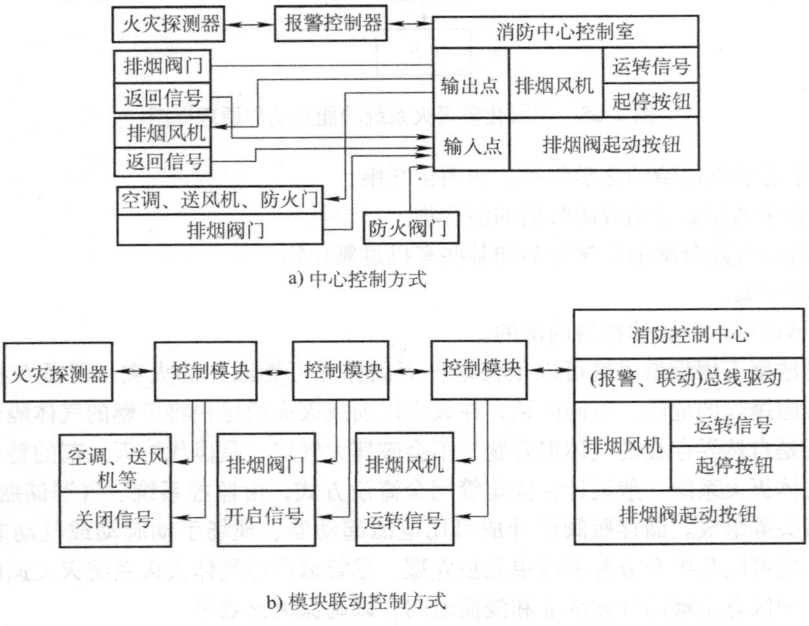

图4-56 机械排烟控制过程框图

图 4-56 中，中心控制方式的控制过程是：消防中心控制室接到火灾报警信号后，直接产生信号控制排烟阀门开启、排烟风机起动，空调、送风机、防火门等关闭，并接收各个设备的返回信号和防火阀动作信号，监测各个设备运行状态。模块联动方式的控制过程是：消防中心控制室接收到火灾报警信号后，产生排烟风机和排烟阀门等的动作信号，经总线和控制模块驱动各个设备动作并接收其返回信号，监测其运行状态。应该指出，图 4－56 所示为机械排烟控制过程的框图。机械加压送风控制原理与过程相似于排烟控制，只是控制对象变成为正压送风机和正压送风阀门。

图 4-57 为排烟系统安装示意图。从该图中清楚地看出排烟阀的安装位置和作用以及防火阀的安装位置和作用。在空调系统的送风管道中安装的两个防烟防火阀，在火灾时应该能自动关闭，停止送风。在回风管道回风口处安装的防烟防火阀也应在火灾时能自动关闭。但在由排烟风机控制的排烟管道中安装的排烟防火阀，在火灾时则应打开排烟。在防火分区入口处安装的防火门，在火灾警报发出后应能自动关闭。

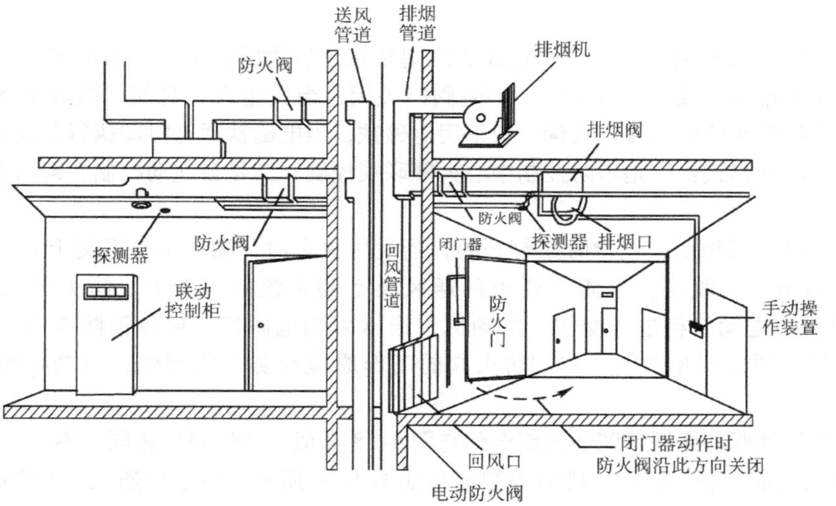

图 4-57　排烟系统安装示意图

1. 防火门的控制　防火门在建筑中的状态是：平时（无火灾时）处于开启状态，火灾时控制其关闭。防火门的控制可用手动控制或电动控制（即现场感烟、感温火灾探测器控制，或由消防控制中心控制）。当采用电动控制时，需要在防火门上配有相应的闭门器及释放开关。防火门的工作方式按其固定方式和释放开关分为两种：一种是平时通电、火灾时断电关闭方式，即防火门释放开关平时通电吸合，使防火门处于开启状态，火灾时通过联动装置自动控制加手动控制切断电源，由装在防火门上的闭门器使之关闭；另一种是平时不通电、火灾时通电关闭方式，即通常将电磁铁、液压泵和弹簧制成一个整体装置，平时不通电，防火门被固定销扣住呈开启状态，火灾时受联锁信号控制，电磁铁通电将销子拔出，防火门靠液压泵的压力或弹簧力作用而慢慢关闭。

图 4-58 为防火门电气控制电路。主电路中，火灾报警控制器中的消防联动触点 KJ（动合）当火灾发生时闭合，接通防火门电磁铁 YA 电路，电磁铁动作，拉开电磁锁销（或拉开被磁铁吸住的铁板），防火门在自身门轴弹簧的作用下而关闭。当防火门关闭时，会压住（或碰触）微动行程开关 ST 的触点，使动断触点打开，动合触点闭合，接通控制电路中的信号灯 HL，作为防火

门关闭的回答信号。从控制电路中可以看出，防火门的控制电磁铁YA也可由手动按钮SB控制，关闭防火门。

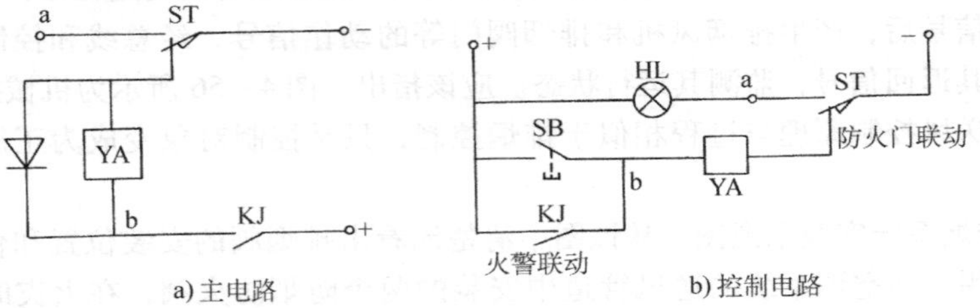

图4-58 防火门电气控制电路

应指出，现代建筑中经常可以看到电动安全门，它是疏散通道上的出入口。其状态是：平时（无火灾时）处于关闭或自动状态，火灾时呈开启状态；其控制目的与防火门相反，控制电路却基本相同。

2. 排烟阀与防火阀的控制 排烟阀或送风阀装在建筑物的过道、防烟前室或无窗房间的防排烟系统中用作排烟口或正压送风口。平时阀门关闭，当发生火灾时阀门接收电动信号打开阀门。送风阀或排烟阀的电动操作机构一般采用电磁铁，当电磁铁通电时即执行开阀操作。电磁铁的控制方式有两种形式：一是消防控制中心火警联锁控制；二是自起动控制，即由自身的温度熔断器动作实现。

防火阀与排烟阀相反，正常时是打开的，当发生火灾时，随着烟气温度上升，熔断器熔断使阀门自动关闭，一般用在有防火要求的通风及空调系统的风道上。防火阀可用手动复位（打开），也可用电动机构进行操作。电动机构通常采用电磁铁，接收消防控制中心命令而关闭阀门，其操作原理同排烟阀。防烟防火阀的工作原理与防火阀相似，只是在机构上还有防烟要求。

防火阀与排烟阀电磁铁线圈的控制电路与图4-58类似，动作原理相同，不再重述。

3. 排烟风机的控制 排烟风机的控制电路如图4-59所示。主电路通入三相380V交流电源（应为专用消防电源），控制电路中SC为具有3个状态的转换开关，图示位置为停车状态。当SC转到自动位置时，只要联动触点ST_1闭合（火灾时），则接触器KM通电动作，其动合触点闭合，排烟风机起动运行。ST_1联动触点是排烟阀打开时触动的微动开关上的动合触点（火灾时闭合）。ST_2联动触点是通风管路中的防火阀联动的微动开关上的动断触点。火灾时，防火阀关闭，微动开关复位，动断触点闭合。当SC转到手动位置时，按动合按钮SB，接触器KM通电动作，排烟风机起动运行。按动停止按钮SBS时，排烟风机停转。HL是排烟风机通电工作时的指示灯。图4-59中转换开关SC及按钮SB、SBS、动作应答指示灯HL也可安装在消防控制室内的工作台上。

4. 防火卷帘门的控制 防火卷帘门通常设置在建筑物中防火分区通道口外或需要防火分隔的部位，可以形成门帘式防火分隔，达到灾区隔烟、隔水、控制火势蔓延的目的。根据设计规范要求，防火卷帘门两侧宜设感烟、感温火灾探测器组及其报警、控制装置，且两侧应设置手动控制按钮及人工升、降装置。

防火卷帘门平时处于收卷（开启）状态，当火灾发生时受消防控制中心联锁控制或手动操作控制而处于降下（关闭）状态。一般防火卷帘门分两步降落，其目的是便于火灾初起时人员的疏散。防火卷帘门的控制框图如图4-60所示，其联动控制过程是：当火灾发生时，感烟火灾探测器动作报警，经火灾报警控制系统联动控制或就地手动操作控制，使卷帘首先下降至预定点（1.8m 处），感温火灾探测器再动作报警，经火灾报警控制系统联动控制或经过一段时间延时后手动操作控制卷帘降至地面。防火卷帘门的动作状态信号（包括下降到 1.8m 处和降至地面）均返回到消防控制中心显示出来。一般在感温探测器动作后，还应联动水幕系统电磁阀，起动水幕系统对防火卷帘门做降温防火保护。

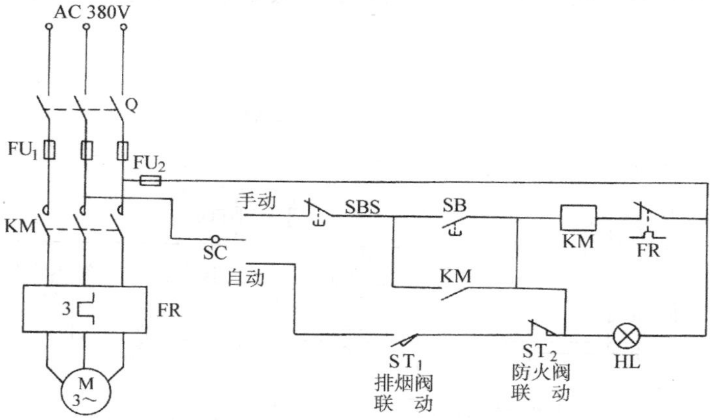

图 4-59　排烟风机的控制电路

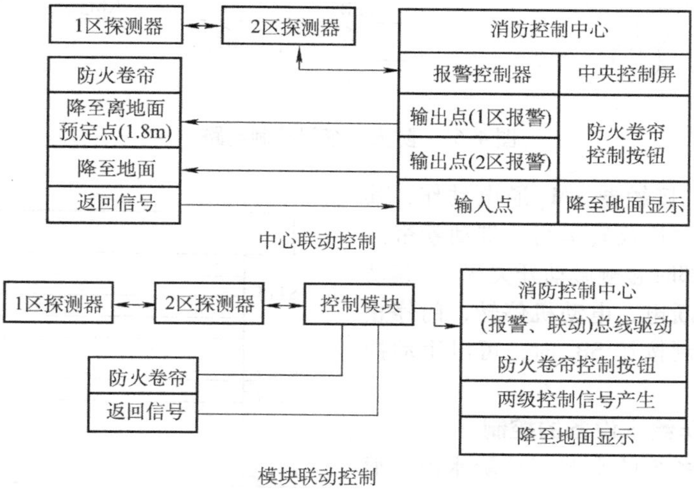

图 4-60　防火卷帘门的控制框图

图 4-61 为防火卷帘门控制电路。主电路使用两个接触器 KM_1 和 KM_2，分别控制卷帘门电动机正转（卷帘门下降）和反转（卷帘门回升）。火灾时，来自火灾报警控制器的感烟联动动合触点 KJ_1 自动闭合，中间继电器 KA 通电动作，其动合触点闭合，指示灯 HL 及声响警报器 HA 发出声光报警。还可以利用 KA 的一个动合触点作为防火卷帘门动作的回答信号，返回给消防控制室，使相应的应答指示灯点亮（图中未画出）。利用 KA 的动合触点 KA_2 的闭合，接触器 KM_1 通电动作，其动合触点闭合，电动机转动，带动卷帘门下降，当卷帘门下降碰触到行程开关 ST_1 时，其动合触点闭合。卷帘门继续下降到距地面 1.8m 处时，碰触到微动行程开关 ST_2，其动合

触点闭合（但时间继电器 KT 还没有通电），卷帘门继续下降很快会碰触到微动行程开关 ST_3，其动断触点断开，中间继电器 KA 断电，其动合触点打开，接触器 KM_1 断电，电动机停转，卷帘门停止下降，人员可以从门下部疏散撤出，如图 4-62 所示。当来自火灾报警控制器的感温联动触点 KJ_2 闭合时，时间继电器 KT 线圈通电延时动作，其动合触点闭合使接触器 KM_1 通电，电动机转动，卷帘门下降到位，碰触微动开关 ST_4，其动断触点断开，接触器 KM_1 断电，电动机停转。如果选用的微动行程开关质量不好，动作不可靠，则会使卷帘门刹车失灵，甚至使卷帘门运行出轨。

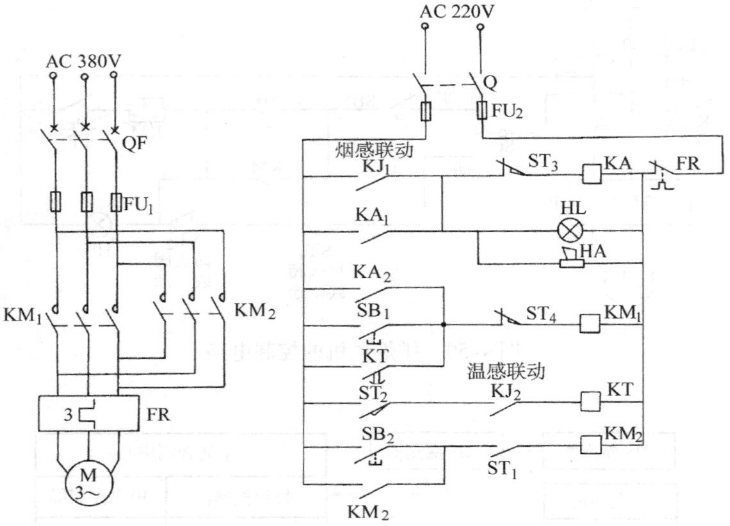

图 4-61　防火卷帘门控制电路

按动按钮 SB_2，接触器 KM_2 通电动作，其动合触点闭合，电动机反转运行，带动卷帘门上升，当上升到顶部时碰触微动开关 ST_1，其动合触点断开，KM_2 断电，电动机停转，门停止上升。当按手动控制按钮 SB_1 时，可以手动控制卷帘门下降。

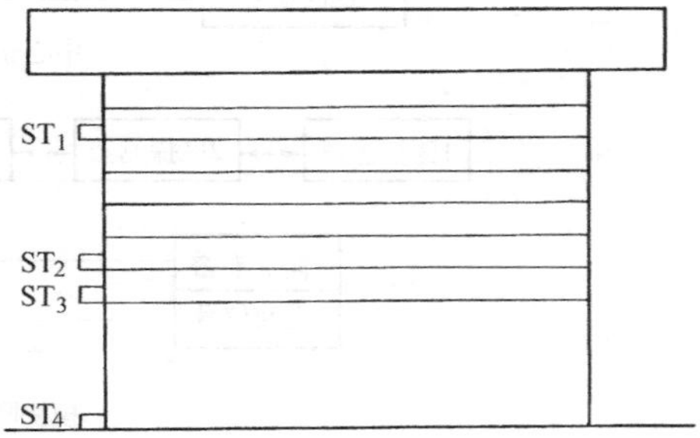

图 4-62　防火卷帘门

（二）自动消防给水设备的控制

自动消防给水系统的水源有消防水池、消防水箱、消防水泵直接供水等。消防水泵应设有功率不小于消防水泵的备用泵。消防水泵在火灾供水灭火时，其消防水流不应进入消防水箱，以免分散水压，造成消防水流不足。

1. 室内消火栓灭火系统中消防泵的控制　消火栓水泵的远距离起动，常用消控中心发出的联动控制信号或消火栓按钮开关信号进行起动。消火栓按钮的操作电源应采用安全电压，其开关信号不能直接用于起动水泵，需通过隔离转换，方可接入 220V 或 380V 的水泵控制电路中。

平时无火灾时，消火栓箱内按钮盒的动合触点处于闭合状态，动断触点处于断开状态。需要灭火时，击碎按钮盒的玻璃小窗，按钮弹出，动合触点恢复断开状态，动断触点恢复闭合状态，接通控制电路，起动消防水泵。同时在消火栓箱内还装设限位开关，无火灾时该限位开关被喷水枪压住而断开；火灾时，拿起喷水枪，限位开关动作，水枪开始喷水，同时向消防中心控制室发出该消火栓已工作的信号。

对消火栓泵的自动控制，应满足如下要求：

1）消防按钮必须选用打碎玻璃后起动的按钮，为了便于平时对断线或接触不良进行监视和线路检测，消防按钮应采用串联接法。

2）消防按钮起动后，消火栓泵应自动起动投入运行，同时应在建筑物内部发出声、光报警。在控制室的信号盘上也应有声光显示，并应能表明火灾地点和消防泵的运行状态。

3）为防止消防泵误起动使管网水压过高而导致管网爆裂，需加设管网压力监视保护，水压达到一定压力时，压力继电器动作，使消火栓泵停止运行。

4）消火栓工作泵发生故障需要强投时，应使备用泵自动投入运行，也可以手动强投。

5）泵房应设有检修用开关和起动、停止按钮，检修时，将检修开关接通，切断消火栓泵的控制回路以确保维修安全，并设有有关信号灯。

消防泵的控制电路形式很多，图 4-63 所示的全电压起动的消火栓泵控制电路是常用的其中一种。

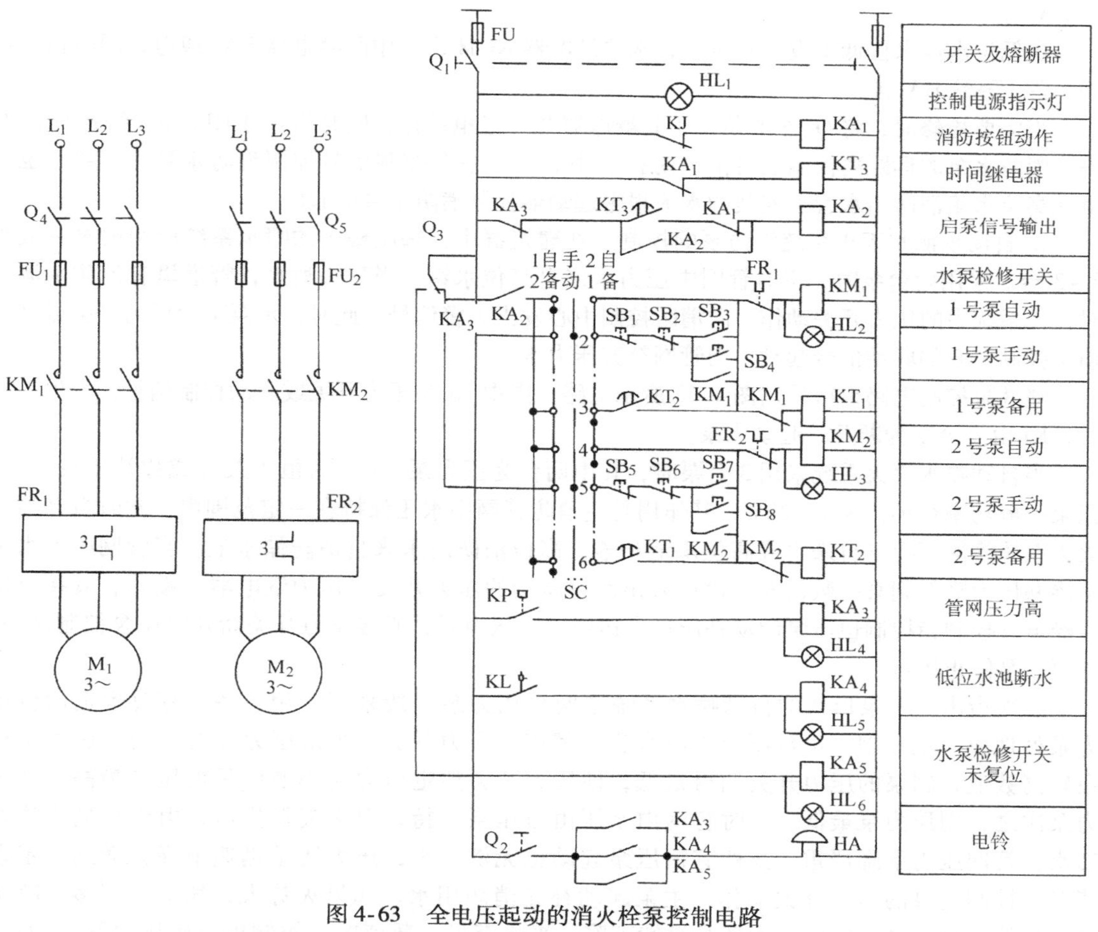

图 4-63 全电压起动的消火栓泵控制电路

图 4-63 中 KP 为管网压力继电器，KL 为低位水池水位继电器，Q_3 为检修开关，SC 为转换

开关。其工作原理如下：

1）1号为工作泵，2号为备用泵。将 Q_4、Q_5 合上，转换开关SC转至左位，即“1自2备”，检修开关 Q_3 放在右位，电源开关 Q_1 合上，Q_2 合上，为起动做好准备。

下面就消防水泵的起、停控制进行详细介绍。

如某楼层出现火情，用小锤将该楼层的消防按钮玻璃击碎，其内部按钮因不受压而断开，给出报警和水泵起动信号，KJ由闭合变为断开（KJ是联动信号或消火栓按钮转换来的触点控制信号），使中间继电器 KA_1 线圈失电，时间继电器 KT_3 线圈通电，经延时 KT_3 动合触点闭合，使中间继电器 KA_2 线圈通电，接触器 KM_1 线圈通电，消防泵电动机 M_1 起动运转，进行灭火，信号灯 HL_2 亮。

若1号故障，2号自动投入过程：

出现火情时，设 KM_1 机械卡住，其触点不动作，使时间继电器 KT_1 线圈通电，经延时后 KT_1 触点闭合，使接触器 KM_2 线圈通电，2号泵电动机起动运转，信号灯 HL_3 亮。

2）其他状态下的工作情况：如需手动强投时，将SC转至“手动”位置，按下 SB_3（SB_4），KM_1 通电动作，1号泵电动机运转。如需2号泵运转时，按 SB_7（SB_8）即可。

当管网压力过高时，压力继电器KP闭合，使中间继电器 KA_3 通电动作，信号灯 HL_4 亮，警铃HA响。

当低位水池水位低于设定水位时，水位继电器KL闭合，中间继电器 KA_4 通电，同时信号灯 HL_5 亮，警铃HA响。

当需要检修时，将 Q_3 至左位，中间继电器 KA_5 通电动作，同时信号灯 HL_6 亮，警铃HA响。

消防水泵的远距离控制还可由消防控制中心发出主令控制信号控制消防水泵的起停，也可由在高位水箱消防出水管上安装的水流报警起动器控制消防水泵的起停。

2. 自动喷洒水灭火系统消防泵的控制　在建筑群中，每座楼宇的喷水系统所用的泵一般为2~3台。采用两台泵时，平时管网中压力水来自高位水箱，当喷头喷水，管道里有消防水流动时，使系统中的压力开关动作，向消防控制中心发出火警信号。此时，水泵可由压力开关或来自消防控制中心的联动信号起动，向管网补充压力水。

喷淋泵控制电路也可采用图4-63所示电路，图中KJ为压力开关或联动控制信号。发生火灾时，KJ由闭合变为断开，起动水泵。

当自动喷水灭火系统采用3台泵时，其中两台为压力泵，1台为恒压泵（或称补压泵）。恒压泵一般功率很小，为1~2kW，其作用是使消防管网中水压保持在一定范围内，此时自动喷水灭火系统管网不得与自来水或高位水池相连，高位消防用水来自消防储水池。当管网中的水由于渗漏压力降低到某一数值时，恒压泵出水管所接的压力开关（压力继电器）动作，其接点信号经电气控制箱控制恒压泵起动补压；当达到一定压力后，所接压力开关断开恒压泵控制回路，使恒压泵停止运行。

必须指出，三泵形式的自动喷水系统中两台压力泵一般采用一用一备，有时也把两台压力泵处理成一主一副，每台压力泵出水管中都接有压力开关，主泵压力开关的动作压力调整在较高数值，副泵的压力开关调得最低，即压力开关整定压力大小顺序是恒压泵最高，主压力泵次之，副压力泵最低。平时管网内水压由恒压泵维持，但火灾发生后，由于水喷头炸裂喷水，管网压力下降严重，虽然有恒压泵起动也无济于事，压力还是迅速下降，降到一定数值时，控制主泵的压力开关动作，主泵起动补充消防用水。如果火势大，喷头炸裂多，喷水多，虽然主泵起动，管网压力还是继续下降，当降至另一数值时，控制副泵的压力开关动作，副泵起动，3台泵同时向管网补充消防用水，以满足喷头喷水的需要。在这种运行方式下，一般恒压泵在实际水压降至90% p_N（额定压力值）时起动，当压力达到100% p_N 时停止工作；当实际水压降至85% p_N 时，主泵开始起动；当实际压力继续降至80% p_N 以下时，副泵也投入运行。

采用4台消防泵的自动喷水系统也比较常见，其中两台为压力泵，两台为恒压泵。恒压泵也是一台工作一台备用，一般功率很小，在5kW左右，常与气压罐等配合使用，使消防管网中水压保持在一定范围之内。

（三）应急广播系统

过去紧急广播系统与火灾报警系统结合在一起作为一个独立系统，但后来发现由于紧急广播系统长期不用使其可靠性大成问题，往往平时试验时没有问题，但在紧急使用时便成了哑巴。因此现在都把该系统与背景音乐系统集成在一起，组成通用性极强的公共广播系统。这样既可节省投资，又可使系统始终处于完全运行状态。

1. 优先广播权功能　发生火灾时，消防广播信号具有最高级的优先广播权，即利用消防广播信号可自动中断背景音乐和寻呼找人等广播。

2. 选区广播功能　当大楼发生火灾报警时，为防止混乱，只向火灾区及其相邻的区域广播，指挥撤离和组织救火等事宜，即向 $n \pm 1$ 层选区广播。这个选区广播功能应有自动选区和人工选区两种，确保可靠执行指令。

3. 强制切换功能　播放背景音乐时各扬声器负载的输入状态通常各不相同，有的处于小音量状态，有的处于关断状态，但在紧急广播时，各扬声器的输入状态都将转为最大全音量状态，即通过遥控指令进行音量强制切换。

4. 消防值班室必须备有紧急广播分控台　此分控台应能遥控公共广播系统的开机、关机，分控台传声器（话筒）具有优先广播权，分控台具有强切权和选区广播权等。

第五节　智能消防系统

智能火灾报警系统中，控制主机（报警控制器）和子机（火灾探测器）都具有智能功能，即它们都设置了具有“人工神经网络”的微处理器。子机与主机可进行双向（交互式）智能信息交流，使整个系统的响应速度及运行能力空前提高，误报率几乎接近为零，确保了系统的高灵敏性和高可靠性。

智能火灾报警系统由智能探测器、智能手动按钮、智能模块、探测器并联接口、总线隔离器、可编程继电器卡组成。系统采用模拟量可寻址技术，使系统能够有效地识别真假火灾信号，防止误报，提高相同信噪比下的灵敏度。

一、智能型火灾探测器

智能型火灾探测器实质上是一种交互式模拟量火灾信号传感器，具有一定的智能，它对火灾特征信号直接进行分析和智能处理，将所在环境收集的烟雾浓度或温度随时间变化的数据，与内置的智能资料库内有关火警状态资料进行分析比较，做出恰当的智能判决，决定收回来的资料是否显示有火灾发生，从而做出报警决定。一旦确定为火灾，就将这些判决信息传递给控制器，控制器再做进一步的智能处理，完成更复杂的判决并显示判决结果。

由于探测器有了一定的智能处理能力，因此控制器的信息处理负担大为减轻，可以实现多种管理功能，提高了系统的稳定性和可靠性。并且，在传输速率不变的情况下，总线可以传输更多的信息，使整个系统的响应速度和运行能力大大提高。由于这种分布智能报警系统集中了上述两种系统中智能的优点，已成为火灾报警的主体，故得到了广泛的应用。

智能型火灾探测器一般具有以下特点：

1）报警控制器与探测器之间连线为二总线制（不分极性）。

2）模拟量探测器及各种接口器件的编码地址由系统软件程序决定（可以现场编程调定）。探测器内及底座内均无编码开关，控制器可根据需要操作命名或更改器件地址。

3）系统中模拟量探测器底座统一化、标准化，极大地方便了安装与调试。

4）有高的可靠性与稳定性。模拟量探测器一般具有抗灰尘附着、抗电磁干扰、抗温度影响、抗潮湿、抗腐蚀等特点。

5）各种工作原理的传感器都有专门适合的软件。感烟、感温、感光（火焰）、可燃气体等不同类型的探测器，具有不同的火灾识别软件。这就是说需要传输的信号不仅有模拟量探测器的地址，而且有烟雾浓度温度、红外线（紫外线）、可燃气体浓度等工作原理方面的信号，因此需要不同的数字滤波软件。

6）模拟量探测器输出的火灾信息是与火灾状况（烟浓度变化、温度变化等）成线性比例变化的。探测器能够按预报、火灾发报、联动警报3个阶段传送情报。探测器变脏、老化、脱落等故障状态信息也可以传送到报警控制器，进行检测识别，发出故障警报信号。图4-64所示的曲线是以光电感烟探测器为例，烟浓度是按试验烟雾的光学测量长度（约1m）内烟粒子含量的百分数表示的。在烟浓度低于约4%/m时，探测器主要输出故障检测信号，当输出的模拟量信号低于约4时，为探测器脱落断线检测信号；当烟浓度低于约1%/m，并且输出的模拟量信号上升到约8以上时，则输出灰尘污垢严重的故障检测信号；当烟浓度大于约4%/m，并且输出的模拟量信号上升到约22以上时，则为火灾预报警信号（只在消防控制室内报警，不向外报警）；当烟浓度达到约10%/m以上，并且输出的模拟量信号上升到约32以上时，则发出火灾警报（向火灾区域及邻近区域）；当烟浓度达到约15%/m以上，并且输出的模拟量信号上升到约46以上时，则为联动消防警报信号，自动起动喷淋设备或其灭火设备进行现场灭火。

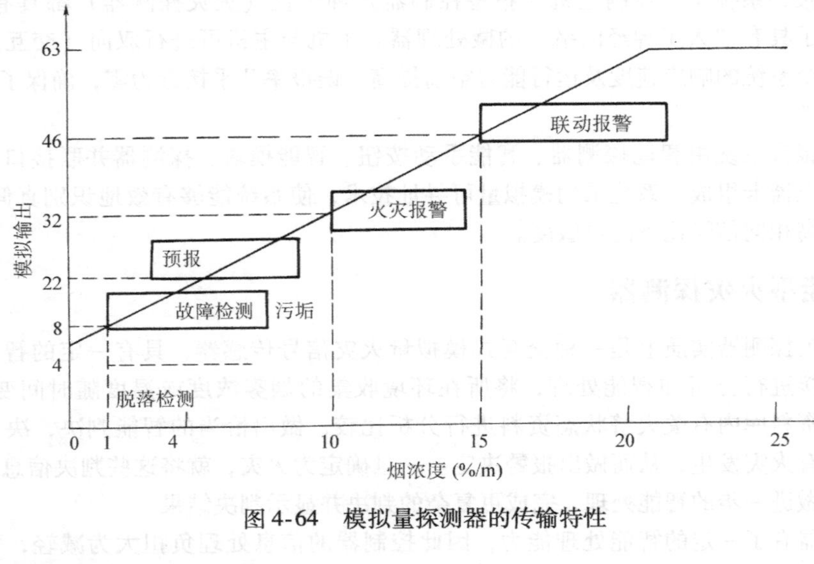

图4-64 模拟量探测器的传输特性

7）模拟量探测器灵敏度可以灵活设定，实行与安装场所、环境、目的（自动火灾报警或联动消防用等）相吻合的警戒。

8）用一片高集成度单片集成电路取代以往的光接收电路、放大电路、信号处理电路，各个电路之间的连接线路距离非常短，使探测器不仅不受外界噪声影响，而且耗电量也降低。

9）具有自动故障测试功能，无需加烟或加温测试，只要在报警控制器键盘上按键，即可完成对探测器的功能测试。对于不能进入的、难以检测的高天花板等处的探测器，都可以在这种灵活的自动故障测试系统中完成功能测试任务。测试精度超过人工检测精度，提高了系统的维护水平，降低了维护检查费用。

二、模拟量报警控制器

传统火灾报警系统，探测器的固定灵敏度会由于探测器变脏、老化等原因，产生时间漂移，而影响长期工作制的探测系统的报警准确率。

在智能火灾报警系统中，智能型火灾报警控制器处理的信号是模拟量而不是开关量，能够对由火灾探测器送来的模拟量信号，根据监视现场的环境温度、湿度以及探测器本身受污染等因素的自然变化调整报警动作阈值，改变探测器的灵敏度，并对信号进行分析比较，做出正确判断，使误报率降低甚至消除误报。模拟量探测器的传输特性如图 4-64 所示。

要达到上述要求，必须用复杂的信号处理方法、超限报警处理方法、数字滤波方法、模字逻辑分析方法等，经过硬件、软件结合的智能控制系统来消除误报。

来自现场的火灾现象、虚假火灾现象及其他干扰现象，都作用在模拟量探测器中的感烟或感温敏感元件上，产生模拟量传感信号（非平稳的随机信号），经过频率响应滤波器和 A/D 转换等数字逻辑电路处理后，变为一系列数字脉冲信号传送给火灾报警控制器。再经过控制器中的微型计算机复杂的程序数字滤波信号处理过程，对无规律的火灾传感器的信号进行分析，判断火灾现象已经达到的危险程度。火灾判断电路将危险度计算电路算出的数据去与预先规定的报警参考值（标准动作阈值）比较，当发现超过报警参考值时，便立即发出报警信号，驱动报警电路发出声、光报警。

为了消除噪声干扰信号的影响，在报警控制器中还安装有消除干扰噪声的滤波电路，以消除脉冲干扰信号。

图 4-65 是一种模拟量火灾报警系统工作过程示意图。

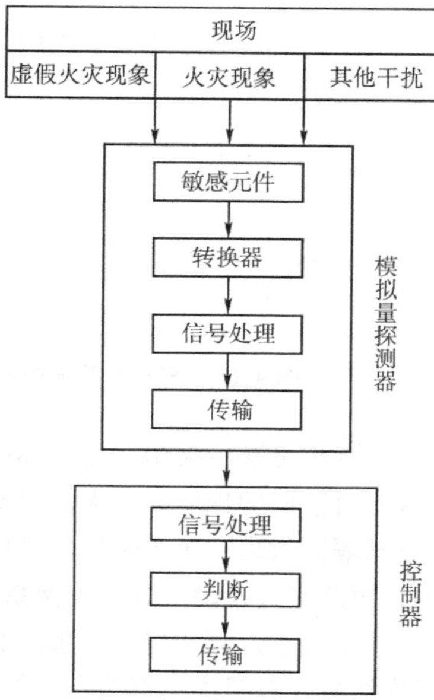

图 4-65　模拟量火灾报警系统工作过程示意图

三、现场总线在火灾报警控制系统中的应用

由于采用了交互式智能技术，智能火灾报警系统的现场部件均自带微处理器，控制器与探测器间能够实现双向通信，这种分布式计算机控制系统为现场总线技术的应用提供了必要的条件，火灾报警控制系统可随时根据系统运行状态对各个探测器的火灾探测逻辑进行调整，准确地分辨真伪火情。

火灾报警控制系统可采用全总线方式实现报警与联动控制，在必要时也可采用多线制方式结合使用，以满足各种要求。在进行系统设计时首先应计算系统容量点数（探测、报警、控制设备数量）并考虑建筑结构布局，确定所需各类探测器、手报、模块数量，进一步确定回路数量、控制器和各种功能卡数量及布线方式。

总线网络可以有不同形式的连接，以适应网络扩展的需求，可采用星形连接、环形连接等，并且在环形总线上根据需要接入支路。而且，网络系统还可以连入其他系统，如楼宇自控系统。但目前我国消防体制还不允许将消防系统与其他系统连接。

图4-66为S1151系统控制器与现场部件之间的通信数据总线接线框图，这类系统具有以下特点：

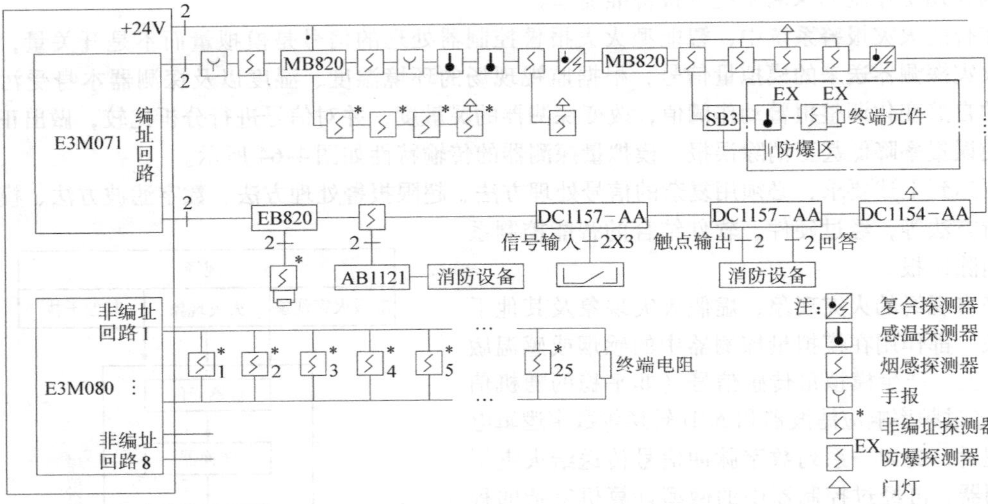

图4-66 S1151系统控制器与现场部件之间的通信数据总线接线框图

1）布线系统灵活，采用二总线环形布线。特殊情况下，可以采用非环形布线方式。

2）具有自适应编址能力，无需手动设置地址。

3）自动隔离故障，每个现场部件中均设有短路隔离功能，且探测回路采用环形二总线，发生短路时，短路点被自动隔开，确保系统完全正常运行。

4）全中文显示及菜单操作，事故和操作数据资料自动存储记忆，可供随时查阅。系统设定不同的操作级别，各级人员都按自己的权限操作。

5）联动方式灵活可靠，联动设备可通过总线模块联动，也可通过控制器以多线形式对重要设备进行联动。

6）具有应急操作功能，系统中控制器和功能卡均采用双CPU技术，在主CPU故障的情况下仍能确保正确火灾报警功能，系统可靠性极高。

7）系统扩展性能好，在总地址容量范围内可扩展回路数，便于工程设计、施工与运行管理。为了满足工程的实际需要，还可以进行灭火扩展、输入/输出扩展、网络扩展、火灾显示盘扩展等功能扩展，如搭积木一般方便。

系统接入计算机平面图形管理系统（即CRT系统），可实现图形化操作和管理，还能将本系统的信息提供给其他系统，如楼宇自动化系统等，也可将其他系统的信息引至本系统中。

现给出 S1511 火灾自动报警及联动系统的应用实例，图 4-67 所示为连线图，图 4-68 所示为平面图，图 4-69 所示为系统图。

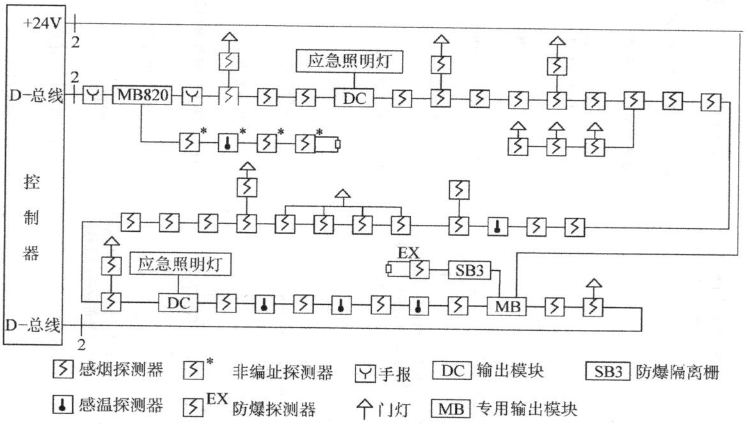

图 4-67 连线图

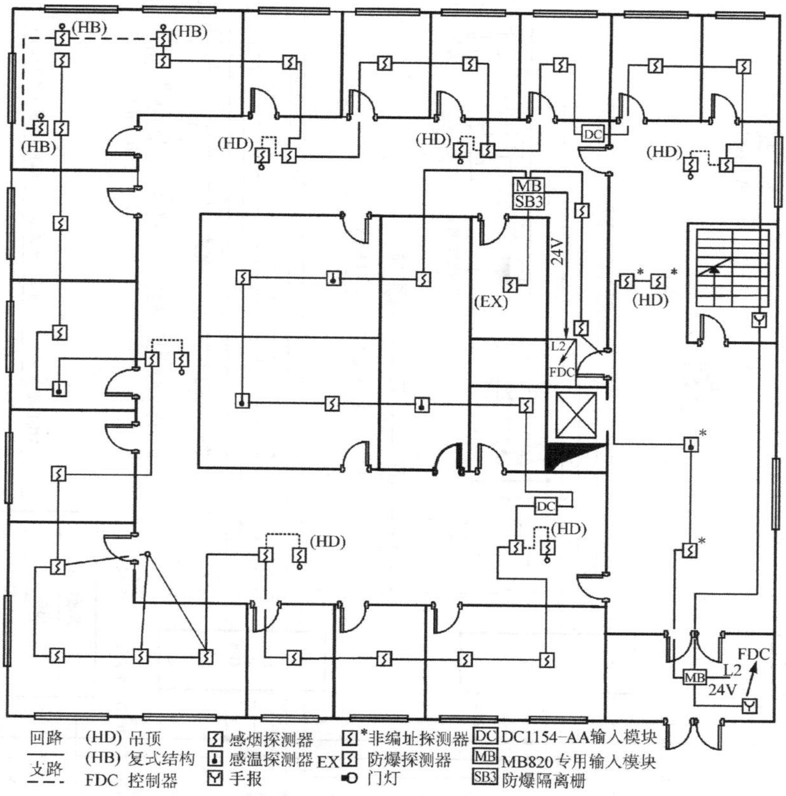

图 4-68 平面图

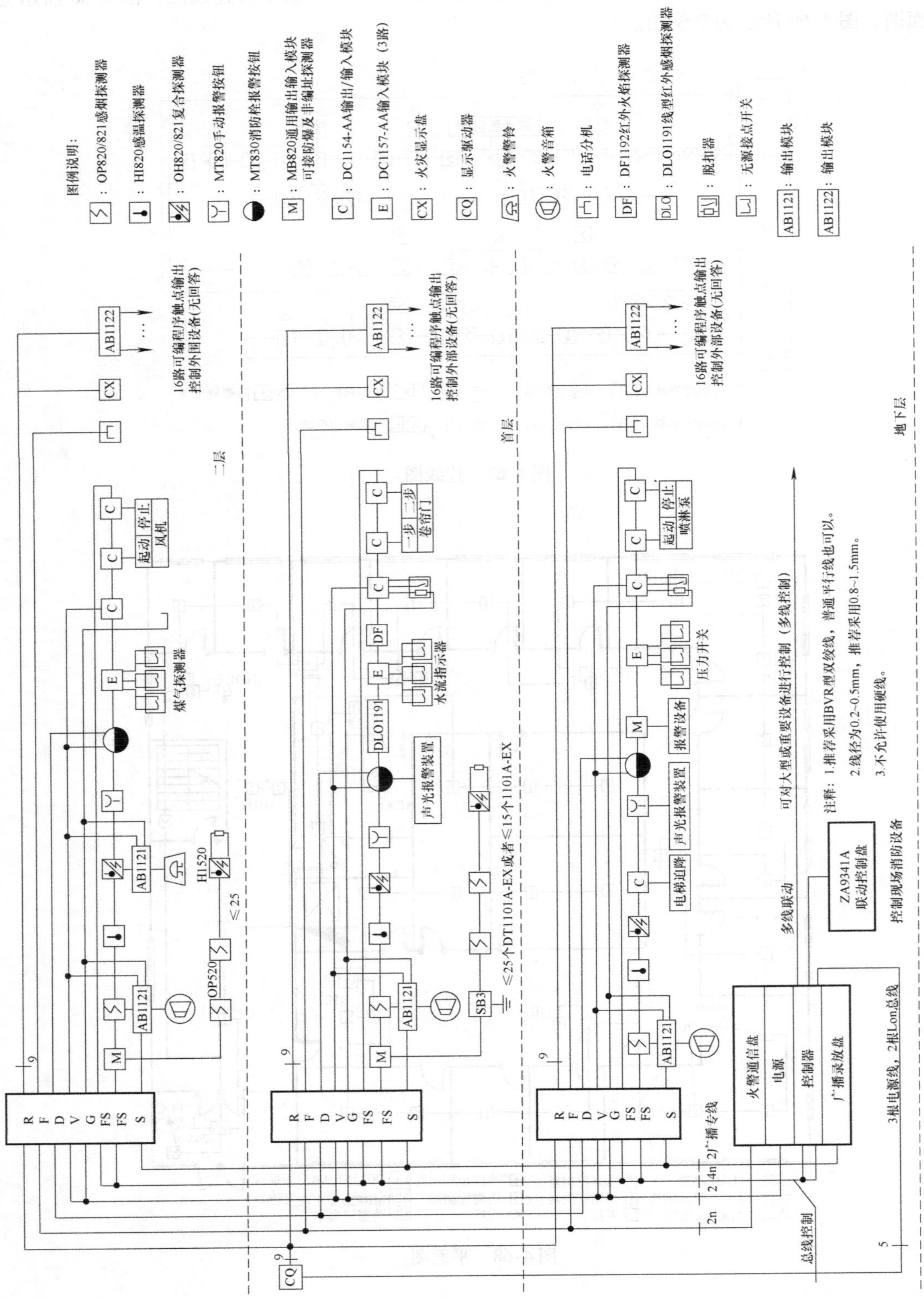

图 4-69　火灾自动报警及联动系统图

第六节　火灾自动报警与控制系统的工程设计

通常火灾自动报警与控制系统的设计有两种方案：一种是消防报警系统与消防联动系统合二为一；另一种是消防报警系统与消防联动系统各自独立。

火灾自动报警与控制的工程设计一般分为两个阶段，即方案设计阶段和施工图设计阶段。第一阶段是第二阶段的准备、计划、选择方案的阶段，第二阶段是第一阶段的实施和具体化阶段。一项优秀设计不仅是工程图纸的精心绘制，而且更要重视方案的设计、比较和选择。

一、基本设计要求

（1）设计依据　工程设计应按照上级批准的内容进行，应根据建设单位（甲方）的设计要求和工艺设备清单去进行设计。如果建设单位提供不了必要的设计资料，设计者可以协助甲方调研编制，然后经甲方确认，作为甲方提供的设计资料。

设计者应摘录列出与火灾报警消防系统设计有关的文件“规程”和“规范”，以及有关设计手册等资料的名称，作为设计依据。

按照我国消防法规的分类大致有5类：建筑设计防火规范、系统设计规范、设备制造标准、安全施工验收规范及行政管理法规。设计者只有掌握了这5大类的消防法规，设计中才能应用自如、准确无误。

（2）设计原则　安全可靠、使用方便、技术先进、经济合理。精心设计，认真施工，把好设计与施工质量关，才能成就优质的百年大业工程。

（3）设计范围　根据设计任务要求和有关设计资料，说明火灾报警及消防项目设计的具体内容及分工（当有其他单位共同设计时）。

二、方案设计

进行方案设计之前，应详细了解建设单位对火灾报警消防的基本要求，了解建筑类型、结构、功能特点、室内装饰与陈设物品材料等情况，以便确定火灾报警与消防的类型、规模、数量、性能等特点。具体设计步骤如下：

（1）确定防火等级　防火等级一般分为重点建筑防火与非重点建筑防火两个等级。重点建筑也就是一类建筑，包括高级住宅、19层及其以上的普通住宅、医院、百货商场、展览楼、财贸金融楼、电信楼、广播楼、省级邮政楼、高级旅馆、高级文化娱乐场所、重要办公楼及科研楼、图书馆、档案楼，建筑高度超过50m的教学楼和普通旅馆、办公楼、科研楼、图书馆、档案楼等。二类建筑即非重点防火建筑，包括10层至18层的普通住宅，建筑高度不超过50m的教学楼和普通旅馆、歌舞厅、办公楼、科研楼、图书楼、档案楼、省级以下邮政楼等。应该根据建筑物的使用性质、火灾危险性、疏散和扑救难度等来确定建筑物的防火等级。

（2）确定供电方式和配电系统　火灾自动报警系统是以年为单位长期连续不间断工作的自动监视火情的系统，因此应采用双路供电方式，并应配有备用电源设备（蓄电池或发电机），以保证消防用电的不间隔断性，如图4-70所示。消防电源应是专用、独立的，应与正常照明及其他用电电源分开设置。火灾时，正常供电负荷电源被断掉（必须切断正常电源），仅保留消防供电电源工作。因此所有与火灾报警及消防有关的设备和器件，都应由消防电源单独供电，而不能与正常照明及其他用电电源混用。

（3）划分防火分区（报警区域）、防排烟系统分区、消防联动管理控制系统　确定控制中心、控制屏、台的位置和火灾自动报警装置的设置。

(4) 确定火灾警报、通信及广播系统 应根据工程特点及经济条件（资金情况）来确定规范和类型。

(5) 设置分区标志、疏散诱导标志及事故照明等的位置、数量及安装方式 这应该根据防火分区和疏散路线、标志符号、标准规定等来考虑确定。

(6) 应与土建、暖通、给排水等专业密切配合，以免设计失当，影响工程设计进度和质量 设计者应在总的防火规范指导下，在与各专业密切合作的前提下，进行火灾报警与控制的工程设计。

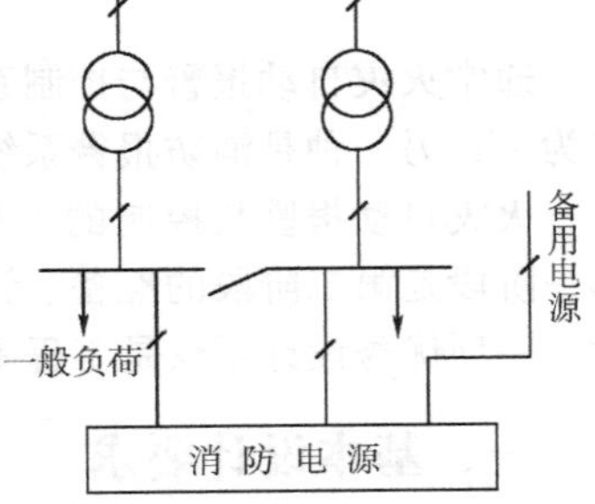

图 4-70 消防电源供电方式

表4-6为工程设计项目与电气专业配合关系表。电气系统设计内容应与工程项目内容紧密配合，并与之相适应，才能有效地保证整个工程设计质量。表中建筑构件耐火极限是指在燃烧中耐火烧的时间值，分为一级耐火构件和二级耐火构件，耐火极限从0.5~4h不等。吊顶耐火极限只有0.25h。

表4-6 工程设计项目与电气专业配合关系表

序　号	设 计 项 目	电气专业配合内容
1	建筑物高度	确定电气防火设计范围
2	建筑防火分类	确定电气消防设计内容和供电方式
3	防火分区	确定区域报警范围、选用探测器种类
4	防烟分区	确定防排烟系统控制方案
5	建筑物室内用途	确定探测器形式类别和安装位置
6	构造耐火极限	确定各电气设备设置部位
7	室内装修	选择探测器形式类别、安装方法
8	家　具	确定保护方式、采用探测器类型
9	屋　架	确定屋架探测方法和灭火方式
10	疏散时间	确定紧急疏散标志、事故照明时间
11	疏散路线	确定事故照明位置和疏散通路方向
12	疏散出口	确定标志灯位置，指示出口方向
13	疏散楼梯	
14	排烟风机	确定控制系统与联锁装置
15	排烟口	确定排烟风机联锁系统
16	排烟阀门	
17	防火卷帘门	确定探测器联动方式
18	电动安全门	确定探测器联动方式
19	送回风口	确定探测器位置
20	空调系统	确定有关设备的运行显示及控制
21	消火栓	确定人工报警方式与消防泵联锁控制
22	喷淋灭火系统	确定动作显示方式
23	气体灭火系统	确定人工报警方式、安全起动和运行显示方式

（续）

序　号	设计项目	电气专业配合内容
24	消防水泵	确定供电方式及控制系统
25	水　箱	确定报警及控制方式
26	电梯机房及电梯井	确定供电方式、探测器的安装位置
27	竖　井	确定使用性质、采取隔离火源的各种措施，必要时放置探测器
28	垃圾道	设置探测器
29	管道竖井	根据井的结构和性质，采取隔离火源的各种措施，必要时放置探测器
30	水平输送带	穿越不同防火区，采取封闭措施

三、施工图设计

方案设计完成后，根据项目设计负责人及消防主管部门审查意见，进行调整修改设计方案，之后便可开始施工图的设计。设计过程中要注意与各专业的配合。

（1）绘制总平面布置图及消防控制中心、分区示意系统图、消防联动控制系统图　对于一栋高层建筑来说，不可能在一张图上把各楼层平面图都画出来。当各楼层结构、用途不同时，应分别画出各楼层平面图。当然，如果几个楼层结构、用途都相同时，便可以由同一张平面图代表，在图上注明该图适应哪些层。图4-71是一层平面图的例子。该层中一般安置有消防控制中心室。图中引线全部是二总线制；探测器都是模拟量感烟探测器，由软件程序现场编址；WC表示沿墙暗敷。

（2）绘制各层消防电气设备平面图　类似于图4-71，可以再画出消防联动设备（或单独图）。

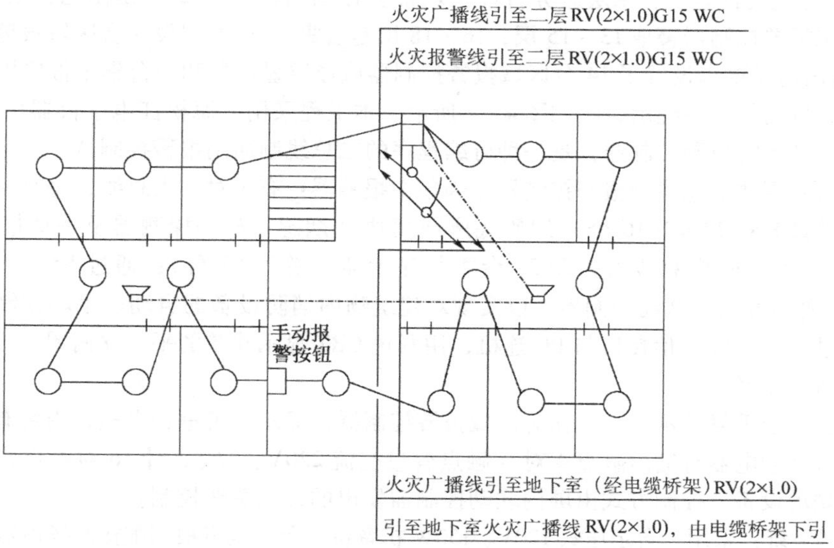

图4-71　一层火灾报警广播平面图

（3）绘制探测器布置系统图　该图中应包括地上地下各层探测器布置数量、类型及连线数，连接非编码探测器模块、控制模块，手动报警按钮的数量及连线数，在各层电缆井口处有层分线箱。系统图应与平面图对应符合。

(4) 绘制区域与集中报警系统图　该图也可与探测器布置系统图联合画出。如果不设区域报警器时，则应画出各层显示器及其连接线数。

(5) 绘制火灾广播系统图　该图应单独画出。图中包括广播控制器（柜）、各层扬声器数量、连线数、分线箱等。

(6) 绘制火灾事故照明平面布置图　应分楼层画出位置和数量。

(7) 绘制疏散诱导标志照明系统图　该图应分层画出标志灯、事故照明灯数量、连接线数。

(8) 绘制电动防火卷帘门控制系统图　图中包括各层卷帘门数量及连线数、控制电路等。

(9) 绘制联动电磁锁控制系统图　电磁锁是电磁铁机构，防火阀、排烟阀、排烟口、防火门等消防设备中都有该控制机构。图中应画出各层器件数量及连线数，应经过各层分线箱接线。

(10) 绘制消防电梯控制系统图　图中包括控制电路、电梯数及连线数。

(11) 绘制消防水泵控制系统图　图中包括水泵起、停控制电路，数量及连线数。

(12) 绘制防排烟控制系统图　图中包括排烟风机控制电路、数量及连接线。

(13) 绘制消防灭火设备控制图　图中包括灭火设备类型、数量、连线、控制电路等。

(14) 绘制消防电源供电系统图、接线图　所有上面各项报警消防设备的电源，都取自专用消防电源，所以各图均应注明引入电源取自消防电源，而不能与普通电源混用。

除以上各图外，必要时还应画出安装详图，或参考《建筑电气安装工程图集》中的做法。

四、设计实例

(一) 工程概况

某综合楼共18层，1～4层为商业用房，每层在商业管理办公室设区域报警控制器或楼层显示器；5～12层是宾馆客房，每层服务台设区域报警控制器；13～15层是出租办公用房，在13层设一台区域报警控制器警戒13～15层；16～18层是公寓，在16层设一台区域报警控制器。全楼共18层按用途及要求设置了14台区域报警控制器或楼层显示器和一台集中报警控制器及联动控制装置，其自动报警系统示意图如图4-72所示。本工程采用上海松江电子仪器厂生产的JB－QB－DF 1501型火灾报警控制器，是一种可编程序的二总线制通用报警控制器。

选用一台立柜式二总线制报警控制器作为集中报警器：有8对输入总线，每对输入总线可并联127个（总计8×127＝1016个）编码底座或模块（烟感、温感探测器及手动报警开关等）；2对输出总线，每对输出总线可并联32台重复显示器（总计62台）；通过RS－232通信接口（三线）将报警信号送入联动控制器，以实现对建筑物内消防设备的自动、手动控制；内装有打印机，可通过RS－232通信接口与PC连机，用彩色CRT显示建筑的平、立面图，并显示着火部位，并有中西文注释。

每层设置一台重复显示屏，可作为区域报警控制器，显示屏可进行自检，内装有4个输出中间继电器，每个继电器有输出触点4对（触点容量交流220V、2A），计16对触点，根据需要可以控制消防联动设备，控制方式由屏内联动控制器发出的控制总线控制。

消防广播系统：采用一台定压式120V、150W扩音机一台，也可根据配接的扬声器数量而定。

消防电话系统：选用一台电话总机，其容量可根据每层电话数量而定，每部电话机占用一对电话线，电话插孔可单独安装，也可以和手动按钮组合装在一起。

(二) JB-QB-DF1501型火灾报警控制器系统

JB-QB-DF1501型火灾报警控制器系统配置示意图如图4-73所示。

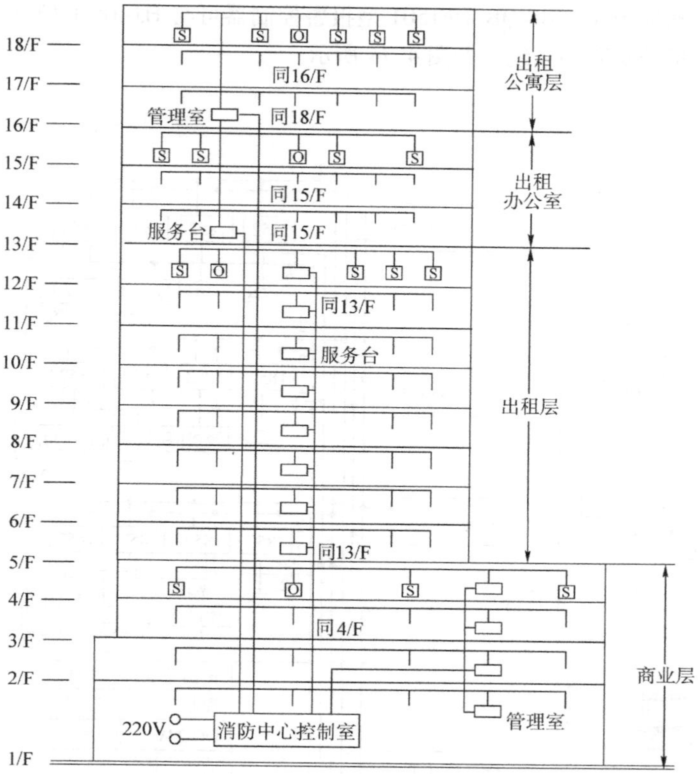

图 4-72　宾馆、商场综合楼自动报警系统示意图

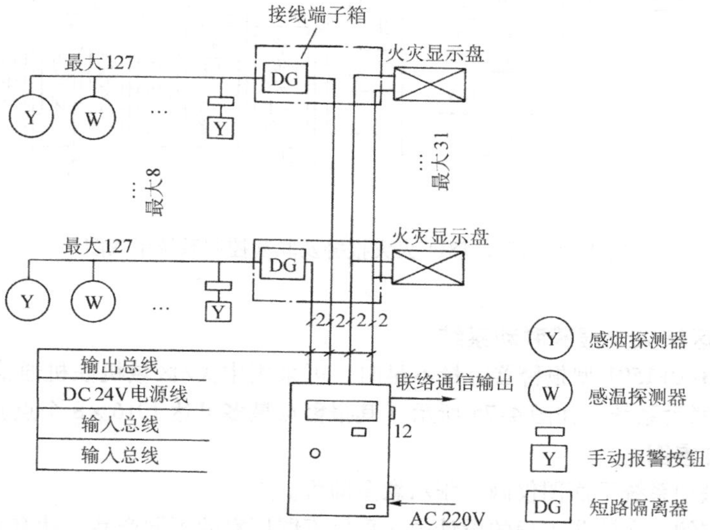

图 4-73　JB-QB-DF1501 型火灾报警控制器系统配置示意图

（三）火灾报警及联动控制系统

当需要进行联动控制时，JB-QB-DF1501 型报警控制器可与 HJ-1811 型（或 HJ-1810 型）联动控制器构成火灾报警及联动系统，如图 4-74 所示。

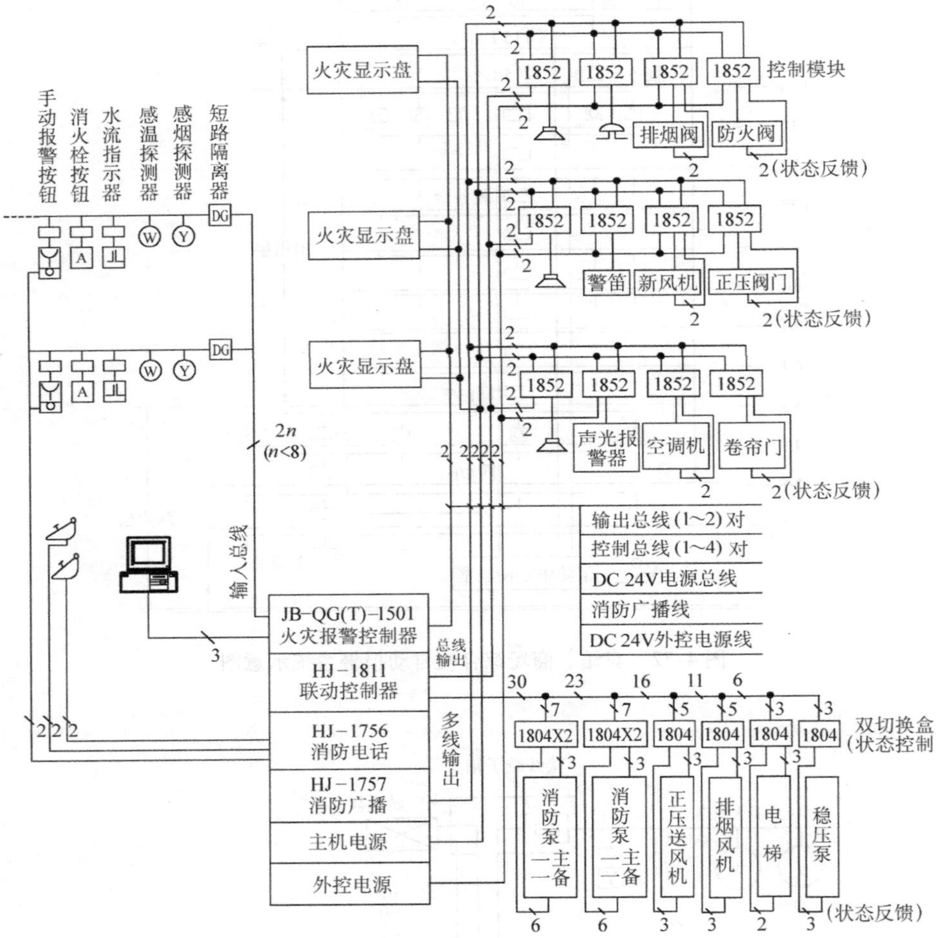

图 4-74 1501-1811 火灾报警及联动控制系统示意图

（四）中央/区域火灾报警联动系统

当一台 JB-QB-DF1501 型报警器容量不足时，可采用中央/区域机联机通信的方法，组成中央/区域火灾报警联动系统，如图 4-75 所示（其报警点最多可达 1016×8 个点）。

（五）平面布置图

火灾报警及联动系统平面图仅画一张示意图即可。

综上是设计实例，在消防工程的设计中，采用不同厂家的不同产品，就有不同的系统图，其线制也各异，应注意掌握。

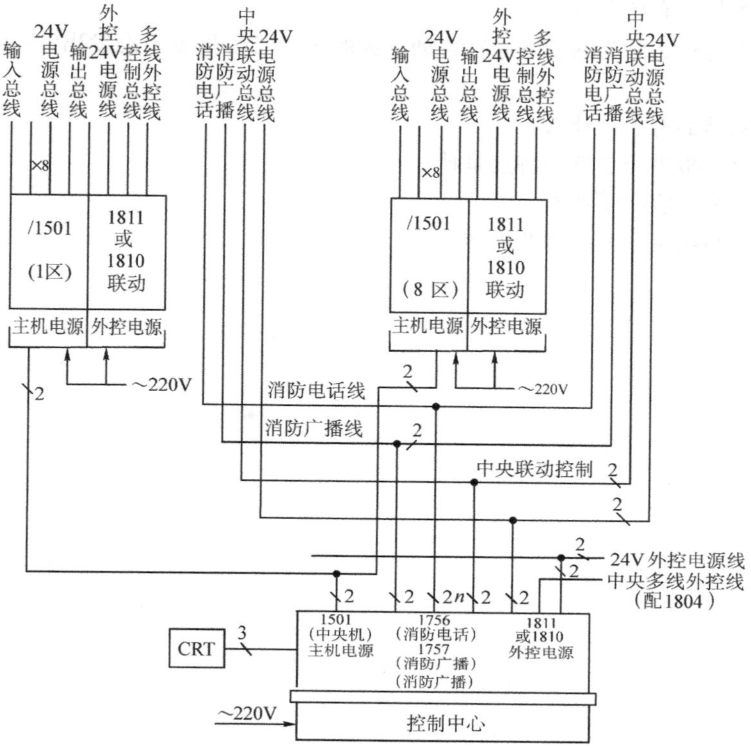

图 4-75　中央/区域火灾报警联动系统

思考题与习题

1. 火灾自动报警系统有哪几种形式？
2. 火灾自动报警系统由哪几部分构成？各部分的作用是什么？
3. 简述火灾自动报警系统的工作原理。
4. 火灾探测器有哪些类型？各自的使用（检测）对象是什么？
5. 线型与点型感烟火灾探测器有哪些区别？各适用于什么场合？
6. 何谓定温、差温、差定温感温探测器？
7. 选择火灾探测器的原则是什么？
8. 多线制系统和总线制系统的探测器接线各有何特点？
9. 火灾报警控制器的功能是什么？
10. 选择火灾报警控制器时主要考虑哪些问题？
11. 总线隔离器的作用是什么？
12. 什么是探测区域？什么是报警区域？
13. 通过对几种类型的喷洒水灭火系统的分析比较，说明它们的特点及应用场合。
14. 简述湿式喷洒水灭火系统的灭火过程，并画出系统结构示意图。
15. 简述二氧化碳（CO_2）灭火系统的构成特点及应用场合。
16. 简述二氧化碳灭火系统的灭火原理及灭火过程。

17. 简述烟烙尽全淹没系统的灭火原理及灭火过程。

18. 消防设备供电有何要求？

19. 防火卷帘为什么分为两步下放？自动下放的一、二步指令由谁发出？一、二步下放的停止指令由谁发出？

20. 智能探测器的特点是什么？

21. 模拟量火灾报警控制器的特点是什么？

22. 消防设计的内容有哪些？

23. 平面图、系统图应表示哪些内容？

第五章

智能建筑信息系统

信息系统是智能建筑的重要组成部分，分布于建筑物中，保证建筑物内外的语音、数据、图像的传输与处理，为建筑物内外人员提供有效的信息服务，本章将介绍其中的综合布线系统、计算机网络系统和数据中心布线系统。

第一节　综合布线系统

智能大厦（Intelligent Building）是现代信息化社会发展的产物，它已成为当代建筑业和电子信息业共同谋求的发展方向。综合布线系统（Generic Cabling System，GCS）是伴随着智能大厦的发展而崛起的，是智能大厦非常重要的组成部分，是智能大厦信息传输的通道，为其他子系统的构建提供了灵活、可靠的通信基础。如果将智能大厦简单看成是一个人的身躯，各个应用系统看成是人的各个肢体，而综合布线系统则是遍布人体的神经网络，连接各个肢体，传输各种信息。综合布线系统是衡量智能化建筑智能化程度的重要标志和基础设施。

一、综合布线系统概述

综合布线系统是1985年由原美国电话电报公司（AT&T）贝尔实验室首先推出的，并于1986年通过美国电子工业协会（EIA）和通信工业协会（TIA）的认证，且很快得到世界广泛认同并在全球范围内推广。当时系统称为结构化布线系统（Structure Cabling System，SCS），其代表产品是SYSTIMAX PDS（Premise Distribution System，建筑与建筑群综合布线系统）。综合布线出现的意义，在于它彻底打破了数据传输和语音传输的界限，并使这两种不同的信号在一条线路中传输，从而为迎接之后发展的综合业务数字网（ISDN）的实施提供了传输保证。

我国在20世纪80年代末期开始引入综合布线系统，但由于经济发展有限，综合布线系统发展缓慢。20世纪90年代中后期，随着经济飞速发展，综合布线系统发展迅速。目前现代化建筑中已广泛采用综合布线系统，其也成为我国现代化建筑工程中的热门课题，也是建筑工程和通信工程设计及安装施工中相互结合的一项十分重要的内容。

（一）综合布线系统的基本概念

综合布线系统是一个全新概念，它同传统的布线系统相比较，有着许多的优越性，是传统布线系统所无法达到的。

综合布线系统是一套用于建筑物内或建筑群之间为计算机、通信设施与监控系统预先设置的信息传输通道。它将语音、数据、图像等设备彼此相连，同时能使上述设备与外部通信数据网络相连接。综合布线系统（GCS）又称结构化布线系统（SCS），是一种模块化的、高度灵活性的智能建筑布线网络，用于建筑物和建筑群内进行语音、数据、图像信号的传输。

综合布线系统是为适应综合业务数字网的需求而发展起来的一种特别设计的布线方式，它为智能大厦和智能建筑群中的信息设施提供了多厂家产品兼容、模块化扩展、更新与系统灵活重组的可能性。综合布线系统既为用户创造了现代信息系统环境，强化了控制与管理，又为用户节约了费用，保护了投资，已成为现代化建筑的重要组成部分。

综合布线系统应用高品质的标准材料，以双绞线（非屏蔽或屏蔽）和光纤光缆作为传输介质，采用组合压接方式，统一进行规划设计，组成一套完整而开放的布线系统。该系统将语音、数据、图像信号的布线与建筑物安全报警、监控管理信号等智能化系统的布线综合在一个标准的布线系统内。在墙壁上或地面上设置有标准插座，这些插座通过各种适配器与计算机、通信设备以及楼宇自动化设备、公共广播系统、安全防范系统等相连接。

综合布线的硬件包括传输介质（非屏蔽双绞线、屏蔽双绞线、大对数电缆和光缆等）、配线架、标准信息插座、适配器、光电转换设备、系统保护设备等。

（二）综合布线系统的特点

采用星形拓扑结构、模块化设计的综合布线系统，与传统的布线系统相比有许多特点，如表5-1所示，其特性主要表现为它的开放性、灵活性、模块化、扩展性、独立性、兼容性和经济性。另外，在设计和施工方面也给人们带来许多方便。

表5-1 综合布线系统与传统布线系统比较

项目	综合布线系统	传统布线系统
传输介质	以双绞线来传输	电话使用专用的电话线
	单一的传输介质	计算机及网络使用同轴电缆
	电话和计算机可互用	计算机和电话线不能共用
	单一插座可接一部电话机和一个终端	计算机和电话机的插座不能互用
不同系统的处理方式	从配线架到墙上插座完全统一，适合不同计算机主机和电话系统使用	线路无法共用也无法通用
	提供 IBM、DEC、HP 等系统的连接，以及 Ethernet、TPDDI	移动电话机和计算机时必须要重新布线
	计算机终端机、电话机和其他网络设备的插座可互用且完全相同	不能互用
	移动计算机设备、电话设备十分方便	不方便

综合布线系统有如下特点：

1. 开放性　综合布线系统采用开放式体系结构，符合多种国际上现行的标准，它几乎对所有著名厂商的产品都是开放的，并支持所有的通信协议。这种开放性的特点使得设备的更换或网络结构的变化都不会导致综合布线系统的重新敷设，只需进行简单的跳线管理即可。

2. 灵活性　综合布线系统的灵活性主要表现在3个方面：灵活组网、灵活变位和应用类型的灵活变化。综合布线系统采用星形物理拓扑结构，为了适应不同的网络结构，可以在综合布线系统管理间进行跳线管理，使系统连接成为星形、环形、总线型等不同的逻辑结构及其组合结构，灵活地实现不同拓扑结构网络的组网；当终端设备位置需要改变时，除了进行跳线管理外，不需要进行更多的布线改变，使工位移动变得十分灵活；同时，综合布线系统还能够满足多种应用的要求，如数据终端、模拟或数字式电话机、个人计算机、工作站、打印机和主机等，使系统能灵活地连接不同应用类型的设备。

3. 模块化　综合布线系统的接插元件，如配线架、终端模块等采用积木式结构，可以方便地进行更换插拔，使管理、扩展和使用变得十分简单。

4. 扩展性　综合布线系统（包括材料、部件、通信设备等设施）严格遵循国际标准。因此，无论计算机设备、通信设备、控制设备随技术如何发展，将来都可很方便地将这些设备连接到系统中去，灵活的配置为应用的扩展提供了较高的裕量。系统采用光纤和双绞线作为传输介质，可为不同应用提供合理的选择空间。例如，对带宽要求不高的应用采用双绞线，而对高带宽需求的应用采用光纤到桌面的方式；在缆线可能会被多次弯折或灰尘比较多的环境中，宜采用双绞线或塑料光纤；而在缆线有专业人员保护、位于无尘室（如数据中心）的环境中，则采用光纤光缆是最佳选择；对语音主干系统采用大对数电缆，既可作为语音的主干，也可作为数据主干的备份，数据主干采用光缆，其高的带宽为多路实时多媒体信息传输留有足够裕量。

5. 独立性　综合布线系统最根本的特点是独立性。在网络体系结构中，最底层是物理布线，与物理布线直接相关的是数据链路层，即网络的逻辑拓扑结构。而网络层和应用层与物理布线完全不相关，即网络传输协议、网络操作系统、网络管理软件及网络应用软件等与物理布线相互独立。无论网络技术如何变化，其局部网络逻辑拓扑结构都是总线型、环形、星形、树形或以上几种形式的结合，而星形的综合布线系统，通过在管理间内跳线的灵活变换，可以实现上述的总线型（如 Ethernet/IEEE 802.3）、环形（IEEE 802.5/Token-Ring、X3T9.5 TPDDI/FDDI）、星形（Star LAN）或混合型（含有环形、总线型等形式）的拓扑结构，因此采用综合布线方式进行物理布线时，不必过多地考虑网络的逻辑结构，更不需要考虑网络服务和网络管理软件，也就是说综合布线系统可独立布线，并适用各种网络应用。

6. 兼容性　兼容性是指其设备可用于多种系统。综合布线系统将语音信号、数据信号、控制信号、报警信号、音频信号和监控设备的图像信号的配线等，经过统一的规划和设计，采用各种传输介质、信息插座、交联设备、适配器等，把这些性质不同的信号综合到一套标准的布线系统中。

7. 经济性　在传统的布线方式中，各个弱电子系统是互不兼容的，每个系统都是独立设计、独立布线的，因而每增加一个弱电子系统都要安装一套新的线缆、新的管线，不能混合布线，费用增加很大。综合布线系统虽然初期投资较大，但当系统个数增加时，因其布线系统是相互兼容的，都采用相同的传输介质、接插件、桥架和管线，故以后投资就少了。而且，它可以降低用户重新布局或设备搬迁变更费用。此外，综合布线系统的维护费用相对较低，可以使系统全生命周期内的总费用达到低于传统传输系统的水平。

（三）综合布线系统的标准

1. 国际标准　最早的综合布线标准起源于美国，1991 年美国国家标准协会制定了 TIA/EIA 568 民用建筑线缆标准，经改进后于 1995 年 10 月正式将 TIA/EIA 568 修订为 TIA/EIA 568-A《商业建筑物电信布线标准》，2000 年新版 TIA/EIA 568-B 系列标准颁布，2009 年 TIA/EIA 568-C 系列标准颁布，2017 年 TIA/EIA 568.x-D 系列标准颁布。国际标准化组织/国际电工委员会（ISO/IEC）于 1988 年开始，在美国国家标准协会制定的有关综合布线标准基础上修改，1995 年 7 月正式颁布《ISO/IEC 11801：1995（E）信息技术—用户建筑物综合布线》作为国际标准，供各个国家使用，并于 2002 年颁布标准 ISO/IEC 11801：2002 Ed2.0，2010 年颁布 ISO/IEC 11801：2010，2017 年颁布 ISO/IEC 11801：2017。英国、法国、德国等国联合于 1995 年 7 月制定了欧洲标准（EN 50173），供欧洲一些国家使用，并分别于 2000 年、2002 年、2009 年和 2017 年颁布新版标准。

目前常用的综合布线国际标准有：

- 美国国家标准协会 TIA/EIA 568.x-D《商业建筑物电信布线标准》
- 国际标准化组织国际电工委员会 ISO/IEC 11801：2017《信息技术—用户建筑物综合布线》

- 欧洲标准 EN 50173-2017《建筑物布线标准》
- 美国国家标准协会 TIA/EIA 569-D-2015《商业建筑物电信布线路径及空间距标准》
- 美国国家标准协会 TIA/EIA 570-C-2012《住宅电信布线标准》
- 美国国家标准协会 TIA/EIA 606-C-2017 《商业建筑电信基础设施管理标准》

2. 国内标准　美国国家标准协会制定 TIA/EIA 568 标准和国际标准化组织国际电工委员会制定 ISO/IEC 11801 标准，为促进综合布线技术的普及和计算机网络技术的发展奠定了基础。我国对综合布线技术的推广应用也非常重视，并于 1995 年由中国工程建设标准化协会制定了国内第一部结合国情的综合布线标准:《建筑与建筑群综合布线系统工程设计规范》(CECS 72—1995), 1997 年该标准得到了进一步完善，其新标准《建筑与建筑群综合布线系统工程设计规范》(CECS 72—1997) 对抗干扰、防噪声、防火等关键技术方面做出了新的规定。同时，《建筑与建筑群综合布线系统工程施工及验收规范》(CECS 89—1997) 也相继出台，这对规范我国综合布线产业产生了积极的影响。2000 年国家质量技术监督局与建设部在 CECS 72—1997 和 CECS 89—1997 的基础上，联合发布了国家标准 GB/T 50311—2000《建筑与建筑群综合布线系统工程设计规范》、GB/T 50312—2000《建筑与建筑群综合布线系统工程验收规范》。2007 年 4 月，综合布线国家标准《综合布线系统工程设计规范》(GB 50311—2007)、《综合布线系统工程验收规范》(GB 50312—2007) 正式发布，并于 2007 年 10 月 1 日开始实施。2016 年，综合布线国家标准《综合布线系统工程设计规范》 (GB 50311—2016)、《综合布线系统工程验收规范》(GB/T 50312—2016) 颁布，并于 2017 年 4 月 1 日开始实施。我国国家及行业综合布线标准的制定，使我国综合布线走上了标准化轨道，促进了综合布线在我国的应用和发展。

在进行综合布线设计时，具体标准的选用应根据用户投资金额、用户的安全性需求等多方面来决定，按相应的标准或规范来设计综合布线系统可以减少建设和维护费用。相关各标准的详细内容请读者阅读其他相关文献。

(四) 综合布线系统产品的选择原则

目前综合布线产品种类繁多，但价格和品质差异较大。为了保证布线系统的可靠性，必须选择真正符合标准的产品。目前，国内广泛使用的综合布线产品主要有美国西蒙 (SIEMON) 公司推出的 SIEMON Cabling 布线系统、美国康普 (Commscope) 公司的 SYSTIMAXSCS 布线系统、欧洲耐克森 (Nexans) 公司的布线系统、美国安普 (AMP) 公司的开放式布线系统 (Open Wiring System)、美国百通 (Belden) 公司的布线系统等，这些产品性能良好、质量可靠，而且都提供了 15 年以上的质量保证体系和有关产品系列设计指南和验收方法等，因此在综合布线设计中都可以优先考虑。

随着综合布线系统在国内的普及，也有部分国内厂家生产了综合布线产品，如中国普天的综合布线产品、TCL 的综合布线产品等。国内综合布线产品在技术上虽然还与国外著名厂商有一定差距，但也基本上达到了综合布线系统的标准和要求，因此在性能指标和价格满足要求的情况下，应优先选择国内的综合布线产品。

不同厂家的产品大多数在外形尺寸上基本相同，但电气性能、机械特性差异较大，为了保证整个系统的兼容性和稳定性，在实施综合布线工程时应选择一致性、高性能的布线材料，千万不要在同一个系统中选用多家产品。

二、综合布线系统组成

综合布线系统是构建智能大厦必不可少的信息传输通道。它能将语音、数据、控制、报警、音频、视频、图像等终端设备与大厦管理系统连接起来，构成一个完整的智能化系统。综合布线系统由不同系列和规格的部件组成，包括传输介质、相关连接硬件（如配线架、连接器、插座、插头、适配器）以及电气保护设备等。

综合布线系统一般采用分层星形拓扑结构，每个分支子系统都是相对独立的单元，对每个分支子系统的改动都不影响其他子系统。众所周知，建筑物的类型很多，常见的商业建筑、住宅建筑、数据中心、工业建筑等，往往都有面向自身特点的综合布线系统标准，但根据 TIA/EIA 568.0-D-2017 标准，无论哪一种建筑类型（包括数据中心）内的综合布线系统，其通用结构是一致的，无非是表述的用词有些差异。在 TIA/EIA 568.0-D-2017 标准中，综合布线系统的通用结构如图 5-1 所示。

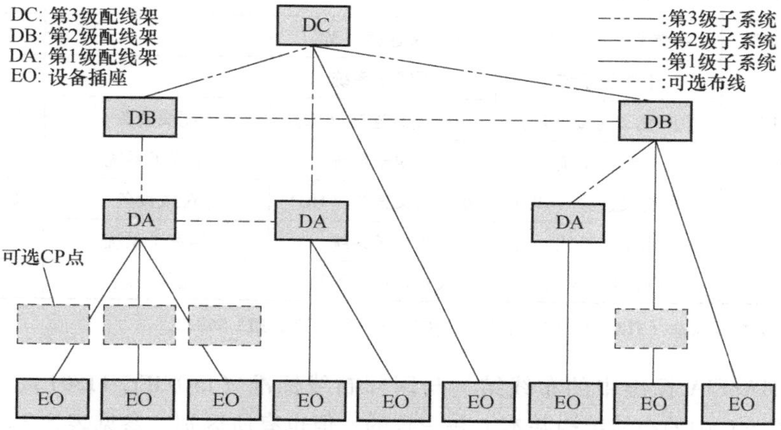

图 5-1　综合布线系统的通用结构和功能元素

图 5-1 中，功能元素为配线架（分为 DA、DB、DC 三级）、子系统（分为第 1、2、3 级三级）、设备插座（EO）以及可选的集合点（CP）。根据图 5-1 所示的结构，可以看到以下特点：

1）在任何一个综合布线系统中，设备插座（EO）是不可缺少的。设备插座对外连接着一台台设备（电话、计算机、服务器、摄像机等），对内则通过各级子系统连接到相应的配线架，再通过子系统一级级传递到其他设备插座上，实现设备与设备之间的信息传输。

2）综合布线系统可以采用一级配线架（DA + EO、DB + EO、DC + EO），也可以采用两级配线架（DB + DA + EO、DC + DA + EO、DC + DB + EO），或三级配线架全用（DC + DB + DA + EO），依据项目的规模而定，越大的项目所需的综合布线的级数越多。

3）在各级配线架之间、配线架与设备插座（EO）之间为传输子系统，并依据其不同的连接元素分别为第 1 级、第 2 级或第 3 级子系统（参见图 5-1）。在各个同级配线架之间，也可以添加布线，使这些配线架之间互连，用以完成设计者所希望达到的目的。

4）在需要时，可以考虑使用位于配线架（DC、DB、DA）与设备插座（EO）之间的 CP（集合点）。集合点是一束缆线从配线架集中敷设到某个区域，然后散开敷设至各个设备插座（EO）时，在该区域内人为设置一个点（CP）。在 CP 与配线架之间为成束的缆线，在 CP 至 EO 之间的缆线则不再成束，分别敷设。在 CP 上，一般设有一组配线架，通往配线架的成束缆线和通往设备插座（EO）的缆线都端接在这组配线架上，如果哪天需要在该区域内将某个设备插座（EO）迁移位置，则仅需调整从 CP 至 EO 之间的缆线即可，CP 至配线架的缆线则无须改动，以大大减少设备插座（EO）迁移时的工作量和材料消耗。

总之，图 5-1 所示的结构反映了一个事实，即综合布线系统的结构十分灵活、多样，只要根据图5-1进行拆分、拼装、组合，就可以实现各种建筑类型和工程项目中对综合布线系统结构的要求。

图5-1所示的综合布线系统结构是通用的。在各种建筑类型中，图5-1的表现形式会有所变化，但只要理解了图5-1，就可以极其容易地理解各种建筑类型的综合布线系统结构。事实上，综合布线系统的通用结构与各种建筑类型综合布线标准中的系统结构是完全兼容的，只是名词上略有变化（参见表5-2）。

表5-2 综合布线通用结构与部分建筑类型的布线系统结构名词对照表

通用结构（TIA/EIA 568.0）	商业建筑（TIA/EIA 568.1）	数据中心（TIA/EIA 942A-1）	住宅建筑（TIA/EIA 570B-1）	卫生保健建筑（TIA/EIA 1179）
第3级配线架（DC）	主交叉连接（MC）	主交叉连接（MC）		主交叉连接（MC）
第3级子系统	干线子系统	干线子系统		干线子系统
第2级配线架（DB）	中间交叉连接（IC）	中间交叉连接（IC）	配线设备	中间交叉连接（IC）
第2级子系统	干线子系统	干线子系统	干线子系统	干线子系统
第1级配线架（DA）	水平交叉连接（HC）	水平交叉连接（HC）	配线设备	水平交叉连接（HC）
第1级子系统	水平子系统	水平子系统	插座子系统	水平子系统
设备插座（EO）	工作区（WA）	设备插座（EO）	通信插座	工作区（WA）

说明：工业建筑布线标准（TIA/EIA 1005A-1）的拓扑结构参照TIA/EIA 568.0。

事实上，TIA/EIA标准中的布线结构与国际布线标准（ISO/IEC 11801）、中国布线标准（GB 50311—2016）中的布线结构基本上是一致的，但也有所区别，参见表5-3。所以，只要掌握了其中一套布线结构，就可以很轻松地理解其他布线结构。

表5-3 各标准综合布线系统结构名词对照表

美标通用结构（TIA/EIA 568.0）	美标商业建筑（TIA/EIA 568.0）	国际标准通用结构（ISO/IEC 11801-1）	国际标准办公建筑（ISO/IEC 11801-2）	中国工程标准（GB 50311—2016）
		第4级配线架		
		第4级子系统		
第3级配线架（DC）	主交叉连接（MC）	第3级配线架	建筑群主配线架（CD）	建筑群主配线架（CD）
第3级子系统	干线子系统	第3级子系统	建筑群子系统	建筑群子系统
第2级配线架（DB）	中间交叉连接（IC）	第2级配线架	建筑物主配线架（BD）	大楼主配线架（BD）
第2级子系统	干线子系统	第2级子系统	建筑物子系统	干线子系统
第1级配线架（DA）	水平交叉连接（HC）	第1级配线架	楼层配线架（FD）	楼层配线架（FD）
第1级子系统	水平子系统	第1级子系统	水平子系统	配线子系统
设备插座（EO）	工作区（WA）	终端设备插座（TO）	通信插座（TO）	信息点（TO）

在最为常见的商业建筑（办公建筑）中，根据TIA/EIA 568标准，综合布线系统采用模块化结构，具体可划分为6个功能元素（见图5-2）：

- 入口设施（Entrance Facilities）
- 设备间子系统（Equipment Rooms）
- 电信间子系统（Telecommunication Room Subsystem）

- 干线子系统（Backbone Cabling，包含第 2 级和第 3 级）
- 水平子系统（Horizontal Cabling）
- 工作区子系统（Work Area）

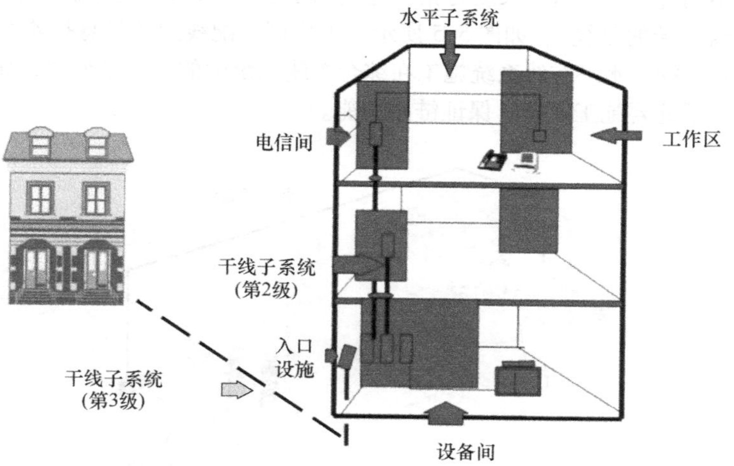

图 5-2　综合布线系统组成结构图

这 6 个功能元素往往也称为 6 大子系统。同时，需要说明的是，在美国布线标准系列中，布线系统的“管理”十分重要，为此单独形成了 TIA/EIA 606 标准。

同样，在国际标准和中国标准中，对于商业建筑、办公建筑也有类似的功能元素划分。例如，在中国的综合布线系统标准 GB 50311—2016 中，将综合布线系统分为 7 大组成部分，其中包含 3 个子系统（配线子系统、干线子系统和建筑群子系统，对应于第 1 ~ 3 级子系统）、3 个场地（工作区、进线间/入口设施和设备间），以及管理部分。

（一）工作区

工作区由信息插座及终端设备连接到信息插座的连线（或软线）组成。工作区的通信插座及插座与终端设备连接线缆的选配要根据所连接的终端设备类型和数量而定。例如，线缆选用非屏蔽双绞线（UTP）时，面板上应能安装信息插座；如果线缆为光纤光缆，则面板应选用光纤面板或通用面板，并在面板上配套安装与线缆端接的光纤连接器匹配的光纤适配器（也称“光纤耦合器”）。图 5-3 所示为工作区的组成，即由一个语音插座、一个通信插座、一条语音连接线和一条数据连接线构成。

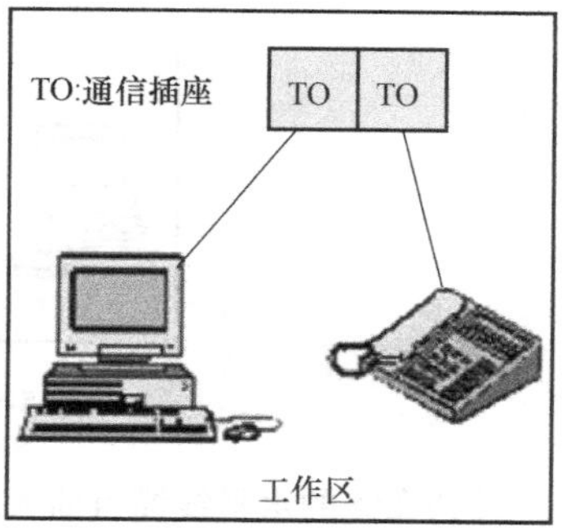

图 5-3　工作区的组成

工作区常见的接入终端设备有计算机、电话机、传真机、电视机、摄像机等，因此工作区也对应配备了计算机网络插座、电话语音插座、有线电视插座等，并配置相应的连接线缆，如 RJ45-RJ45 连接线缆、RJ11-RJ11 电话线、RJ45-RJ11 电话线（特殊情况下使用）等。

如果遇到协议转换，工作区内还可以包含协议转换部件，如同轴电缆/RJ45 转换器、有源跳线（一端为光跳线，另一端为铜跳线，在跳线中间添加了光电转换器的跳线）等。

（二）水平子系统

水平子系统是将工作区内的信息插座（信息插座属于水平子系统的一部分）与楼层管理区

的管理器件（HC）相连的线缆，如图 5-4 所示。综合布线中水平子系统是计算机网络信息传输的重要组成部分，采用星形拓扑结构，每个信息点均需连接到 HC。水平子系统的双绞线通常由 UTP 线缆构成，在电磁干扰较大的场合也可以选用屏蔽双绞线。双绞线（不包含两端的跳线时）的最大水平距离不超过 90m，这个长度是指从电信间子系统中配线架的端口至工作区信息插座的电缆长度（不包含两端的跳线），如图 5-5 所示。工作区、配线架的信息插座与连接设备之间的跳线之和不能超过 10m。水平布线系统施工在综合布线系统中的工作量最大，而且在建筑物施工完成后不易变更，因此要施工严格，保证链路性能。

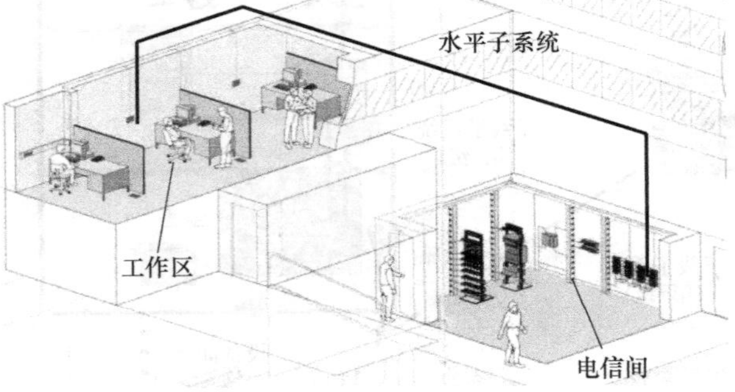

图 5-4　水平子系统

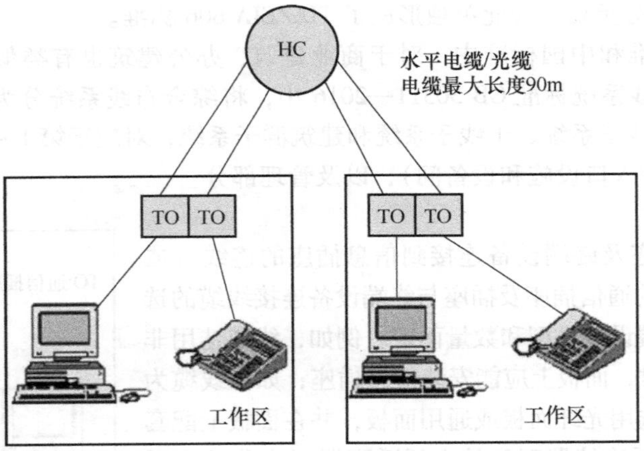

图 5-5　水平子系统铜缆最大长度（不含跳线）

综合布线的水平线缆目前大多采用 6 类、超 6 类非屏蔽双绞线，也可采用屏蔽双绞线（6 类至 8 类），也可以采用 5 类（即原超 5 类，非屏蔽或屏蔽）、光纤到桌面布线方式（多模或单模）。

当选择光纤到桌面布线方式时，水平子系统中的缆线应选择光纤光缆，缆线两端的连接器件应选择光纤连接器件，如光纤连接器（现极少选用）、光纤尾纤、快速光纤连接器等。面板上还需配备配套的光纤适配器（也称“光纤耦合器”），跳线则需换为相应的光纤跳线。

（三）电信间

电信间是楼层上用于安装 HC 的空间，一般位于楼层弱电间内，用于容纳该楼层的网络设备及综合布线系统的配线架，并为连接其他子系统提供连接手段。跳接和对接允许将通信线路定位或重定位到建筑物的不同部分，以便能更容易地管理通信线路，使在移动终端设备时能方便地进行插拔。电信间子系统由配线架、跳线等管理单元组成，如图 5-6 所示。

（四）干线子系统

在 TIA/EIA 568 标准中，干线子系统指连接各级配线架（MC、IC、HC）的缆线子系统（不包括同级配线架之间的缆线，如图 5-7 中的 HC-HC，但可以包含从 MC 到 HC 的缆线。所以，干线子系统事实上包含有图 5-1 所示的通用结构中的第 2 级干线子系统和第 3 级干线子系统）。

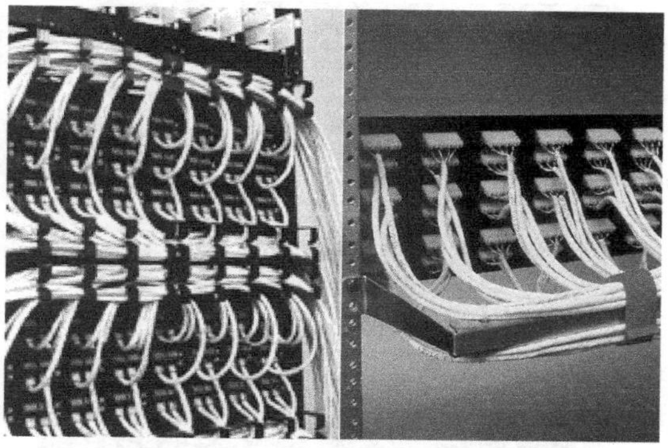

图 5-6　电信间组成单元

由于 IC 和 MC 可以位于同一建筑群中的另一栋建筑内，所以，干线子系统中的缆线可以是室内缆线，也可以是室外缆线。

当干线子系统连接到 HC（见图 5-7）时，干线子系统由连接主设备间（ER）至各楼层配线间之间的缆线构成，其功能主要是把各分层配线架（HC）与主配线架相连，用主干缆线（光缆或电缆）提供楼层（HC）与上层（IC、MC）之间通信的信息通道，使整个布线系统组成一个有机的整体。典型的干线子系统采用分层星形拓扑结构，也可以在同级配线架之间敷设主干缆线，如图 5-7 所示。其中，MC 可以作为建筑群的布线管理枢纽，IC 可以作为大楼的主配线架，HC 安置在每个楼层的弱电间，WA 作为每个人工作的区域。

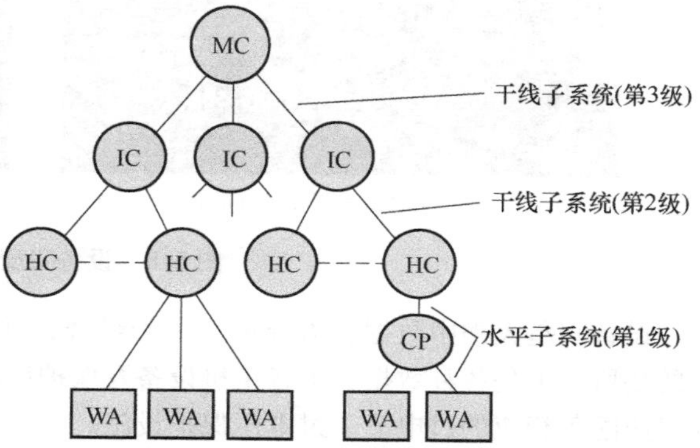

图 5-7　干线子系统拓扑结构
MC—主交叉连接　IC—中间交叉连接
HC—水平交叉连接　CP—集合点
WA—工作区

干线子系统一般采用大对数双绞线电缆或光缆，两端分别端接在大楼设备间和楼层弱电间的配线架上。干线电缆的规格和数量由每个楼层所连接的终端设备类型及数量决定。当干线子系统连接到 HC 时，一般采用垂直路由，干线线缆沿着垂直竖井布放。但有时也会在某些楼层上看到干线线缆的路由平移到另一个垂直竖井，导致在该楼层上出现一段水平敷设的干线缆线。

水平子系统与干线子系统的区别在于：水平子系统总是处在同一楼层上，缆线一端接在配线间的配线架上，另一端接在信息插座上。在建筑物内，干线子系统通常位于垂直的弱电间，水平干线子系统多采用 4 对双绞线电缆，而干线子系统多采用大对数双绞线电缆或光缆。在建筑物外，干线子系统多采用室外型的大对数双绞线电缆或光缆，敷设在沿道路旁的地下弱电管网或通用地下管廊内。

（五）设备间

设备间（ER）是一个集中化设备区，连接系统公共设备，如 PBX、局域网（LAN）、主机、建筑设备自动化和安保系统。对于综合布线系统而言，设备间（ER）内一般安装有主交叉连接（MC）的配线架或中间交叉连接（IC）的配线架，并通过干线子系统连接至楼层的水平交叉连接（HC）的配线架。图 5-8 是设备间配线架布置图。

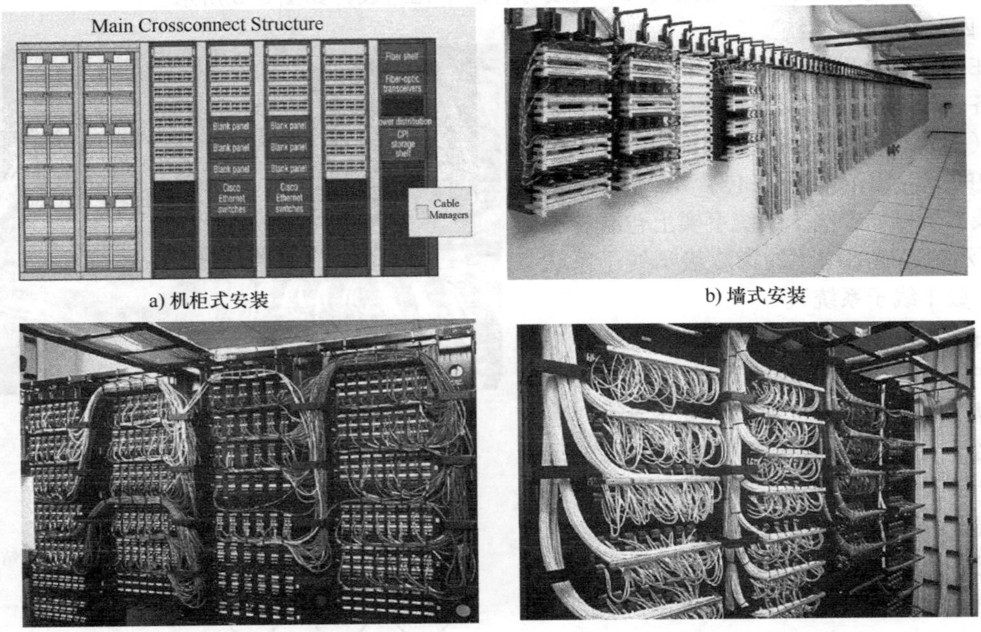

a) 机柜式安装　　b) 墙式安装

c) 开放式机架安装（正面）　　d) 开放式机架安装（背面）

图 5-8　设备间配线架布置图

设备间是大楼中数据、语音垂直主干缆线终接的场所，也是建筑群来的缆线进入建筑物终接的场所，更是各种数据、语音主机设备及保护设施的安装场所。建议建筑群来的缆线进入建筑物时应配备相应的过电流、过电压保护设施。

设备间的空间要按相应的工程设计标准（如美国的 TIA/EIA 569）要求设计。设备间用于安装电信设备、连接硬件、接头套管等，为系统接地和连接设施、保护装置提供保障环境，往往是系统进行管理、控制、维护的场所。设备间还有对门窗、天花板、电源、照明、接地的要求。

（六）入口设施

入口设施是建筑群中将一个建筑物的电缆延伸到建筑群的另外一些建筑物中的转换通信设备和装置，这些设备和装置大多安装在如图 5-9 所示的建筑物缆线出入口（建筑物内）。它提供了建筑物内的室内缆线与楼群之间的室外缆线之间的缆线转换，也为室外缆线防雷提供了防雷设备或器件的安装场所。

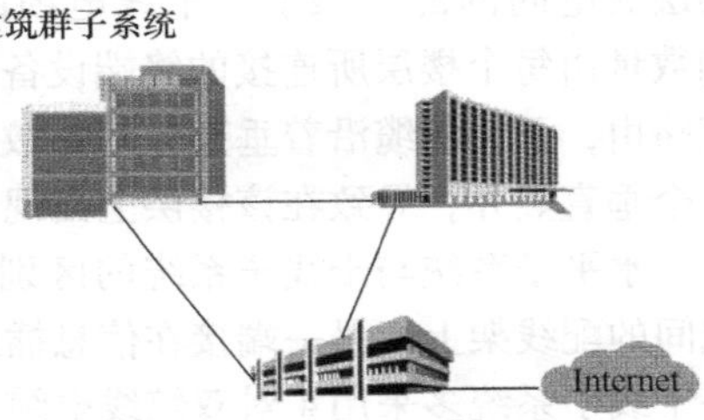

图 5-9　入口设施

对于综合布线系统的缆线而言，室内缆线要求防火，室外缆线要求防雷、防水，由于缆线的品种不同，所以各建筑物之间的干线子系统缆线会增设入口设施，在此处进行室内外缆线的转换。

入口设施的另一个重要作用是防雷。由于雷击的高电压、强电流会顺着室外电缆内的导线导体、金属铠装缆线的铠装层传导到两侧的建筑物内，因此为了防止电缆导体内、缆线金属铠装层上感应的雷击脉冲电压或电流传入建筑物，一般会在入口设施处安装相应的防雷保护用的电气保护设备。

三、传输介质与接续设备

综合布线系统中采用的主要布线材料、部件按其外形、作用和特点可粗略地分为传输介质和接续设备两大类。

传输介质是设备、终端间连接的中间介质，也是信号传输的媒体。有线传输介质包括双绞线、同轴电缆、光缆等。无线传输介质包括卫星、无线电波、红外线等。

接续设备是系统中各种连接硬件的统称，包括连接器、连接模块、配线架、管理器等。

（一）双绞线

双绞线（Twisted Pair，TP）是综合布线工程中最常用的一种传输介质，由两根绝缘导线按照规定的绞距互相扭绞成一个线对，如图 5-10 所示。线对互相缠绕的目的就是利用铜线中产生的电场磁场相互作用抵消临近线路的干扰并减少来自外界的影响。每对线在单位长度上的互相缠绕次数和均匀度决定了其抗干扰能力和通信质量。

将一对或多对双绞线线对放入一个绝缘套管中就形成了双绞线电缆。常见的双绞线电缆绝缘外套下包裹着 4 对共 8 根信号线，每两根为一对并相互缠绕。4 对双绞线电缆中，每对线被标识了不同的颜色，如图 5-11 和表 5-4 所示。

图 5-10　双绞线

图 5-11　4 对双绞线

表 5-4　4 对双绞线色彩编码

线　　对	1	2	3	4
颜 色 编 码	白蓝/蓝	白橙/橙	白绿/绿	白棕/棕

4 对双绞线一般采用 22、24、26 号线规绝缘铜导线，双绞线线规见表 5-5。

表 5-5　双绞线线规

编　　号	美制线规（AWG）		英制线规（SWG）	
	in	mm	in	mm
22	0.0253	0.643	0.028	0.711
24	0.0201	0.511	0.022	0.559
26	0.0159	0.404	0.0180	0.457

与其他传输介质相比，双绞线在传输距离、信道宽度和数据传输速率等方面均受到一定限制，但价格较为低廉。目前，双绞线可分为非屏蔽双绞线、铝箔屏蔽双绞线和全屏蔽双绞线。

对于大对数双绞线电缆，线对数量一般以 25 对为增量变化。通常将 25 对大对数电缆分成 5 组，每组 5 对，组色标为白、红、黑、黄、紫，对色标为蓝、橙、绿、棕、灰，即第 1 对为白/

蓝线对，第8对为红/绿线对，第25对为紫/灰线对。对超过25对的多线对，再以25对为一个包扎组，每个包扎组采用类似彩色标记条捆扎以示区别和编号。图5-12为25对大对数电缆外形图。

1. 非屏蔽双绞线和屏蔽双绞线

（1）非屏蔽双绞线　非屏蔽双绞线（Unshielded Twisted Pair，UTP）是目前通信系统和综合布线系统中应用最广的一种传输介质，如图5-13所示。UTP电缆可用于语音、数据和楼宇自控等系统，综合布线系统水平布线和干线布线均可采用。非屏蔽双绞线电缆特性阻抗为100Ω，线对外没有屏蔽层，电缆直径小，容易安装。但它抗外界电磁干扰性能较差，在传输信息时易向外辐射，安全性较差，在重要机关、金融系统、工业建筑等工程中不宜使用。

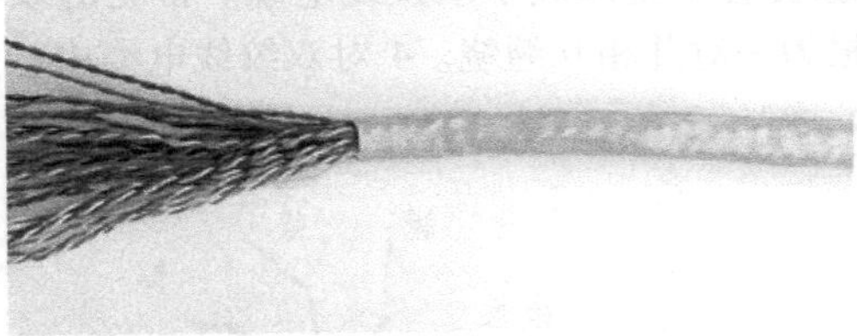

图5-12　大对数电缆外形图

图5-13　非屏蔽双绞线

（2）铝箔屏蔽双绞线　屏蔽是保证电磁兼容性的一种有效方法，实现屏蔽的一般方法是在连接硬件外层包上金属屏蔽层以滤除不必要的电磁波。铝箔屏蔽双绞线（Foil Twisted Pair，FTP）电缆（见图5-14）是在4对双绞线外面加一层或两层铝箔，利用金属对电磁波的反射、吸收和趋肤效应原理有效防止干扰和辐射。

（3）全屏蔽双绞线　全屏蔽双绞线（Shielded Twist Pair，STP）的每一对线都有一个铝箔屏蔽层，4对线合在一起还有一个公共的金属编织屏蔽层，可以克服线对间干扰，达到较好的屏蔽效果。全屏蔽双绞线如图5-15所示，7类、7A类、8类屏蔽双绞线基本上采用了这种结构。

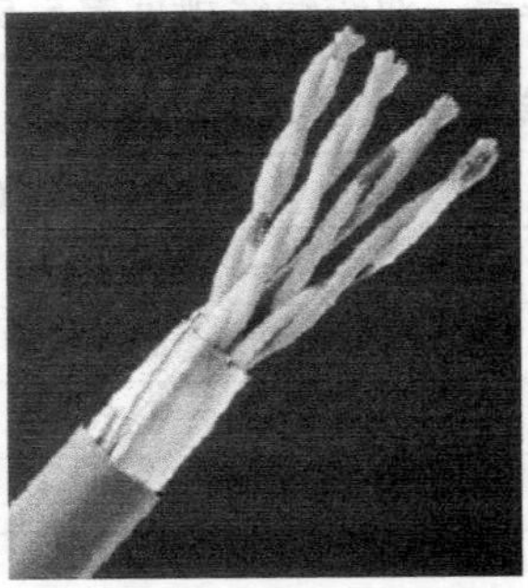

图5-14　铝箔屏蔽双绞线

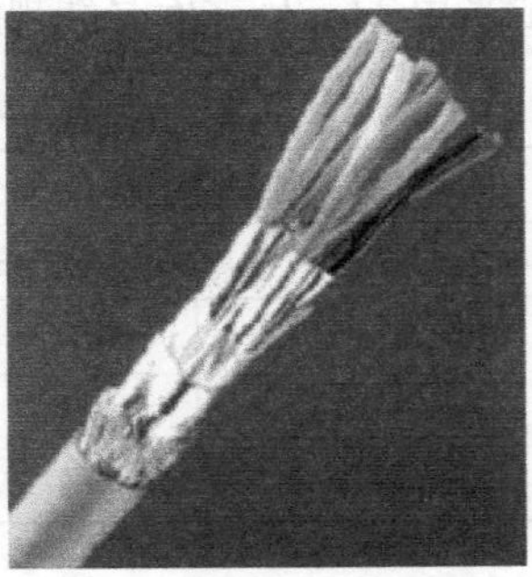

图5-15　全屏蔽双绞线

双绞线的结构差异决定了其性能、价格差异，为用户提供了各种选择机会。表5-6对上述几种双绞线做了一个综合比较。

表 5-6 双绞线的综合比较

项　目	UTP	FTP	STP
价格	低	较高	高
安装成本	低	较高	高
抗干扰能力	弱	较强	强
保密性	一般	较好	好
信号衰减	较大	较小	小
适用场合	商业、办公	银行、机场、工厂	CAD（指设计院等场所）、工厂、军事

2. 双绞线分类　双绞线除了可以按结构分为屏蔽和非屏蔽双绞线外，还可以按性能来分。国际电工委员会和 TIA（美国通信工业协会）已经分别建立了双绞线的国际标准，并根据应用的领域分为 8 个级别，每种级别的线缆生产厂家都会在绝缘外套上标注其级别，如 Cat. 5 或者 Categorie-5 是指 5 类双绞线。TIA 定义的双绞线级别如下：

（1）1 类　传输带宽为 100kHz，主要用于传输语音（1 类标准主要用于 20 世纪 80 年代初之前的电话线缆），不用于数据传输，综合布线系统中没有 1 类。

（2）2 类　传输带宽为 1MHz，用于语音传输和最高传输速率为 4Mbit/s 的数据传输，常见于使用 4Mbit/s 规范令牌传递协议的旧的令牌网，综合布线系统中没有 2 类。

（3）3 类　目前在 ANSI 和 TIA/EIA 568 标准中指定的电缆，传输带宽为 16MHz，用于语音传输及最高传输速率为 10Mbit/s 的数据传输，主要用于 10Base-T 网络。

（4）4 类　传输带宽为 20MHz，用于语音传输和最高传输速率为 16Mbit/s 的数据传输，主要用于基于令牌的局域网和 10Base-T/100Base-T 网络。在 4 类推出后不久，5 类也推出了，并广泛用于 100Base-T 以太网，因此目前综合布线系统中已取消 4 类。

（5）5 类　该类电缆增加了绕线密度，外套一种高质量的绝缘材料，传输带宽为 100MHz，用于语音传输和最高传输速率为 1Gbit/s 的数据传输，主要用于 1000Base-T、100Base-T 和10Base-T网络，是最常用的以太网电缆。在能够满足线间串扰测试的前提条件下，可以用于 2.5Gbit/s 以太网。过去，还存在有 5e 类，由于 5 类和 5e 类原材料成本基本一样，而 5 类仅能满足 100Base-T，5e 类能够满足 1000Base-T 网络，所以原来的 5 类被淘汰，现在所提的 5 类即原 5e 类。

（6）6 类　如图 5-16 所示，线缆拥有更紧密缠绕圈数，线对间采用十字星形骨架填充物，以提高线缆传输性能，传输带宽为 250MHz，支持千兆以太网应用。在能够满足线间串扰测试的前提条件下，可以用于 5Gbit/s 以太网。

a) 外形图

b) 横截面

图 5-16　6 类双绞线

（7）6A 类　传输带宽为 500MHz，支持高传输速率的应用，提供高于 10Gbit/s（万兆以太网）的传输应用。

（8）8.1 类　传输带宽为 2000MHz，支持高传输速率的应用，在理论上支持 40Gbit/s 的传输应用。连接器采用 RJ45 型，可以与低端（500MHz 以下）的 RJ45 连接器兼容。

在国际标准中，还存在以下传输类别：

（1）7类　传输带宽为600MHz，支持高传输速率的应用。

（2）7A类　传输带宽为1000MHz，支持高传输速率的应用，在理论上支持25Gbit/s的传输应用。

（3）8.2类　传输带宽为2000MHz，支持高传输速率的应用，在理论上支持40Gbit/s的传输应用。连接器采用非RJ45型（如TERA、GG45等），以提高连接器的性能。

双绞线电缆的级别越高，性能越好，当然价格也就越高，具体工程应用选择要根据性价比综合考虑。有时为了便于布线，还有一些双绞线与光缆或同轴电缆的复合线缆，如图5-17所示。这些特殊电缆主要用于宽带多媒体接入领域。

3. 双绞线防火安全与安全级别

图5-17　复合线缆

（1）综合布线线缆防火安全　数据通信线缆的防火主要关注3个问题：线缆燃烧的速度、释放出烟雾的密度和有毒气体强度。数据线缆的保护套物理上分为两部分：绝缘层和外套，线缆是否具有防火功能主要取决于最外一层护套的材料。总体来讲，数据通信线缆的外套有以下4种：

1）聚乙烯（PE）/聚氯乙烯（PVC）：目前大多数局域网布线采用的室内线缆外套使用的都是PVC材料，PVC中包含有氯元素，并通过添加阻燃剂以提高线缆的燃点。PVC价格较低，机械性能稳定，缺点是燃点低（允许工作温度为70℃以下），燃烧时散发出有毒（含氯）的烟雾，并且释放出的热量较多。

2）防火型PVC（FR PVC）：防火型（Fire Retardant）PVC线缆在线缆的外套材料中加入卤素（氟、氯、溴、碘）用以提高燃点。其优点是燃点比普通PVC材料高，燃点超过200℃，FR PVC燃烧时，会散发出卤化气体（氟、氯、溴、碘），迅速吸收氧气，从而使火熄灭，导致电缆自行熄灭。其缺点是氯气浓度高时，引起的能见度下降会导致无法识别逃生路径，同时氯气具有很强的毒性，影响人的呼吸系统。此外，FR PVC燃烧释放出的氯气在与水蒸气结合时，会生成盐酸，对通信设备及建筑物造成腐蚀。当然，线缆的有机外套材料在不完全燃烧时也会产生有毒的CO（一氧化碳），这是有机线缆无法排除的。

3）低烟无卤型（Low Smoke Zero Halogen，LSZH或LS0H）：构成线缆的材料不含任何卤素（氟、氯、溴、碘）。为了符合更严格的防火及环保规范，一些电缆生产商不使用卤素，代之以铝氢氧化合物或镁氢氧化合物加入线缆外套中。当燃烧时，这种线缆毒性主要来自有机材料（PVC）不完全燃烧时所产生的CO（一氧化碳），而其烟雾浓度则很低。阻燃作用来自于燃烧时产生的水，燃烧的速度较PVC慢，燃点大约150℃。低烟无卤线缆燃烧时产生的有毒气体非常少，烟雾发散较低，但是，无卤素线缆的成本一般比同等级的PVC线缆略高。

4）耐火型：采用PTFE（聚四氟乙烯）或FEP（氟化乙丙烯）材料做外套。PTFE或FEP也是一种高效的绝缘体，燃烧烟雾浓度很低，因为氟具有更强的防火性，其燃点比FR PVC和LSZH还要高，燃点高达800℃。FEP电缆燃烧时释放出无色、无味，但毒性比氯化氢更强的氟化氢。采用FEP绝缘材料的线缆称为“填充型线缆”，可以不用金属套管直接安装在有通风的建筑物中。但由于价格较贵，FEP线缆较少生产使用。需要说明的是，这里所用名词“耐火型”为美国标准名称，与中国标准/国际标准中的“耐火线缆”含义完全不同，中国标准/国际标准中耐火线缆的含义是指线缆能够在规定的时间（30～180min）内，在不高于一定温度（750～1080℃）的火场中仍然保持传输性能（如信息传输、提供动力电源）。

（2）综合布线线缆安全级别　美国国家电工规范（National Electrical Code，NEC）的

NEC800 条款定义了弱电电缆的 4 个防火等级，由高到低列出，见表 5-7。美国保险商实验室（Underwriters Laboratories，UL）开发了核实电缆是否符合 NEC 标准的测试方法。其中：

表 5-7　弱电电缆防火级别

测试标准	NEC 标准（自高向低排列）	
	电缆分级	光缆分级
UL 910（NFPA 262）	CMP（阻燃级）	OFNP 或 OFCP
UL 1666	CMR（主干级）	OFNR 或 OFCR
UL 1581	CM、CMG（通用级）	OFN 或 OFC
VW-1	CMX（住宅级）	

1）UL 910：用于空气环境中空间传递的电缆和光缆的火焰传播和烟雾浓度的测试。通过这种测试的电缆被认为是适用于压力通风空间的阻燃级电缆。

2）UL 1666：用于安装在垂直竖井中的电缆和光缆的火焰传播的测试。所设计的垂直主干级电缆须通过这种测试。

3）UL 1581：电线、电缆和连线的标准。

4）VW-1　垂直燃烧测试，一种 UL 电缆燃烧等级。

综合布线线缆在不同的场合采用不同的安装敷设方式时，建议选用符合相应防火等级的线缆，并按以下几种情况分别列出：

1）在通风空间内（如吊顶内及高架地板下等）采用敞开方式敷设线缆时，可选用 CMP 级（光缆为 OFNP 或 OFCP）或 B1 级。

2）在线缆竖井内的主干线缆采用敞开的方式敷设时，可选用 CMR 级（光缆为 OFNR 或 OFCR）或 B2、C 级。

3）在使用密封的金属管槽做防火保护的敷设条件下，线缆可选用 CM 级（光缆为 OFN 或 OFC）或 D 级。

4. 双绞线标识　通常使用的双绞线，不同生产商的产品标识可能不同，但一般包括以下一些信息：生产商和产品号码、双绞线类型、防火测试和级别、长度标志、生产日期等。由于双绞线记号标志没有统一标准，因此并不是所有的双绞线都会有相同的记号。以下是一条双绞线的记号，以此为例说明不同记号标志的含义：

AVAYA-C SYSTEMIMAX 1061C + 4/24AWG CM VERIFIED UL CAT 5E 31086FEET-09745.0 METERS

AVAYA-C SYSTEMIMAX：该双绞线的生产商和布线品牌。

1061C +：该双绞线的产品号。

4/24AWG：说明这条双绞线是由 4 对 24 AWG 电线的线对所构成的。

CM：通信通用电缆。CM 是 NEC 防火耐烟等级中的一种。

VERIFIED UL：说明双绞线满足 UL 的标准要求。

CAT 5E：该双绞线通过 UL 测试，达到 5 类标准。

31086FEET-09745.0 METERS：表示生产这条双绞线时的长度点标志，单位为英尺（ft）。如果你想知道一箱双绞线的长度，可以找到双绞线的头部和尾部的长度标记相减后得出。1ft = 0.3048m（米），有的双绞线以米作为单位。

再看另一条双绞线的标志：AMP NETCONNECT ENHANCED CATEGORY 5 CABLE E138034

1300 24AWGUL CMR/MPR OR CUL CMG/MPG VERIFIED UL CAT 5 1347204FT 9853，除了和第一条相同的标志外，还有：

ENHANCED CATEGORY 5 CABLE ：表示该双绞线属于超 5 类标准。

E138034 1300：代表其产品号。

CMR/MPR、CMG/MPG：表示该双绞线的类型。

CUL：表示双绞线同时还符合加拿大的标准。

1347204FT：双绞线的长度点标志，FT 为英尺缩写。

9853：制造厂的生产日期，这里是 1998 年第 53 周。

（二）双绞线连接器

综合布线系统中基本的双绞线连接器有 RJ45 插座模块和 RJ45 连接头（水晶头），下面将分别予以介绍。

1. RJ45 插座模块　RJ45 插座模块一般用于工作区水平电缆端接，通常与跳线进行有效连接。

RJ 是 Registered Jack 的缩写，意思是“注册的插座”。在 FCC（美国联邦通信委员会标准和规章）中的定义是，RJ 是描述公用电信网络的接口，常用的有 RJ11（常用于电话插座）和 RJ45（常用于综合布线系统），计算机网络的 RJ45 是标准 8 位模块化接口的俗称。

RJ45 模块的核心是模块化插孔，镀金的导线或插座孔可维持与模块化插头弹片间稳定而可靠的电连接。由于弹片与插孔间的摩擦作用，电接触随插头的插入而得到进一步加强。插孔主体设计采用了整体锁定机制，当模块化插头（如 RJ45 插头）插入时，插头和插孔的界面处可产生最大的拉拔强度。RJ45 模块上的接线块通过线槽来连接双绞线，锁定弹片可以在面板等信息出口装置上固定 RJ45 模块。图 5-18 分别是 RJ45 模块的正视图、侧视图、立体图。

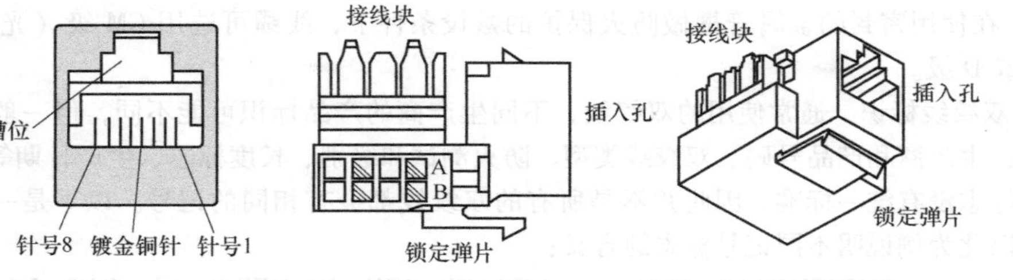

图 5-18　RJ45 模块正视图、侧视图、立体图

图 5-18 所示的非屏蔽模块高 2cm、宽 2cm，厚 3cm，塑体抗高压、阻燃，可卡接到对应模块化面板、支架或表面安装盒中，并可在标准面板上以 90°（垂直）或 45°斜角安装，特殊的工艺设计提供至少 750 次重复插拔，模块使用了 T568-A 和 T568-B 布线通用标签。这类模块通常需要打线工具——带有 110 型刀片的工具（见图 5-19）打接线缆。这种类型的非屏蔽模块也是综合布线系统中应用得最多的一种模块。

为方便插拔安装操作，用户也开始喜欢使用 45°斜角操作。为达到这一目标，可以用目前的标准模块加上 45°斜角的面板完成，也可以在模块安装端直接设计成 45°斜角（见图 5-20）。

免打线工具设计也是模块人性化设计的一个体现，这种模块端接时无需用专用刀具。免打线工具设计的模块（见图 5-21）不同厂家都有精彩设计，颇具特色，模块安装时仅需螺钉旋具（俗称螺丝刀）等常用电工工具即可。

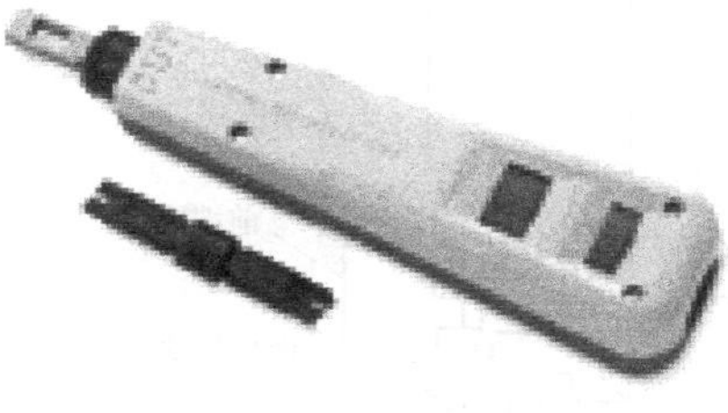

图 5-19　110 型打线工具

图 5-20　45°斜插模块

图 5-21　免打线工具安装模块

打线式模块和免打线模块的选用宜考虑以下两个技术问题：是否打算在工程中和运行维护中使用工具；根据力学原理哪一种模块在端接时最为省力。

在一些新型的设计中，多媒体应用的模块接口看起来甚至与标准的数据/语音模块接口没有太大的区别，这种趋于统一模块化的设计方向带来的好处是各模块使用同样大小的空间及安装配件（见图 5-22）。目前无论国际还是国内，一个应用发展的趋势是语音、数据、视频（Voice-Data-Video，VDV）综合应用的集成，而新型的模块化设计为用户信息综合应用提供了很大便利。

数据　语音　音频/视频　S端子　光纤　MT-RJ型

图 5-22　同一安装尺寸设计的模块化应用接口

模块按屏蔽特性也可分为非屏蔽模块和屏蔽模块。图 5-23 为一典型的屏蔽模块实物和结构图。

对于连接器的物理结构，6 类和 5 类（即原超 5 类，原 5 类已经在 2017 版的各种布线标准中淘汰）有内在的差别，而外观上是很难看到的。和 5 类相似，典型的 6 类连接器为 8 个引脚的结构，但这是为了设计上和 5 类系统的向后兼容性而考虑的。图 5-24 是一种常用 6 类模块，它采用独特的阻抗匹配技术，以保证系统传输的稳定性；采用斜式端接插入，保证连接可靠性；采用阻燃、抗冲击塑料，以使系统具有兼容性能。其主要用于面板安装以及快捷式配线架连接。

2. RJ45 水晶头　RJ45 插头俗称 RJ45 水晶头，用于数据电缆的端接，实现设备、配线架间的连接及变更。RJ45 水晶头的主要技术要求有：①满足 5 类以上传输要求；②具有防止松动、自锁、插拔灵活的特点；③接触良好，插拔次数 750 次以上（在标准中为两个等级：750 次和 2500 次，在实际使用中，由于跳线插拔次数有限，一般选用 750 次等级即可满足 20 年内的跳线插拔次数需求）。图 5-25 为 RJ45 水晶头结构图。

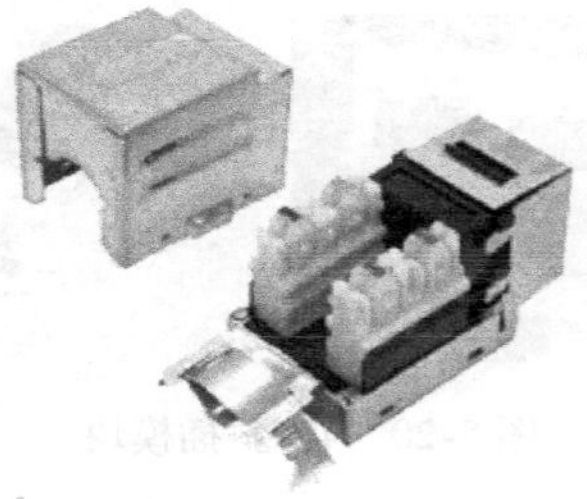

a) 实物图

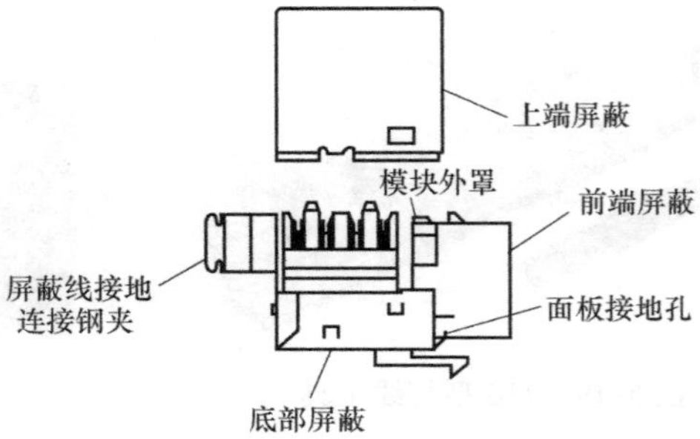

b) 结构图

图 5-23　综合布线屏蔽模块

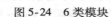

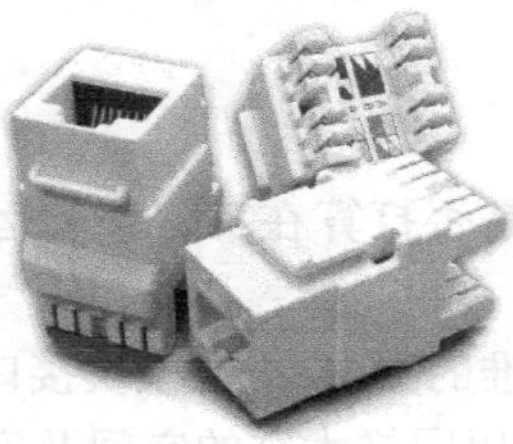

图 5-24　6 类模块

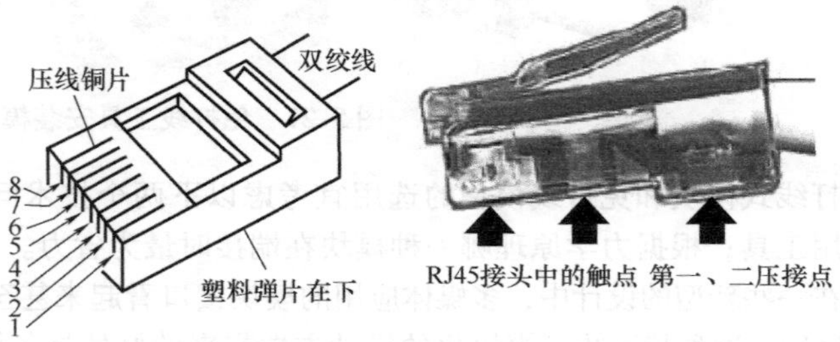

图 5-25　RJ45 水晶头结构图

双绞线的两端安装 RJ45 插头形成跳线，以便插在配线架、网卡、集线器（Hub）或交换机（Switch）RJ45 插座（插口）上。RJ45 水晶头与 RJ45 信息插座在设计上完全匹配，当 RJ45 水晶头插入 RJ45 信息插座时，水晶头的插入部分被顶部的塑料卡扣固定在相应位置，将卡扣压下插头就被释放出来。图 5-26 是 RJ45 水晶头与 RJ45 信息插座实物图。图 5-27 是 RJ45 信息插座结构图。

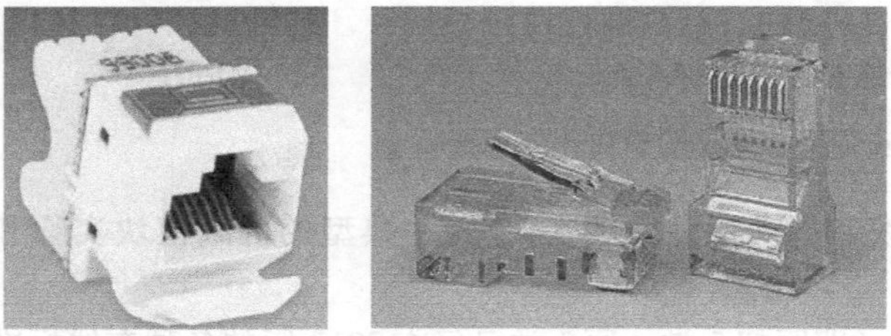

图 5-26　RJ45 水晶头与 RJ45 信息插座实物图

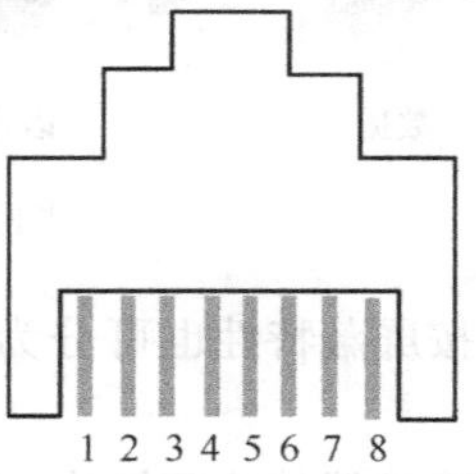

图 5-27　RJ45 信息插座结构图

RJ45 水晶头与 RJ45 信息插座都是 8 针连接器，在图 5-25 和图 5-27 中每根针的序号又与相连接的双绞线色标一一对应。目前有两种关于 RJ45 与双绞线色标的排列规则，分别是 T568-A 和 T568-B，都来自于 TIA/EIA 568-1991。表 5-8 列出了上述两种线序。

表 5-8　线序标准

引 针 号	1	2	3	4	5	6	7	8
T568-A	白/绿	绿	白橙	蓝	白蓝	橙	白棕	棕
T568-B	白橙	橙	白/绿	蓝	白蓝	绿	白棕	棕

在一个综合布线工程中，需要统一线序连接方式，即要么全部采用 T568-A，要么全部采用 T568-B，不可以一部分采用 T568-A，另一部分采用 T568-B。由于对于现在的应用而言，两种线序所导致的应用造价基本一样，所以在同一个综合布线系统工程中仅需根据甲方要求或自己的习惯指定其中之一即可。例如，对于习惯采用美国综合布线产品的施工方而言，大多选用 T568-B 接线方式，跳线制作应按表 5-8 线序，配线架和信息插座都会提供有色标以供线对端接。

（三）同轴电缆

同轴电缆是网络应用中（尤其在计算机网络初期发展阶段）十分广泛的传输介质之一。同轴电缆由 4 层按“同轴”形式构成（见图 5-28），从里向外分别是：

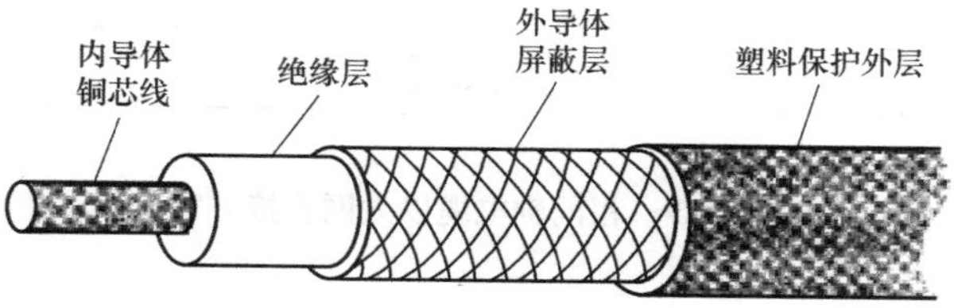

图 5-28　同轴电缆

1）内芯：金属导体，用于传输数据。

2）绝缘层：用于内芯与屏蔽层间的绝缘。

3）屏蔽层：金属导体，用于屏蔽外部的干扰。

4）塑料外套：用于保护电缆。

1. 同轴电缆的类型　同轴电缆内芯一般是铜质的，能提供良好的传导率。根据应用领域的不同，同轴电缆分为基带同轴电缆和宽带同轴电缆两类。

（1）基带同轴电缆　采用基带传输，即采用数字信号进行传输。常用的基带同轴电缆有 RG-8 或 RG-11（粗缆）和 RG-58（细缆），特性阻抗均为 50Ω，分别用于构建 10Base-5 粗缆以太网和 10Base-2 细缆以太网，都用于 10Mbit/s 以太网。粗同轴电缆与细同轴电缆的区别在于轴电缆的直径，粗缆适用于比较大型的局部网络，它的标准传输距离长，可靠性高。在 10Base-5 粗缆以太网中，传输距离最大为 500m；在 10Base-2 细缆以太网中，传输距离最大为 185m。

（2）宽带同轴电缆　采用宽带传输，即采用模拟信号调制后进行传输，特性阻抗均为 75Ω，主要用于构建 CATV 网络和有线电视网。

2. 同轴电缆以太网组网方式　无论是粗缆构建的 10Base-5 以太网，还是细缆构建的 10Base-2 以太网，它们都采用总线型的拓扑结构，如图 5-29 和图 5-30 所示，在一根同轴电缆总线上通常要安装许多连接器，用户设备通过连接器接入。

不同同轴电缆以太网段可以通过中继器（Repeater）互连，组成更大的局域网，如图 5-31 所示，但中继器数量不能超过 4 个，即最多允许 5 个网段通过中继器相连。

由于用同轴电缆构建的计算机网络都采用总线型拓扑结构，要在一根电缆上连接多台工作站，当一个节点发生故障时，会影响整个电缆上其他工作站的工作，而且故障排除困难，因此用于计算机网络的同轴电缆正逐渐被非屏蔽双绞线或光缆所取代。

（四）光纤

光纤（Optical Fiber）通信是以光波为载频、光导纤维为传输介质的一种通信方式。光纤通信具有数据传输率高、频带宽、传输损耗小、传输距离远、抗电磁干扰能力强、误码率低、保密性好等优点，在大容量、高安全性要求的通信中正逐渐取代铜缆系统。

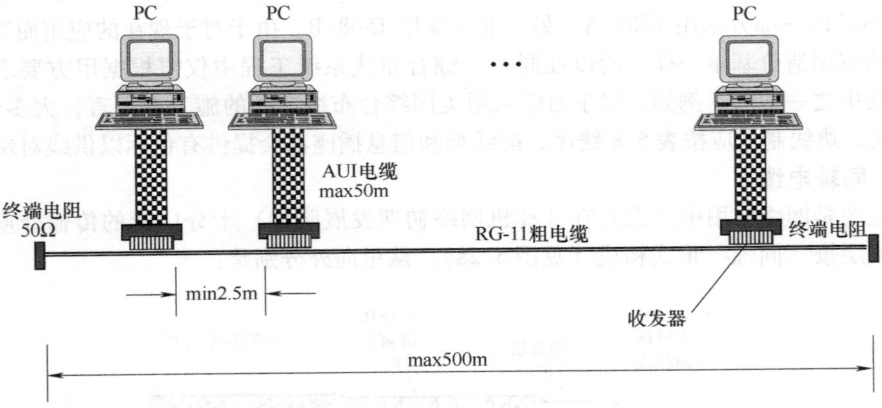

图 5-29 粗同轴电缆以太网连接方案

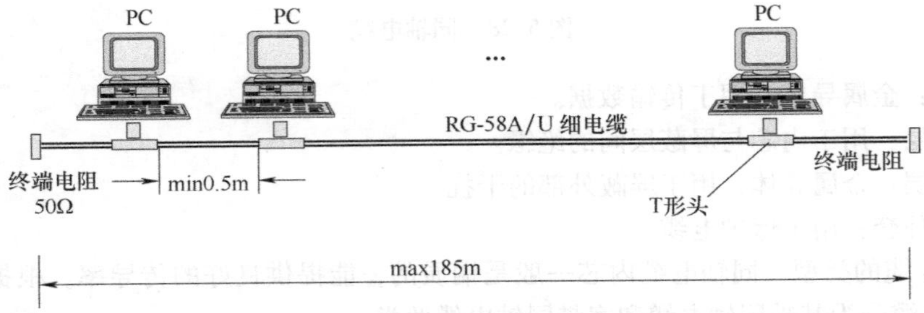

图 5-30 细同轴电缆以太网连接方案

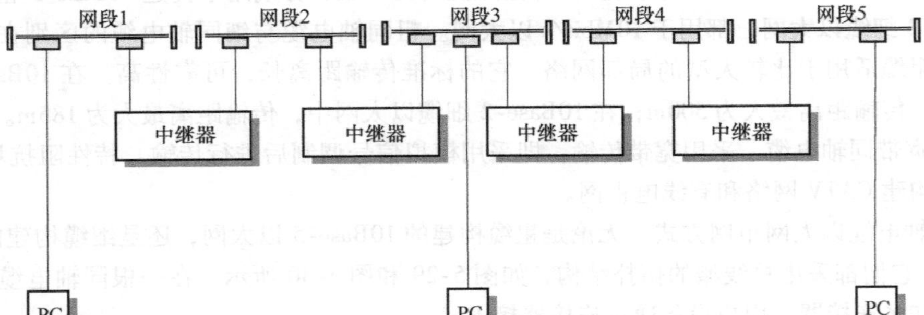

图 5-31 同轴电缆以太网通过中继器互连

1. 光纤结构 光纤是一种能传导光波的介质，可以使用玻璃和塑料制造光纤，超高纯度石英玻璃纤维制作的光纤可以得到最低的传输损耗。光纤剖面结构如图 5-32 所示，由内到外是纤芯、包层和涂覆层。光在纤芯中传播，包层的作用是将光限制在纤芯中传输。光纤质地脆，易断裂，因此纤芯需要外加一层涂覆层，起到保护与隔离作用。

2. 光纤传输特性 光导纤维通过内部的全反射来传输一束经过编码的光信号。由于光纤的折射系数高于外部包层的折射系数，因此可以使入射的光波在外部包层的界面上形成全反射现象，如图 5-33 所示。

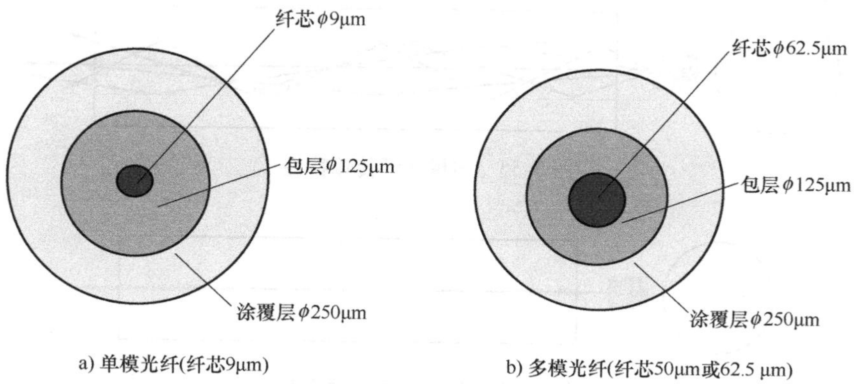

图 5-32 光纤剖面结构

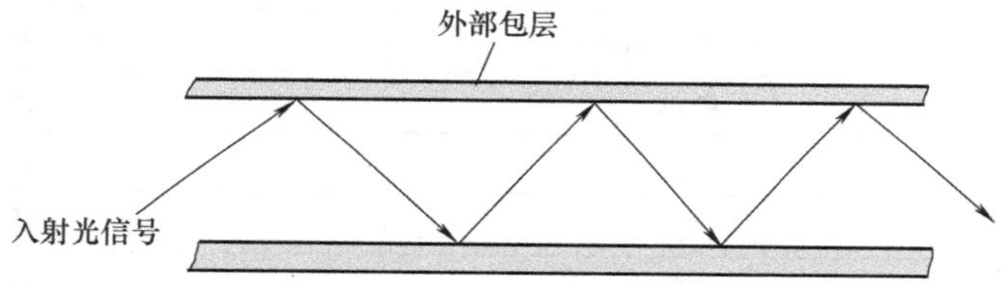

图 5-33 光纤传输特性

3. 光传输系统的组成 光传输系统由光源、传输介质、光发送器、光接收器组成，如图 5-34 所示。光源有发光二极管（LED）、光电二极管（PIN）、半导体激光器等；传输介质为光纤介质；光发送器的主要作用是将电信号转换为光信号，再将光信号导入光纤中；光接收器的主要作用是从光纤上接收光信号，再将光信号转换为电信号。

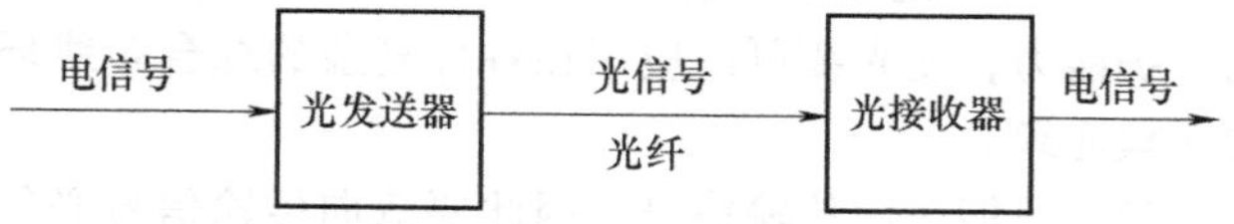

图 5-34 光传输系统

4. 光纤种类 光纤按传输特点主要分为两大类，即单模光纤和多模光纤。

（1）单模光纤 单模光纤主要用于长距离通信，纤芯直径很小，一般为 8～10μm，而包层直径为 125μm。由于单模光纤的纤芯直径接近一个光波的波长，因此光波在光纤中进行传输时，不再进行反射，而是沿着一条直线传输。这种特性使单模光纤具有传输损耗小、传输频带宽、传输容量大的特点。在没有进行信号增强的情况下，单模光纤的最大传输距离可达 3000m，而不需要进行信号中继放大。

（2）多模光纤 多模光纤的纤芯直径较大，不同入射角的光线在光纤介质内部以不同的反射角传播，这时每一束光线有一个不同的模式，具有这种特性的光纤称为多模光纤。多模光纤在光传输过程中比单模光纤损耗大，因此传输距离没有单模光纤远，可用带宽也相对较小。多模光纤传输特性如图 5-35 所示。单模光纤传输特性如图 5-36 所示。

目前单模光纤与多模光纤的价格相差不大，但单模光纤的连接器件比多模光纤的要昂贵得多，因此整个单模光纤的通信系统造价相比多模光纤的也要贵得多。单模光纤与多模光纤的各种特性比较详见表 5-9。

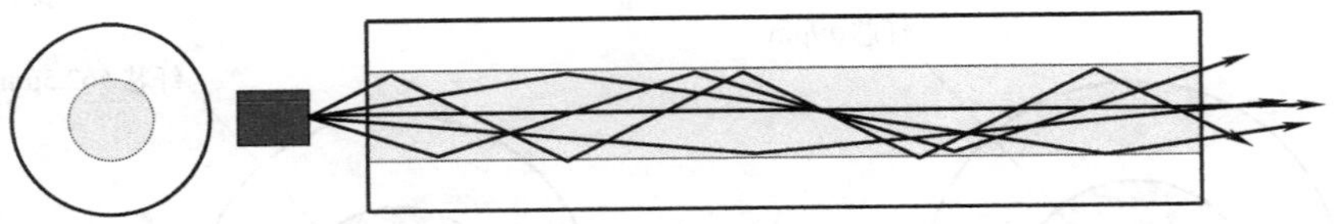

图 5-35　多模光纤传输特性

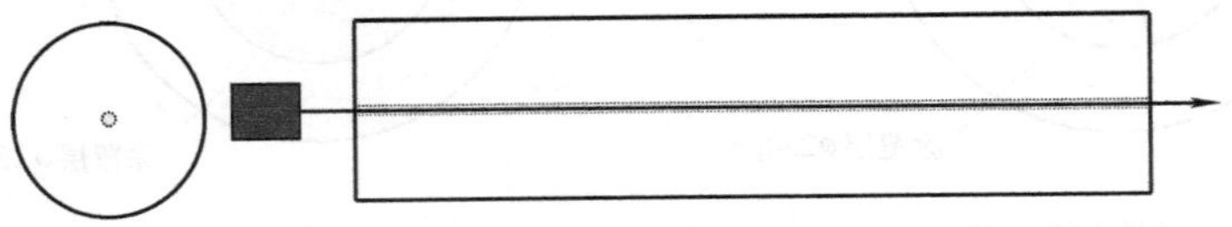

图 5-36　单模光纤传输特性

表 5-9　单模光纤与多模光纤的特性比较表

项　　目	单模光纤	多模光纤
纤芯直径	细（8.3～10μm）	粗（50μm 或 62.5μm）
耗散	极小	大
效率	高	低
成本	高	低
传输速率	高	低
光源	激光	发光二极管、VCSEL 激光源

5. 光缆　光缆由一束光导纤维组成，外表覆盖一层较厚的防水、绝缘表皮，从而增强光纤的防护能力，使光缆可以应用在各种复杂的综合布线环境中。图 5-37 所示为 50μm/125μm 的室内多模光缆。

光纤只能单向传输信号，因此要双向传输信号必须使用两根光纤。为了扩大传输容量，光缆一般含多根光纤且多为偶数，如 6 芯光缆、8 芯光缆、12 芯光缆、24 芯光缆、48 芯光缆、144 芯光缆、216 芯光缆等，一根光缆甚至可容纳上千根光纤（如 1440 芯等）。

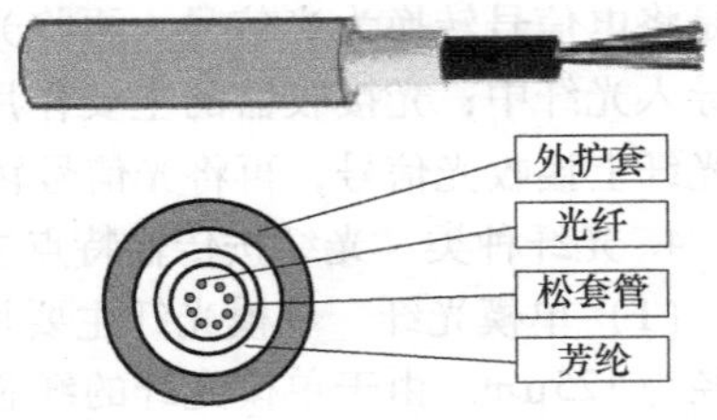

图 5-37　50μm/125μm 室内多模光缆

在综合布线系统中，一般采用纤芯为 50μm/125μm 规格的多模光缆，有时也用 62.5μm/125μm 和 100μm/140μm 的多模光缆。户外布线大于 2km 时可选用单模光缆。

6. 光纤连接器　光纤连接器是光纤与光纤之间进行可拆卸（活动）连接的器件，它是把光纤的两个端面精密对接起来，以使发射光纤输出的光能量能最大限度地耦合到接收光纤中去，并使由于其介入光链路而对系统造成的影响减到最小，这是光纤连接器的基本要求。在一定程度上，光纤连接器也影响了光传输系统的可靠性和各项性能。

光纤连接器按传输媒介的不同可分为常见的硅基光纤的单模、多模连接器，还有其他如以塑胶等为传输媒介的光纤连接器；按连接头结构形式可分为单芯的 ST、SC、FC 等，双芯的 SC、LC、MT-RJ、MU 等，以及 12 芯及以上的 MPO/MTP 等各种形式（其中，ST 连接器通常用于布线设备端，如光纤配线架、光纤模块等，而 SC 连接器通常用于网络设备端）；按光纤端面形状分有平面、球面和斜面；按光纤芯数划分还有单芯和多芯之分。光纤连接器应用广泛，品种繁多。在实际应用过程中，一般按照光纤连接器结构的不同来加以区分。以下是一些目前比较常见的光纤连接器。

（1）ST 型光纤连接器　1986 年首次推出的 ST 型光纤连接器是带定位键、接触型中等损耗连接器，但无抗拉或抗扭转结构。ST 型光纤连接器的安装采用旋转插入方法，安装容易、快捷，但要求在面板上有较大的空间。采用 ST 型光纤连接器的光缆和适配器如图 5-38 所示。

（2）SC 型光纤连接器　这是一种由日本 NTT 公司开发的光纤连接器。其外壳呈矩形，所采用的插针与耦合套筒的结构尺寸与 FC 型完全相同，其中插针的端面多采用 PC 或 APC 型研磨方式；紧固方式是采用插拔销闩式，不需旋转。此类连接器价格低廉，插拔操作方便，介入损耗波动小，抗压强度较高，安装密度高。采用 SC 型光纤连接器的光缆和适配器如图 5-39 所示。

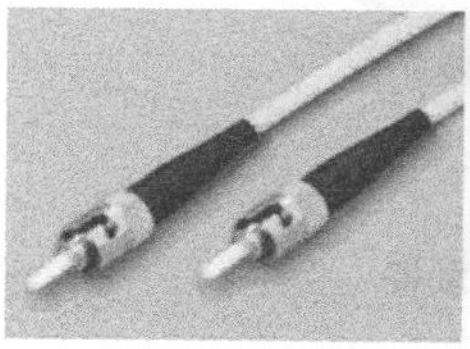
a) 光缆

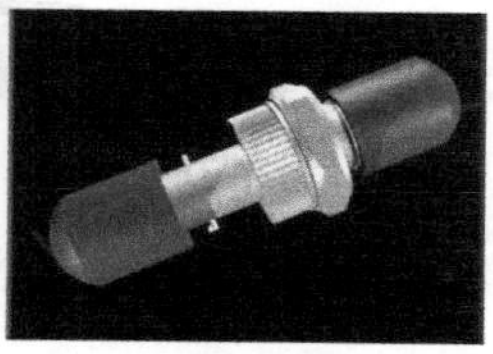
b) ST型适配器

图 5-38　采用 ST 型光纤连接器的光缆和适配器

a) 光缆

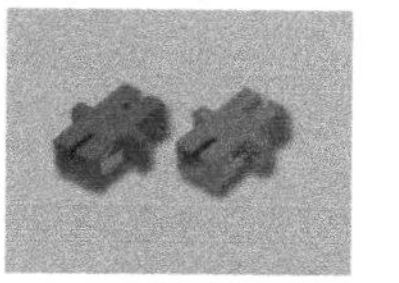
b) SC型适配器

图 5-39　采用 SC 型光纤连接器的光缆和适配器

ST 和 SC 接口是光纤连接器的两种类型。对于 10Base-F 连接来说，连接器通常是 ST 类型的；对于 100Base-FX 来说，连接器大部分情况下为 SC 型。ST 连接器的芯外露，SC 连接器的芯在接头里面。

（3）FC 型光纤连接器　这种连接器最早是由日本 NTT 公司研制的。FC 是 Ferrule Connector 的缩写，表明其外部加强方式是采用金属套，紧固方式为螺纹式。最早，FC 型连接器采用的陶瓷插针的对接端面是平面接触方式。此类连接器结构简单，操作方便，制作容易，但光纤端面对微尘较为敏感，且容易产生菲涅尔反射，提高回波损耗性能较为困难。后来，对该类型连接器做了改进，采用对接端面呈球面的插针，而外部结构没有改变，使得插入损耗和回波损耗性能有了较大幅度的提高。采用 FC 型光纤连接器的光缆和适配器如图 5-40 所示。

（4）MT-RJ 型连接器　MT-RJ 型连接器（见图 5-41）起步于 NTT 公司开发的 MT 连接器，带有与 RJ45 型 LAN 电连接器相同的闩锁机构，通过安装于小型套管两侧的导向销对准光纤，为便于与光收发信机相连，连接器端面光纤为双芯（间隔 0.75mm）排列设计，是主要用于数据传输的小型高密度光纤连接器。

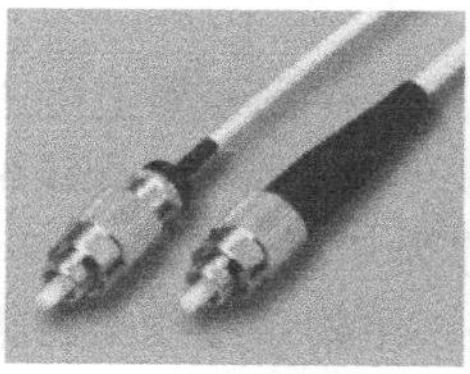
a) 光缆

b) FC型适配器

图 5-40　采用 FC 型光纤连接器的光缆和适配器

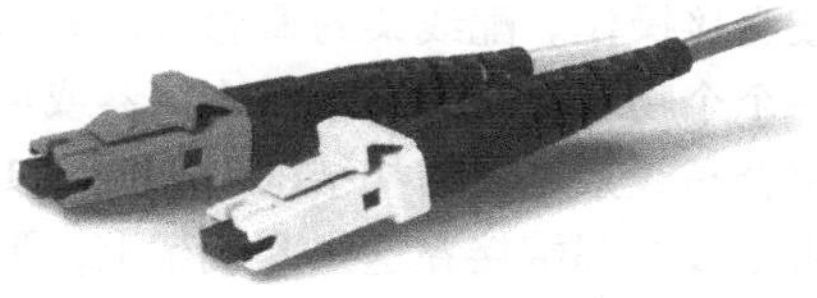

图 5-41　MT-RJ 型连接器

（5）LC 型连接器　LC 型连接器（见图 5-42）是著名的 Bell（贝尔）研究所研究开发出来

的，采用操作方便的模块化插孔（RJ）闩锁机理制成。其所采用的插针和套筒的尺寸是普通 SC 型、FC 型等所用尺寸的一半，为 1.25mm，这样可以提高光纤配线架中光纤连接器的密度。目前，在单模小型光纤连接器（SFF）方面，LC 型的连接器实际已经占据了主导地位，在多模方面的应用也增长迅速。

（6）MU 型连接器　MU（Miniature Unit Coupling）型连接器是以目前使用最多的 SC 型连接器为基础，由 NTT 公司研制开发出来的体形较小的单芯光纤连接器，如图 5-43 所示。该连接器采用 1.25mm 直径的套管和自保持机构，其优势在于能实现高密度安装。利用 MU 的 1.25mm 直径的套管，NTT 公司已经开发了 MU 型连接器系列。随着光纤网络向更大带宽、更大容量方向的迅速发展和广泛应用，对 MU 型连接器的需求也将迅速增长。

图 5-42　LC 型连接器

图 5-43　MU 型连接器

（7）VF-45 型连接器　VF-45 型连接器又称 SG 连接器，来源于 3M 公司的 Volition 型双工连接器，是一种插头和插座系统（见图 5-44）。VF-45 型连接器具有一个典型的结构特性：V 形槽代替了套管，采用 V 形槽来对准光纤。在插座中，光纤固定在精密塑料 V 形槽内。在插头中，定制的光纤自由浮动，插头中的光纤轻松插入插座的 V 形槽中，通过光纤挠曲产生的压力而使互连的光纤接触。

（8）MTP/MPO 型连接器　MTP/MPO（Multi-fiber Push On）型连接器（见图 5-45）有 6～24 根光纤在一个模塑的合成套管内。这类连接器减小了附件和面板的尺寸。MPO 连接器由两个插头和一个插座构成。插头上装配有 MT 连接器套管，各插头可以灵活地插入插座或拔出，操作简单方便。MTP/MPO 型连接器是一种新型小型化、高密度安装连接器，适应了目前多芯光纤快速连接的需求。

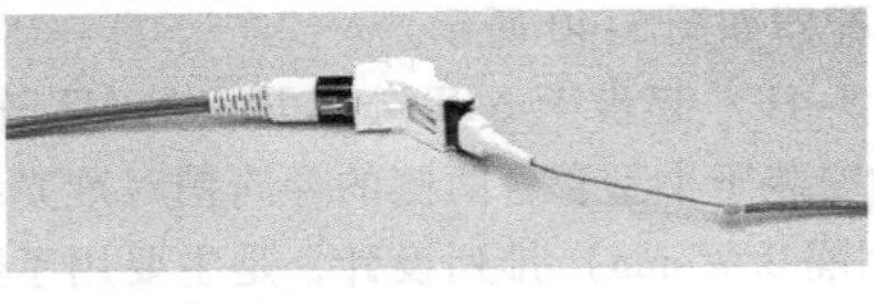
图 5-44　VF-45 型连接器

图 5-45　MTP/MPO 型连接器

（五）配线架

配线架是电缆或光缆进行端接/连接和对缆线进行保护的装置之一，在配线架上可进行互连或交接操作。配线架的概念可以分为两部分：其一，综合布线系统的产品序列中，配线架指的是一个个物理存在的、带有连接器或可以安装连接器的连接装置，也称为“配线面板”；其二，在综合布线系统的拓扑结构（如图 5-1、表 5-2 等）中，配线架指的是一组物理配线架的集合，并将缆线全部端接在这组配线架上，形成拓扑结构中的逻辑连接关系，根据配线架所在的位置，分为了第 1 级配线架（如 HC 等）、第 2 级配线架（如 IC 等）、第 3 级配线架（如 MC 等），它们上连上一级子系统，下连本级子系统，相互结合形成了完整的传输线路。拓扑结构中的配线架在本节第二部分（二、综合布线系统组成）中已经详细讨论，以下将讨论的是物理上实际存在的配线架，也就是制造商生产的配线架。

配线架根据连接介质的不同可分为铜缆配线架和光纤配线架，下面将分别介绍。

1. 铜缆配线架　常用的铜缆配线架按结构和安装方式可分为110型配线架、BIX配线架和模块式快速配线架。前两种用于语音点的线缆管理，而后者用于数据通信。

（1）110型配线架系统　110型连接管理系统由AT&T公司于1988年首先推出，该系统后来成为了工业标准的蓝本。110型连接管理系统基本部件是配线架、连接块、跳线和标签（见图5-46）。110型配线架是110型连接管理系统的核心部分，110型配线架是由阻燃、注模塑料做的基本器件，布线系统中的电缆线对就端接在其上。

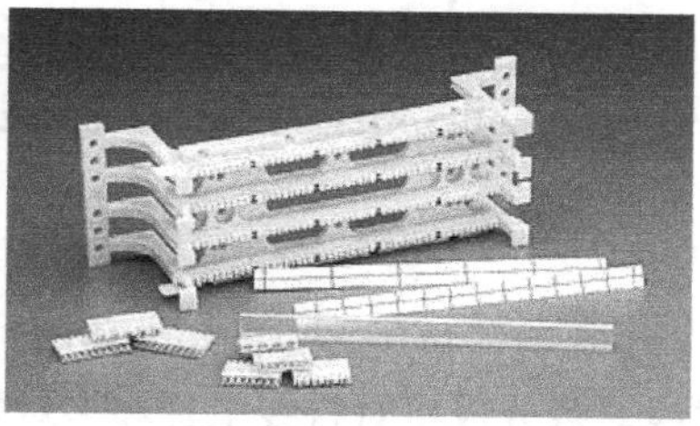

图5-46　110型配线架基本部件

110型配线架分为5类和6类两个传输等级，在使用时应与相应等级的双绞线（5类、6类）配合使用。

110型配线架有25对、50对、100对、300对、900对多种规格并可叠加组合，可根据需要采取机架式安装、机柜式安装或墙式安装，如图5-47所示。

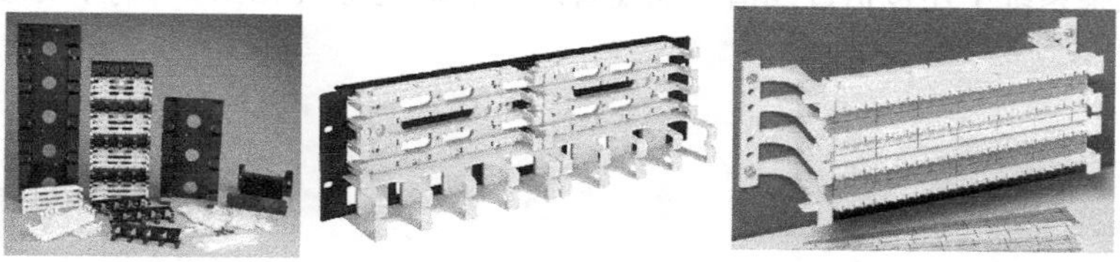

a) 机架式安装　b) 机柜式安装　c) 墙式安装

图5-47　110型配线架安装方式

110型系统中的连接块，主要有2对（110C-2）、3对（110C-3）、4对（110C-4）、5对（110C-5）等多种形式，但用得最多的是4对和5对连接块，如图5-48所示。连接块包括了一个单层、耐火、塑模密封器，内含熔锡快速接线柱，它们可穿破22～26AWG线缆上的绝缘层，接在连接块的底座上。连接块的前面有彩色标识，可进行快速双绞线鉴别和连接。连接块固定在110型配线架上，而且为在配线架上的电缆连接器和跳线之间提供了电气紧密连接。4对连接块上为每个线对标有颜色色标，即蓝、橙、绿、棕；5对连接块的颜色色标则为蓝、橙、绿、棕、灰。在25对110型配线架基座上安装时，应选择5个4对连接块和1个5对连接块，从左到右完成白区、红区、黑区、黄区、紫区的安装，这一点上与25对大对数电缆安装时遵从的色序是一致的（见图5-49）。

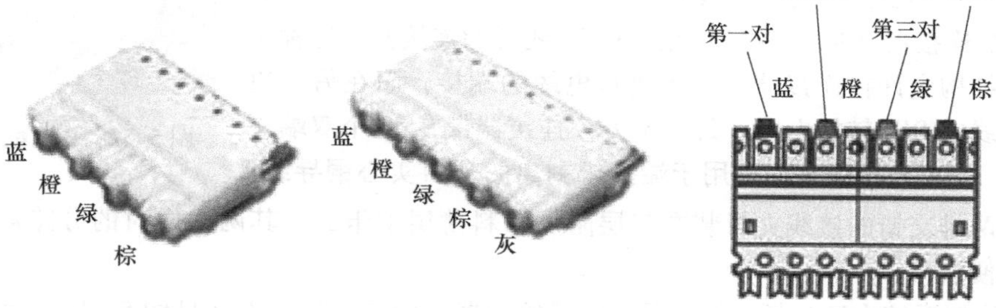

a) 4对连接块　b) 5对连接块　c) 正视图

图5-48　110型系统连接块

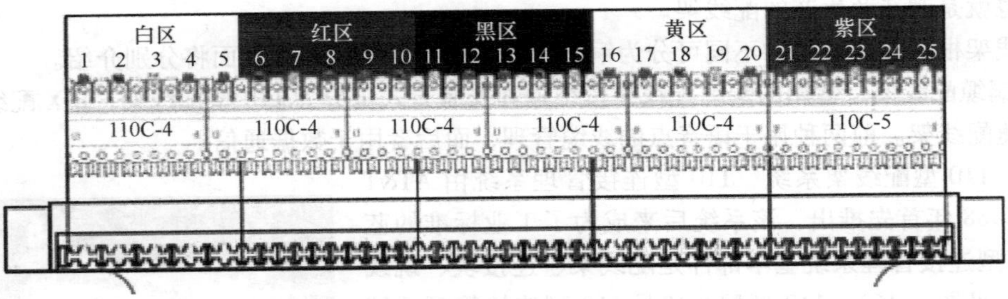

图 5-49 110 型配线架连接块安装顺序

110 型连接块需要使用专用的打线工具（端接工具）来进行安装，打线工具按一次端接双绞线线对数分成单对打线工具和多对打线工具，如图 5-50 所示。在使用打线工具端接前，安装人员需认真检查线序是否正确，一旦端接后将难以拆卸（在连接块上每一对线对应有正反各两个销孔，在配线架上对应有同样多的塑料销钉，一旦端接后，销孔与销钉结合，想要拆卸将会十分困难）。

110 型配线架系统中还包括过线槽、线缆管理器、标签等（见图 5-51），系统安装时应合理选择、配套使用。

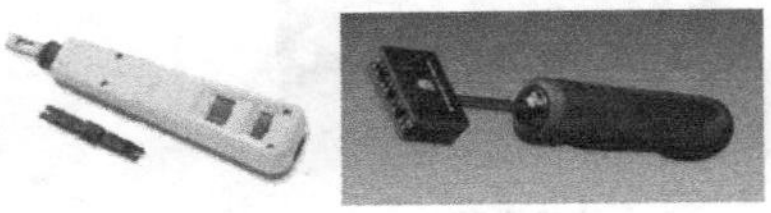

a) 单对工具　b) 5对工具

图 5-50 110 型配线架打线工具

a) 过线槽　b) 线缆管理器　c) 标签

图 5-51 110 型系统过线槽、线缆管理器与标签

（2）BIX 配线架　BIX 配线系统的传输等级为 5 类，其功能与 110 型配线系统的功能相同，目前主要用作语音双绞线电缆或电话电缆两端的端接及跳线连接（一端端接双绞线，另一端端接跳线），具有可靠性高、可扩展性好等优点，广泛应用于综合布线工程中。

BIX 配线系统主要由 BIX 安装机架、BIX 连接器、管理器、标签、专用打线工具、跳线等构成，如图 5-52 所示。

BIX 配线架是 BIX 模块化交叉连接系统中的基础部件，BIX 技术早在 1979 年便被首次开发用于大型语音跨接安装。300 和 250 线对的配线架可以安装在墙上或 BIX 机架（见图 5-53）上。这些配线架是内部锁定的，可以堆叠起来进行更大型交叉连接安装。50 线对的配线架是用于小型交叉连接安装的。

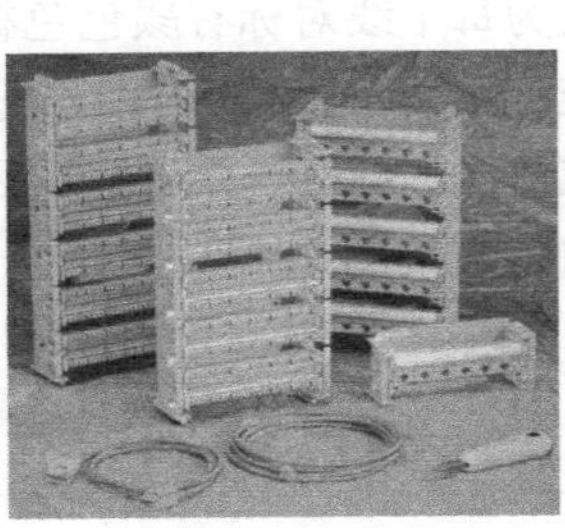

图 5-52 BIX 配线系统

BIX 分配连接器（见图 5-54）是一种 25 线对的连接器，这种连接器对称的结构允许在连接器的一边进行电缆的端接，而在另一边交叉连接跳线或 BIX 转接电缆。每一个 BIX 连接器带有 50 个双端头位移式连接（IDC）接线夹，可用于端接未剥离的塑料实心铜导线。该连接器由两排交错的接线夹封装在三层阻燃塑料薄层中组成，其两边成对的分路器使导线的插入非常方便。

BIX 配线架系统中还包括打线工具、线缆管理器、标签、跳线等（见图 5-55），系统安装时应合理选择、配套使用。

50线对BIX安装架　250线对BIX安装架　300线对BIX安装架

图 5-53　BIX 机架

图 5-54　BIX 分配连接器

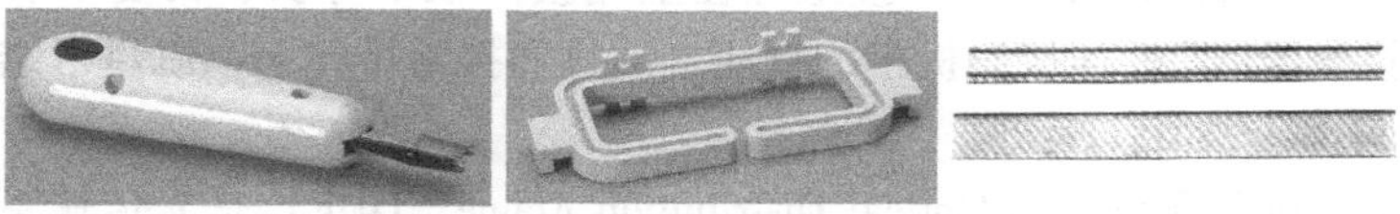

a) 打线工具　b) 线缆管理器　c) 标签

图 5-55　BIX 配线系统打线工具、线缆管理器与标签

（3）模块式快速配线架　模块式快速配线架（见图 5-56）又称为“机柜式配线架”或“机架式配线架”，用于所有数据通信系统的信息点管理。模块式快速配线架是一种 19in（1in = 25.4mm）的模块式嵌座配线架，配线架后部通常是安装在一块印制电路板上的 110D 型连接块，这些连接块计划用于端接来自工作站、交换设备的跳线或中继电缆。110D 型连接块通过印制电路板的内部连接已与配线架前部的 RJ45 模块式嵌入式插口连接起来。配线架是标准宽度导轨安装单元，有 16、24、32、64 或 96 个 RJ 45 插口系列产品。其中 24 口配线架高度为 2U（88.9mm）。在市场上，也有壁挂结构的模块式配线架销售，只是由于现在机柜安装方式十分流行，所以壁挂结构的产品往往不常用到。

a) 配线架系列　b) 正面插口　c) 背面接线块

图 5-56　模块式快速配线架

机架式配线架附件包括标签与嵌入式色标，方便用户对信息点进行标识，机架式配线架在 19in 标准机柜上安装时，还需选配水平线缆管理器和垂直线缆管理环，如图 5-57 所示。

a) 嵌入式色标　b) 水平线缆管理器　c) 垂直线缆管理环

图 5-57　色标与线缆管理器

混合多功能型配线架是模块式快速配线架的一种特殊表现形式，它只提供一个配线架空板，用户可以根据自己的应用情况选择 6 类、超 5 类、5 类模块或光纤模块进行安装，并且可以混合安装，图 5-58 提供了配线架面板系列和可选择的各类光纤、铜缆模块。

a) 面板系列　　b) 模块单元

图 5-58　混合多功能型配线架

根据抗电磁干扰能力，模块式配线架还分有非屏蔽配线架和屏蔽配线架两类，其中屏蔽配线架在使用时，需在其后侧托线架上的接地螺栓上端接两根不等长、长度不成倍数的等电位联结导体（俗称“接地导线”）连接到机柜的铜质接地排和接地母线上，以星形结构使接地的可靠性达到最佳。

2. 光纤配线架　光纤配线架（Optical Distribution Frame，ODF）是光传输系统中一个重要的配套设备，它主要用于光缆终端的光纤熔接、光连接器安装、光路的调配、多余尾纤的存储及光缆的保护等，它对于光纤通信网络安全运行和灵活使用有着重要的作用。随着光通信技术在电信和计算机网络系统中得到广泛应用，作为现代建筑的传输中枢，综合布线系统对其中的光纤传输和连接系统提出了更高要求，要根据工程实际需要，科学、合理地选择光纤和光纤配线架。

（1）光纤配线架功能　光纤配线架作为光纤链路的接续设备，通常包含光纤固定、光纤熔接、调配和存储等基本功能。

1）固定功能：光缆进入机架后，对其外护套和加强芯要进行机械固定，加装地线保护部件，进行端头保护处理，并对光纤进行分组和保护。

2）熔接功能：光缆中引出的光纤与尾缆熔接后，将多余的光纤进行盘绕存储，并对熔接接头进行保护。

3）调配功能：将尾缆上连带的连接器插接到适配器上，与适配器另一侧的光连接器实现光路对接。适配器与连接器应能够灵活插拔，光路可进行自由调配和测试。

4）存储功能：为机架之间各种交叉连接的光连接线提供存储，使它们能够规则整齐地放置。配线架内应有适当的空间和方式，使这部分光连接线走线清晰，调整方便，并能满足最小弯曲半径的要求。

（2）光纤配线架选型　光纤配线架的选型应重点考虑纤芯容量、光纤耦合方式和配线架结构几个方面。

1）纤芯容量：一个光纤配线架应该能使系统最大芯数的光缆完整上架，在可能的情况下，可将相互联系比较多的几条光缆上在一个架中，以方便光路调配，同时配线架容量应与通用光缆芯数系列相对应，这样在使用时可减少或避免由于搭配不当而造成光纤配线架容量浪费。

2）光纤耦合方式：光纤耦合的方式有 ST、SC、FC 和各种小型光纤连接（如 MT-RJ、LC、VF-45），以及多芯光纤连接（MPO/MTP）等。选型时，应充分考虑配线架容量、接入光纤数量以及联网网络设备接口等，合理选择光纤耦合方式。

3）配线架结构：常用的光纤配线架有壁挂式、机架式、机柜式和抽屉式 4 种类型，如图 5-59 所示。

壁挂式一般为箱体结构，适用于光纤芯数较少的场合。机架式一般采用模块化结构设计，用户可根据光纤芯数和规格选择相应耦合模块，灵活安装，是综合布线系统常用的配线架。机柜式采用封闭式结构，纤芯容量比较固定，外形美观、布线紧密。抽屉式是目前为大容量光纤续接所采用的形式。

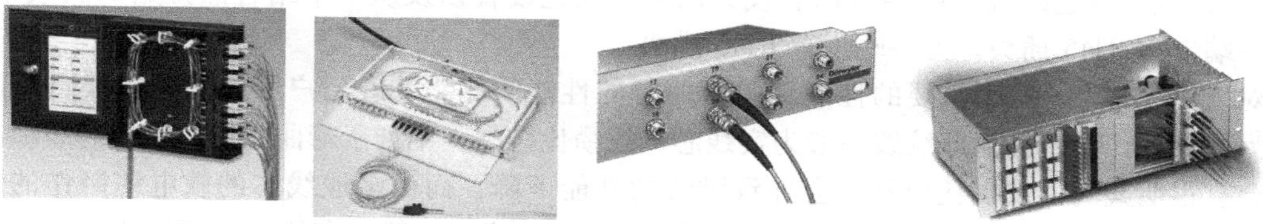

a) 壁挂式　　b) 机架式　　c) 机柜式　　d) 抽屉式

图 5-59　光纤配线架结构

（六）跳线

跳线的作用是完成配线架间的管理交接以及配线架与网络设备、工作区信息插座与终端设备的连接。跳线可分为铜缆跳线和光纤跳线。

1. 铜缆跳线　综合布线所用的铜缆跳线由标准的跳线电缆和连接硬件制成，跳线电缆有 2 芯到 8 芯不等，连接硬件为两个 6 位或 8 位模块插头，或只有一端为裸线头。跳线有多种型号，常用跳线有模块化跳线、语音跳线和一些测试适配线等。

（1）模块化跳线　模块化跳线（见图 5-60）两头均为 RJ45 接头，线序采用 T568-A 排列结构，并有灵活的插拔设计，防止松脱和卡死。跳线的长度有 1ft（0.3048m）到 50ft（15.24m），最常用的是 3ft、5ft、7ft 和 10ft，也有以米（m）为单位的公制长度跳线，如 0.5m、1m、2m、3m、5m、7m、10m 等。模块化跳线用于数据系统，在工作区中使用，也可作为配线间的跳线。

（2）语音跳线（红白跳线）　室内三类语音跳线用于连接 110 型交叉连接系统终端块之间的电路，适用于电信间和设备间子系统。图 5-61 所示跳线是实心的专用聚氯乙烯绝缘的软铜导线，绝缘皮上标有规则的颜色代码。

图 5-60　模块化跳线

图 5-61　语音跳线

（3）测试适配线　综合布线工程中还需使用一些测试适配跳线，它们两头连接硬件，采用相同或不同的形式以适应两端测试设备，如图 5-62 所示。

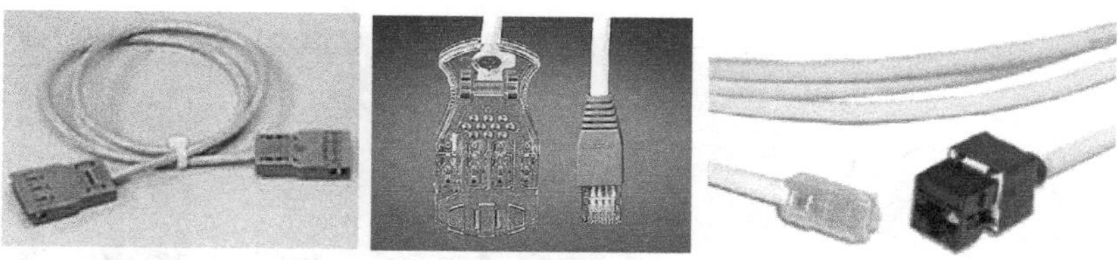

a) 110测试跳线　　b) 110-RJ45跳线　　c) 区域布线连线

图 5-62　测试适配线

1）110 测试跳线（见图 5-62a）：两端均为 110 型接头，有 1 对、2 对、3 对、4 对 4 种，用于 110 型配线架间测试。

2）110-RJ45 跳线（见图 5-62b）：跳线的一端带有 RJ45 插头，另一端为 1 对、2 对或 4 对的 110 型接头，通常应用在电信设施中，用于网络设备与 110 型配线架的连接和测试。

3）区域布线连线（见图 5-62c）：设计用于模块化设备以及从一个结合点开始的区域布线，线的一端带有 RJ45 插头，另一端带有 RJ45 模块。

对于跳线来说，一个重要的性能就是弯曲时的性能问题。一般用户用普通双绞线自制的跳线称为硬跳线，由于普通双绞线一般为实线芯，线缆比较硬，不利于弯曲，同时实线芯线缆在弯曲时会有很明显的回波损耗出现，会导致跳线的性能下降，而由多股线芯的软电缆制作的专用管理跳线则没有这些问题。专用管理跳线又称为“软跳线”，一般为布线厂家原装生产，制造工艺好，理线方便，连接性能好。虽然其价格较高，但可以保证系统整体性能。

（4）集束跳线　集束跳线（见图 5-63）是将多根铜缆跳线裹成一束，使跳线不再呈单根出现。在工程中，它可以使机柜内的大批跳线更为整齐有序，且在跳线插入设备插座时，也可以做到有序的排列。

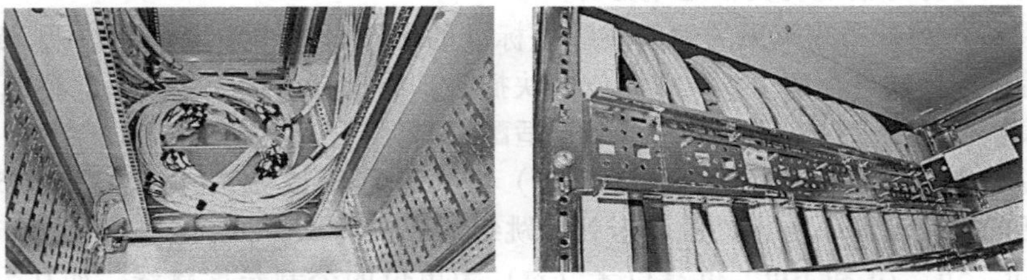

a) 机柜内尚未使用的集束跳线　　b) 机柜侧面安装的集束跳线

图 5-63　集束跳线

集束跳线中的跳线根数一般在 6 ~ 12 根之间，也有 24 根/束的集束跳线，但因外径较大，施工时穿线有一定的难度，所以 24 根/束的集束跳线往往很少见到。

2. 光纤跳线　光纤跳线在布线系统中用于光纤配线架、光纤网络设备、光纤信息插座以及光纤总段设备间的跳接与连接。光纤跳线通常含一根或两根纤芯，两端端接有 ST、SC、LC 等连接器。光纤跳线两端的接头可以是同一种型号，也可以不同，要视跳线所需连接的设备和器件而定。光纤跳线同样有单模和多模之分，多模跳线又包括 50μm/125μm 和 62.5μm/125μm 两种，分别对应于 50μm/125μm 和 62.5μm/125μm 的光纤，其中 62.5μm/125μm 的光纤已经趋向淘汰。跳线可以是单芯的也可以是双芯的，长度从 2ft（0.6096m）到 100ft（30.48m）不等，用户可根据实际需要定制或自制。随着 MPO/MTP 逐渐流行，多芯（大于 12 芯）的 MPO/MTP 光纤跳线（也称预端接光缆）已经广泛应用，如图 5-64 所示。

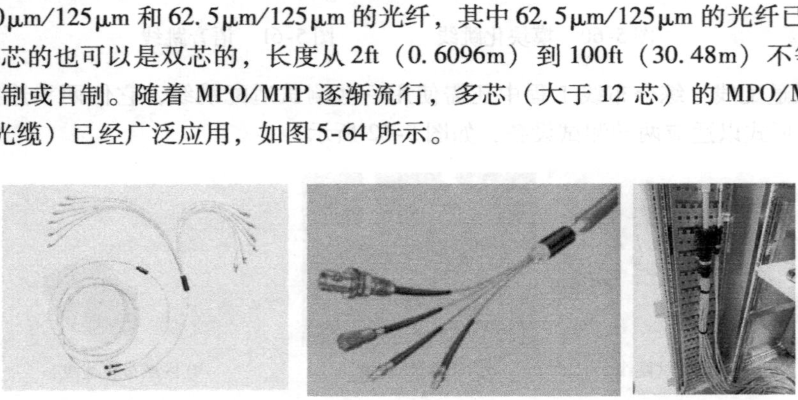

a) 24芯MPO-LC　　b) 光缆上的各种光纤连接器　　c) 144芯MPO-LC

图 5-64　MPO 光纤跳线（预端接光缆）

预端接光缆的特点是光纤芯数多（往往大于 12 芯），两端都装有光纤连接器，而且在其中一端或两端（见图 5-64a）有分支光缆。预端接光缆的应用特性与常规的光纤跳线十分相近，所以可以将它们认为是“多芯光纤跳线”。

在最为广泛的光纤以太网应用和电信应用中，由于光纤在收发信号时必须成对使用，一根用于收，一根用于发，所以大多数网络设备选用的光纤跳线也是成对的，因此定制或自制光纤跳线一般以双芯跳线为基本单位，如双芯跳线、12 芯 MPO-MPO 预端接光缆等。

在电信工程中，习惯上将尾纤软线（简称尾纤）也称为跳线。尾纤用于室内光缆到配线架和网络中继设备间的连接。它和跳线的区别在于：跳线两端都接有光纤连接器，而尾纤只在一端端接连接器。图 5-65 给出了光纤跳线和尾纤的实物图。

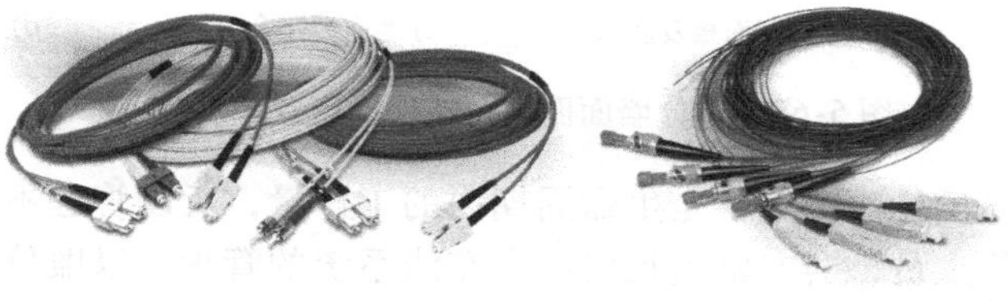

a) 光纤跳线　　b) 尾纤

图 5-65　光纤跳线与尾纤

（七）面板

面板属于工作区，面板中的连接器属于第 1 级子系统（即商业建筑中的水平子系统），它们与配线架一样，都是电缆或光缆进行端接/连接和对缆线进行保护的装置之一。其不同是，面板用于少量缆线的端接和保护，配线架用于批量缆线的端接和保护，从这个意义上来说，配线架是面板的“集合体”。

面板一般特指墙面安装的面板（见图 5-66 和图 5-67a、b），同时也经常会用到地面安装的面板：地面插座盒（简称“地插”，见图 5-67c），其特点是能够经受得住脚踩、重物压而不坏；有时也会看到放置在桌上的面板：明装盒（也称“表面安装盒”，见图 5-67d），其特点是在安装得当的前提下不会伤害桌面。

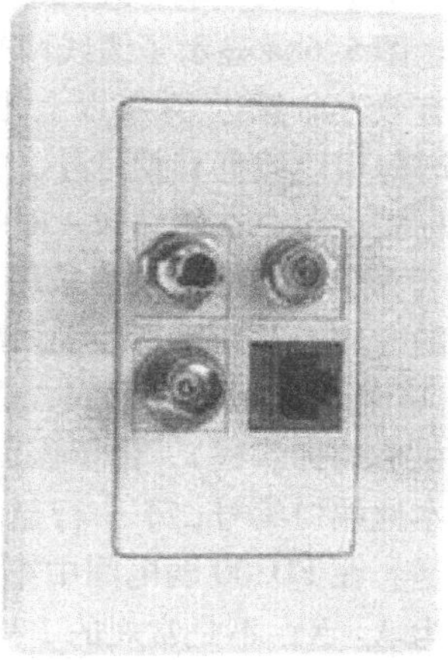

图 5-66　120 型墙面面板

上述面板通常有以下功能：

（1）支撑连接器　早年的面板是与连接器合二为一的，但这会因综合布线系统中的连接器种类较多而造成面板的种类过多，毕竟面板还有多种造型，如果再与连接器的数量进行组合，会形成无数种面板，使面板的成本难以收回。现在的面板是与连接器分离的，在面板上设计有相应连接器的固定部件，并在逐渐走向同一个面板能够通过其中的组件调整而支持各种连接器。如图 5-67a 所示，其中可以用螺钉旋具取出的部件称为“模块框架”，每个模块框架的外形尺寸是一样的，而面向不同连接器有不同的模块框架，使得同一个面板能够同时支持各种连接器。

（2）封闭出线口　借助于面板将墙体内部的缆线与墙外暴露的缆线分离，使墙体内的缆线永远不会被人碰到，因而不会损坏；而墙外暴露的缆线则选用跳线，一旦因晃动而导致断线时可以由非专业人员更换，使综合布线系统的有效寿命因面板而大大延长。

（八）管理

在 TIA/EIA 系列标准中，综合布线系统的“管理”被独立编写为 TIA/EIA 606，而 TIA/EIA 568 则面对综合布线系统的组成、产品、性能和测试方法。这就说明了“管理”的重要性，事实上，

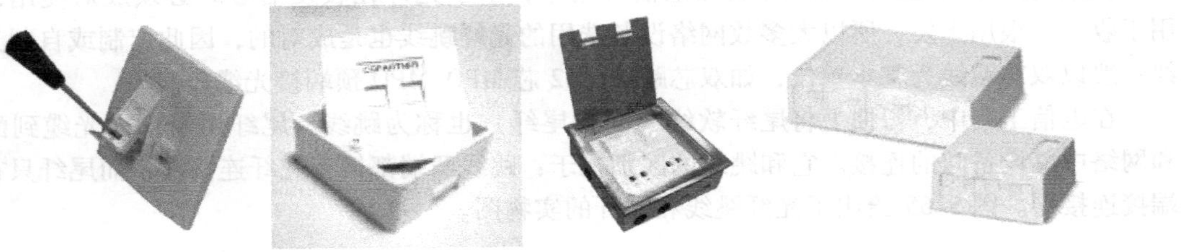

a) 前拆式通用面板　b) 86型面板及底盒　c) 地面插座盒　d) 明装盒

图 5-67　部分墙面面板、地面插座盒和明装盒

综合布线系统的管理品质往往决定了全生命周期内的工作量，所以管理不但必不可少，而且对于好的项目经理和运维人员，会非常重视对综合布线系统的管理，以廉价的管理成本，达到快捷、高效的施工和运维速度。

在综合布线系统中，“管理”主要涉及以下几个方面：

1. 标签标识　在综合布线系统中，所有的缆线两端、跳线两端都需要粘贴标签，使缆线和跳线具有唯一的编号，以便记录和日后查找。同理，在面板、配线架的端口上也需要安装标签（早年为印刷或粘贴式，现在大多采用插入式，以达到灵活、平整的效果）。有些工程还会在机柜、桥架、接地端等处设标签，使工程管理更为完善。

图 5-68a 显示了缆线两端的标签，一般而言，缆线两端在固定后（不是在穿线前）需要粘贴有效寿命长达 10 年以上的标签。图 5-68b 显示了集束跳线上的标签，在集束跳线上，除了出厂时每根跳线都有编号外，在使用时还需要另行粘贴标签，以形成面向本项目的唯一编号，或者在标签上印有本端编号 + 对端编号，以便于找到/追溯跳线的对端位置。图 5-68c 显示了光纤跳线（为单根跳线，没有采用多芯光纤跳线/预端接光缆）的标签，由于光纤跳线非常细，所以使用的标签为“旗形标签”。图 5-68d 显示了一种面板标签，为插入式标签，该标签可以使用普通的 A4 纸打印后裁剪形成，造价极低，但需要面板上配有有机玻璃标签框（目前大多数面板都有有机玻璃标签框）。由于该面板的有机玻璃标签框能够容下双行标签，所以在标签的上一行显示了本地端口编号，下一行显示了配线架中与该面板端口对应的对端端口编号（FD300 1-2A 的含义是：在 FD300 弱电间中第 1 个机柜、第 2 个配线架的 A 端口。说明：该 24 口配线架的端口编号为 A ~ X，不是常规的 1 ~ 24）。

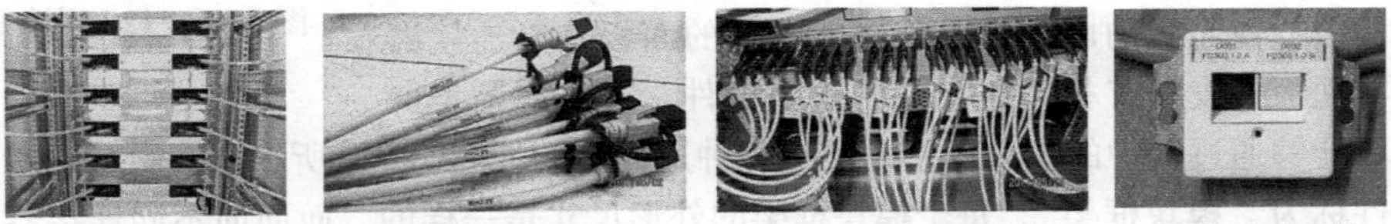

a) 光缆上的标签　b) 集束跳线上的标签　c) 光纤跳线上的标签　d) 面板上的标签

图 5-68　综合布线工程中的标签

随着条码和二维码的逐渐流行，综合布线系统的标签也在改变。对应的条码、二维码布线管理系统也已经形成，并已经投入使用。

2. 记录　当标签已经全面覆盖整个综合布线工程后，就需要将缆线、跳线、面板、配线架、机柜、房间等编号记录在案，形成完整的记录文档。而这些记录文档又需要根据综合布线系统的演变（主要是跳线会经常插拔、更换端口位置）而随时进行更改，以确保记录的正确性。

综合布线系统的记录可以采用记录本（纸质）、计算机（如 WPS、Office 等软件）进行记录，但在项目比较大时，这样的记录往往信息量有限而且查询不方便，所以在中大型项目中，往往会使用布线管理软件进行记录。

3. 布线管理软件　布线管理软件是一套数据库系统，它有着专门设计的录入界面，可以使信息录入变得简单、容易。在布线管理软件中还有多种查询功能，以便于找到所关心的标签、缆线和信息点。为了达到为客户服务的目的，布线管理软件中往往还拥有电子地图（直接显示标签的位置）、机柜/配线架布置图、跳线连接关系图等，使用户在软件中可以轻松地找到线与线、线与端口、端口与端口之间的对应关系。图 5-69 所示的是一布线管理软件的显示界面。

4. 追溯　有些布线系统中的缆线和跳线排列可能会比较混乱，标签也不健全，使得拿起线的一端时，不容易找到线的另一端。在施工时，穿线工作完毕后往往会看到这样的现象；在使用期间（运维期），配线架上跳线混乱的概率会更高（见图 5-70）。

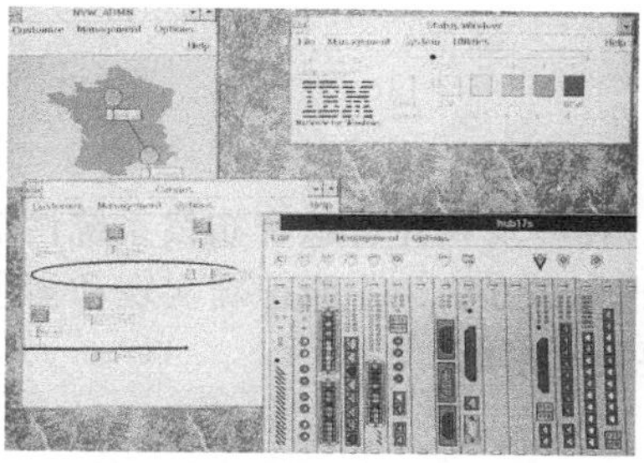

图 5-69　布线管理软件界面

图 5-70　混乱的跳线

如果有一种缆线，能够从缆线的一端快速找到另一端，就可以在缆线混乱之时迅速摆脱混乱的局面，这样的缆线称为“可追溯缆线”。可以想象，如果采用了“可追溯双绞线”或“可追溯光缆”，就可以在工程中从大量的、没有标签的缆线中找到所需要的缆线，完成端接后投入使用；如果采用了可追溯跳线（双绞线跳线或光纤跳线），就可以在长达数十年的运维期内，从混乱的跳线中找到跳线的另一头，拔下跳线两端后换一根或两根新的跳线上去，彻底解决“跳线混乱后无人敢插拔跳线”的有端口不敢用的尴尬局面，节约了运维费用，省下了运维人工。

尽管这样的跳线面向的是不正规的施工和不正规的运维管理，但在当前的布线领域中却是非常实用的。

5. 智能布线管理系统　智能布线管理系统也称“电子配线架”（见图 5-71），是在布线管理软件的基础上，引入了传感器技术发展起来的。在中国，最早出现电子配线架的年代是 1996 年，但大规模出现的年代则是 21 世纪初。

在布线管理软件应用时，始终存在两个让人头疼的问题：一是将数据录入到布线管理软件中时，打字存在着出错的概率，导致软件中的数据不可靠（手写记录同样存在这样的录入问题）；二是许多人认为自己的记性很好，完全可以在忙完了所有的事后再将数据写入软件，从而导致出错概率大幅度增加，因为只要记错了一位数字，这个数据就是错误的。这两个问题可以使用传感器帮助解决。

在智能布线管理系统中，面板、配线架背后的双绞线/光缆编号的记录，端口的编号可以通过连续编号加快记录的速度，使录入的出错率大幅度下降，而且这些记录是一次性录入，多次检查后基本上可以确保记录的正确性。但配线架上的跳线往往会在使用期间多次插拔，而插拔后往往得忙于其他相关的工作，没有时间立即录入到软件中，因此出错最多的是配线架跳线。如果在配线架端口或跳线上配备传感器，就可以自动进行记录，管理人员只要在计算机上对这些自动记录的数据进行人工确认即可，既减少了录入工作量，同时又确保了录入的及时性和准确性。同样，如果遇到非授权的跳线插拔，则系统同样会予以记录，并产生报警信号提醒管理人员关注。

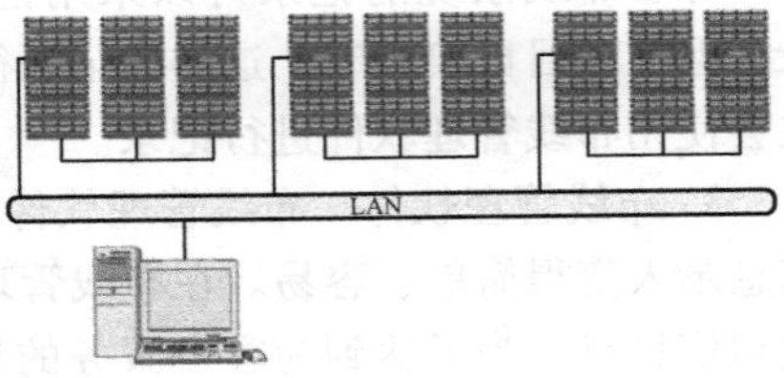

图 5-71 智能布线管理系统

智能布线管理系统的基本结构是布线管理软件 + 传感器，而它的基础是在综合布线系统的每根线、每个端口都设有标签。从产品结构来看，智能布线管理系统的前端是在每个配线架、每根跳线上设置传感器（如主动红外、干簧管、电接点、光路、磁感应线圈等），在多个配线架附近安装一台控制器，每台控制器通过网络与系统软件连接。控制器时刻查询每个端口的跳线插拔状态，一旦出现与记录不符的情况则立即形成新的记录并上传到软件中，进行记录和报警。

四、综合布线系统的主要技术指标

不同的传输介质有不同的传输特性与性能规范，在涉及和评价综合布线系统性能时，需综合考虑各传输介质和连接器的性能指标，采用科学的测试方法，才能正确实现和衡量系统的设计目标。下面将介绍综合布线系统的测试模型和主要技术指标。

（一）信道和链路

信道（Channel）是通信系统中必不可少的组成部分，它是从发送输出端到接收输入端之间传送信息的通道。以狭义来定义，它是指信号的传输通道，即由传输介质构成，不包括两端的设备。综合布线系统的信道是有线信道，从图 5-72 中可看出，信道不包括两端设备。

链路与信道有所不同，它在综合布线系统中是指两个接口间具有规定性能的传输通道，其范围比信道小。在链路中既不包括两端的终端设备，也不包括设备电缆（光缆）和工作区电缆（光缆）。在图 5-72 中可以看出链路和信道的不同范围。

在综合布线系统工程设计中，必须根据智能建筑的客观需要和具体要求来考虑链路的选用。它涉及链路的应用级别和相关的链路级别，且与所采用的线缆有着密切关系。铜缆布线链路按照不同的传输介质分为不同级别，并支持相应的应用级别，见表 5-10。

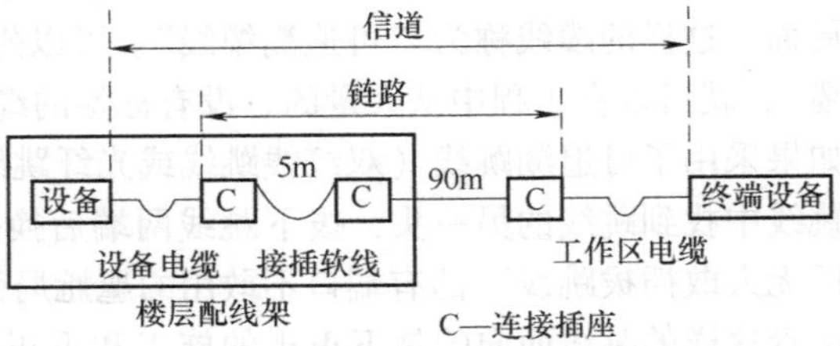

a) 平衡电缆水平布线模型

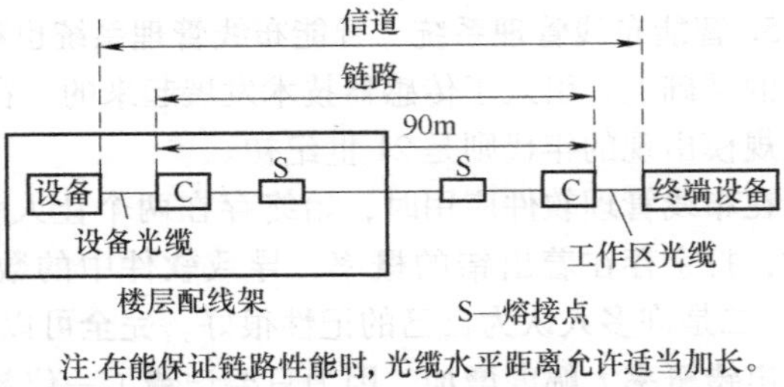

注:在能保证链路性能时，光缆水平距离允许适当加长。

b) 光缆水平布线模型

图 5-72 信道和链路

表 5-10　铜缆布线系统链路级别

系统分级	支持带宽	支持应用器件	
		电　缆	连接硬件
A	100kHz		
B	1MHz		
C	16MHz	3 类	3 类
D	100MHz	5/5e 类	5/5e 类
E	250MHz	6 类	6 类
F	600MHz	7 类	7 类

（二）综合布线系统测试模型

综合布线常用两种标准的测试模型：链路测试模型和信道测试模型。

链路测试模型用来测试综合布线中的固定链路部分。由于综合布线承包商通常只负责这部分的链路安装，所以固定链路又称为承包商链路。它包括最长 90m 的水平布线，两端可分别有一个连接点以及用于测试的两条各 2m 长的跳线。链路测试模型如图 5-73a 所示。

信道测试模型用来测试端到端的链路整体性能，有时又称为用户链路。它包括最长 90m 的水平电缆、一个工作区附近的转接点、在配线架上的两处连接，还包括总长不超过 10m 的连接线和配线架跳线。信道测试模型如图 5-73b 所示。

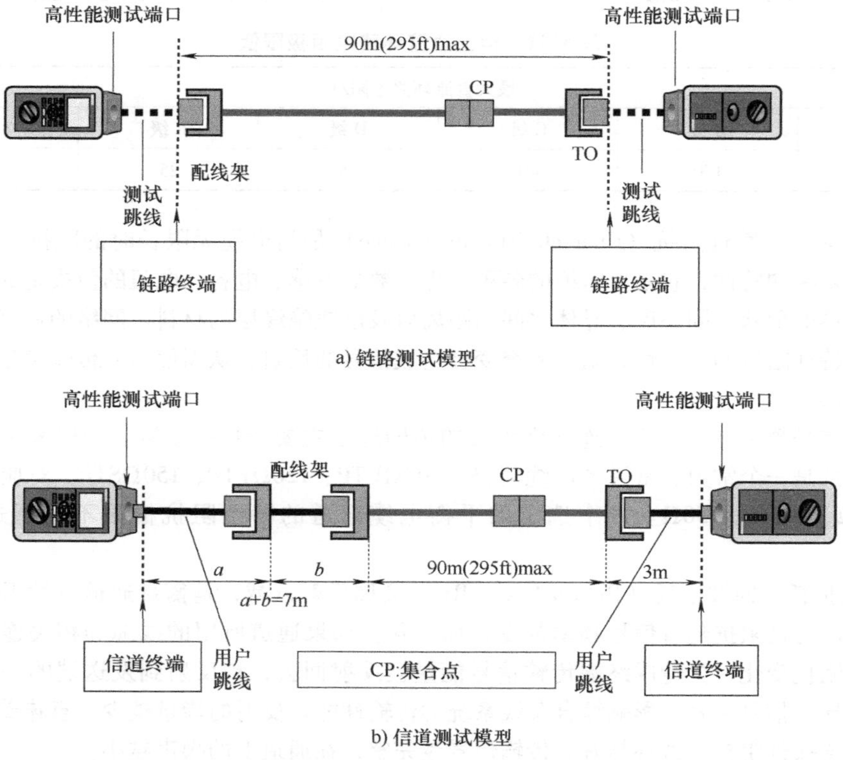

图 5-73　链路与信道测试模型

链路测试与信道测试两者的最大区别在于，链路测试模型不包括用户端使用的电缆（这些电缆是用户连接工作区终端与信息插座或配线架及交换机等设备的连接线），而信道测试模型是作为一个完整的端到端链路定义的，包括连接网络站点、集线器的全部链路，其中用户的末端电缆必须是链路的一部分，必须与测试仪相连。

链路测试是综合布线施工单位必须负责完成的。通常综合布线施工单位完成工作后，所要连接的设备、器件还没有安装，而且并不是所有的线缆都连接到设备或器件上，所以综合布线施工单位只能向用户提出一个基本链路的测试报告。

工程验收测试一般选择链路测试。从用户的角度来说，用于高速网络传输或其他通信传输时的链路不仅要包含基本链路部分，而且还要包括用于连接设备的用户电缆，所以他们希望得到一个信道的测试报告。

（三）电缆传输信道性能指标

这里所指的电缆传输信道特指平衡电缆信道（Balanced Cabling Links）。其传输性能的电气特性参数有直流环路电阻、特性阻抗、衰减、近端串扰损耗、衰减串扰比、回波损耗、传输延时等，其中与信道长度有关的参数有直流环路电阻、衰减、传输延时等，与电缆扭距有关的参数有特性阻抗、衰减、近端串扰等。下面将介绍这些技术指标的含义。

1. 直流环路电阻　任何导线都存在电阻，直流环路电阻是指一对双绞线电阻之和。当信号在双绞线中传输时，在导体中会消耗一部分能量且转变为热量。直流环路电阻的测量应在每对双绞线远端短路，在近端测量直流环路电阻，其值应与电缆中导体的长度和直径相符合。表 5-11 为《综合布线系统工程设计规范》（GB 50311—2016）所规定的信道直流环路电阻极限值。

表 5-11　信道直流环路电阻极限值

最大直流环路电阻/Ω					
A 级	B 级	C 级	D 级	E 级	F 级
560	170	40	25	25	25

2. 特性阻抗　特性阻抗（Characteristic Impedance）是指电缆无限长时的阻抗。电缆的特性阻抗是一个复杂的特性，它是由电缆的各种物理参数如电感、电容、电阻的值决定的，而这些值又取决于导体的形状、同心度、导体之间的距离以及电缆绝缘层的材料。网络的良好运行取决于整个系统中特性阻抗的一致性，阻抗的突变会造成信号的反射，从而使信号传输发生畸变，导致网络传输错误。

特性阻抗是衡量电缆及相关连接件组成的传输通道主要特性的参数。一般来说，双绞线电缆的特性阻抗是一个常数。常说的电缆规格：100ΩUTP、120ΩFTP、150ΩSTP，对应的特性阻抗就是：100Ω、120Ω、150Ω。一个选定的平衡电缆通道的特性阻抗极限不能超过标称阻抗的 15%。

3. 回波损耗　回波损耗（Return Loss，RL）又称反射衰减，是衡量通道特性阻抗一致性的指标。通道的特性阻抗随着信号频率的变化而变化。如果通道所用的线缆和相关连接件阻抗不匹配而引起阻抗变化，会造成终端传输信号能量被反射回去，被反射到发送端的一部分能量会形成噪声，导致信号失真，影响综合布线系统的传输性能。反射的能量越少，意味着通道采用的电缆和相关连接件阻抗一致性越好，传输信号越完整，在通道上的噪声越小。

双绞线的特性阻抗、传输速度和长度、各段双绞线的接续方式和均匀性都直接影响到结构回波损耗。

在全双工网络中，当一对线发送数据时，在传输过程中遇到阻抗不匹配时就会引起信号反射，即整条链路有阻抗异常点。由于是全双工通信，整条链路发送与接收信号同时进行，反射信号将与正常信号叠加，在严重阻抗不匹配时会使信号失真，导致数据传输错误。图 5-74 是回波影响示意图。

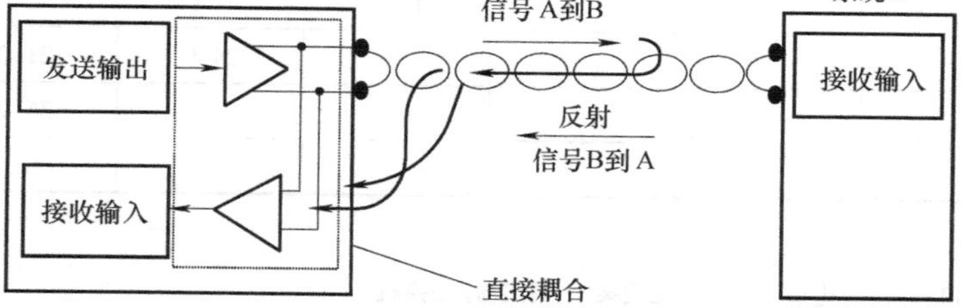

图 5-74　回波影响示意图

表 5-12 为《综合布线系统工程设计规范》（GB 50311—2016）所规定的信道回波损耗值。

表 5-12　信道回波损耗值

频率/MHz	最小回波损耗/dB			
	C 级	D 级	E 级	F 级
1	15.0	17.0	19.0	19.0
16	15.0	17.0	18.0	18.0
100		10.0	12.0	12.0
250			8.0	8.0
600				8.0

4. 衰减　衰减（Attenuation）也称插入损耗，是信号能量沿基本链路或信道传输损耗的量度，它取决于双绞线电阻、分布电容、分布电感的参数和信号频率。衰减量会随频率和线缆长度的增加而增大，其单位为 dB。信号衰减增大到一定程度，将会引起链路传输的信息不可靠。引起衰减的原因还有趋肤效应、阻抗不匹配、连接点接触电阻以及温度等因素。

图 5-75 是信号衰减示意图，表 5-13 为《综合布线系统工程设计规范》（GB 50311—2016）所规定的信道插入损耗值。

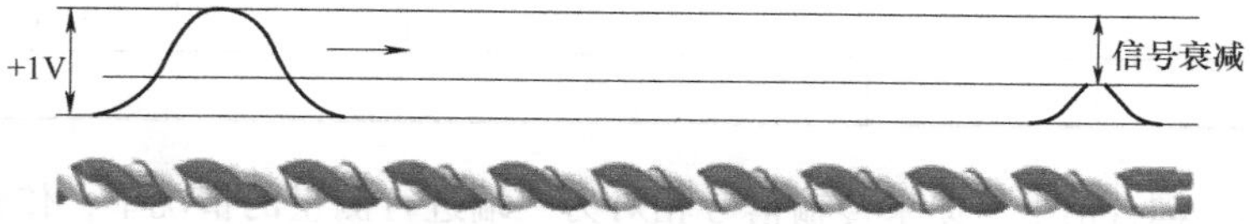

图 5-75　信号衰减示意图

5. 近端串扰　串扰是高速信号在双绞线上传输时，由于分布电感和电容的存在，在邻近传输线中感应的信号，如图 5-76 所示。

近端串扰（Near End Crosstalk，NEXT）是指在一条双绞线电缆链路中，发送线对对同一侧其他线对的电磁干扰信号，如图 5-77 所示。NEXT 值是对这种耦合程度的度量，它对信号的接收产生不良的影响，其单位是 dB，定义为导致串扰的发送信号功率与串扰之比，严格上讲应称为近端串扰损耗。NEXT 值越大，串扰越低，链路性能越好。

表 5-13 信道插入损耗值

频率/MHz	最大插入损耗/dB					
	A 级	B 级	C 级	D 级	E 级	F 级
0.1	16.0	5.5				
1		5.8	4.2	4.0	4.0	4.0
16			14.4	9.1	8.3	8.1
100				24.0	21.7	20.8
250					35.9	33.8
600						54.6

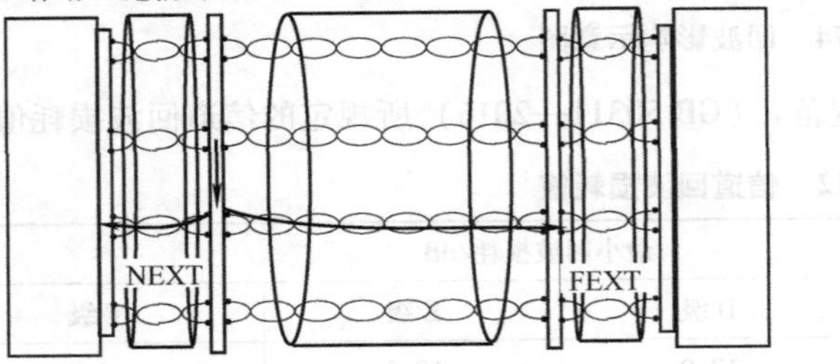

图 5-76 串扰

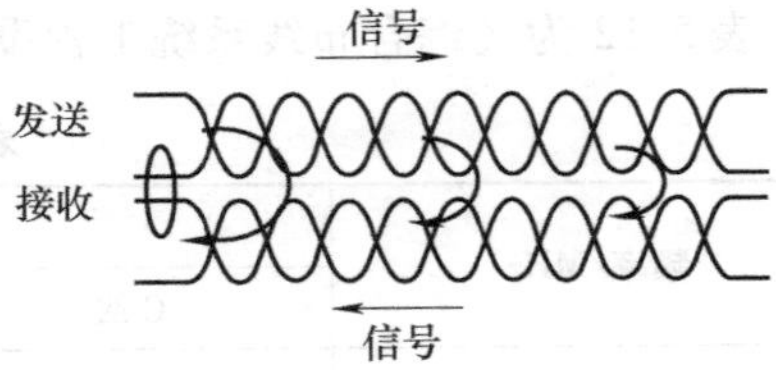

图 5-77 近端串扰

表 5-14 为《综合布线系统工程设计规范》（GB 50311—2016）所规定的信道近端串扰损耗值。

表 5-14 信道近端串扰损耗值

频率/MHz	最小近端串扰/dB					
	A 级	B 级	C 级	D 级	E 级	F 级
0.1	27.0	40.0				
1		25.0	39.1	60.0	65.0	65.0
16			19.4	43.6	53.2	65.0
100				30.1	39.9	62.9
250					33.1	56.9
600						51.2

6. 远端串扰　耦合信号在原来传输信号相对另一端进行测量的情况下，传输信号大小与耦合信号大小的比率，称为远端串扰（Far End Crosstalk，FEXT）。这种比率越大，表示信号与串扰信号幅度差越大，串扰损耗（抑制）能力越强。从数值表示上来看，数值越大，串扰影响越低，系统性能越好。

7. 综合近端串扰　在一根电缆中使用多对双绞线进行传送和接收信息会增加这根电缆中某对线的串扰。综合近端串扰（Power Sun NEXT，PSNEXT）就是双绞线电缆中所有线对对被测线对产生的近端串扰之和，反映了某线对受其他线对近端串扰的综合影响程度，如图 5-78 所示。例如，在千兆以太网中，所有线对都被用来传输信号，每个线对都会受到其他线对的干扰，因此近端串扰与远端串扰必须考虑多线对之间的综合串扰，从而得到串扰能量耦合的真实描述。

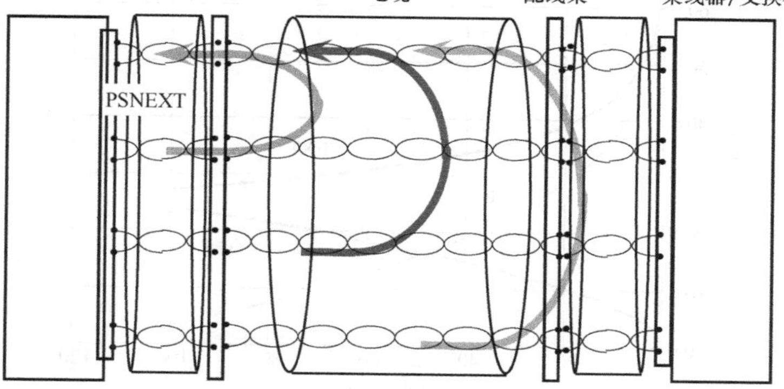

图 5-78　综合近端串扰示意图

8. 等效远端串扰　一个线对从近端发送信号，其他线对接收串扰信号，在链路远端测量得到经线路衰减了的串扰值，称为远端串扰（FEXT）。但是，由于线路的衰减，会使远端点接收的串扰信号过小，以致所测量的远端串扰不是在远端的真实串扰值。因此，测量得到的远端串扰值在减去线路的衰减值后，得到的就是所谓的等效远端串扰（Equal Level FEXT，ELFEXT），如图 5-79 所示。

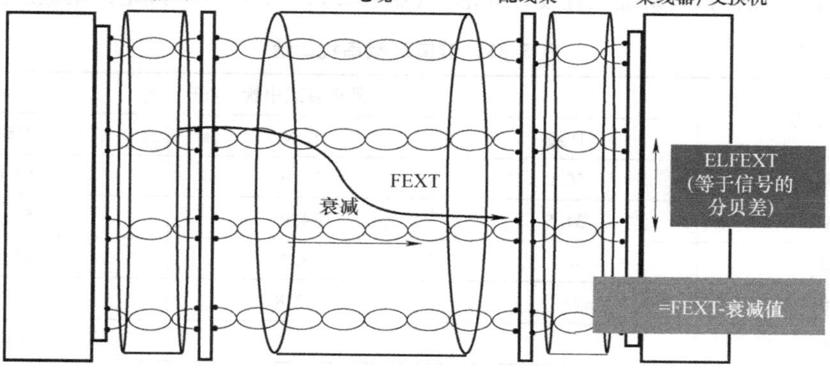

图 5-79　等效远端串扰示意图

9. 综合等效远端串扰　综合等效远端串扰（Power Sum ELFEXT，PSELFEXT）是某线对受其他线对的等效远端串扰综合影响程度，单位为 dB。综合等效远端串扰指标适用于 5 类以上 UTP 电缆。在 1000Base-T 网络中，PSELFEXT 和 ELFEXT 是电缆的重要测试指标。

10. 衰减串扰比　衰减与近端串扰比（Attenuation to Crosstalk Ratio，ACR）是双绞线电缆的近端串扰值与衰减的差值，它表示了信号强度与串扰产生的噪声强度的相对大小，单位为 dB。与衰减和近端串扰一样，ACR 是信号频率的函数，如图 5-80 所示。它不是一个独立的测量值而是衰减与近端串扰（NEXT-衰减值）的计算结果，其值越大越好。

在数值上

$$ACR = NEXT - 衰减值$$

也可表示成

$$ACR = V_i - V_{串扰} - 衰减值$$

$$= V_i - 衰减值 - V_{串扰}$$

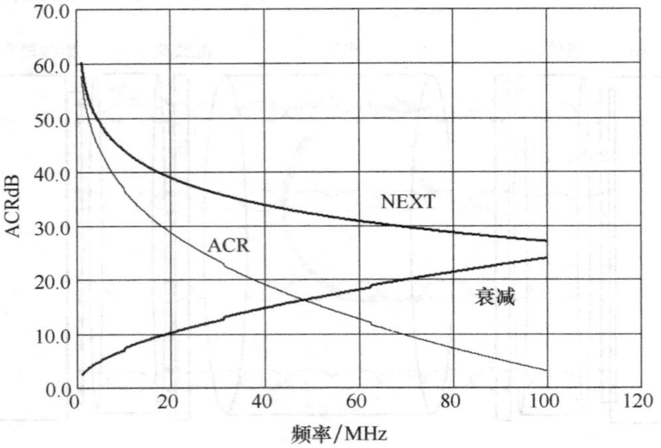

图 5-80　衰减串扰比

式中，V_i－衰减值可理解为信号强度；$V_{串扰}$为噪声信号。

从上式中可看出，ACR 描述了信号与噪声串扰之间的重要关系，所以 ACR 又称信噪比。实际上 ACR 是衡量系统信噪比的唯一测量标准，它体现了电缆的性能，显示了在接收端信号的裕度，可用来确定可用信号带宽，是决定网络正常运行的重要因素。通常可通过提高链路近端串扰损耗（NEXT）和降低信号衰减值来改善链路 ACR。

表 5-15 为《综合布线系统工程设计规范》（GB 50311—2016）所规定的信道衰减串扰比值。

表 5-15　信道衰减串扰比值

频率/MHz	最小衰减串扰比/dB		
	D 级	E 级	F 级
1	56.0	61.0	61.0
16	34.5	44.9	56.9
100	6.1	18.2	42.1
250		−2.8	23.1
600			−3.4

11. 传输延时　传输延时（Propagation Delay）这一参数代表了信号从链路的起点到终点的延迟时间，单位为 ns，它与电缆额定传输速率（Nominal Velocity of Propagation，NVP）值成正比。NVP 是信号在电缆中传输的速度相对于光速的比值。在真空中，电信号以光速传播。在电缆中，信号传输将慢于真空中的光速。电缆中的电信号速率介于光速的 65%～86% 之间。同样，光信号在光纤中的传输速率也低于真空中的光速。

NVP 值影响着以太网系统的电缆长度，这是因为以太网的运行依靠系统在特定时间内侦测碰撞的能力。如果电缆的 NVP 值太低或电缆太长，传输的信号就会被延迟，系统也就不能尽快侦测到碰撞来预防网络中的严重问题。

表 5-16 为《综合布线系统工程设计规范》（GB 50311—2016）所规定的信道传输延时值。

12. 延迟偏离　由于电子信号在双绞线电缆并行传输的速度差异过大会影响信号的完整性而产生误码。因此，要以传输时间最长的一对为准，计算其他线对与该线对的时间差异，该值称为延迟偏离（Delay Skew），单位为 ns，范围一般在 50ns 以内。线缆的扭距变化以及线对的绝缘结构决定了偏离值的大小。

表 5-16　信道传输延时

频率/MHz	最大传输延时/ns					
	A 级	B 级	C 级	D 级	E 级	F 级
0.1	20.000	5.000				
1		5.000	0.580	0.580	0.580	0.580
16			0.553	0.553	0.553	0.553
100				0.548	0.548	0.548
250					0.546	0.546
600						0.545

（四）光缆传输信道性能指标

光缆传输信道主要参数有光纤波长、光缆布线链路的衰减、模式带宽、光回波损耗等。

1. 多模光纤和单模光纤波长参数　在综合布线系统中，常用的多模光纤和单模光纤链路的波长参数见表 5-17。

表 5-17　多模光纤和单模光纤链路的波长参数

光纤模式、标称波长/nm		下限波长/nm	上限波长/nm	基准试验波长/nm
多模光纤	850	790	910	850
	1300	1285	1330	1300
单模光纤	1310	1288	1339	1310
	1550	1525	1575	1550

2. 光缆布线链路的衰减　光缆布线链路在规定的传输窗口测出的最大光衰减不应超过表 5-18 中的规定。表中指标已包括链路接头与连接插座的衰减在内。

表 5-18　光缆布线链路的衰减　　（单位：dB）

名　　称	链路长度/m	单模光纤		多模光纤	
		1310nm	1550nm	850nm	1300nm
水平布线子系统	100	2.2	2.2	2.5	2.2
建筑物主干布线子系统	500	2.7	2.7	3.9	2.6
建筑群主干布线子系统	1500	3.6	3.6	7.4	3.6

3. 模式带宽　目前，单模光纤布线链路的光学模式带宽在国际上尚无规定。多模光纤布线链路的最大长度为 2km，因此链路最小光学模式带宽不应大于表 5-19 规定的数值。

表 5-19　多模光纤布线链路的最小模式带宽

波长/nm	850	1300
最小模式带宽/MHz	100	250

4. 光回波损耗 光缆布线链路的任一接口测得的光回波损耗应大于表5-20中的数值。

表5-20 最小光回波损耗

波长/nm	多模光纤		单模光纤	
	850	1300	1310	1550
最小光回波损耗/dB	20	20	26	26

第二节 计算机网络系统

计算机网络是计算机技术和通信技术紧密结合的产物，随着计算机网络技术迅速发展和Internet的普及，计算机网络如水、电一样已成为支持现代社会运行的基础设施，对科学技术、社会经济和人们的日常生活都产生了重大的影响。计算机网络也是建筑智能化系统的重要组成部分，在智能建筑通信自动化和办公自动化系统中起着重要的作用。

计算机网络是“以能够相互共享资源的方式互连起来的自治计算机系统的集合”，即利用通信设备和通信线路，将地理位置分散的、具有独立功能的多个计算机系统互连起来，通过网络软件实现网络中资源共享和数据通信的系统。

一、计算机网络模型

（一）OSI参考模型

20世纪70年代末，国际标准化组织（International Organization for Standardization，ISO）的计算机与信息处理标准化技术委员会成立了一个机构，专门研究和制定网络通信标准，以实现网络体系结构的国际标准化。1984年ISO正式颁布了开放系统互连基本参考模型（Open System Interconnection Basic Reference Model，OSI RM）标准ISO 7498，即著名的OSI七层模型。OSI参考模型是一个纯理论分析的参考模型，而非实际的网络，人们用它作为网络协议设计的指导原则，用于数据网络设计、操作规范和故障排除，帮助理解网络通信原理，该标准的制定和完善大大加速了计算机网络的发展。

1. OSI参考模型概述 OSI参考模型是标准化、开放式的计算机网络层次结构模型，它将计算机网络分成了互相独立的七层，从下到上分别为物理层（Physical Layer）、数据链路层（Data Link Layer）、网络层（Network Layer）、传输层（Transport Layer）、会话层（Session Layer）、表示层（Presentation Layer）和应用层（Application Layer），如图5-81所示。OSI参考模型在最大程度上解决了不同网络间的兼容性和互操作性等问题。

OSI参考模型的1～3层负责网络中数据的物理传送，实现通信子网的功能，这三层也称为介质层（Media Layer）。OSI参考模型的4～7层称为应用层或主机层，在下三层数据传输的基础上，保证数据传输的可靠性。

2. 子OSI七层的功能简介 OSI参考模型罗列了每一层可以实现的功能和服务，描述了各层与其上、下层之间的交互。

（1）物理层（Physical Layer） 物理层是OSI参考模型的最低层，主要作用是产生并检测电压，发送和接收带有数据的电气信号。物理层协议规定了标准接口的机械连接特性、电气信号特性、信号功能特性以及交换电路的规程特性。这样做的主要目的是为了便于不同的制造厂家能够根据公认的标准各自独立地制造设备，使各厂家的产品都能相互兼容。

物理层包括物理上连接网络的媒介，如连接网络的线缆。在物理层传输电气信号的载体称为位流或比特流。

（2）数据链路层（Data Link Layer） 数据链路层为网络层提供服务，主要作用是把从网络层接收到的数据分割成数据帧。数据帧中包含物理地址（即 MAC 地址）、控制码、数据及校验码等信息。该层的主要作用是通过校验、确认和重发等手段，将不可靠的物理链路转换成对网络层来说无差错的数据链路。此外，数据链路层还要协调收、发双方的数据传输速率，进行流量控制，以防止接收方因来不及处理发送方的高速数据而导致缓冲器溢出，导致线路阻塞。数据链路协议主要包括以太网、令牌环、ISDN、PPP 和帧中继等。数据链路层的协议数据单元为帧（Frame）。

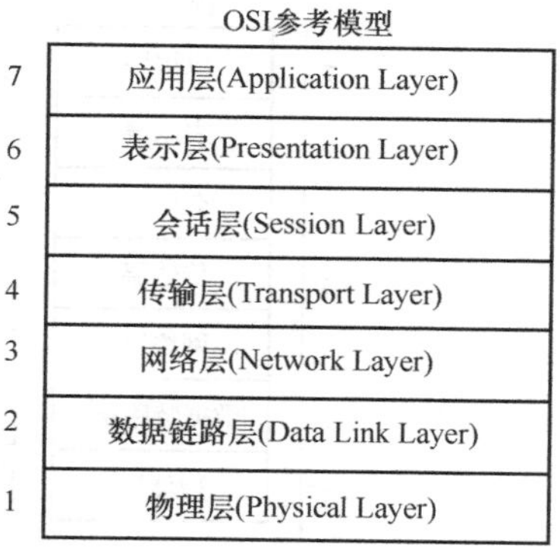

图 5-81 OSI 参考模型

（3）网络层（Network Layer） 网络层为传输层提供服务，传送的协议数据单元称为数据包（Packet）或分组。该层的主要作用是确保每一个分组能够从源端传送到目的端。网络层协议主要包括 Internet 协议（IP）、网间分组交换（IPX）、Apple 计算机网络协议（AppleTalk）等。

（4）传输层（Transport Layer） 传输层为终端设备之间的数据通信定义了分段、传输和重组服务，负责将报文准确、可靠、有顺序地从源端传送到目的端，包括差错控制处理和流量控制。传输层的协议数据单元为段（Segment）。

（5）会话层（Session Layer） 会话层用于在源应用程序和目的应用程序之间创建、维持会话，用于处理信息交换，发起对话并使其处于活动状态，决定会话是否被中断或长时间处于空闲状态时重启会话。会话层负责对话的控制和同步。

（6）表示层（Presentation Layer） 表示层的功能是对应用层数据进行编码与转换，提供数据的解码和编码，对传输数据进行加密和解密，对数据进行压缩和解压。如视频标准 MPEG 和图像格式标准 PICT、TIFF、JPEG 等均属于表示层的功能范围。

（7）应用层（Application Layer） 应用层是 OSI 参考模型的最高层，该层为应用程序提供接口，从而使得应用程序能够使用网络服务。常见的应用层协议包括 FTP、SMTP、Telnet 协议等。

3. OSI 参考模型中的数据传输 在 OSI 参考模型中相邻层之间存在接口，低层通过接口向高层提供服务。每一层将上一层数据通过添加本层的报头（包括一些协议信息等）进行打包，这一过程称为封装，然后将封装好的数据传递到下一层，直到传递到物理层转换为 0、1 比特流；接收端收到数据后，将剥去本层的报头，然后逐级传递给上一层，直到应用层，该过程称为解封装，如图 5-82 所示。

从各层的角度看，通信就像直接发生在对等层。在 OSI 参考模型中，把对等层之间交换的信息单元称为协议数据单元（Protocol Data Unit，PDU），每一层的 PDU 都对应一个特定的名称。例如，数据帧（Frame）是数据链路层的协议数据单元，分组（Packet）是网络层的协议数据单元。注意，不同层的报头只能被接收端的相应层进行识别和使用。

（二）TCP/IP 参考模型

OSI 参考模型是公认的计算机网络系统结构的基础，是网络的理论模型，但没有一个实际的网络是严格按照 OSI 参考模型设计并运行的。以 ARPAnet 为基础形成的基于 TCP/IP 的 Internet 得到迅速发展和广泛使用，任何一台计算机只要遵循 TCP/IP（Transmission Control Protocol/Internet Protocol，传输控制协议/Internet 协议），就可以接入 Internet。TCP/IP 是在 20 世纪 70 年代作为美

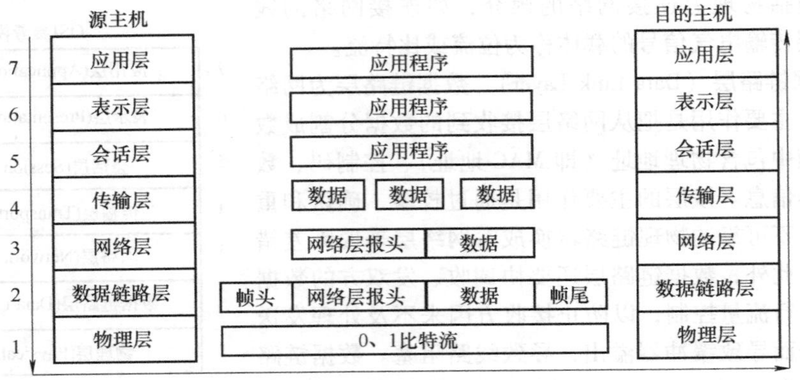

图 5-82 OSI 参考模型中的数据传输

国国防部研究项目的一部分提出来的，其目的想让分组在任何时间，任何情况下，从任何地方到达任何目标位置。正是这种苛刻的要求促使了TCP/IP模型的诞生和发展，并一直沿用至今。

TCP/IP已成为计算机网络体系结构的实际标准，得到了市场广泛的认同和实际应用，是当今计算机网络互连的基础。TCP/IP模型是一种开放式标准，标准的定义和TCP/IP都在RFC（Requests for Comments，请求注解）文档集中加以定义，并向公众开放。RFC文档既包含数据通信协议的正式规范，也有说明协议用途的资源。有关RFC的信息可在http：//www.rfc-editor.org上找到。

1. TCP/IP参考模型简介　TCP/IP参考模型只有四层，从下到上分别为网络接口层、网际互联层、传输层和应用层，与ISO的OSI参考模型相比，结构更为简单，如图5-83所示。

2. 数据的封装和解封装　数据从源端传送到目的端，需要经过封装（Encapsulation）和解封装（De-encapsulation）的过程，如图5-84所示。

	OSI参考模型	TCP/IP参考模型
7	应用层	应用层
6	表示层	
5	会话层	
4	传输层	传输层
3	网络层	网际互联层
2	数据链路层	网络接口层
1	物理层	

图 5-83 TCP/IP 参考模型和 OSI 参考模型的比较

（1）封装　封装（Encapsulation）就是在数据传输之前，在上一层的数据前面添上必要的协议信息，即报头。有些情况也会在尾部添加报尾。

当数据沿着TCP/IP参考模型结构向下传递时，会给数据添上数据报头和报尾。报头和报尾包含控制信息，以确保数据能够正确传送到接收方。

封装包括下列几个步骤：

1）创建数据。例如，用户发送电子邮件时，邮件中的字母、数字字符需要转换为能够在网络上传输的数据。

2）在传输层将数据分段。传输层将数据分段，每个数据段都添加一个传输层报头，指示与应用层应用程序对应的TCP或UDP端口号。TCP和UDP使用16位的端口号来表示不同的应用程序。防火墙通常使用TCP和UDP端口号来过滤通信数据。

3）在网络层添加网络IP地址信息。传输层将收到的数据分段放入数据报中，数据报的报头包含源和目的地的逻辑IP地址。路由器根据目的IP地址，沿着选择的最佳路径将数据报传送出去。

4）在数据链路层添加帧头和帧尾。每台网络设备（包括发送端主机）都会将数据报封装为

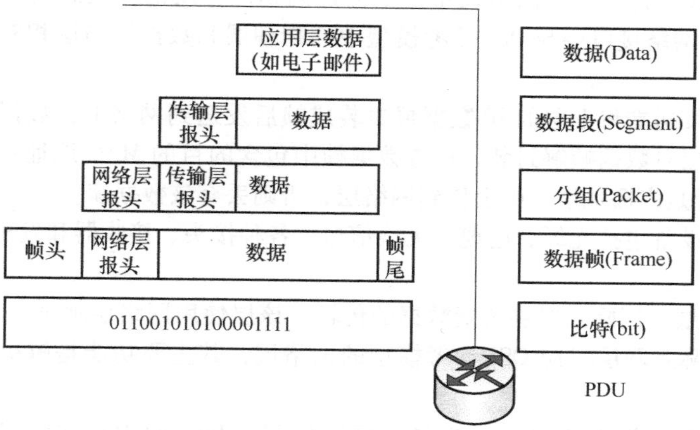

图 5-84　数据封装的过程

帧。在帧头添加设备的物理地址，即 MAC 地址。交换机就是通过帧中的 MAC 地址将数据从相应的端口转发出去。

5）在物理层将数据转换为可以传输的比特。为了在介质上传输，帧被转换为只包含 1 和 0 的比特流。在这些比特数据沿着介质传输时，设备通过时钟功能来进行区分。源设备与目的设备之间可能包括多种类型的传输介质。例如，电子邮件通过 LAN，然后穿过光纤校园主干和串行 WAN 链路，最后到达另一个远程 LAN 上的目的地。

（2）解封装　在目的端的设备接收到 0、1 比特流，将进行解封装（De-encapsulation），过程和封装过程正好相反。当比特流到达数据链路层后，将检查目标 MAC 地址是否和本设备的 MAC 地址相匹配，如果一致，将剥离帧头和帧尾，然后将数据上传至网络层；如果 MAC 地址不一致，则丢弃该帧。网络层、传输层收到数据后也会进行解封装，直到数据到达应用层。

TCP 传送给 IP 的协议数据单元称作 TCP 报文段，简称为 TCP 段（Segment）；UDP 传送给 IP 的协议数据单元称作 UDP 数据报（Datagram）；IP 传送给网络接口层的协议数据单元称作 IP 数据报；通过以太网传输的协议数据单元称作数据帧（Frame）。

3. TCP/IP 参考模型各层的功能　TCP/IP 参考模型各层所对应的协议如图 5-85 所示。

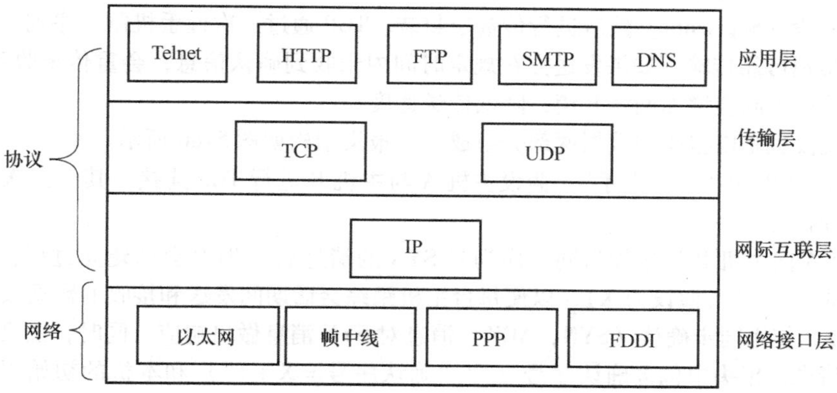

图 5-85　TCP/IP 参考模型各层所对应的协议

（1）网络接口层　网络接口层又称为主机到网络层，它为设备之间的数据通信提供可靠的物理连接。该层定义了计算机和网络设备是如何访问物理介质的，从而向另一台网络设备发送“0”“1”比特流。网络接口层与OSI参考模型中的物理层和数据链路层相对应，包括局域网和广域网技术。

网络接口层在发送端将上层的IP数据报封装成帧后发送到网络上；数据帧通过网络到达接收端时，网络接口层对数据帧解封装，检查数据帧中包含的目的MAC地址；如果该地址就是本机的MAC地址或者是广播地址，则上传到网络层，否则丢弃该数据帧。

网络接口层的设备包括光纤、电缆、无线信道、各种接头、接收器和发送器等，为数据传输提供介质。

（2）网际互联层　网际互联层负责数据的传输，该层使用网络层地址，即IP地址来选择数据传输的路径。网际互联层对应OSI参考模型的网络层，其主要功能是解决主机到主机的通信问题。

网际互联层定义了许多协议，主要包括网际协议（Internet Protocol，IP）、地址解析协议（Address Resolution Protocol，ARP）、反向地址解析协议（Reverse Address Resolution Protocol，RARP）和互联网控制报文协议（Internet Control Message Protocol，ICMP）。决定最佳路径和分组交换都是在该层完成的。

IP定义了IP路由、IP寻址和IP数据报的格式。IP提供无连接、尽力传送数据报的功能。IP数据报将相邻上层的数据，即传输层的数据添加IP头，生成IP数据报，以便网络将其传送到目的主机。

IP路由定义了主机和路由器如何将IP数据报从一台主机转发给另一台主机。

如果目的IP地址在同一个网络中，可将IP数据报直接传给目的主机；若目的IP地址不在同一个网络中，则通过路由选择，将IP数据报转发到下一个路由器，直至转发到目的主机所在的网络。转发是根据IP数据报中的目的地址来完成的。

（3）传输层　传输层对应于OSI参考模型的传输层，主要提供端到端的数据传输服务。传输层在发送端将从应用程序接收到的数据分成数据段（Segment），添加报头来标识和管理每个数据段。在接收端使用报头信息将数据段重组成应用程序数据，然后将组装后的数据传递到正确的应用程序。该层包含两个主要的协议：传输控制协议（Transmission Control Protocol，TCP）和用户数据报协议（User Datagram Protocol，UDP）。

TCP是一种确保可靠传输的协议，提供一种可靠的面向连接的数据传输服务。TCP先将数据划分为较小的段（Segment），然后进行传输层封装。TCP通过三次握手机制、序列号、确认号和滑动窗口来实现可靠传输。如果发送方在规定时间内未收到确认信息，会重传未收到的数据段。TCP确认和重传机制会增加网络开销，降低传送速度。

TCP报文段也是由报头和数据两部分组成的，报头结构如图5-86所示。

下面介绍TCP/IP“三次握手”。假设主机A与主机B进行TCP连接，其“三次握手”的过程如图5-87所示。

1）主机A向主机B发送称为同步序列号SYN的消息启动TCP会话建立过程，并同步两台主机上的TCP序列号（假设为X），以便每台主机跟踪会话期间发送和接收的数据段。

2）主机B使用同步确认（SYN，ACK）消息对SYN消息做出响应。同时，主机B也向主机A进行同步请求：报头中包含确认序号（即“确认序号=X+1”）和本机的初始报文发送序号（假设为Y，即“发送序号=Y”）；

3）主机A收到（SYN，ACK）消息后回复ACK消息来完成会话的建立过程。

两台主机之间的SYN、（SYN，ACK）、ACK过程称为三次握手。

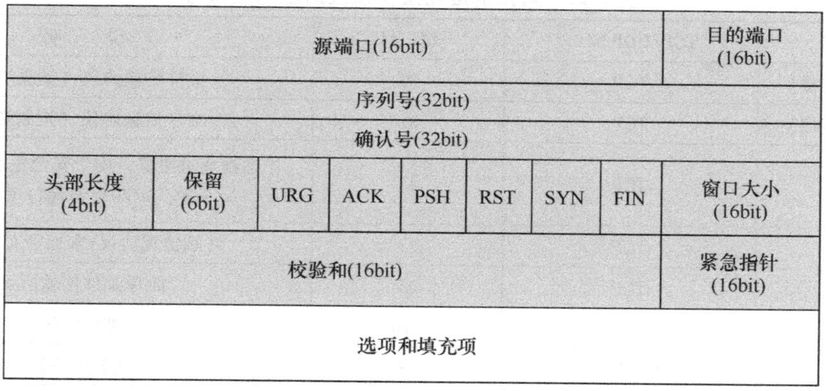
源端口(16bit)
目的端口(16bit)
序列号(32bit)
确认号(32bit)
头部长度(4bit)
保留(6bit)
URG
ACK
PSH
RST
SYN
FIN
窗口大小(16bit)
校验和(16bit)
紧急指针(16bit)
选项和填充项

图 5-86　TCP 的报头结构

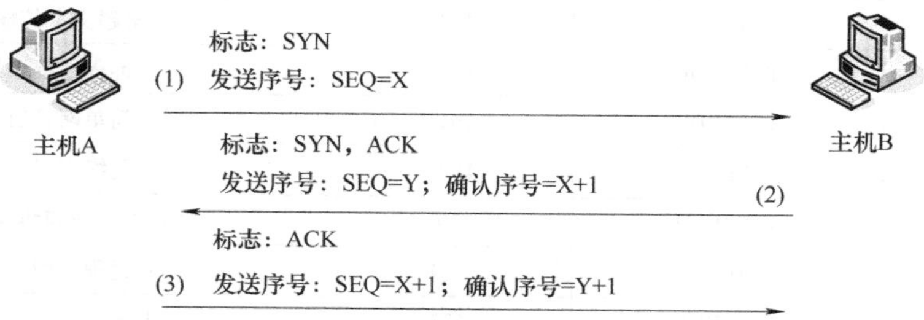

图 5-87　TCP/IP 的“三次握手”示意图

UDP 提供无连接、不可靠的传输服务，和 TCP 相比，UDP 是一种简单协议，提供了基本的传输层功能。UDP 不提供重传和流量控制机制，开销小，延迟少。UDP 是音频、视频流和 VoIP 等实时性要求高的应用程序的首选，小部分数据的丢失不会造成很大影响。

UDP 数据报由报头和数据两部分组成，报头只有 8 个字节，如图 5-88 所示。

下列常用的应用层协议使用了 UDP，包括域名系统、简单网络管理协议（SNMP）、动态主机配置协议（DHCP）、路由信息协议（RIP）、简单文件传输协议（TFTP）、在线游戏等。

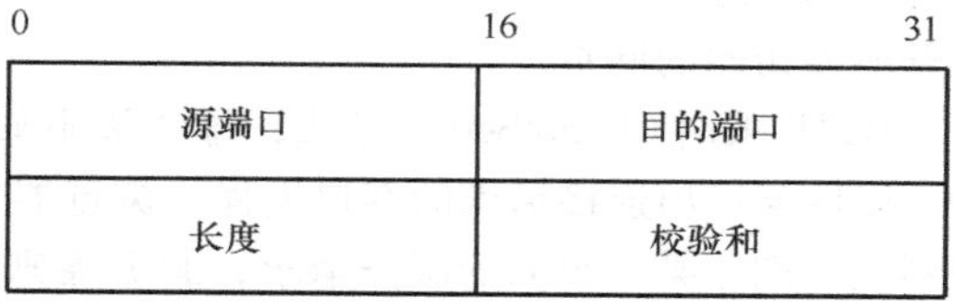
0
16
31
源端口
目的端口
长度
校验和

图 5-88　UDP 的报头结构

使用 TCP 或 UDP 传送报文时，所需的协议和服务由端口号进行标识。端口号是每个数据段内用于跟踪特定会话和所需目标服务的数字标识符。TCP 和 UDP 报头中的端口号字段占 16 位，端口编号的取值范围是 0 ~ 65535。其中，0 ~ 1023 为公认端口，每个端口用于特定的应用程序；1024 ~ 49151 称为注册端口，这些端口号将分配给用户进程或应用程序。这些端口在没有被服务器资源占用时，可由客户端动态选用为源端口；端口 49152 ~ 65535 为动态或私有端口，也称为临时端口，这些端口往往在开始连接时被动态分配给客户端应用程序。表 5-21 列出了一些常用的应用层协议及对应的固定端口号。

表 5-21 常用的应用层协议及对应的端口号

应用程序	TCP/UDP 端口	端口号	说 明
FTP（数据连接）	TCP	20	文件传输协议（数据端口）
FTP（控制连接）	TCP	21	文件传输协议（控制端口）
SSH	TCP	22	远程登录协议，用于安全登录文件传输（SCP、SFTP）及端口重新定向
Telnet	TCP	23	终端仿真协议-未加密文本通信
SMTP	TCP	25	简单邮件传输协议
POP	UDP	110	邮局协议
DNS	TCP/UDP	53	域名服务器
DHCP	UDP	67	动态主机配置协议
TFTP	UDP	69	简单文件传输协议
HTTP	TCP	80	超文本传输协议
HTTPS	TCP	443	加密超文本传输协议
RPC	TCP/UDP	111	远程过程调用
SNMP	TCP/UDP	161	简单网管协议
IRC	TCP	194	网络即时聊天
IMAP	TCP/UDP	220	交互邮件访问协议第 3 版
RDP	TCP	3389	远程桌面协议
SQL Server	TCP/UDP	1433	SQL Server 的默认端口
MySQL	TCP/UDP	3306	MySQL 数据库系统的默认端口

（4）应用层　应用层对应于 OSI 参考模型的高层，用户通过应用层应用程序、协议以及服务与网络进行交互。常见的应用层协议包括 HTTP、FTP、Telnet 协议等。

1）HTTP（Hypertext Transfer Protocol）。HTTP 即超文本传输协议，是一种 Internet 的基本协议，用于传输组成 WWW 网页文件。HTTP 定义了客户端和服务器之间交换请求和响应的内容与格式。用户通过 URL（Uniform Resource Locators，统一资源定位器）链接到相应的 Web 服务器，打开所需访问的网页。

HTTP 采用 Client/Server 模式，每个 Web 站点都有一个服务器进程，它不断监听 TCP 的端口 80，以便与发出连接请求的客户进程（浏览器）建立 TCP 连接。连接建立之后，浏览器可向服务器发出浏览某个页面的服务请求，服务器则返回相应的网页作为响应。浏览器和服务器之间的请求和响应，必须按照规定的格式和规则，这些格式和规则的集合就是 HTTP。

2）FTP（File Transfer Protocol）。FTP 即文件传输协议，是一种可靠的、面向连接的服务，用于客户端和服务器之间的文件传输。FTP 采用 Client/Server 模式，一个 FTP 服务器可同时为多个客户端提供服务，并能够同时处理多个客户端的并发请求。

FTP 要求在客户端和服务器之间建立两条连接：一条是命令和回复连接，客户端在 TCP 的 21 号端口建立一条连接，用来在 FTP 客户端与服务器之间传递控制命令；另一条建立在 TCP 的 20 号端口，用于文件的传输。

3）Telnet。Telnet 是远程登录协议，也称为远程终端访问协议，是一种终端仿真协议，用于远程访问服务器和网络设备。Telnet 采用 Client/Server 模式，通过 Telnet 客户端应用程序，可和远程主机建立起一条虚拟终端连接。一旦建立 Telnet 连接，用户就可以执行服务器上所有许可的功能，就如同直接在服务器上输入命令行会话一样。常用的终端应用程序有 HyperTerminal、Minicom 等。

4）SMTP/POP（Simple Mail Transfer Protocol/Post Office Protocol）。电子邮件是一种最常见的网络服务，其核心是邮件，用于发送和接收邮件。邮件服务器工作时需使用两个协议：一个用于发送邮件，即 SMTP；另一个用于接收邮件，即邮局协议（POP）。

SMTP 是简单邮件传输协议，用于传输邮件及其附件信息。SMTP 采用 Client/Server 模式。

电子邮件客户端使用 POP 从电子邮件服务器接收电子邮件消息。从客户端或者从服务器中发送的电子邮件消息格式以及命令字符串必须符合 SMTP 的要求。通常，电子邮件客户端程序可同时支持上述两种协议。常用的 POP3 指的是第 3 版邮局协议。

5）DNS（Domain Name Server）。DNS 即域名服务器，负责将主机名连同域名转换为 IP 地址。DNS 采用客户端/服务器模式，是一种分布式、层次型的数据库管理系统。

每个连到 Internet 的网络设备都会配置一个或者多个 DNS 服务器地址，DNS 客户端可以使用该服务器地址进行域名解析，获得与该域名对应的 IP 地址。当 DNS 客户端提出查询请求时，服务器将首先检索自己的缓存，以查看是否能够自行解析域名。如果不能解析，则将请求传送给上一层 DNS 服务器继续进行解析。这个过程会一直继续进行，直到域名可以解析或者到达顶级 DNS 服务器为止。如果到达顶级 DNS 服务器还不能解析，则说明出现了错误，则返回相应的出错信息。

在 Windows 操作系统中，输入“Nslookup”后，即显示为主机配置的默认 DNS 服务器；输入“Ipconfig/displaydns”命令可以显示本机所有 DNS 缓存条目。

6）DHCP（Dynamic Host Configuration Protocol）。DHCP 即动态主机配置协议，主要作用是为客户机分配动态的 IP 地址、子网掩码、网关以及其他 IP 网络参数，从而提供安全、可靠的 TCP/IP 网络配置。

DHCP 采用客户端/服务器模式，当 DHCP 客户端程序发出一个广播信息，请求一个动态的 IP 地址时，DHCP 服务器会在地址池中选择一个 IP 地址，以地址租约形式提供客户端一个可用的 IP 地址、子网掩码和其他网络参数。

二、计算机网络的分类

计算机网络的分类主要有下列几种：

1）按照覆盖的地理范围可分为：局域网、城域网和广域网。

2）按照网络所使用的传输技术可分为：广播式网络和点对点式网络。

3）按照网络的拓扑结构可分为：星形、总线型、环形、树形和网状形等。

（一）按地理覆盖范围分类

计算机网络按覆盖的地理范围可分为局域网（Local Area Network，LAN）、广域网（Wide Area Network，WAN）和城域网（Metropolitan Area Network，MAN）。

1. 局域网　局域网（LAN）是指一个本地网络，或者一组相互连接、接受统一管理控制的本地网络，在一个有限的地理范围进行资源共享和信息交换，其覆盖范围一般在几千米以内，属于同一栋建筑、同一个校园内或同一个地区。局域网通常使用以太网（Ethernet）或无线局域网（WLAN）协议，具有高数据传输速率、低误码率、组建方便、使用灵活等特点。

2. 广域网　广域网（WAN）的地理覆盖范围可以从几十千米到几千千米，利用分组交换网、卫星通信网和无线分组交换网将分布于不同地理位置的 LAN 或 MAN 互连起来，甚至跨越国界而成为遍及全球的计算机网络。互联网就是最大的广域网，如图 5-89 所示。

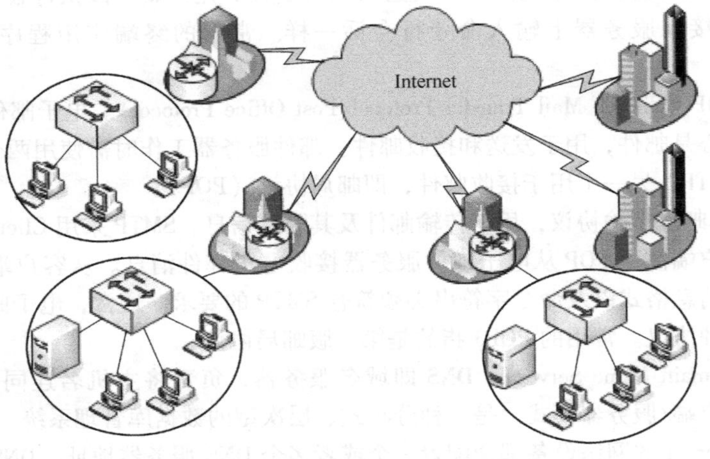

图 5-89 计算机网络互联示意图

广域网连接有多种类型，如帧中继、综合业务数字（ISDN）、调制解调器（异步拨号）、T1 或 E1 租用线路等。广域网的传输距离远，通信速率比局域网低得多，误码率要比局域网高。

3. 城域网　城域网（MAN）覆盖的地理范围介于局域网与广域网之间，其范围可覆盖一个城市或几十千米内的多个 LAN。随着新技术的不断出现和三网融合的发展，城域网的业务扩展到了各种信息服务业务。目前，城域网以宽带光传输网为平台，以 TCP/IP 为基础，通过网络互联设备，实现大量用户之间的数据、语音、图形和视频等多种信息传输的服务。宽带城域网已成为现代化城市建设的重要基础设施。

近年来出现了一种新的网络，即存储区域网络（SAN）。存储区域网络是一种高速网络或子网络，允许服务器在共享存储装置的同时仍能高速传送数据。存储设备是指一张或多张用以存储计算机数据的磁盘设备。一个 SAN 由负责网络连接的通信结构、负责组织连接的管理层、存储部件以及计算机系统构成，从而保证数据传输的安全性和力度。

典型的 SAN 是一个企业整个计算机网络资源的一部分。通常 SAN 与其他计算资源紧密集群来实现远程备份和档案存储过程。SAN 支持磁盘镜像技术、备份与恢复、档案数据的存档和检索、存储设备间的数据迁移以及网络中不同服务器间的数据共享等功能。

（二）按网络传输技术分类

1. 广播式网络　在广播式网络中，所有联网的计算机都共享一个公共信道。当一台终端设备发送报文时，在这条信道上的其他终端设备都可以收听到这个分组。局域网、城域网基本上采用广播式的通信技术。

2. 点对点式网络　在点对点式网络中，两台终端设备通过连接的中间节点和线路进行数据的存储和转发。从源端到目的端可能存在多条路径，需要通过路由选择算法来选择最佳路径。广域网基本上采用点对点的通信技术。

（三）按网络的拓扑结构分类

拓扑学是将网络中的实体抽象为与其大小、形状无关的点，将连接实体的线路抽象成线，进而研究点、线、面之间的关系。计算机网络拓扑是通过通信子网中的节点与通信线路之间的几何关系表示网络结构，反映网络中各实体之间的结构关系。

广播式网络的基本拓扑结构主要有4种：总线型、树状、环状、无线通信和卫星通信型；点对点式网络的基本拓扑结构主要有4种：星形、树状、环状和网状，如图5-90所示。

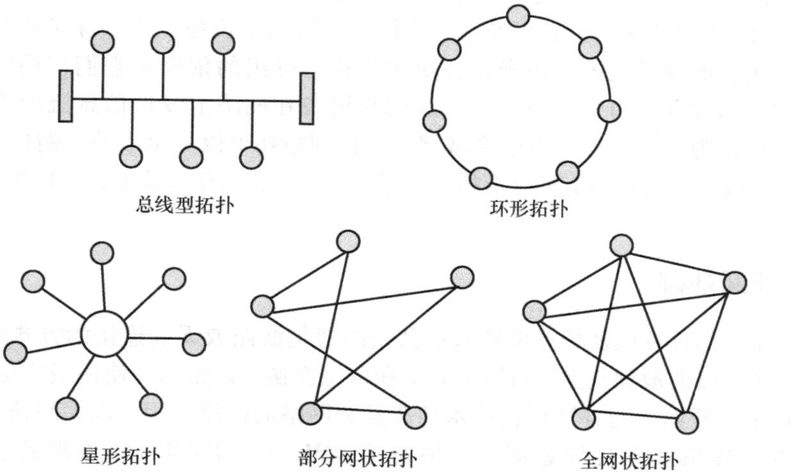

图5-90　网络的拓扑结构

1. 总线型拓扑　总线型拓扑（Bus Topology）网络中的所有节点均连接到一条称为总线的公共线路上，即所有的节点共享同一条数据信道，节点间通过广播进行通信。

这种拓扑结构的优点是：连接形式简单、布线简单、成本低廉；缺点是：传输能力低，总线的故障会导致整个网络瘫痪，增加或撤消节点时会使网络中断。总线型网络在早期非常盛行，现在已逐渐退出历史舞台。

2. 星形拓扑　星形拓扑（Star Topology）是局域网中最常用、最流行的物理拓扑结构。其以一台设备为中心节点，其他节点必须与中心节点相连，各节点之间的通信都要通过中心节点，中心节点控制全网的通信。

这种拓扑结构的优点是：结构简单，容易实现，便于维护、管理和实现网络监控，某个节点与中心节点的链路故障不影响其他节点间的正常工作；缺点是：对中心节点的要求较高，中心节点的单点故障会造成整个网络的瘫痪。

星形拓扑容易扩展，多个小型星形拓扑互连可构成扩展星形拓扑。星形和扩展的星形拓扑都可能由于中心节点的单点故障而导致整个网络的瘫痪。

3. 环形拓扑　环形拓扑（Ring Topology）网络中的各节点通过链路在网络中形成一个首尾相接的闭合环路，环中数据沿环的一个方向逐站传播。

这种拓扑结构的优点是：数据传输延迟时间固定，且每个节点的通信机会均等；缺点是：网络建成后，节点的增加和撤出过程复杂，并且任何一个节点或链路发生故障，都可能造成整个网络的瘫痪。

4. 网状拓扑　网状拓扑（Mesh Topology）是由分布在不同地点、各自独立的节点互连组成的网状结构，节点之间的连接是任意的，每两个节点间的通信链路可能有多条，额外的通信链路为数据传输提供了冗余链路，增加了网络的可靠性和复杂性。

网状拓扑分为全网状和局部网状拓扑。在全网状拓扑中，每个节点都与所有其他节点互连。这是最能防止网络故障的拓扑，也是成本最高的解决方案。

网状拓扑优点是：可靠性高、灵活性好；缺点是：结构复杂、管理复杂、成本高。通过冗余链路可以平衡网络流量，并确保端和端之间的连通性。网状结构是广域网常用的拓扑结构，

Internet采用的就是网状拓扑。

当网络安装好之后，需要创建物理拓扑图来记录各台主机的位置及其与网络连接的方式。物理拓扑图显示电缆的安装位置，以及用于连接主机的网络设备位置。除了物理拓扑之外，有时还需要网络拓扑的逻辑视图。逻辑拓扑对主机进行分组的依据是它们使用网络的方式，而不考虑它们的物理位置，由介质访问控制逻辑和设备在网络上发送信息流的方式所决定的拓扑结构。逻辑拓扑为总线型和环形的局域网，其物理拓扑可以是星形的。例如，使用双绞线和集线器连接的局域网，在物理上呈星形拓扑，但在逻辑上仍属于总线型，可以把集线器看作是总线的汇聚。

三、局域网基础

局域网是由一组计算机及相关设备通过共用的通信线路或无线连接的方式组合在一起的系统，它们在一个有限的地理范围进行资源共享和信息交换。以太网是使用最广泛的局域网技术，从20世纪70年代开始，随着计算机技术的普及和网络的广泛使用，以太网技术得到了迅速发展，以太网可以提供多种传输速率，从最初的10Mbit/s、100Mbit/s发展到目前的1Gbit/s、10Gbit/s。千兆以太网的出现扩展了原有的LAN技术。随着光纤通信的广泛应用，局域网可以支持距离数十千米的计算机之间的通信。

（一）IEEE 802标准体系

美国电气和电子工程师协会（IEEE）在1980年2月成立了局域网标准化委员会（简称IEEE 802委员会），专门从事局域网的协议制定，形成了一系列的标准，称为IEEE 802标准。该标准已被国际标准化组织ISO采纳，作为局域网的国际标准系列，称为ISO 8802标准。其主要包括以下标准：

- IEEE 802.1标准定义了局域网的体系结构、网络互联、网络管理和性能测试。
- IEEE 802.2标准定义了逻辑链路控制（LLC）层的功能和服务。
- IEEE 802.3标准定义了CSMA/CD总线介质访问控制子层及物理层标准。
- IEEE 802.4标准定义了令牌总线介质访问控制子层及物理层标准。
- IEEE 802.5标准定义了令牌环介质访问控制子层及物理层标准。
- IEEE 802.6标准定义了城域网介质访问控制子层及物理层标准。
- IEEE 802.7标准定义了宽带局域网标准。
- IEEE 802.8标准定义了光纤传输标准。
- IEEE 802.9标准定义了综合语音和数据局域网标准。
- IEEE 802.10标准定义了可互操作的局域网安全规范。
- IEEE 802.11标准定义了无线局域网标准。
- IEEE 802.12标准定义了高速局域网访问控制方法及物理层技术规范。
- IEEE 802.14标准定义了电缆调制解调器（Cable-Modem）的标准。
- IEEE 802.15标准定义了近距离个人无线局域网（Wireless Personal Area Network，WPAN）标准。
- IEEE 802.16标准定义了宽带无线局域网标准。
- IEEE 802.17标准定义了弹性分组环网标准。
- IEEE 802.20标准定义了宽带无线访问标准。

随着以太网技术的发展和广泛应用，到20世纪90年代后，以太网在局域网市场中取得了垄断地位，以太网标准成为了事实上局域网的标准。

（二）以太网标准

以太网最早是在20世纪70年代由施乐（Xerox）公司提出的。最初的以太网采用同轴电缆作为总线来传输数据，并以表示传播电磁波的物质——以太（Ether）命名。在1980年，数字设备公司（DEC）、Intel和施乐（Xerox）公司组成的联盟（DIX）发布了以太网最早的标准。

IEEE 802.3标准是在1981年公布的以太网（Ethernet）2.0版本的基础上制定的。

802委员会创建了802.3分委员会，负责以太网标准，发布的标准包括10Base-5（1980年）、10Base-2（1985年）、10Base-T（1990年）、快速以太网（1995年）、吉比特以太网（1998年）和10吉比特以太网（2002年）。

以太网标准对应于OSI体系结构的最低两层，即数据链路层和物理层。为了使数据链路层更好地适应多种局域网标准，IEEE 802委员会将数据链路层划分为两个不同的子层：逻辑链路控制（Logical Link Control，LLC）子层和介质访问控制（Media Access Control，MAC）子层，如图5-91所示。

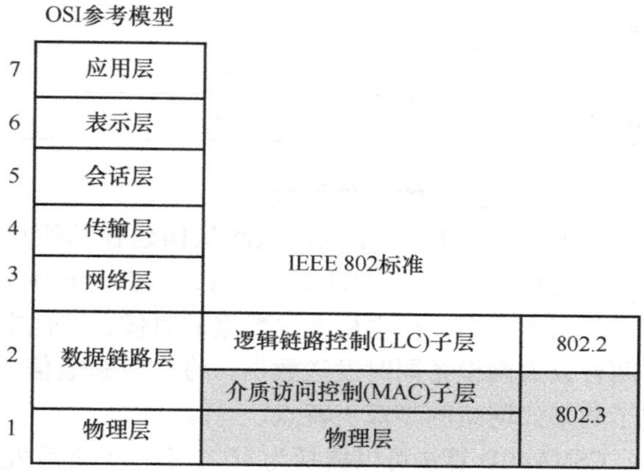

图5-91　OSI参考模型和IEEE 802标准的比较

IEEE 802.2标准定义LLC子层的功能，802.3标准定义MAC子层和物理层的功能，与传输介质有关的内容放在MAC子层，与传输介质无关的链路控制部分放在LLC子层。LLC子层负责建立与上层的连接，将网络层数据封装成帧。LLC子层保持通信过程所用物理设备的相对独立性，不受其他物理设备影响。例如，网卡的驱动程序实现了LLC子层的功能。MAC子层负责数据的封装和介质访问控制，如以太网的介质访问控制方法采用载波侦听多路访问/冲突检测（CSMA/CD）。数据链路层的封装过程中需要在数据帧中加入以太网的帧头和帧尾，使帧能够传送到目的节点，并提供错误检测机制。

IEEE相对不同的以太网有两种命名方式：

1）用IEEE委员会的名字来命名，如IEEE 802.3。

2）用速度和介质类型来命名，如10Base-T、100Base-FX等。在这种表示方法中，前面的数字表示数据的传输速率（Mbit/s），后面的数字则表示最大的电缆长度（百米）或电缆类型，中间则表示信号传输方式。例如，10Base-5表示信号在电缆上的传输速率为10Mbit/s，传输的是基带信号，电缆的最大长度为500m。目前以太网都采用基带传输方式。

根据局域网的多种类型，IEEE规定了各个标准的拓扑结构、媒体访问控制方法、帧格式等内容。有关以太网的IEEE 802.3组网标准见表5-22。

表5-22　以太网的IEEE 802.3组网标准

以太网类型	带宽	最大距离/m	传输介质	半双工/全双工	连接器
10Base-5	10M	500	50Ω粗同轴电缆	半双工	AUI接头
10Base-2		185	50Ω细同轴电缆	半双工	BNC接头
10Base-T		100	2对3类/5类UTP	半双工	RJ45接头

（续）

以太网类型	带宽	最大距离/m	传输介质	半双工/全双工	连接器
100Base-TX	100M	100	2 对 5 类 UTP	半双工	RJ45 接头
100Base-FX		400	62.5μm/50μm 多模光纤	半双工	SC
1000Base-T	1G	100	5e 类 UTP	全双工	RJ45 接头
1000Base-SX		62.5μm 光纤可达 275 50μm 光纤可达 550	62.5μm/50μm 多模光纤	全双工	SC
1000Base-LX		62.5μm 光纤可达 440 50μm 光纤可达 550 9μm 光纤可达 3000～10000	62.5μm/50μm 多模光纤 9μm 单模光纤	全双工	SC
1000Base-CX		25	STP	全双工	RJ45 接头
10GBase-T	10G	100	6 类/7 类 UTP	全双工	RJ45 接头
10GBase-LX4		100	多模光纤	全双工	

（三）以太网的工作原理

1. CSMA/CD　共享式以太网是构建在总线型拓扑上的以太网，采用载波侦听多路访问/冲突检测（Carrier Sense Multiple Access/Collision Detect，CSMA/CD）的介质访问控制方法。在共享式以太网上，当一台主机发送数据的时候，其他主机只能接收以太网帧，不能同时发送数据。如果两台以太网设备同时发送数据，将会引起电信号的叠加，产生冲突。CSMA/CD 算法的机制决定了共享式网络的半双工特点。

CSMA/CD 算法可以概括为 16 个字：先听后发、边听边发、遇忙则停、随机待发，如图 5-92 所示。

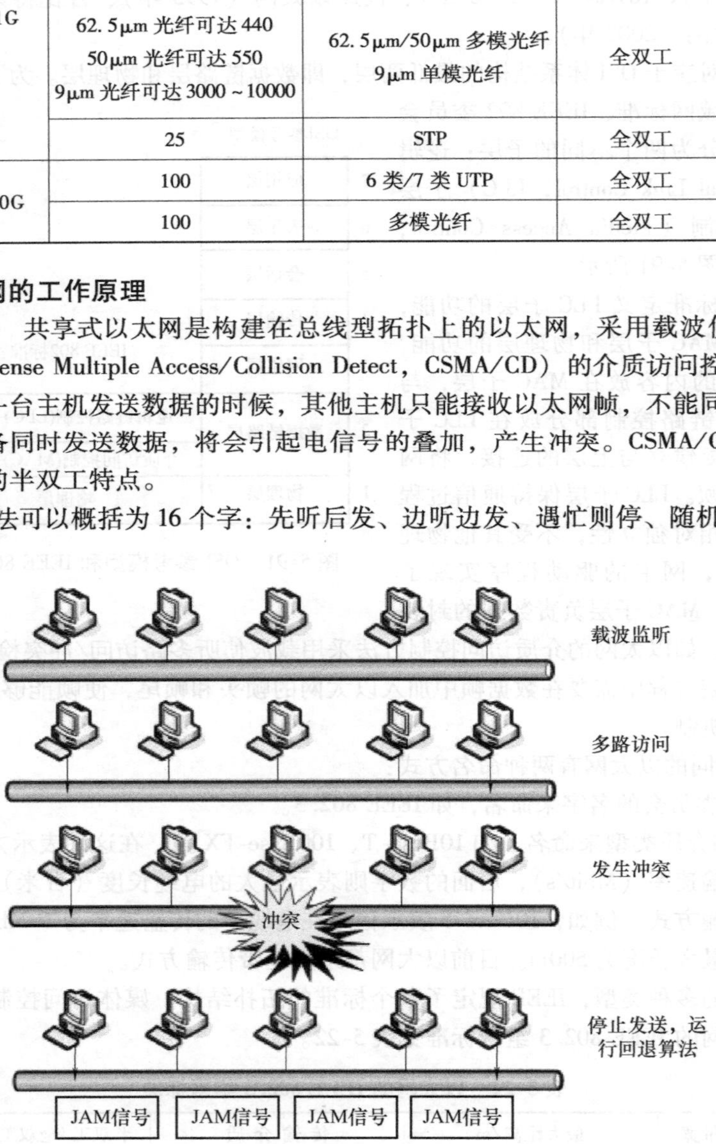

图 5-92　CSMA/CD 原理示例

1）当站点想要发送数据包时，它先要监听信道。

2）通过检测信道上有无载波可以知道信道是否空闲。若有载波，表明信道忙，则推迟发送；若无载波，表明信道空闲，可进行发送。在发送过程中，设备继续监听信道。

3）一旦发生冲突，将被处于监听模式的设备检测到。发送设备检测到冲突之后，将发出堵塞（JAM）信号。JAM 信号通常是连续 32bit 的 1 和 0 的序列，以确保网络上的所有设备都检测到冲突。

4）当检测到冲突时，设备需要等待一段时间再重新发送数据，等待的时间通过后退算法（Backoff Algorithm）进行计算。所有发送冲突帧的设备等待随机的冲突回退时间后，再尝试重新发送帧。若重发 16 次仍不成功，就会放弃发送，并生成错误信息发送到网络层。这种情况一般只发生在网络负荷极重或网络存在物理故障的环境中，很少出现在正常运行的网络中。

以同轴电缆构建或 Hub 构建的共享式以太网，所有节点处于同一个冲突域。一个冲突域内设备如果同时发送数据，就会互相产生冲突。当冲突域内的某台主机发送数据时，同一个冲突域的其他主机都可以收到该数据。

值得注意的是，当以太网利用率达到 30% ~40% 时，LAN 的性能会急剧下降。建议此时应用交换机替代 Hub 将大的冲突域分割成小的冲突域以提高网络的性能，如图 5-93 所示。

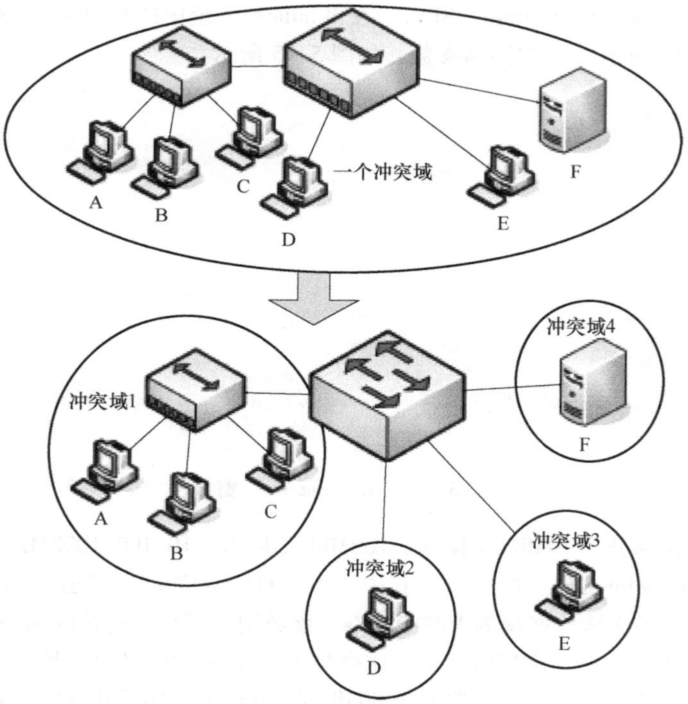

图 5-93　冲突域示例

（四）以太网组网设备

1. 网卡　网卡（Network Interface Card，NIC）是安装在计算机主板或外设总线扩展槽内的一块印制电路板，也称网络适配卡（Network Adapter），如图 5-94 所示。网卡是主机和网络的接口，用于提供与网络之间的物理连接。现在计算机主板上基本都提供网络接口。

在发送方，把主机产生的串行数字信号转换成能通过传输媒介传输的比特流；在接收方，把通过传输媒介接收的比特流重组成本地设备可以处理的数据。网卡上有收发器、介质访问控制逻辑和设备接口，作用是将主机连接到网络介质。

图 5-94 各种网卡

网卡工作在 OSI 模型的第 1 层和第 2 层。网卡地址又称为 MAC（Media Access Control，介质访问控制）地址，如“00-13-20-30-2B-7A”。网卡地址由 48 位二进制数组成，通常表示为 12 位十六进制数，前 3 个字节（24 位）是 IEEE 分配给厂商的代码，称为组织唯一标识符（Organizationally Unique Identifier，OUI），后 3 个字节（24 位）表示 NIC 序号。

当计算机启动时，网卡会将 MAC 地址复制到 RAM 中。收到数据帧时，将该帧的目的地址和 MAC 地址进行比较，如果匹配，则将该帧送到上层进行处理；如果不匹配，则丢弃该帧。

MAC 地址是全球唯一的物理地址，由厂家在生产时固化到网卡的 ROM 中，因而 MAC 地址也称为烧录地址（Burned-In Address，BIA）。在 Windows 系统中执行 DOS 命令“ipconfig/all”可获知本机网卡的 MAC 和其他一些网络参数，如图 5-95 所示。

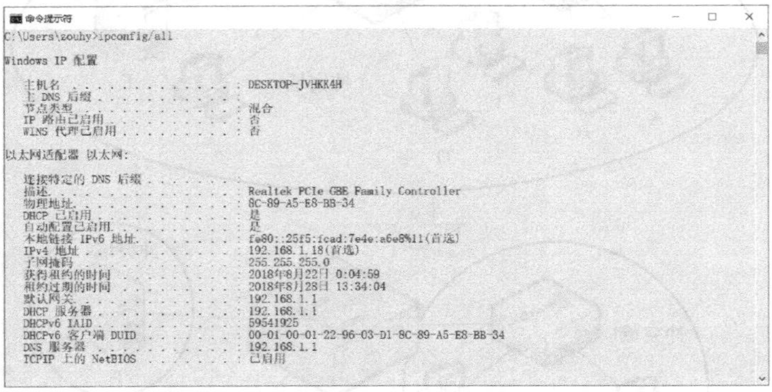
```
命令提示符
C:\Users\zouhy>ipconfig/all

Windows IP 配置

   主机名  . . . . . . . . . . . . . : DESKTOP-JVHKK4H
   主 DNS 后缀 . . . . . . . . . . . :
   节点类型  . . . . . . . . . . . . : 混合
   IP 路由已启用 . . . . . . . . . . : 否
   WINS 代理已启用 . . . . . . . . . : 否

以太网适配器 以太网:

   连接特定的 DNS 后缀 . . . . . . . :
   描述. . . . . . . . . . . . . . . : Realtek PCIe GBE Family Controller
   物理地址. . . . . . . . . . . . . : 8C-89-A5-E8-BB-34
   DHCP 已启用 . . . . . . . . . . . : 是
   自动配置已启用. . . . . . . . . . : 是
   本地链接 IPv6 地址. . . . . . . . : fe80::25f5:fcad:7e4e:a6e8%11(首选)
   IPv4 地址 . . . . . . . . . . . . : 192.168.1.18(首选)
   子网掩码  . . . . . . . . . . . . : 255.255.255.0
   获得租约的时间  . . . . . . . . . : 2018年8月22日 0:04:59
   租约过期的时间  . . . . . . . . . : 2018年8月28日 13:34:04
   默认网关. . . . . . . . . . . . . : 192.168.1.1
   DHCP 服务器 . . . . . . . . . . . : 192.168.1.1
   DHCPv6 IAID . . . . . . . . . . . : 59541925
   DHCPv6 客户端 DUID  . . . . . . . : 00-01-00-01-22-96-03-D1-8C-89-A5-E8-BB-34
   DNS 服务器  . . . . . . . . . . . : 192.168.1.1
   TCPIP 上的 NetBIOS  . . . . . . . : 已启用
```

图 5-95 “ipconfig/all”窗口

网卡按其传输速率分为 10Mbit/s 网卡、100Mbit/s 网卡、10/100/1000Mbit/s 自适应网卡以及千兆网卡和 100/1000Mbit/s 自适应网卡。其中，10/100/1000Mbit/s 自适应网卡是目前使用最多的以太网网卡，它的最大传输速率为 1000Mbit/s，该类网卡可与被连接的网络设备（网卡、集线器、交换机）自动协商，来确定当前的工作速率是 10Mbit/s、100Mbit/s 还是 1000Mbit/s。

自动协商（Auto-Negotiation）是按照 1000Mbit/s 全双工、1000Mbit/s 半双工、100Mbit/s 全双工、100Mbit/s 半双工、10Mbit/s 全双工和 10Mbit/s 半双工的顺序进行协商。Auto-Negotiation 在 IEEE 802.3u 中规定，不需用户参与设定，自动以最高速度连接。

网卡的接口类型是指网卡上用于连接网络传输介质的不同网卡接口，目前主要有以下几类：

- RJ45 接口：用于连接双绞线，可提供 10/100/1000Mbit/s 不等的传输速率，多为 PCI 接口。目前台式机的网卡一般集成在主板上，均提供 RJ45 接口。
- AUI 接口：用于连接粗同轴电缆，目前已很少使用。
- BNC 接口：用于连接细同轴电缆，通常都是 10Mbit/s 的 ISA 接口的网卡。
- 光纤接口：用于连接光纤，多用于 1000Mbit/s 的传输速率。

- 无线网卡：多用于笔记本电脑等可移动的设备。
- USB 接口网卡：外置式的网卡，具有不占用计算机扩展槽、安装方便等特点，可用于笔记本计算机或台式机。

如果一块网卡只提供一种接口，则这类网卡称为单口网卡。如果一块网卡同时提供多种接口，则这类网卡称为多口网卡，如 RJ45 接口 + 光纤接口。多口网卡可以满足不同传输介质的连接要求。

2. 中继器和集线器

（1）中继器（Repeater） 信号在通过物理介质传输时或多或少会受到干扰，产生衰减。如果信号衰减到一定的程度，将不能被正确识别，这时，需要中继器对传输介质上的信号进行放大和再生。

中继器工作在 OSI 参考模型的物理层上，是一种网络介质的延伸设备，其作用是对衰减的信号进行再生和放大，从而使信号能够在网络上传递更长的距离，达到“延长”传输距离的目的。例如，双绞线最大传输距离为 100m，如果需要延长传输距离，就需要安装中继器。

（2）集线器（Hub） 集线器是一种安装在以太网接入层的网络设备，它具有多个端口，每个端口通过 RJ45 接头与网卡连接，将主机连接到网络。集线器是物理层的设备，也称为多端口中继器（Multiport Repeater）。当数据到达一个端口时，就会被复制到其他端口，使 LAN 中的所有网段都接收该帧，如图 5-96 所示。

以太网集线器的所有端口都连接到同一通道上发送和接收消息，所有主机共享该通道可用的带宽，因此集线器称为带宽共享设备。例如，在图 5-96 所示的拓扑图中，8 台主机共享可用的 100Mbit/s 带宽，因此每个节点的平均带宽为：（100/8） Mbit/s = 12. 5Mbit/s。

集线器有多种分类方法：

依据带宽的不同，集线器分为 10Mbit/s、100Mbit/s、10/100Mbit/s 自适应、1000Mbit/s、100/1000Mbit/s 自适应等种类。

根据是否支持网管功能，可分为普通集线器和带网管的智能型集线器。带网管的智能型集线器支持 SNMP（Small Network Management Protocol）网管功能，可通过 SNMP 进行远程监控和管理。

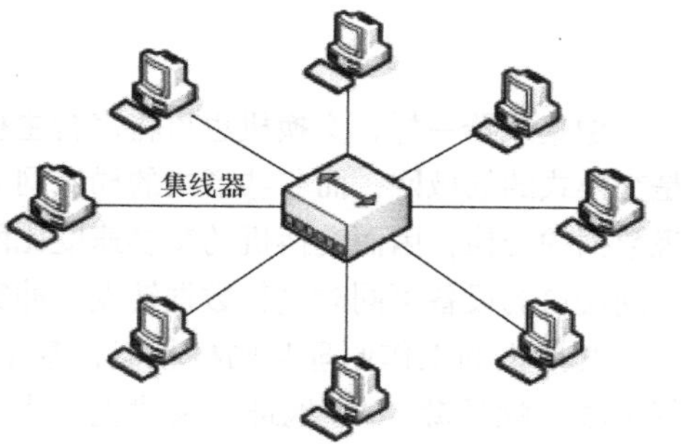

图 5-96 集线器连接示意图

3. 网桥和交换机

（1）网桥 网桥（Bridge）工作在数据链路层，用于实现多个局域网之间的数据交换。网桥能够互连采用不同数据链路层协议、不同传输介质和不同传输速率的网络，如图 5-97 所示。

网桥用于隔离网段（Segment），每个端口被分隔成独立的冲突域，可使处在不同冲突域的设备同时发送数据。使用网桥增加了冲突域的个数，降低了冲突域的范围，有利于改善网络的性能和安全。

网桥具有数据帧的转发和过滤功能。当数据帧通过时，网桥将检查帧的源 MAC 地址和目的 MAC 地址。如果这两个地址处在同一网段，该帧将不会被转发到其他网段，这一过程称为过滤（Filtering）。如果源 MAC 地址和目的 MAC 地址处在不同网段，则将该数据帧转发到相应的网段。如果在地址表中找不到该目的 MAC 地址，则将该帧广播到除发送该帧以外的设备，这一过程称为泛洪（Flooding）。

由于网桥基于 MAC 地址来过滤网络流量，在传输数据时需要解析每个数据帧，因而数据通

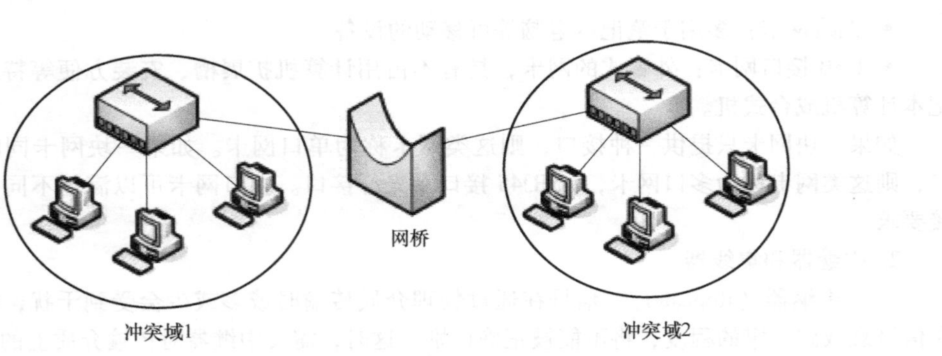

图 5-97　用网桥分割的 LAN

过网桥的传输时间比数据通过 Hub 和中继器长。

（2）交换机　交换机（Switch）也称为多端口网桥，也是数据链路层的设备，如图 5-98 所示。交换机具有低价、高性能和高端口密集的特点。

图 5-98　交换机

像集线器一样，交换机也可将多台主机连接到网络。但与集线器不同的是，通过交换机构建的是交换式的局域网，而非共享式的局域网。交换机的每个端口相当于一个独立的网桥，通过硬件实现数据的交换，因而交换机的交换速度比网桥的速度快得多。交换机的每个端口构成一个冲突域，不同端口的设备可同时进行数据转发。冲突域包含的主机数越少，发生冲突的可能性就越小。

交换机的工作原理与网桥相似，基于 MAC 地址对数据帧进行转发和过滤。交换机通过检查每个收到帧的源 MAC 地址，来建立一张 MAC 地址和端口对应表，图 5-98 交换机的 MAC 地址和端口对应表见表 5-23 所示。

表 5-23　交换机 MAC 地址和端口对应表

数据帧要去往的 MAC 地址	交换机端口
MAC A	1
MAC B	1
MAC C	1
MAC D	2
MAC E	2
MAC F	2
MAC G	3
MAC H	4

如果交换机收到帧的目的 MAC 地址不在表中，即交换机无法确定目的主机的位置，这时就会进行“泛洪”，将数据转发到所有连接的主机。每台主机都将消息中的目的 MAC 地址与其 MAC 地址进行比较，但只有 MAC 地址匹配的主机才会处理该数据并响应发送方。

当主机发送消息或响应“泛洪”式消息时，交换机就会获取其 MAC 地址和其对应的端口号。交换机每次学习到新的源 MAC 地址时，地址表都会自动进行更新。交换机通过这种“学习”方式，在内存中建立起一张所有相连主机 MAC 地址和端口号对应表。

交换机根据数据帧中目的 MAC 地址，将各个帧交换到正确的端口。例如，在图 5-99 的拓扑图中，如果终端 D 发送数据给终端 A，通过查找地址表得知，终端 D 对应的端口为 2，终端 A 对应的端口为 1，则该数据帧被交换机转发到端口 1；如果终端 D 发送数据给终端 E，由于终端 D 和终端 E 对应同一个端口 2，则该数据帧被过滤丢弃。

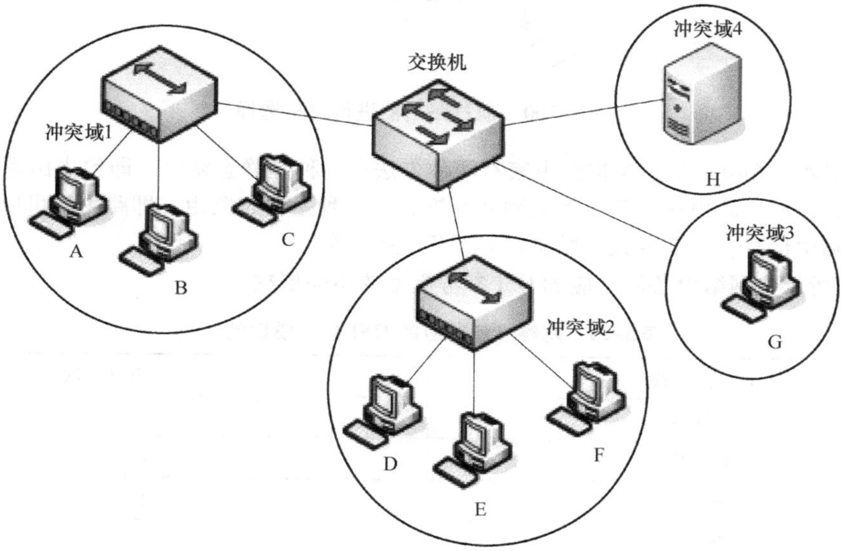

图 5-99　交换式网络

（3）路由器　路由器（Router）工作在 OSI 模型的第 3 层，即网络层。路由器根据数据包中的逻辑地址（IP 地址的网络部分）而不是 MAC 地址来转发数据包，并用它来查找到达目的主机的最佳途径。

路由器是一种用于连接不同本地网络的网络设备。如果源主机和目的主机的 IP 地址的网络部分不相同，就必须使用路由器来转发消息。例如，如果网络 191. 168. 1. 0 中的某主机需要发送一条消息到网络 10. 1. 1. 0 上的主机，则该主机会将消息转发给路由器。路由器收到消息后，将其解封以读取目的 IP 地址，然后确定消息的转发目的，接着将数据包重新封装为帧，直到转发到目的地址。

路由器可以连接物理层和数据链路层不同、网络层使用相同寻址机制的网络，如以太网、令牌环网和 FDDI。路由器可用于 LAN 与 LAN、LAN 与 WAN 或 WAN 与 WAN 之间的连接，将使用相同或不同协议的网段或网络连接起来，实现相互之间的通信。目前的 Internet 就是通过路由器将分布在全世界的计算机网络互连在一起的，如图 5-100 所示。

路由器主要实现两种功能：路径选择和存储转发。路由器的主要工作是为经过路由器的每个数据包寻找一条最佳传输路径，并将该数据包从对应的接口转发出去。为实现路径选择功能，在路由器中存放一张路由表，表的内容包括可达的目标网络、所用的路由协议、所经过的网上路

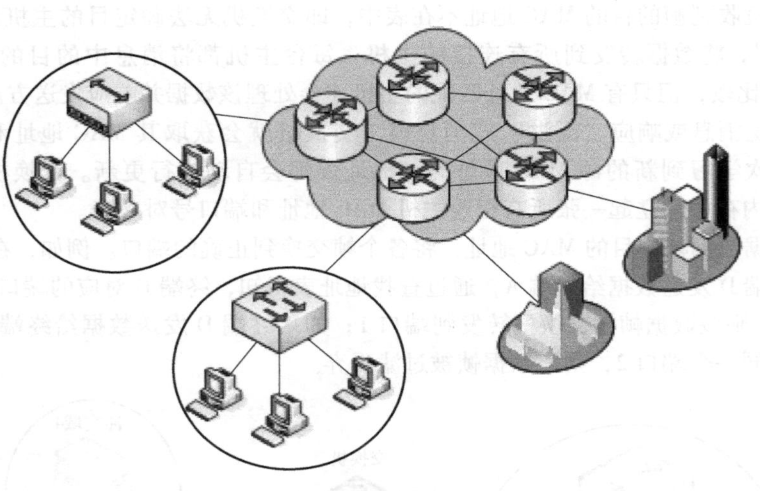

图 5-100　通过路由器进行路径选择

由器接口、成本（Cost）等。维护路由表有两种方法：一种是静态路由，即预先由系统管理员设置好路由信息，静态路由适用于小型的网间互连；另一种是动态路由，即路由器可以根据路由协议自动学习路由信息，不需要人工维护，如 OSPF 协议等。

表 5-24 所示为网络设备所对应的 OSI 参考模型的不同层次。

表 5-24　网络设备对应的 OSI 参考模型的层次

网 络 设 备	对应的 OSI 的层次
中继器	1
集线器	1
网卡	2
网桥	2
交换机	2
路由器	3

（五）10Mbit/s 以太网组网技术

10Mbit/s 以太网称为是传统的以太网，包括使用粗缆的 10Base-5、使用细缆的 10Base-2 和使用 3 类/5 类非屏蔽双绞线的 10Base-T。10Base-5、10Base-2 和 10Base-T 的物理层功能各不相同，使用不同的物理层规范。

1. 10Base-5 组网技术　10Base-5 是 IEEE 802.3 中最早定义的以太网标准，也称为粗缆以太网，因使用比较粗的同轴电缆而得名。10Base-5 的拓扑结构为总线型，采用基带传输的方式，在无中继器的情况下最远的传输距离可以达到 500m，接入节点的数量在理论上可达 1024。粗缆以太网的物理连接器包括同轴电缆、网卡、收发器以及收发器电缆，如图 5-101 所示。

为了减少冲突，保证网络性能，IEEE 802.3 规定了“5-4-3”原则：即最多使用 4 个转发器连接 5 个网段，其中只有 3 个网段可以连接节点，其余的网段仅用作加长距离。此外，粗缆以太网中，相邻收发器间的最小距离为 2.5m，每段最多支持 100 个节点。因此，10Base-5 网络的最大长度为 2.5km，网络节点最多为 300 个。

2. 10Base-2 组网技术　10Base-2 以太网也叫细缆以太网，因其价格比较低廉故又称为“廉价网”。10Base-2 与 10Base-5 具有相同的传输速率，为总线型局域网。细缆以太网的连接部件包括网卡（带 BNC 头）、细同轴电缆和 BNC-T 型连接器。在这种组网技术中，收发器电路被集成到网卡中，收发器接头也被 BNC-T 型连接器取代，从而可以将站点直接连接到电缆上，取消了收发器电缆。

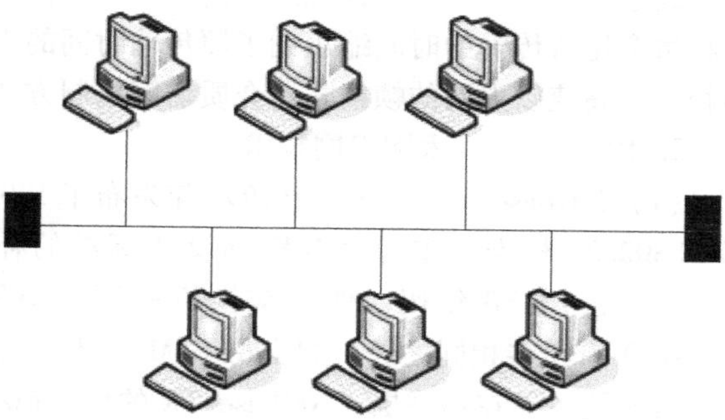
图 5-101　总线型 10Base-5 网络

细缆以太网的特点是价格便宜且安装比较简单，但是传输距离比较短，在不带中继器的情况下网段的最远距离为 185m。

除了遵循 5-4-3 原则外，10Base-2 还规定：两个相邻 BNC-T 型接头之间的最小距离为 0.5m，每段最多支持 30 个节点。因此，10Base-2 网络的最大长度为 925m，网络节点最多为 90 个。

3. 10Base-T 组网技术　20 世纪 80 年代后期出现了 10Base-T。10Base-T 的传输速率为 10Mbit/s，采用曼彻斯特编码，通过两条非屏蔽双绞线电缆传送数据，最大传输距离为 100m，支持 3 类、5 类和超 5 类非屏蔽双绞线（UTP）。

10Base-T 使用两对线：一对用于发送数据，一对用于接收数据。其采用 RJ45 连接器进行端接，连接到引脚 1 和 2 的线对用于发送，连接到引脚 3 和 6 的线对用于接收。

10Base-T 使用集线器连网，需要遵循 5-4-3 规则，即 5 个网段，4 台集线器，3 个允许设备接入的网段，其中两个网段不能连接用户设备，最终形成了一个大的冲突域。5-4-3 规则确保在给定的时间内可以检测到冲突，从而保证网络的正常工作。以太网最小的帧为 64B（512bit），在 10Base-T 网络中需要在 51.2ms 内完成传输，即遵守 5-4-3 规则的中继器、集线器、网卡和信号传输所产生的延迟应小于 51.2ms。

使用交换机代替集线器的 10Base-T 网络，极大地增加了网络的吞吐量，不受 5-4-3 规则的限制。交换机的每个接口都形成一个冲突域，发送的数据只在每个冲突域中起作用，如图 5-102 所示。连接到交换机的 10Base-T 链路支持半双工或全双工运行。

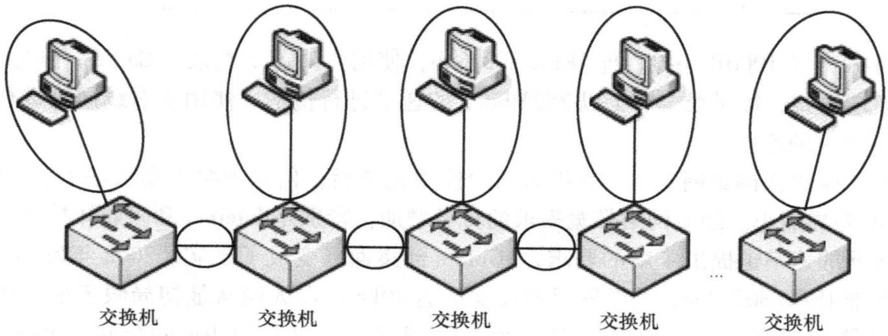

图 5-102　遵循 5-4-3 规则的 10Base-T 网络

（六）高速以太网组网技术

1. 高速以太网的概念　随着计算机在图形处理和实时视频技术等方面的应用不断增多，人们对局域网的传输速率提出了越来越高的要求，高速以太网应运而生。100Mbit/s 以太网也称为快速以太网，包括使用 5 类 UTP 的 100Base-TX 和使用光缆的 100Base-FX。

高速以太网的基本设计思想很简单，即保留所有的旧的数据帧格式、接口以及程序规则，只是将每个比特传输的时间缩短到了原传输时间的1/10，数据传输速率提高到10倍。与传统以太网相比，高速以太网的帧格式、介质访问控制方式都是一样的。

2. 100Mbit/s以太网组网技术

(1) 100Base-TX　IEEE于1995年发布了100Mbit/s快速以太网100Base-TX，并正式命名为IEEE 802.3u标准，作为对IEEE 802.3标准的补充。100Base-TX要求使用5类或更高规格的UTP，采用4B/5B编码，使用交换机而不是集线器进行物理星形拓扑连接。100Base-TX和10Base-T有很多相同之处，如支持CSMA/CD、自动协商、使用相同的帧格式和5类/超5类线等。其不同主要在物理层，100Base-TX的传输速率为100Mbit/s，是10Base-T的10倍。100Base-TX计时参数大多和10Base-T一样，只有和速度有关的参数不同，比特时间是10Base-T比特时间的1/10，即发生每个比特所需的时间是10Base-T的1/10。在10Mbit/s以太网中，MAC层上发送一个比特需要100ns；在100 Mbit/s以太网中，发送相同比特只需要10ns；而在1000Mbit/s以太网中，只需要1ns。

(2) 100Base-FX　100Base-FX采用多模光纤作为传输介质，SC作为连接器，且采用4B/5B编码。100Base-FX使用并不广泛。随着1000Mbit/s光纤网的出现，100Base-FX彻底退出了历史舞台。

3. 1000Mbit/s以太网组网技术　1998年IEEE 802.3z发布了1000Base-X的标准，包括使用光纤的1000Base-SX和1000Base-LX以太网。千兆以太网速度是10Base-T的100倍，比特时间是10Base-T比特时间的1/100，即发出每个比特所需的时间是10Base-T的1/100，为1ns。千兆以太网保留了传统以太网的帧格式，采用8B/10B编码方案，但MAC子层、物理层和介质等很多地方进行了改变。

1000Base-LX和1000Base-SX的区别主要在于传输介质、连接器和波长，见表5-25。

表5-25　1000Base-LX和1000Base-SX的比较

标　准	传输介质	线缆最长距离	发射器	波　长
1000Base-LX	单模光纤	5000m	激光	波长长，1310nm
1000Base-SX	多模光纤	220m	激光	波长短，850nm

1999年发布了1000Base-T，即IEEE 802.3ab，使用4对超5类线（Cat5e）作为传输介质。通过使用尖端电路，每对线全双工以250Mbit/s的速度进行传输，使用4对线同时进行传输，可达到1000Mbit/s的速度。

4. 10Gbit/s以太网组网技术　在以太网中使用光缆后，信号连接距离大幅延长，使LAN与WAN之间的差异缩小。随着网络带宽需求的日益增加，特别是Internet和多媒体技术的发展和应用，对以太网的速率也提出了新的要求，1Gbit/s到桌面已变成了现实。2002年发布了10Gbit/s的以太网标准IEEE 802.3ae，一个网段的长度可达40km。以太网从最初局限于单一建筑物中逐步扩展到建筑物之间，直到现在可以覆盖一个城市。可以利用10Gbit/s以太网构建城域网（MAN）和广域网（WAN），如图5-103所示。

随着对网络需求的不断提高以及光纤制造工艺的不断提高，加速了高速以太网技术的发展。随着40Gbit/s、100Gbit/s、160Gbit/s标准和技术和应用，以太网技术仍在向前发展过程中。

（七）交换式以太网

1. 交换机的工作原理　在传统的共享介质的局域网中，所有节点共享一条公用传输介质，

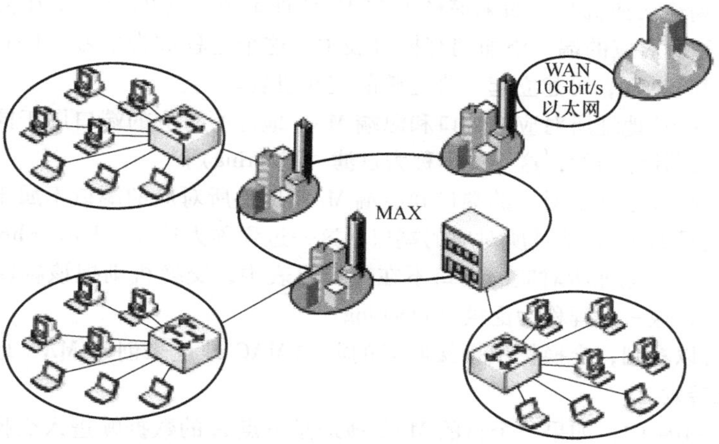

图 5-103　10Gbit/s 以太网构建的 MAN 和 WAN

不可避免会导致冲突的发生。随着局域网规模的扩大，节点数量不断增多，网络效率会急剧下降。因此，可以采用交换方式替换共享介质的方式，这就导致了交换式以太网的产生和发展。通过交换机构建的是交换式 LAN，如图 5-104 所示。交换机也称为多端口网桥，每个交换机端口都是一个独立的冲突域。冲突域中包含的主机越少，发生冲突的可能性就越小。交换机的工作原理与网桥相似，通过不断学习，在交换机内存中建立起一张 MAC 地址和端口号的关联表（见表 5-26），其中列出了包含所有活动端口以及与交换机相连主机的 MAC 地址。

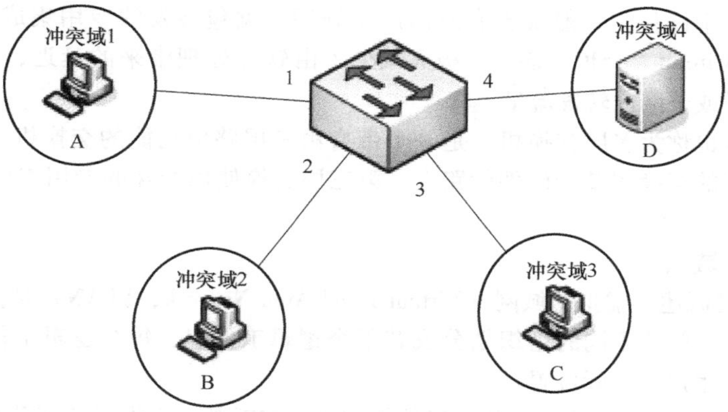

图 5-104　交换式网络

表 5-26　交换机内存中的关联表

数据帧对应的 MAC 地址	交换机端口
MAC A	1
MAC B	2
MAC C	3
MAC D	4

交换机根据数据帧的目的 MAC 地址，将数据帧转发到正确的端口，具体过程如下：

1）交换机启动或初始化时，交换机表为空。

2）当数据帧到达交换机时，如果该帧的源 MAC 地址所对应的端口不在交换机表中，交换机将源 MAC 地址和所对应的端口添加到交换机表中，这个过程称为学习（Learning）。交换机通过这样一个“学习”过程，可建立起一张完整的交换机表。

3）如果目的 MAC 地址所对应的端口和源端 MAC 地址所对应的端口属于同一网段，交换机将不会把该帧转发到其他网段，这一过程称为过滤（Filtering）。

4）如果目的 MAC 地址所对应的端口和源端 MAC 地址所对应的端口不属于同一网段，交换机则把该帧转发到目的 MAC 地址所对应的端口，这一过程称为转发（Forwarding）。

5）如果目的 MAC 地址所对应的端口不在交换机表中，交换机则把该帧转发到除源端口以外的所有其他端口，这一过程称为泛洪（Flooding）。

从以上过程可以看到，交换机根据接收帧的源端 MAC 地址来创建 MAC 地址表，根据帧的目的 MAC 地址来转发。

例如，在图 5-104 中，如果一个目的 MAC 地址是节点 A 的数据帧进入交换机，则转发到端口 1；如果一个目的 MAC 地址是节点 D 的数据帧进入交换机，则转发到端口 4。

2. 二层交换技术和三层交换技术　二层交换机是数据链路层的设备，它能够读取数据包中的 MAC 地址信息并根据 MAC 地址来进行交换。交换机内部有一个地址表，存储 MAC 地址和交换机端口的对应关系。当交换机从某个端口收到一个数据包时，它首先读取包头中的源 MAC 地址，这样它就知道了源 MAC 地址的机器是连在哪个端口上的，它再去读取包头中的目的 MAC 地址，并在地址表中查找相应的端口，如果表中有与此目的 MAC 地址对应的端口，则把数据包直接转发到这个端口上，如果在表中找不到相应的端口，则把数据包广播到所有端口上。二层交换机就是这样建立和维护它自己的地址表的。

二层交换机基于硬件，一般都含有专门用于处理数据包转发的专用集成电路（Application Specific Integrated Circuit，ASIC）芯片，极大减少了由软件处理带来的延迟，转发速度非常快，但只能在一个网段或子网内转发流量。

第三层交换机也称为多层交换机，是一个带有第三层路由功能的交换机，即在同一台设备中集成了基于硬件的交换和基于硬件的路由。第三层交换使用特殊的专用集成电路（ASIC）硬件来实现。

（八）虚拟局域网

1. 虚拟局域网概述　虚拟局域网（Virtual Local Area Network，VLAN）是把物理上直接相连的网络，按不同的部门或不同的组织划分成若干个逻辑工作组，每个逻辑工作组对应一个虚拟网络，而无需考虑用户的实际位置。

VLAN 是以交换式以太网为基础的，以软件方式来实现逻辑工作组的划分和管理。它在以太网帧的基础上增加了 VLAN 头，用 VLAN ID 将用户划分为更小的工作组，每个工作组就是一个虚拟局域网，如图 5-105 所示。利用 VLAN，通过软件设定就可以方便地从一个逻辑组移动到另一个逻辑组，而无需改变网络中的实际物理位置。

每一个 VLAN 对应着一个广播域，只有在同一个 VLAN 之内才能进行通信，第二层的单播、广播和多播帧在一个 VLAN 内转发、扩散，而不会直接进入其他 VLAN 之中。二层交换机没有路由功能，不能在 VLAN 之间转发帧，因而处于不同 VLAN 上的主机不能进行通信，只有引入第三层交换（VLAN 间路由）技术之后，VLAN 间的通信才成为可能。VLAN 通过“逻辑地”将用户或资源分组来增强网络的安全性。

2. VLAN 原理及实现方法　虚拟局域网技术允许网络管理者将一个物理 LAN“逻辑地”划分成不同的广播域，即 VLAN，每个 VLAN 也是一个逻辑网络（子网）。每个 VLAN 可以按照功

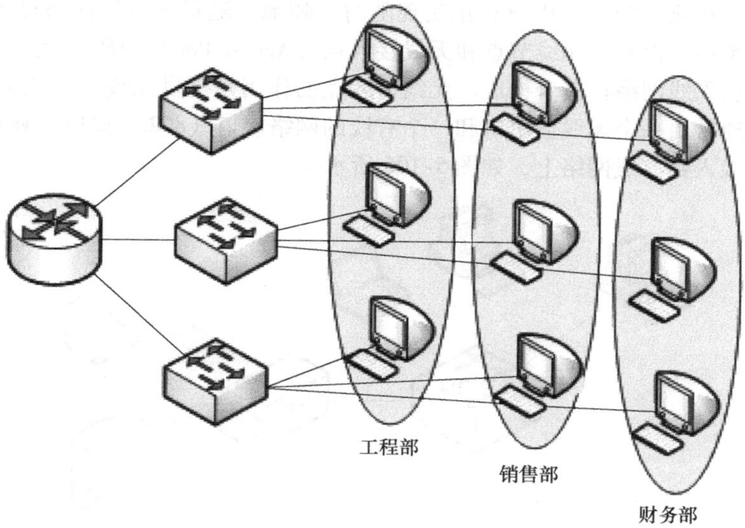

图 5-105　VLAN 示意图

能或应用来划分，无需考虑用户的物理位置。由于 VLAN 是逻辑的而不是物理的划分，因此一个 VLAN 内部的单播、广播和组播都不会发到其他 VLAN 中。VLAN 可以跨越多台交换机，存在于一个或多个建筑物内。

3. VLAN 的类型　目前，虚拟局域网有 3 种实现技术：基于端口的 VLAN、基于 MAC 地址的 VLAN、基于协议的 VLAN。

（1）基于端口的 VLAN　基于端口的 VLAN 是一种静态的 VLAN。当一台设备连接到网络时，它自动属于这个端口的 VLAN。网络管理员只需要管理和配置交换端口，而不管交换端口连接什么设备、用户和系统。属于同一 VLAN 的端口可以不连续，同时一个 VLAN 可以跨越多个以太网交换机。

这种方式实现 VLAN 时十分简单，只要将所有的端口按需指定即可。各端口的配置是静态的，不能自动变成另一个 VLAN，除非手动对交换机的端口进行重新配置。

（2）基于 MAC 地址的 VLAN　基于 MAC 地址的 VLAN 是动态的 VLAN。这种实现方式是根据每个主机的 MAC 地址来划分 VLAN。这种划分方法的最大优点就是当用户物理位置移动或端口改变时，不用重新配置 VLAN。在初始化时网络管理员需要管理和配置所有设备的 MAC 地址，网络规模比较大，设备比较多时，会给管理工作带来难度。此外，这种实现方式也会导致交换机执行效率下降，因为在每个交换机的端口可能存在很多个不同 VLAN 组的成员，这样就无法限制广播包了。而且，一旦设备的网卡更换，需要重新配置 VLAN。

（3）基于协议的 VLAN　基于协议的 VLAN 是动态的 VLAN。基于第 3 层的 VLAN 是采用路由器中常用的方法，即根据每个主机的网络层地址或协议类型来划分。

通过这种方法实现的 VLAN，即使用户物理地址发生改变，也不需重新配置。而且，网络管理者可以根据协议类型来划分 VLAN。同时，这种方法不需要附加的帧标签来识别 VLAN，这样可以减少网络的通信量。但是，由于对每个数据包都要检查它的网络地址，从而导致这种方法实现的 VLAN 较前两种方法的效率要低一些。

（九）无线局域网

1. 无线局域网的概念　无线局域网（WLAN）是利用无线通信技术在一定的局部范围内建立的网络，是计算机网络与无线通信技术相结合的产物，它以无线多址信道作为传输媒介，提供传统有线局域网的功能，能够使用户真正实现随时、随地、随意的宽带网络接入。IEEE 802.11 协议定义了两种类型的设备：无线节点和无线接入点（Access Point，AP）。无线节点通常由一台接入设备加上一块无线网络接口卡构成。无线接入点的作用是提供无线和有线网络之间的桥接。一个无线接入点通常由一个无线输出口和一个有线的网络接口（802.3 接口）构成，代替以太网交换机将客户端接入到有线网络上，如图 5-106 所示。

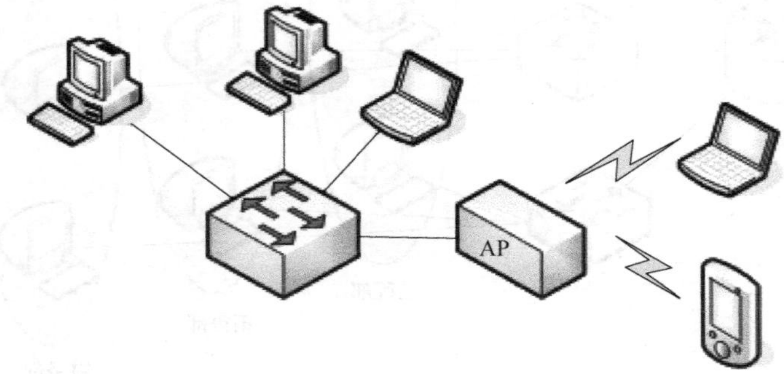

图 5-106　无线局域网

无线联网方式是对有线联网方式的一种补充和扩展，使网上的计算机具有可移动性，能快速、方便地解决以有线方式不易实现的网络联通问题，如会场、灾难营救场地等。随着无线局域网技术的不断发展和成熟，无线组网方式得到越来越多的应用。

IEEE 802.11 规定对介质访问采取 CSMA/CA（Carrier Sense Multiple Access with Collision Avoidance）的碰撞防止（Collision Avoidance）机制，而不是以太网所用的 CSMA/CD 的冲突检测（Collision Detection）机制来主动避免介质内出现冲突。

2. 无线局域网的标准

1990 年 IEEE 802 标准化委员会成立 IEEE 802.11 工作组，专门从事无线网的研究。

（1）IEEE 802.11

1997 年 6 月发布无线局域网的第一个标准 IEEE 802.11，工作频段在 2.4GHz，主要用于解决办公室局域网和校园网中用户与用户终端的无线接入，传输速率最高只能达到 2Mbit/s。由于 IEEE 802.11 在传输速率和传输距离上都不能满足人们的需要，后被 IEEE 802.11b 取代。

有时人们会把 IEEE 802.11 和 Wi-Fi 混为一谈，其实两者并不完全相同。Wi-Fi 是 Wi-Fi 联盟所持有的，是基于 IEEE 802.11 系列标准的无线网络通信技术的品牌，目的是改善基于 IEEE 802.11 系列标准的无线网络产品之间的互通性。

（2）IEEE 802.11b

1999 年 9 月 IEEE 802.11b 被正式批准，工作频段在 2.4GHz，这是第一个成功实现商业化的无线局域网技术，采用补偿编码键控（Complementary Code Keying，CCK）调制技术，数据的传输速率可以根据实际情况在 1Mbit/s、2Mbit/s、5.5Mbit/s 和 11Mbit/s 间自动切换，传输距离为 15～45m。IEEE 802.11b 使用的 2.4GHz 属于工业、教育和医疗等的专用频段，是公开使用的频段，许多电器也使用 2.4GHz 频段，这容易引起相互干扰。

（3）IEEE 802.11a

1999 年 IEEE 802.11a 标准制定完成，工作频段在 5GHz，传输速率达到 54Mbit/s，传输距离为 10～100m，采用 OFDM（Orthogonal Frequency Division Multiplexing，正交频分复用）调制技术。

使用 5GHz 频段存在一些严重的弊端。无线电波的频率越高，就越容易被障碍物所吸收，在障碍物较多时，IEEE 802.11a 很容易出现性能不佳的问题。此外，工作在 5GHz 频段需要申请牌照，包括俄罗斯在内的部分国家禁止使用5GHz频段，这也导致802.11a的应用受到限制。

（4）IEEE 802.11g

2003年发布的IEEE 802.11g标准是IEEE 802.11b的延续，工作频段在2.4GHz，采用OFDM和CCK两种调制技术，传输速率最高可达54Mbit/s，解决了IEEE 802.11b与IEEE 802.11a不兼容的问题，保证使用IEEE 802.11b和IEEE 802.11a两种标准的设备可以在同一网络中使用。

（5）IEEE 802.11n

2009年发布的IEEE 802.11n通过对IEEE 802.11物理层和MAC层的技术改进使得无线通信在吞吐量和可靠性方面获得显著的提高，其核心技术是MIMO（MultipleIn MultipleOut，多进多出）和OFDM技术，使用多个发射天线和接收天线来获得更高的数据传输速率，传输速率可达300Mbit/s，理论上甚至高达600Mbit/s，支持2.4GHz和5GHz两个工作频段，可以向下兼容IEEE 802.11a/b/g标准，支持高质量的语音和视频传输。

（6）IEEE 802.11ac

2012年发布的IEEE 802.11ac标准，工作频段在5GHz，俗称5G Wi-Fi（5th Generation of Wi-Fi），理论上能够提供最少1Gbit/s带宽进行多站式无线局域网通信，或是最少500Mbit/s的单一连接传输带宽。IEEE 802.11ac采用并扩展了源自802.11n的空中接口概念，包括更宽的射频带宽（提升至160MHz）、更多的MIMO空间流（增加到8）、下行多用户的MIMO以及高密度的调制（达到256QAM）。

（7）IEEE 802.11ax

2013年IEEE成立了TGax工作组，研究新一代WLAN标准IEEE 802.11ax，是针对网络设备密集度高、无线接入需求量大的场景下的无线解决方案。IEEE 802.11ax标准支持2.4GHz和5GHz两个工作频段，向下兼容IEEE 802.11a/b/g/n/ac标准。

四、IP地址

（一）IPv4协议

1. IPv4地址的组成　IP地址是网络层的逻辑地址。Internet上的IP地址必须全球唯一。IP地址由专门的组织负责分配，以确保这些地址不会重复。ISP从本地、本国或地区Internet注册管理机构获得IP地址块，然后ISP负责管理这些地址并将它们分配给最终用户。

目前主流的IPv4协议的IP地址长度为4个字节，即32个二进制位。人们以8位为一组（称为一个8位字节），将这32个位划分为4个8位字节，并将每个8位字节用十进制数表示，以小数点加以分隔。这种表示方法称为点分十进制记法（Dotted Decimal Notation）。每段由0~255的数字组成，段与段之间用小数点分隔。例如：

二进制形式的IP地址：11000000.10101000.00000000.00011001

点分十进制形式的IP地址：192.　168.　0.　25

IP地址具有层次性，由网络ID和主机ID两部分组成。网络ID用来识别不同的网络。所有连接在同一本地网络主机的IP地址的网络部分都是一样的，通过不同的主机ID来区分。在同一个本地网络中，IP地址的主机部分是每台主机所独有的。

2. IPv4地址的分类　IPv4地址划分为A、B、C、D、E共5类。其中，A类、B类和C类地址可分配给主机，D类为组播地址，E类则用于实验研究，见表5-27（其中hhh表示主机ID）。通过首个8位字节的值，就可以确定地址的类别。如果IP地址的首个8位字节的值介于192和223之间，则它就是一个C类地址，例如，192.168.0.67。

表 5-27 IP 地址的分类

地址类型	地址范围	说明	网络地址所用位数
A类	001. hhh. hhh. hhh ~ 127. hhh. hhh. hhh	第一段是网络 ID，其余三段是主机 ID	8
B类	128. 000. hhh. hhh ~ 191. 255. hhh. hhh	前两段是网络 ID，其余两段是主机 ID	16
C类	192. 000. 000. hhh ~ 223. 255. 255. hhh	前三段是网络 ID，最后一段是主机 ID	24
D类	224. 000. 000. 000 ~ 239. 255. 255. 255	组播地址	
E类	240. 000. 000. 000 ~ 255. 255. 255. 255	实验研究用地址	

（1）A 类地址　A 类地址仅以一个 8 位字节代表网络部分，其余 3 个代表主机。默认子网掩码为 255. 0. 0. 0。每个 A 类网络中的主机数量最多为 16777214（$2^{24}-2$）。A 类地址适合分配给大型组织。由于 0 和 127 作为保留使用，因此不能作为网络地址。127. 0. 0. 0 网络是保留用作环回地址的，用于本地回送测试，所以 A 类地址可标识的网络数量为 126 个。第一段数字的取值范围是 00000001 ~ 01111110，即 1 ~ 126。

（2）B 类地址　B 类地址用前面两个 8 位字节代表网络部分，另两个代表主机部分。默认子网掩码为 255. 255. 0. 0。所以每个 B 类网络中的主机数量最多为 65534（$2^{16}-2$）。B 类地址一般用于中型网络。第一段数字的取值范围是 10000000 ~ 10111111，十进制表示为 128 ~ 191。

（3）C 类地址　C 类地址使用前面 3 个 8 位字节表示网络部分，一个表示主机部分。默认子网掩码为 255. 255. 255. 0。每个 C 类网络中的主机数量最多为 254（$2^{8}-2$）。C 类地址通常分配给小型网络。第一段数字的取值范围是 11000000 ~ 11011111，十进制表示为 192 ~ 223。

（4）D 类地址　D 类地址也称为组播地址，用于组播。如果主机需要用一对多模式发送消息，则使用组播地址。组播是指同时发送同一条消息到一组目的主机。

组播地址是唯一的网络地址，用来转发预先定义的一组 IP 地址。第一段数字的取值范围是 11100000 ~ 11101111，十进制表示为 224 ~ 239。

（5）E 类地址　E 类地址是 Internet 工程任务组作为实验研究用的地址。第一段数字的取值范围是 11110000 ~ 11111111，十进制表示为 240 ~ 255。

由此可以得出，规模大的网络可以使用 A 类网络地址，A 类网络可容纳 1600 万以上的网络地址；中型网络可以使用 B 类网络地址，提供的 IP 地址数超过 65000 个；家庭和小型企业网络一般使用单一的 C 类网络地址，最多可容纳 254 台主机。

3. 特殊的 IP 地址

（1）Loopback 地址　在 A 类地址中 127. 0. 0. 1 是回环地址，它是一个保留地址，可以用于测试 TCP/IP 组件是否工作正常。TCP/IP 规定：网络号为 127 的分组不可以出现在任何网络上，主机和路由器不能为该地址广播任何信息。

（2）广播地址　在 A、B 和 C 类地址中，如果对应的主机位全是 1，则这个地址为广播地址。广播地址以广播的形式将分组发送给该网络中的所有主机。例如，192. 168. 1. 0/24 网络的广播地址为 192. 168. 1. 255。为了向网络中的所有设备发送数据，需要用广播地址。

（3）多播地址　多播地址也称为组播地址，由D类IP地址标记。D类IP地址的最高4位为“1110”，范围从224.0.0.0到239.255.255.255。多播是一种点到多点（或多点到多点）的通信方式，即多个接收者同时接收一个源发送的相同信息。

（4）网络地址　网络地址用于识别网络本身，IP地址中对应的主机位全是0，不能分配给网络中的设备。例如，192.168.1.0/24的网络地址为192.168.1.0，该网段的地址包括192.168.1.1～192.168.1.254，这些IP地址的网络地址均为192.168.1.0。任何发往该网络的数据，目的网络都是192.168.1.0。只有数据到达该网段时，才会进行主机匹配。

4. 公有和私有IP地址　IP地址是全球唯一的，没有任何连到Internet的两台主机拥有相同的IP地址。组织或个人花费一定的费用就可从Internet服务供应商或地址注册处获得公有的IP地址。随着Internet的广泛使用和快速增长，IP地址已几近枯竭。

由于私有网络中的主机不需直接连入Internet，可以使用任何有效的地址，只要这个地址在该私有网络上是唯一的，因而，通过在内部使用私有IP地址的方法来解决IP地址枯竭的问题。

RFC 1918标准在A、B和C类每个类别中都保留数个私有地址范围，包含一个A类网络、16个B类网络和256个C类网络，见表5-28。

表5-28　私有IP地址

地址类型	私有IP地址范围	网络个数
A类	10.0.0.0～10.255.255.255	1
B类	172.16.0.0～172.31.255.255	16
C类	192.168.0.0～192.168.255.255	256

私有地址在网络内部是唯一的，只在本地网络中可见，不能在Internet上路由，使用时也不需要向Internet管理机构申请。

（二）IPv6协议

为了解决IPv4地址不够用的问题，从20世纪80年代末就开始了下一代IP网络的研究。IPv6是1998年由RFC 2460第一次提出来的。IPv6将IP地址长度增加了3倍，从IPv4的32位增加到128位，可以提供2^{128}个地址，是IPv4地址空间的2^{96}倍。IPv6不仅解决了IP地址不够用的问题，可以满足未来网络增长的需要，而且提高了网络安全性和服务质量。

1. IPv6协议的新特性

（1）扩展了IP地址空间　IPv6采用128位二进制，用32位十六进制数表示，以冒号作为分界符。例如，21DA：00D3：0000：2F3B：02AA：00FF：FE28：9C5A是一个完整的IPv6地址。

IPv6的128位地址长度形成巨大的地址空间，能够为所有可以想象出的网络设备提供一个全球唯一的地址。IPv6充足的地址空间将极大地满足那些伴随着网络智能设备（Pda、Mobile Phone等）的出现而对地址增长的需求。

（2）增强了认证与私密性　IPv6协议中包含多种安全服务选择，以满足只允许经过身份认证的实体接受发送数据保密性的应用要求。IPv6将IPSec作为必备协议，使加密和认证变得更加容易，保证了端到端的安全服务。

（3）简化报头格式，加强了对扩展报头和选项部分的支持　改进的报头格式有效地减少了路由器或交换机对报头的处理开销，使这些格式不再对路由器或交换机性能造成影响，对将来网络加载新的应用提供了充分的支持。

（4）对数据流进行标识 对数据流进行标识可以为数据报所属类型提供个性化的网络服务，有效地改进实时多媒体应用的数据传输效率，并有效保障相关业务的服务质量。

（5）改进移动网络和实时通信方面的性能 IPv6 在移动网络和实时通信方面有很多改进。IPv6 具备强大的自动配置能力从而简化了移动主机和局域网的系统管理。

2. IPv6 协议的格式 IPv6 协议的地址体系在 RFC 1884 中进行了说明，RFC 2373 对 IPv6 的寻址体系进行了定义。IPv6 报头的结构比 IPv4 简单得多，IPv6 报头中删除了 IPv4 报头中不常用的域，加入了可选项和报头扩展。IPv4 中有 10 个固定长度的域、2 个地址空间和若干个选项，IPv6 中只有 6 个域和 2 个地址空间，如图 5-107 所示。

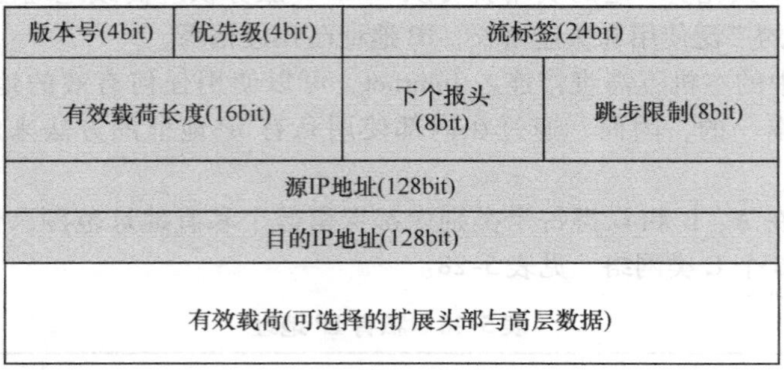

图 5-107 IPv6 数据报头格式

IPv6 报头占 40B，如图 5-107 所示，报头长度固定（IPv4 报头是变长的），不需要消耗过多的内存容量。

3. IPv6 地址的简写方法 为了简化 IPv6 地址的书写，可以采用零压缩（Zero Compression）方式减少字符的个数。压缩的规则是：

1）两个“:”中的 4 个数字全为 0 时，可以不写。

2）一段中前面 1 ~ 3 位数字全为 0 时，可以不写。

3）连续的“:”中的 4 个数字全为 0 时，可以不写 0，用两个“:”表示。

例如：21DA：0003：0000：002F：02AA：00FF：FE28：9C5A

可以简写为：21DA：3：：2F：02AA：FF：FE28：9C5A

4. IPv4 到 IPv6 地址的过渡 IPv4 到 IPv6 地址的过度基本上采用双 IP 层或双协议栈、隧道技术这两种方法。

在完全过渡到 IPv6 之前，使一部分主机和路由器装有两个协议，即一个 IPv4 协议和一个 IPv6 协议。这样使得该主机既可以和 IPv4 系统进行通信，又可以和 IP v6 系统进行通信。双 IP 层是指 TCP 和 UDP 都可以通过 IPv4、IPv6 或 IPv6 穿越 IPv4 隧道来实现，双协议栈是指 IPv4、IPv6 对应各自的传输层协议，如图 5-108 所示。

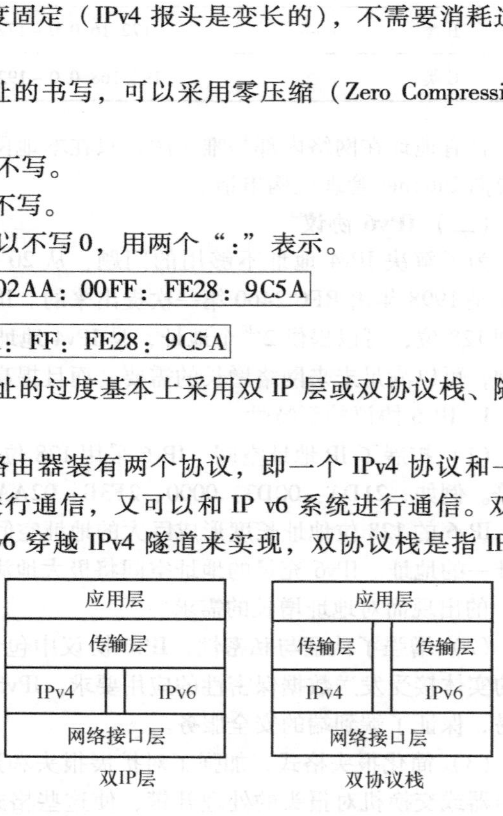

图 5-108 IPv6 的双 IP 层和双协议栈示意图

所谓隧道技术是指在 IPv4 区域中打通了一个 IPv6 隧道来传输 IPv6 数据分组，即将 IPv6 数据分组封装成 IPv4 分组，当 IPv4 分组离开 IPv4 网络时，再将其数据部分交还给 IPv6，如图 5-109 所示。

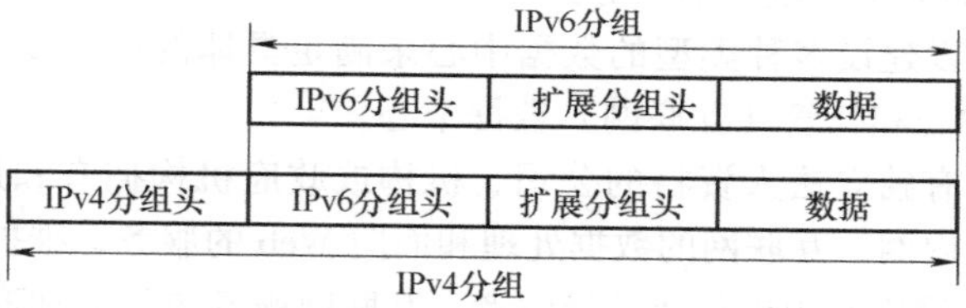

图 5-109 IPv6 隧道技术

第三节 数据中心布线系统

随着计算机网络技术的不断发展和社会信息化程度的逐步提高，人们对数据的传输、存储、处理和管理的要求越来越高。特别是各国政府电子政务建设的不断深入，政府各部门存在了大量的数据库，这些数据关乎国计民生，如果这些数据一旦丢失将会造成巨大的经济损失，甚至是社会动荡。对企业来说也一样，企业的重要数据直接关系到企业的存亡，所以目前各国政府和大型企业都不惜投入巨资在数据中心建设上，这使得近年来国际数据中心市场发展迅猛，数据中心建设成为各个行业追逐的焦点。如何对大量数据进行更好地运用，发挥其最大的作用，使业务不断增长，成为了众多企业最为关心的问题。因此建立一个稳定、安全、高效的数据中心，将是针对这类问题最为有效的解决方案。

数据中心正在发展成为政府、企业的信息化建设核心，设备、服务和应用的集成使得企业网络真正成熟和高效地运行起来。近年来，国际数据中心市场发展迅猛，数据存储应用及设备、存储区域网络等方面的重大变化已改变了对数据中心和计算机房的电信基础设施建设的要求。企业及运营商的主机设备及其外围支持设备已逐步被高性能的服务器所替代，这些服务器的运行速率已达到吉比特等级。数据中心内部多种应用的共存、特定环境下必须考虑的建筑因素，再加上基于主机的服务将转变为基于分布式服务器，这些都为数据中心的设计与实施带来了新的挑战。网络系统和基于互联网的应用也需要更高带宽、更快速度和更安全机制来发挥所有系统设施的潜能。这些增长的需求来自于所有的数据中心设备，而结构化布线系统作为网络的物理基础设施建设自然变得尤为重要，信息网络工程建设成为大家所关注的对象。

一、数据中心布线系统概述

1. 数据中心定义　数据中心可以由一个建筑群、建筑物或建筑物的一个部分组成，在通常情况下它可以分为主机房和支持空间两大区域，是电子信息的存储、加工和流转中心。数据中心内放置核心的数据处理设备，是企事业单位的信息中枢。数据中心的建立是为了全面、集中、主动并有效地管理和优化 IT 基础构架，实现信息系统高水平的可管理性、可用性和可扩展性，保障业务的顺畅运行和服务的及时性。

建设一个完整的、符合现在及将来要求的高标准数据中心，应满足以下功能要求：

1）需要一个满足进行数据计算、数据存储和安全联网设备安装的地方。

2）为所有设备运转提供所需的保障电力。

3）在满足设备技术参数要求下，为设备运转提供一个温度受控的环境。

4）为所有数据中心内部和外部的设备提供安全可靠的网络连接。

5）不会对周边环境产生各种各样的危害。

6）具有足够坚固的安全防范设施和防灾设施。

按照需求不同，可以建设多种类型的数据中心来满足具体的业务要求，两种最常见的类型是公司（企业）数据中心和托管（互联网）数据中心。

企业数据中心由具有独立法人资格的公司、机构或政府机构拥有和运营。这些数据中心为其自己的机构提供支持内网、互联网的数据处理和面向Web的服务，维护由内部IT部门进行。

托管（互联网）数据中心由电信业务经营者、互联网服务提供商和商业运营商拥有和运营，它们提供通过互联网连接访问的外包信息技术（IT）服务，以及互联网接入、Web或应用托管、主机代管及受控服务器和存储网络。

2. 数据中心系统组成　数据中心从功能上可以分为主机房和其他支持空间，如图5-110所示。主机房是主要用于电子信息处理、存储、交换和传输设备的安装、运行和维护的建筑空间，包括服务器机房、网络机房、存储机房等功能区域。支持空间是主机房外部专用于支持数据中心运行的设施和工作空间，包括进线间、内部电信间、行政管理区、辅助区和支持区。

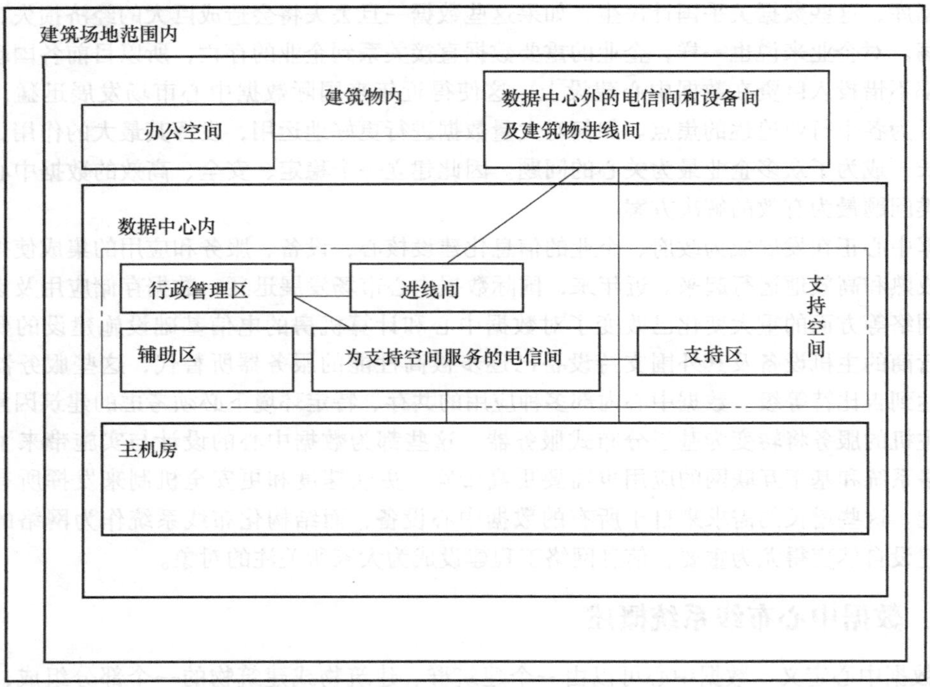

图5-110　数据中心组成

数据中心的综合布线系统是数据中心网络的一个重要组成部分，支撑着整个网络的连接、互通和运行。综合布线系统通常由铜缆、光缆、连接器和配线设备等部分组成，并需要满足未来一段时间内带宽需求情况下的兼容性。所以确保一个数据中心布线解决方案的设计能够适应将来更高传输速率的需要将是至关重要的。

3. 国内外机房等级及分类　按照中国国家标准《数据中心设计规范》（GB 50174—2017），数据中心可根据使用性质、管理要求及由于场地设备故障导致电子信息系统运行中断在经济和社会上造成的损失或影响程度，分为A、B、C三级。

A级为容错型，系统运行中断将造成重大的经济损失，或将造成公共场所秩序严重混乱。在系统运行期间，其基础设施应在一次意外事故后或单系统设备维护或检修时仍能保证电子信息系统的正常运行，不应因操作失误、设备故障、外电源中断、维护和检修而导致电子信息系统运行中断。

B 级为冗余型，系统运行中断将造成较大的经济损失，或将造成公共场所秩序混乱。在系统运行期间，其基础设施在冗余能力范围内，不应因设备故障而导致电子信息系统运行中断。

C 级为基本型，危害程度低于 B 级的数据中心。其基础设施在正常运行情况下，应保证电子信息系统运行不中断。

表 5-29 列出了不同等级的数据中心对布线及相关系统的技术要求。

表 5-29　不同等级的数据中心对布线及相关系统的技术要求

项　目	技术要求			备　注
	A 级	B 级	C 级	
建筑与结构				
冷通道或机柜进风区域的温度	18～27℃			不得结露
冷通道或机柜进风区域的相对湿度和露点温度	露点温度 5.5～15℃，且相对湿度≤60%			
主机房环境温度和相对湿度（停机时）	5～45℃，8%～80%，且露点温度≤27℃			
抗震设防分类	不应低于乙类	不应低于丙类	不应低于丙类	
主机房吊挂荷载	$1.2kN/m^2$			
防静电活动地板的高度	≥500mm			作为空调静压箱时
	≥250mm			仅作为电缆布线使用时
网络与布线系统				
承担数据业务的主干和水平子系统	OM3/OM4 多模光缆、单模光缆或 6A 类以上等级的对绞电缆，主干和水平子系统均应冗余	OM3/OM4 多模光缆、单模光缆或 6A 类以上等级的对绞电缆，主干子系统应冗余		
进线间	不少于 2 个	不少于 1 个	1 个	
智能布线管理系统	宜	可		
线缆标识系统	应在线缆两端打上标签			配电电缆宜采用线缆标识系统
在隐蔽通风空间敷设的通信缆线防火要求	应采用 CMP 级或低烟无卤阻燃电缆，OFNP 或 OFCP 级光缆			也可采用同等级的其他电缆或光缆
公用电信配线网络接口	2 个以上	2 个	1 个	

国际上流行的美国 TIA 942 标准中，按照数据中心支持的正常运行时间，将数据中心分为 4

个等级。按照不同的等级，对数据中心内的设施要求也将不同，越高级别要求越严格，一级为最基本配置没有冗余，四级则提供了最高等级的故障容错率。在4个不同等级的定义中，包含了对建筑结构、电信基础设施、安全性、电气、接地、机械及防火保护等的不同要求。表5-30列出了不同正常运行时间等级数据中心的可用性指标（Uptime Institute），其中针对布线系统的分级指标见表5-31。

表5-30 不同等级数据中心可用性指标

等级	一级	二级	三级	四级
可用性	99.671%	99.749%	99.982%	99.995%
年宕机时间	28.8h	22.0h	1.6h	0.4h

表5-31 不同等级数据中心布线系统分级指标

指标	一级	二级	三级	四级
布线、机架、机柜和通道满足TIA标准	是	是	是	是
接入运营商的不同入口路由和入口孔间隔20m以上	否	是	是	是
冗余接入运营商服务	否	否	是	是
次进线室	否	否	是	是
次配线室	否	否	否	可选
冗余主干路由	否	否	是	是
冗余水平布线	否	否	否	可选
路由器和交换机有冗余电源和处理器	否	是	是	是
多个路由器和交换机用于冗余	否	否	是	是
对配线架、插座和线缆按照ANSI/TIA/EIA 606-A和ANSI/TIA 942附录B的相关条款进行标注。机柜和机架前后方均标注	是	是	是	是
以线缆两端的连接名称来标注跳线的两端	否	是	是	是
对配线架和跳线按照ANSI/EIA 606-A和ANSI/TIA 942附录B的相关条款编制文档	否	否	是	是

上述两种分级方法各有利弊，前一种采用的是定性方式，后一种采用的是定量方式。对于综合布线系统而言，定性方式相对可行，因为布线系统的安装品质、连接器件的端接品质要想得出定量的统计参数往往不容易得到，而且因项目的不同、施工手法的不同，偏差会很大。

二、数据中心布线系统设计

（一）数据中心布线系统构成

数据中心布线包括主机房内布线、主机房外布线和支持空间（主机房外）。数据中心布线空间构成如图5-111所示。

图5-111以一个建筑物展开，建筑物中数据中心主机房内部则形成主配线、中间配线、水平配线、区域配线、设备配线的布线结构。主配线区的配线架通过可选的中间配线区设施连接水平配线区配线架，或直接与设备配线区的配线架相连接，并与建筑物通用布线系统及电信业务经营者的通信设施进行互通，从而完成数据中心布线系统与建筑物通用布线系统及外部运营商线

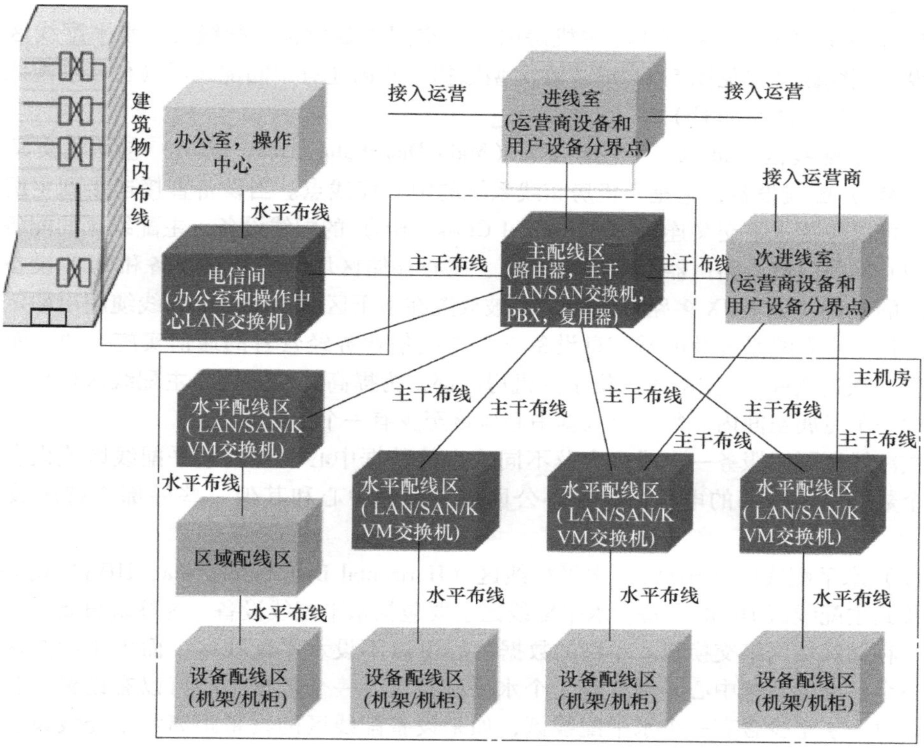

a) 标准的数据中心布线系统空间构成图

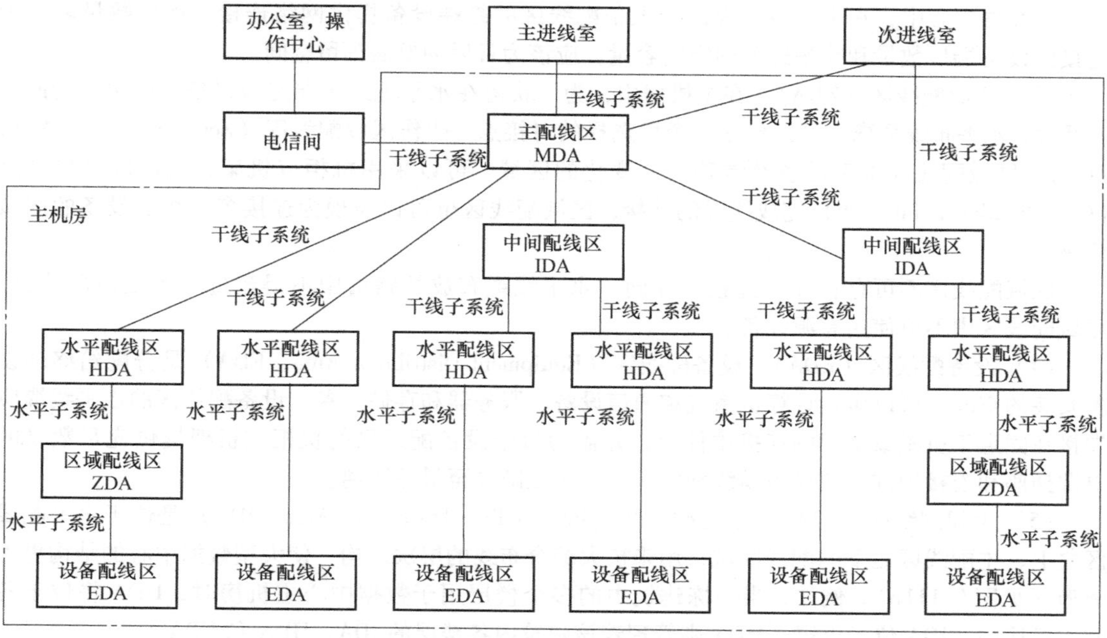

b) 三层结构的数据中心布线系统空间构成图

图 5-111　数据中心布线系统空间构成图

路的互连互通。

1. 主机房内布线　数据中心主机房内布线空间主要包含主配线区、水平配线区、区域配线区和设备配线区（参见图5-111a），在大型数据中心内还有中间配线区（位于主配线区与水平配线区之间，参见图5-111b）。

（1）主配线区（MDA）　主配线区（Main Distributor Area，MDA）包括主交叉连接（Main Cross，MC）配线设备，它是主机房布线系统的中心配线点。当设备直接连接到主配线区时，主配线区可以包括水平交叉连接（Horizontal Cross，HC）的配线设备。主配线区的配备主要服务于数据中心网络的核心路由器、核心交换机、核心存储区域网络交换设备和PBX设备。有时接入运营商的设备（如MUX多路复用器）也被放置在主干区域，以避免因线缆超出额定传输距离或考虑数据中心布线系统及电子信息设备直接与电信业务经营者的通信实施互通，而建立第二个进线间（次进线间）。主配线区位于主机房内部，为提高其安全性，主配线区也可以设置在主机房内的一个专属空间内。每一个数据中心应该至少有一个主配线区。

主配线区可以服务一个或多个及不同地点的数据中心内部的水平配线区或设备配线区，以及各个数据中心外部的电信间，为办公区域、操作中心和其他一些外部支持区域提供服务和支持。

（2）水平配线区（HDA）　水平配线区（Horizontal Distributor Area，HDA）用来服务于不直接连接到主配线区HC的设备。水平配线区主要包括水平配线设备、为终端设备服务的局域网交换机、存储区域网络交换机。小型的数据中心可以不设水平配线区，而由主配线区来支持。但是，一个标准的数据中心必须有若干个水平配线区。一个数据中心可以有设置于各个楼层的主机房，每一层至少含有一个水平配线区，如果设备配线区的设备距离水平配线设备超水平线缆长度限制的要求，可以设置多个水平配线区。

在数据中心中，水平配线区为位于设备配线区的终端设备提供网络连接，连接数量取决于连接的设备端口数量和线槽通道的空间容量，应该为日后的发展预留空间。

（3）区域配线区（ZDA）　在主机房中，为了获得在水平配线区与终端设备之间更高的配置灵活性，水平布线系统中可以包含一个可选择的对接点，叫作区域配线区（Zone Distributor Area，ZDA）。区域配线区位于设备经常移动或变化的区域，可以采用机柜或机架，也可以是集合点（Consolidation Point，CP）完成线缆的连接，区域配线区也可以表现为连接多个相邻设备的区域插座。

区域配线区不可存在交叉连接，在同一水平线缆布放的路由中不得超过一个区域配线区。区域配线区中不可使用有源设备。

（4）设备配线区（EDA）　设备配线区（Equipment Distributor Area，EDA）是分配给终端设备安装的空间，可以包括计算机系统和通信设备、服务器和存储设备。设备配线区的水平线缆应端接在固定于机柜或机架的连接硬件上，并需为每个设备配线区的机柜或机架提供充足数量的电源插座和连接硬件，使设备缆线和电源线的长度减少至最短距离。

（5）中间配线区（IDA）　中间配线区（Intermediate Distributor Area，IDA）是位于水平配线区之上、主配线区之下的配线区域，用来扩大综合布线的层次结构，使大型数据中心的结构更为清晰（见图5-111b）。例如，当一栋建筑中的多个楼层用于数据中心主机房时，HDA将位于各间主机房内，IDA位于楼层，MDA则管理着该建筑内各楼层的IDA、HDA和EDA。

2. 支持空间　根据中国国家标准《数据中心设计规范》（GB 50174—2017），数据中心支持空间（主机房外）包含辅助区、支持区、进线间、电信间和行政管理区。数据中心区域内的电信间是建筑物综合布线系统的一部分，它与数据中心内的综合布线系统有一定的关系，但不属于数据中心综合布线系统。

（1）辅助区　辅助区是用于电子信息设备和软件的安装、调试、维护、运行监控和管理的场所，包括进线间、测试机房、总控中心、消防和安防控制室、拆包区、备件库、打印室、维修室、装卸室、用户工作室等区域。辅助区可根据工位数量与设备的应用与连接需求设置数据和语音信息点。

（2）支持区　支持区是为主机房、辅助区提供动力支持和安全保障的区域，是支持并保障完成信息处理过程和必要技术作业的场所，包括变配电室、柴油发电机房、电池室、空调机房、动力站房、不间断电源系统用房、消防设施用房等。支持区可以整个空间和设备安装场地为单位，设置相应的数据和语音信息点。

（3）进线间　进线间是数据中心综合布线系统和外部配线及公用网络之间接口与互通交接的场地，设置用于分界的连接硬件。

基于安全目的，进线间宜设置在主机房之外。根据冗余级别或等级要求的不同，进线间可能需要多个，以根据网络的构成和互通的关系连接外部或电信业务经营者的网络。如果在数据中心面积非常大的情况下，次进线间就显得非常必要，这是为了让进线间尽量与机房设备靠近，以使设备之间的连接线缆不超过线路的最大传输距离要求。

进线间的设置主要用于电信线缆的接入和电信业务经营者通信设备的放置。这些设施在进线间内经过电信线缆交叉转接，接入数据中心内。如果进线间设置在主机房内部，也可与主配线区（MDA）合并，但相对独立对于管理更为适合。

如果数据中心只占建筑物之中若干区域，则建筑物进线间、数据中心主进线间和可选数据中心次进线间的关系如图 5-112 所示。若建筑物只有一处外线进口，数据中心主进线间的进线也可经由建筑物进线间引入。

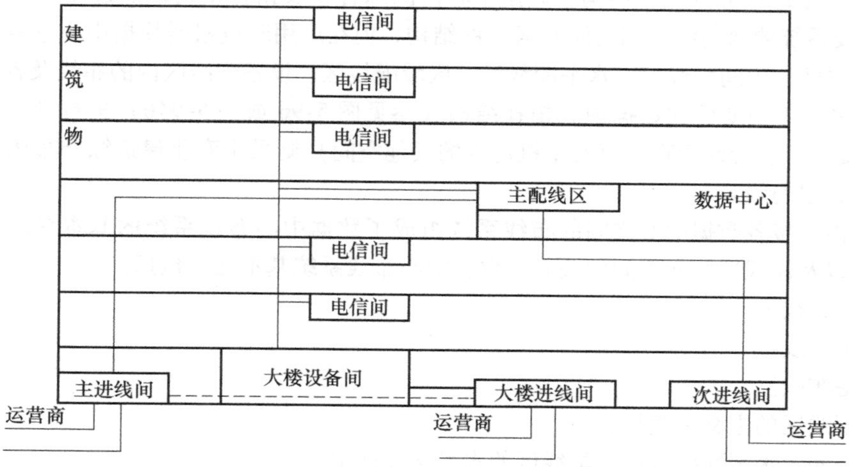

图 5-112　建筑物进线间、数据中心主进线间及次进线间

（4）电信间　电信间是数据中心内支持主机房以外的布线空间，包括行政管理区、辅助区和支持区。在数据中心内的电信间因服务于数据中心，所以它的数据传输一般上连至 MDA，电话系统则上连至大楼设备间。电信间用于安置为数据中心的正常办公及操作维护支持提供本地数据、视频和语音通信服务的各种设备。电信间一般位于主机房外部，但是如果有需要，它也可以和主配线区或水平配线区合并。

（5）行政管理区　行政管理区是用于日常行政管理及客户对托管设备进行管理的场所，包括工作人员办公室、门厅、值班室、盥洗室、更衣间和用户工作室等。行政管理区可根据服务人员数量设置数据和语音信息点。

（二）数据中心布线规划与拓扑结构

1. 数据中心网络布线规划　在数据中心建设规划和设计时，要求对数据中心建设有一个整体的了解，需要较早地和全面地考虑与建筑物之间的关系与作用，综合考虑和解决场地规划布局中有关建筑、电气、机电、通信、安全等多方面协调的问题。

在新建和扩建一个数据中心时，建筑规划、电气规划、电信布线结构、设备平面布置、供暖通风及空调、环境安全、消防措施、照明等方面需要协调设计。数据中心规划与设计的步骤，建议按照以下过程进行。

1）评估机房空间、电信设备及数据中心设备在通电满负荷工作时的机房环境温湿度及设备的冷却要求，并考虑目前和预估将来的冷却实施方案。

2）提供场地、楼板荷载、电源、空调、安全、接地、漏电保护等有关建筑土建、设备、电气等方面的要求，同时也针对操作中心、装卸区、储藏区、中转区和其他区域提出相关基本要求。

3）结合建筑土建工程建设，给出数据中心空间上的功能区域初步规划。

4）创建一个建筑平面布置图，包括进线间、主配线区、中间配线区、水平配线区、设备配线区的所在位置与面积。为相关专业的设计人员提供近/远期的供电、冷却和对房屋楼板的荷载要求。

5）将电信线缆路径、供电设备和机械设备的安装位置及要求体现于数据中心的平面图内。

6）在数据中心内各配线区域布置的基础上确定机房布线系统的整体方案。

2. 数据中心综合布线拓扑结构　数据中心内的综合布线拓扑结构依然遵循本章第一节（图5-1 综合布线系统的通用结构和功能元素）的结构，但在应用时应根据数据中心本身的特点，主机房的主配线区、中间配线区、水平配线区、区域配线区、设备配线区内的布线及各区之间的布线采用基于图5-1 演变后的数据中心拓扑结构（参见图5-96 或图5-94b）进行设计，其他区域（辅助区、支持区、行政管理区以及主机房内的其他空间）则采用商业建筑综合布线系统（参见本章第一节）进行设计。

主机房内连接各数据中心空间的布线系统组成了数据中心布线系统的基本星形拓扑结构的各个元素，以及体现这些元素间的关系。数据中心布线系统基本元素包括：

1）水平布线。

2）主干布线。

3）设备布线。

4）主配线区的主交叉连接。

5）电信间、水平配线区或主配线区的水平交叉连接。

6）区域配线区内的插座或集合点。

7）设备配线区内的信息插座。

布线系统具体网络拓扑结构如图5-113 所示，规模较大时可在主配线区和水平配线区之间添加中间配线区。

（1）水平布线系统　水平布线采用星形拓扑结构，每个设备配线区的连接端口应通过水平线缆连接到水平配线区或主配线区的水平交叉连接配线模块。水平布线包含水平线缆、端接配线设备、设备线缆、跳线，以及区域配线区的区域插座或集合点。在设备配线区的连接端口至水

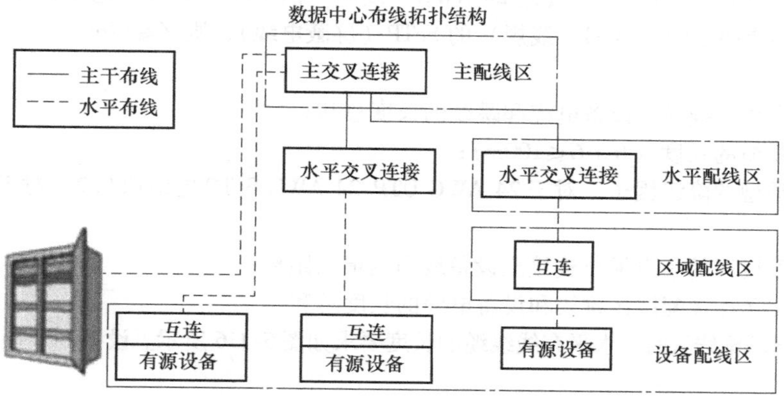

图 5-113　数据中心布线系统网络拓扑结构

平配线区的水平交叉连接配线模块之间的水平布线系统中，不能含有多于一个的区域配线区的集合点。

水平布线系统的信道最多存在 4 个连接器件的组成方式，如图 5-114 所示。

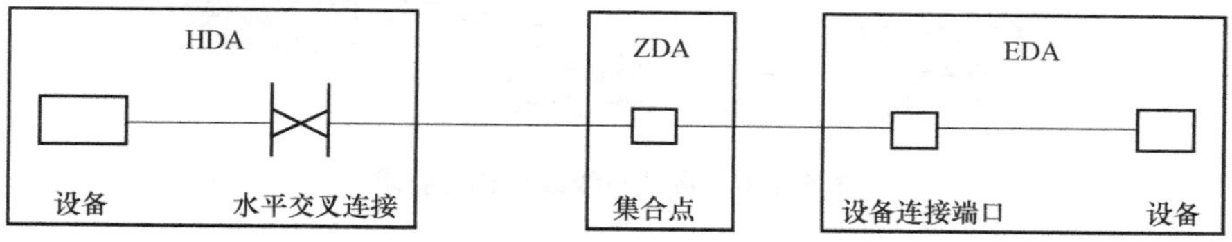

图 5-114　水平布线系统信道构成（4 连接点）

为了适应现今的电信业务需求，水平布线系统的规划设计应尽量方便维护和避免以后设备的重新安装，同时也应该适应未来的设备和服务变更。

不管采用何种传输介质，水平链路线缆的传输距离不能超过 90m，水平信道的最大距离不能超过 100m。若数据中心没有水平配线区，则包含设备光缆在内的光纤布线信道的最大传输距离不应超过 300m，不包含设备电缆的铜缆布线链路的最大传输距离不超过 90m，而包含设备电缆的铜缆布线信道的最大传输距离不超过 100m。

如果在配线区使用过长的跳线和设备线缆，则水平线缆的最大距离应适当减小。关于基于应用的水平线缆和设备线缆、跳线的总长度应能满足相关的规定和传输性能的要求。

基于补偿插入损耗对于传输指标影响的考虑，区域配线区采用区域插座的方案时，水平布线系统信道构成如图 5-115 所示。工作区设备线缆的最大长度由以下公式计算得出：

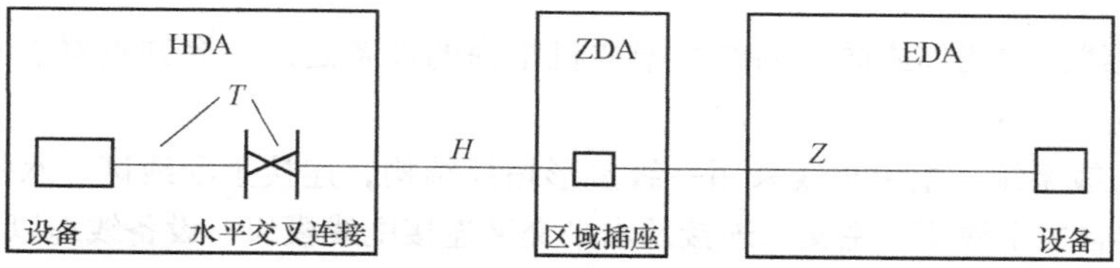

图 5-115　水平布线系统信道（区域插座）构成

$$C = (102 - H) \div (1 + D)$$

$Z=C-T\leqslant 22m$，22m是针对使用24 AWG（线规）的UTP（非屏蔽电缆）或ScTP（屏蔽电缆）来说的；如果采用26 AWG（线规）的ScTP（屏蔽电缆），则$Z\leqslant 17m$。

其中：

C是区域配线区线缆、设备电缆和跳线的长度总和；

H是水平线缆的长度（$H+C\leqslant 100m$）；

D是跳线类型的降级因子，对于24 AWG UTP/24 AWG ScTP电缆取0.2，对于26 AWG ScTP电缆取0.5；

Z是区域配线区的信息插座连接至设备线缆的最长距离；

T是水平交叉连接配线区跳线和设备电缆的长度总和。

在设置了区域配线区时，水平布线线缆的长度要求如图5-116所示。设备间连接方式如图5-117所示。

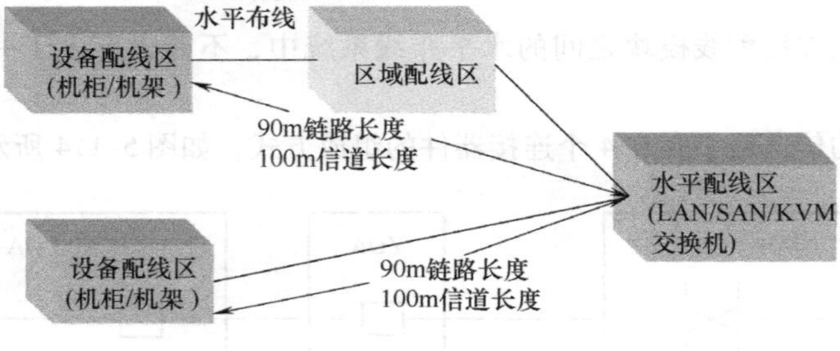

图5-116　水平布线线缆长度要求

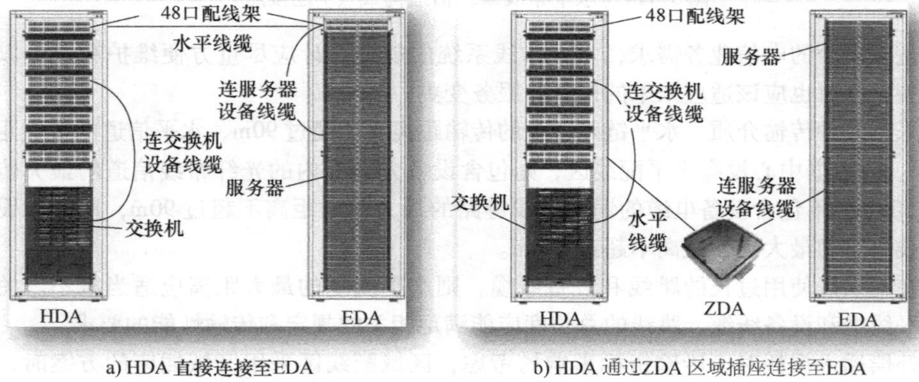

a) HDA直接连接至EDA　　b) HDA通过ZDA区域插座连接至EDA

图5-117　设备间连接方式

对于设备配线区内相邻或同一列的机架或机柜内的设备之间，允许点对点布线连接，连接线缆长度不应超过15m。

（2）主干布线系统　主干布线采用一级星形拓扑结构，连接主配线区、水平配线区和进线间。主干布线包含主干线缆、主交叉连接及水平交叉连接配线模块、设备线缆以及跳线。主干布线系统的信道组成方式如图5-118所示。

在大型或超大型数据中心中，可以在MDA与HDA中间添加一级IDA，使综合布线系统的管理结构变得更为清晰。

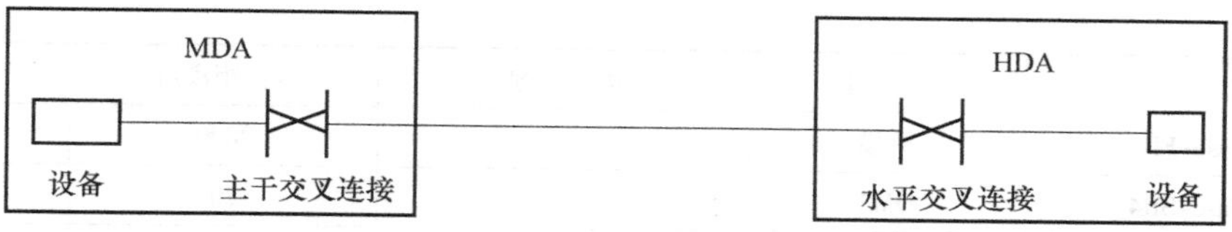

图 5-118　主干布线系统的信道构成

主干布线可以支持数据中心在不同阶段的使用者。在每段使用期内，主干布线设计应考虑无须增加新的布线就能适应服务要求的增长及变更。

每个水平配线区的水平交叉连接配线模块直接与主配线区的主交叉连接配线模块相连时，不允许存在多次交叉连接。

为了达到充分的冗余，标准允许水平配线区（HDA）间的直连，这种直连是非星形拓扑结构，用于支持常规布线距离超过应用要求距离的情况。

为了避免超过最大电路限制的要求，允许在水平交叉连接和次进线间之间设置直连布线路由。

主干线缆最长支持的传输距离是与网络应用及采用何种传输介质有关的。主干线缆和设备线缆、跳线的总长度应能满足相关的规定和传输性能的要求。为了缩短布线系统中线缆的传输距离，一般将主交叉连接设置在数据中心的中间位置，超出这些距离极限要求的布线系统可以拆分成多个分区，每个分区内的主干线缆长度都应能满足上述标准的要求。分区间的互连不属于上述标准定义范畴，可以参照广域网中布线系统线缆连接的应用情况。主干布线系统构成如图 5-111a 所示。各类线缆在 10Gbit/s 网络应用中的传输距离见表 5-32。

表 5-32　常用 10Gbit/s 以太网和不同传输介质之间的关系

应　　用	介　　质	类　　别	最长距离/m	波长/nm
10G Base-T	双绞线	6 类或 E 级 UTP	37	—
10G Base-T	双绞线	6A 类或 EA 级 UTP	100	—
10G Base-T	双绞线	6A 类或 EA 级 STP	100	—
10G Base-T	双绞线	F 或 FA 级（屏蔽）	100	—
10G Base-CX4	同轴	无	10～15	—
10G Base-SX	OM1	160/500MHz · km	28	850
10G Base-SX	OM1	200/500MHz · km	28	850
10G Base-SX	OM2	500/500MHz · km	86	850
10G Base-SX	OM3	2000/500MHz · km	300	850
10G Base-SX	OM4	4700/500MHz · km	400	850
10G Base-LX	单模		10000	1310
10G Base-EX	单模		40	1550
10G Base-LRM	所有多模		220	1300
10G Base-LX4	所有多模		300	1300
10G Base-LX4	单模		10000	1310
40G Base-SR4	OM3		100	850
40G Base-SR4	OM4		150	850
40G Base-LR4	单模		2000	1310

（续）

应　用	介　质	类　别	最长距离/m	波长/nm
40G Base-FR	单模		2000	1550
100G Base-SR4	OM3		70	850
100G Base-SR4	OM4		100	850
100G Base-SR10	OM3		100	850
100G Base-SR10	OM4		150	850
100G Base-LR4	单模		2000	1310
100G Base-ER4	单模		2000	1550

（3）支持空间的布线设计　辅助区、支持区、行政管理区域应按照 GB 50311—2016 标准实施布线，所有水平线缆连至数据中心的各个电信间。

辅助区的测试机房、监控控制台和打印室，需要比标准办公环境工作区配置更多的信息插座和敷设更多的线路，可咨询用户方和相关技术人员来确定具体的数量。此外，监控中心还会安装大量的墙挂或悬吊式显示设备（如监视器和电视机），也需要数据网络接口。

支持区的配电室、柴油发电机房、UPS 室、电池室、空调机房、动力站房、消防设施用房、消防和安防控制室等，每间房至少需要设置一个电话信息点。另外，配电室需要至少一个数据网络接口以连接设备管理系统。

支持空间各个区域信息插座分布可参照图 5-119 确定。

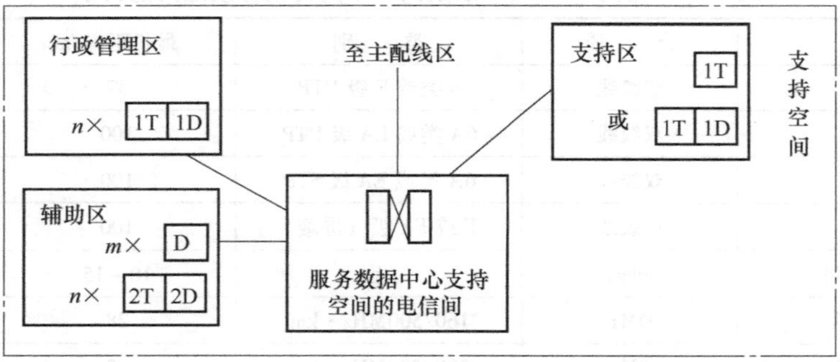

图 5-119　支持空间各个区域信息插座分布

（三）产品选择

1. 线缆　布线标准认可多种介质类型以支持广泛的应用，但是建议新安装的数据中心宜采用支持传输带宽的布线介质以最大化其适应能力，并保持基础布线的使用寿命。

推荐使用的布线传输介质有：

1）100Ω 平衡双绞线，建议 6A 类/EA 级（GB 50311—2016、ANSI/TIA/E IA 568-B. 2、ISO/IEC 11801：2017）或 F/FA 级（GB 50311—2016、ISO/IEC 11801：2017）。在数据中心内，各标准所推荐的最低等级双绞线为支持万兆以太网的双绞线，即 6A 类双绞线。

2）多模光缆：50μm/125μm（ANSI/TIA/EIA 568-C. 3），推荐选用 50μm/125μm 的激光优化多模光缆（ANSI/TIA/EIA 568-C. 3-1）以支持万兆以太网。

3）单模光缆（ANSI/TIA/EIA 568-C. 3）。

除以上介质外，认可的同轴介质为 75Ω 同轴电缆及同轴连接头。这些电缆和连接头建议用于支持 E1（2Mbit/s）及 E3（32Mbit/s）传输速率接口电路。

在数据中心机房设计时，应根据机房的等级、线缆的敷设场地和敷设方式等因素选用相应的线缆，使其：

- 支持所对应的通信业务服务；
- 具有较长久的使用寿命；
- 减少占用空间；
- 传输带宽与性能指标有较大的冗余；
- 满足工程的实际需要与听取设备制造商的推荐意见。

表 5-33 列出了数据中心机房对布线系统线缆选择的等级要求。

表 5-33　数据中心机房对布线系统线缆选择的等级要求

线缆		ANSI/TIA 942	EN 50173-5	ISO/IEC 11801.5	GB 50174—2017
铜缆	双绞电缆	6A 类（Class EA）	推荐 6A 类（Class EA）	至少 6A 类（Class EA）	6A 类
	同轴电缆	75Ω 同轴电缆	—	—	—
多模光缆		OM3/OM4	OM3/OM4	OM3/OM4	OM3/OM4
单模光缆		OS1/OS2	OS1/OS2	OS1/OS2	OS1/OS2

对应于万兆以太网，线缆应选择 6A 类双绞电缆和 OM3 万兆多模光纤/OS1 单模光纤。为了支持 10Gbit/s 以太网应用，OM4 多模光和 OS2 单模光纤应属于最佳选择。

另外，在数据中心内，为保障信息的可靠传输，为了更好地适应高速网络传输宽带的需要，对 10Gbit/s 和 40Gbit/s 以太网，7 类双绞屏蔽电缆比 6A 类具有更大的带宽余量，有助于提高传输线上的信噪比，进而确保万兆级以太网的误码率达到规定的范围内。

2. 配线架　为了降低企业的投资成本和提高运营效益，数据中心采用高密度的配线设备以提高应用空间，配线架结构上又要方便理线与端口模块在使用中的更换，所用模块还需具备符合环境要求的清晰显示内容的标签。

模块化的配线架（见图 5-120）可以灵活配置机柜/机架单元空间内的端接数量，提高端口的适用性与灵活性。

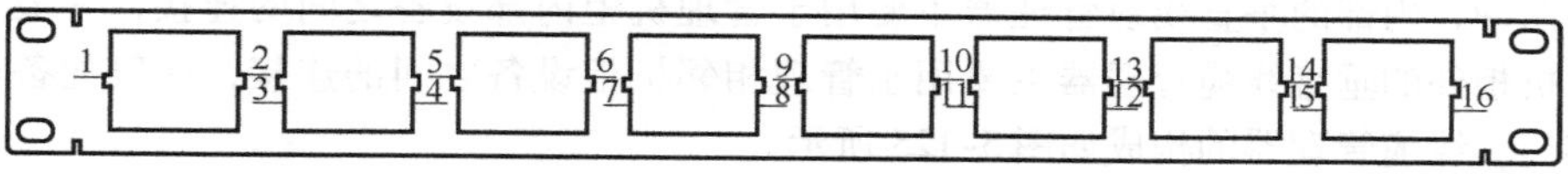

图 5-120　模块化配线架的构成

常用的配线架通常在 1U 或 2U 的空间可以提供 24 个或 48 个标准的 RJ45 接口，而使用高密度配线架，可以在同样的机架空间内获得高达 48 个或 72 个标准的 RJ45 接口，从而大大提高了机柜的使用密度，节省了空间。高密度配线架的构成如图 5-121 所示。

角形配线架允许线缆直接从水平方向进入垂直的线缆管理器，而不需要水平线缆管理器，从而增加了机柜的密度，可以容纳更多的信息点数量。角形高密度配线架的构成如图 5-122 所示。

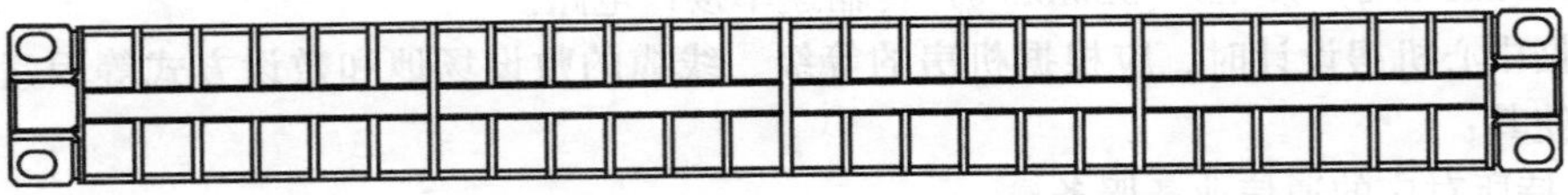

图 5-121 高密度配线架的构成

凹形配线架主要应用于需要在服务器机柜背部进行配线的情况下，配线架向下凹陷，从而即使关闭服务器机柜的背板（指机柜背后的金属板），也不会压迫到任何的跳线，且方便维护操作人员快捷地接入整个配线界面。凹形高密度配线架的构成如图 5-123 所示。

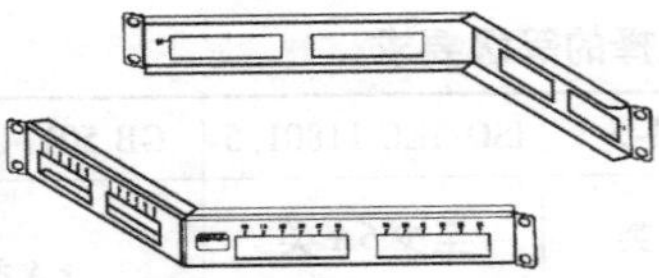

图 5-122 角形高密度配线架的构成

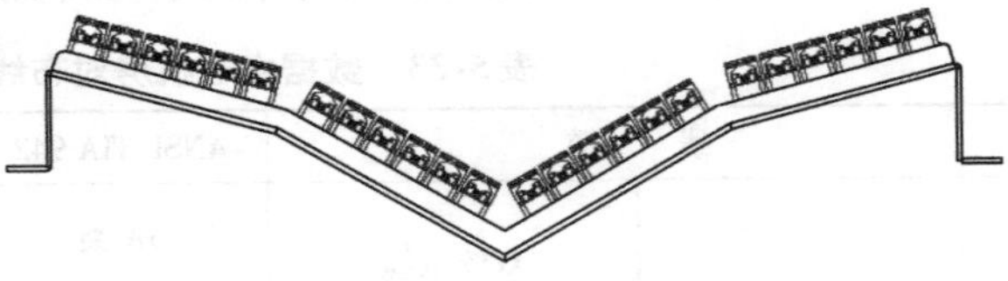

图 5-123 凹形高密度配线架的构成

机柜内的垂直配线架，充分利用机柜空间，不占用机柜内的安装高度（所以也叫 0U 配线架）。在机柜侧面可以安装多个铜缆或者光缆配线架，它的好处是可以节省机柜空间，减少跳线的弯曲和更方便地插拔跳线。

高密度的光纤配线架，配合高密度的小型化光纤接口，可以在 1U 空间内容纳至少 48 芯光纤，并具备人性化的抽屉式或翻盖式托盘管理和全方位的裸纤固定及保护功能。更可配合光纤预连接系统做到即插即用，节省现场施工时间。光纤高密度配线架的构成如图 5-124 所示。

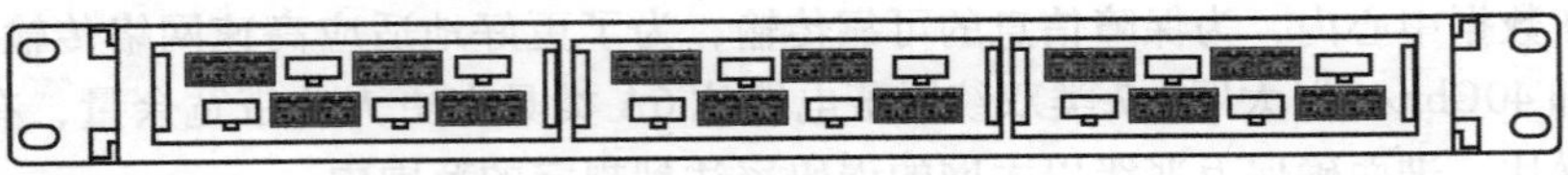

图 5-124 光纤高密度配线架的构成

3. 线缆管理器　在数据中心中通过水平线缆管理器和垂直线缆管理器实现对机柜或机架内空间的整合，提升线缆管理效率，使系统中杂乱无章的设备线缆与跳线管理得到很大的改善。水平线缆管理器主要用于容纳内部设备之间的连接，有 1U 和 2U、单面和双面、有盖和无盖等不同结构组合，线缆可以从左右、上下出入，有些还具备前后出入的能力。垂直线缆管理器分机柜内和机柜外两种，内部的垂直线缆管理器主要用于管理机柜内部设备之间的连接，一般配备滑槽式盖板；机柜外的垂直线缆管理器主要用于管理相邻机柜设备之间的连接，一般配备可左右开启的铰链门。线缆管理器的构成如图 5-125 所示。

4. 设备线缆与跳线　在数据中心中通过设备线缆与跳线实现端口之间的连接。设备线缆与跳线可采用铜缆或光纤。它们的性能指标应满足相应标准的要求。光、电设备线缆与跳线应和水平或主干光（电）缆的等级保持一致，还应与网络设备、配线设备端口连接硬件的等级匹配，实现互连互通。在端口密集的配线和网络机柜和机架上，可以使用高密度的铜缆和光纤跳线。这些跳线通过对传统插拔方式或接口密度的重新设计，在兼容标准化插口的前提下提高了高密度环境的插拔准确性和安全性。高密度线缆跳线的构成如图 5-126 所示。

5. 预连接系统　预连接系统是一套高密度，由工厂端接、测试的，符合标准的模块式连接解决方案。预连接系统包括配线架、模块插盒和经过预端接的铜缆及光缆组件。预连接系统的特点是：经过工厂端接和测试的铜缆和光缆可以提供可靠的质量和性能；基于模块化设计的系统允许安装者快速便捷地连接系统部件，实现铜缆和光缆的即插即用，降低系统安装的成本；当移动大数量的线缆时，预连接系统可以减少移动所带来的风险；预连接系统在接口、外径尺寸等方面具有的高密度优点节省了大量的空间，在网络连接上具有很大的灵活性，使系统的管理和操作都非常方便。预连接系统的构成如图 5-127 所示。

图 5-125　线缆管理器的构成

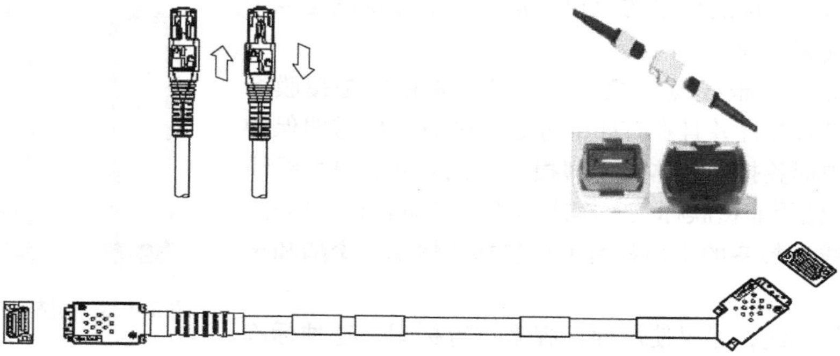

图 5-126　高密度线缆跳线的构成

6. 机柜（机架）　工程通常使用标准 19in 的机柜/机架。机架为开放式结构，一般用于安装配线设备，有 2 柱式和 4 柱式。机柜为封闭式结构，一般用于安装网络设备、服务器和存储设备等，也用于安装配线设备，型号（宽 × 深，单位为 mm）有 600 × 600 、600 × 800 、600 × 900 、600 × 1000 、600 × 1200 、800 × 800 、800 × 1000 、800 × 1200 等规格。宽度为 600mm 的机柜没有垂直线槽，一般用于安装服务器设备；宽度为 800mm 的机柜两侧有垂直线槽，适合跳线较多以及使用角形配线架的环境，一般作为配线柜和网络柜；对于集中式配线模式数据中心的配线机柜，还可以增加垂直线槽的深度以加强跳线管理的能力。对一列机架而言，放置于中间位置的机架可以是无侧板的，使得每一列机架形成一个整体。通常机架和机柜最大高度为 2. 4m，推荐的机架和机柜最好不高于 2. 1m，以便于放置设备或在顶部安装连接硬件。推荐使用标准 19in 宽的机柜（机架）。机架、机柜的构成如图 5-128 所示。

机柜深度要求足够安放计划好的设备，包括在设备前面和后面预留足够的布线空间、装有方便走线的线缆管理器、电源插座 、接地装置和电源线。为确保充足的气流，机柜深度或宽度至少比设备最深部位多 150 mm（6in）。

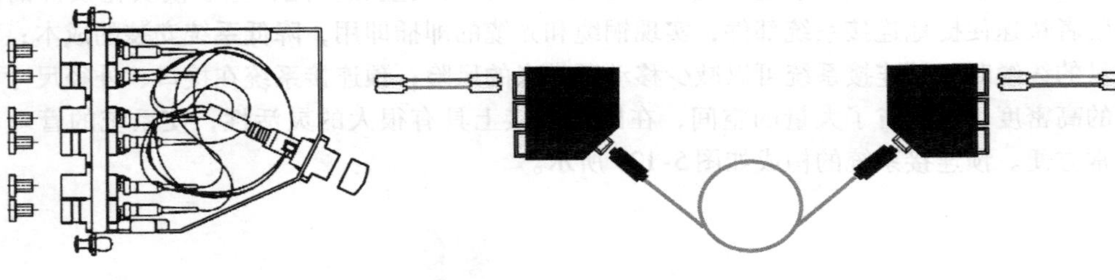

a) 光缆预连接系统

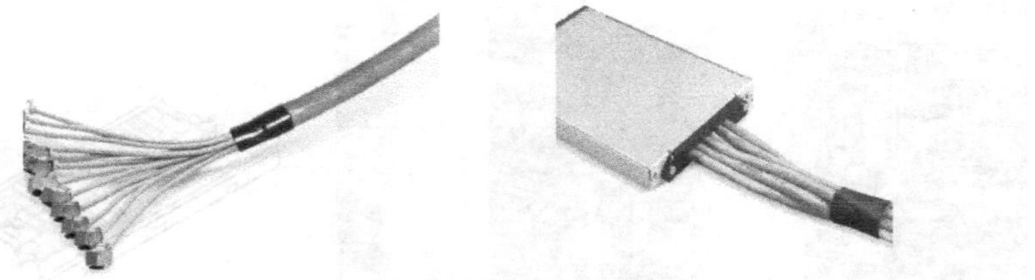

b) 铜缆预连接系统

图 5-127　预连接系统的构成

机柜中要求有可前后调整的轨道。轨道要求提供满足 42U 高度或更大的安装空间。

图 5-128　机架、机柜的构成

7. 标签系统　单根线缆（跳线）标签最常用的是覆膜标签，这种标签带有黏性并且在打印部分之外带有一层透明保护薄膜，可以保护标签打印字体免受磨损。除此之外，单根线缆（跳线）也可以使用非覆膜标签、旗式标签、热缩套管式标签。单根线缆（跳线）标签的常用材料类型包括乙烯基、聚酯和聚氟乙烯。

对于成捆的线缆，建议使用标识牌来进行标识。这种标牌可以通过尼龙扎带或毛毡带与线缆捆固定，可以水平或垂直放置。线缆（跳线）标签如图 5-129 所示。

图 5-129　线缆（跳线）标签

配线架标识主要以平面标识为主，要求材料能够不受恶劣环境的影响，在浸入各种溶剂时仍能保持良好的图像品质，并能粘贴至各种表面。配线架标识有直接粘贴型和塑料框架保护型（插入型）。

8. 智能配线系统　智能配线系统是一套完整的软硬件整合系统，通过对配线区域的设备端口或工作区的信息插座连接属性的实时监测，实现对布线系统的智能化管理，跟踪、记录和报告布线系统与网络连接的变化情况。

数据中心布线系统实施智能化管理，应该对安装在主配线区、中间配线区和水平配线区交叉连接的配线模块和跳线通过控制线连接至控制器（管理器/分析仪），控制器负责将收集到的配线连接变更信息通过 IP 网络传至软件服务器，操作人员通过远程登录获取相关的实时信息。

智能配线系统的软件均支持 SNMP，与上述硬件相结合，可实现以下功能：

1）实时监控布线连接。

2）发现和记录布线连接和有源设备。

3）提高解决布线（网络）中所出现问题的效率。

4）通过监控（阻止）未授权的 MAC 进入网络来提高安全性。

5）通过识别未使用的端口来实现网络应用最大化。

6）具有网络资源的自动识别性能，方便追踪和报告。

使用智能配线系统应考虑系统采用的应用技术（端口或链路）、配线模块的单配置与双配置、系统的升级与扩容、配线与网络的管理信息集成实施方案。

9. 走线通道　数据中心包含高度集中的网络和设备，在主配线区、水平配线区和设备配线区之间需要敷设大量的通信线缆，合理地选用走线方式显得尤为重要。数据中心内常见的布线通道产品主要分为开放式和封闭式两种。在早期的布线设计中，多采用封闭式的走线通道方式，随着数据中心布线对方便、快捷、易于升级以及对能耗等的多方面要求的提高，现在国际上采用开放式的布线通道已经越来越普遍。

（1）开放式桥架　金属网格式电缆桥架由纵横两向钢丝组成，电缆桥架的结构为网格式的镂空结构。这种开放式桥架具有结构轻便、坚固稳定、散热好、安装简便、线缆维护升级方便等优点，更提高了安装线缆的可视性，辨别容易。开放式桥架可以选择地板下或机柜（机架）顶部或吊顶内安装。开放式桥架主要分为网格式桥架、梯架和穿孔式桥架等几大类。

开放式桥架地板下安装方式如图 5-130 所示，开放式桥架吊装方式如图 5-131 所示。

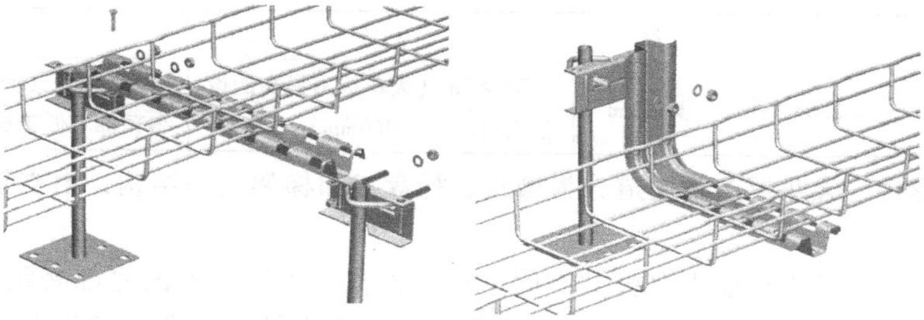

图 5-130　开放式桥架地板下安装方式

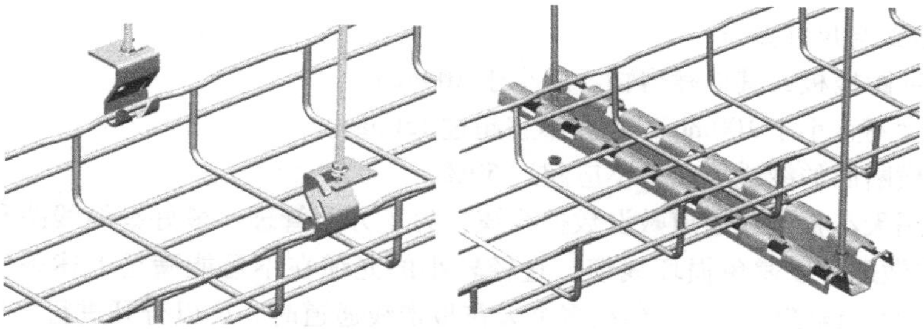

图 5-131　开放式桥架吊装方式

（2）封闭式桥架　封闭式的电镀锌桥架与薄壁镀锌钢管进行组合形成封闭式桥架，主要有槽式电缆桥架、托盘式电缆桥架、梯级式电缆桥架、大跨距电缆桥架、组合式电缆桥架、阻燃玻璃钢电缆桥架、抗腐蚀铝合金电缆桥架等。

（四）通道设计

1. 架空地板走线通道　架空地板也称作活动地板系统，地面起到防静电的作用，在它的下部空间又可以作为冷、热通风的通道。同时它又应用在支持下走线的数据中心内。

在下走线的机房中，线缆不能在架空地板下面随便摆放。架空地板下线缆敷设在走线通道内，通道可以分开设置，进行多层安装，线槽高度不宜超过150mm。金属通道应当在两端就近接至机房等电位接地端子。在建筑设计阶段，安装于地板下的走线通道应当与其他的地下设备管线（如空调、消防、电力等）相协调，并做好相应防护措施。

考虑到国内的机房建设中，有的房屋层高受到限制，尤为改造项目，情况较为复杂。因此国内的标准中规定，架空地板下空间只作为布放通信线缆使用时，地板内净高不宜小于250mm。当架空地板下的空间既作为布线，又作为空调静压箱时，地板高度不宜小于500mm。

2. 天花板下走线通道

（1）净空要求　在数据中心的建设中，通常还安装有抗静电天花板（或简称吊顶），但是近年来国际上也有很多数据中心不使用吊顶，通常挑高开阔的超大型或袖珍型的数据中心不使用吊顶，而使用其他的方式来解决机房顶部的抗静电问题或美观问题，通常由各个数据中心的具体情况决定。

常用的机柜高度一般为2.0m，气流组织所需机柜顶面至天花板的距离一般为500～700mm，故机房净高不宜小于2.6m。

根据国际正常运行时间协会的可用性分级指标，一～四级数据中心的机房梁下或天花板下的净高分别见表5-34。

表5-34　机房净高要求

等　级	一级	二级	三级	四级
天花板离地板高度	至少2.6m	至少2.7m	至少3m（天花板离最高的设备顶部不低于460mm）	至少3m（天花板离最高的设备顶部不低于600mm）

（2）通道形式　天花板走线通道分为槽式、托盘式和梯架式等结构，由支架、托臂和安装附件等组成。

在数据中心的走道和其他用户公共空间上空，天花板走线通道的底部必须使用实心材料，或者将走线通道安装在离地板2.7m以上的空间，以防止人员触及和保护其不受意外或故意的损坏。

（3）通道位置与尺寸要求

1）通道顶部距楼板或其他障碍物不应小于300mm。

2）通道宽度不宜小于100mm，高度不宜超过150mm。

3）通道内横断面的线缆填充率不应超过50%。

4）如果使用天花板走线通道敷设数据线缆，为了方便管理，最好铜缆线路和光纤线路分开线槽敷设，这样做还可以避免损坏线缆。直径较小的光缆在不可能满足上述条件时，有可能的话，光缆最好敷设在铜缆的上方。存在多个天花板走线通道时，可以分开进行多层安装。

5）照明器材和灭火装置的喷头应当放在走线通道之间，不能直接放在通道的上面。机房采用管路的气体灭火系统（一般是采用七氟丙烷气体，当然也有卤代烷及其他混合气体）时，电缆桥架应安装在灭火气体管道上方，不阻挡喷头，不阻碍气体。

6）天花板走线通道架空线缆盘一般为悬挂安装，当所有的机柜、机架是统一标准高度时，电缆桥架可以附在架、柜的顶部，但这并不是一个规范操作，因为悬挂安装的线缆盘可以支持各种高度的机柜、机架，并且对于架、柜的增加和移动有更大的灵活性。

3. 走线通道间距要求　表 5-35 中描述的屏蔽电力电缆的屏蔽层应为完全包裹线缆（除非在插座中），并且在敷设时满足接地要求。如果电力电缆是非屏蔽的，则表中提供的分隔距离应当加倍，除非其中任何一种线缆是敷设在焊接接地的金属线槽中，并且相互之间有实心金属挡板隔离。

表 5-35　电力电缆和双绞线缆之间的间距

电力线数量/根	电力线类型	间距/mm
1~15	20A 110V/240V 屏蔽/单相	参照 TIA/EIA 569B 附录 C
16~30	20A 110V/240V 屏蔽/单相	50
31~60	20A 110V/240V 屏蔽/单相	100
61~90	20A 110V/240V 屏蔽/单相	150
大于 90	20A 110V/240V 屏蔽/单相	300
1 根以上	100A 415V 三相/屏蔽馈电线	300

当数据线缆或电力线缆放置在达到以下要求的金属管、槽内时，不需要对分开的距离做要求。

1）金属管、槽完全密闭线缆，并且通道的段与段之间的连接导通是良好的。

2）金属管、槽与屏蔽电力线缆完好接地。

如果非屏蔽数据线缆是在机架顶部走线，则其与荧光灯的距离要保持在 50mm 以上。如果非屏蔽数据线缆走线与电力电缆走线存在交叉，则应采用垂直交叉。

4. 走线通道敷设要求

1）走线通道安装时应做到安装牢固，横平竖直，沿走线通道水平走向的支吊架左右偏差应不大于 10mm，其高低偏差不大于 5mm。

2）走线通道与其他管道共架安装时，走线通道应布置在管架的一侧。

走线通道内缆线垂直敷设时，在缆线的上端和每间隔 1.5m 处应固定在通道的支架上；水平敷设时，在缆线的首、尾、转弯及每间隔 3~5m 处进行固定。

（五）机柜/机架布置设计

1. 机柜/机架安装设计

（1）机柜/机架散热　机柜、机架与线缆的走线槽道摆放位置，对于机房的气流组织设计至关重要，图 5-132 表示出了各种设备建议的安装位置。

从图 5-116 中可以看出，以交替模式排列设备行，即机柜/机架面对面排列以形成冷通道和热通道。冷通道是机柜/机架的前面区域，热通道位于机柜/机架的后部，采用从前到后的冷却配置。针对线缆布局，电子设备在冷通道两侧相对排列，冷气从钻孔的架空地板吹出。热通道两侧电子设备则背靠背，热通道下的地板无孔，天花板上的风扇排出热气。

地板下走线，电力电缆和数据电缆宜分布在热通道的地板下面，或机柜/机架的地板下面，分层敷设。如果一定要在冷通道的地板下面走线，则应相应提高防静电地板的高度以保证制冷空气流量不受影响。

地板上应按实际使用需要开出线口。调节闸或防风刷可安装在开口处阻塞气流防止冷空气流失。

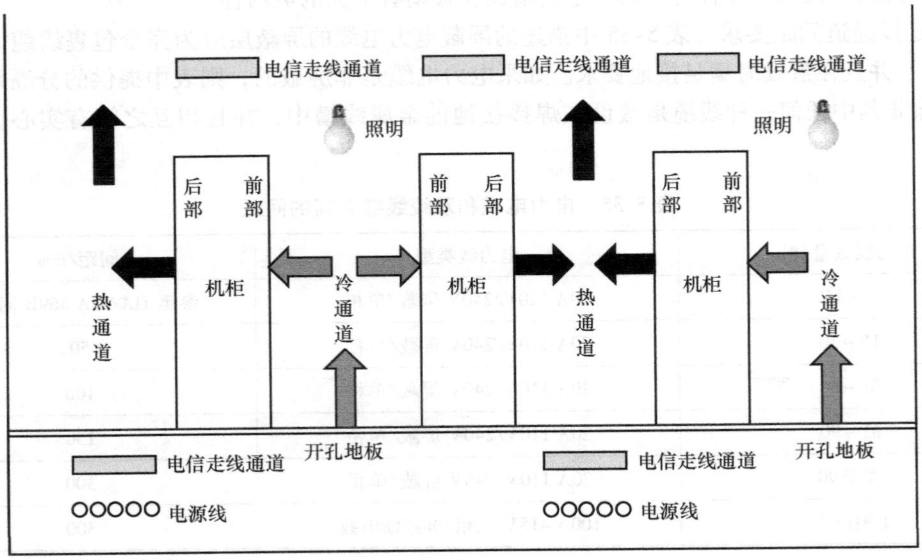

图 5-132　机房设备摆放位置与气流组织

为更好地利用现有的制冷、排风系统，在数据中心设计和施工的时候，应避免形成迂回气流，以至于热空气没有直接排出计算机机房；避免架空地板下空间线缆杂乱、堆放，阻碍气流的流动；避免机柜内部线缆堆放太多，影响热空气的排放；在没有满设备安装的机柜中，建议采用空白挡板以防止“热通道”气流进入“冷通道”，造成气流短路。

对于适中的热负荷，机柜可以采用以下任何通风措施：

1）通过前后门上的开口或孔通风，提供50%以上开放空间，增大通风开放尺寸和面积能提高通风效果。

2）采用风扇，利用门上通风口和设备与机架门间充足的空间推动气流通风。

对于高的热负荷，自然气流效率不高，要求强迫气流为机柜内所有设备提供足够的冷却。强迫气流系统采用冷热通道系统附加通风口的方式。

安装机柜风扇时，要求不仅不能破坏冷热通道性能，而且要能增加其性能。来自风扇的气流要足够驱散机柜发出的热量。

在数据中心热效率最高的地方，风扇要求从单独的电路供电，避免风扇损坏时中断通信设备和计算机设备的正常运行。

（2）机柜/机架摆放　机柜和机架放置时，要求前面或后面边缘沿地板板块边缘对齐排列，以便于机柜和机架前面和后面的地板板块取出。

用于机柜走线的地板开口位置应该置于机柜下方或其他不会绊到人的位置；用于机架走线的地板开口位置应该位于机柜间的垂直线缆管理器的下方，或位于机柜下方的底部拐角处。通常，在垂直线缆管理器下安置开口更可取。地板上应按实际使用需要开出线口，出线口周边应套装索环或固定扣，其高度不得影响机柜（机架）的安装。

机柜和机架的摆放位置应与照明设施的安装位置相协调。

（3）机柜轨道调整　机柜的每一个安装单元U（最大为42U的空间），要求有可前后调整的轨道，并给每U单元做标记以简化设备布置。设备和连接硬件要求固定在机架的轨道上，便于最有效地利用机柜空间。

如果配线架安装在机柜前面，为了给配线架和门之间的线缆管理提供空间，前面轨道至少缩进 100 mm。同样，如果配线架安装在机柜背面，背面轨道也至少缩进 100mm。

为防止触及配线架背面，配线架不能同时安装在同一个机柜或机架前后轨道上。

如果电源板安装在机柜的前面或后面轨道，要为电源板和电源线提供足够的净空间。

（4）行人通道设置　主机房内行人通道与设备之间的距离应符合下列规定：

1）用于运输设备的通道净宽不应小于 1.5m。

2）面对面布置的机柜或机架正面之间的距离不宜小于 1.2m。

3）背对背布置的机柜或机架背面之间的距离不宜小于 1m。

4）当需要在机柜侧面维修测试时，机柜与机柜、机柜与墙之间的距离不宜小于 1.2m。

5）成行排列的机柜，其长度超过 6m（或数量超过 10 个）时，两端应设有走道；当两个走道之间的距离超过 15m（或中间的机柜数量超过 25 个）时，其间还应增加走道；走道的宽度不宜小于 1m，局部可为 0.8m。

（5）机柜安装抗震设计　机柜、机架应与建筑物连结进行抗震加固，防止地震时产生过大的位移、扭转或倾倒，机柜、机架可用螺栓固定到架空活动地板下抗震底座上。

2. 配线设备安装设计

（1）预连接系统安装设计　预连接系统可以用于水平配线区-设备配线区，也可以用于主配线区-水平配线区。预连接系统的设计关键是准确定位预连接系统两端的安装位置以定制合适的线缆长度，包括配线架在机柜内的单元高度位置和端接模块在配线架上的端口位置。

（2）机架线缆管理安装设计　在进线间、主配线区和水平配线区，在每对机架之间和每列机架两端安装垂直线缆管理器（布线空间），垂直线缆管理器宽度至少为 83mm（3.25in）。在单个机架摆放处，垂直线缆管理器至少 150mm（6in）宽。两个或多个机架一列时，在机架间考虑安装宽度为 250mm（10in）的垂直线缆管理器，在一排的两端安装宽度为 150mm（6in）的垂直线缆管理器。线缆管理器要求从地面延伸到机架顶部。

在进线间、主配线区和水平配线区，水平线缆管理器要安装在每个配线架上方或下方，水平线缆管理器和配线架的首选比例为 1:1。

线缆管理器的尺寸和线缆容量应按照 50% 的填充度来设计。

管理 6A 类及以上级别线缆和跳线，宜采用在高度或深度上适当增加理线空间的线缆管理器以满足其最小弯曲半径要求。机架线缆管理器的构成如图 5-133 所示。

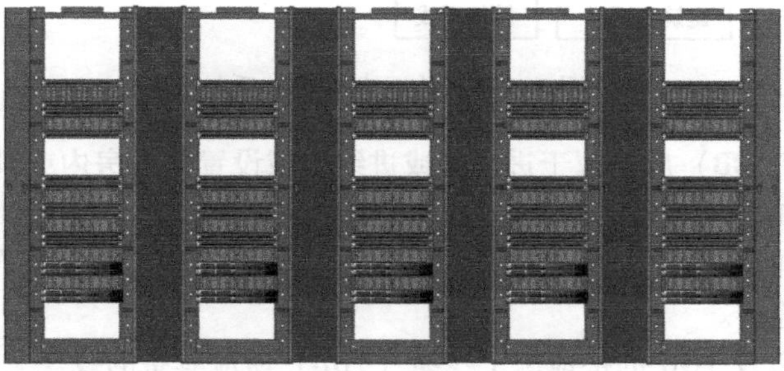

图 5-133　机架线缆管理器的构成

（六）接地体与接地网

1. 接地要求　数据中心内设置的等电位连接网络为防静电地板、金属桥架、机柜（机架）、金属屏蔽线缆外层和设备等提供了良好的接地条件，保证浪涌电流、感应电流以及静电电流等的及时释放，从而最大限度地保护人员和设备的安全，确保网络系统的高性能以及设备正常运行。有关接地的要求，国内的相关标准有比较详尽的描述，这里重点涉及机房内的接地系统设计时需要考虑的问题：

1）机房内应该设置等电位连接网络。

2）机房内的各种接地应该共用一组接地装置，接地电阻值按照设置的各电子信息设备中所要求的最小值确定，如果与防雷接地共用接地装置，接地电阻值不大于1Ω。

3）各系统共用一组接地装置时，设施的接地端应以最短的距离分别采用接地线与接地装置进行连接。

4）机房内的交流工作接地线和计算机直流地线不允许短接或混接。

5）机房内的交流配线回路不能够与计算机直流地线紧贴或近距离平行敷设。

6）数据中心内的机架和机柜应当保持电气连续性。由于机柜和机架带有绝缘喷漆，因此用于连接机架的固定件不可作为连接接地导体使用，必须使用接地端子。

7）数据中心内所有金属元器件都必须与机房内的接地装置相连接，其中包括设备、机架、机柜、爬梯、箱体、线缆托架、地板支架等。

接地系统的设计在满足高可靠性的同时，必须符合以下要求。

1）国家建筑物相关的防雷接地标准及规范。

2）机房内的接地装置及接地系统的金属构件建议采用铜质的材料。

3）在进行接地线的端接之前，使用抗氧化剂涂抹于连接处。

4）接地端子采用双孔结构，以加强其紧固性，避免其因振动或受力而脱落。

5）接地线缆外护套表面也可附有绿色或黄绿相间等颜色，以易于辨识。

6）接地线缆外护套应为防火材料。

数据中心接地系统如图5-134所示。

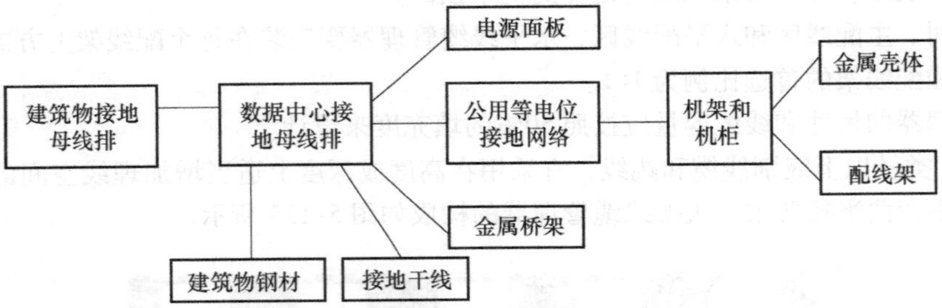

图5-134 数据中心接地系统

总接地端子板（TMGB）应当位于进线间或进线区域设置，机房内或其他区域设置等电位接地端子板（TGB）。TMGB与TGB之间通过接地母干线TBB沟通。

TMGB应当与建筑物钢结构以及建筑物接地极连接。TGB也应当与各自区域内的建筑物钢结构以及电气接地装置连接。

用于连接TMGB以及TGB的接地母干线缆（TBB）所应具备的线规见表5-36。

TBB在敷设时，应当尽可能平直。当在建筑物内使用不止一条TBB时，除了在顶层将所有TBB相连外，必须每隔三层使用一个接地均衡器导线。

2. 数据中心内接地系统结构　数据中心内的接地连接导线应避免敷设在金属管槽内。如果必须采用金属线槽敷设，则接地导线的两端必须同金属管槽连接。

表 5-36 TBB 线缆要求

TBB 线缆长度/m	TBB 线规（AWG）	TBB 线截面积/mm^2
小于 4	6	16
4~6	4	25
6~8	3	35
8~10	2	35
10~13	1	50
13~16	1/0	50
16~20	2/0	70
大于 20	3/0	95

对于小型数据中心，只包括少量的机架或机柜，可以采用接地导线直接将机柜或机架与 TGB 连接。而大型数据中心，则必须建立共用等电位接地网络（MCBN）。不同应用所对应的线缆尺寸可参见表 5-37。

表 5-37 接地线缆尺寸

用 途	线缆尺寸
共用等电位接地网络（上方或架空地板下）	#2 AWG（$35mm^2$）
电源分配单元（PDU）或电气面板的连接导线	电气标准或按照制造厂商要求
HVAC 设备	#6 AWG（$16mm^2$）
建筑物钢结构	#4 AWG（$25mm^2$）
线缆桥架	#6 AWG（$16mm^2$）
线槽、水管和其他管路	#6 AWG（$16mm^2$）

架空地板下的 MCBN 需要使用 2 AWG（$35mm^2$）或更大线规的连接导线。最终，MCBN 与 TGB 的连接使用 1/0 AWG（$50mm^2$）或更大线规的连接导线。在 MCBN 中，架空地板支架每间隔一次做相应的连接。

（七）管理

1. 标签标识　布线标签标识系统的实施是为了为用户今后的维护和管理带来最大的便利，提高其管理水平和工作效率，减少网络配置时间。标签标识系统包括 3 个方面：标识分类及定义、标签制作和建立文档。

数据中心内的每一电缆、光缆、配线设备、端接点、接地装置、敷设管线等组成部分均应给定唯一的标识符。标识符应采用相同数量的字母和数字等标明，按照一定的模式和规则来进行。

所有需要标识的设施都要有标签。建议按照“永久标识”的概念选择材料，标签的寿命应能与布线系统的设计寿命相对应。建议标签材料通过 UL 969（或对应标准）认证以达到永久标识的保证，同时建议标签要能达到环保要求。从结构上标签可分为粘贴型和插入型，所有标签应保持清晰、完整，并满足环境的要求。标签应打印，不允许手工填写，应清晰可见、易读取。特别强调的是，标签应能够经受环境的考验，比如潮湿、高温、紫外线辐射等，应该具有与所标识的设施相同或更长的使用寿命。聚酯或聚烯烃等材料通常是最佳的选择。

完成标签标识之后，要对所有的管理设施建立文档，应采用计算机进行文档记录与保存，简单且规模较小的布线工程可按图样资料等纸质文档进行管理，并做到记录准确、及时更新、便于查阅，文档资料应实现汉化。

2. 连接硬件标签系统　连接硬件标签主要指配线架标识、面板标识和其他一些平面表面标识，按照打印机类型可以分为3个大类。这3个大类的标签系统分别对应激光（喷墨）打印机、热敏式打印机以及针式打印机。在布线系统中，常用的标签类型为激光（喷墨）打印机标签和热敏打印机标签。

连接硬件的标签材料主要使用聚酯或聚烯烃。根据需要标识的硬件类型和要求，可以选择粘性标签或非粘性标签。标签标识的形式如图5-135所示。

图5-135　标签标识

3. 布线管理系统　可采用纯软件的布线管理系统或软、硬件集成的智能电子布线管理系统来实施对布线系统的管理。系统功能要求见表5-38。

表5-38　布线管理系统功能要求

项　目	布线管理（纯）软件	智能电子布线管理系统
系统组成	软件	软件+硬件
系统数据建立	手工录入	手工录入+系统自动识别
配线连接变更记录	事后手工记录	实时自动识别
故障识别	无	有
系统故障恢复后数据同步	无	自动
生成包含设备在内的链路报告	无	有
设备查询功能	有	有
查询和报表功能	有	有
网络及终端设备管理	无	有
工作单流程	手工生成和记录	手工生成，自动确认
图形化界面	是	是
关联楼层平面图	是	是

4. 标识设计　数据中心中，布线的系统化及管理是相当必要的。数千米的线缆在数据中心的机架和机柜间穿行，必须精确地记录和标注每段线缆、每个设备和每个机柜（机架）。

在布线系统设计、实施、验收、管理等几个方面，定位和标识则是提高布线系统管理效率，避免系统混乱所必须考虑的因素，所以有必要将布线系统的标识当作管理的一个基础组成部分从布线系统设计阶段就予以统筹考虑，并在接下去的施工、测试和完成文档环节按计划统一实施，让标识信息有效地向下一个环节传递。

（1）机柜（机架）标识　数据中心中，机柜和机架的摆放和分布位置可根据架空地板的分格来布置和标示，依照TIA/EIA 606-A或TIA/EIA 606-B标准，在数据机房中必须使用两个字母或两个阿拉伯数字来标识每一块600mm×600mm的架空地板。在数据中心计算机房平面上建立

一个 *XY* 坐标系网格图，以字母标注 *X* 轴，数字标注 *Y* 轴，确立坐标原点。机架与机柜的位置以其正面在网格图上的坐标标注如图 5-136 所示。

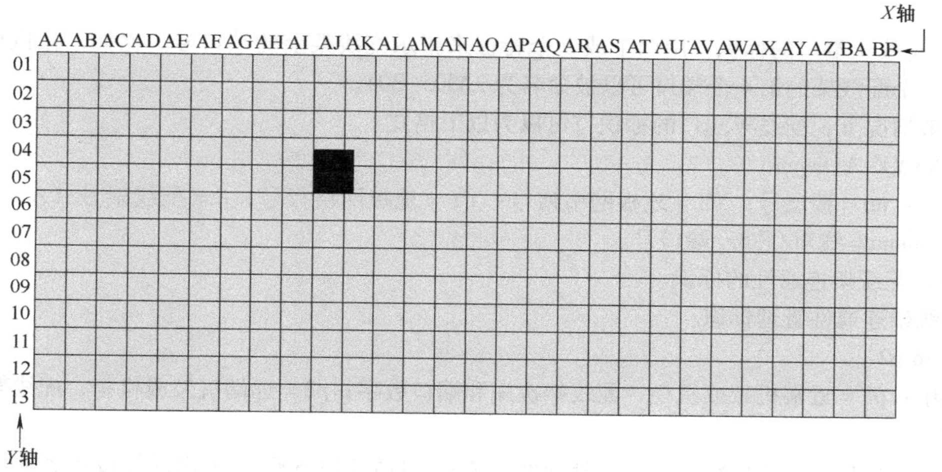

图 5-136　坐标标注

所有机架和机柜应当在正面和背面粘贴标签。每一个机架和机柜应当有一个唯一的基于地板网格坐标编号的标识符。如果机柜在不止一个地板网格上摆放，通过在每一个机柜上相同的拐角（例如，右前角或左前角）所对应的地板网格坐标编号来识别。

在有多层的数据中心里，楼层的标志数应当作为一个前缀增加到机架和机柜的编号中去。

例如，上述在数据中心第 3 层的 AJ05 地板网格的机柜标为 3AJ05。

一般情况下，机架和机柜的标识符可以为以下格式：

nnXXYY

其中：nn = 楼层号；XX = 地板网格列号；YY = 地板网格行号。

在没有架空地板的机房里，也可以使用行数字和列数字来识别每一机架和机柜，如图 5-137 所示。在有些数据中心里，机房被细分到房间中，编号应对应房间名字和房间里面机架和机柜的序号。

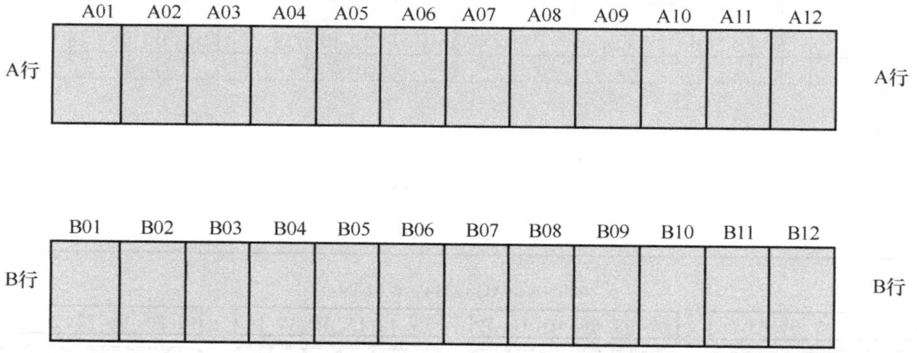

图 5-137　行列标注

（2）配线架标识

1）配线架的标识　配线架的编号应当以机架和机柜的编号和该配线架在机架和机柜中的位

置来表示。在决定配线架的位置时，水平线缆管理器不计算在内。配线架在机架和机柜中的位置可以自上而下用英文字母表示，如果一个机架或机柜有不止 26 个配线架，则需要两个特征来识别。

2）配线架端口的标识：用两个或 3 个特征来指示配线架上的端口号。比如，在机柜 3AJ05 中的第 2 个配线架的第 4 个端口可以被命名为 3AJ05-B04。

一般情况下，配线架端口的标识符可以为以下格式：

nnXXYY-A-mmm

其中：nn = 楼层号；XX = 地板网格列号；YY = 地板网格行号；A = 配线架号（A ~ Z，从上至下）；mmm = 线对/芯纤/端口号。

（3）配线架连通性的标识

配线架连通性管理标识：

p1 to p2

其中：p1 = 近端机架或机柜、配线架次序和端口数字；p2 = 远端机架或机柜、配线架次序和端口数字。

为了简化标识和方便维护，考虑补充使用 ANSI/TIA/EIA 606-A 中用序号或者其他标识符表示。例如，连接 24 根从主配线区到水平配线区 1 的 6 类线缆的 24 口配线架应当包含标签“MDA to HDA1 Cat 6 UTP 1-24”。

例如，图 5-138 和图 5-139 显示用于有 24 根 6 类线缆连接柜子 AJ05 到 AQ03 的 24 位配线架的标签。

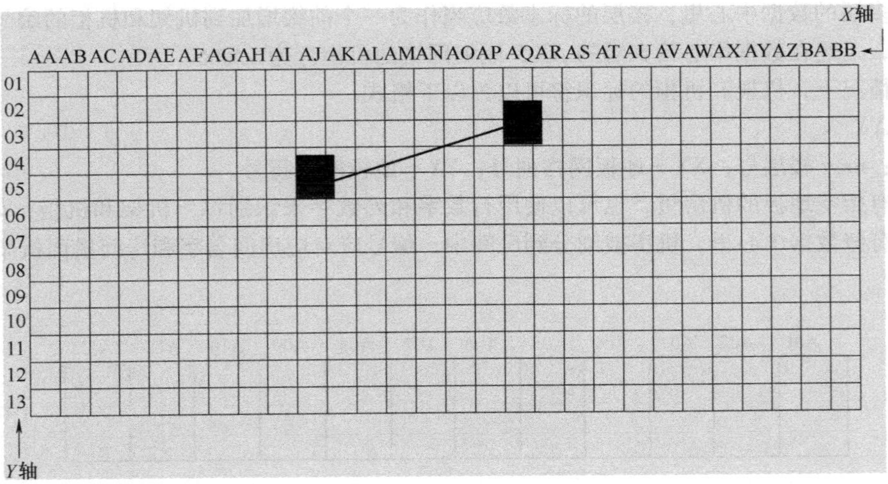

图 5-138 采样配线架标签

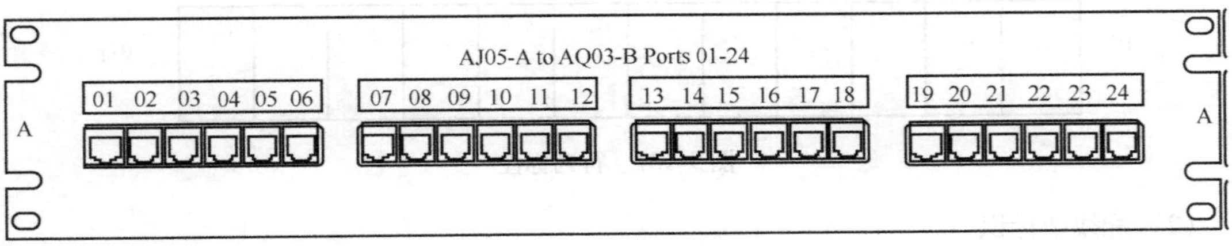

图 5-139 配线架标签

（4）线缆和跳线标识　连接的线缆上需要在两端都贴上标签标注其远端和近端的地址。

线缆和跳线的管理标识：

p1n/p2n

其中：p1n = 近端机架或机柜、配线架次序和指定的端口；p2n = 远端机架或机柜、配线架次序和指定的端口。

例如，图 5-139 中显示的连接到配线架第一个位置的线缆可以包含下列标签：AJ05-A01/AQ03-B01，并且在柜子 AQ03 里的相同的线缆将包含下列标签：AQ03-B01/AJ05-A01，如图 5-140 所示。

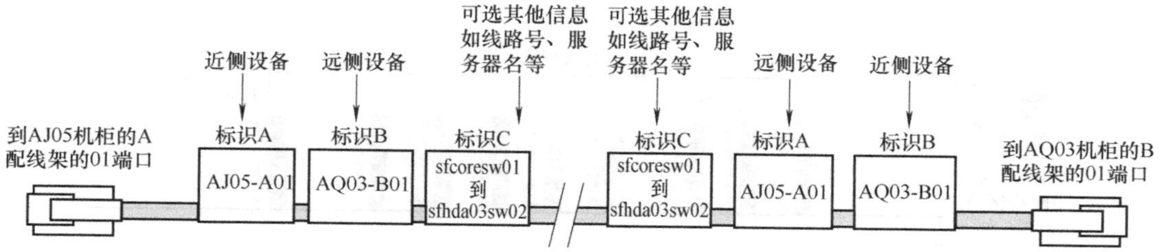

图 5-140　跳线标识

三、布线配置案例

数据中心无论是满足单个公司的需求的规模或者是汇集了数千个客户站点的规模，其本质都是为了传递、处理和存储信息。所以，数据中心必须可靠、安全并能够根据需要扩容和重新配置。

设计一个数据中心，应重点放在项目的功能需求、网络与布线系统的构成、确定规模与其可容纳的处理（存储）设备的数量。此外，还需要考虑一些其他要素，如地点选择、供电方式、冗余级别、冷却设备数量、安全控制、施工方式等。

下面以一个四级数据中心机房设计方案为例，加以综合分析理解。

1. 布线系统构成

1）本数据中心机房布线系统按照四级中心机房进行规划。

2）综合布线系统采用星形拓扑结构，分为主配线区（MDA）、水平配线区（HDA）和设备配线区（EDA）

机房内共设 180 个机柜。在水平配线区（HDA）位于每一列机柜的第一个机柜（列头柜）内安装交叉连接的配线设备。每一列头柜管辖此列的 15 个机柜，可以满足规范规定的线缆长度要求。系统构架与机柜排列如图 5-141 所示。

2. 产品选择与配置

1）机房主配线区（MDA）和水平配线区（HDA）之间采用 24 芯室内 OM3 多模光缆（双路由备份）连接，支持 10Gbit/s 以太网达 300m 及 1000Base-SX 达 550m 距离，同时向下兼容目前的 1Gbit/s、100Mbit/s、10Mbit/s 以太网应用。主配线区（MDA）机柜内安装若干套 48 芯 LC 光纤配线架，室内光缆采用 LC 尾纤熔接的方式进行现场熔接，LC-LC 光纤跳线数量按照光纤芯数 4:1 比例配备。

2）水平配线区（HDA）和设备配线区（EDA）之间采用 6A 类双绞线（非屏蔽或屏蔽）相互连接，6A 类双绞线支持万兆以太网、1000Base-T、100Base-TX 等网络应用的性能要求。每个水平配线区（HDA）机柜内安装一个 48 芯 LC 光纤配线架（常用光纤配线架的最小规格为 48 芯，未被用到的端口封闭即可），室内光缆采用 LC 尾纤熔接的方式进行现场熔接，LC-LC 光纤跳线数量按照光纤芯数4:1比例配备。水平配线区（HDA）机柜内铜缆配线架采用两个6A类配线架交叉连接的方式，其中一个配线架用来与设备配线区（EDA）的配线架互连，另外一个用来与交换机互连。

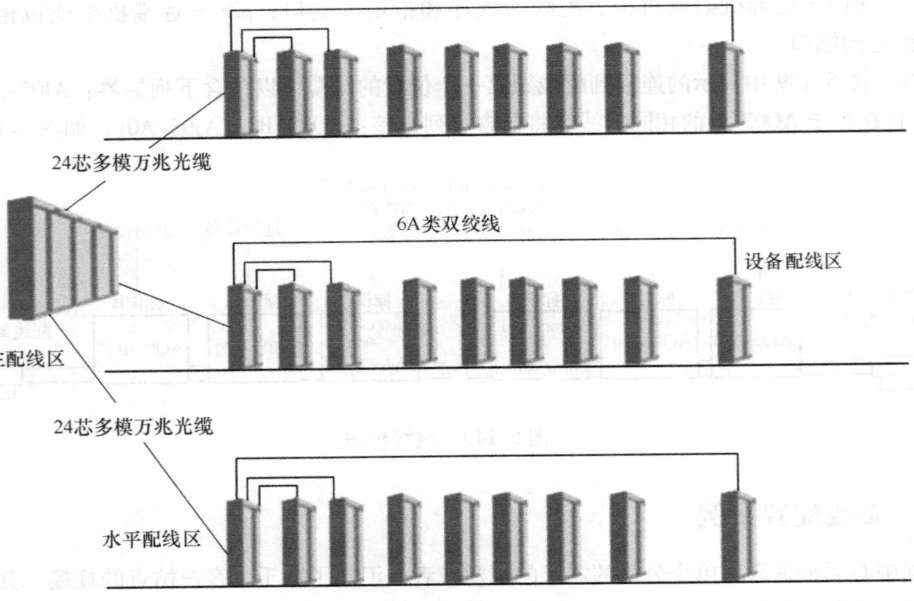

图5-141 系统构架与机柜排列

设备配线区（EDA）的每个机柜按照15个服务器进行预留，安装一个24口6A类配线架，采用RJ45跳线连接至服务器。

列头柜和设备配线区机柜设备之间的连接与配置如图5-142所示。

3. 配线区方案说明

（1）主配线区（MDA）设计说明 主配线区（MDA）是数据中心的核心管理区域，包含核心路由器、核心交换机、语音交换机（PBX）、机柜（机架）等。根据相关标准的建议，光纤配线架和铜缆配线架应该安装到不同的机柜（架）。MDA应尽量设计在计算机机房中心位置，以免超过90m的布线距离要求。

主配线区（MDA）到各个水平配线区（HDA）的互连选用24芯OM3万兆多模室内光缆。OM3万兆多模光缆采用独特的增强型50μm纤芯，以使高速数据传输时不会导致数码重叠和误码，路径设计采用异路备份设计，保证系统在大多的故障情况下，可以及时更换传输运行路径，保证系统运行正常。

（2）水平配线区（HDA）设计说明 水平配线区（HDA）是数据中心的水平管理区域，一般位于机房（Computer Room，CR）中心的位置，HDA内包含局域网交换机、水平配线架等，一个HDA管理的信息点一般不超过2000个。同MDA一样，HDA光纤配线架和铜缆配线架应该分开，当信息点超过2000个时，应设置多个HDA。

为了提高数据中心机房内网络设备的稳定性，应尽可能减少网络设备跳线的插拔。水平配线区（HDA）的水平配线机柜采用两个配线架相互交叉连接，其中一个配线架采用RJ45-IDC端接方式连接交换机，另外一个配线架采用6A类双绞线以两端IDC端接方式与设备配线区（EDA）服务器机柜内的6A类配线架相互连接。水平配线区的端至端连接如图5-143所示。

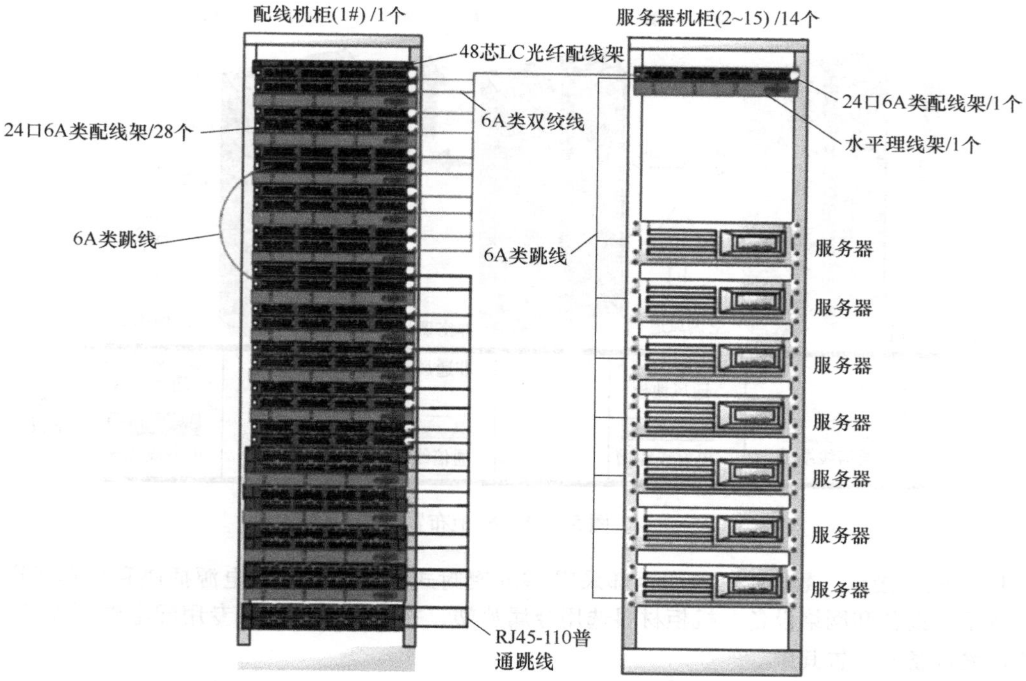

图 5-142　列头柜和设备配线区机柜之间的连接与配置

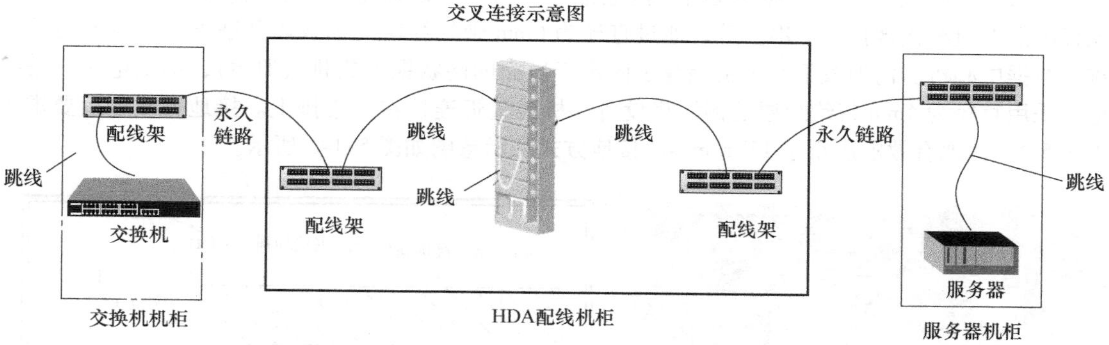

图 5-143　水平配线区的端至端连接

（3）设备配线区（EDA）设计说明　设备配线区（EDA）是用来存放设备的区域。实际运行中，包括网络设备、通信设备、数据中心设备散热及空气对流对于网络稳定性十分重要。根据地板能否通风，数据中心分为通风走廊（Cold Aisle）及不通风走廊（Hot Aisle）。通风走廊（Cold Aisle）中，机柜（架）面对面摆放，冷空气从地板下吹出，从机柜/架前方进入，然后从后部排出；不通风走廊（Hot Aisle）中，机柜（架）背对背摆放，冷空气从前面吹进，从后面吹出。

此外，为了增加空气对流，防静电地板的净高应该尽量大一些。机柜布置如图 5-144 所示。

设备配线区（EDA）的每个机柜内预装一个 6A 类 24 口配线架，用来管理设备机柜内的网络设备。设备配线区（EDA）的设备机柜采用 2m 长度的 6A 类跳线，跳线的数量按照 2∶1 的比例配备。

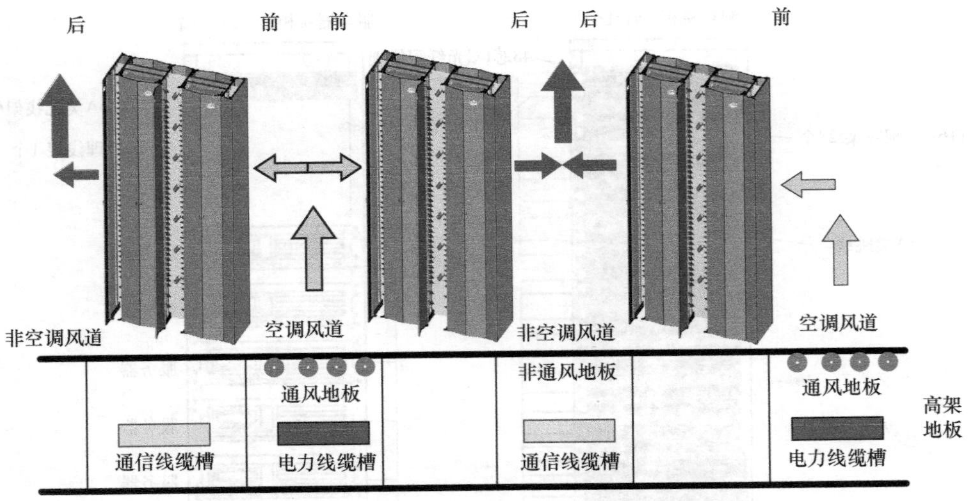

图 5-144　机柜布置

4. 机柜与接地　数据中心机房全部采用 19in 密封式机柜，配标准电源插座和散热风扇，用于放置配线设备和网络设备。机柜材料选用金属喷塑，并配有网络设备专用配电电源端接位置，可将网络设备同放置其中。

数据中心机房内有大量的电子设备，为了保护设备和人身的安全，数据中心机房内所有的带金属外壳的设备包括管道、桥架、水管、机柜必须进行接地。

沿数据中心机房内墙安装配线间总接地排（TMGB），以及金属桥、电缆梯、水管、防静电地板的静电泄漏接地排（TGB）等，通过直径为 6mm 带绝缘层的铜线以并联方式连接到总接地排；数据中心机房内地板下布设由绝缘子固定于地面的网状铜汇集排（TGB），提供电子设备接地，采用直径为 4mm 带绝缘层的铜线将设备、机柜就近连接在汇集排上。接地直流电阻要求小于 3.5Ω，接地有效电压小于 1V r. m. s。接地方式和示意图如图 5-145 所示。

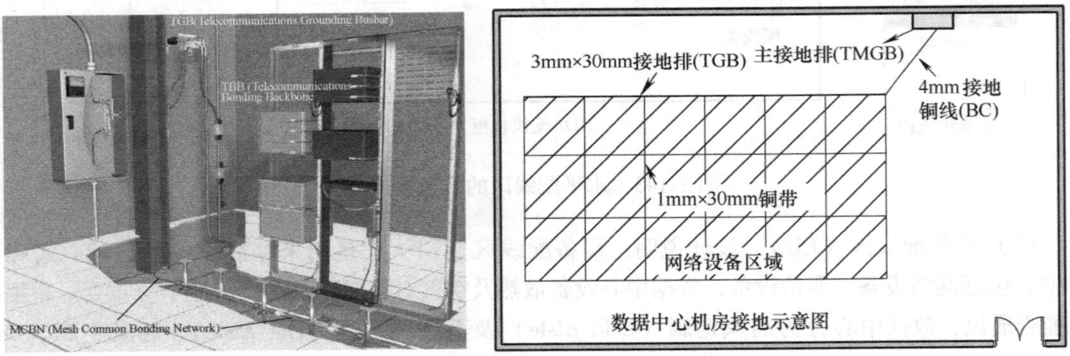

a) 机房接地方式　　b) 接地示意图

图 5-145　接地方式和示意图

四、主机房区域内的额外信息点

在数据中心主机房内，除了按照数据中心综合布线拓扑结构配置系统和信息点外，还有一些按照辅助区、支持区的配置方式设置的信息点。例如：

1. 电话信息点　主机房内安装的是一排排的金属机柜，在机柜内安装的是整列的带金属壳体的 IT 设备或其他设备，而且设备上还装有对外电磁干扰极强的风扇、主板等。这些金属壳体和设备会屏蔽或干扰手机的电磁波，使手机在主机房内的通信效果变差。所以，在主机房内的适当位置宜设置电话信息点。其中最理想的位置是在各 HDA 附近。

2. 数据信息点　大型或超大型数据中心内会有数十万台以上的 IT 设备、上百名甚至数百名 IT 运维工程师，这些 IT 设备的技术资料和运维参考资料一般以电子文档、音视频等方式存储在每位运维工程师随身携带的笔记本计算机中。由于数据中心内的 IT 设备会不断更新或添置，往往会造成运维工程师所带笔记本计算机中的资料不全和滞后的现象。面对这一现象，可以考虑在数据中心内建立文档资料服务器，这些服务器内的资料可以随时更新。运维工程师的笔记本计算机只要能够与这些服务器联网，就能读取相关的资料。所以，在主机房内的适当位置宜设置数据信息点。其中最理想的位置是在各 HDA 附近。

3. 摄像机视频信息点　在主机房内的各个工作走道（包括冷热通道）两端，往往会安装有摄像机，用于监控中心内的值班人员查看现场人员所到达的地方、所操作的设备是否有错。由于现在的摄像机基本上都是半高清或高清摄像机，联网方式基本上都是以太网，所以在摄像机旁需设视频信息点。

4. 门禁信息点　在主机房的各个通道门旁，如果装有门禁系统的控制器，则控制器的联网大多采用 IP 方式，即需要设置综合布线系统的门禁信息点。

5. 环境参数信息点　在主机房的许多地方，会安装温湿度传感器、漏水侦测传感器等检测设备，如果这些检测设备需要采用以太网联网，则需要在设备附近设置信息点。

6. KVM 信息点　KVM 是键盘、鼠标器、显示器的缩写。有些数据中心采用的是独立联网型的 KVM 系统，则需要在每台服务器、存储设备、工作站、小型计算机等 IT 设备旁设置一个 KVM 信息点，将 IT 设备的键盘、鼠标器、显示器信息远传到监控中心的控制台上。独立型 KVM 系统的传输往往有自己的需求，所以在联网设计时需充分满足其需求。

在数据中心主机房内会根据实际需要设置以上信息点（全部或部分）或添加其他信息点。这些信息点（除 KVM 系统的信息点外）需连接至各个电信间，进而连接到主配线区（MDA），其拓扑关系参见图 5-94b。

思考题与习题

1. 综合布线可以满足哪些通信要求？
2. 列举国外、国内几个主要关于综合布线的标准。
3. 简述多模光纤和单模光纤的特点及其应用区别。
4. 比较 UTP、FTP 和 STP 的结构和应用特点。
5. 简述光纤连接器的作用和性能指标。
6. 简述综合布线各子系统的作用和组成。
7. 简述综合布线测试模型中信道和链路的区别。
8. 名词解释：直流环路电阻、特性阻抗、回波损耗、串扰、衰减、衰减串扰比、传播延时和偏离。
9. 简述数据中心定义、组成与分类方式。
10. 数据中心布线系统包括哪些基本元素？
11. 在数据中心建设中，为合理组织气流，设备应如何摆放？

12. 什么是预连接系统？在综合布线工程中有什么应用价值？
13. 简述数据中心布线接地方式与接地系统组成。
14. 计算机网络的定义是什么？
15. OSI 参考模型和 TCP/IP 参考模型各有哪些层？试比较其相同点和不同点。
16. 什么是计算机网络拓扑？有哪些常用的网络拓扑？各有什么优缺点？
17. 试解释交换机的工作原理。
18. 试解释 CSMA/CD 的工作原理。
19. 什么是 VLAN？VLAN 有哪几种实现技术？
20. 集线器与中继器有何异同？交换机与集线器又有什么异同？试举例加以说明。
21. IP 地址分哪几类？地址范围各是什么？

参 考 文 献

[1] 陈众励，程大章．现代建筑电气工程师手册［M］．北京：中国电力出版社，2020.
[2] 沈晔．智能楼宇管理员（国家职业资格四级）［M］．2 版．北京：中国劳动社会保障出版社，2019.
[3] 顾永兴．绿色建筑智能化技术指南［M］．北京：中国建筑工业出版社，2012.
[4] 雷玉堂．安防 & 云计算——物联网智能云安防系统实现方案［M］．北京：电子工业出版社，2014.
[5] 雷玉堂．现代安防视频监控系统设备剖析与解读［M］．北京：电子工业出版社，2017.
[6] 梁笃国，等．网络视频监控系统与智能应用［M］．北京：人民邮电出版社，2013.
[7] 张亮．现代安全防范技术与应用［M］．北京：电子工业出版社，2012.
[8] 沈晔．楼宇自动化技术与工程［M］．3 版．北京：机械工业出版社，2014.
[9] 孙景芝．电气消防技术［M］．2 版．北京：中国建筑工业出版社，2011.
[10] 陈虹．楼宇自动化技术与应用［M］．北京：机械工业出版社，2012.
[11] 何衍庆．集散控制系统原理及应用［M］．3 版．北京：化学工业出版社，2011.
[12] 阳宪惠．现场总线技术及其应用［M］．2 版．北京：清华大学出版社，2008.
[13] WENDELL ODOM，TOM，KNOTT．思科网络技术学院教程 CCNA 1 网络基础［M］．北京：人民邮电出版社，2008.
[14] 吴功宜．计算机网络［M］．4 版．北京：清华大学出版社，2017.
[15] 刘钢，邹红艳．计算机网络基础与实训［M］．北京：高等教育出版社，2004.
[16] 刘化君．综合布线系统［M］．3 版．北京：机械工业出版社，2014.